Sam Silverman · Lisa A. Tell

Röntgenanatomie der Kaninchen, Frettchen und Nager

Sam Silverman · Lisa A. Tell

Röntgenanatomie der Kaninchen, Frettchen und Nager

Sam Silverman, DVM, PhD, Dipl ACVR
Clinical Professor
Department of Surgery and Radiological Sciences
School of Veterinary Medicine
University of California, Davis
Davis, California

Lisa A. Tell, DVM, Dipl ABVP (Avian), ACZM
Professor
Department of Medicine and Epidemiology
School of Veterinary Medicine
University of California, Davis
Davis, California

Technische Assistenz

Jody Nugent-Deal
Registered Veterinary Technician
Companion Avian and Exotic Pet Medicine Service
Veterinary Medical Teaching Hospital
University of California, Davis
Davis, California

Kristina Palmer-Holtry
Registered Veterinary Technician
Companion Avian and Exotic Pet Medicine Service
Veterinary Medical Teaching Hospital
University of California, Davis
Davis, California

Übersetzung und fachliche Redaktion

PD Dr. med. vet. Sven Reese
Fachtierarzt für Anatomie, Fachtierarzt für Informationstechnologie
Lehrstuhl für Tieranatomie (I), Veterinärstraße 13, 80539 München

URBAN & FISCHER
München · Jena

Zuschriften und Kritik an
Elsevier GmbH, Urban & Fischer Verlag, Lektorat Veterinärmedizin, Karlstraße 45, 80333 München

Titel der Originalausgabe
Radiology of Rodents, Rabbits and Ferrets: An Atlas of Normal Anatomy and Positioning
First Edition 2005, ISBN 0-7216-9789-5
Erschienen bei Saunders, Imprint of Elsevier Science Limited

Herausgeber
Sam Silverman, DVM, PhD, Dipl ACVR, Clinical Professor, Department of Surgery and Radiological Sciences, School of Veterinary Medicine, University of California, Davis, California
Lisa A. Tell, DVM, Dipl ABVP (Avian), ACZM, Professor, Department of Medicine and Epidemiology, School of Veterinary Medicine, University of California, Davis, California

Wichtiger Hinweis für den Benutzer
Die Erkenntnisse in der Tiermedizin unterliegen laufendem Wandel durch Forschung und klinische Erfahrungen. Herausgeber und Autoren dieses Werkes haben große Sorgfalt darauf verwendet, dass die in diesem Werk gemachten therapeutischen Angaben (insbesondere hinsichtlich Indikation, Kontraindikation, Dosierung, Applikation und unerwünschter Wirkungen) dem derzeitigen Wissensstand entsprechen. Das entbindet den Nutzer dieses Werkes aber nicht von der Verpflichtung, anhand der Beipackzettel der Präparate und Fachinformationen der Hersteller zu überprüfen, ob die dort gemachten Angaben von denen in diesem Buch abweichen, und seine Verordnung in eigener Verantwortung zu treffen. Auch hat der Nutzer zu überprüfen, ob die in diesem Werk empfohlenen Medikamente im deutschsprachigen Raum für die zu behandelnde Tierart zugelassen sind. In Zweifelsfällen ist ein Spezialist zu konsultieren. Für die Vollständigkeit und Auswahl der aufgeführten Medikamente übernimmt der Verlag keine Gewähr. Vor der Anwendung bei lebensmittelliefernden Tieren sind die verschiedenen Anwendungsbeschränkungen und Zulassungen der einzelnen deutschsprachigen Länder zu beachten.

Der Verlag hat sich bemüht, sämtliche Rechteinhaber von Abbildungen zu ermitteln. Sollte dem Verlag gegenüber dennoch der Nachweis der Rechtsinhaberschaft geführt werden, wird das branchenübliche Honorar gezahlt.

Bibliografische Information Der Deutschen Nationalbibliothek
Die Deutsche Nationalbibliothek verzeichnet diese Publikation in der Deutschen Nationalbibliografie; detaillierte bibliografische Daten sind im Internet über http://dnb.d-nb.de abrufbar.

1. Auflage 2008

Der Urban & Fischer Verlag ist ein Imprint der Elsevier GmbH.

08 09 10 11 12 5 4 3 2 1

Planung und Lektorat: Dr. med. vet. Ingo Hässler, München; Dr. med. vet. Konstanze Knies, München
Übersetzung und fachliche Redaktion: PD Dr. med. vet. Sven Reese, München
Register: Dr. med. vet. Catharina Brandes, Gmund
Herstellung: Sibylle Hartl, Valley
Satz: Kösel, Krugzell
Druck und Bindung: Firmengruppe APPL, aprinta druck, Wemding
Umschlaggestaltung: SpieszDesign, Neu-Ulm
Titelfotografie: © Elsevier Limited

ISBN: 978-3-437-57960-8

Aktuelle Informationen finden Sie im Internet unter **www.elsevier.de** und **www.elsevier.com**

Dieses Fachbuch ist den Tierärzten, Tierarzthelfern und Tiermedizinstudenten gewidmet, die dazu beitragen, die medizinische Versorgung unserer behaarten, gefiederten und geschuppten Heimtierpatienten zu verbessern.

Sam Silverman und Lisa A. Tell

Ich widme dieses Buch meinen Eltern, William und Bette Tell, und meiner Schwester, Lee Ann Hughes, die mich mit ihrer bedingungslosen Liebe, Unterstützung und Inspiration förderten und mich darin bestärkten, meiner Passion für die Tiermedizin zu folgen. Ich möchte dieses Buch außerdem meinem Ehemann, Don Preisler, meinen Kindern, Nicholas und Alexander und meiner Schwiegermutter, Dawn Preisler, widmen. Sie sind mir eine ständige Quelle der Liebe und Freude und ohne sie wäre mein Leben unvollständig.

Lisa A. Tell

Danksagung

Nur durch die unermüdliche Hilfe einer Vielzahl von Menschen konnte dieser Atlas realisiert werden. Hunderte von Röntgenaufnahmen wurden von Jody Nugent-Deal und Kristina Palmer-Holtry angefertigt. Technische Ratschläge und praktische Hilfe von Candi Stafford und Michelle Santoro führten zu einer Optimierung der Bildqualität und zur Ausarbeitung von Röntgenprotokollen. Über Bob Smith erhielten wir technische Unterstützung von der 3M Corporation. Die computertomographischen Untersuchungstechniken wurden von Jason Peters und Richard Larson mit dem Ziel erarbeitet, alternative bildgebende Untersuchungsmöglichkeiten vorzustellen. Francesca Angelesco, John Gardiner und Kathy West zeichnen sich durch ein außerordentliches künstlerisches Talent und ihre technischen Fertigkeiten aus. Die Sorgfalt im Detail und das Wissen und Können der oben erwähnten Mitarbeiter und Kollegen ermöglichten die Anfertigung von qualitativ hochwertigen Aufnahmen, die die Grundlage dieses Buches sind.

Die Tiere, von denen die Abbildungen in diesem Buch angefertigt wurden, waren grundlegende Voraussetzung, um dieses Werk zu ermöglichen. Ihre Haltung und Pflege erfolgte unter Beachtung der Tierschutzgesetze und der Richtlinien zu Haltung und Umgang mit Versuchstieren. Alle Röntgenaufnahmen und alternativen bildgebenden Verfahren wurden entsprechend den etablierten Protokollen des Komitees für Tierschutz und Tierversuche durchgeführt. Wir sind den Pflegern zu Dank verpflichtet, die die Tiere versorgten und ihnen nach Abschluss der Arbeiten ein endgültiges Zuhause boten.

Die angefertigten Aufnahmen wurden von den technischen Mitarbeitern Jamie Ina, Andrea Pomposo und DVM Jennifer Chow katalogisiert, digitalisiert und reproduziert. Zudem unterstützten sie uns technisch und wissenschaftlich in erheblichem Umfang. John Duval half beim Digitalisieren der Röntgenaufnahmen und ermöglichte freundlicherweise den Zugang zu Bildverarbeitungsgeräten, und wann immer Scanner zur Hand waren, stand uns Ned Waters mit vollem Einsatz beim Digitalisieren der Aufnahmen zur Seite.

Die Drs. Seth Wallack, Karen Rosenthal, James Morrissey, Donald Thrall, David Crossley und Frank Verstraete überprüften Text und Aufnahmen auf Fehler. Dr. Helen Diggs war eine unschätzbare Hilfe bei der Erstellung der anatomischen Zeichnungen. Ihrer aller Mitarbeit hat die Qualität des vorliegenden Atlasses wesentlich verbessert.

Das Konzept dieses Atlasses entwickelte sich aus einer Idee von Ray Kersey, ehemaliger Programmleiter Veterinärmedizin im Elsevier Verlag. Seine Bemühungen zur Verbreitung veterinärmedizinischen Wissens können nicht hoch genug eingeschätzt werden.

Dr. Anthony Winkel, Jolynn Gower, Beth Hayes und Kathi Goshe vom Elsevier Verlag leisteten unschätzbare Arbeit in der Endphase der Fertigstellung dieses Atlasses. Ihr Engagement, ihre harte Arbeit und ihr Beistand sowohl in technischer wie stilistischer Hinsicht waren entscheidend und finden unsere volle Anerkennung.

Die Arbeit an diesem Atlas dauerte drei Jahre und wir dürfen nicht vergessen, unseren Familien für ihr Wohlwollen, ihre Unterstützung und ihr Verständnis zu danken. Unsere Ehegatten, Debrah Tom und Don Preisler, unterstützten uns fortwährend und ermutigten uns, weiterzumachen, auch wenn mehr Zeit diesem Projekt als der Familie gewidmet wurde. Debrah Tom vergaß nie „Have Fun“ zu wünschen, und Don Preisler antwortete immer mit „No Problem“, wenn ein weiteres Wochenende Arbeit bevorstand. Alexander und Nicholas Preisler machten viele Wochenendbesuche in der Tierklinik, um ihre Mutter zu sehen und allen Mitarbeitern Erfrischungen mitzubringen.

Abschließend möchten wir allen Mitarbeitern und Kollegen für ihre Unterstützung und ihren aufopferungsvollen Einsatz unsere Anerkennung aussprechen. Wir sind ihnen für ihre Ausdauer und ihre Hingabe zu Dank verpflichtet.

Sam Silverman und Lisa A. Tell

Vorwort

Die Tierarten, die in diesem Buch besprochen werden, kommen klassischerweise in der biomedizinischen Forschung zum Einsatz. Ihre Popularität als Heimtiere nimmt aber immer mehr zu. Gleichzeitig werden Röntgenaufnahmen und Abbildungen anderer bildgebender Verfahren von Erkrankungen dieser Spezies in zunehmendem Umfang publiziert. Trotzdem gibt es bisher kein Referenzwerk, in dem die Röntgenanatomie und die anatomischen Grundlagen anderer bildgebender Verfahren dieser Spezies zusammenfassend dargestellt sind, wie dies für Hunde, Katzen, Pferde und andere Haustiere der Fall ist. Diagnosen werden bei diesen Tierarten daher hauptsächlich auf der Grundlage klinischer Erfahrungen und der Erkenntnisse bei anderen Spezies gestellt.

Das Ziel dieses Atlasses ist daher, dem Tierarzt Referenzaufnahmen der normalen Röntgenanatomie und anderer bildgebender Verfahren an die Hand zu geben. Wir hoffen, dass damit Qualität und Quantität bildgebender Verfahren bei diesen Tierarten gefördert werden und ihre medizinische Versorgung verbessert wird.

Kapitelübersicht

Inhalt

KAPITEL • 6

Meerschweinchen *(Cavia aperea f. porcellus)* 107

KAPITEL • 7

Kaninchen *(Oryctolagus cuniculus)* 161

KAPITEL • 8

Frettchen *(Mustela putorius f. furo)* 233

KAPITEL **1**

Geräte- und Lagerungstechnik

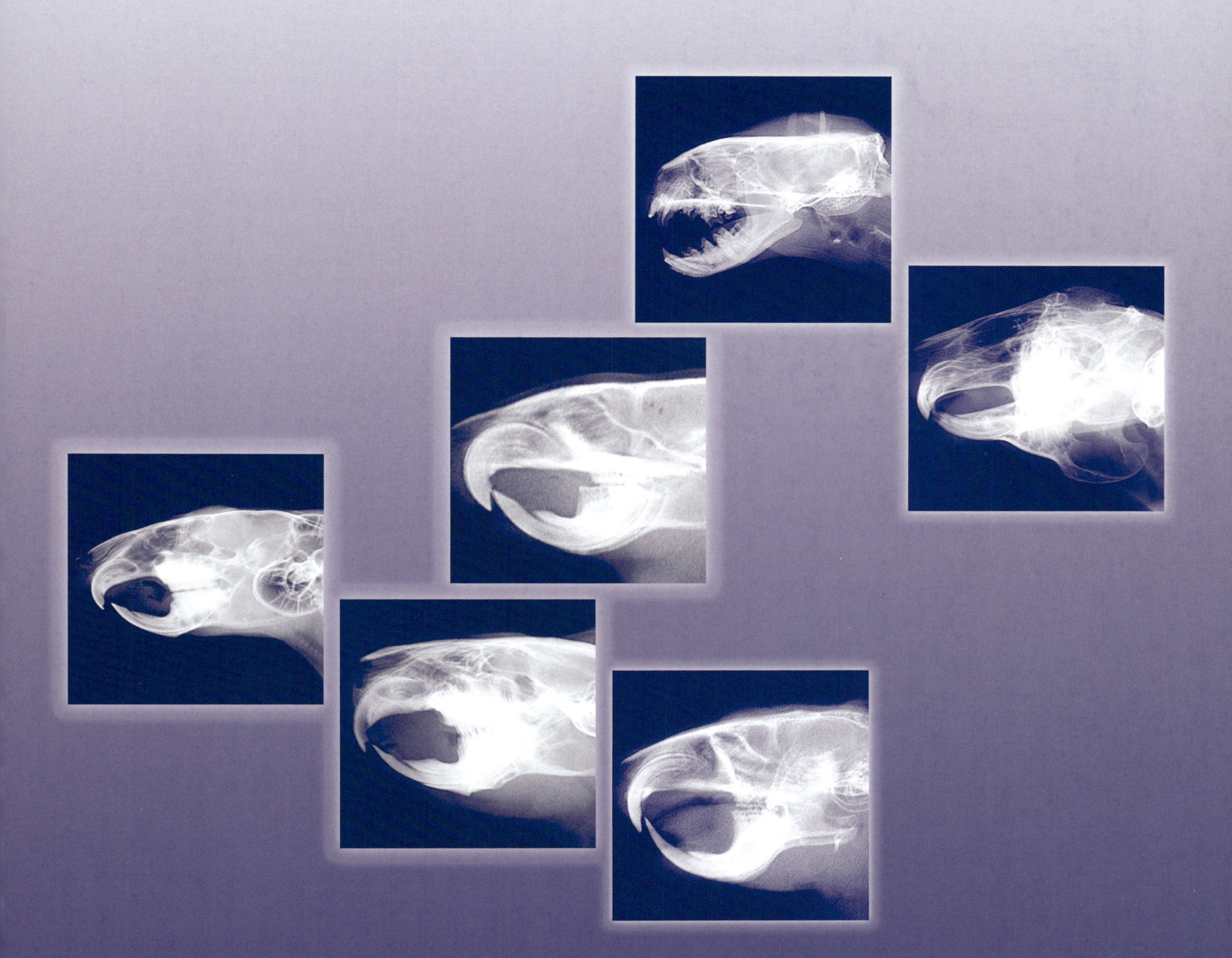

1.1 Anatomische Grundlagen

Die Beschriftung und zeichnerische Kennzeichnung der Bilder in diesem Buch erfolgte auf der Grundlage der Abbildungen in *A Colour Atlas of the Anatomy of Small Laboratory Animals: Band I (Rabbit and Guinea Pig)* und *Band II (Rat, Mouse, and Golden Hamster)* von P. Popesko, V. Rajtova und J. Horak Wolfe, erschienen 2002 bei WB Saunders, Philadelphia, Pa.

Einzelne Organe stellen sich auf Röntgenaufnahmen nicht immer vollständig und eindeutig abgrenzbar dar. Aus diesem Grund wurden die Kapitel über Ratte, Hamster, Meerschweinchen und Kaninchen um anatomische Referenzabbildungen ergänzt. Diese anatomischen Zeichnungen sind als allgemeine Leitlinie zu betrachten. Es ist aber zu beachten, dass die anatomische Lage von abdominalen Organen von dem Füllungsstand des Magen-Darm-Trakts oder der Harnblase sowie einer evtl. Trächtigkeit abhängig sein kann. Aufgrund individueller Variationen können die Angaben, die in diesem Buch für die Zahl der Wirbel bei den einzelnen Tieren gemacht werden, von denen in der Literatur abweichen.

1.2 Gerätetechnik

Es sollte eine Röntgenröhre zur Verfügung stehen, die bei einer Spannung zwischen 40 und 100 Kilovolt (kV) mit 5,0 bis 7,5 Milliamperesekunden (mAs) belichten kann. Die Spannung sollte in Stufen von 1 bis 2 kV verstellbar sein. Kurze Belichtungszeiten von 0,017 Sekunden oder weniger sind wichtig, um Bewegungsartefakte zu vermeiden.

Die meisten in der Diagnostik verwendeten Röntgenröhren bieten die Einstellung eines großen und kleinen Fokus (Brennfleck) an. Wenn immer möglich, sollte der kleine Fokus verwendet werden, um Röntgenbilder mit hoher Detailerkennbarkeit zu erhalten. Der Nachteil des kleineren Fokus ist allerdings die im Vergleich zum großen Fokus geringere Stromstärke (mA). Daher muss die Belichtungszeit verlängert werden, um den gleichen Milliamperesekundenwert zu erreichen. Beim kleineren Fokus sind die Röntgenröhren zudem anfälliger für das Auftreten von Überhitzungsschäden während des Betriebs. Die Höhe der Röntgenröhre sollte verstellbar sein, da es notwendig sein kann, den Film-Fokus-Abstand (FFA) je nach Aufnahmetechnik leicht zu variieren. Die im vorliegenden Buch abgebildeten Aufnahmen wurden – mit Ausnahme der Direktvergrößerungsstudien – mit einem FFA zwischen 97 und 104 cm angefertigt. Bei dem verwendeten Röntgengerät handelte es sich um eine 20-kHz-Hochfrequenzmaschine vom Typ Innovet Select (Summit Industries, Inc., Chicago, Ill. 60625). Eine Röntgenanlage mit den oben besprochenen Ausstattungsmerkmalen gehört zur Standardausstattung der meisten Tierarztpraxen und -kliniken. Solche Anlagen sind flexibel genug, um den Anforderungen der in diesem Buch besprochenen Tierarten zu genügen, obwohl diese – im Vergleich zu den klassischen Kleintierpatienten Hund und Katze – eine relativ geringe Körpergröße aufweisen.

Zur Erstellung der Aufnahmen für dieses Buch wurden zwei verschiedene Film-Folien-Kombinationen mit unterschiedlich hoher Detailauflösung verwendet (3M SE+ und 3M Ultra Detail Plus der Firma 3M Animal Care Products, 3M Center St. Paul, Minn. 55144-1000). Diese Film-Folien-Kombinationen arbeiten mit einer Empfindlichkeit zwischen 100 und 350. Die Verwendung anderer Film-Folien-Systeme vergleichbarer Auflösung und Empfindlichkeit ist aber ebenfalls möglich. Einen Überblick über die von den Autoren eingesetzten Geräteeinstellungen zur Erstellung von Röntgenbildern der verschiedenen Kleinsäugerspezies gibt Tabelle 1-1. Die Tiere wurden dabei direkt auf dem Röntgentisch auf der Röntgenkassette gelagert. Diese Daten sind als Anhaltspunkt gedacht und bedürfen einer individuellen Anpassung in Abhängigkeit von der verwendeten Röntgenröhre, der eingesetzten Film-Folien-Kombination, der Filmentwicklung sowie der Größe der Patienten.

1.3 Patientenlagerung

Das Röntgen von Kleinsäugern ist oft mit Schwierigkeiten behaftet. Die Patienten tolerieren fixierende Maßnahmen schlecht, haben eine geringe Körpergröße, besondere Körperproportionen und relativ kurze Gliedmaßen. Ausgeprägte subkutane Fettpolster und ein dichtes Fell machen die Palpation von anatomischen Leitstrukturen häufig schwierig, so dass zur Überprüfung der korrekten Lagerung eher adspektorische als palpatorische Kriterien herangezogen werden müssen.

Um Aufnahmen mit optimaler Detailerkennbarkeit zu erhalten, ist eine Anästhesie oder Sedation der Patienten erforderlich. Dadurch wird eine sichere und akkurate Lagerung der Patienten erleichtert, und Bewegungsartefakte werden vermieden. Die Aufnahmen für dieses Buch wurden durchgehend nur an anästhesierten oder sedierten Patienten erstellt.

Ein wesentlicher Faktor bei der Lagerung ist eine stabile symmetrische Positionierung des Patienten. Die Verwendung kleiner röntgendurchlässiger Schaumstoffkeile zur Stabilisierung der gewünschten Lage hat sich bewährt. Ideal ist die Fixation der Gliedmaßen mit Klebestreifen, während Gewichte wie kleine Sandsäcke bei den kleineren Tieren zur Fixation der Streckstellung nicht geeignet sind. Die Gliedmaßen der kleineren Patienten sind für diese Methode meist zu kurz. Daher sind diese Patienten direkt mit Klebestreifen auf der Röntgenkassette zu fixieren. Um bei größeren Tieren eine Überlagerung der Gliedmaßen mit dem Thorax oder Abdomen zu vermeiden, ist etwas mehr Zugeinwirkung notwendig. Dazu muss der Klebestreifen in zirkulären Touren an den Gliedmaßen angebracht und anschließend an Tisch oder Kassette fixiert werden. Im Folgenden werden die Lagerungstechniken beschrieben, die sich nach Erfahrung der Autoren bewährt haben.

Ganzkörper, Thorax oder Abdomen im laterolateralen Strahlengang

Der Patient wird in Seitenlage auf der Röntgenkassette gelagert. Standard ist die Lagerung auf der rechten Körperseite. Die oberen freien Gliedmaßen werden voll gestreckt und mit Klebestreifen an Tisch oder Kassette fixiert, so dass eine geringstmögliche Überlagerung von Thorax und Abdomen gewährleistet ist. Die kontralateralen Gliedmaßen werden entsprechend positioniert und fixiert. Der Kopf wird bei leicht gestrecktem Hals möglichst exakt lateral ausgerichtet und dann ebenfalls mit Klebestreifen an Tisch oder Kassette fixiert. Um den Patienten optimal korrekt zu positionieren, ist es zum Teil notwendig, Kopf und Gliedmaßen mit kleinen Schaumstoffkeilen zu unterstützen, die unter die Nase oder zwischen die Gliedmaßen gelegt werden. Der Schwanz wird kaudal gezogen und wenn notwendig, ebenfalls mit Klebestreifen fixiert (Abb. 1-1 bis 1-3).

Ganzkörper, Thorax oder Abdomen im ventrodorsalen oder dorsoventralen Strahlengang

Die Anfertigung ventrodorsaler oder dorsoventraler Röntgenaufnahmen des Ganzkörpers, Thorax oder Abdomens wird durch die Körperform der Kleinsäuger und die unter Anästhesie erschlaffte Muskulatur erleichtert. Für Aufnahmen im ventrodorsalen Strahlengang wird der Patient in Rückenlage auf der Kassette gelagert. Die Beckengliedmaßen werden symmetrisch kaudal gezogen, leicht medial rotiert (adduziert) und an der Kassette oder – wenn sie über den Kassettenrand ragen – am Tisch fixiert. Dabei sollten die Zehenspitzen der beiden Beckengliedmaßen auf gleicher Höhe liegen. Die Schultergliedmaßen werden ebenfalls voll gestreckt und symmetrisch kranial gezogen. Zur Fixation werden die Vorderpfoten mit ihrer Dorsalseite auf die Röntgenplatte gelegt und mit röntgendurchlässigen Klebestreifen fixiert. Der Kopf wird in eine exakt ventrodorsale Stellung gebracht und gleichfalls mit Klebestreifen gehalten. Die Lagerung für dorsoventrale Aufnahmen erfolgt in ganz ähnlicher Weise, wobei der Patient aber in Bauchlage auf der Röntgenkassette fixiert wird. Ein sanfter

Tabelle 1-1

Belichtungstabelle für Nagetiere, Kaninchen und Frettchen bei direkter Lagerung auf der Röntgenkassette und einem Film-Fokus-Abstand von 102 cm für Extremitätenaufnahmen und 97 cm bei den übrigen Aufnahmen.

Tierart	Körpermasse (g)	Untersuchtes Organsystem	Filmtyp	mAs	kV
Maus	30	Ganzkörper	**	7,5	48
		Schädel	**	7,5	49
Hamster	150	Ganzkörper	**	6,0	54
		Schädel	**	7,5	52
Ratte	300	Ganzkörper	**	6,0	52
		Schädel	**	6,0	52–53
Chinchilla	500	Ganzkörper	***	5,0	44
		Schädel	**	6,0	54–56
		Gliedmaße	**	6,0	48–52
Meerschweinchen	1200	Ganzkörper	***	5,0	44
		Schädel	**	7,5	54
		Gliedmaßen	**	6,0	48–52
Frettchen	1200	Ganzkörper	***	5,0	44
		Schädel	**	6,0	54
		Gliedmaße	**	6,0	48–52
Kaninchen (klein)	1200	Ganzkörper	***	5,0	44
		Schädel	**	7,5	54
		Gliedmaße	**	6,0	48–52
Kaninchen (mittel)	2200	Ganzkörper	***	5,0	45
		Schädel	**	6,0	55
		Gliedmaße	**	6,0–7,5	50–52
		Thorax	***	5,0	45
		Wirbelsäule	***	7,5	47
		Becken	***	7,5	47
Kaninchen (groß)	4000	Ganzkörper	***	5,0	46–48
		Schädel	**	6,0	56–58
		Gliedmaße	**	6,0–7,5	52–54
		Thorax	***	5,0	46
		Wirbelsäule	***	7,5	48
		Becken	***	7,5	48

** feinzeichnender Röntgenfilm vom Typ 3M Asymmetrix SE+ (3M Animal Care Products, 3M Center, St. Paul, Minn. 55 144-1000)

*** feinzeichnender Röntgenfilm vom Typ 3M Asymmetrix Ultra Detail Plus (3M Animal Care Products, 3M Center, St. Paul, Minn. 55 144-1000)

Zug an Kopf und Wirbelsäule kann ausgeübt werden, um eine Rotation oder andere Lagerungsartefakte zu vermeiden. (Abb. 1-4 bis 1-6).

Lagerung der Schulter- und Beckengliedmaßen

Röntgenaufnahmen der ganzen Schulter- oder Beckengliedmaßen werden in Seiten- oder Rückenlage des Patienten angefertigt. Die Untersuchung erfolgt dabei im mediolateralen bzw. ventrodorsalen oder dorsoventralen Strahlengang. Zur Anfertigung einer lateralen Röntgenaufnahme der Schultergliedmaße ist der Hals dorsal zu überstrecken, um die Überlagerung der untersuchten Gliedmaße mit Weichteilgewebe zu minimieren. Die Lagerungs- und Fixationstechniken entsprechen dabei den für die Ganzkörperuntersuchung beschriebenen Methoden. Zirkuläre Touren der Klebestreifen um die Gliedmaße sind zu vermeiden, da diese leicht zu einer Rotation führen können sowie evtl. die Zehen aneinander drücken und damit die Detailerkennbarkeit herabsetzen. Der Zentralstrahl ist auf die Mitte der Gliedmaße auszurichten und das Primärstrahlenbündel so einzublenden, dass gerade die ganze Gliedmaße mit einem schmalen Streifen angrenzender Strukturen im Bild ist (Abb. 1-7 bis 1-9).

Lagerung der distalen Gliedmaßenabschnitte

Die Lagerung der Patienten für die Untersuchung der Gliedmaßenenden im mediolateralen Strahlengang ist vergleichbar der Lagerung in Seitenlage für die Ganzkörperuntersuchung. Damit die distalen Gliedmaßenabschnitte in festem Kontakt auf der Röntgenkassette liegen und um eine Rotation der zu untersuchenden Region zu vermeiden, kann eine Fixation mit weiteren Klebestreifen notwendig sein. Diese werden quer über die Gliedmaße geklebt. Zirkuläre Touren der Klebebänder um die Gliedmaße sind zu vermeiden, da diese zu einer Rotation der Gliedmaße führen und die Zehen komprimieren, wodurch die Detailerkennbarkeit reduziert wird. Die kontralaterale Gliedmaße sollte die zu untersuchende Gliedmaße in keinem Bereich überlagern. Mit in zirkulären Touren fixierten Klebestreifen wird sie daher aus dem Bild gezogen. Eine weitere Maßnahme zur Vermeidung von Überlagerungsartefakten ist die leichte Rotation des Rumpfes. Bei Aufnahmen der Vorderpfoten in Bauchlage des Tieres spricht man von einem dorsopalmaren Strahlengang und an den Hinterpfoten entsprechend von einem dorsoplantaren Strahlengang.

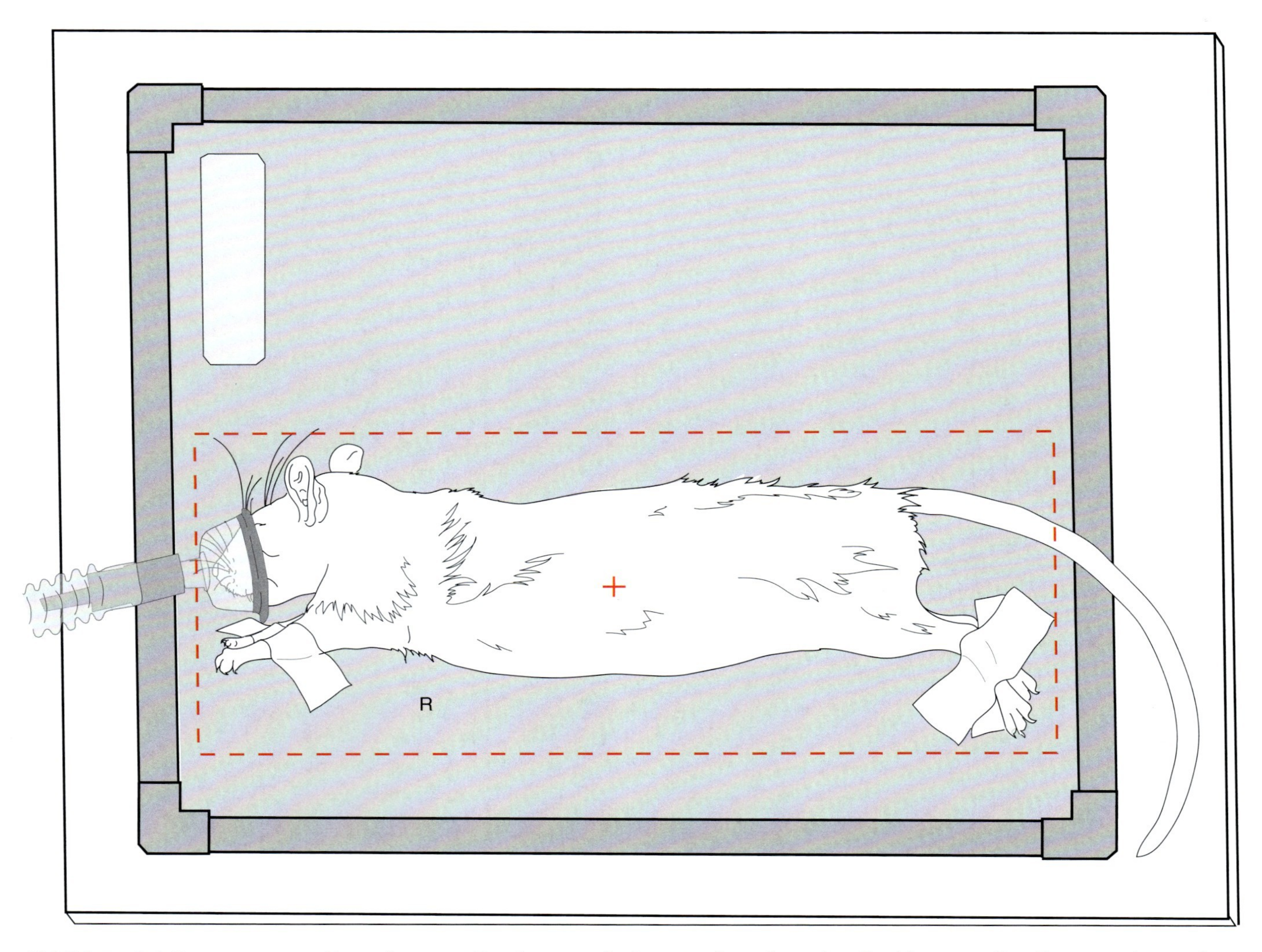

Abbildung 1-1 Lagerung einer Ratte für eine Ganzkörperaufnahme im laterolateralen Strahlengang. Die Ratte wird in rechter Seitenlage auf die Röntgenkassette gelegt. Die gestreckten Schultergliedmaßen werden kranial gezogen und mit röntgendurchlässigen Klebestreifen auf der Kassette fixiert. Die leicht gestreckten Beckengliedmaßen werden kaudal gezogen und ebenfalls mit Klebestreifen fixiert. Der Zentralstrahl (+) wird auf die Mitte vom Rumpf ausgerichtet und das Primärstrahlenbündel (strichlierte Linie) so eingeblendet, dass Kopf und Becken mit im Bild sind (Zeichnung Kathy West).

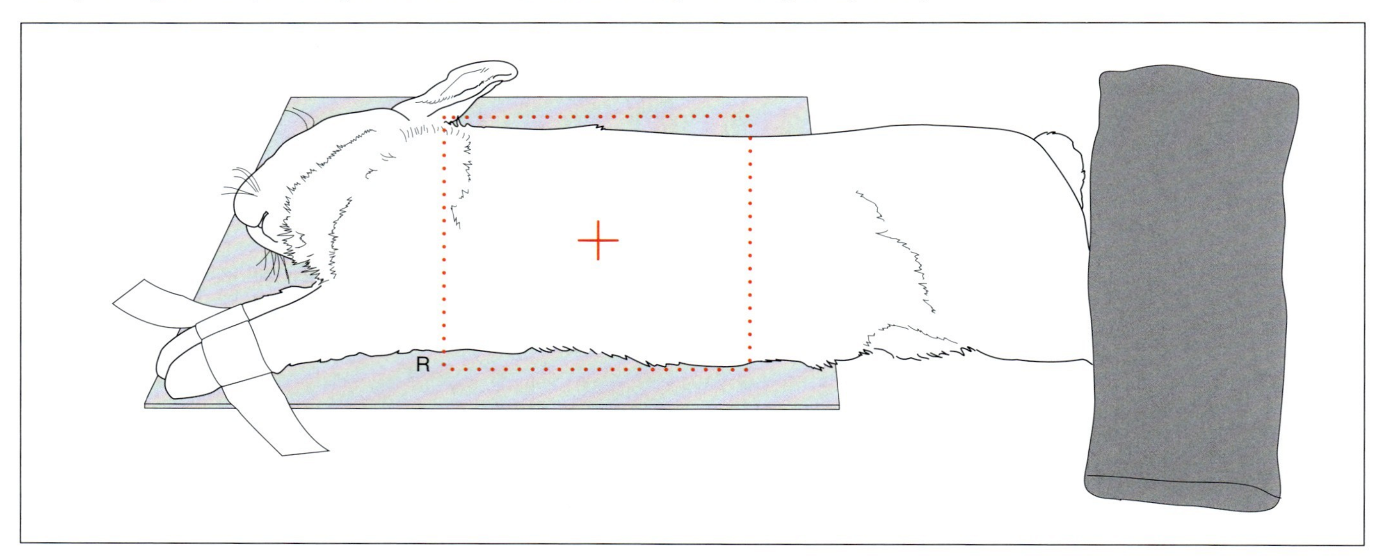

Abbildung 1-2 Lagerung eines Kaninchens für eine Thoraxaufnahme im laterolateralen Strahlengang. Das Kaninchen wird in rechter Seitenlage auf die Röntgenkassette gelegt. Die voll gestreckten Schultergliedmaßen werden kranial gezogen und mit röntgendurchlässigen Klebestreifen auf der Kassette fixiert. Die Beckengliedmaßen werden mit einem Sandsack in ihrer Lage gehalten. Alternativ ist aber auch die Fixation mit einem Klebestreifen möglich. Kopf und Hals werden leicht überstreckt. Der Zentralstrahl (+) wird auf den Kaudalrand des Schulterblatts ausgerichtet und das Primärstrahlenbündel (strichlierte Linie) so eingeblendet, dass kaudale Teile des Halses und das kraniale Abdomen mit abgebildet werden. Die Belichtung erfolgt in maximaler Inspirationsstellung.

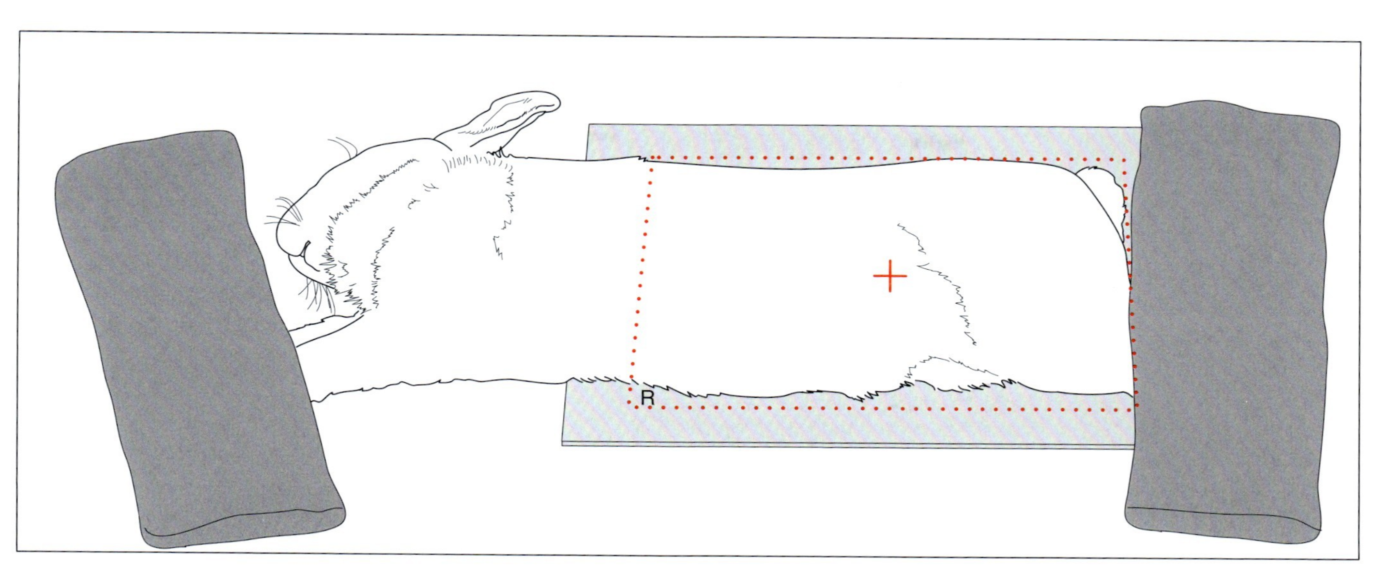

Abbildung 1-3 Lagerung eines Kaninchens für eine Abdomenaufnahme im laterolateralen Strahlengang. Das Kaninchen wird in rechter Seitenlage auf die Röntgenkassette gelegt. Die Schulter- und Beckengliedmaßen werden in Streckstellung mit röntgendurchlässigen Klebestreifen oder Sandsäcken fixiert. Der Zentralstrahl (+) wird auf die Mitte des Abdomens ausgerichtet und das Primärstrahlenbündel (strichlierte Linie) so eingeblendet, dass kaudale Abschnitte des Thorax und das komplette Becken mit abgebildet werden. Die Belichtung erfolgt am Ende der Exspiration.

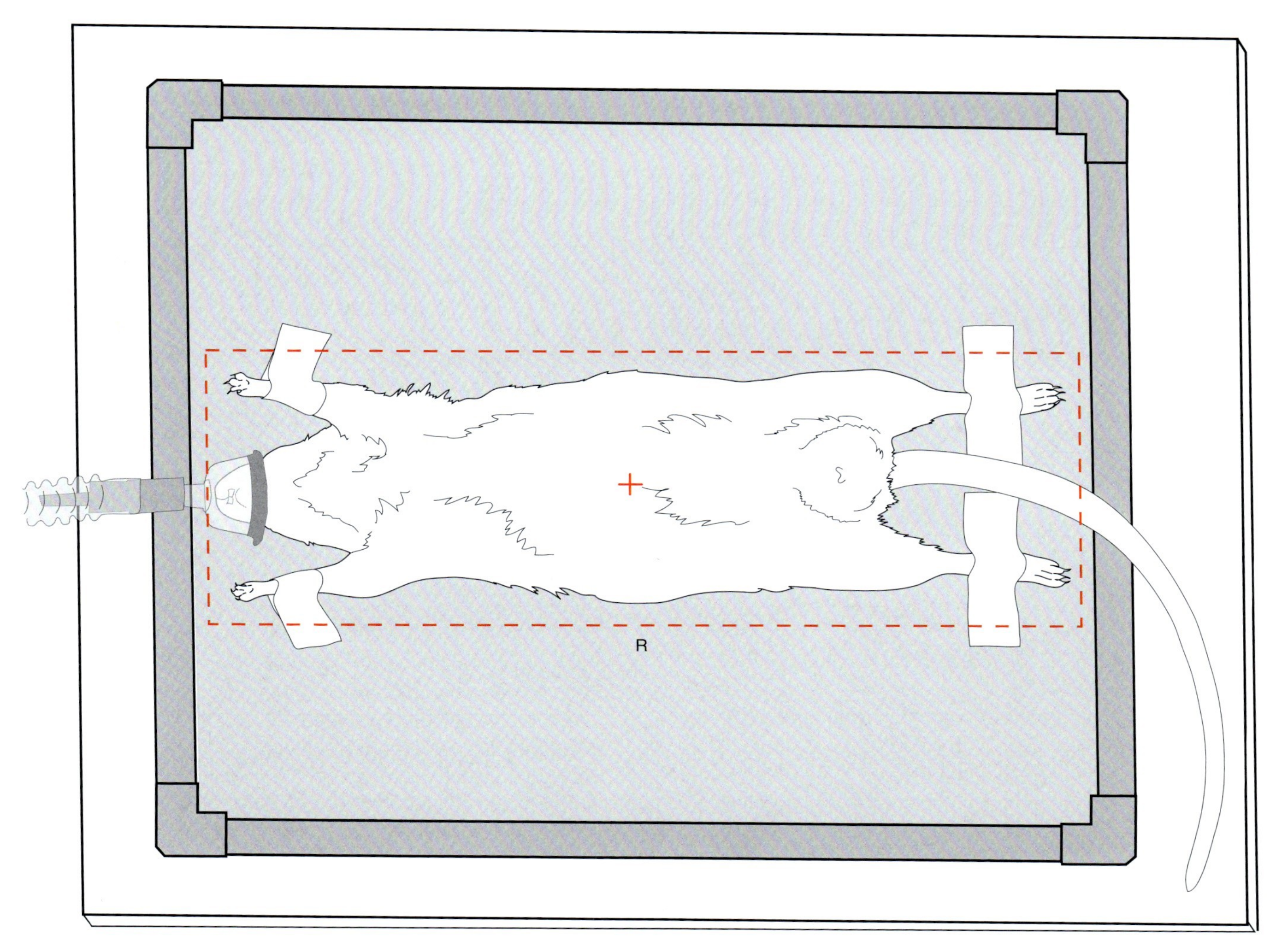

Abbildung 1-4 Lagerung einer Ratte für eine Ganzkörperaufnahme im ventrodorsalen Strahlengang. Die Ratte wird in Rückenlage auf die Röntgenkassette gelegt. Die Fixation auf der Röntgenkassette erfolgt mit Klebestreifen über die ausgestreckten Schulter- und Beckengliedmaßen. Der Zentralstrahl (+) wird auf den Brust-Lendenwirbel-Übergang ausgerichtet und das Primärstrahlenbündel (strichlierte Linie) so eingeblendet, dass Kopf und Becken mit abgebildet werden (Zeichnung Kathy West).

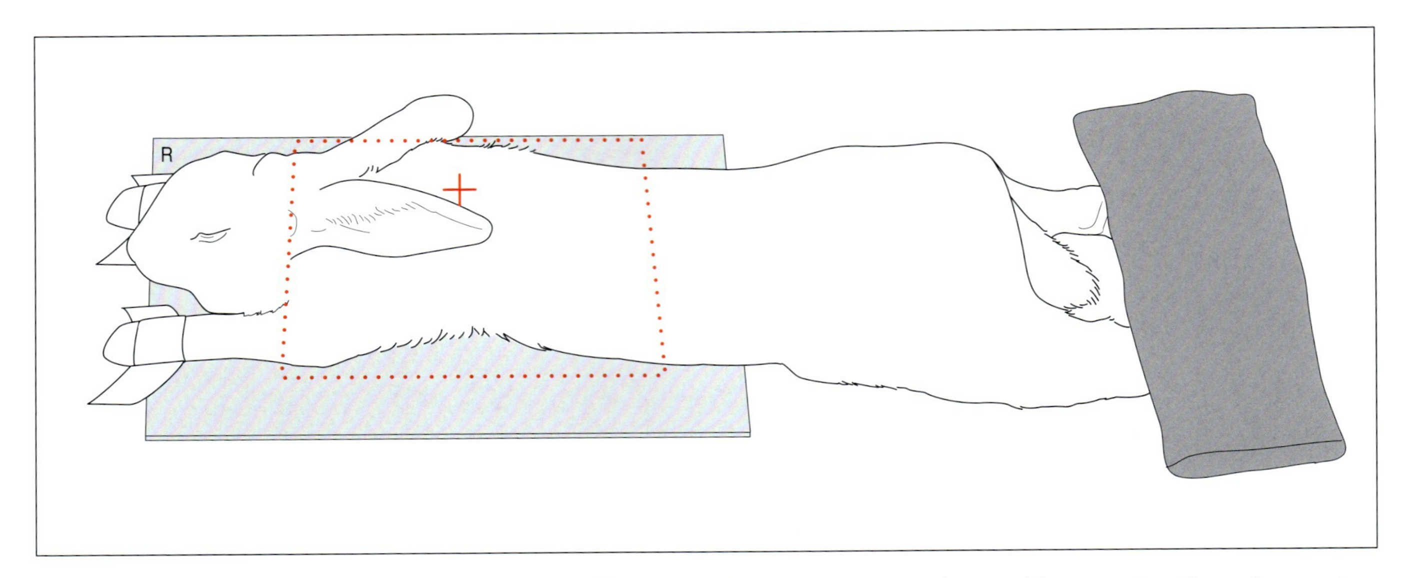

Abbildung 1-5 Lagerung eines Kaninchens für eine Thoraxaufnahme im dorsoventralen Strahlengang. Das Kaninchen wird in Bauchlage auf die Röntgenkassette gelegt. Die Schultergliedmaßen werden in kranialer Streckstellung fixiert. Ihre enge Lage am Kopf ist dabei vorteilhafter als eine seitlich ausgezogene Position. Je weiter die Schultergliedmaßen kranial gezogen werden, umso besser wird eine Überlagerung des kranialen Thorax mit dem Schulterblatt und der Schultergürtelmuskulatur vermieden. Die Ohren sollten ebenfalls so gelagert werden, dass sie nicht in die Brusthöhle projiziert werden können. Der Zentralstrahl (+) wird auf den mittleren Abschnitt der Brustwirbelsäule ausgerichtet und das Primärstrahlenbündel (strichlierte Linie) so eingeblendet, dass kaudale Teile des Halses und das kraniale Abdomen mit abgebildet werden. Die Belichtung erfolgt in maximaler Inspirationsstellung.

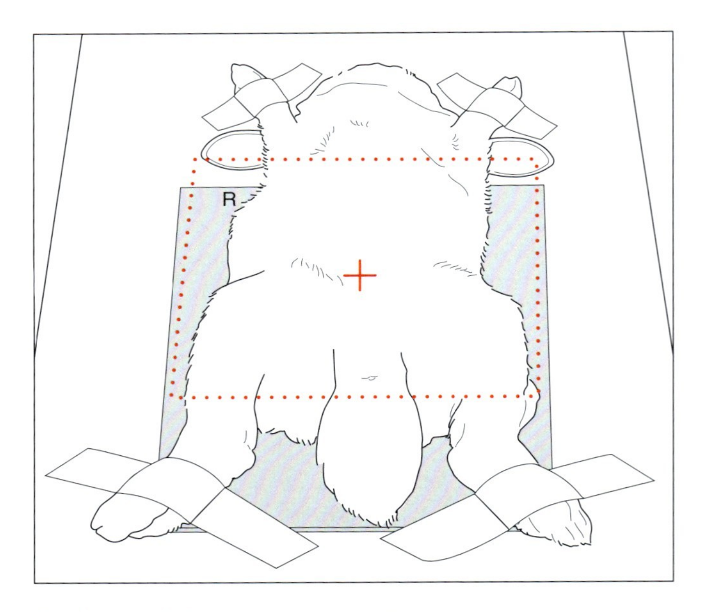

Abbildung 1-6 Lagerung eines Kaninchens für eine Abdomenaufnahme im ventrodorsalen Strahlengang. Das Kaninchen wird in Rückenlage auf die Röntgenkassette gelegt. Die Schulter- und Beckengliedmaßen werden in leichter Streckstellung fixiert. Der Zentralstrahl (+) wird auf die Mitte der Lendenwirbelsäule ausgerichtet und das Primärstrahlenbündel (strichlierte Linie) so eingeblendet, dass der kaudale Abschnitt des Thorax und das ganze Becken mit abgebildet werden. Die Belichtung erfolgt am Ende der Exspiration.

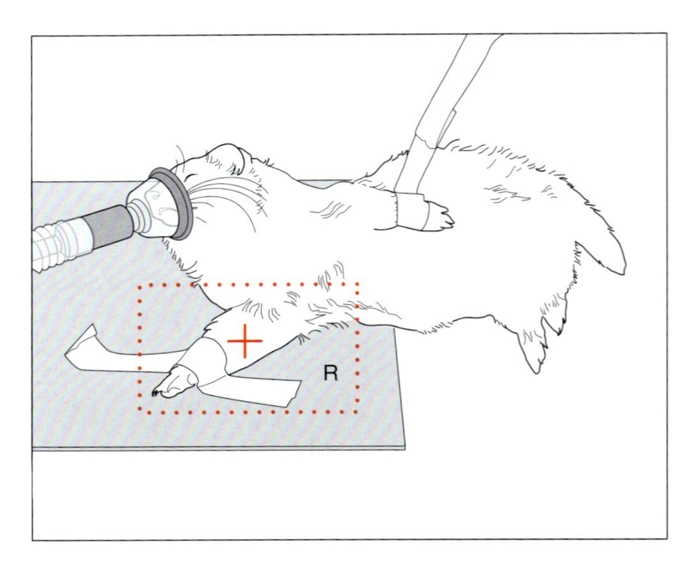

Abbildung 1-7 Lagerung eines Frettchens zum Röntgen einer Schultergliedmaße im mediolateralen Strahlengang. Das Frettchen wird in Seitenlage auf die Röntgenkassette verbracht, so dass die zu untersuchende Gliedmaße unten liegt. Die Schultergliedmaße liegt der Kassette direkt auf und wird in exakter Seitenlage mit röntgendurchlässigem Klebeband fixiert. Die kontralaterale Schultergliedmaße wird dagegen dorsokaudal gezogen und fixiert, so dass eine Überlagerung von Strukturen beider Gliedmaßen im Röntgenbild vermieden wird. Der Zentralstrahl (+) wird auf das Ellenbogengelenk ausgerichtet und das Primärstrahlenbündel (strichlierte Linie) so eingeblendet, dass die gesamte zu untersuchende Gliedmaße im Bild ist.

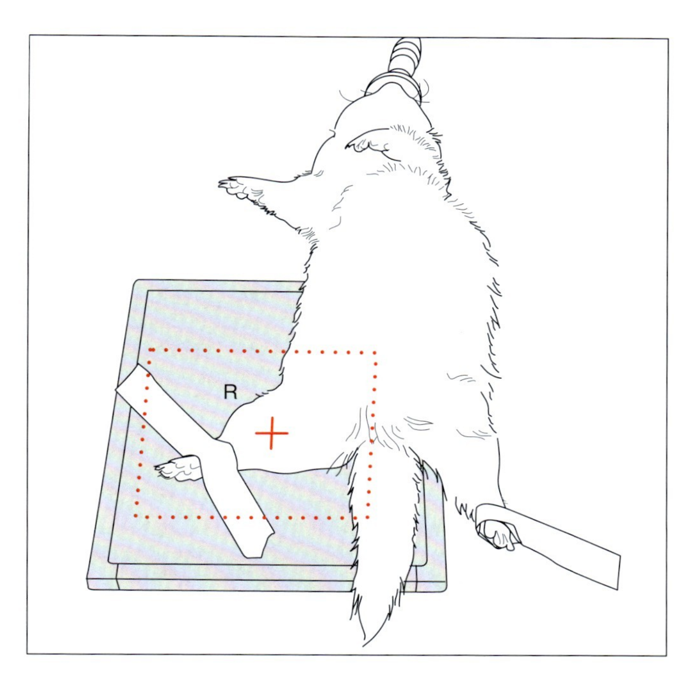

Abbildung 1-8 Lagerung eines Frettchens zum Röntgen einer Beckengliedmaße im mediolateralen Strahlengang. Das Frettchen liegt in Seitenlage, die zu untersuchende Beckengliedmaße liegt mit ihrer Außenseite auf der Röntgenkassette und wird mit röntgendurchlässigen Klebestreifen fixiert. Die kontralaterale Beckengliedmaße wird kaudal gezogen und abduziert, um die Überlagerung von Weichteilgeweben zu vermeiden. Der Zentralstrahl (+) wird auf das Kniegelenk ausgerichtet und das Primärstrahlenbündel (strichlierte Linie) so eingeblendet, dass die gesamte zu untersuchende Gliedmaße im Bild ist.

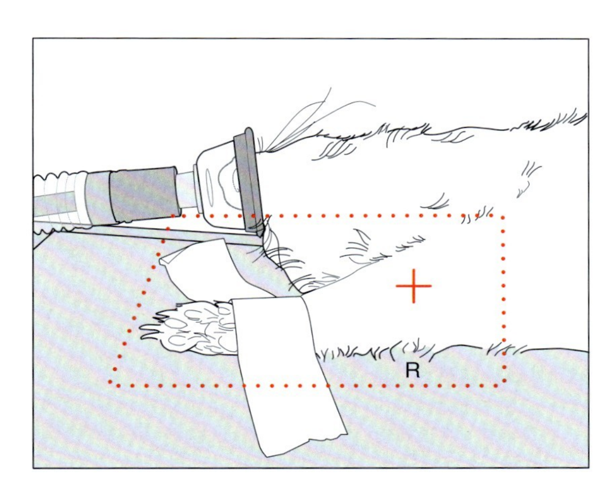

Abbildung 1-9 Lagerung eines Frettchens zum Röntgen einer Schultergliedmaße im ventrodorsalen Strahlengang. Der Patient befindet sich in Rückenlage, wobei er aber leicht auf die Gegenseite gedreht ist, um eine Überlagerung der Weichteilgewebe zu minimieren. Die Schultergliedmaße liegt mit ihrer Kranialfläche auf der Röntgenkassette und wird mit röntgendurchlässigem Klebeband fixiert. Der Zentralstrahl (+) wird auf das Ellenbogengelenk ausgerichtet und das Primärstrahlenbündel (strichlierte Linie) so eingeblendet, dass die ganze zu untersuchende Gliedmaße erfasst wird.

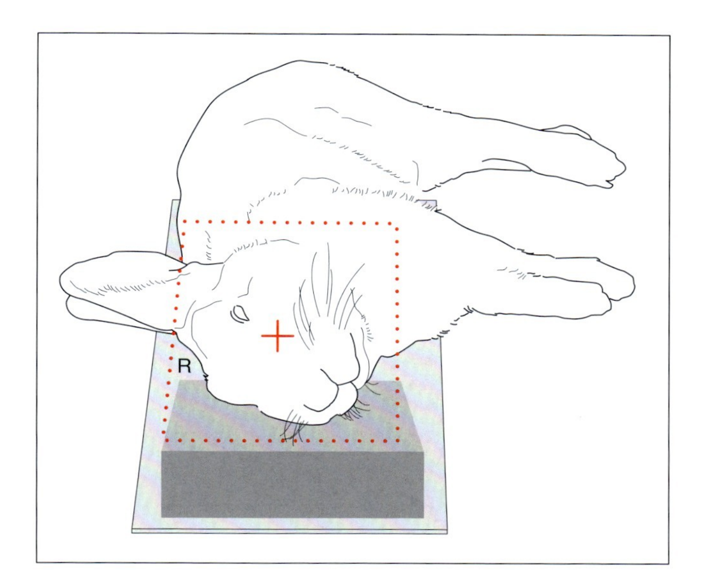

Abbildung 1-10 Lagerung eines Kaninchens zur Röntgendarstellung des Kopfs im laterolateralen Strahlengang. Das Kaninchen wird in eine rechte Seitenlage verbracht und der Kopf auf der Röntgenkassette gelagert. Ein Schaumstoffkeil wird so weit unter den Kopf geschoben, bis die Sagittalebene des Kopfes parallel zum Röntgentisch ausgerichtet ist. Die Gliedmaßen werden symmetrisch und der Rumpf exakt auf der Seite gelagert. Wenn eine zusätzliche Fixation notwendig sein sollte, kann diese mit Klebestreifen erfolgen. Der Zentralstrahl (+) wird rostroventral des Auges ausgerichtet und das Primärstrahlenbündel (strichlierte Linie) so eingeblendet, dass es den ganzen Kopf und den Hals erfasst.

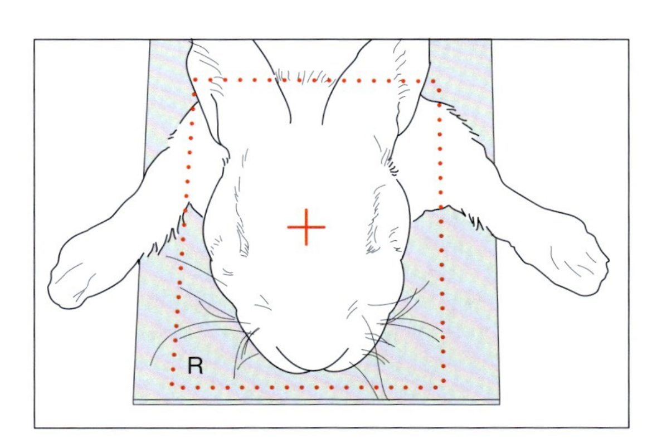

Abbildung 1-11 Lagerung eines Kaninchens zur Röntgendarstellung des Kopfes im dorsoventralen Strahlengang. Das Kaninchen wird in Bauchlage verbracht und der Kopf liegt mit den Unterkieferästen der Röntgenkassette auf. Die Schultergliedmaßen werden kraniolateral gezogen, so dass sie ungefähr im 45°-Winkel zur Körperlängsachse liegen, um eine Überlagerung mit Strukturen des Kopfes zu vermeiden. Der Zentralstrahl (+) wird auf die Kopfmitte zwischen den Augen ausgerichtet und das Primärstrahlenbündel (strichlierte Linie) so eingeblendet, dass es den ganzen Kopf und Teile des Halses erfasst.

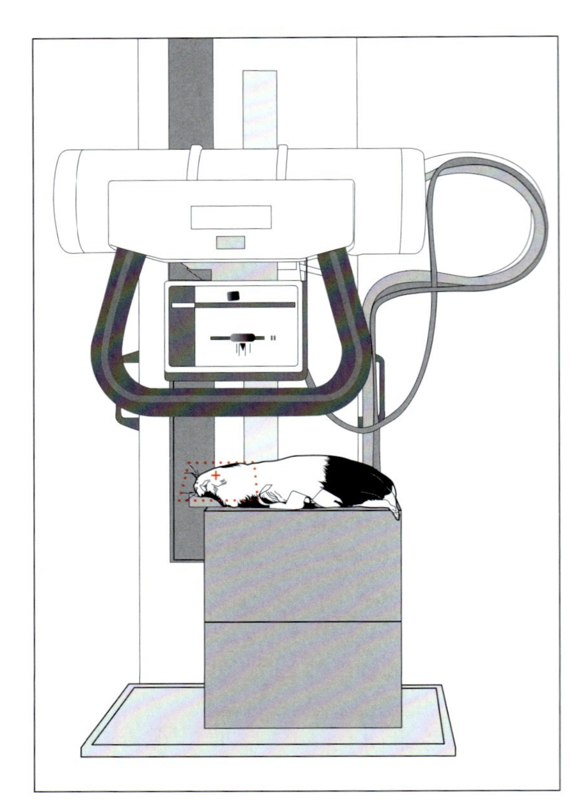

Abbildung 1-12 Erhöhte Lagerung zur Anfertigung einer direktvergrößerten Röntgenaufnahme eines Meerschweinchenkopfs im laterolateralen Strahlengang. Die Röntgenkassette liegt direkt auf dem Röntgentisch. Der Objekt-Film-Abstand wurde erweitert, indem zwischen Patient und Röntgenkassette ein strahlendurchlässiger Schaumstoffblock geschoben wurde. Der Film-Fokus-Abstand wurde durch Herunterziehen der Röntgenröhre verkürzt. Für die Erstellung einer Aufnahme wie in der Abbildung dargestellt beträgt der Objekt-Film-Abstand 31 cm und der Film-Fokus-Abstand 51 cm. Mit dieser Technik wird eine ungefähr 2fach vergrößerte Abbildung auf dem Röntgenfilm erzeugt.

Lagerung des Kopfes

Die Röntgenuntersuchung des Kopfes wird im laterolateralen sowie dorsoventralen Strahlengang durchgeführt und – wenn notwendig – durch Schrägprojektionen ergänzt. Für die Untersuchung im laterolateralen und schrägen Strahlengang wird das Tier in Seitenlage verbracht. Die Untersuchung im dorsoventralen Strahlengang erfolgt in Bauchlage des Patienten. Kleine Keile strahlendurchlässigen Schaumstoffs helfen, den Kopf exakt zu positionieren, bevor er auf der Kassette fixiert wird. Die Schrägprojektion wird in einem Winkel von 30° oder weniger gemessen zum laterolateralen Strahlengang durchgeführt. Ihre Benennung erfolgt nach den Strukturen des Kopfes, an denen der Zentralstrahl in den Kopf eintritt und auf der kontralateralen Seite wieder austritt. (Abb. 1-10 bis 1-11).

In diesem Buch sind auch direktvergrößerte Röntgenaufnahmen des Kopfes von Nagetieren und Kaninchen enthalten. Die Prinzipien der Erstellung direktvergrößerter Röntgenaufnahmen sind schon an anderer Stelle in der veterinärradiologischen Literatur dargestellt worden. In aller Kürze sei hier nur gesagt, dass für diese Technik eine Röntgenröhre mit einem extrem kleinen Fokus benötigt wird bei einem gleichzeitig vergrößerten Objekt-Film-Abstand. Es resultiert eine vergrößerte Abbildung des geröntgten Objektes auf dem Röntgenfilm. Sinnvoll ist der Einsatz dieser Technik für die Untersuchung sehr kleiner Patienten oder kleiner detailreicher Körperabschnitte (Abb. 1-12).

1.4 Röntgenkontrastaufnahmen des Verdauungstrakts

Bei den besprochenen Tierarten ist der Weichteilkontrast für eine aussagekräftige Organdarstellung meist ungenügend. Zur Untersuchung des Verdauungs- und Harntrakts müssen daher besondere röntgenologische Untersuchungsmethoden wie Kontrastaufnahmen herangezogen werden. Diese ermöglichen eine sehr detailreiche Darstellung der anatomischen Verhältnisse. Dabei muss allerdings beachtet werden, dass die Bewertung der Organfunktion infolge der Anästhesie oder Sedation, die zur Anfertigung der Aufnahme notwendig sein kann, nur mit Einschränkungen erfolgen kann. Die Verabreichung eines Röntgenkontrastmittels zur Untersuchung des Verdauungsapparats kann direkt mit einer Spritze oder über eine Knopfkanüle, einen weichen und flexiblen Harnkatheter oder eine Schlundsonde erfolgen. Es ist auch möglich, den Patienten – vor Einleitung der Anästhesie – anzuregen, das Kontrastmittel abzuschlucken, indem das Kontrastmittel langsam mit einer Spritze oder über eine weitlumige Knopfkanüle in die Maulhöhle gegeben wird. In der Regel wird das Kontrastmittel aber beim anästhesierten Patienten über eine Schlundsonde verabreicht. Weiche flexible Harnkatheter oder Magenschlundsonden sind bevorzugt für die Gabe in Ösophagus oder Magen zu verwenden, um das Kontrastmittel in der vorgeschriebenen Dosis zu verabreichen. Beim nicht anästhesierten Tier wird der Spritzenkonus oder die Sonde in das Diastema geschoben und das Kontrastmittel langsam injiziert, während das Tier abschluckt. Die empfohlene Dosis eines Positivkontrastmittels zur Darstellung des Magen-Darm-Trakts liegt ungefähr bei 2% der Körpermasse (2 ml Kontrastmittel je 100 g Körpermasse). Die Kontrastmittelstudien für das vorliegende Buch wurden mit einer 60%igen Suspension mikropulverisierten Bariumsulfats durchgeführt.

Bei Tierarten mit einem relativ einfach aufgebauten Verdauungsapparat (z.B. Maus, Ratte, Frettchen) können auch Doppelkontraststudien durchgeführt werden, die eine besonders detaillierte Schleimhautdarstellung im gasgefüllten Magen-Darm-Trakt ermöglichen. Doppelkontraststudien erfolgen unter Vollnarkose, um dem Patienten unnötige Leiden zu ersparen und eine optimale Gasfüllung des Magen-Darm-Trakts zu ermöglichen. Zuerst wird das Positivkontrastmittel über eine Magenschlundsonde verabreicht (60%ige Bariumsulfatsuspension). Eingegeben wird ungefähr ein Viertel bis die Hälfte der Menge, die für eine einfache Kontrastmittelstudie benötigt worden wäre. Als zweites wird über die Magenschlundsonde Luft in den Magen geleitet. Üblicherweise wird eine Luftmenge von ungefähr 100 bis 200% des Volumens, das bei einer einfachen Kontrastmittelstudie an Positivkontrastmittelvolumen eingegeben worden wäre, verwendet. Angestrebt wird eine vollständige Gasfüllung des Magens. Doppelkontraststudien sollten nur mit größter Vorsicht bei Patienten mit Magenaufgasung oder dem Verdacht auf eine gastrointestinale Obstruktion durchgeführt werden. Wenn der Magen nach Abschluss der Röntgenuntersuchung immer noch sehr stark gasgefüllt ist, sollte das Gas über eine Magenschlundsonde abgelassen werden.

Zur Kontrastdarstellung des Kolons muss das Kontrastmittel retrograd in das Kolon eingeleitet werden. Weiche flexible Katheter sind hierfür im Allgemeinen am besten geeignet. Als Kontrastmittel ist eine 60%ige Suspension mikropulverisierten Bariumsulfats zu empfehlen. Genaue Dosisempfehlungen für die retrograde Kontrastmitteluntersuchung des Kolons gibt es bisher nicht. Das ungefähre Volumen des Kolons kann aber nach Leeraufnahmen abgeschätzt werden. Dazu werden seine Länge und sein Durchmesser herangezogen. Eine andere Methode besteht darin, Spritzen mit dem gleichen Durchmesser wie das Kolon über den gesamten Verlauf dieses Darmabschnitts auf die Röntgenleeraufnahme zu legen. Anhand der Zahl der Spritzen, die nötig ist, um das Kolon über seine ganze Länge zu verfolgen, lässt sich die benötigte Menge an Bariumsulfatsuspension abschätzen. Diese Technik kann aufgrund des natürlicherweise gewundenen Verlaufs des Kolons in der praktischen Durchführung schwierig sein. Eine andere Methode zur Abschätzung des benötigten Volumens ist die Anfertigung von Röntgenaufnahmen während des Kontrastmitteleinlaufs oder, wenn die technischen Voraussetzungen gegeben sind, die Kontrastmitteleingabe unter Durchleuchtungskontrolle.

1.5 Röntgenkontraststudien des Harntrakts

Zur Durchführung einer Ausscheidungsurographie bei Kaninchen und Frettchen muss vorab eine Dauerverweilkanüle in der V. cephalica gelegt werden, über die das Kontrastmittel intravenös verabreicht werden kann. Eine Kompression des Abdomens während der Untersuchung kann die Darstellung der renalen Sammelgänge verbessern. Mehrere Lagen Gazebinden werden dafür kranial der Harnblase ventral auf das Abdomen gelegt. Anschließend werden diese mit elastischen Binden, die fest um das kaudale Abdomen gewickelt werden, fixiert und so das Abdomen komprimiert. Sollte die Harnproduktion während der Untersuchung zu gering sein, kann diese durch eine intravenöse Diuretikagabe nach Applikation des Kontrastmittels gesteigert werden. Diese Maßnahme ist nicht bei allen Patienten notwendig.

Für die Zystographie wird das Kontrastmittel retrograd entweder über einen Harnkatheter für Kater oder einen dünnen Polyethylenkatheter appliziert. Geeignet sind organische jodhaltige Kontrastmittel mit einem Jodgehalt von ca. 37%. Die Urographien für das vorliegende Buch wurden mit dem Kontrastmittel Natrium-Meglumine-Diatrizoat durchgeführt (RenoCal-76, Bracco Diagnostics, Princeton, NJ 08543). Für Doppelkontraststudien wird erst eine kleine Menge Positivkontrastmittel instilliert und anschließend die Harnblase mit Gas gefüllt. Auch wenn die Verwendung von Raumluft allgemein üblich ist, muss bedacht werden, dass hierdurch die Gefahr einer iatrogenen Embolie gesteigert wird. Durch die Verwendung von CO_2 als Ersatz für Raumluft wird diese Komplikation vermieden. Die Ausdehnung der Harnblase während der Gasinsufflation erfolgt kontrolliert unter abdominaler Palpation, bis eine ausreichende Füllung erreicht ist. Nach Abschluss der Untersuchung sollte die Harnblase über den Katheter wieder entleert und damit entspannt werden. Bei Kaninchen, deren Harnblase eine größere Menge röntgendichten Harngrießes enthält, ist die Doppelkontrastdarstellung nur bedingt aussagekräftig.

1.6 Myelographische Untersuchungen

Eine Myelographie wird bei Meerschweinchen, Kaninchen und Frettchen in gleicher Weise durchgeführt, wie dies für den Hund beschrieben ist (*Textbook of Veterinary Radiology*, 4. Aufl. Donald E. Thrall (Hrsg.), Verlag WB Saunders, Philadelphia, Seite 114–126, 2002). Die Anatomie des Rückenmarks und Rückenmarkkanals bei Nagetieren und Kaninchen unterscheidet sich von der bei Katzen und Hunden. Zur Auswertung müssen daher vergleichend entsprechende anatomische Beschreibungen herangezogen werden. Die vorab anzufertigenden Leeraufnahmen sind bei Kaninchen und Meerschweinchen vorzugsweise in Bauchlage zu erstellen, in der die Gefahr einer rotierten Lage deutlich gemildert ist. Die myelographischen Aufnahmen von Kaninchen und Meerschweinchen im vorliegenden Buch wurden unter Durchleuchtungskontrolle durchgeführt. Die Kontrastmittelinjektion erfolgte unter Vollnarkose der Patienten über eine 27-Gauge-Spinalkanüle. Wie bei allen myelographischen Untersuchungen sollte eine antikonvulsive Medikation in Erwägung gezogen werden.

KAPITEL 2

Maus *(Mus musculus)*

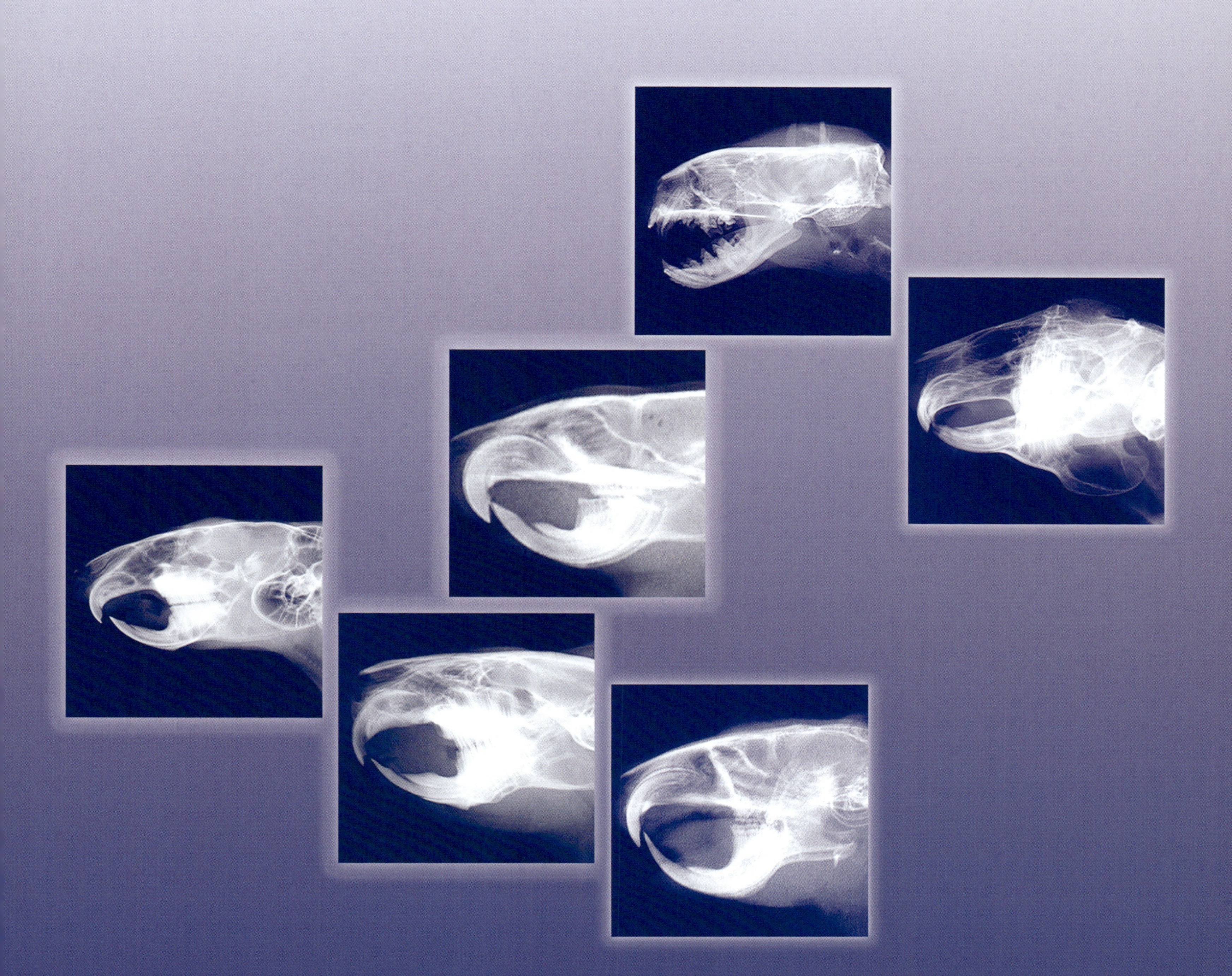

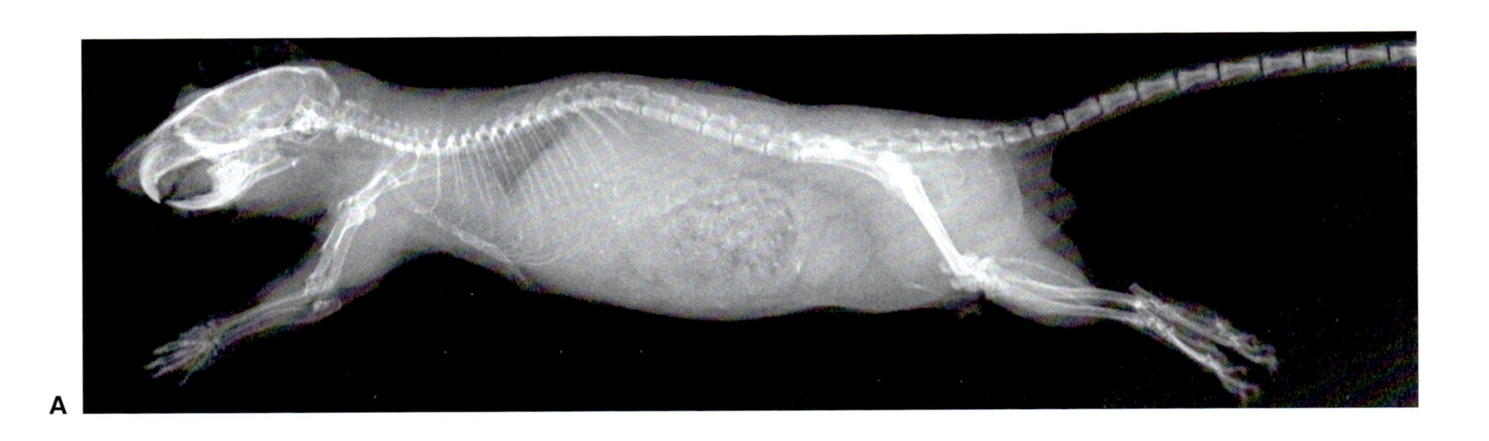

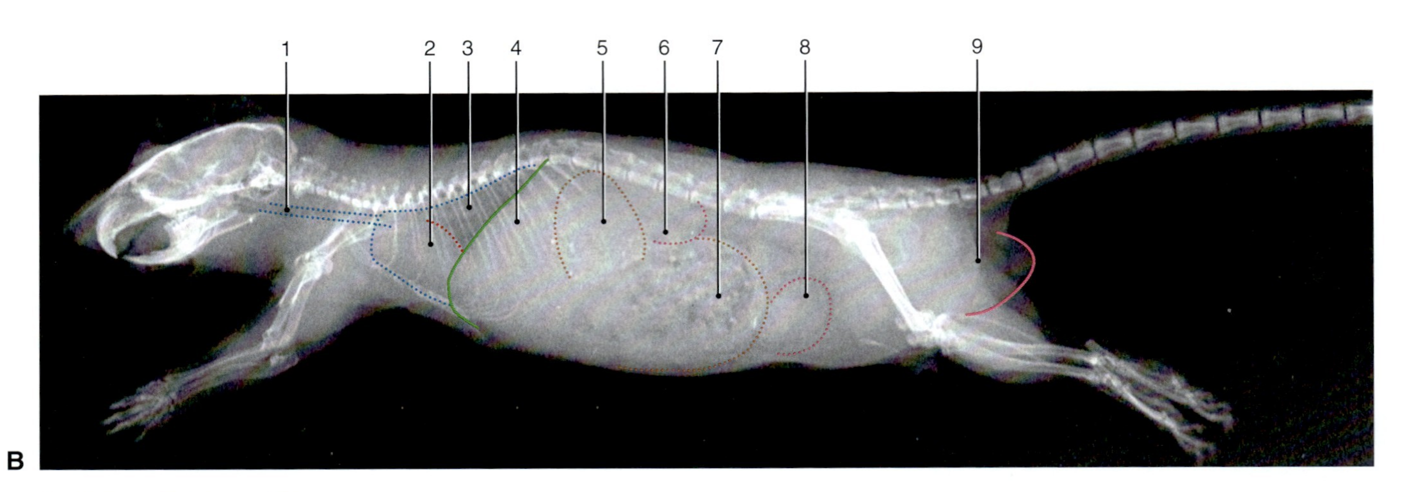

Abbildung 2-1, A und B
Tierart: Maus
Organsystem: Brust- und Bauchorgane
Projektion: laterolateral (rechte Seitenlage)
Körpermasse: 27 g
Geschlecht: männlich unkastriert
Lebensalter: adult

1. Luftröhre
2. Herz
3. Lunge
4. Leber
5. Magen
6. Niere
7. Blinddarm
8. Harnblase
9. Skrotum

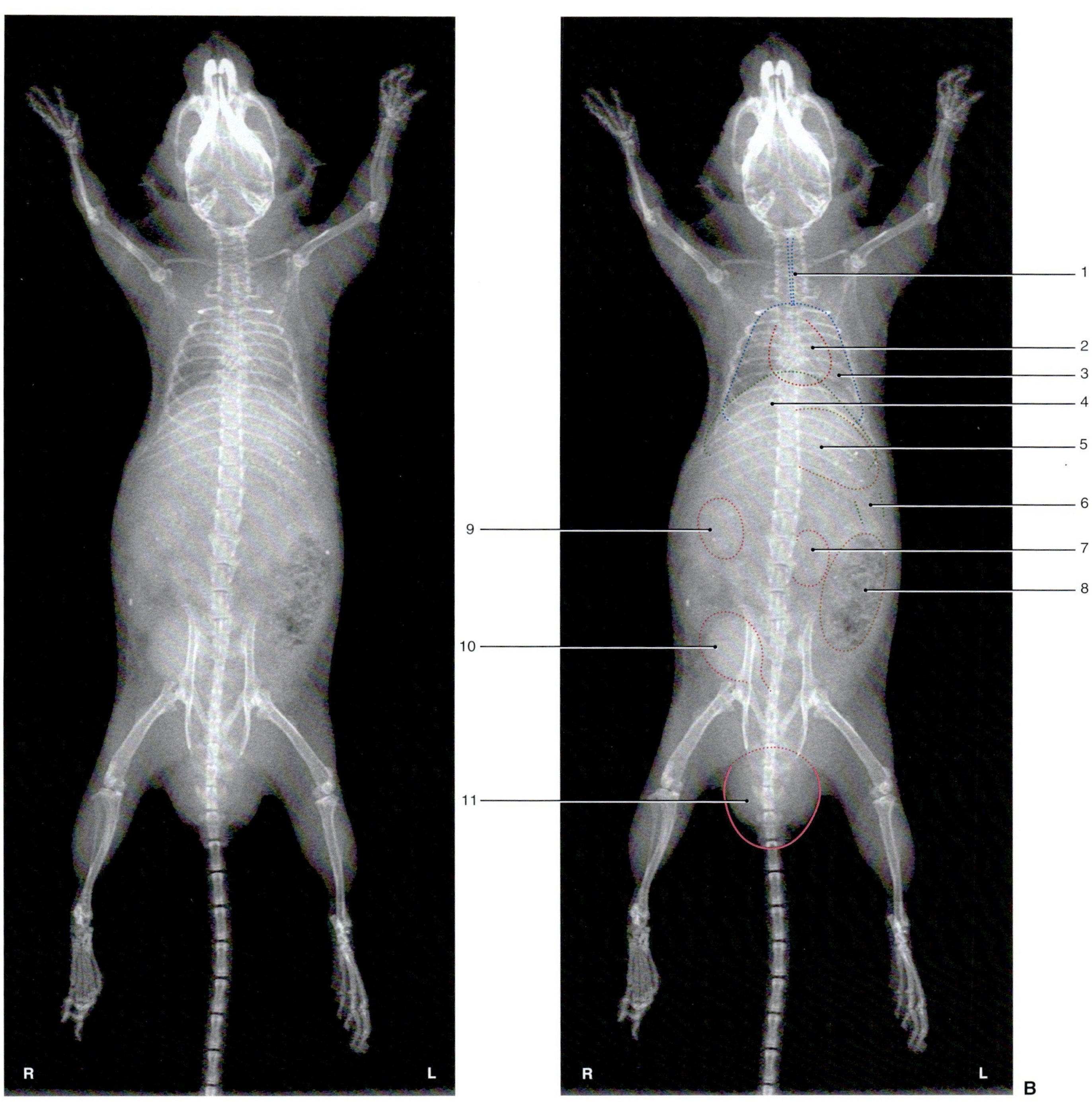

Abbildung 2-2, A
Tierart: Maus
Organsystem: Brust- und Bauchorgane
Projektion: ventrodorsal
Körpermasse: 27 g
Geschlecht: männlich unkastriert
Lebensalter: adult

Abbildung 2-2, B
Tierart: Maus
Organsystem: Brust- und Bauchorgane
Projektion: ventrodorsal
Körpermasse: 27 g
Geschlecht: männlich unkastriert
Lebensalter: adult

1. Luftröhre
2. Herz
3. Lunge
4. Leber
5. Magen
6. Milz
7. linke Niere
8. Blinddarm
9. rechte Niere
10. Harnblase
11. Skrotum

A

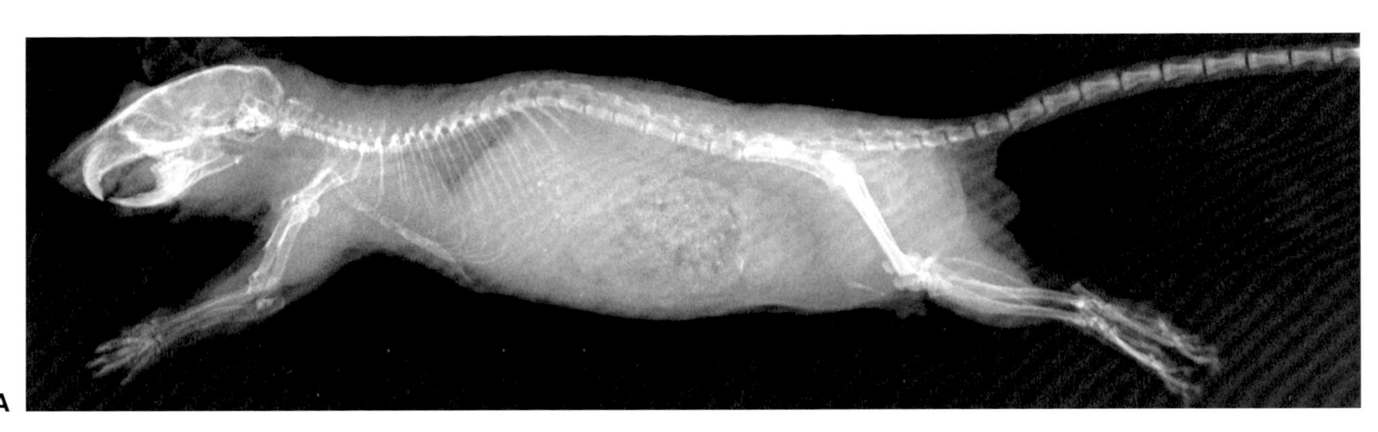

Abbildung 2-3, A
Tierart: Maus
Organsystem: Skelett (Ganzkörperaufnahme)
Projektion: laterolateral (rechte Seitenlage)
Körpermasse: 27 g
Geschlecht: männlich unkastriert
Lebensalter: adult

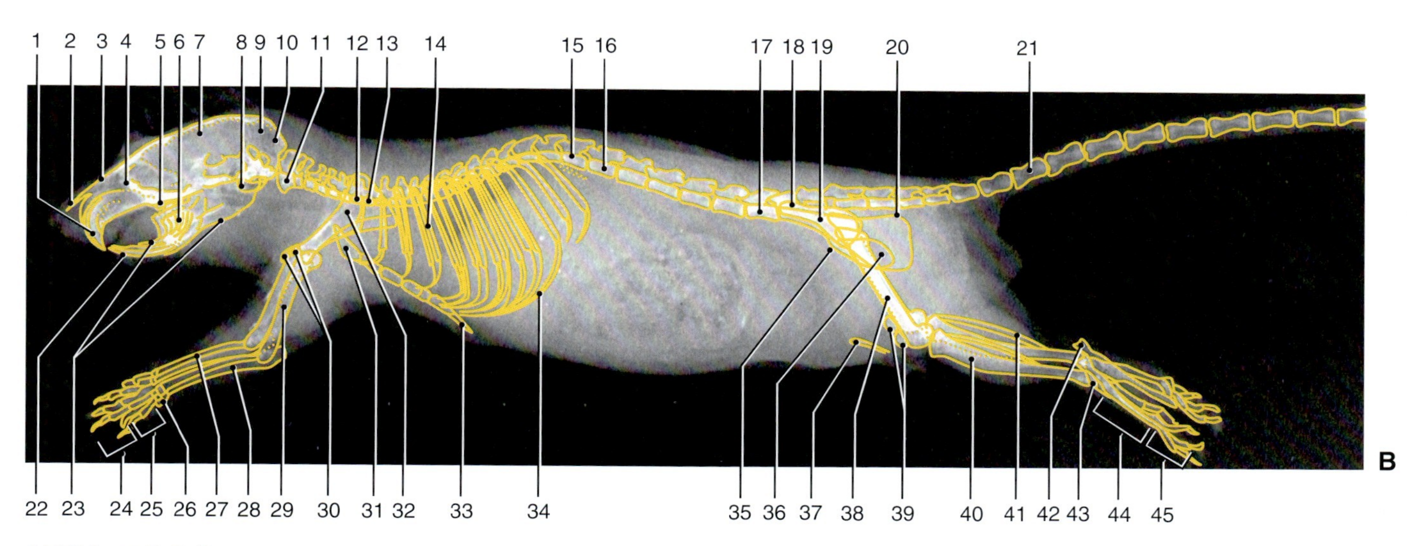

Abbildung 2-3, B
Tierart: Maus
Organsystem: Skelett (Ganzkörperaufnahme)
Projektion: laterolateral (rechte Seitenlage)
Körpermasse: 27 g
Geschlecht: männlich unkastriert
Lebensalter: adult

1. obere Schneidezähne
2. Os nasale
3. Os incisivum
4. Maxilla
5. Oberkieferbackenzähne
6. Unterkieferbackenzähne
7. Os frontale
8. Bulla tympanica
9. Os parietale
10. Os occipitale
11. Atlas
12. 7. Halswirbel
13. 1. Brustwirbel
14. 4. Rippe
15. 13. Brustwirbel
16. 1. Lendenwirbel
17. 6. Lendenwirbel
18. Os sacrum
19. Os ilium
20. Os ischii
21. Schwanzwirbel
22. untere Schneidezähne
23. Mandibula
24. Phalanges
25. Ossa metacarpalia
26. Ossa carpi
27. Radius
28. Ulna
29. Humerus
30. Clavicula
31. Manubrium sterni
32. Scapula
33. Proc. xiphoideus
34. Cartilago costalis
35. Os pubis
36. Foramen obturatum
37. Os penis
38. Os femoris
39. Patella
40. Tibia
41. Fibula
42. Calcaneus
43. Ossa tarsi
44. Ossa metatarsalia
45. Phalanges

Abbildung 2-4, A
Tierart: Maus
Organsystem: Skelett (Ganzkörperaufnahme)
Projektion: ventrodorsal
Körpermasse: 27 g
Geschlecht: männlich unkastriert
Lebensalter: adult

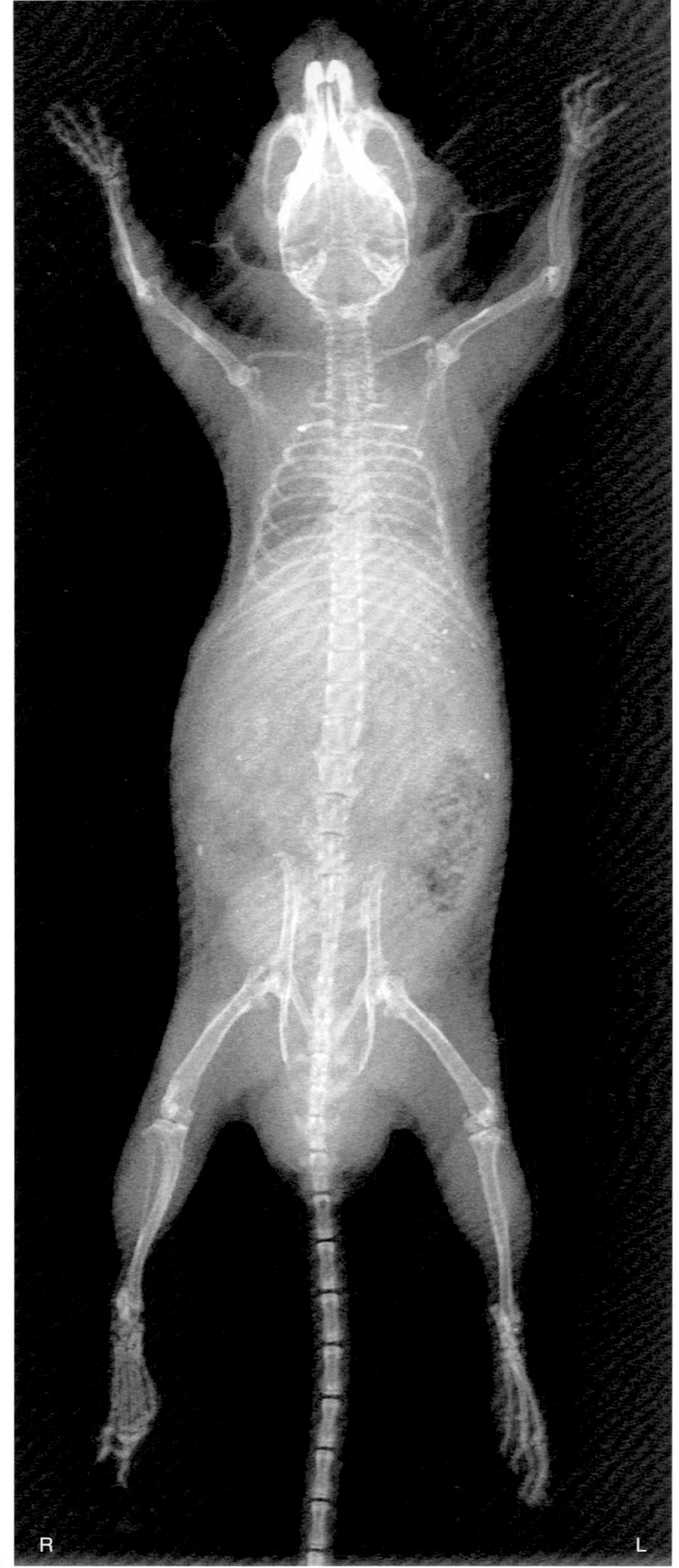

A

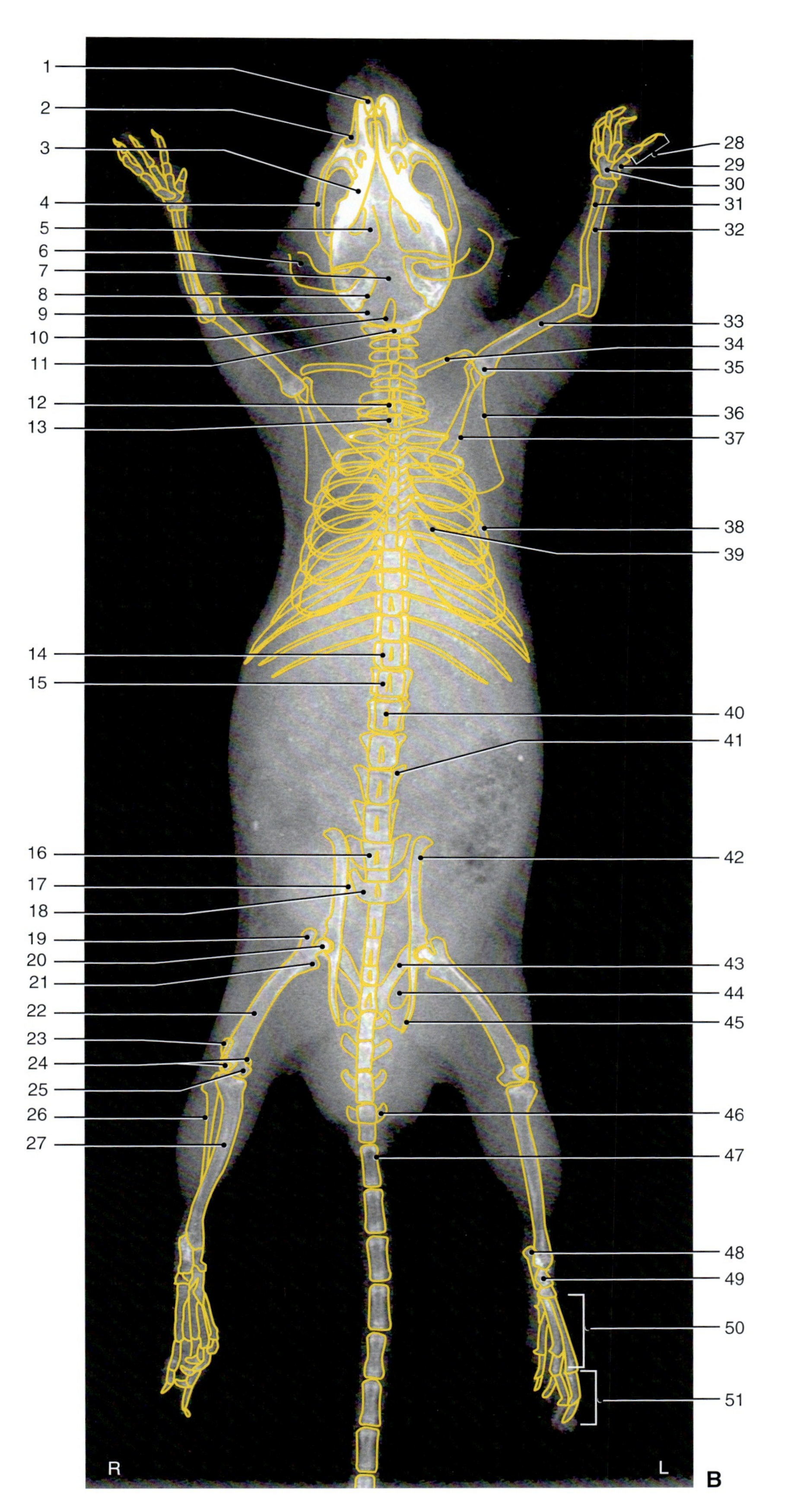

Abbildung 2-4, B
Tierart: Maus
Organsystem: Skelett (Ganzkörperaufnahme)
Projektion: ventrodorsal
Körpermasse: 27 g
Geschlecht: männlich unkastriert
Lebensalter: adult

1. Schneidezähne
2. Os incisivum
3. Mandibula
4. Os zygomaticum
5. Os frontale
6. Äußerer Gehörgang
7. Os parietale
8. Bulla tympanica
9. Os occipitale
10. Foramen magnum
11. Atlas
12. 7. Halswirbel
13. 1. Brustwirbel
14. 13. Brustwirbel
15. 1. Lendenwirbel
16. 6. Lendenwirbel
17. Articulatio sacroiliaca
18. Os sacrum
19. Trochanter major ossis femoris
20. Caput ossis femoris
21. Trochanter minor ossis femoris
22. Os femoris
23. Patella
24. Fabellae
25. Condylus ossis femoris
26. Fibula
27. Tibia
28. Phalanges
29. Ossa metacarpalia
30. Ossa carpi
31. Radius
32. Ulna
33. Humerus
34. Clavicula
35. Caput humeri
36. Scapula
37. Spina scapula
38. Os costale
39. Cartilago costalis
40. Proc. spinosus (2. Lendenwirbel)
41. Proc. transversus (4. Lendenwirbel)
42. Os ilium
43. Os pubis
44. Foramen obturatum
45. Os ischii
46. Proc. transversus (8. Schwanzwirbel)
47. Schwanzwirbel
48. Calcaneus
49. Ossa tarsi
50. Ossa metatarsalia
51. Phalanges

Abbildung 2-5, A
Tierart: Maus
Organsystem: Kopf
Projektion: laterolateral (rechte Seitenlage)
Körpermasse: 27 g
Geschlecht: männlich unkastriert
Lebensalter: adult

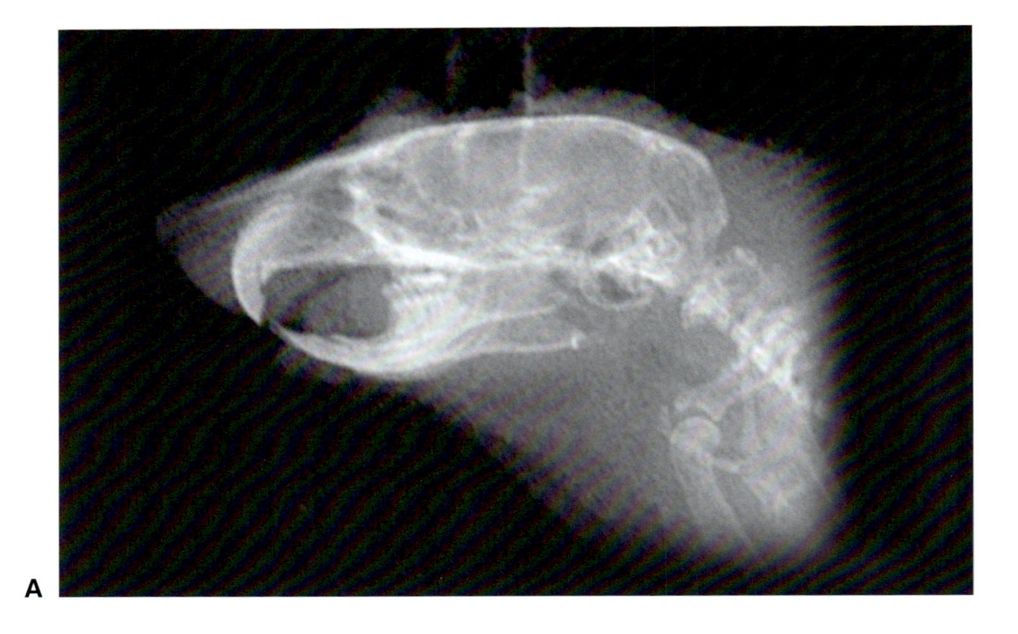

Abbildung 2-5, B
Tierart: Maus
Organsystem: Kopf
Projektion: laterolateral (rechte Seitenlage)
Körpermasse: 27 g
Geschlecht: männlich unkastriert
Lebensalter: adult

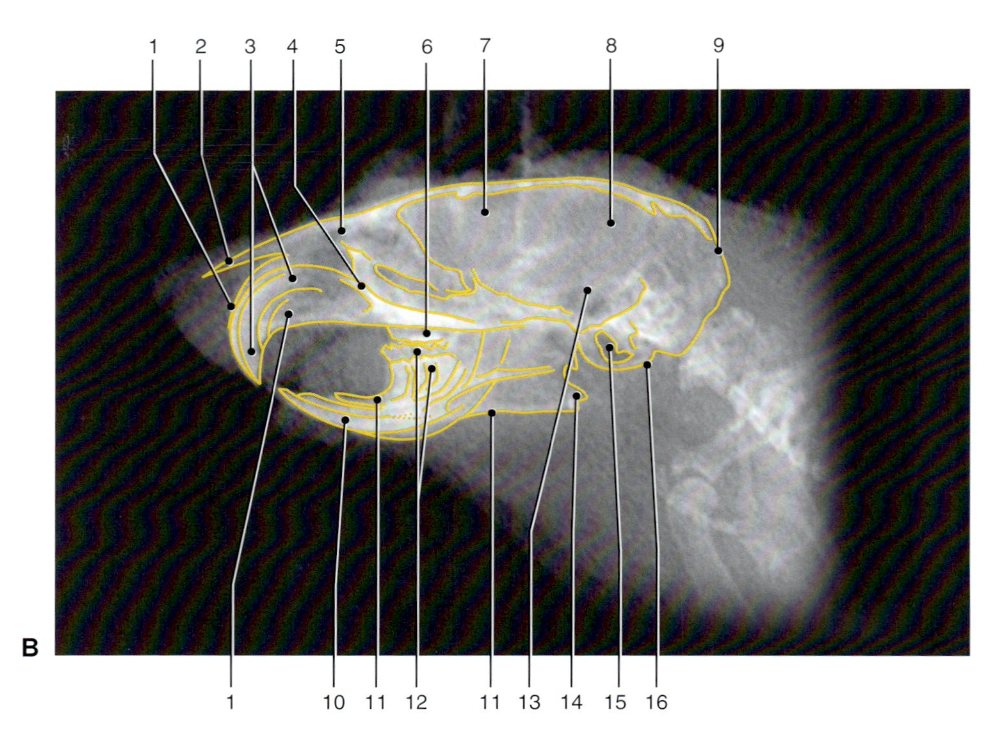

1. Os incisivum
2. Os nasale
3. oberer Schneidezahn
4. Proc. zygomaticus maxillaris
5. Maxilla
6. Oberkieferbackenzahn
7. Os frontale
8. Os parietale
9. Os occipitale
10. Unterkieferbackenzahn
11. Mandibula
12. Unterkieferbackenzahn
13. Os temporale
14. Proc. angularis mandibulae
15. Cavum tympani
16. Bulla tympanica

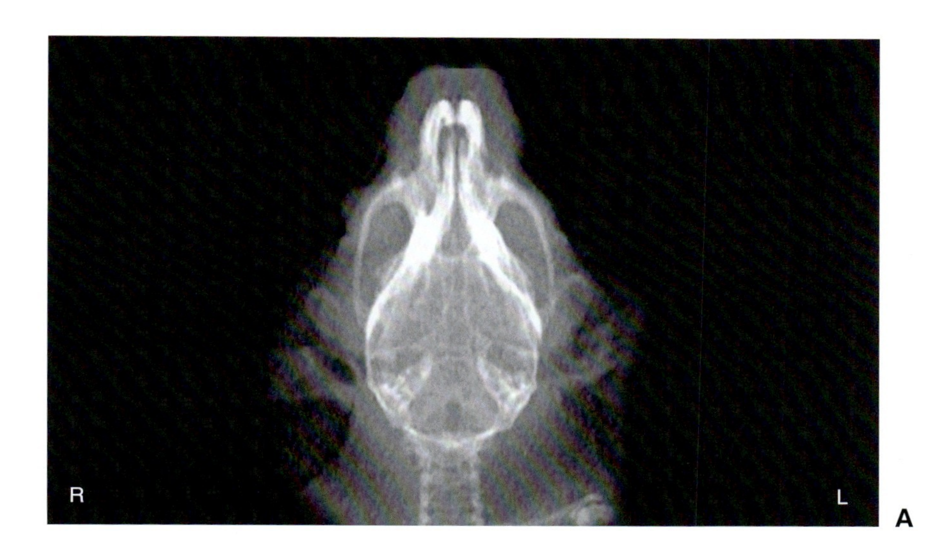

Abbildung 2-6, A
Tierart: Maus
Organsystem: Kopf
Projektion: dorsoventral
Körpermasse: 27 g
Geschlecht: männlich unkastriert
Lebensalter: adult

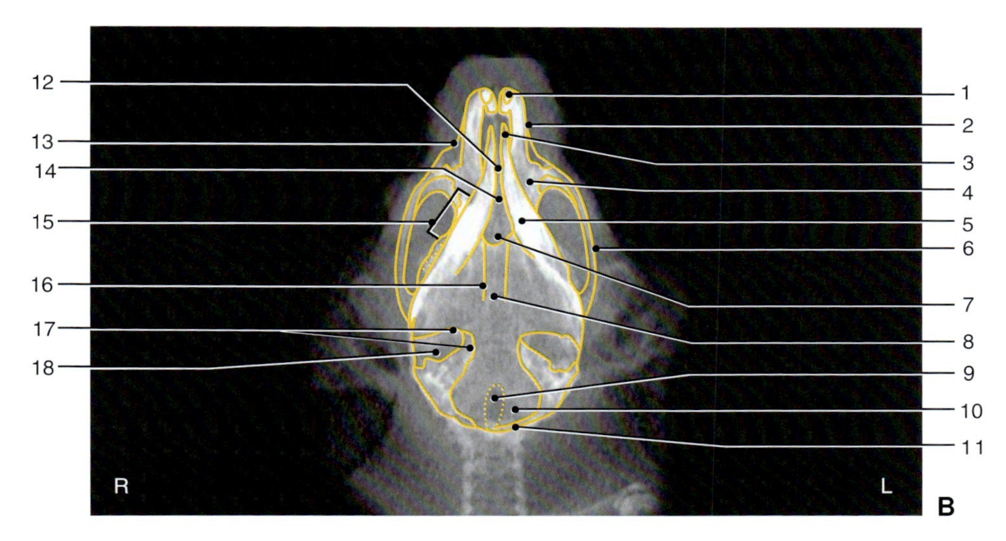

Abbildung 2-6, B
Tierart: Maus
Organsystem: Kopf
Projektion: dorsoventral
Körpermasse: 27 g
Geschlecht: männlich unkastriert
Lebensalter: adult

1. oberer Schneidezahn
2. Os incisivum
3. Unterkieferbackenzahn
4. Os frontale
5. Mandibula
6. Os zygomaticum
7. Os palatinum
8. Os basisphenoidale
9. Foramen magnum
10. Os occipitale
11. Condylus occipitalis
12. Symphysis mandibulae
13. Maxilla
14. Nasenhöhle
15. Oberkieferbackenzahn
16. Os pterygoideum
17. Bulla tympanica
18. Cavum tympani

KAPITEL 3

Ratte *(Rattus norvegicus)*

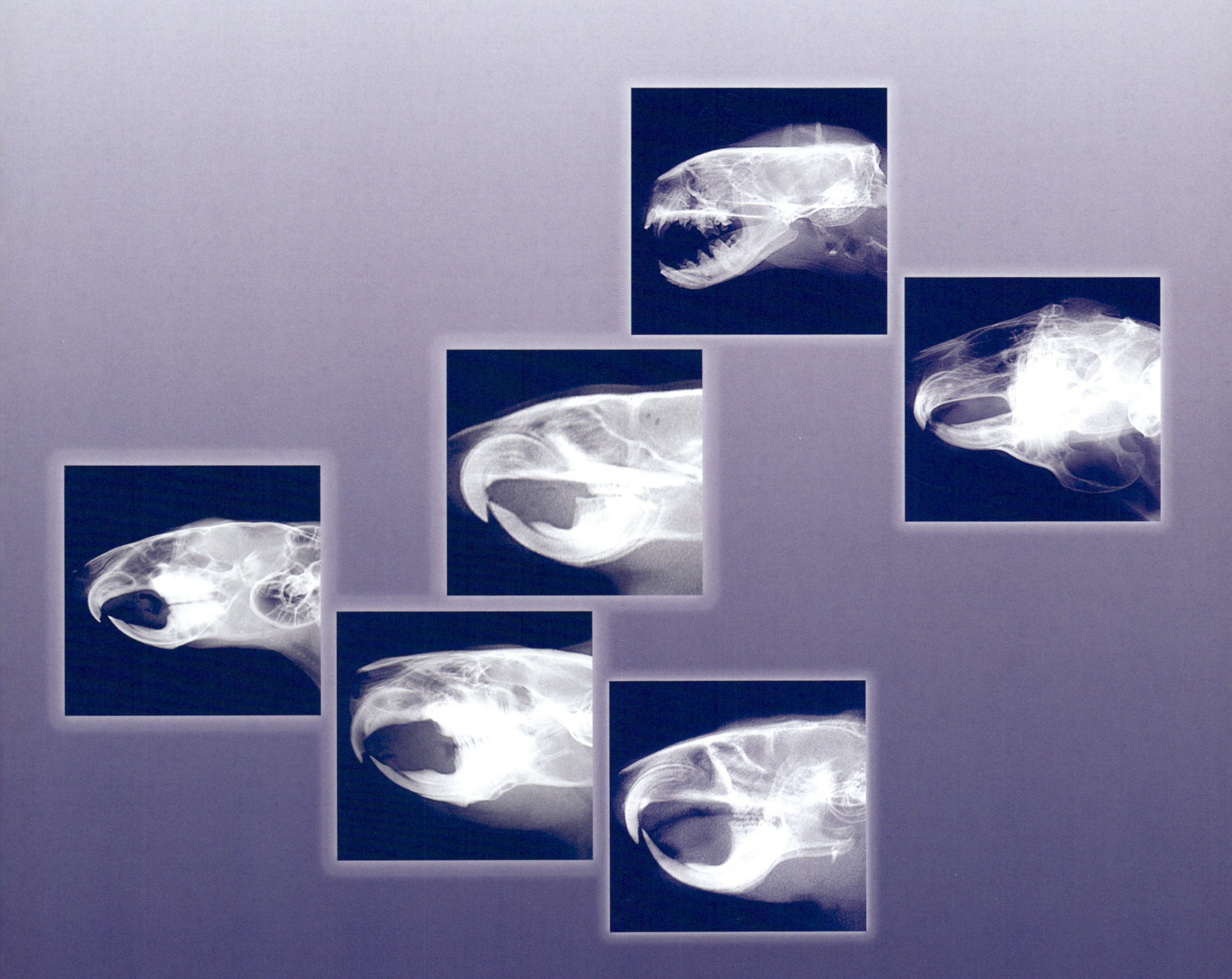

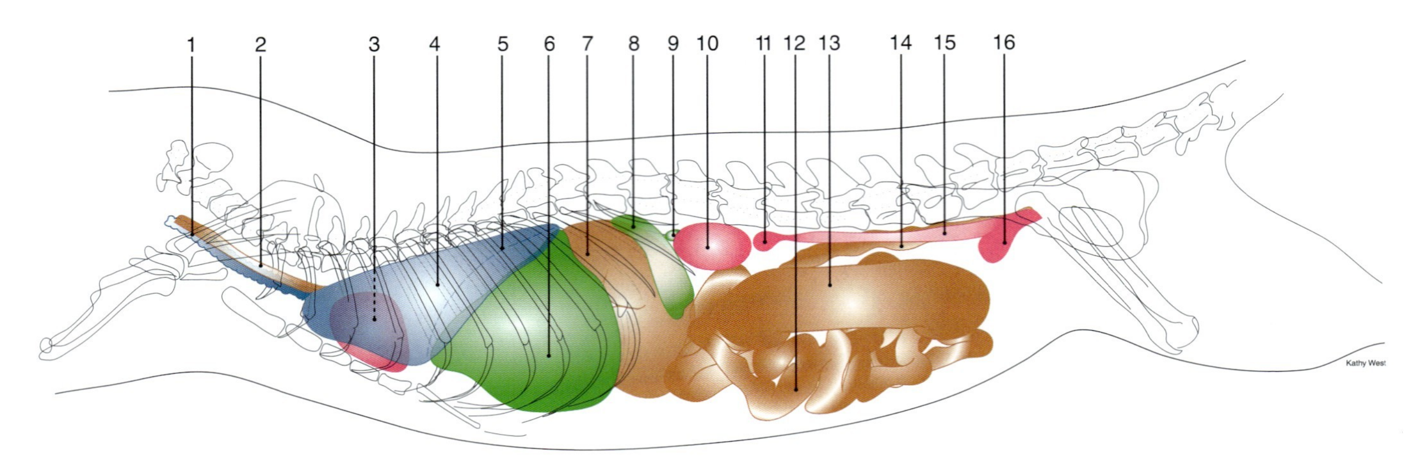

Abbildung 3-1, A Zeichnung der Anatomie (linke Seitenansicht) der Bauch- und Brustorgane einer adulten weiblichen Ratte.

1. Luftröhre
2. Speiseröhre
3. Herz
4. Lunge
5. Zwerchfell
6. Leber
7. Magen
8. Milz
9. linke Nebenniere
10. linke Niere
11. linker Eierstock
12. Dünndarm
13. Blinddarm
14. Colon descendens
15. linkes Uterushorn
16. Harnblase

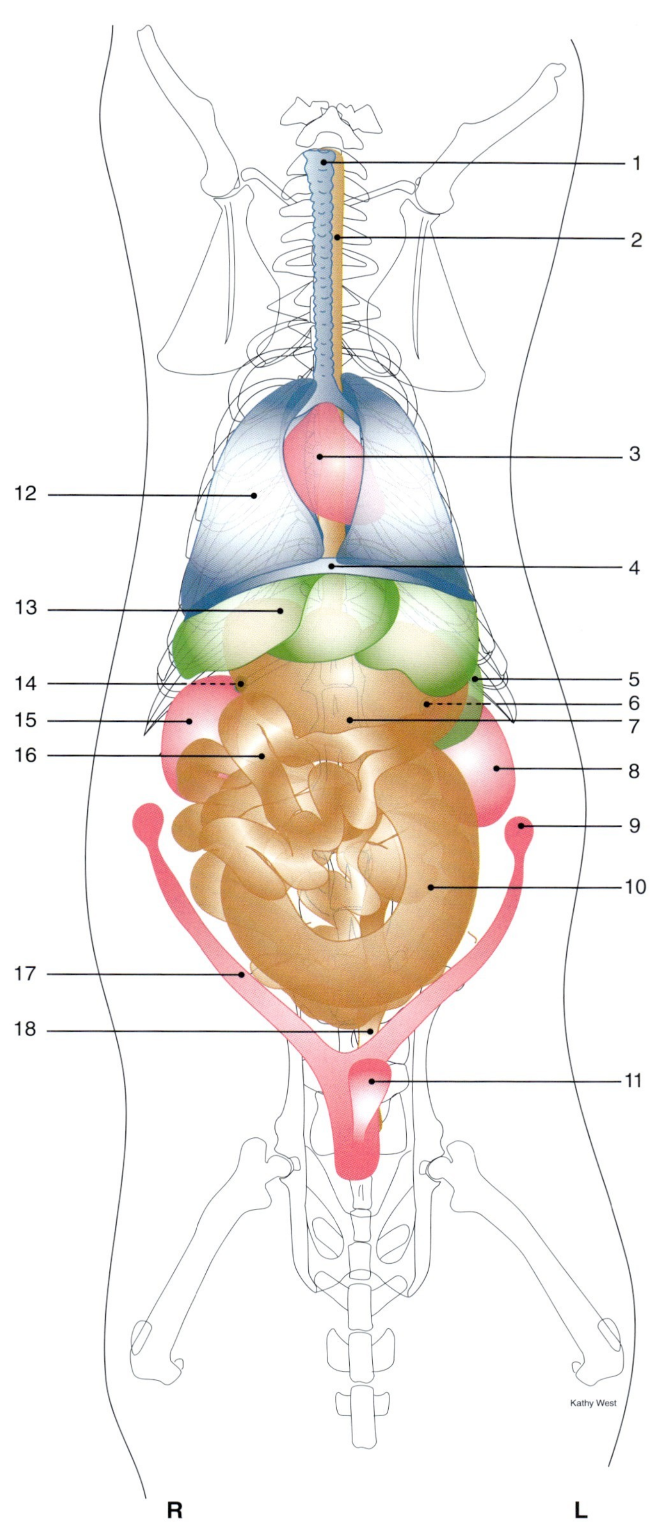

Abbildung 3-1, B Zeichnung der Anatomie (ventrale Ansicht) der Brust- und Bauchorgane einer adulten weiblichen Ratte.

1. Luftröhre
2. Speiseröhre
3. Herz
4. Zwerchfell
5. Milz
6. linke Nebenniere
7. Magen
8. linke Niere
9. linker Eierstock
10. Blinddarm
11. Harnblase
12. Lunge
13. Leber
14. rechte Nebenniere
15. rechte Niere
16. Dünndarm
17. rechtes Uterushorn
18. Colon descendens

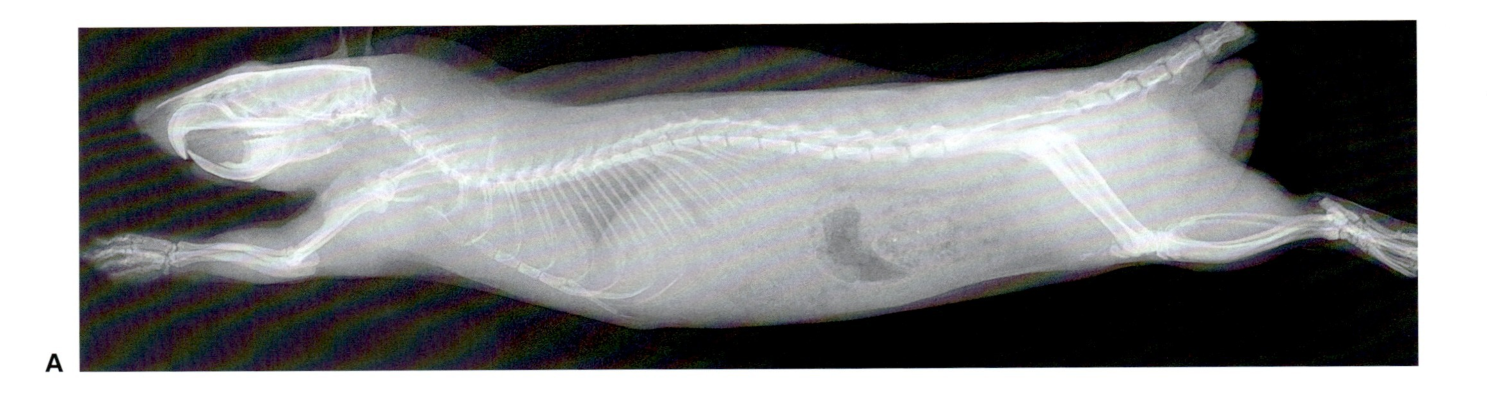

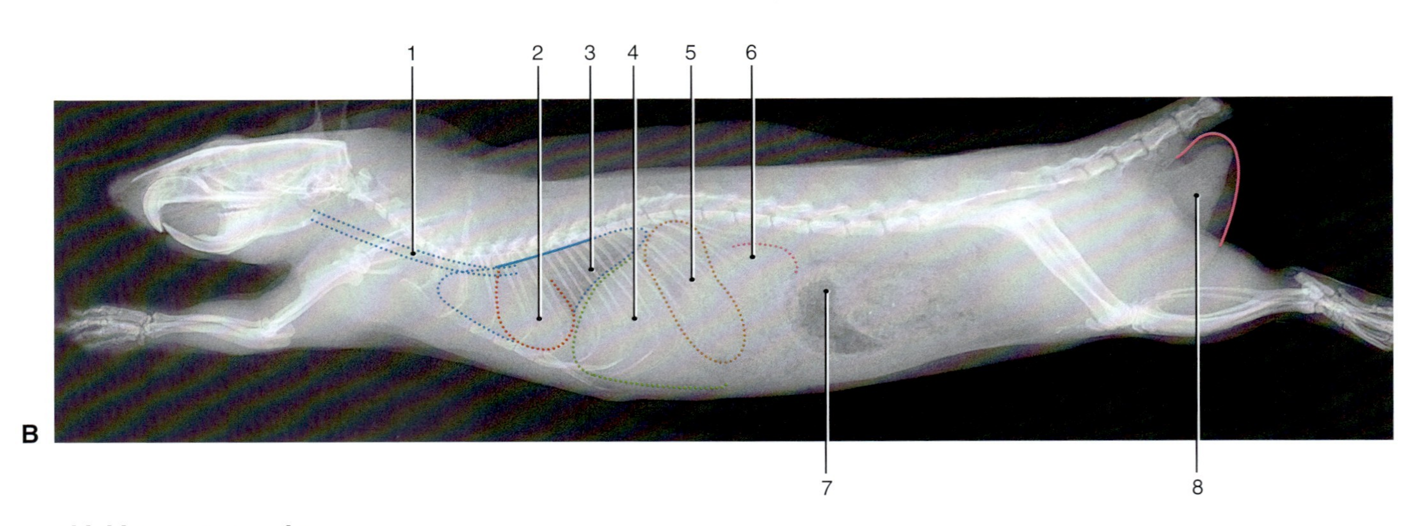

Abbildung 3-2, A und B
Tierart: Ratte
Organsystem: Brust- und Bauchorgane
Projektion: laterolateral (rechte Seitenlage)
Körpermasse: 387 g
Geschlecht: männlich unkastriert
Lebensalter: adult

1. Luftröhre
2. Herz
3. Lunge
4. Leber
5. Magen
6. Niere
7. Blinddarm
8. Skrotum

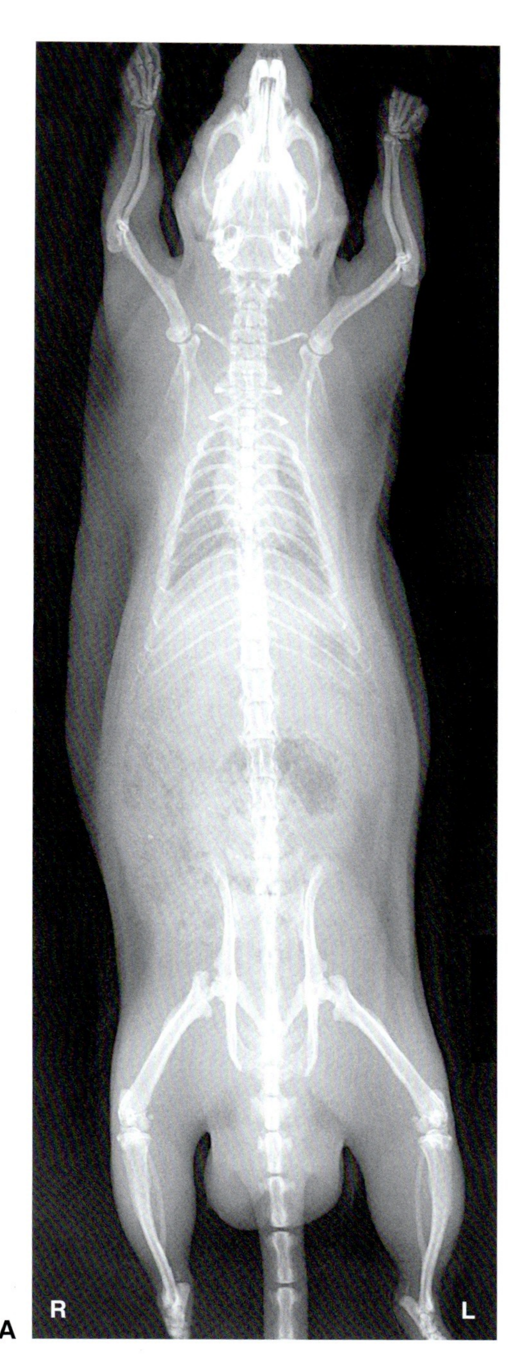

Abbildung 3-3, A
Tierart: Ratte
Organsystem: Brust- und Bauchorgane
Projektion: ventrodorsal
Körpermasse: 387 g
Geschlecht: männlich unkastriert
Lebensalter: adult

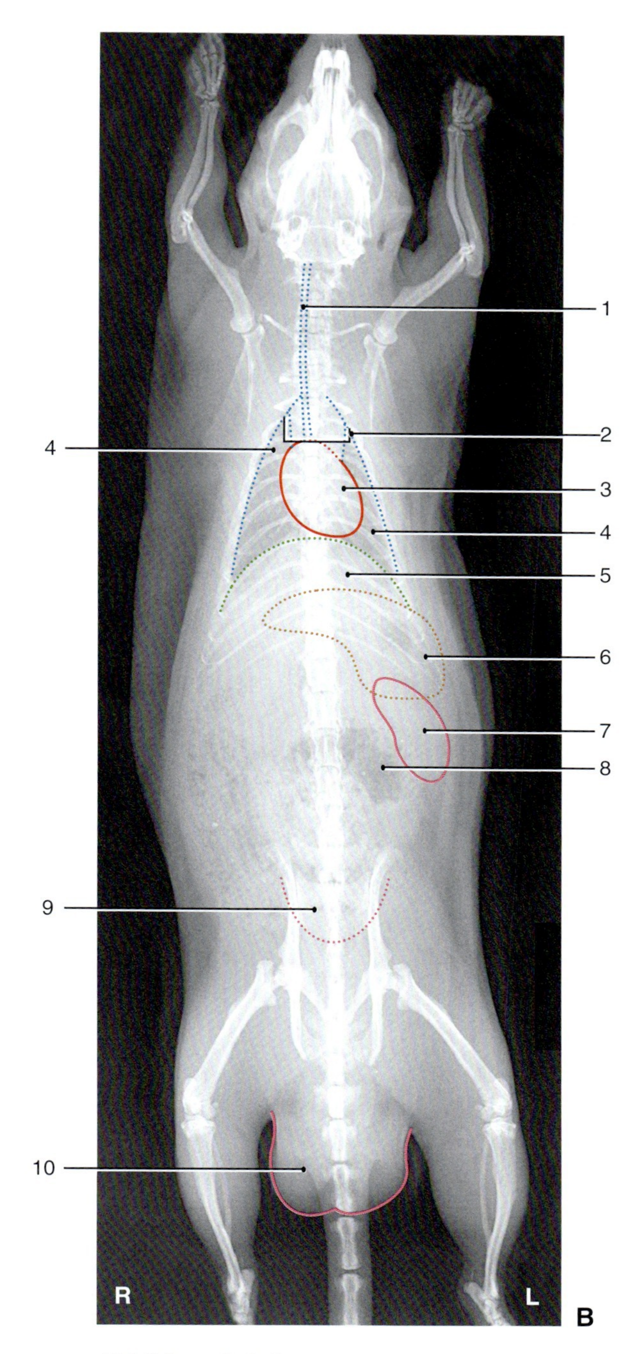

Abbildung 3-3, B
Tierart: Ratte
Organsystem: Brust- und Bauchorgane
Projektion: ventrodorsal
Körpermasse: 387 g
Geschlecht: männlich unkastriert
Lebensalter: adult

1. Luftröhre
2. kraniales Mediastinum
3. Herz
4. Lunge
5. Leber
6. Magen
7. linke Niere
8. Blinddarm
9. Harnblase
10. Skrotum

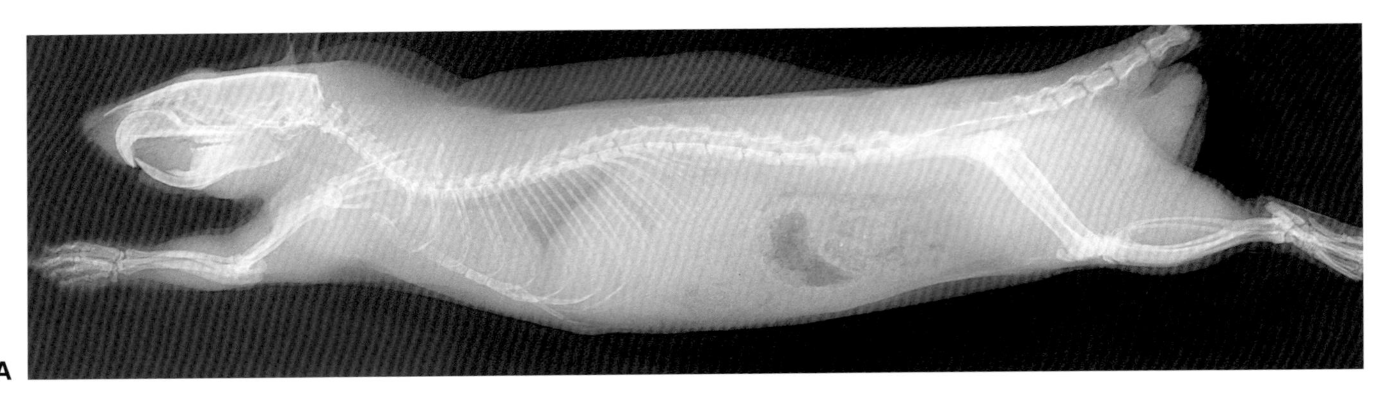

Abbildung 3-4, A
Tierart: Ratte
Organsystem: Skelett (Ganzkörperaufnahme)
Projektion: laterolateral (rechte Seitenlage)
Körpermasse: 387 g
Geschlecht: männlich unkastriert
Lebensalter: adult

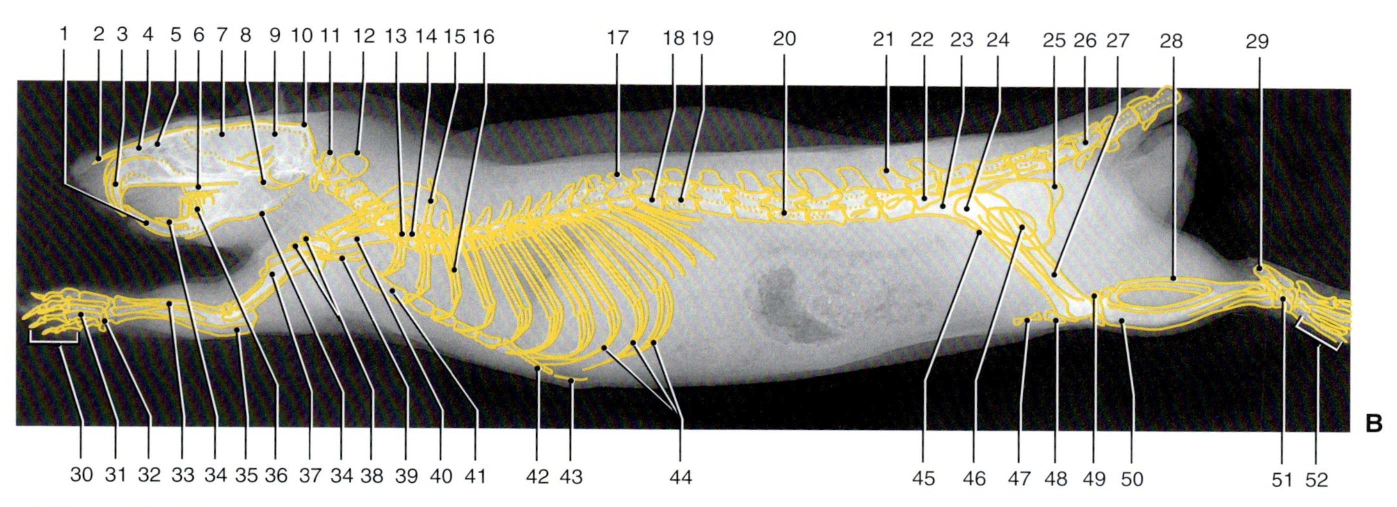

Abbildung 3-4, B
Tierart: Ratte
Organsystem: Skelett (Ganzkörperaufnahme)
Projektion: laterolateral (rechte Seitenlage)
Körpermasse: 387 g
Geschlecht: männlich unkastriert
Lebensalter: adult

1. unterer Schneidezahn
2. Os nasale
3. oberer Schneidezahn
4. Os incisivum
5. Maxilla
6. Oberkieferbackenzähne
7. Os frontale
8. Bulla tympanica
9. Os parietale
10. Os occipitale
11. Tuberculum dorsale (Atlas)
12. Proc. spinosus (Axis)
13. 7. Halswirbel
14. 1. Brustwirbel
15. Proc. spinosus (2. Brustwirbel)
16. 3. Rippe
17. Proc. spinosus (12. Brustwirbel)
18. 13. Brustwirbel
19. 1. Lendenwirbel
20. Proc. transversus (4. Lendenwirbel)
21. Proc. spinosus (7. Lendenwirbel)
22. Os sacrum
23. Os ilium
24. Caput ossis femoris
25. Os ischii
26. Schwanzwirbel
27. Os femoris
28. Fibula
29. Calcaneus
30. Phalanges
31. Ossa metacarpalia
32. Ossa carpi
33. Radius
34. Mandibula
35. Ulna
36. Oberkieferbackenzähne
37. Humerus
38. Clavicula
39. Proc. suprahamatus
40. Scapula
41. Manubrium sterni
42. 6. Sternebrum
43. Proc. xiphoideus
44. Cartilago costalis
45. Os pubis
46. Foramen obturatum
47. Os penis
48. Patella
49. Fabellae
50. Tibia
51. Ossa tarsi
52. Ossa metatarsalia

Abbildung 3-5, A
Tierart: Ratte
Organsystem: Skelett (Ganzkörperaufnahme)
Projektion: ventrodorsal
Körpermasse: 387 g
Geschlecht: männlich unkastriert
Lebensalter: adult

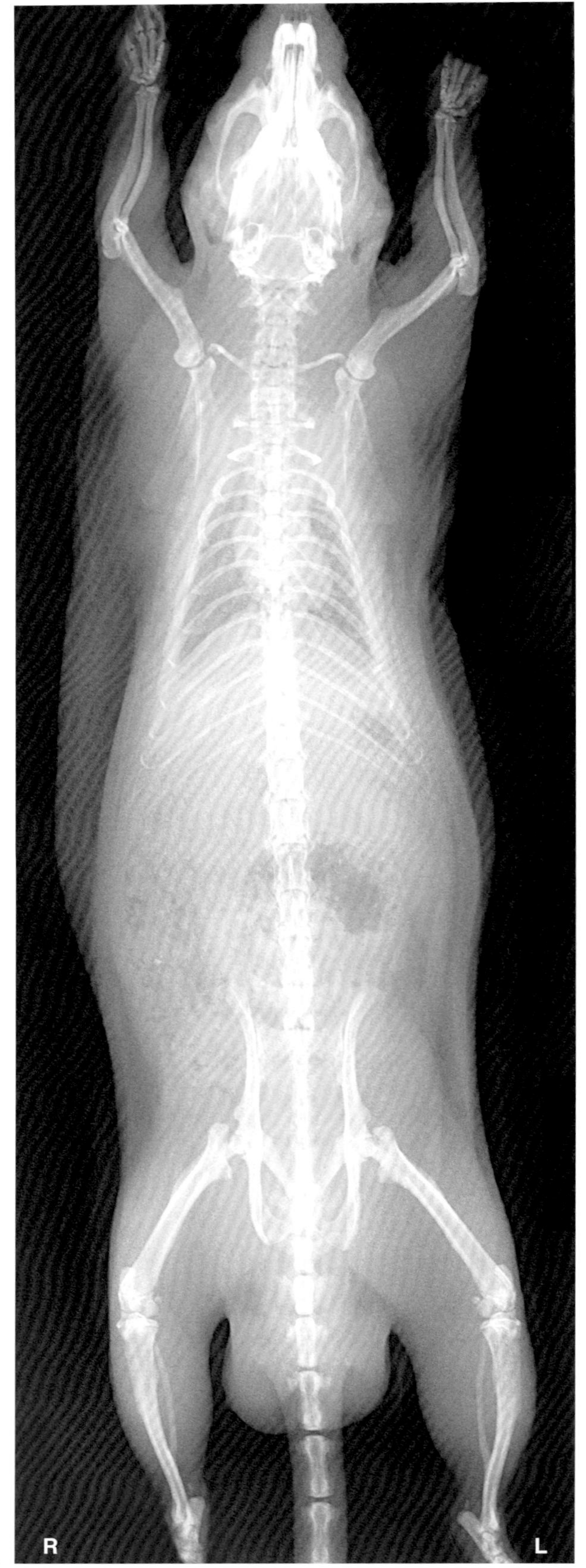

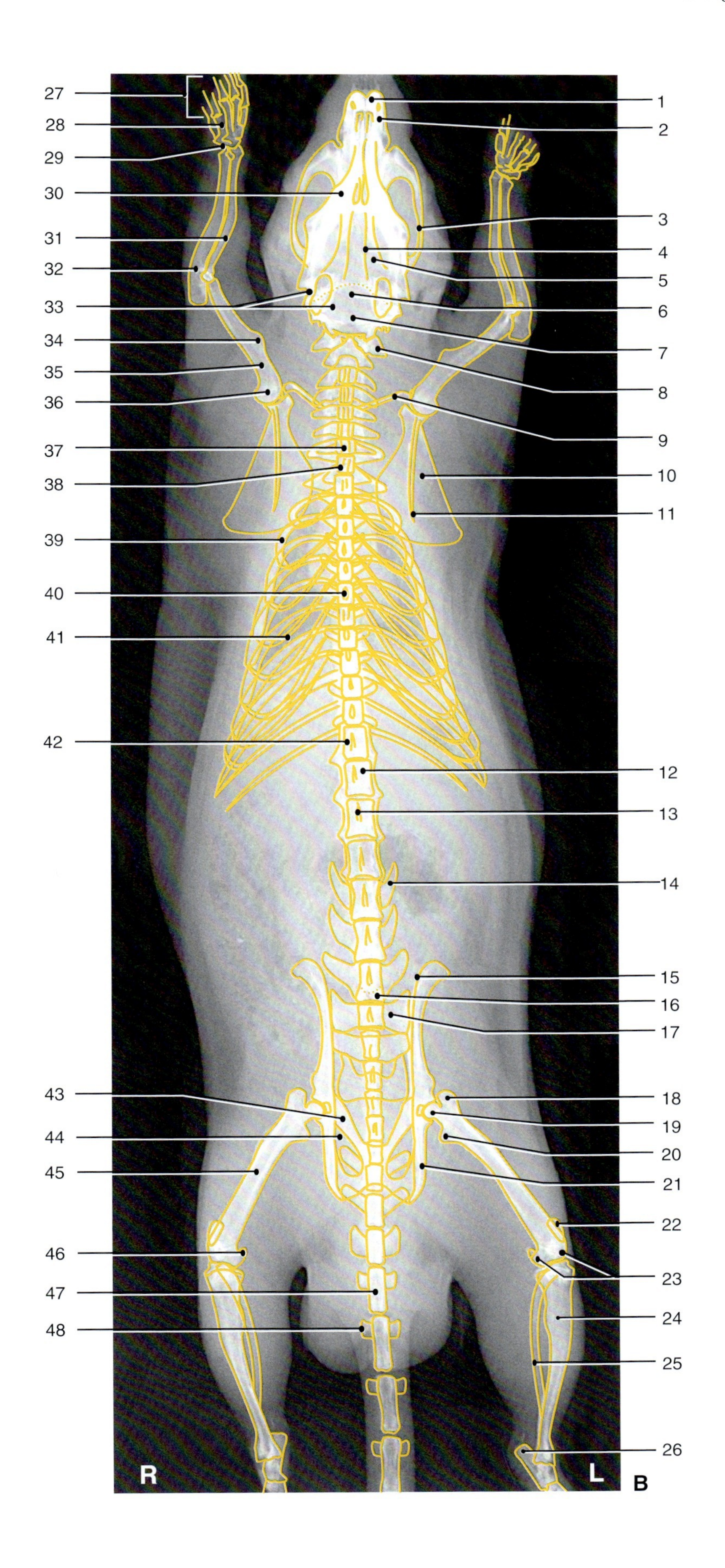

Abbildung 3-5, B
Tierart: Ratte
Organsystem: Skelett (Ganzkörperaufnahme)
Projektion: ventrodorsal
Körpermasse: 387 g
Geschlecht: männlich unkastriert
Lebensalter: adult

1. oberer Schneidezahn
2. Os incisivum
3. Os zygomaticum
4. Os pterygoideum
5. Os frontale
6. Os parietale
7. Os occipitale
8. Proc. transversus (Atlas)
9. Clavicula
10. Scapula
11. Spina scapula
12. 1. Lendenwirbel
13. Proc. spinosus (2. Lendenwirbel)
14. Proc. transversus (5. Lendenwirbel)
15. Os ilium
16. 7. Lendenwirbel
17. Os sacrum
18. Trochanter major ossis femoris
19. Caput ossis femoris
20. Trochanter minor ossis femoris
21. Os ischii
22. Patella
23. Condylus ossis femoris
24. Tibia
25. Fibula
26. Calcaneus
27. Phalanges
28. Ossa metacarpalia
29. Ossa carpi
30. Mandibula
31. Radius
32. Ulna
33. Bulla tympanica
34. Tuberositas deltoidea humeri
35. Humerus
36. Caput humeri
37. 7. Halswirbel
38. 1. Brustwirbel
39. Os costale
40. Proc. spinosus (7. Brustwirbel)
41. Cartilago costalis
42. 13. Brustwirbel
43. Os pubis
44. Foramen obturatum
45. Os femoris
46. Fabella
47. Schwanzwirbel
48. Proc. transversus (Schwanzwirbel)

Abbildung 3-6, A
Tierart: Ratte
Organsystem: Kopf
Projektion: laterolateral (rechte Seitenlage)
Körpermasse: 387 g
Geschlecht: weiblich unkastriert
Lebensalter: 5 Monate

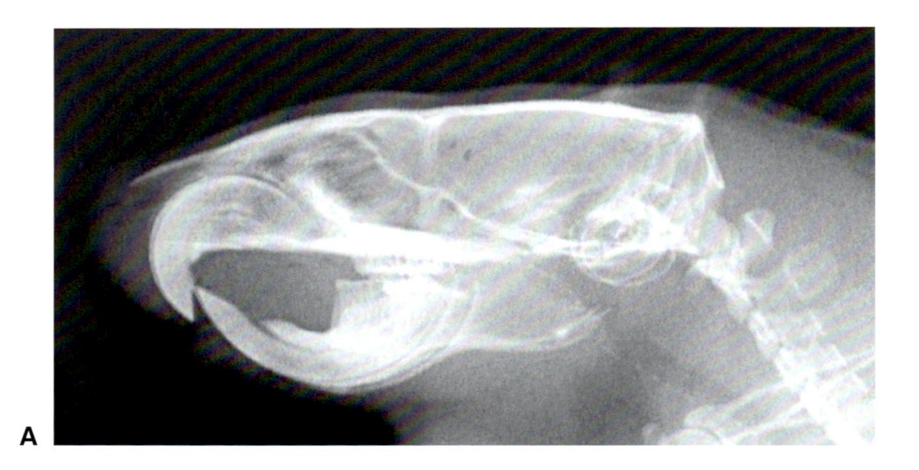

Abbildung 3-6, B
Tierart: Ratte
Organsystem: Kopf
Projektion: laterolateral (rechte Seitenlage)
Körpermasse: 387 g
Geschlecht: weiblich unkastriert
Lebensalter: 5 Monate

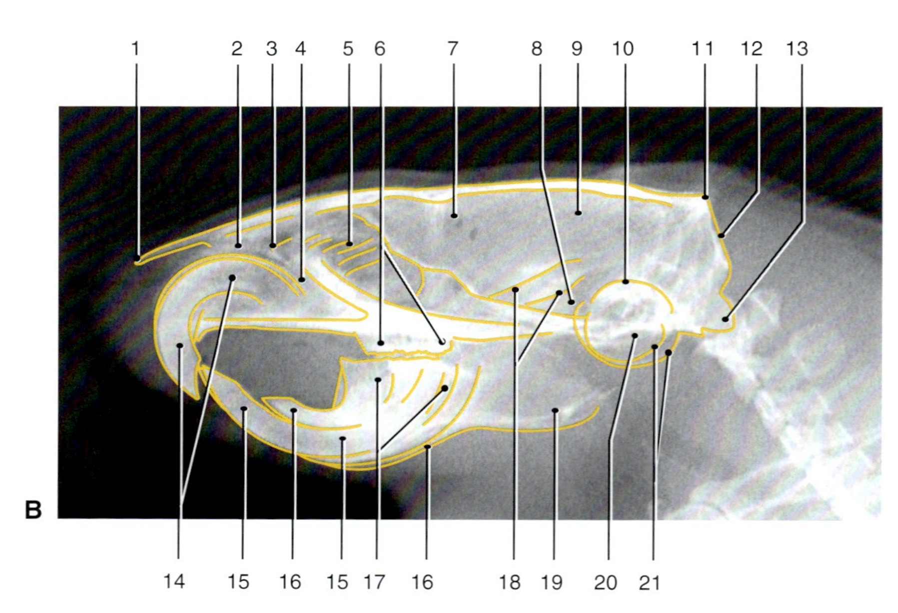

1. Os nasale
2. Os incisivum
3. Nasenmuscheln
4. Maxilla
5. Siebbeinmuscheln
6. Oberkieferbackenzähne
7. Os frontale
8. Os temporale
9. Os parietale
10. Pars petrosa ossis temporalis
11. Protuberantia occipitalis
12. Os occipitale
13. Condylus occipitalis
14. oberer Schneidezahn
15. unterer Schneidezahn
16. Mandibula
17. Unterkieferbackenzahn
18. Proc. zygomaticus ossis temporalis
19. Proc. angularis mandibulae
20. Cavum tympani
21. Bulla tympanica

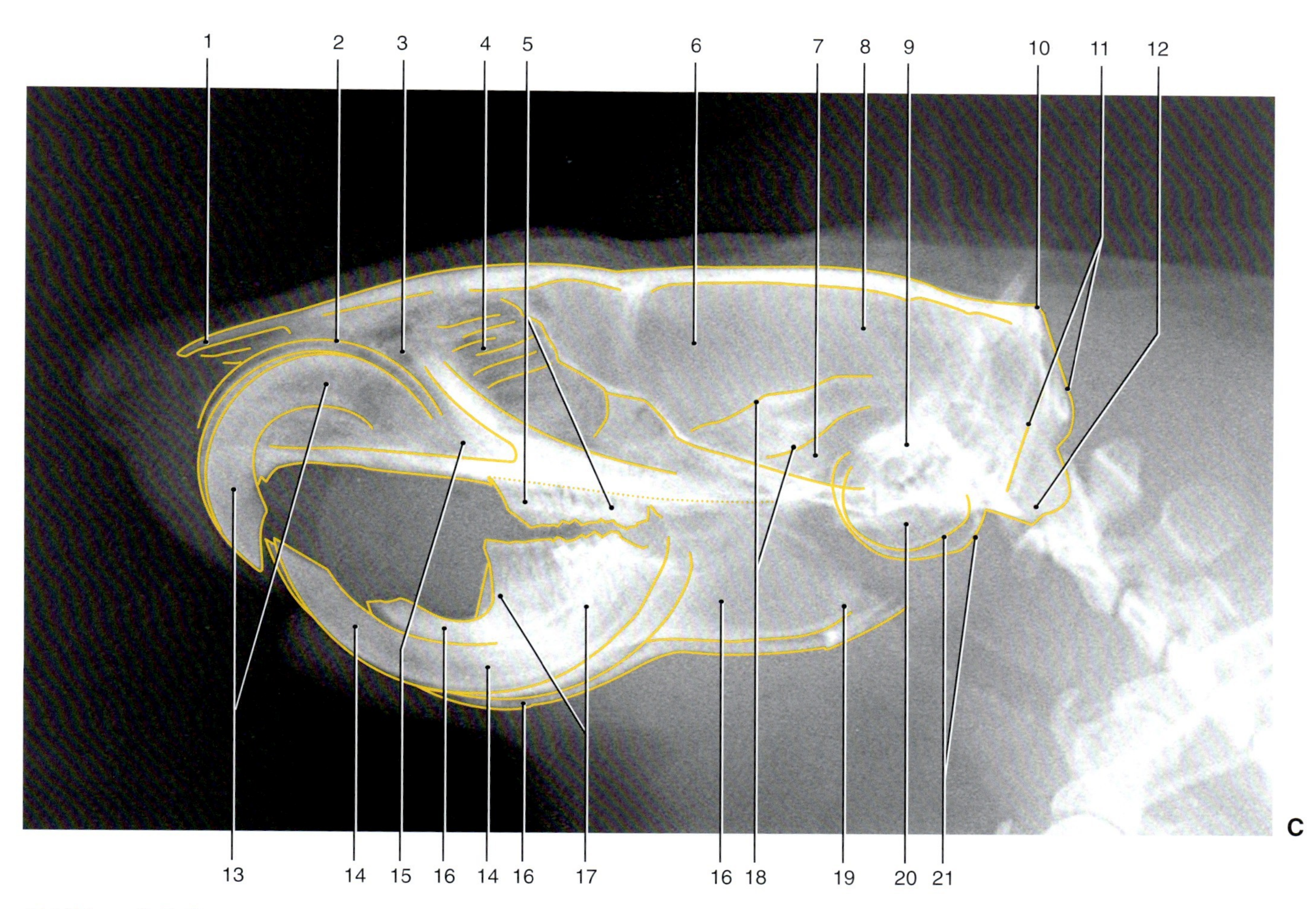

Abbildung 3-6, C
Tierart: Ratte
Organsystem: Kopf (vergrößerte Darstellung)
Projektion: laterolateral (rechte Seitenlage)
Körpermasse: 387 g
Geschlecht: weiblich unkastriert
Lebensalter: 5 Monate

1. Os nasale
2. Os incisivum
3. Nasenhöhle
4. Siebbeinmuscheln
5. Oberkieferbackenzähne
6. Os frontale
7. Os temporale
8. Os parietale
9. Pars petrosa ossis temporalis
10. Protuberantia occipitale
11. Os occipitale
12. Condylus occipitalis
13. oberer Schneidezahn
14. unterer Schneidezahn
15. Maxilla
16. Unterkiefer
17. Unterkieferbackenzahn
18. Proc. zygomaticus ossis temporalis
19. Proc. angularis mandibulae
20. Cavum tympani
21. Bulla tympanica

Abbildung 3-7, A
Tierart: Ratte
Organsystem: Kopf
Projektion: dorsoventral
Körpermasse: 387 g
Geschlecht: weiblich unkastriert
Lebensalter: 5 Monate

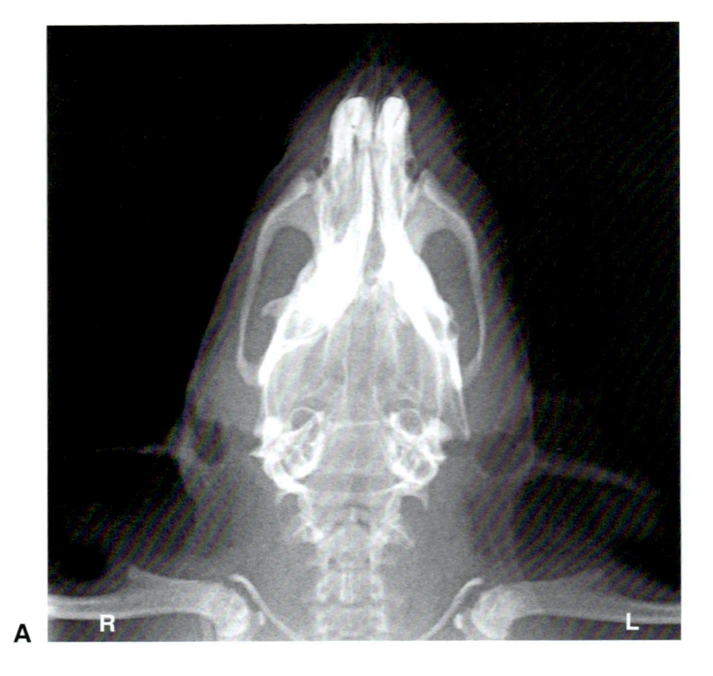

Abbildung 3-7, B
Tierart: Ratte
Organsystem: Kopf
Projektion: dorsoventral
Körpermasse: 387 g
Geschlecht: weiblich unkastriert
Lebensalter: 5 Monate

1. Os nasale
2. oberer Schneidezahn
3. unterer Schneidezahn
4. Os incisivum
5. Hiatus infraorbitalis
6. Mandibula
7. Os zygomaticum
8. Os palatinum
9. Os pterygoideum
10. Os basisphenoidale
11. Bulla tympanica
12. Proc. angularis mandibulae
13. Pars petrosa ossis temporalis
14. Os parietale
15. Os occipitale
16. Maxilla
17. Proc. zygomaticus maxillaris
18. Nasenhöhle
19. Proc. coronoideus mandibulae
20. Cavum tympani
21. äußerer Gehörgang
22. Proc. paracondylaris ossis occipitalis

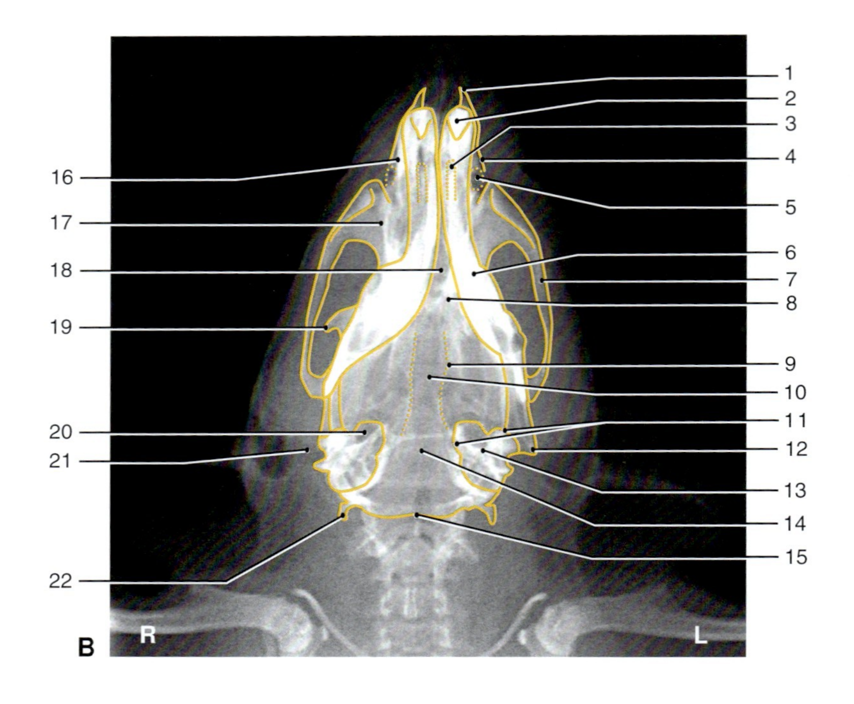

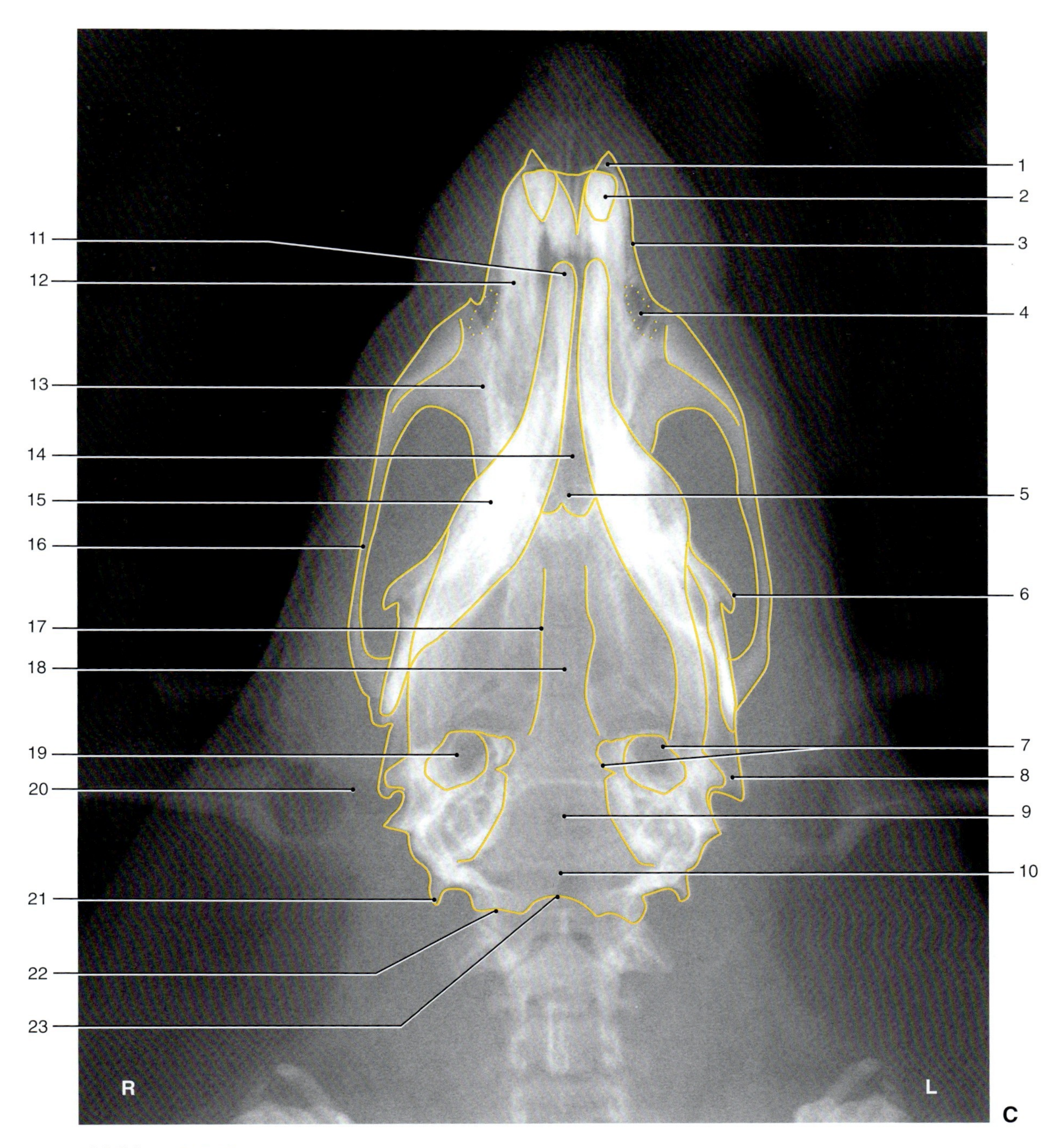

Abbildung 3-7, C
Tierart: Ratte
Organsystem: Kopf (vergrößerte Darstellung)
Projektion: dorsoventral
Körpermasse: 387 g
Geschlecht: weiblich unkastriert
Lebensalter: 5 Monate

1. Os nasale
2. oberer Schneidezahn
3. Os incisivum
4. Hiatus infraorbitalis
5. Os palatinum
6. Proc. coronoideus mandibulae
7. Bulla tympanica
8. Proc. angularis mandibulae
9. Os parietale
10. Os occipitale
11. unterer Schneidezahn
12. Maxilla
13. Proc. zygomaticus maxillaris
14. Nasenhöhle
15. Mandibula
16. Os zygomaticum
17. Os pterygoideum
18. Os basisphenoidale
19. Cavum tympani
20. äußerer Gehörgang
21. Proc. paracondylaris ossis occipitalis
22. Condylus occipitalis
23. Foramen magnum

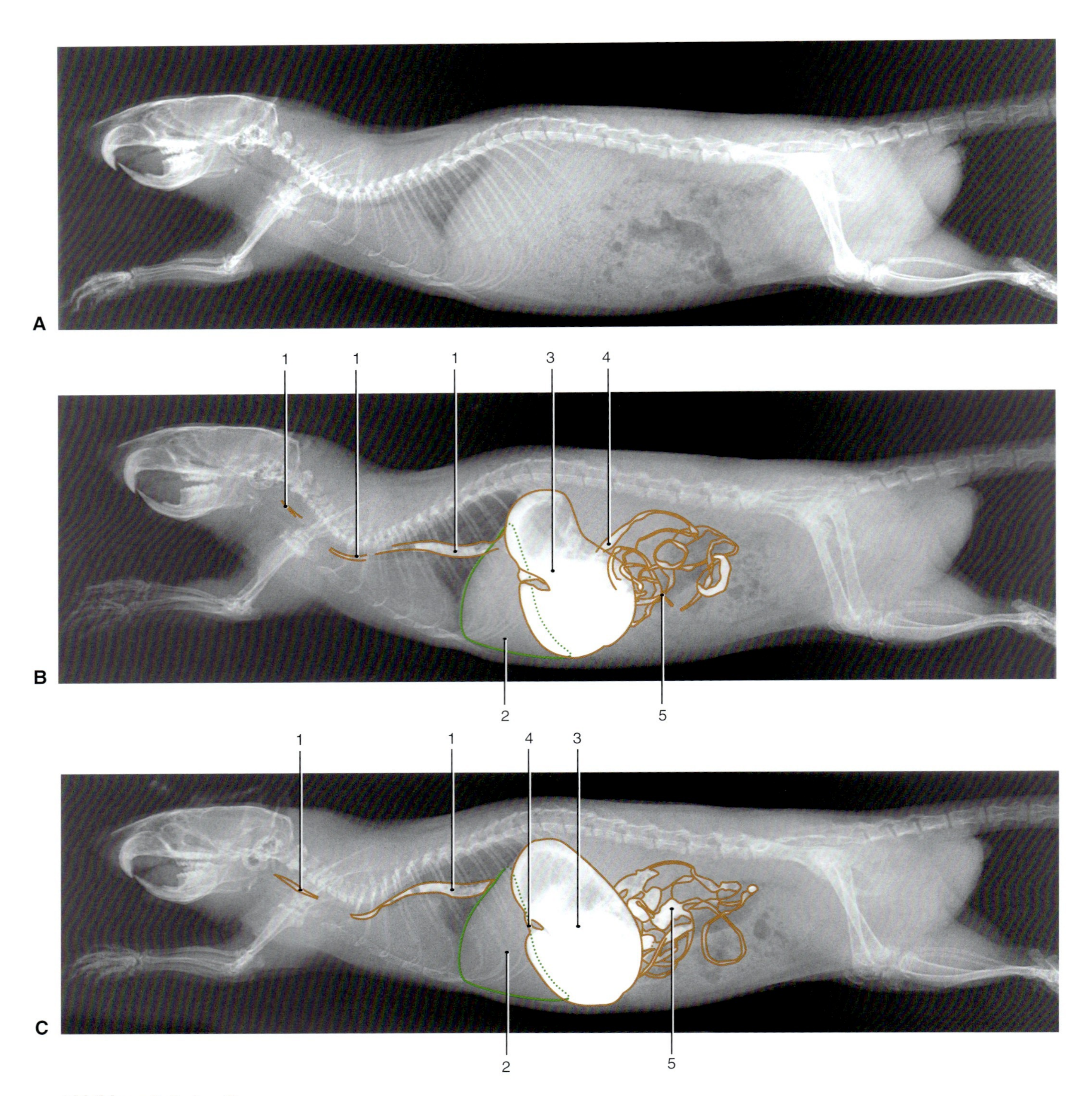

Abbildung 3-8, A – C
Tierart: Ratte
Organsystem: Gastrointestinaltrakt, Positivkontrastdarstellung
Kontrastmittel: Bariumsulfatsuspension (Novopaque® 60% v/w), 5 ml über Schlundsonde
Projektion: laterolateral (rechte Seitenlage)
Körpermasse: 224 g
Geschlecht: männlich unkastriert
Lebensalter: adult

Abbildung	Zeit (h)
A	Leeraufnahme
B	0,25
C	0,50

1. Speiseröhre
2. Leber
3. Magen
4. Duodenum
5. Dünndarm
6. Ileum
7. Blinddarm
8. Kolon
9. Rektum

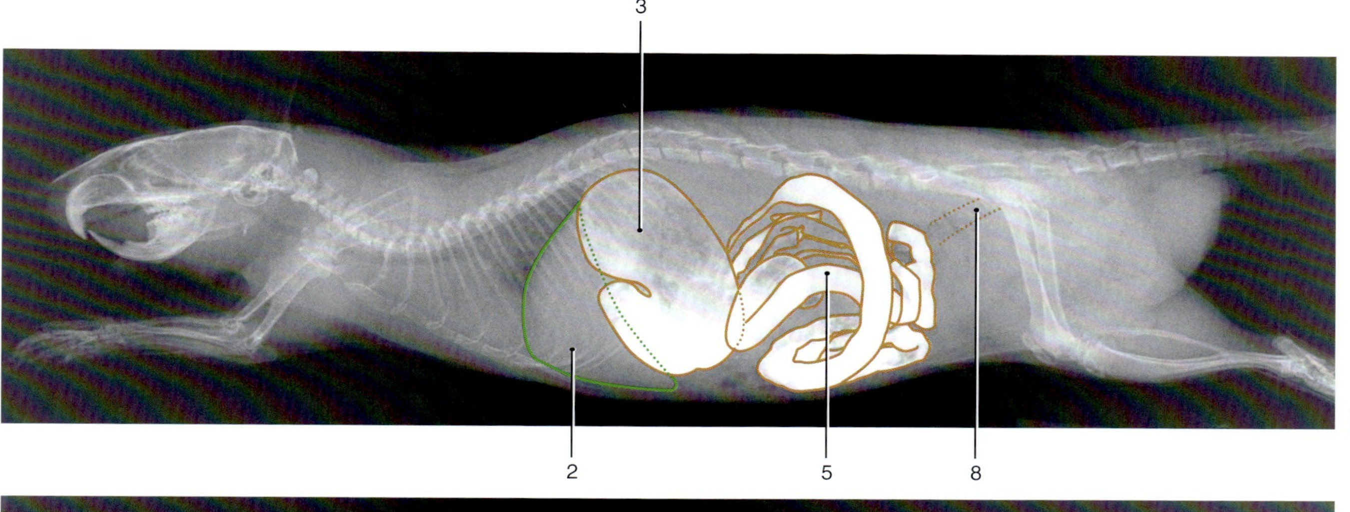

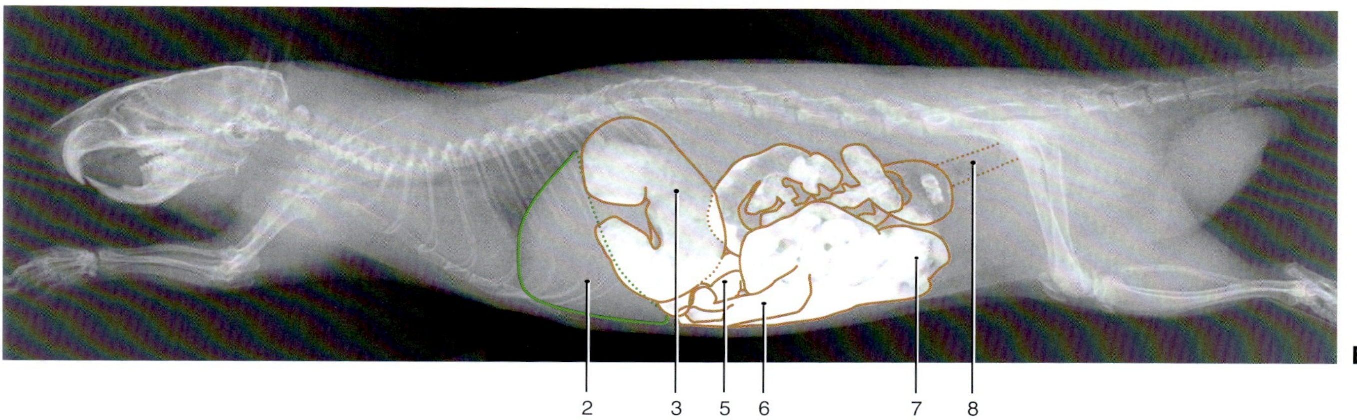

Abbildung 3-8, D und E
Tierart: Ratte
Organsystem: Gastrointestinaltrakt, Positivkontrastdarstellung
Kontrastmittel: Bariumsulfatsuspension (Novopaque® 60% v/w), 5 ml über Schlundsonde
Projektion: laterolateral (rechte Seitenlage)
Körpermasse: 224 g
Geschlecht: männlich unkastriert
Lebensalter: adult

Abbildung	Zeit (h)
D	2,75
E	5,25

1. Speiseröhre
2. Leber
3. Magen
4. Duodenum
5. Dünndarm
6. Ileum
7. Blinddarm
8. Kolon
9. Rektum

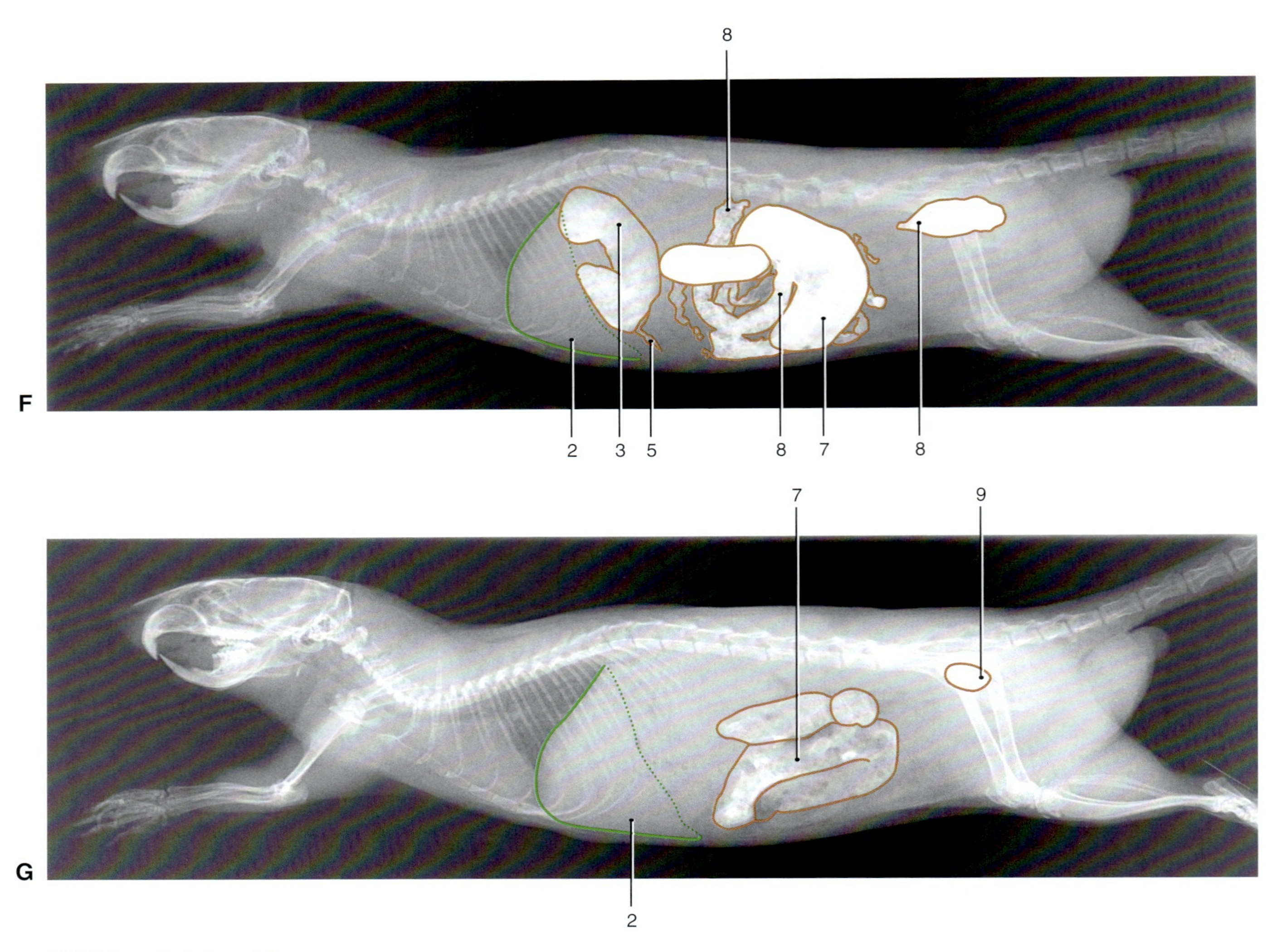

Abbildung 3-8, F und G
Tierart: Ratte
Organsystem: Gastrointestinaltrakt, Positivkontrastdarstellung
Kontrastmittel: Bariumsulfatsuspension (Novopaque® 60% v/w), 5 ml über Schlundsonde
Projektion: laterolateral (rechte Seitenlage)
Körpermasse: 224 g
Geschlecht: männlich unkastriert
Lebensalter: adult

1. Speiseröhre
2. Leber
3. Magen
4. Duodenum
5. Dünndarm
6. Ileum
7. Blinddarm
8. Kolon
9. Rektum

Abbildung	Zeit (h)
F	8,25
G	22,00

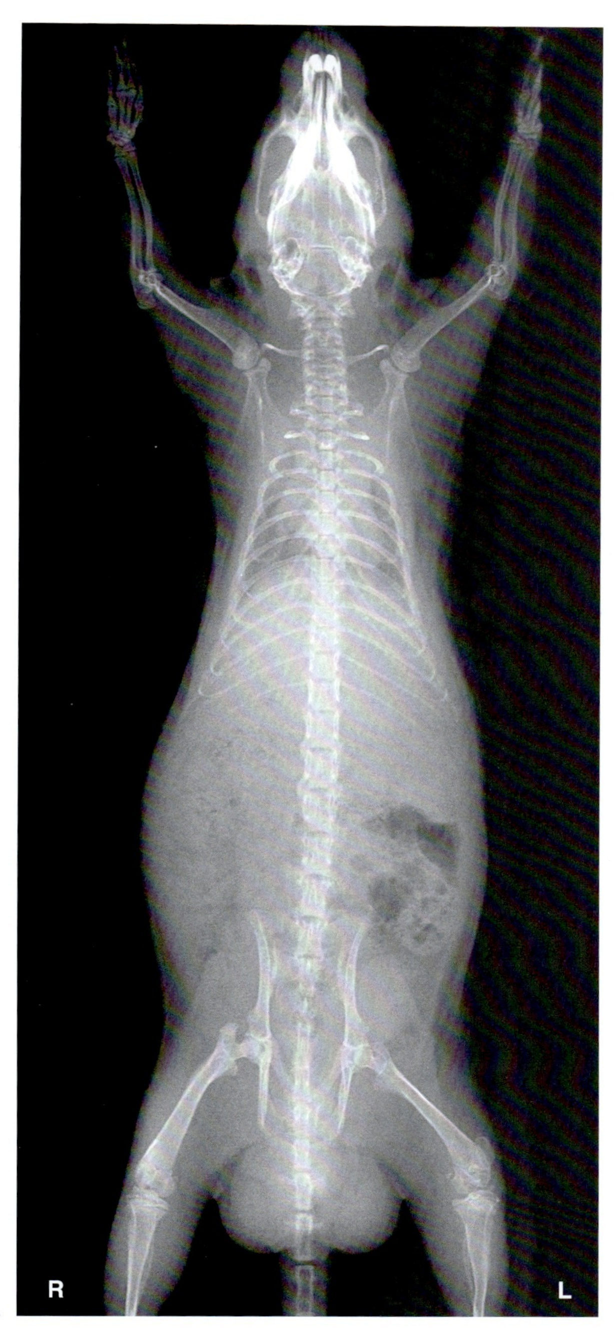

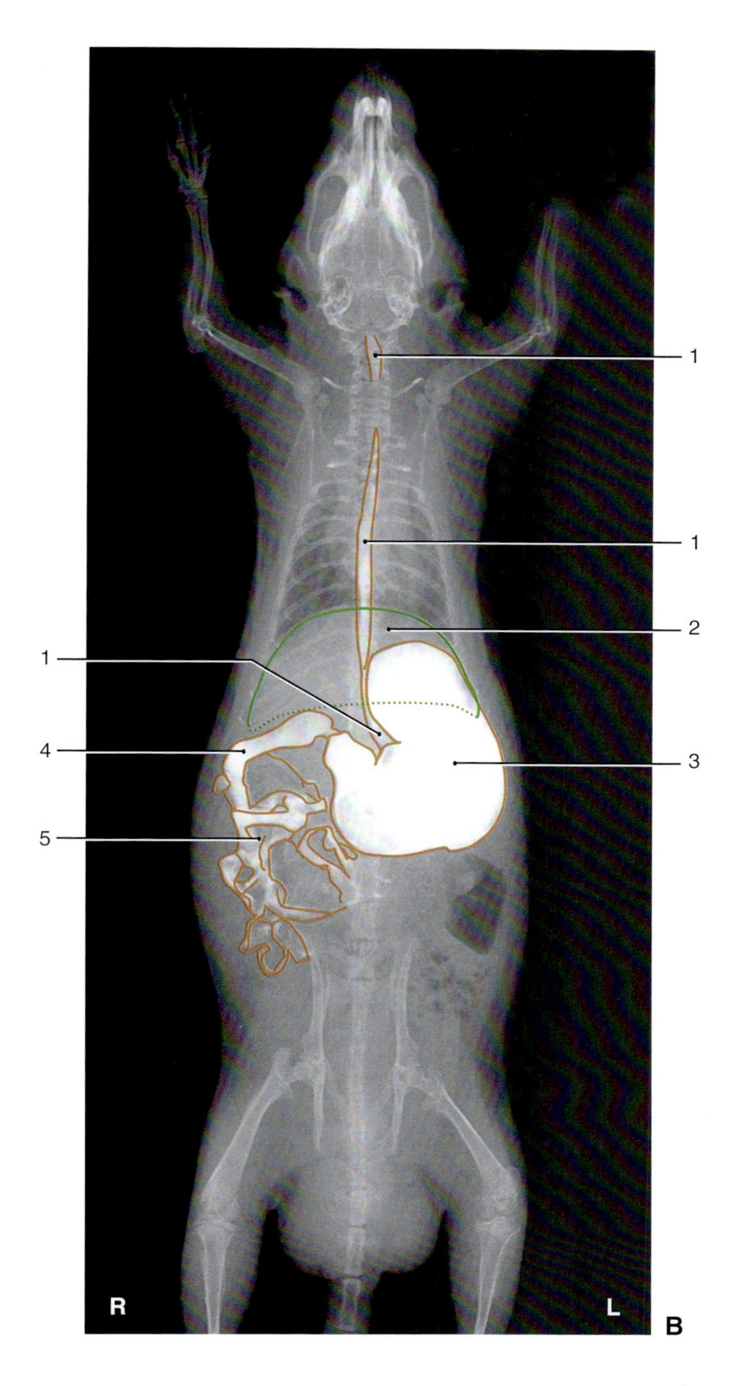

Abbildung 3-9, A und B
Tierart: Ratte
Organsystem: Gastrointestinaltrakt, Positivkontrastdarstellung
Kontrastmittel: Bariumsulfatsuspension (Novopaque® 60% v/w), 5 ml über Schlundsonde
Projektion: ventrodorsal (Rückenlage)
Körpermasse: 224 g
Geschlecht: männlich unkastriert
Lebensalter: adult

Abbildung	Zeit (h)
A	Leeraufnahme
B	0,25

1. Speiseröhre
2. Leber
3. Magen
4. Duodenum
5. Dünndarm
6. Ileum
7. Blinddarm
8. Kolon
9. Rektum

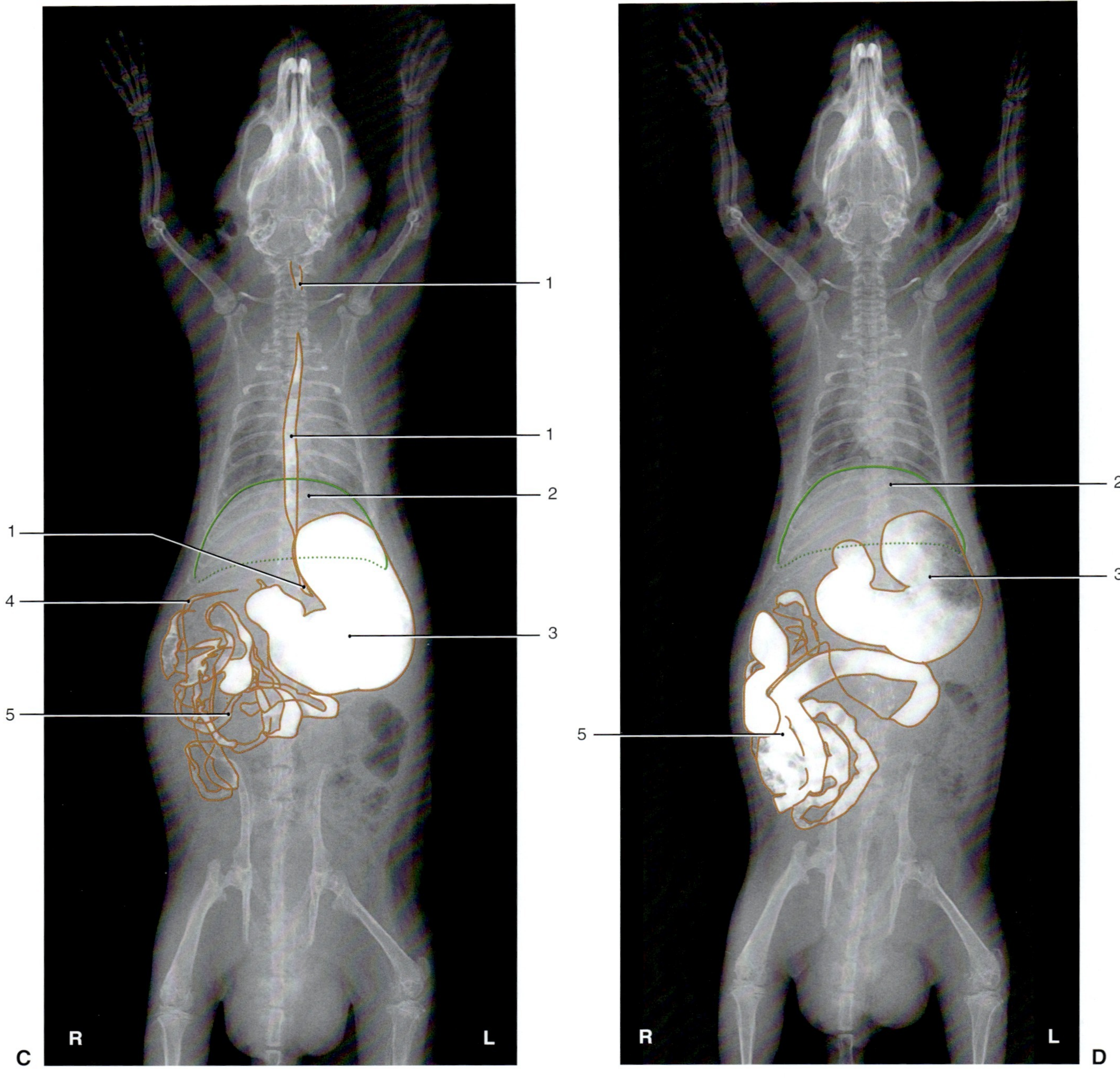

Abbildung 3-9, C und D
Tierart: Ratte
Organsystem: Gastrointestinaltrakt, Positivkontrastdarstellung
Kontrastmittel: Bariumsulfatsuspension (Novopaque® 60% v/w), 5 ml über Schlundsonde
Projektion: ventrodorsal (Rückenlage)
Körpermasse: 224 g
Geschlecht: männlich unkastriert
Lebensalter: adult

Abbildung	Zeit (h)
C	0,50
D	2,75

1. Speiseröhre
2. Leber
3. Magen
4. Duodenum
5. Dünndarm
6. Ileum
7. Blinddarm
8. Kolon
9. Rektum

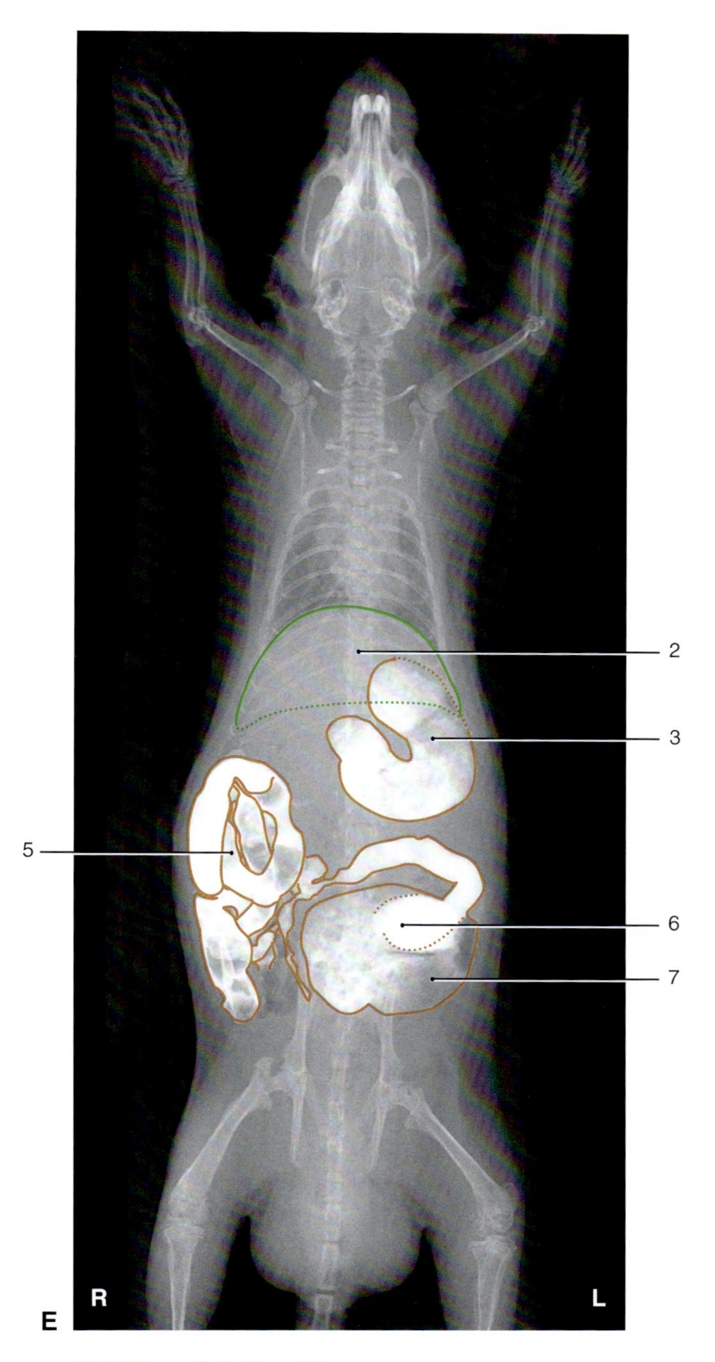

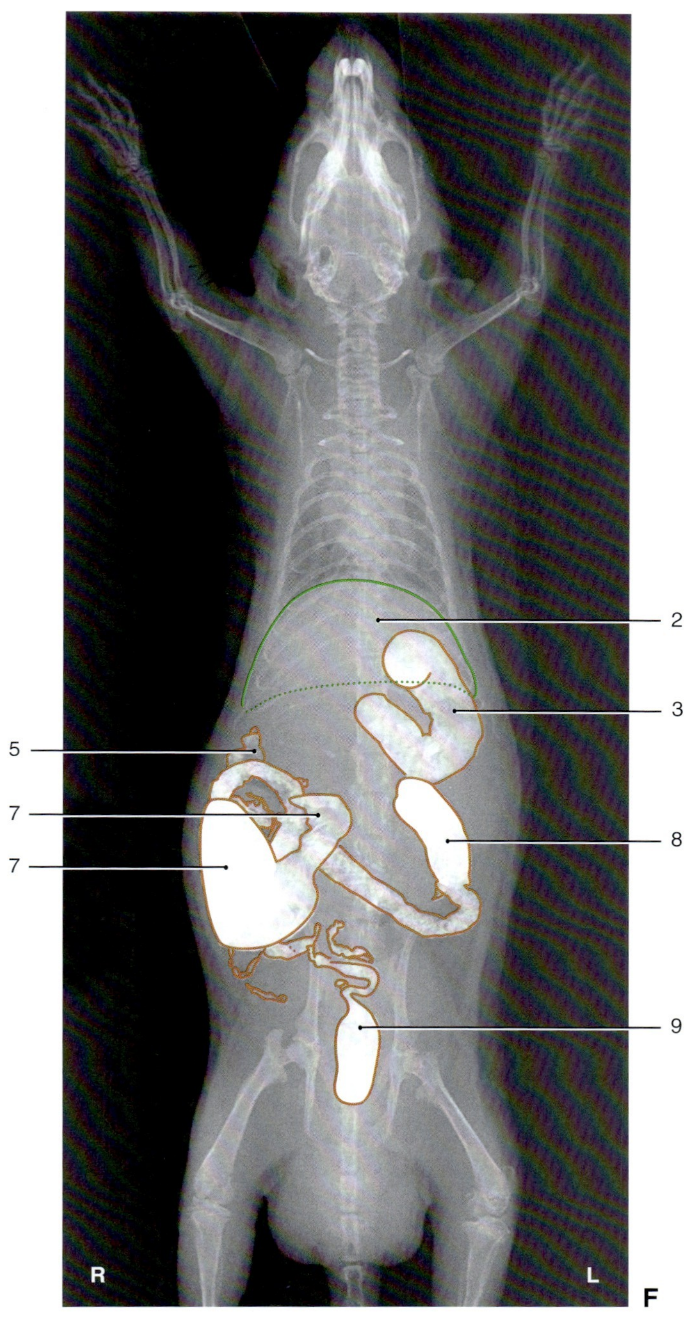

Abbildung 3-9, E und F
Tierart: Ratte
Organsystem: Gastrointestinaltrakt, Positivkontrastdarstellung
Kontrastmittel: Bariumsulfatsuspension (Novopaque® 60% v/w), 5 ml über Schlundsonde
Projektion: ventrodorsal (Rückenlage)
Körpermasse: 224 g
Geschlecht: männlich unkastriert
Lebensalter: adult

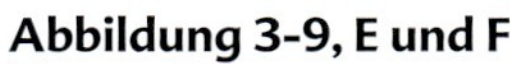

Abbildung	Zeit (h)
E	5,25
F	8,25

1. Speiseröhre
2. Leber
3. Magen
4. Duodenum
5. Dünndarm
6. Ileum
7. Blinddarm
8. Kolon
9. Rektum

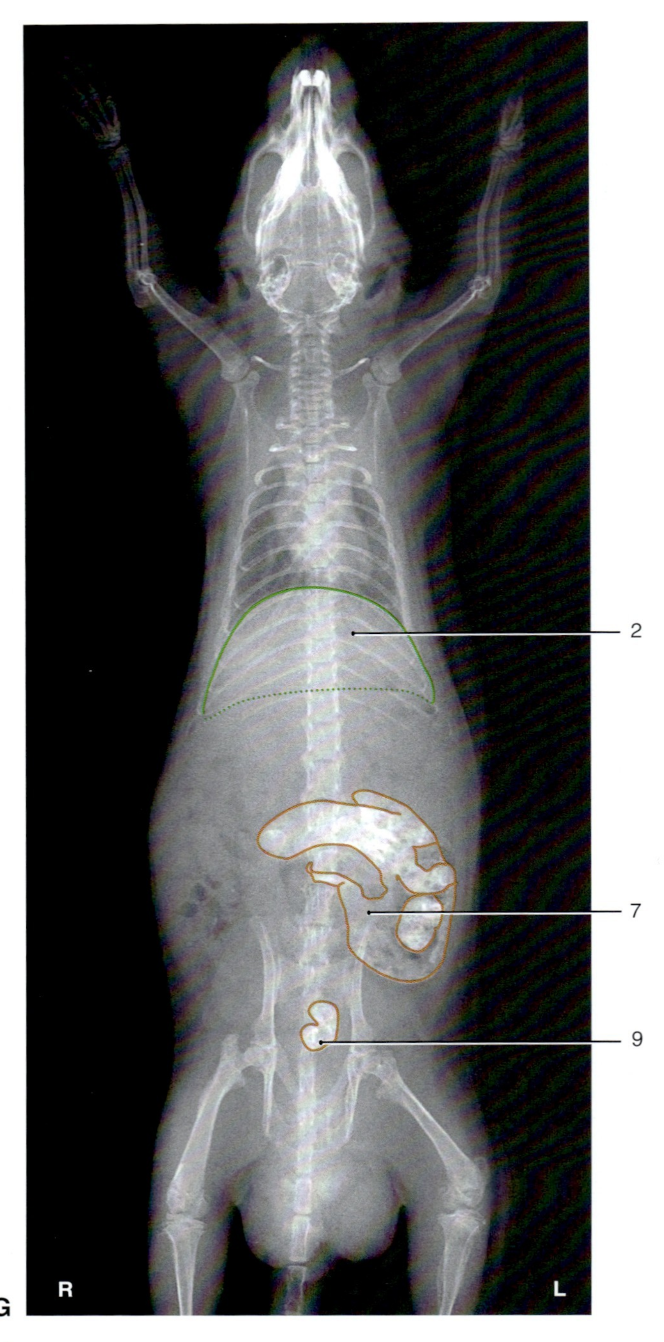

Abbildung 3-9, G

Tierart: Ratte
Organsystem: Gastrointestinaltrakt, Positivkontrastdarstellung
Kontrastmittel: Bariumsulfatsuspension (Novopaque® 60% v/w), 5 ml über Schlundsonde
Projektion: ventrodorsal (Rückenlage)
Körpermasse: 224 g
Geschlecht: männlich unkastriert
Lebensalter: adult

1. Speiseröhre
2. Leber
3. Magen
4. Duodenum
5. Dünndarm
6. Ileum
7. Blinddarm
8. Kolon
9. Rektum

Abbildung	Zeit (h)
G	22,00

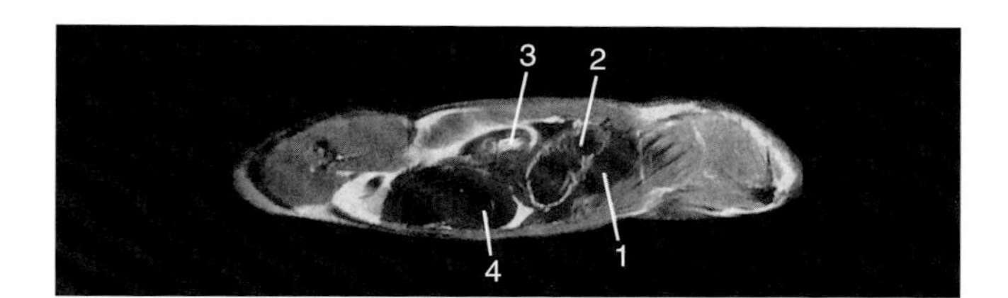

Abbildung 3-10 Sagittalschnitt durch den Körper (aus Krinke GJ, Hrsg: *The laboratory rat*, San Diego, 2000, Academic Press).

1. Leber
2. Magen
3. linke Niere
4. Blinddarm

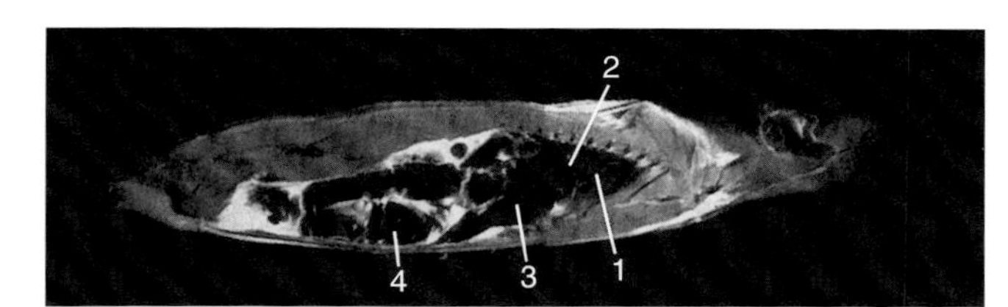

Abbildung 3-11 Sagittalschnitt durch den Körper (aus Krinke GJ, Hrsg: *The laboratory rat*, San Diego, 2000, Academic Press).

1. Lunge
2. Zwerchfell
3. Leber
4. Blinddarm

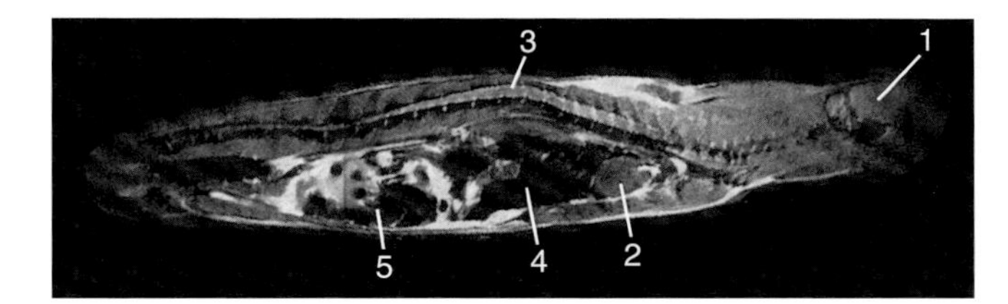

Abbildung 3-12 Sagittalschnitt durch den Körper (aus Krinke GJ, Hrsg: *The laboratory rat*, San Diego, 2000, Academic Press).

1. Gehirn
2. Herz
3. Rückenmark
4. Leber
5. Gastrointestinaltrakt

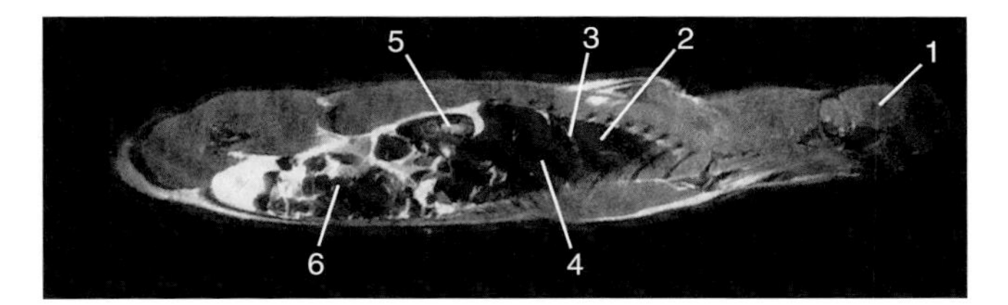

Abbildung 3-13 Sagittalschnitt durch den Körper (aus Krinke GJ, Hrsg: *The laboratory rat*, San Diego, 2000, Academic Press).

1. Gehirn
2. Lunge
3. Zwerchfell
4. Leber
5. rechte Niere
6. Gastrointestinaltrakt

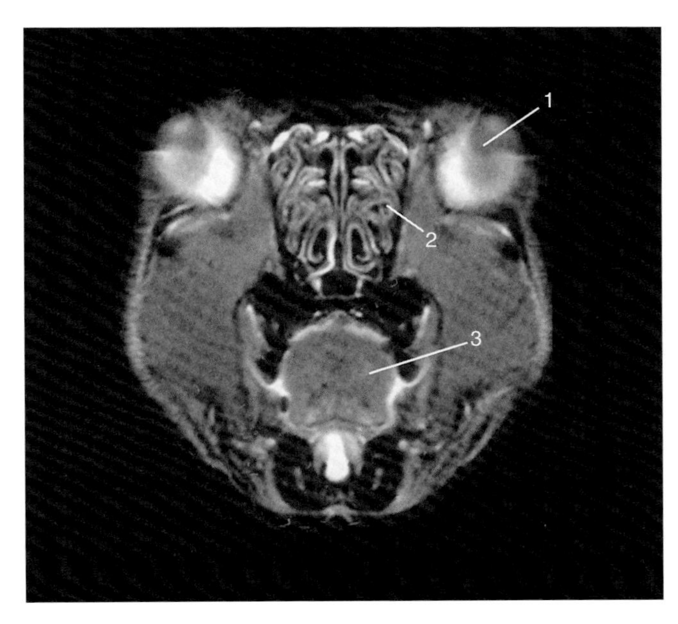

Abbildung 3-14 Transversalschnitt durch den Kopf (aus Krinke GJ, Hrsg: *The laboratory rat*, San Diego, 2000, Academic Press).

1. Auge
2. Nasenhöhle
3. Zunge

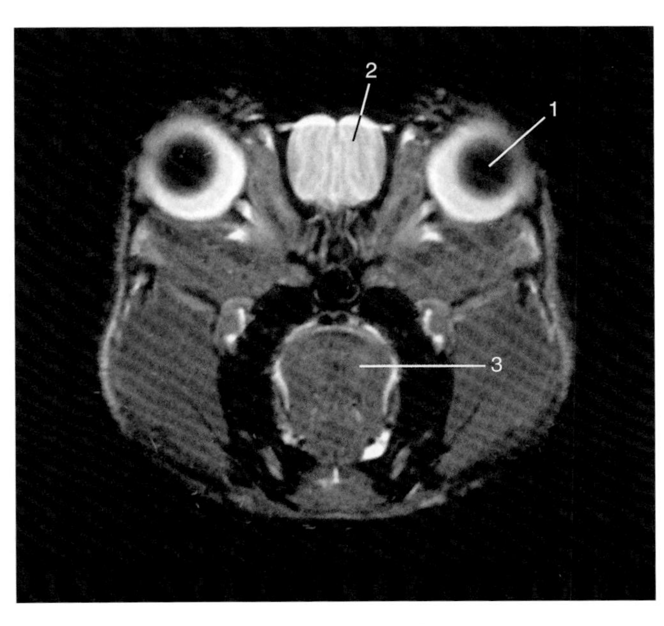

Abbildung 3-15 Transversalschnitt durch den Kopf (aus Krinke GJ, Hrsg: *The laboratory rat*, San Diego, 2000, Academic Press).

1. Auge
2. Bulbus olfactorius
3. Zunge

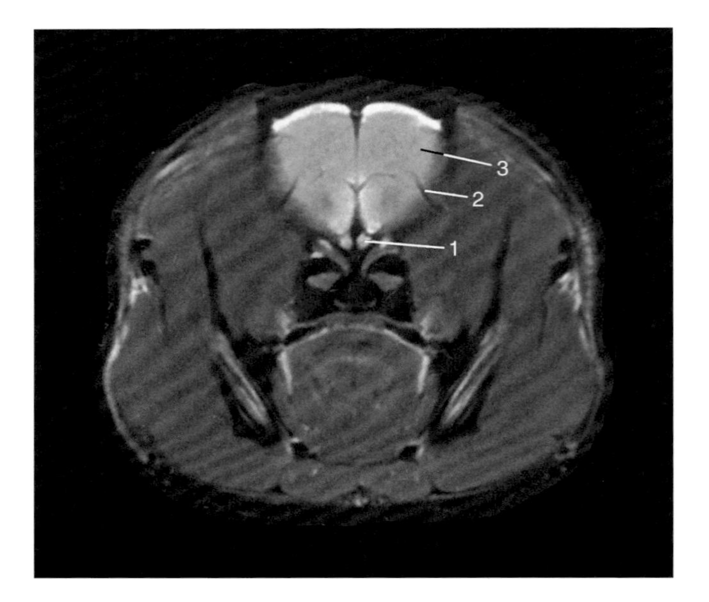

Abbildung 3-16 Transversalschnitt durch den Kopf (aus Krinke GJ, Hrsg: *The laboratory rat*, San Diego, 2000, Academic Press).

1. Nervus opticus
2. Fissura rhinalis
3. Großhirnhemisphäre (frontaler Abschnitt)

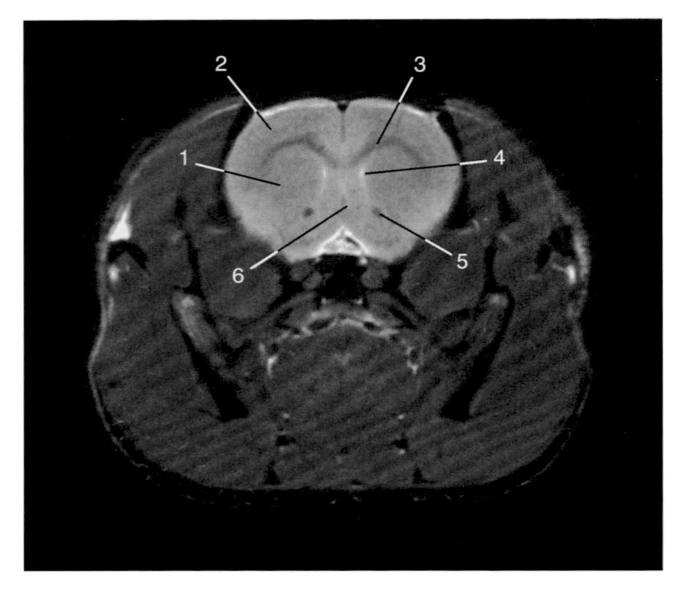

Abbildung 3-17 Transversalschnitt durch den Kopf (aus Krinke GJ, Hrsg: *The laboratory rat*, San Diego, 2000, Academic Press).

1. Basalganglion (Nucleus caudatus u. Putamen)
2. frontale Großhirnrinde
3. Corpus callosum
4. Seitenventrikel
5. Commissura anterior
6. Area parolfactoria

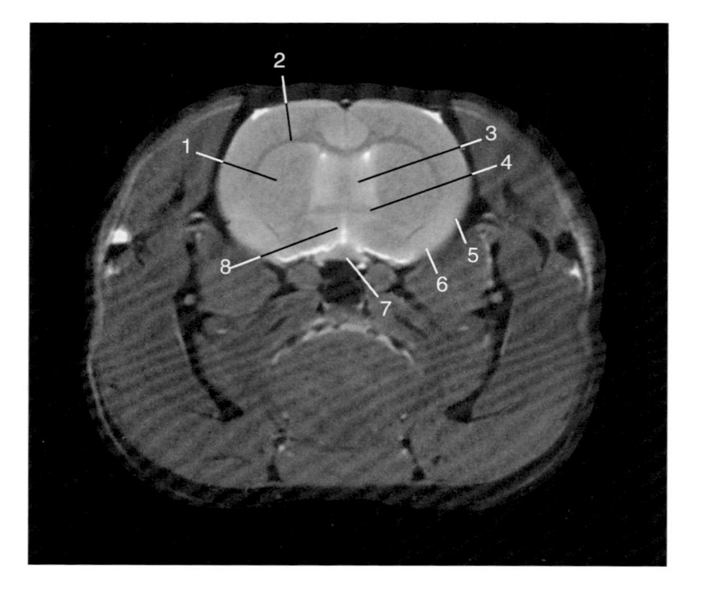

Abbildung 3-18 Transversalschnitt durch den Kopf (aus Krinke GJ, Hrsg: *The laboratory rat*, San Diego, 2000, Academic Press).

1. Basalganglion (Nucleus caudatus u. Putamen)
2. Corpus callosum
3. Septum
4. Commissura anterior
5. Fissura rhinalis
6. Cortex piriformis
7. Chiasma opticum
8. Area praeoptica

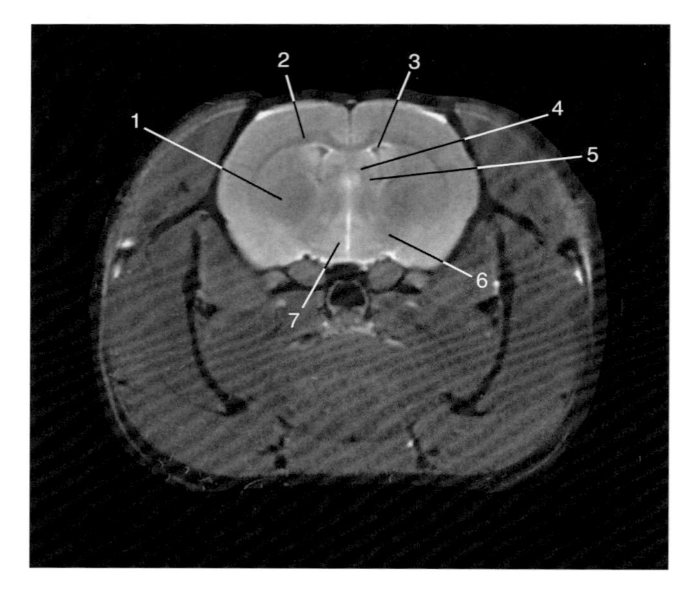

Abbildung 3-19 Transversalschnitt durch den Kopf (aus Krinke GJ, Hrsg: *The laboratory rat*, San Diego, 2000, Academic Press).

1. Basalganglion (Nucleus caudatus u. Putamen)
2. Corpus callosum
3. Seitenventrikel
4. Septum
5. Stria medullaris thalami
6. Fasciculus medullaris telencephali
7. Hypothalamus

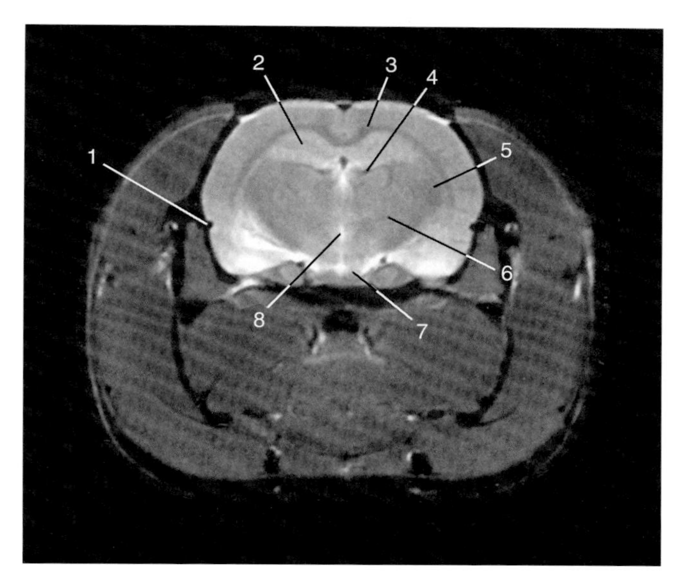

Abbildung 3-20 Transversalschnitt durch den Kopf (aus Krinke GJ, Hrsg: *The laboratory rat*, San Diego, 2000, Academic Press).

1. Fissura rhinalis
2. Hippocampus (dorsal)
3. Corpus callosum
4. Stria medullaris thalami
5. Thalamus
6. Lemniscus medialis
7. Hypothalamus
8. 3. Ventrikel

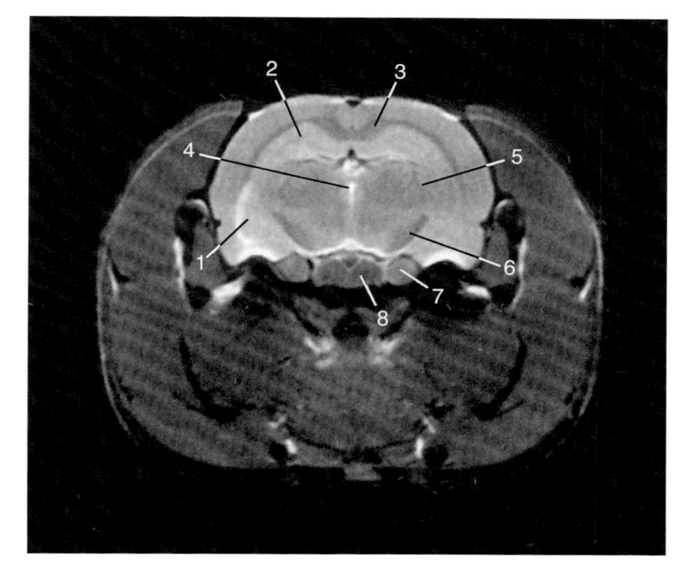

Abbildung 3-21 Transversalschnitt durch den Kopf (aus Krinke GJ, Hrsg: *The laboratory rat*, San Diego, 2000, Academic Press).

1. Hippocampus (ventral)
2. Hippocampus (dorsal)
3. Corpus callosum
4. 3. Ventrikel
5. Thalamus
6. Pedunculus cerebri
7. Nervus trigeminus
8. Hypophyse

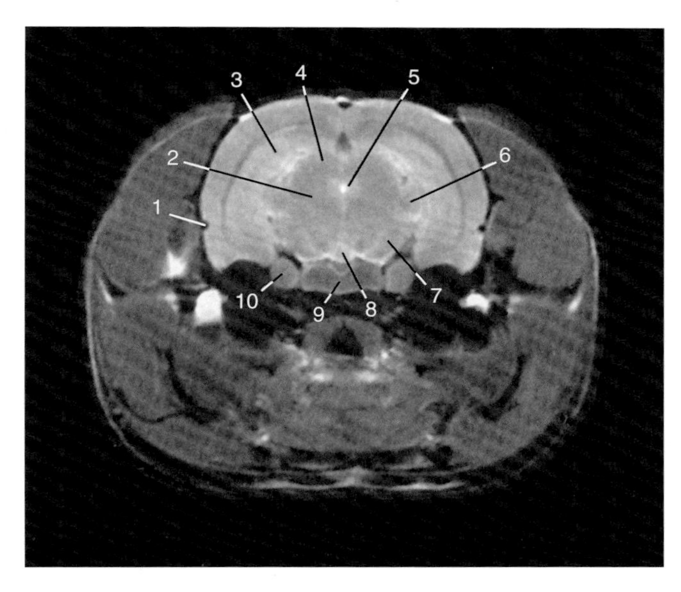

Abbildung 3-22 Transversalschnitt durch den Kopf (aus Krinke GJ, Hrsg: *The laboratory rat*, San Diego, 2000, Academic Press).

1. Fissura rhinalis
2. Tegmentum mesencephali
3. Hippocampus
4. Colliculus superior
5. Substantia grisea centralis
6. Corpus geniculatum mediale
7. Pedunculus cerebri
8. Nucleus interpeduncularis
9. Hypophyse
10. N. trigeminus (Ursprung)

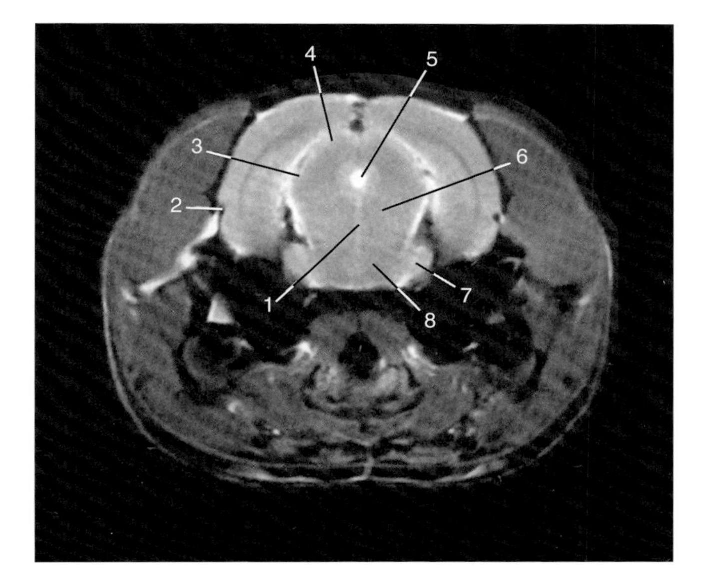

Abbildung 3-23 Transversalschnitt durch den Kopf (aus Krinke GJ, Hrsg: *The laboratory rat*, San Diego, 2000, Academic Press).

1. Raphe
2. Fissura rhinalis
3. Colliculus inferior
4. Colliculus superior
5. Aquaeductus mesencephali
6. Formatio reticularis
7. Pedunculus cerebellaris medius und N. trigeminus (Ursprung)
8. Pons und Tractus corticospinalis

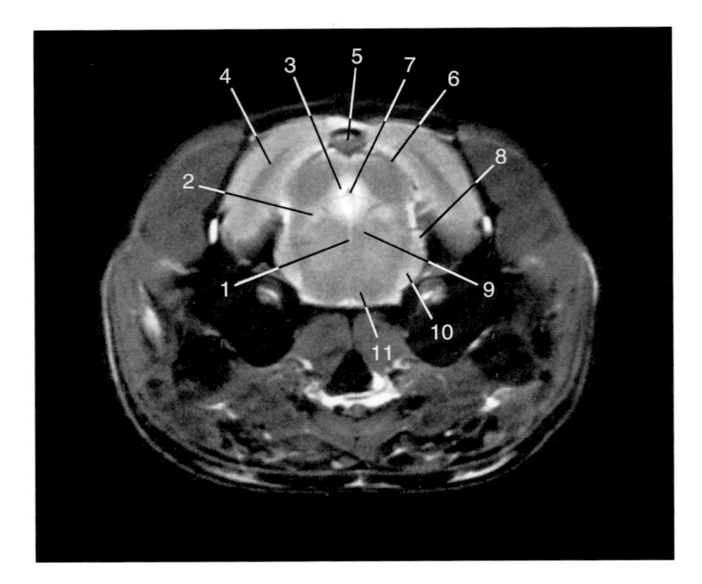

Abbildung 3-24 Transversalschnitt durch den Kopf (aus Krinke GJ, Hrsg: *The laboratory rat*, San Diego, 2000, Academic Press).

1. Raphe
2. Pedunculus cerebellaris superior
3. Substantia grisea centralis
4. Großhirnrinde (occipital)
5. Epiphyse
6. Colliculus inferior
7. Aquaeductus mesencephali
8. Pedunculus cerebellaris medius
9. Formatio reticularis
10. N. trigeminus (sensible Wurzel)
11. Tractus corticospinalis

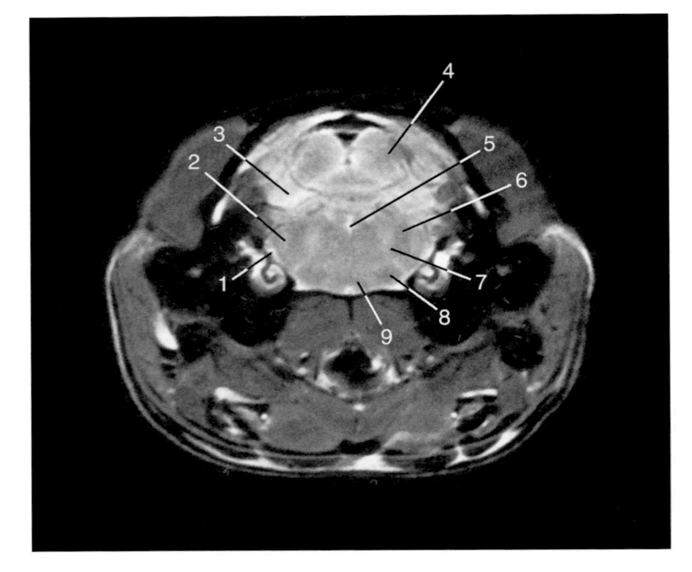

Abbildung 3-25 Transversalschnitt durch den Kopf (aus Krinke GJ, Hrsg: *The laboratory rat*, San Diego, 2000, Academic Press).

1. N. trigeminus (sensible Wurzel)
2. N. trigeminus (motorische Wurzel)
3. Kleinhirnrinde
4. Colliculus inferior
5. 4. Ventrikel
6. N. trigeminus (motorisches Kerngebiet)
7. Ursprung des N. facialis
8. oberes Olivensystem
9. Tractus corticospinalis

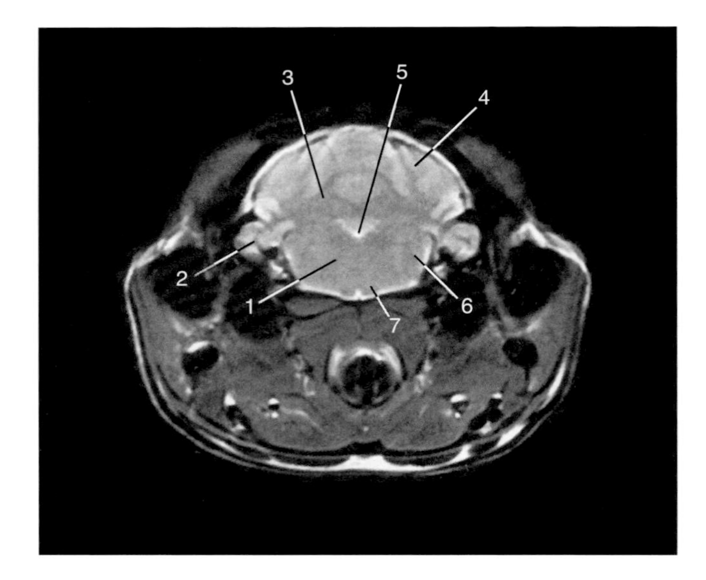

Abbildung 3-26 Transversalschnitt durch den Kopf (aus Krinke GJ, Hrsg: *The laboratory rat*, San Diego, 2000, Academic Press).

1. Nucleus reticularis
2. Paraflocculus
3. Nucleus cerebellaris profundus
4. Kleinhirnrinde
5. 4. Ventrikel
6. spinaler Tractus und Nucleus trigeminalis
7. Tractus corticospinalis

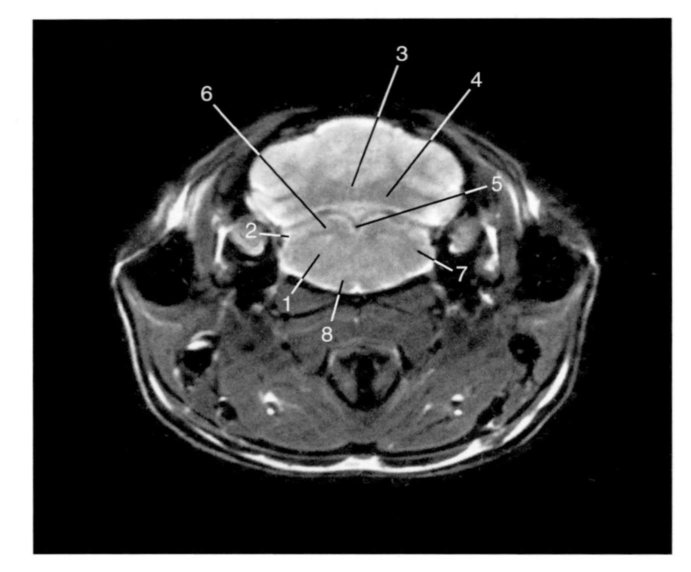

Abbildung 3-27 Transversalschnitt durch den Kopf (aus Krinke GJ, Hrsg: *The laboratory rat*, San Diego, 2000, Academic Press).

1. Nucleus reticularis
2. Tractus spinocerebellaris
3. Kleinhirnrinde
4. Nucleus cerebellaris profundus
5. 4. Ventrikel
6. Nucleus vestibularis
7. spinaler Tractus und Nucleus trigeminalis
8. Tractus corticospinalis

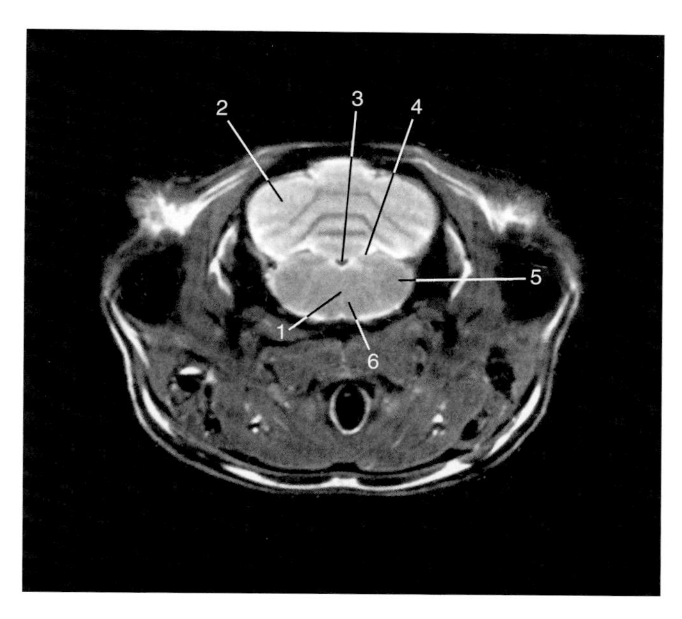

Abbildung 3-28 Transversalschnitt durch den Kopf (aus Krinke GJ, Hrsg: *The laboratory rat*, San Diego, 2000, Academic Press).

1. Raphe
2. Kleinhirnrinde
3. 4. Ventrikel
4. Fasciculus und Nucleus caudatus
5. spinaler Tractus und Nucleus trigeminalis
6. Tractus corticospinalis

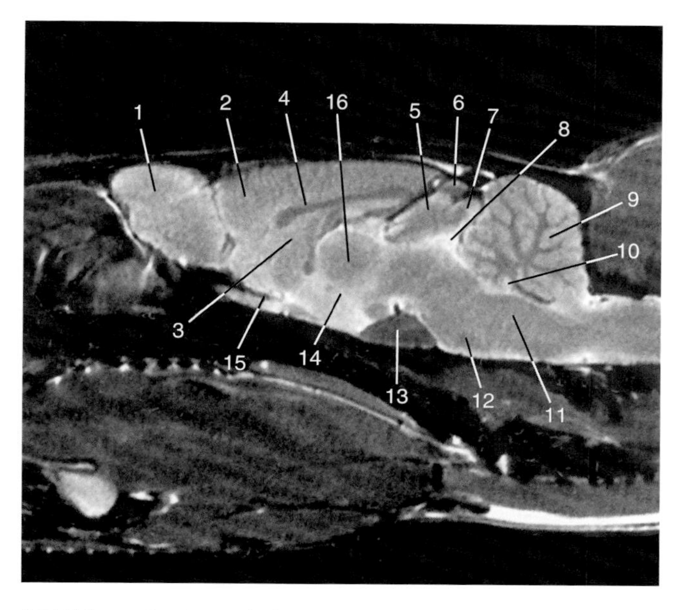

Abbildung 3-29 medialer Sagittalschnitt durch den Kopf (aus Krinke GJ, Hrsg: *The laboratory rat*, San Diego, 2000, Academic Press).

1. Bulbus olfactorius
2. Großhirnrinde
3. Septum
4. Corpus callosum
5. Colliculus anterior
6. Epiphyse
7. Colliculus posterior
8. Aquaeductus mesencephali
9. Kleinhirn
10. 4. Ventrikel
11. Medulla oblongata
12. Pons
13. Epiphyse
14. 3. Ventrikel
15. N. opticus
16. Thalamus

KAPITEL **4**

Syrischer Goldhamster *(Mesocricetus auratus)*

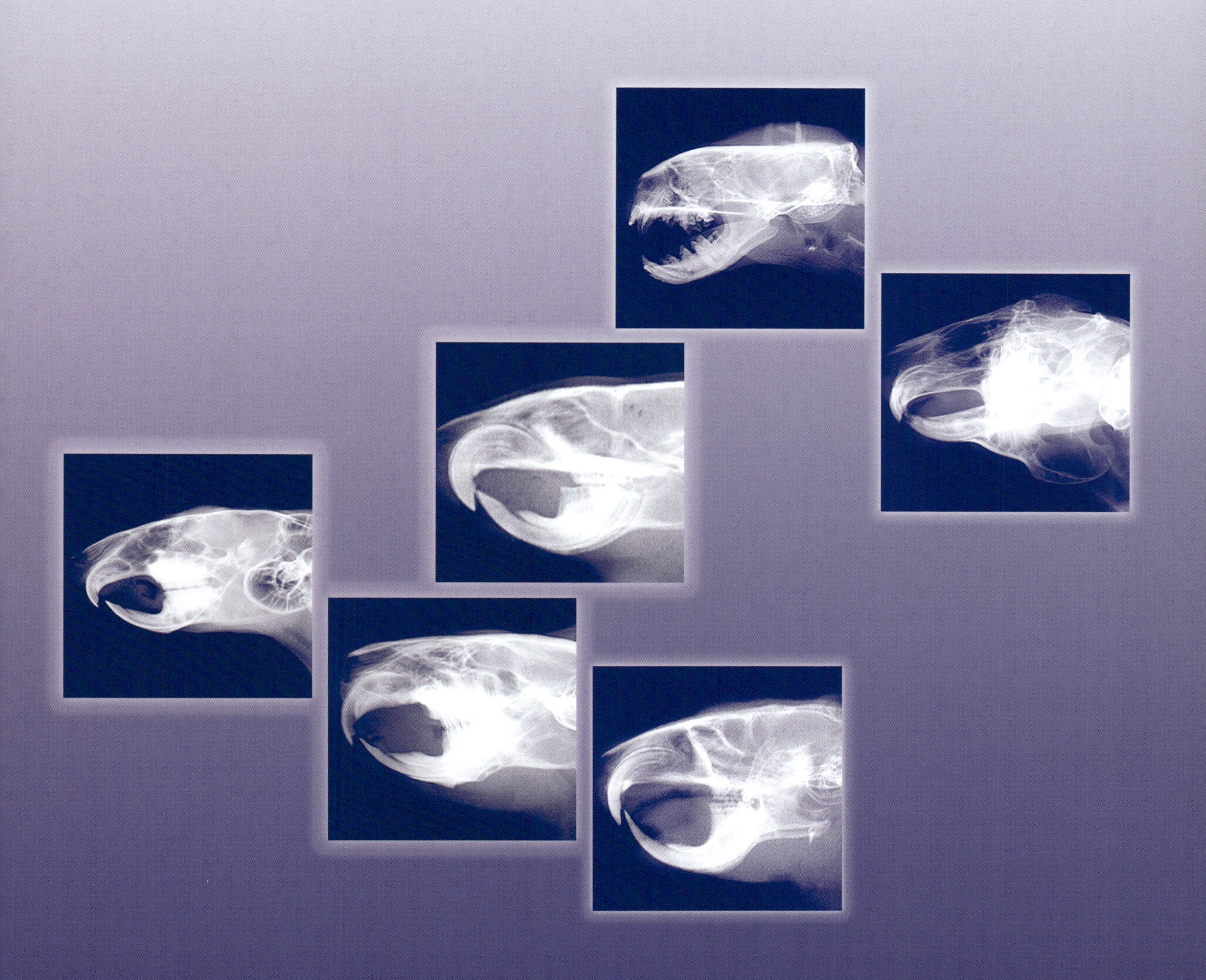

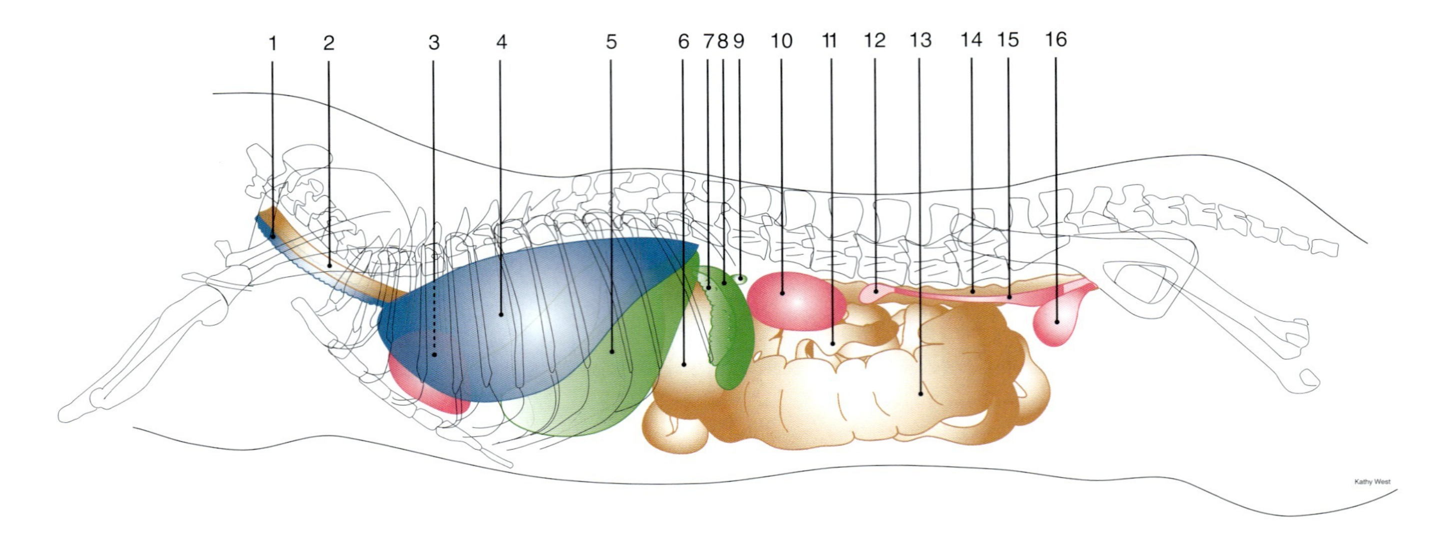

Abbildung 4-1, A Zeichnung der Anatomie (linke Seitenansicht) der Brust- und Bauchorgane eines adulten weiblichen Goldhamsters.

1. Luftröhre
2. Speiseröhre
3. Herz
4. Lunge
5. Leber
6. Magen
7. Pankreas
8. Milz
9. linke Nebenniere
10. linke Niere
11. Dünndarm
12. linker Eierstock
13. Blinddarm
14. Colon descendens
15. linkes Uterushorn
16. Harnblase

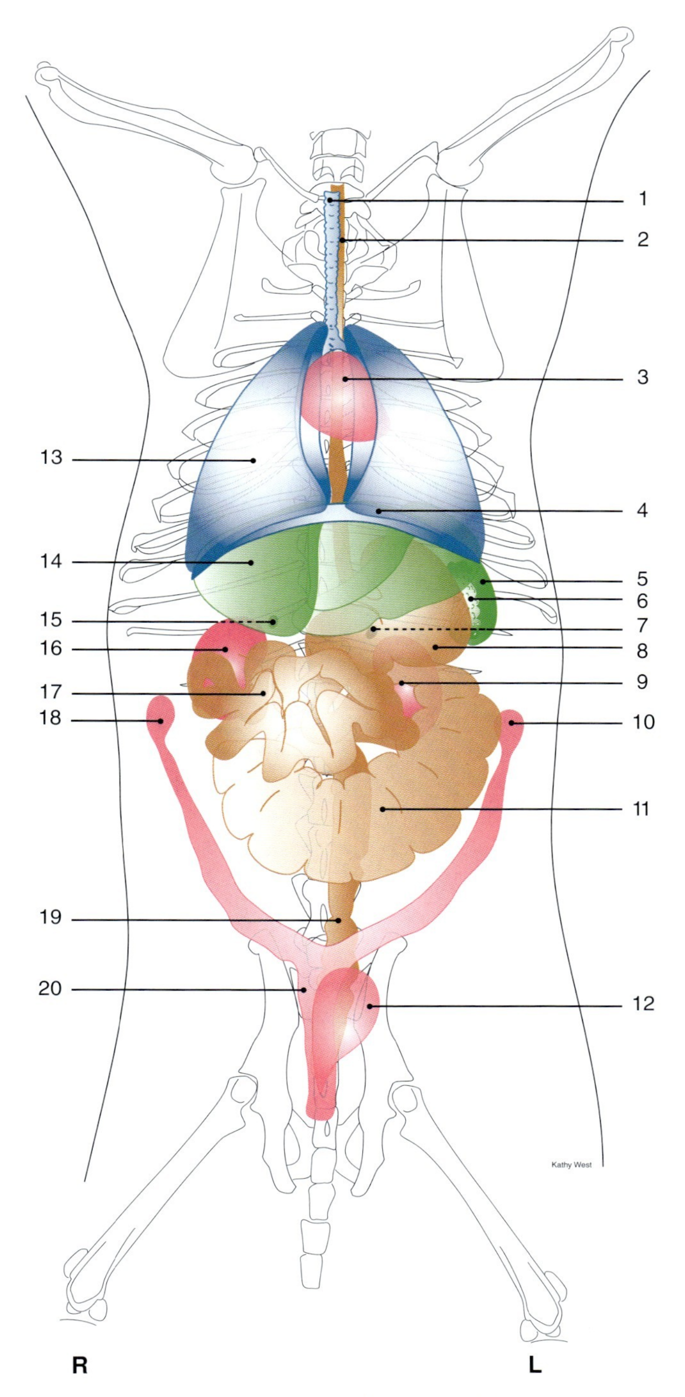

Abbildung 4-1, B Zeichnung der Anatomie (ventrale Ansicht) der Brust- und Bauchorgane eines adulten weiblichen Goldhamsters.

1. Luftröhre
2. Speiseröhre
3. Herz
4. Zwerchfell
5. Milz
6. Pankreas
7. linke Nebenniere
8. Magen
9. linke Niere
10. linker Eierstock
11. Blinddarm
12. Harnblase
13. Lunge
14. Leber
15. rechte Nebenniere
16. rechte Niere
17. Dünndarm
18. rechter Eierstock
19. Colon descendens
20. Gebärmutter

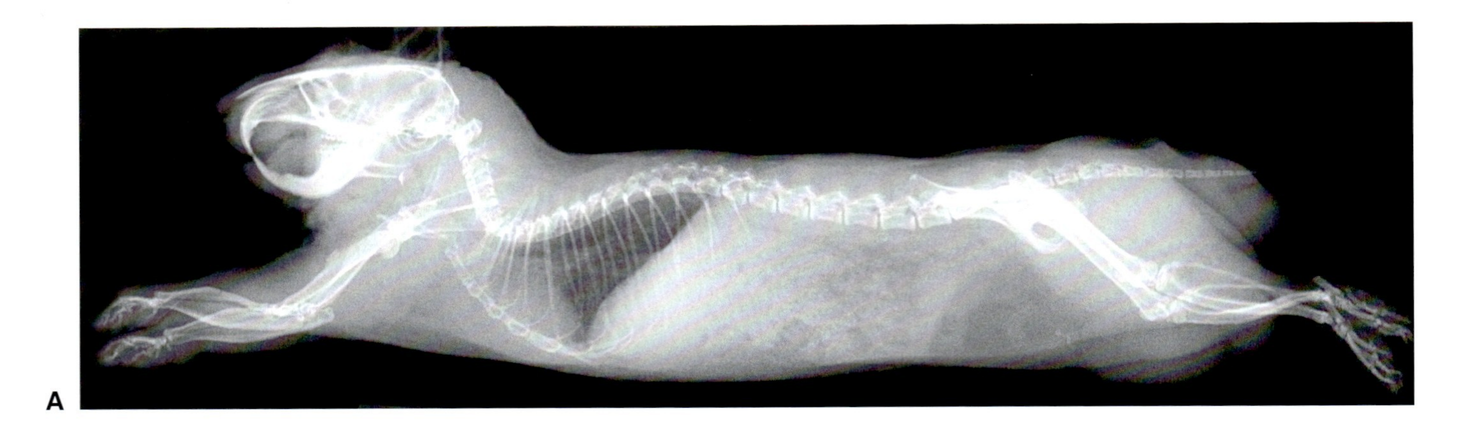

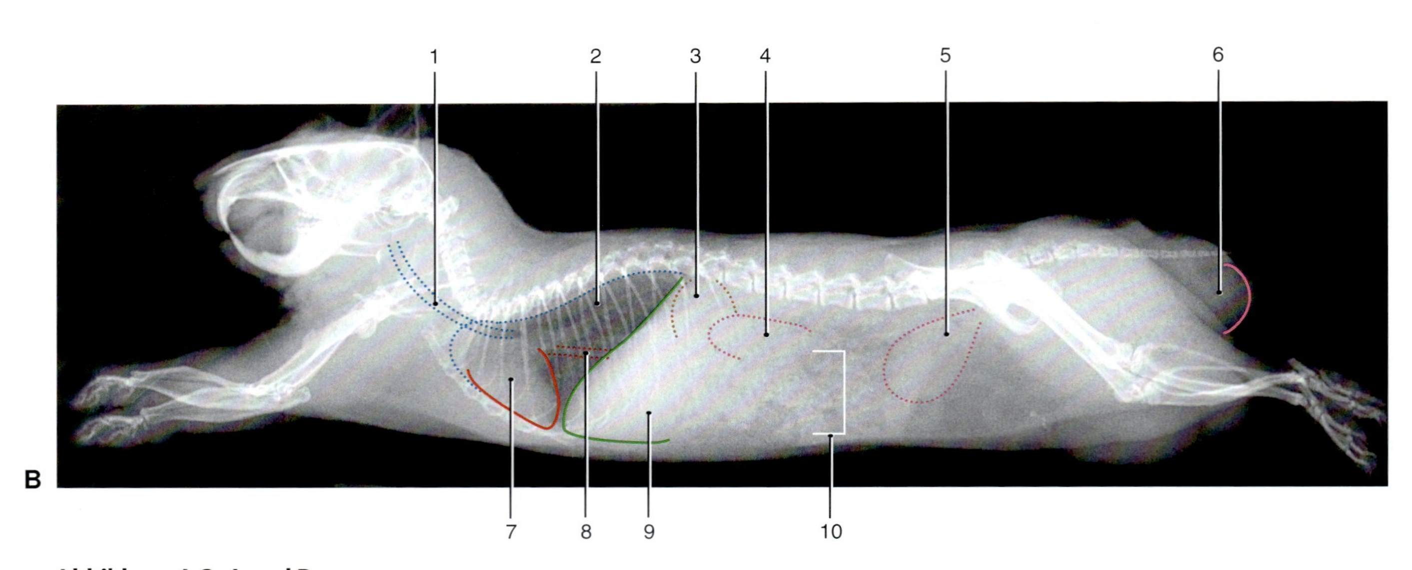

Abbildung 4-2, A und B
Tierart: Goldhamster
Organsystem: Brust- und Bauchorgane
Projektion: laterolateral (rechte Seitenlage)
Körpermasse: 150 g
Geschlecht: männlich unkastriert
Lebensalter: adult

1. Luftröhre
2. Lunge
3. Magen
4. Niere
5. Harnblase
6. Skrotum
7. Herz
8. V. cava caudalis
9. Leber
10. Blinddarm

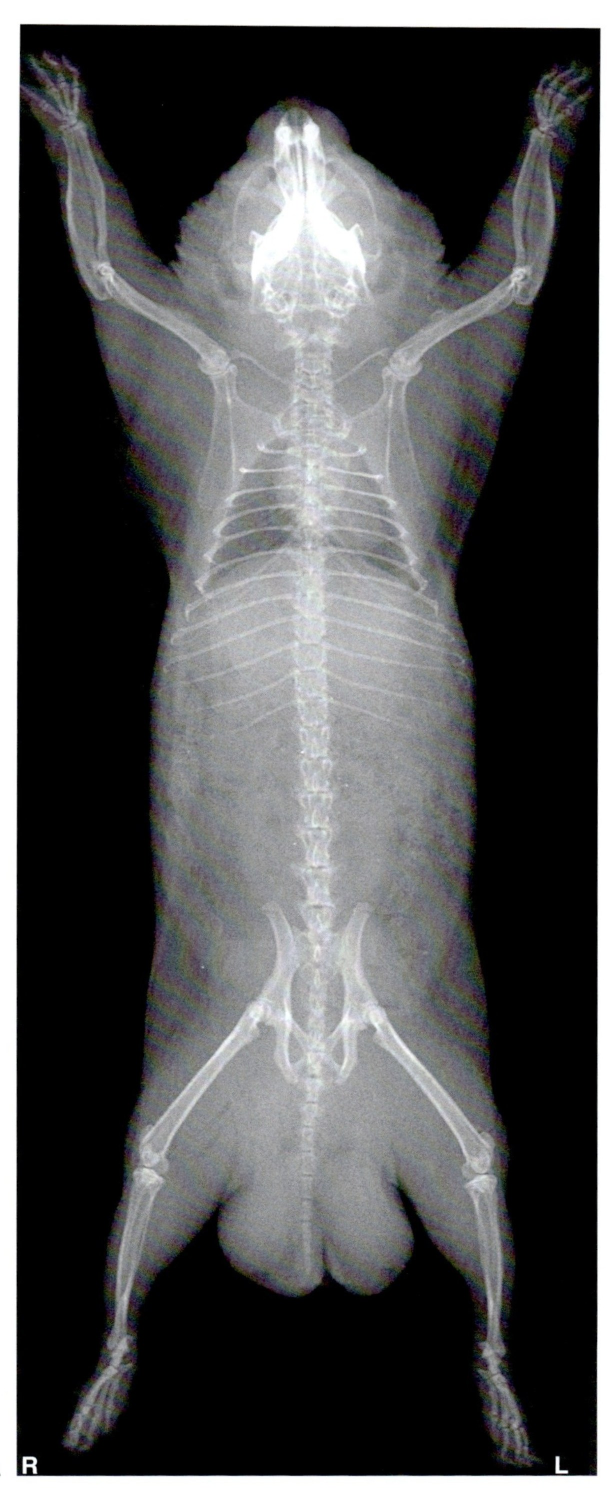

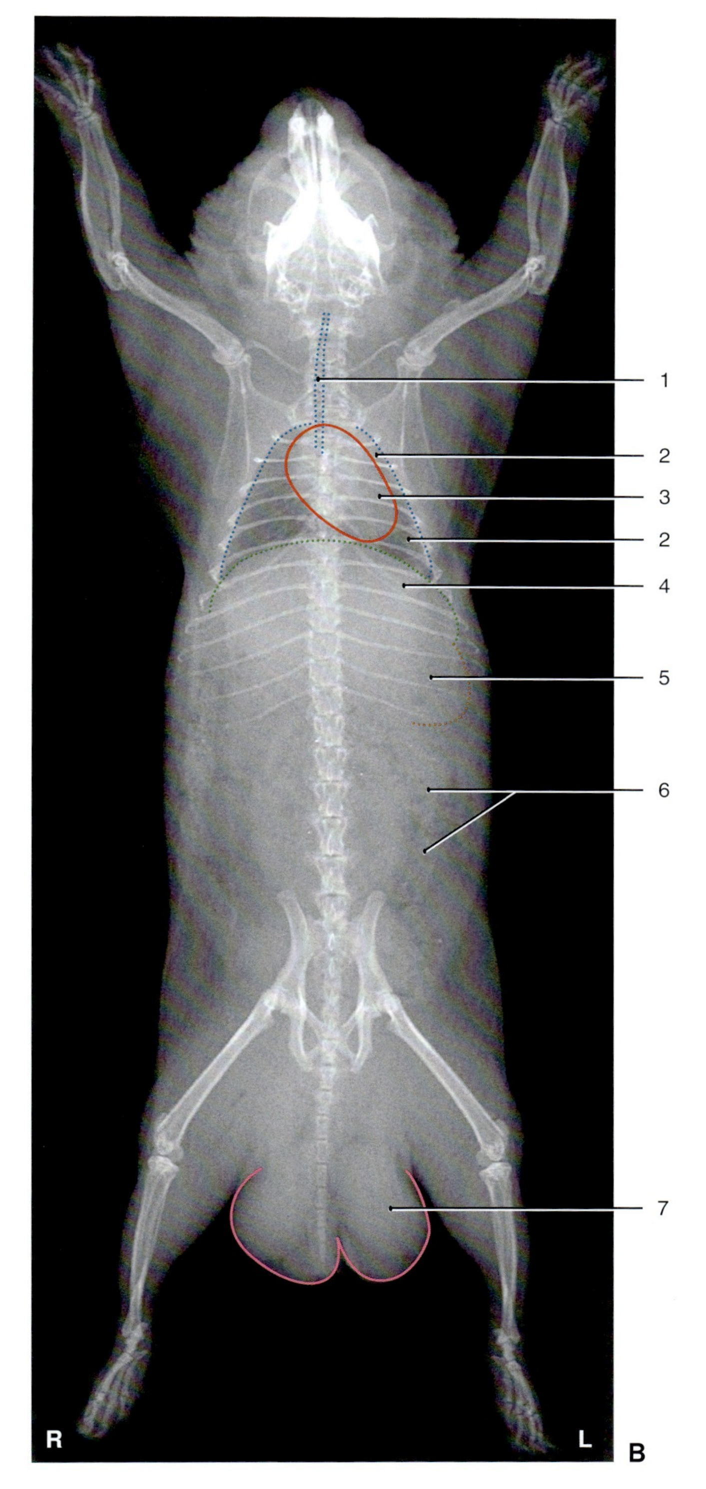

Abbildung 4-3, A
Tierart: Goldhamster
Organsystem: Brust- und Bauchorgane
Projektion: ventrodorsal
Körpermasse: 150 g
Geschlecht: männlich unkastriert
Lebensalter: adult

Abbildung 4-3, B
Tierart: Goldhamster
Organsystem: Brust- und Bauchorgane
Projektion: ventrodorsal
Körpermasse: 150 g
Geschlecht: männlich unkastriert
Lebensalter: adult

1. Luftröhre
2. Lunge
3. Herz
4. Leber
5. Magen
6. Blinddarm
7. Skrotum

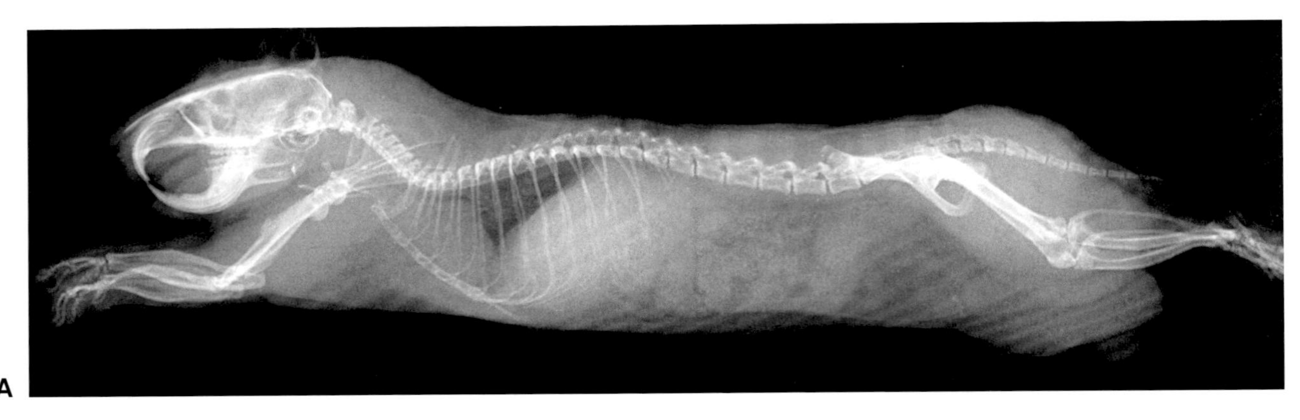

A

Abbildung 4-4, A
Tierart: Goldhamster
Organsystem: Skelett (Ganzkörperaufnahme)
Projektion: laterolateral (rechte Seitenlage)
Körpermasse: 150 g
Geschlecht: männlich unkastriert
Lebensalter: adult

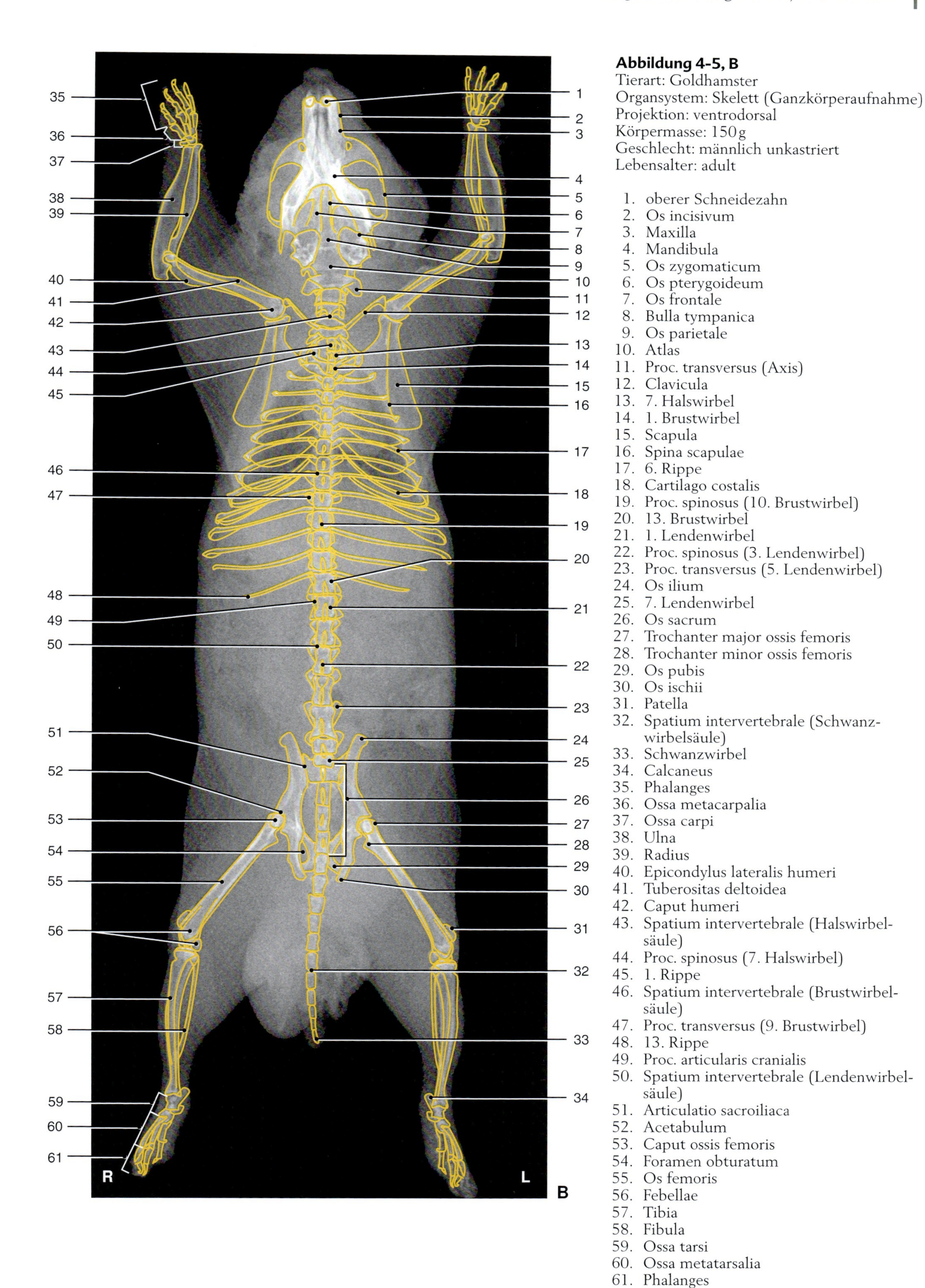

Abbildung 4-5, B
Tierart: Goldhamster
Organsystem: Skelett (Ganzkörperaufnahme)
Projektion: ventrodorsal
Körpermasse: 150 g
Geschlecht: männlich unkastriert
Lebensalter: adult

1. oberer Schneidezahn
2. Os incisivum
3. Maxilla
4. Mandibula
5. Os zygomaticum
6. Os pterygoideum
7. Os frontale
8. Bulla tympanica
9. Os parietale
10. Atlas
11. Proc. transversus (Axis)
12. Clavicula
13. 7. Halswirbel
14. 1. Brustwirbel
15. Scapula
16. Spina scapulae
17. 6. Rippe
18. Cartilago costalis
19. Proc. spinosus (10. Brustwirbel)
20. 13. Brustwirbel
21. 1. Lendenwirbel
22. Proc. spinosus (3. Lendenwirbel)
23. Proc. transversus (5. Lendenwirbel)
24. Os ilium
25. 7. Lendenwirbel
26. Os sacrum
27. Trochanter major ossis femoris
28. Trochanter minor ossis femoris
29. Os pubis
30. Os ischii
31. Patella
32. Spatium intervertebrale (Schwanzwirbelsäule)
33. Schwanzwirbel
34. Calcaneus
35. Phalanges
36. Ossa metacarpalia
37. Ossa carpi
38. Ulna
39. Radius
40. Epicondylus lateralis humeri
41. Tuberositas deltoidea
42. Caput humeri
43. Spatium intervertebrale (Halswirbelsäule)
44. Proc. spinosus (7. Halswirbel)
45. 1. Rippe
46. Spatium intervertebrale (Brustwirbelsäule)
47. Proc. transversus (9. Brustwirbel)
48. 13. Rippe
49. Proc. articularis cranialis
50. Spatium intervertebrale (Lendenwirbelsäule)
51. Articulatio sacroiliaca
52. Acetabulum
53. Caput ossis femoris
54. Foramen obturatum
55. Os femoris
56. Fabellae
57. Tibia
58. Fibula
59. Ossa tarsi
60. Ossa metatarsalia
61. Phalanges

Abbildung 4-6, A
Tierart: Goldhamster
Organsystem: Kopf
Projektion: laterolateral (rechte Seitenlage)
Körpermasse: 130 g
Geschlecht: weiblich unkastriert
Lebensalter: adult

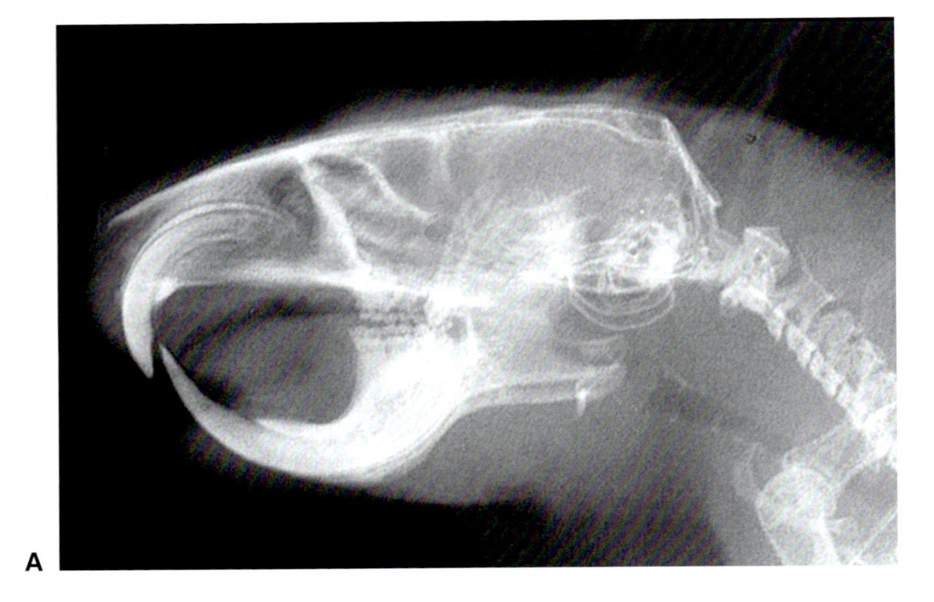

Abbildung 4-6, B
Tierart: Goldhamster
Organsystem: Kopf
Projektion: laterolateral (rechte Seitenlage)
Körpermasse: 130 g
Geschlecht: weiblich unkastriert
Lebensalter: adult

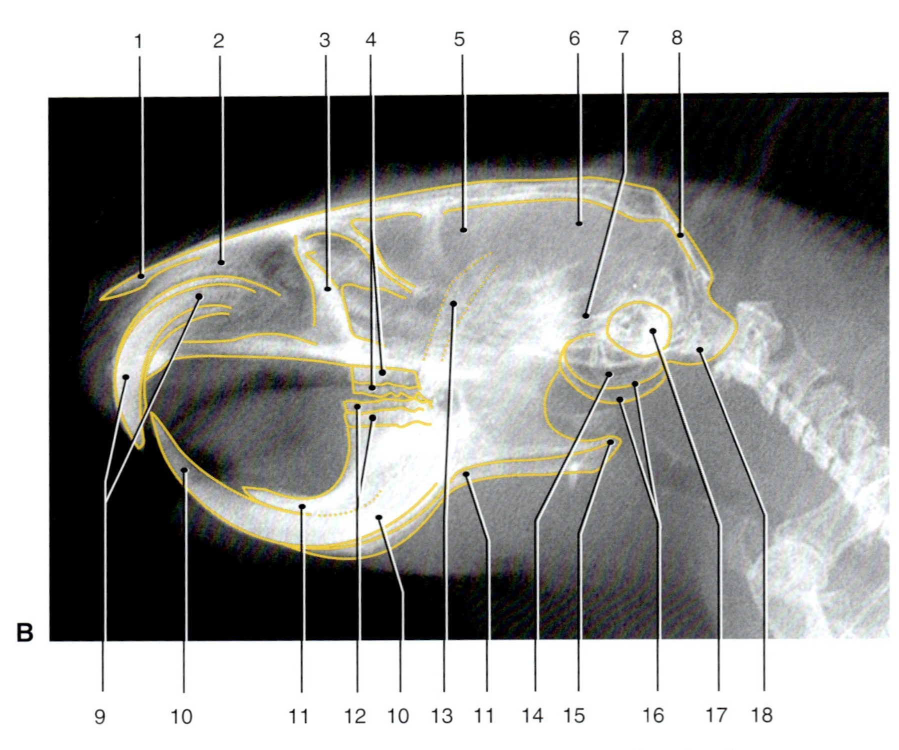

1. Os nasale
2. Os incisivum
3. Proc. zygomaticus
4. Oberkieferbackenzähne
5. Os frontale
6. Os parietale
7. Os temporale
8. Os occipitale
9. obere Schneidezähne
10. untere Schneidezähne
11. Mandibula
12. Unterkieferbackenzähne
13. Proc. coronoideus mandibulae
14. Cavum tympani
15. Proc. angularis mandibulae
16. Bulla tympanica
17. Pars petrosa ossis temporalis
18. Condylus occipitalis

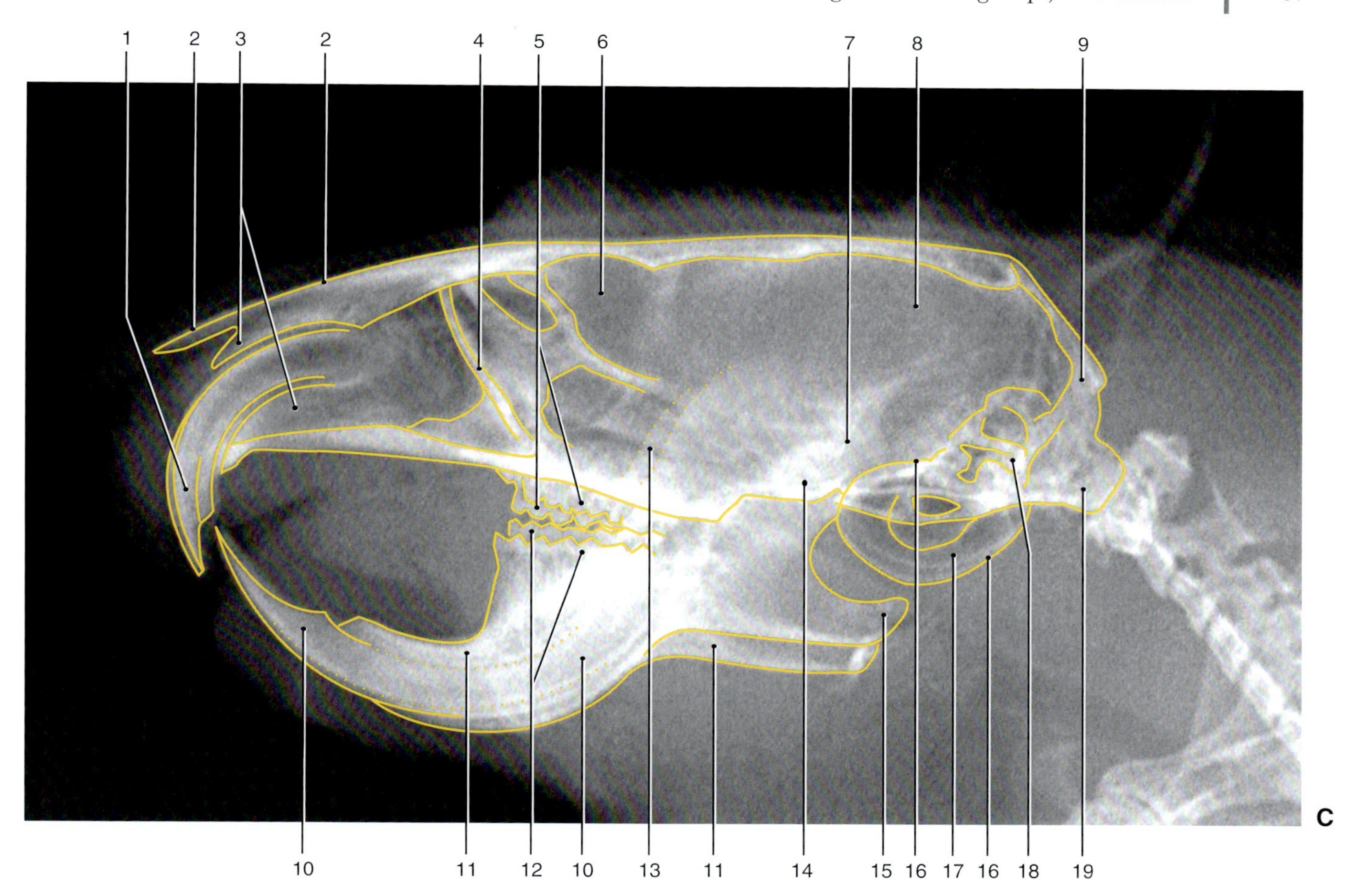

Abbildung 4-6, C
Tierart: Goldhamster
Organsystem: Kopf (direktvergrößerte Aufnahme)
Projektion: laterolateral (rechte Seitenlage)
Körpermasse: 130 g
Geschlecht: weiblich unkastriert
Lebensalter: adult

1. oberer Schneidezahn
2. Os nasale
3. Os incisivum
4. Proc. zygomaticus
5. Oberkieferbackenzähne
6. Os frontale
7. Os temporale
8. Os parietale
9. Os occipitale
10. untere Schneidezähne
11. Mandibula
12. Unterkieferbackenzähne
13. Proc. coronoideus mandibulae
14. Proc. condylaris mandibulae
15. Proc. angularis mandibulae
16. Bulla tympanica
17. Cavum tympani
18. Pars petrosa ossis temporalis
19. Condylus occipitalis

Abbildung 4-7, A
Tierart: Goldhamster
Organsystem: Kopf
Projektion: dorsoventral
Körpermasse: 130 g
Geschlecht: weiblich unkastriert
Lebensalter: adult

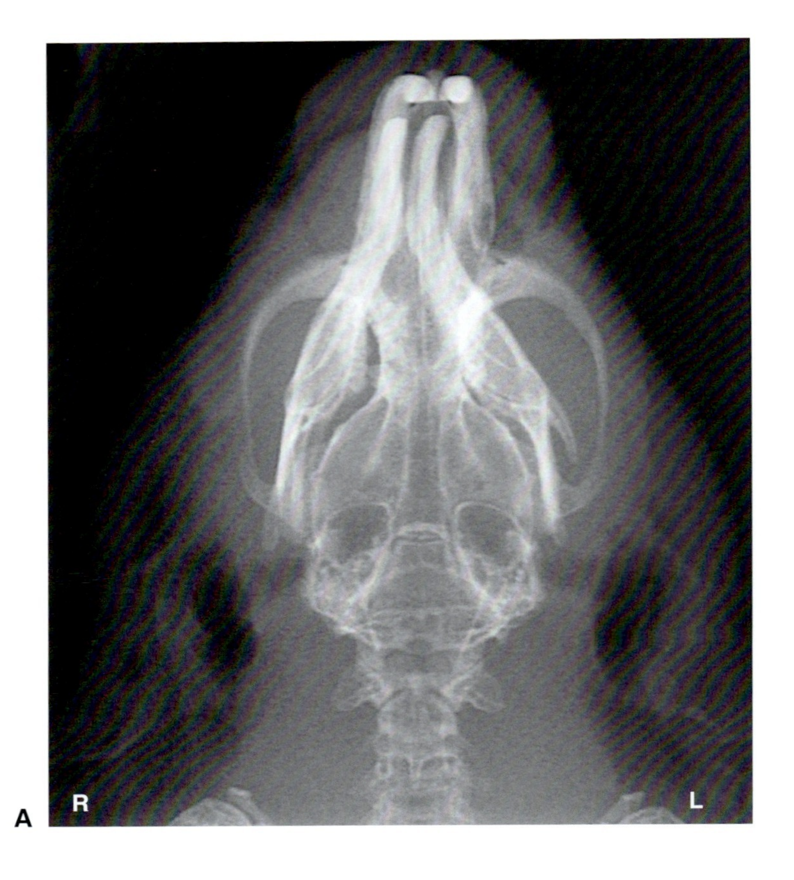

Abbildung 4-7, B
Tierart: Goldhamster
Organsystem: Kopf
Projektion: dorsoventral
Körpermasse: 130 g
Geschlecht: weiblich unkastriert
Lebensalter: adult

1. Os incisivum
2. Symphysis mandibulae
3. Maxilla
4. Mandibula
5. Proc. zygomaticus
6. Proc. coronoideus mandibulae
7. Os basisphenoidale
8. Cavum tympani
9. Os parietale
10. Zungenbein
11. Proc. zygomaticus ossis occipitalis
12. Condylus occipitalis
13. Foramen magnum
14. Os nasale
15. oberer Schneidezahn
16. unterer Scheidezahn
17. Nasenhöhle
18. Os palatinum
19. Os zygomaticum
20. Os pterygoideum
21. Bulla tympanica
22. Proc. angularis mandibulae
23. Gehörgang
24. Os occipitale

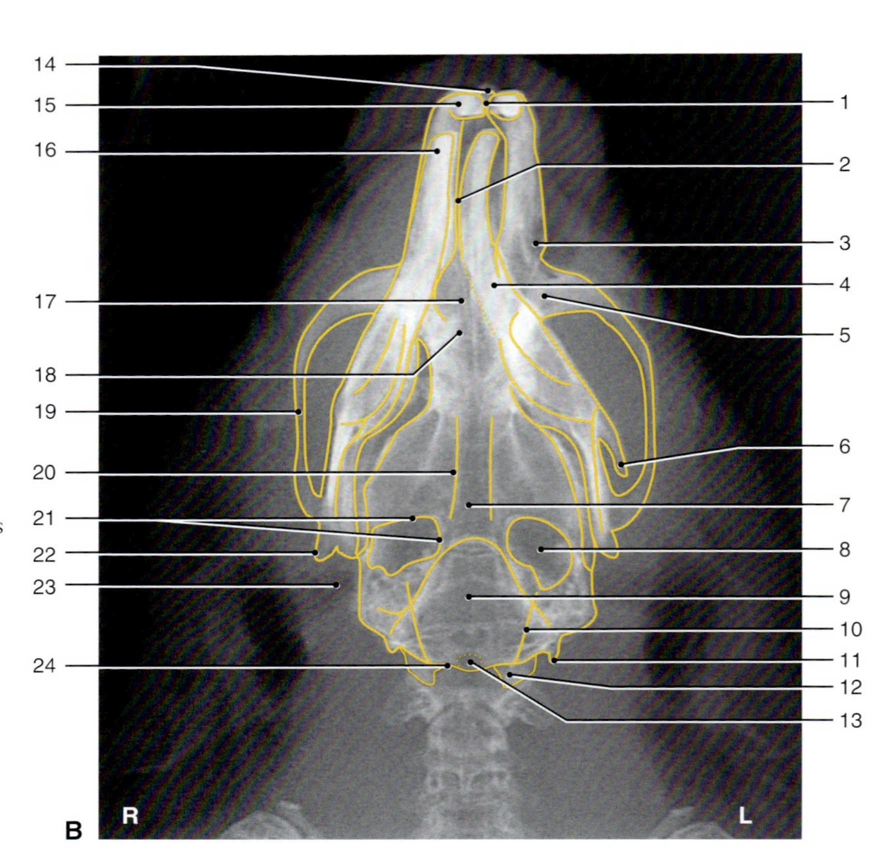

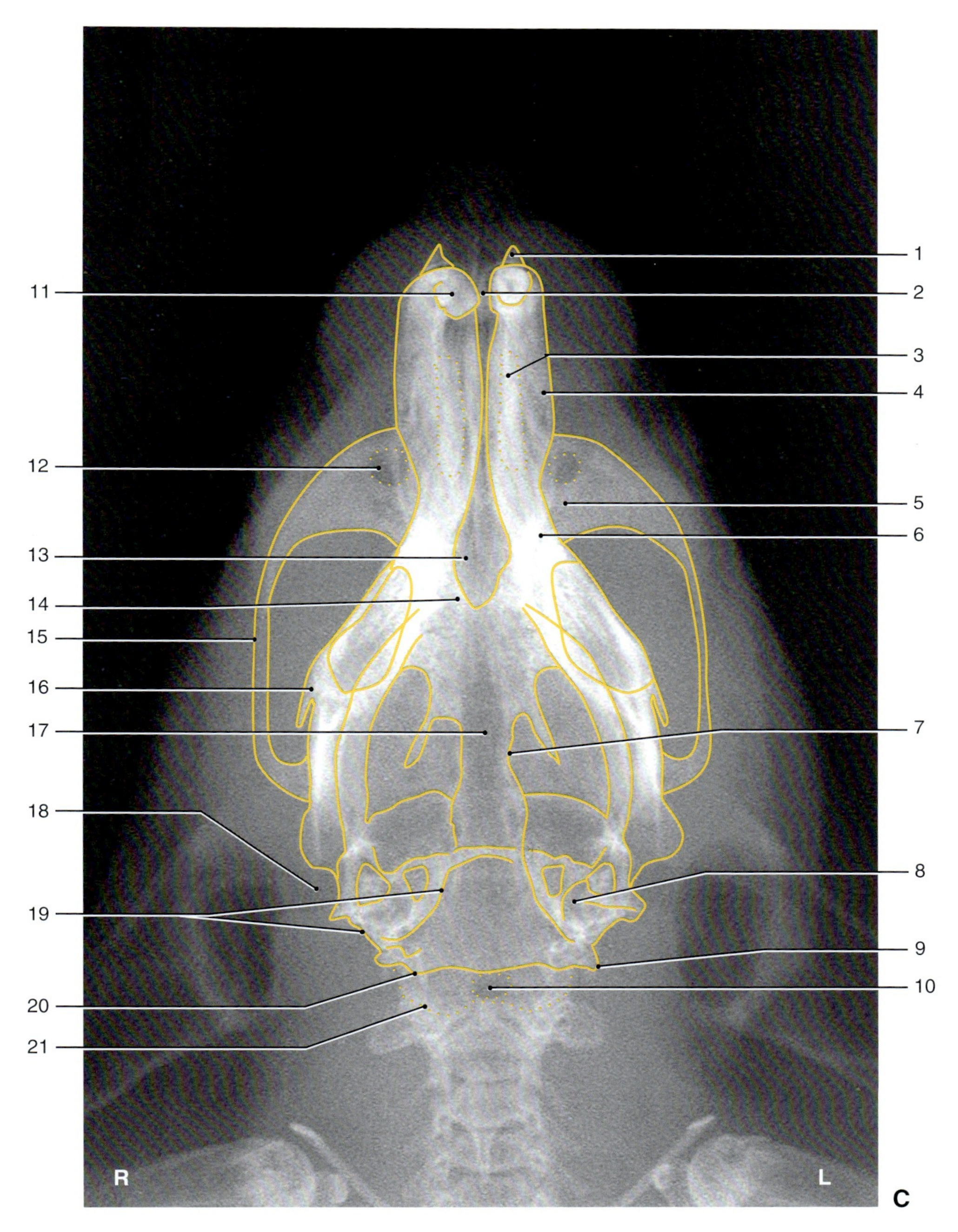

Abbildung 4-7, C
Tierart: Goldhamster
Organsystem: Kopf (direktvergrößerte Aufnahme)
Projektion: dorsoventral
Körpermasse: 130 g
Geschlecht: weiblich unkastriert
Lebensalter: adult

1. Os nasale
2. Os incisivum
3. unterer Schneidezahn
4. Maxilla
5. Proc. zygomaticus
6. Mandibula
7. Os pterygoideum
8. Pars petrosa ossis temporalis
9. Proc. paracondylaris ossis occipitalis
10. Foramen magnum
11. oberer Schneidezahn
12. Hiatus infraorbitalis
13. Nasenhöhle
14. Os palatinum
15. Os zygomaticum
16. Proc. coronoideus mandibulae
17. Os basisphenoidale
18. äußerer Gehörgang
19. Bulla tympanica
20. Os occipitale
21. Condylus occipitalis

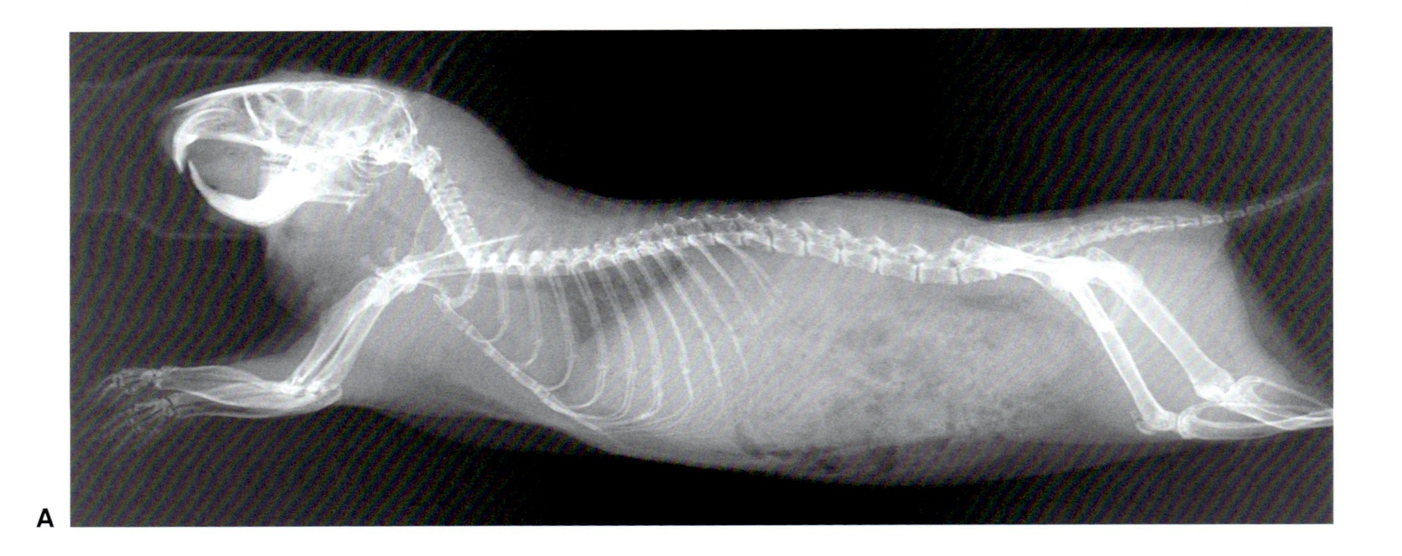

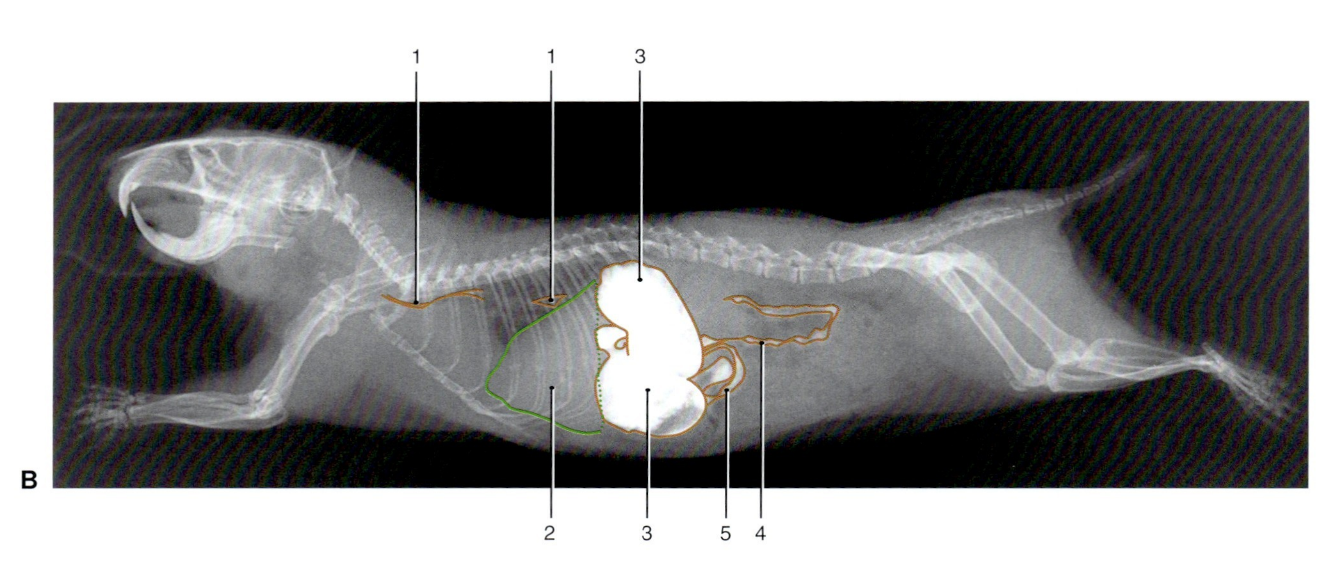

Abbildung 4-8, A und B
Tierart: Goldhamster
Organsystem: Gastrointestinaltrakt, Positivkontrastdarstellung
Kontrastmittel: Bariumsulfatsuspension (Novopaque® 60% v/w), 4 ml über Schlundsonde
Projektion: laterolateral (rechte Seitenlage)
Körpermasse: 190 g
Geschlecht: weiblich unkastriert
Lebensalter: 1,3 J

1. Speiseröhre
2. Leber
3. Magen
4. Duodenum
5. Dünndarm
6. Blinddarm
7. Kolon
8. Rektum

Abbildung	Zeit (h)
A	Leeraufnahme
B	0,25

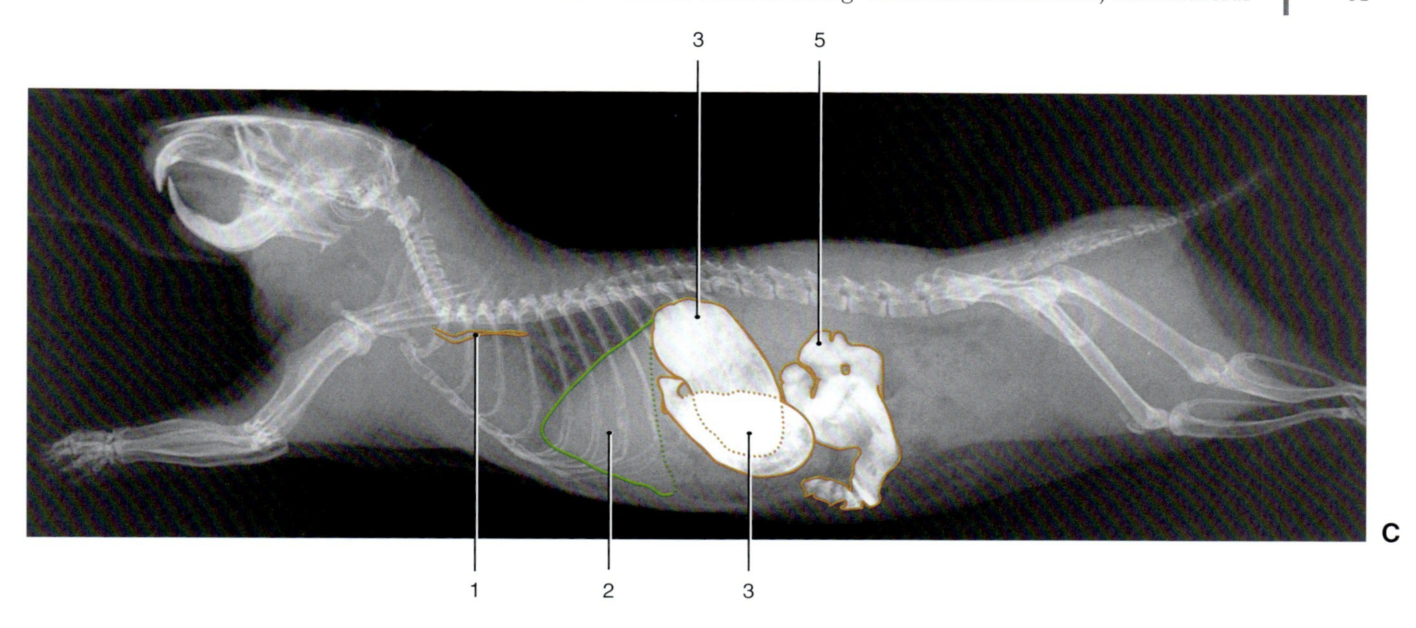

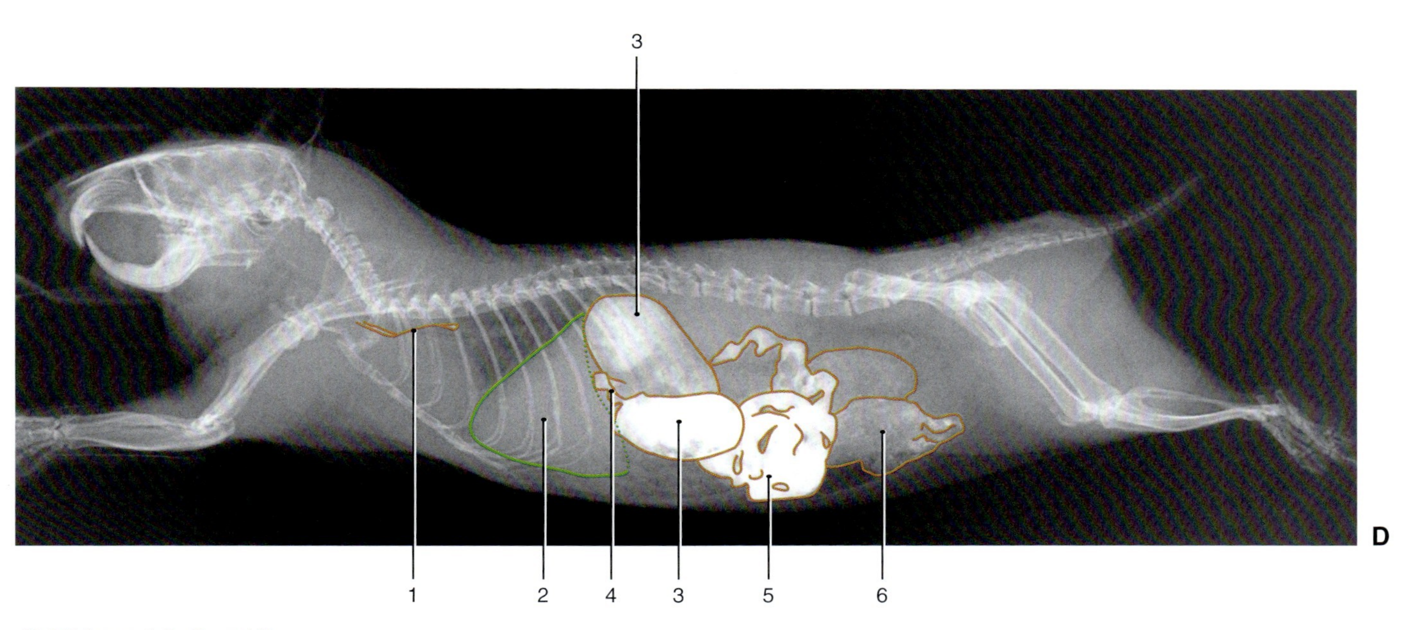

Abbildung 4-8, C und D
Tierart: Goldhamster
Organsystem: Gastrointestinaltrakt, Positivkontrastdarstellung
Kontrastmittel: Bariumsulfatsuspension (Novopaque®
60% v/w), 4 ml über Schlundsonde
Projektion: laterolateral (rechte Seitenlage)
Körpermasse: 190 g
Geschlecht: weiblich unkastriert
Lebensalter: adult

1. Speiseröhre
2. Leber
3. Magen
4. Duodenum
5. Dünndarm
6. Blinddarm
7. Kolon
8. Rektum

Abbildung	Zeit (h)
C	0,67
D	1,75

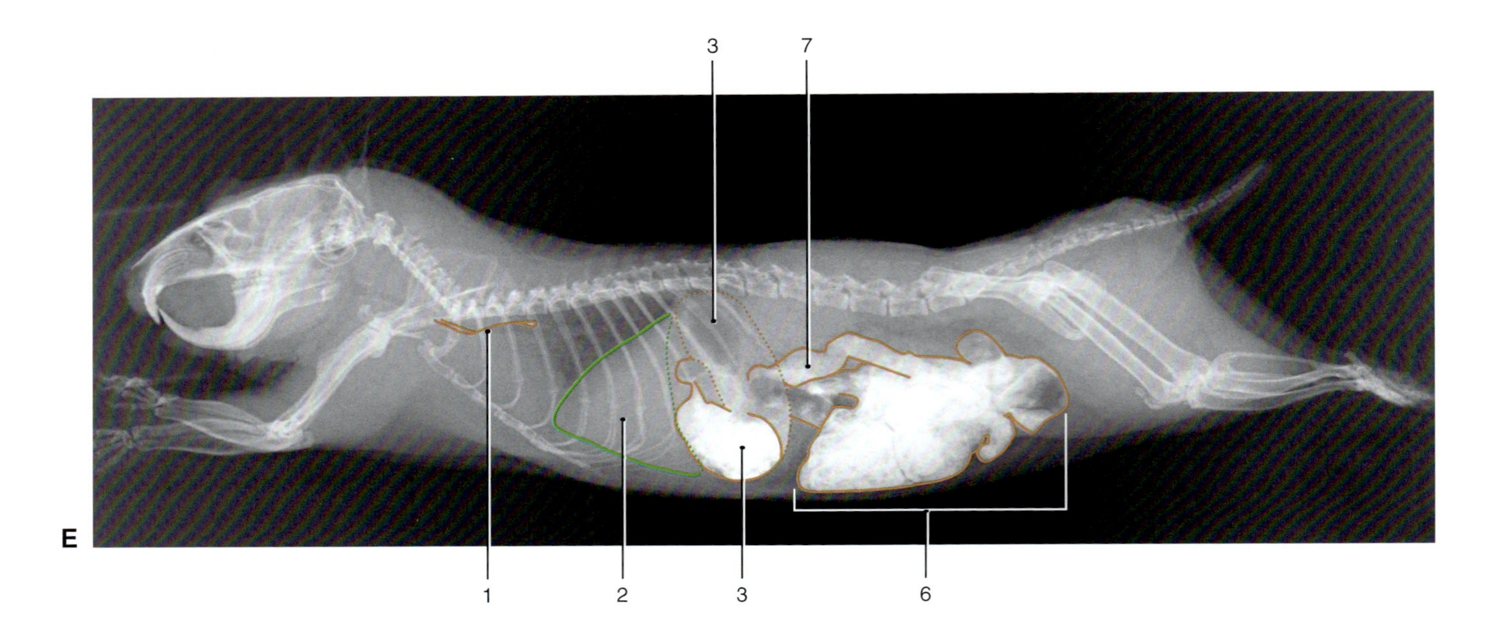

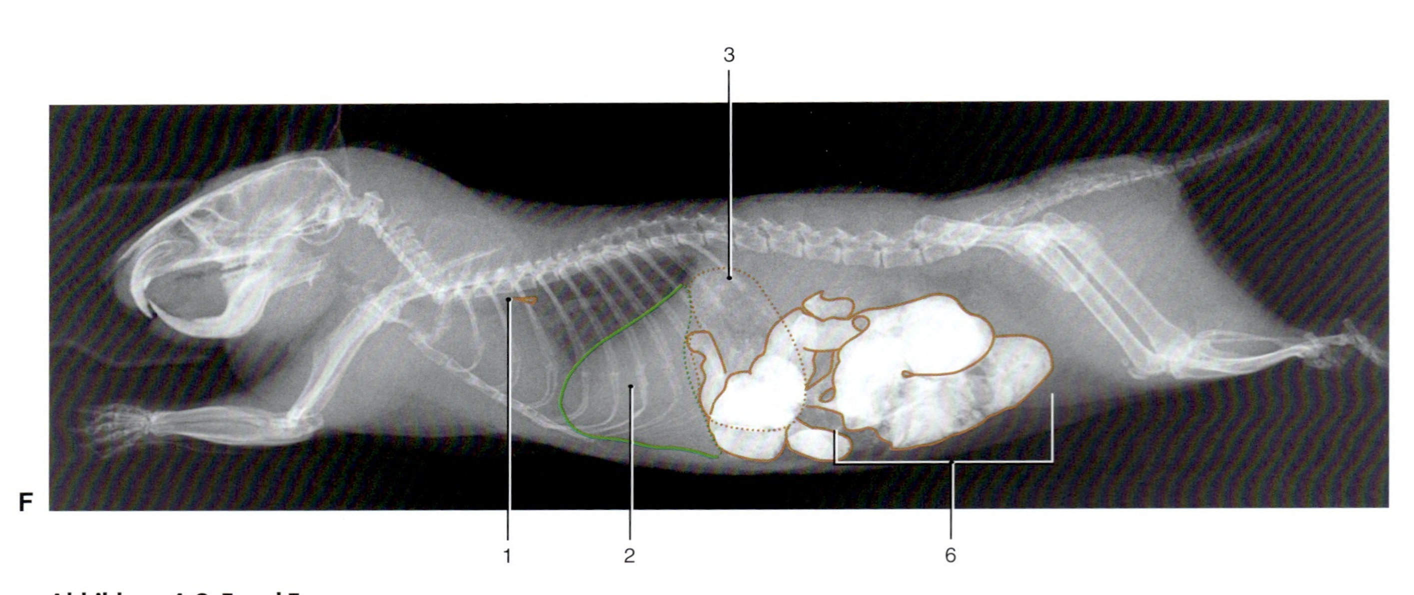

Abbildung 4-8, E und F
Tierart: Goldhamster
Organsystem: Gastrointestinaltrakt, Positivkontrastdarstellung
Kontrastmittel: Bariumsulfatsuspension (Novopaque® 60% v/w), 4 ml über Schlundsonde
Projektion: laterolateral (rechte Seitenlage)
Körpermasse: 190 g
Geschlecht: weiblich unkastriert
Lebensalter: 1,3 J

1. Speiseröhre
2. Leber
3. Magen
4. Duodenum
5. Dünndarm
6. Blinddarm
7. Kolon
8. Rektum

Abbildung	Zeit (h)
E	3,25
F	4,25

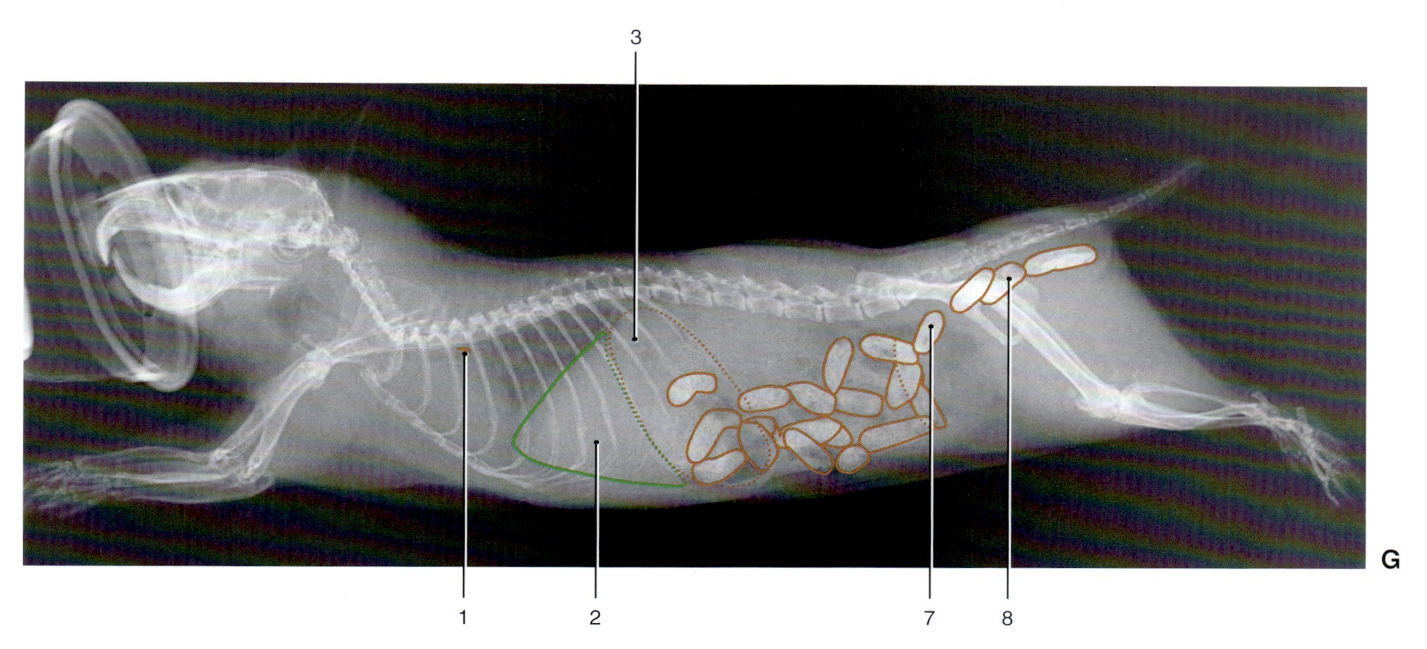

Abbildung 4-8, G
Tierart: Goldhamster
Organsystem: Gastrointestinaltrakt, Positivkontrastdarstellung
Kontrastmittel: Bariumsulfatsuspension (Novopaque®
60% v/w), 4 ml über Schlundsonde
Projektion: laterolateral (rechte Seitenlage)
Körpermasse: 190 g
Geschlecht: weiblich unkastriert
Lebensalter: 1,3 J

1. Speiseröhre
2. Leber
3. Magen
4. Duodenum
5. Dünndarm
6. Blinddarm
7. Kolon
8. Rektum

Abbildung	Zeit (h)
G	23,00

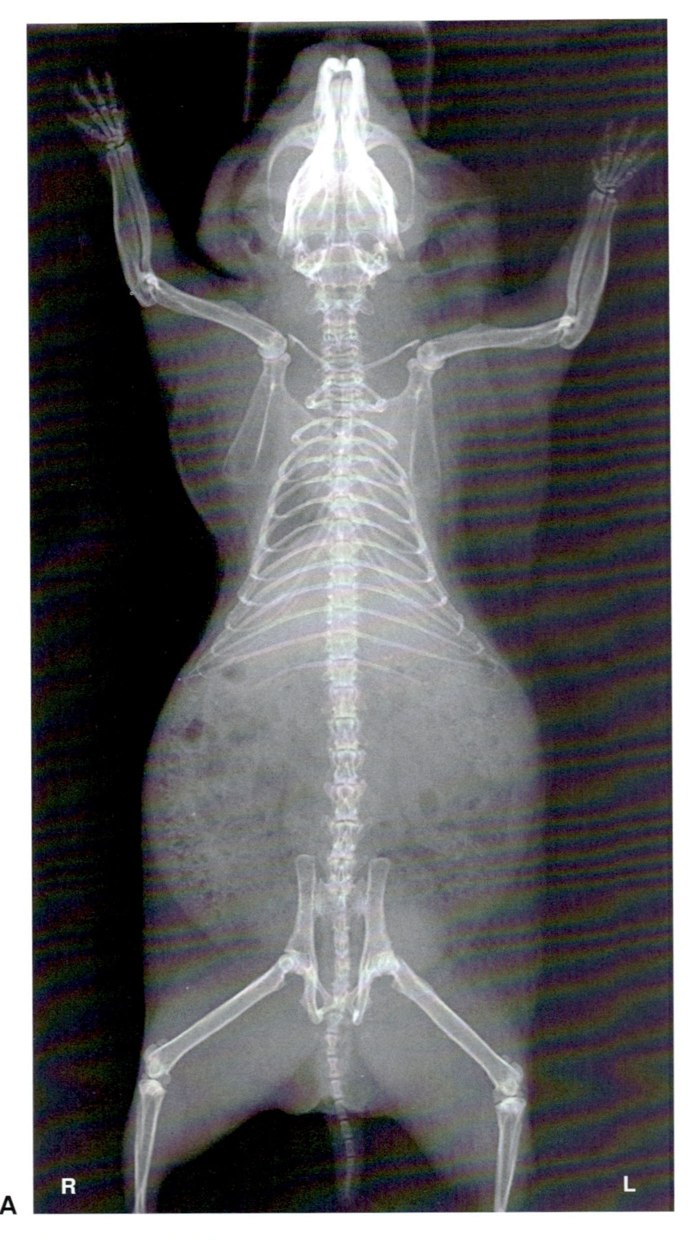

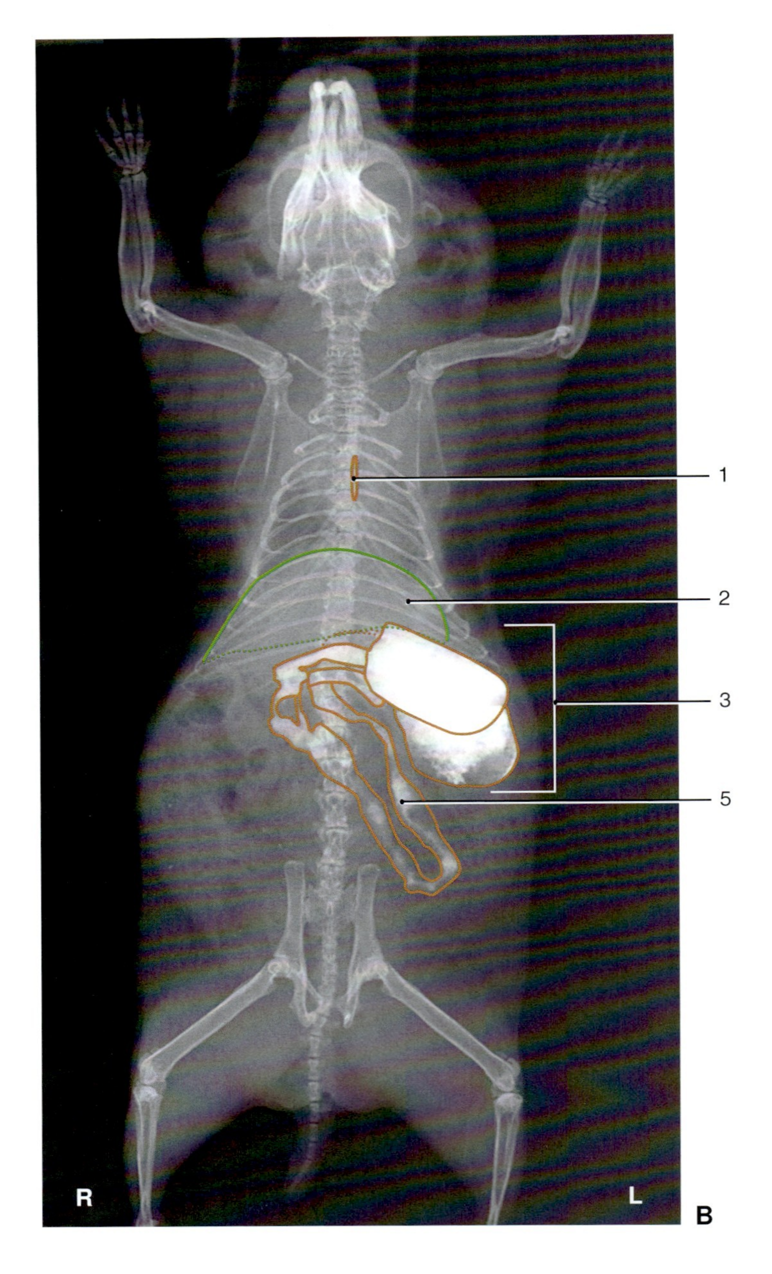

Abbildung 4-9, A und B
Tierart: Goldhamster
Organsystem: Gastrointestinaltrakt, Positivkontrastdarstellung
Kontrastmittel: Bariumsulfatsuspension (Novopaque® 60% v/w), 4 ml über Schlundsonde
Projektion: ventrodorsal (Rückenlage)
Körpermasse: 190 g
Geschlecht: weiblich unkastriert
Lebensalter: 1,3 J

Abbildung	Zeit (h)
A	Leeraufnahme
B	0,25

1. Speiseröhre
2. Leber
3. Magen
4. Duodenum
5. Dünndarm
6. Blinddarm
7. Kolon
8. Rektum

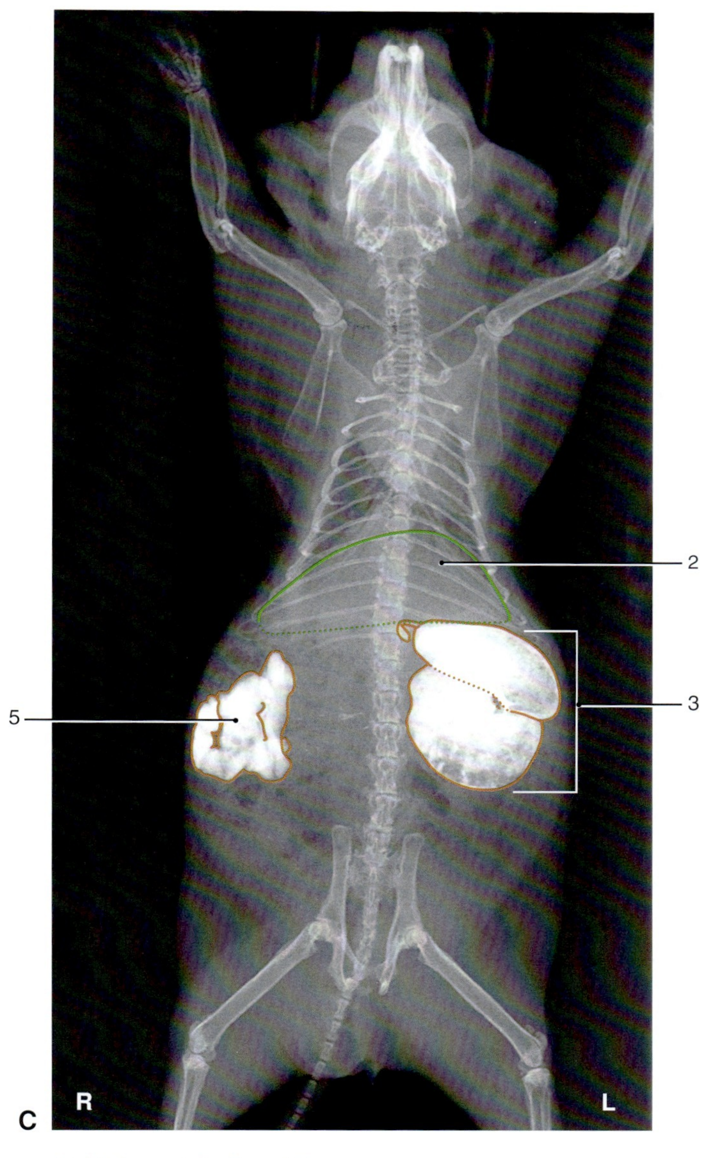

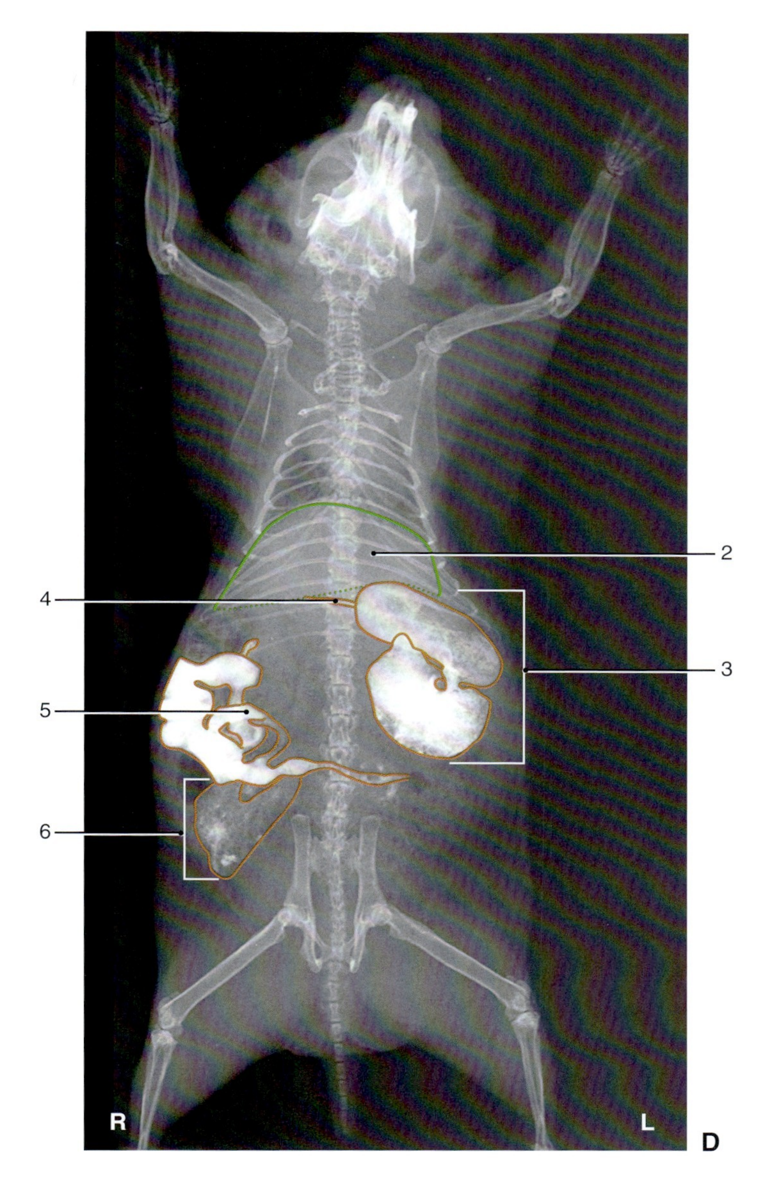

Abbildung 4-9, C und D
Tierart: Goldhamster
Organsystem: Gastrointestinaltrakt, Positivkontrastdarstellung
Kontrastmittel: Bariumsulfatsuspension (Novopaque® 60% v/w), 4 ml über Schlundsonde
Projektion: ventrodorsal (Rückenlage)
Körpermasse: 190 g
Geschlecht: weiblich unkastriert
Lebensalter: 1,3 J

Abbildung	Zeit (h)
C	0,67
D	1,75

1. Speiseröhre
2. Leber
3. Magen
4. Duodenum
5. Dünndarm
6. Blinddarm
7. Kolon
8. Rektum

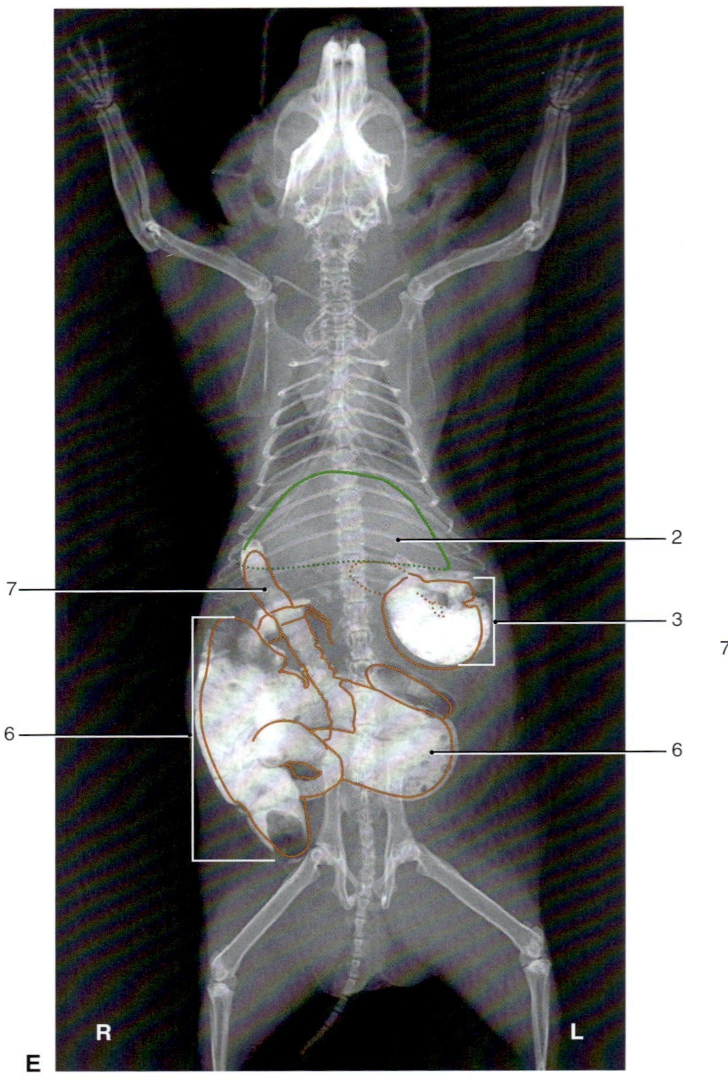

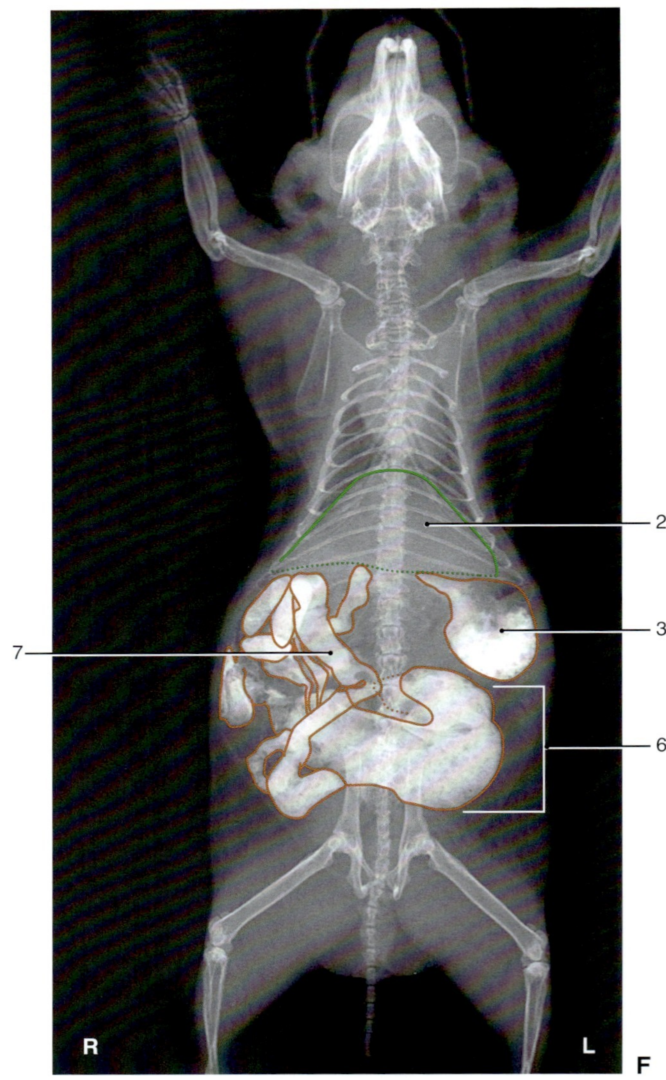

Abbildung 4-9, E und F
Tierart: Goldhamster
Organsystem: Gastrointestinaltrakt, Positivkontrastdarstellung
Kontrastmittel: Bariumsulfatsuspension (Novopaque® 60% v/w), 4 ml über Schlundsonde
Projektion: ventrodorsal (Rückenlage)
Körpermasse: 190 g
Geschlecht: weiblich unkastriert
Lebensalter: 1,3 J

Abbildung	Zeit (h)
E	3,25
F	4,25

1. Speiseröhre
2. Leber
3. Magen
4. Duodenum
5. Dünndarm
6. Blinddarm
7. Kolon
8. Rektum

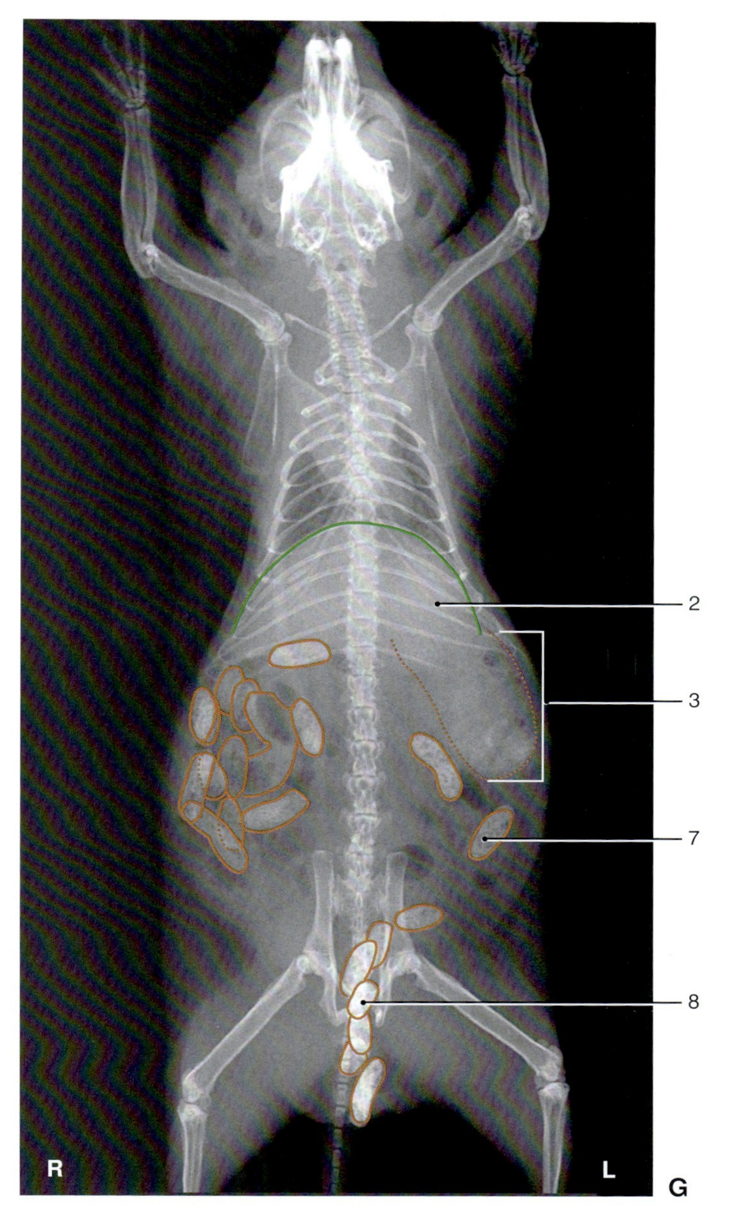

Abbildung 4-9, G
Tierart: Goldhamster
Organsystem: Gastrointestinaltrakt, Positivkontrastdarstellung
Kontrastmittel: Bariumsulfatsuspension (Novopaque® 60% v/w), 4 ml über Schlundsonde
Projektion: ventrodorsal (Rückenlage)
Körpermasse: 190 g
Geschlecht: weiblich unkastriert
Lebensalter: 1,3 J

Abbildung	Zeit (h)
G	23,00

1. Speiseröhre
2. Leber
3. Magen
4. Duodenum
5. Dünndarm
6. Blinddarm
7. Kolon
8. Rektum

KAPITEL **5**

Chinchilla *(Chinchilla lanigera)*

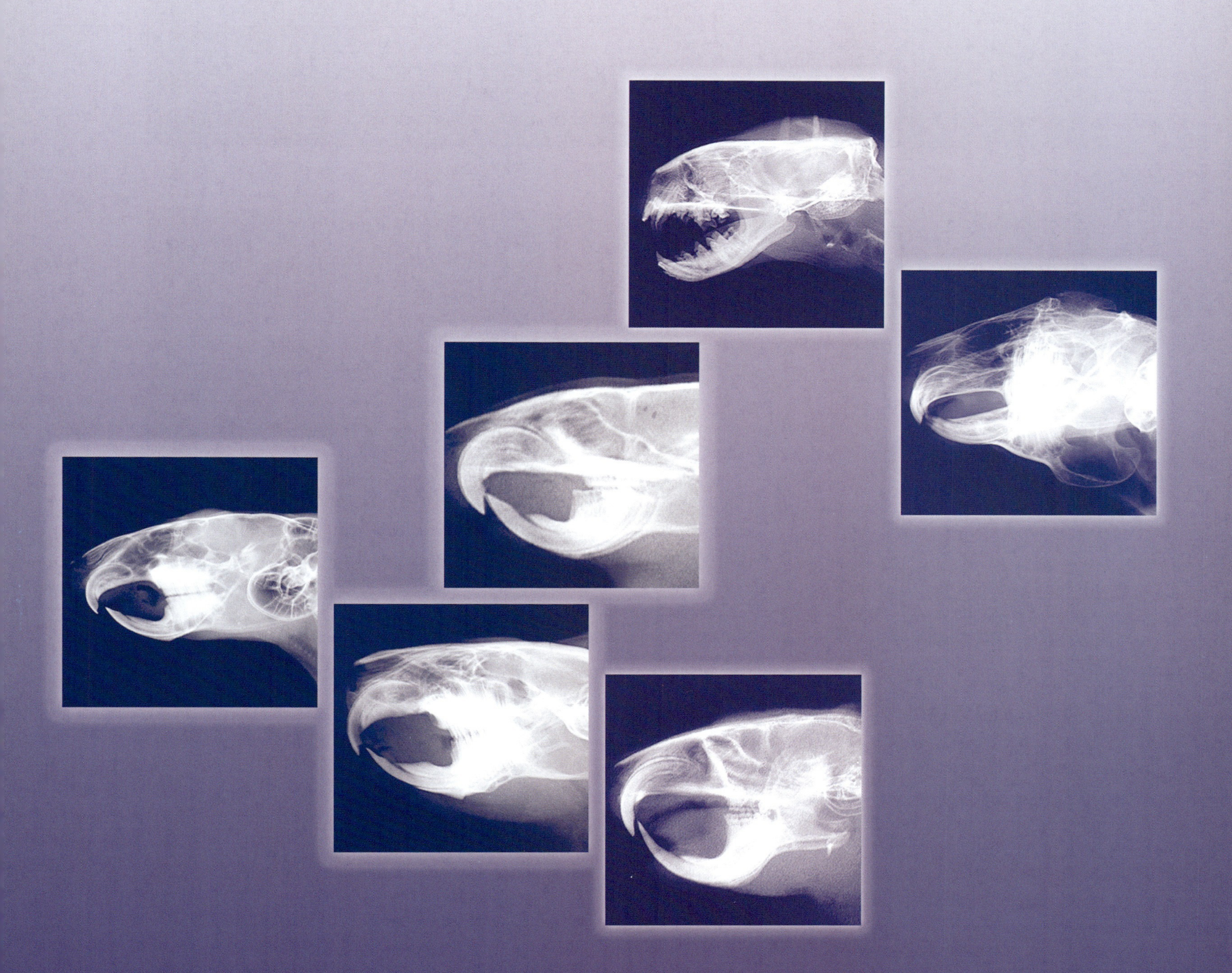

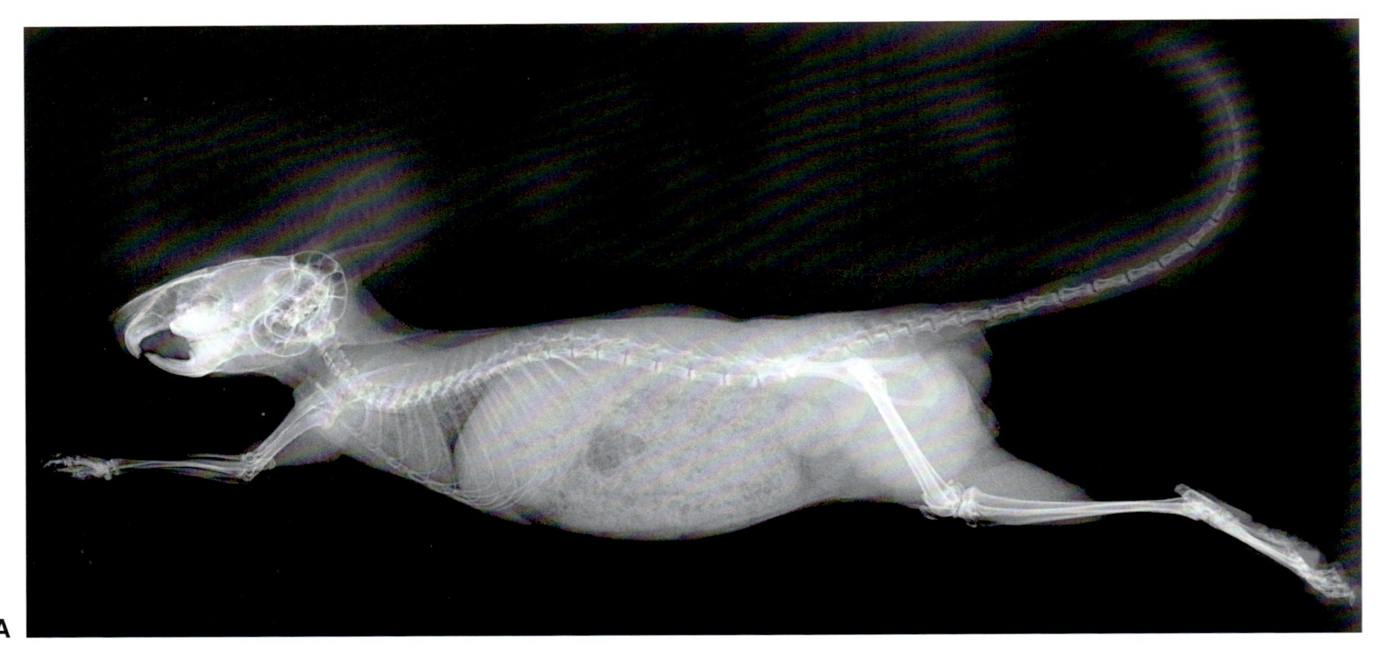

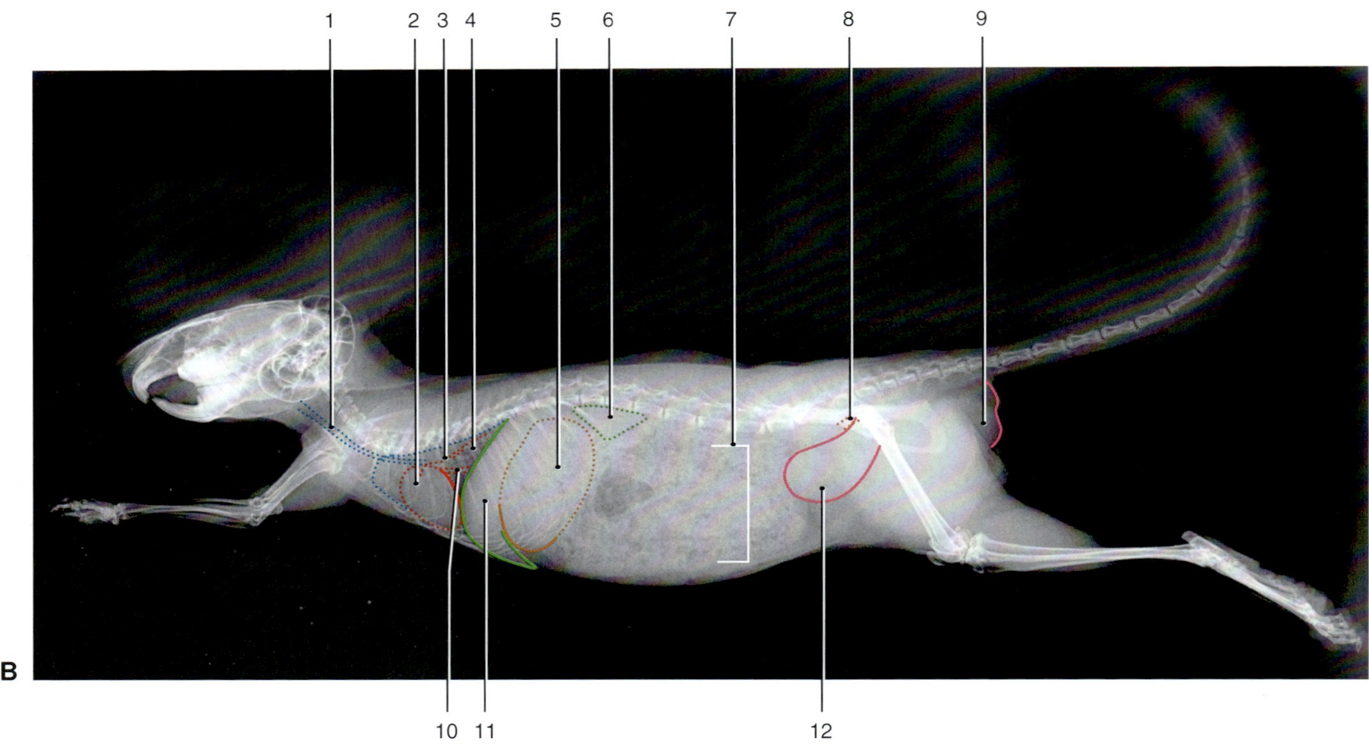

Abbildung 5-1, A und B
Tierart: Chinchilla
Organsystem: Brust- und Bauchorgane
Projektion: laterolateral (rechte Seitenlage)
Körpermasse: 486 g
Geschlecht: männlich kastriert
Lebensalter: adult

1. Luftröhre
2. Herz
3. V. pulmonalis
4. Lunge
5. Magen
6. Milz
7. Blinddarm
8. Kolon
9. Skrotum
10. V. cava caudalis
11. Leber
12. Harnblase

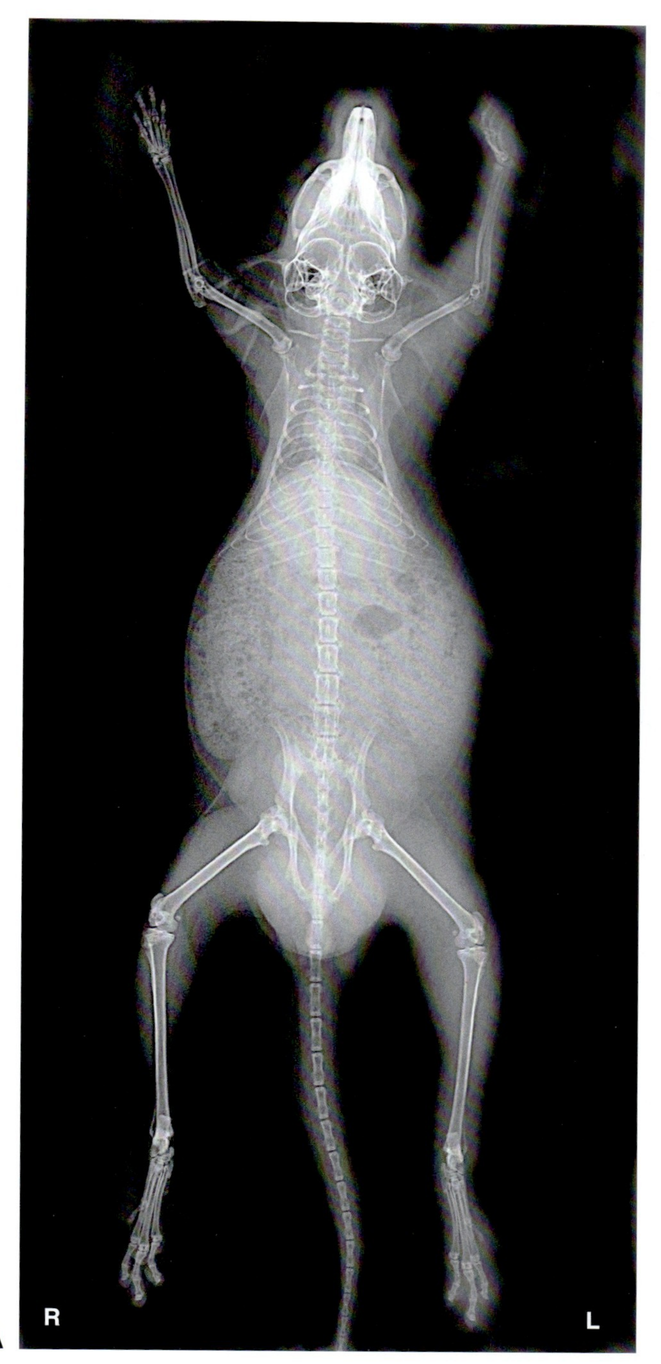

Abbildung 5-2, A
Tierart: Chinchilla
Organsystem: Brust- und Bauchorgane
Projektion: ventrodorsal
Körpermasse: 486 g
Geschlecht: männlich unkastriert
Lebensalter: adult

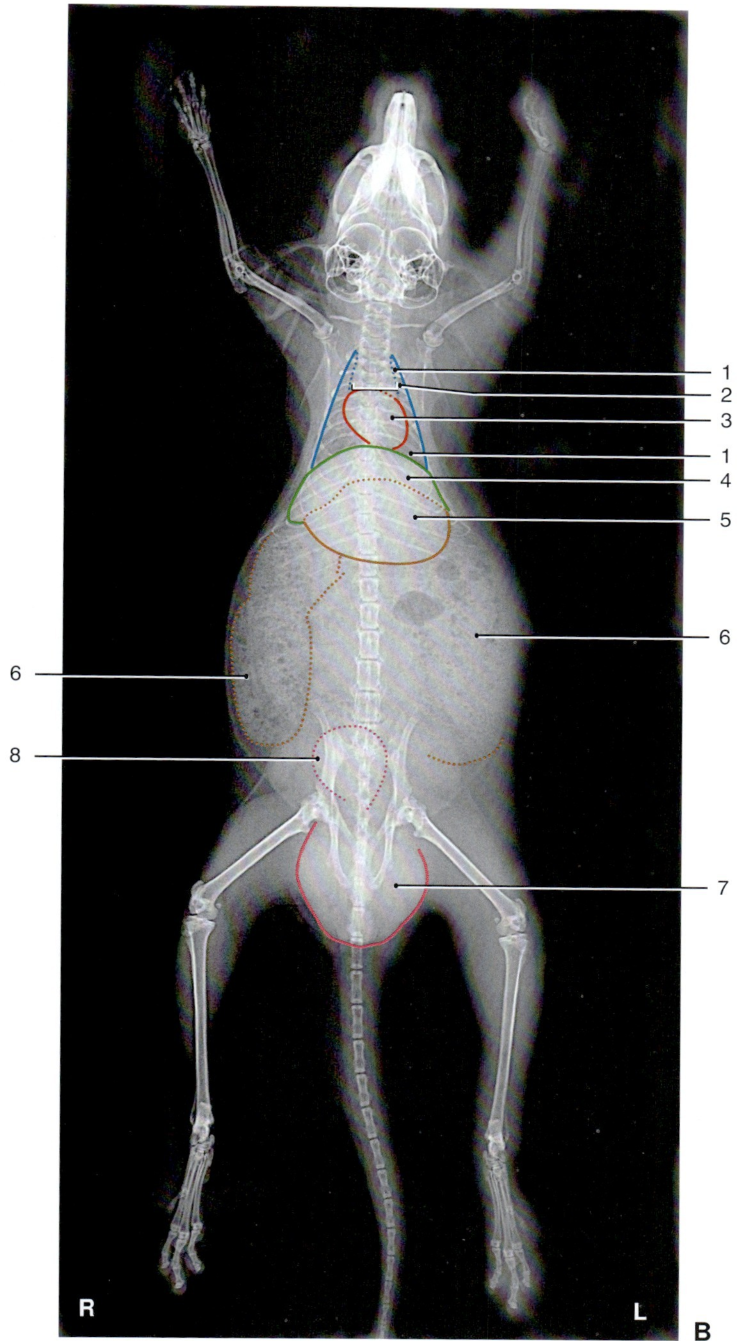

Abbildung 5-2, B
Tierart: Chinchilla
Organsystem: Brust- und Bauchorgane
Projektion: ventrodorsal
Körpermasse: 486 g
Geschlecht: männlich unkastriert
Lebensalter: adult

1. Lunge
2. kraniales Mediastinum
3. Herz
4. Leber
5. Magen
6. Blinddarm
7. Skrotum
8. Harnblase

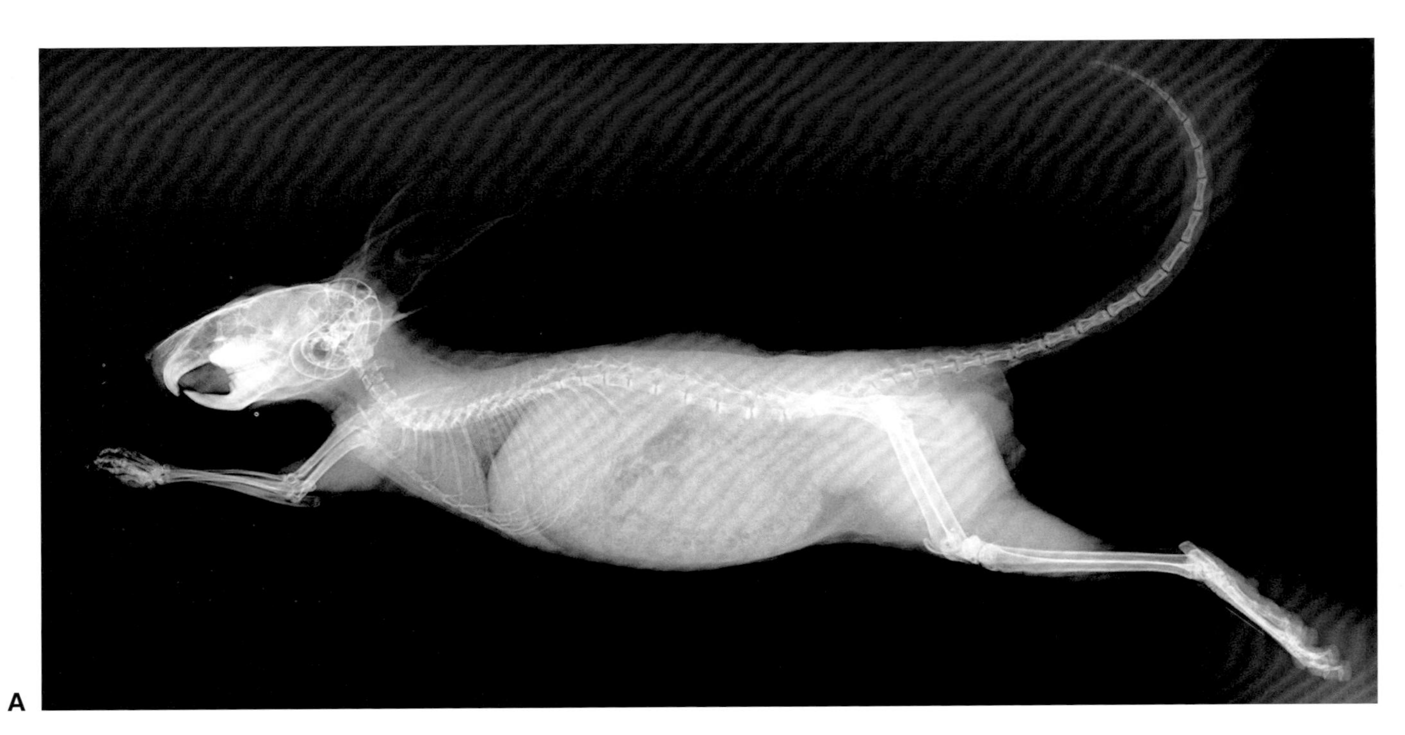

Abbildung 5-3, A
Tierart: Chinchilla
Organsystem: Skelett (Ganzkörperaufnahme)
Projektion: laterolateral (rechte Seitenlage)
Körpermasse: 486 g
Geschlecht: männlich unkastriert
Lebensalter: adult

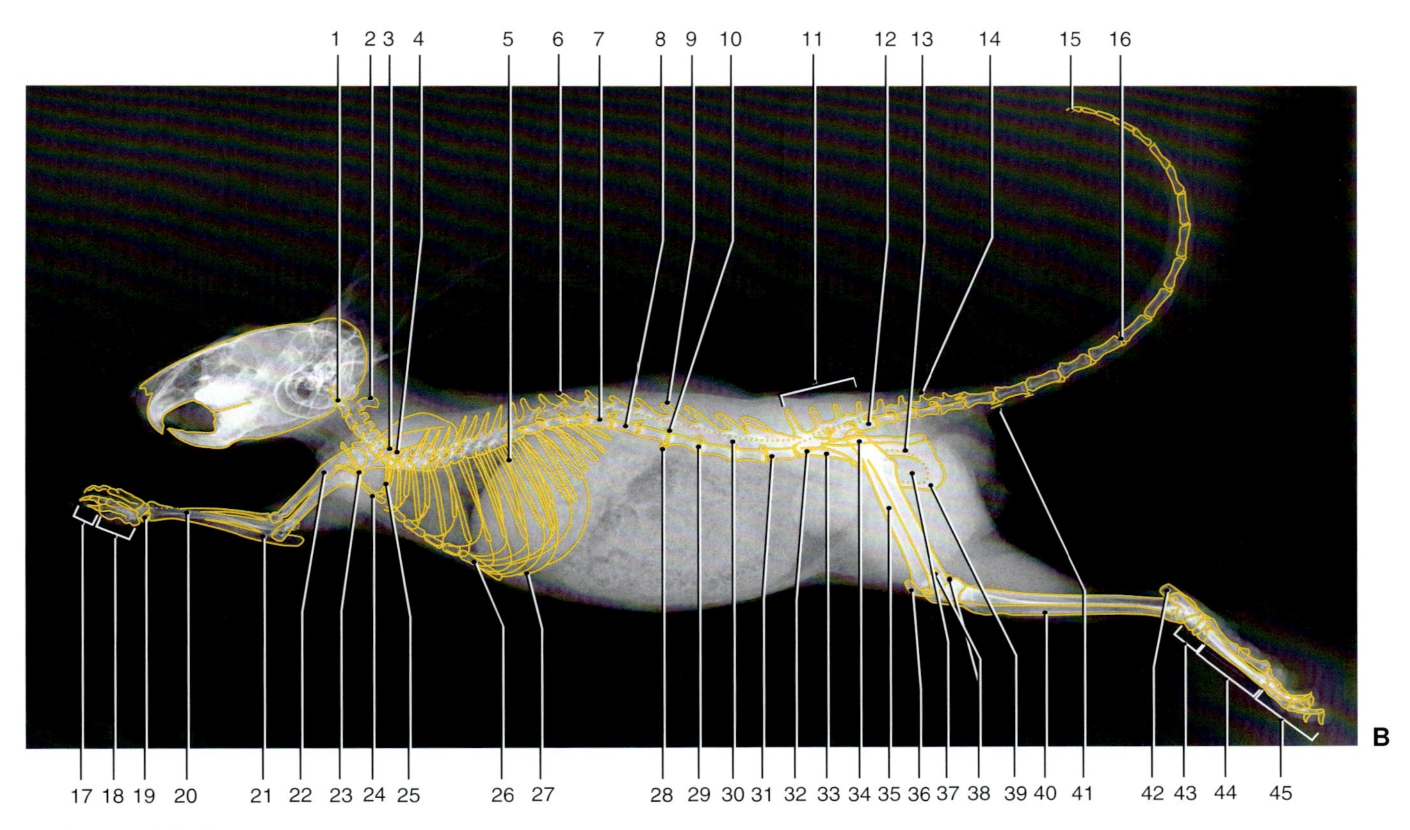

Abbildung 5-3, B
Tierart: Chinchilla
Organsystem: Skelett (Ganzkörperaufnahme)
Projektion: laterolateral (rechte Seitenlage)
Körpermasse: 486 g
Geschlecht: männlich unkastriert
Lebensalter: adult

1. Atlas
2. Proc. spinosus (Axis)
3. 7. Halswirbel
4. 1. Brustwirbel
5. Rippe
6. Proc. spinosus (12. Brustwirbel)
7. 14. Brustwirbel
8. 1. Lendenwirbel
9. Proc. spinosus (3. Lendenwirbel)
10. Foramen intervertebrale (Lendenwirbelsäule)
11. Proc. spinosus (Kreuzbein)
12. 1. Schwanzwirbel
13. Os ischii
14. Proc. articularis (Schwanzwirbel)
15. Schwanzwirbel
16. Spatium intervertebrale (Schwanzwirbel)
17. Phalanges
18. Ossa metacarpalia
19. Ossa carpi
20. Radius
21. Ulna
22. Humerus
23. Clavicula
24. Manubrium sterni
25. 1. Rippe
26. Proc. xiphoideus
27. Cartilago costalis
28. Proc. transversus (3. Lendenwirbel)
29. Spatium intervertebrale (Lendenwirbelsäule)
30. Rückenmarkkanal
31. 6. Lendenwirbel
32. Os sacrum
33. Os ilium
34. Trochanter major ossis femoris
35. Os femoris
36. Patella
37. Foramen obturatum
38. Fabellae
39. Os pubis
40. Tibia
41. Proc. transversus (Schwanzwirbel)
42. Calcaneus
43. Ossa tarsi
44. Ossa metatarsalia
45. Phalanges

Abbildung 5-4, A
Tierart: Chinchilla
Organsystem: Skelett (Ganzkörperaufnahme)
Projektion: ventrodorsal
Körpermasse: 486 g
Geschlecht: männlich unkastriert
Lebensalter: adult

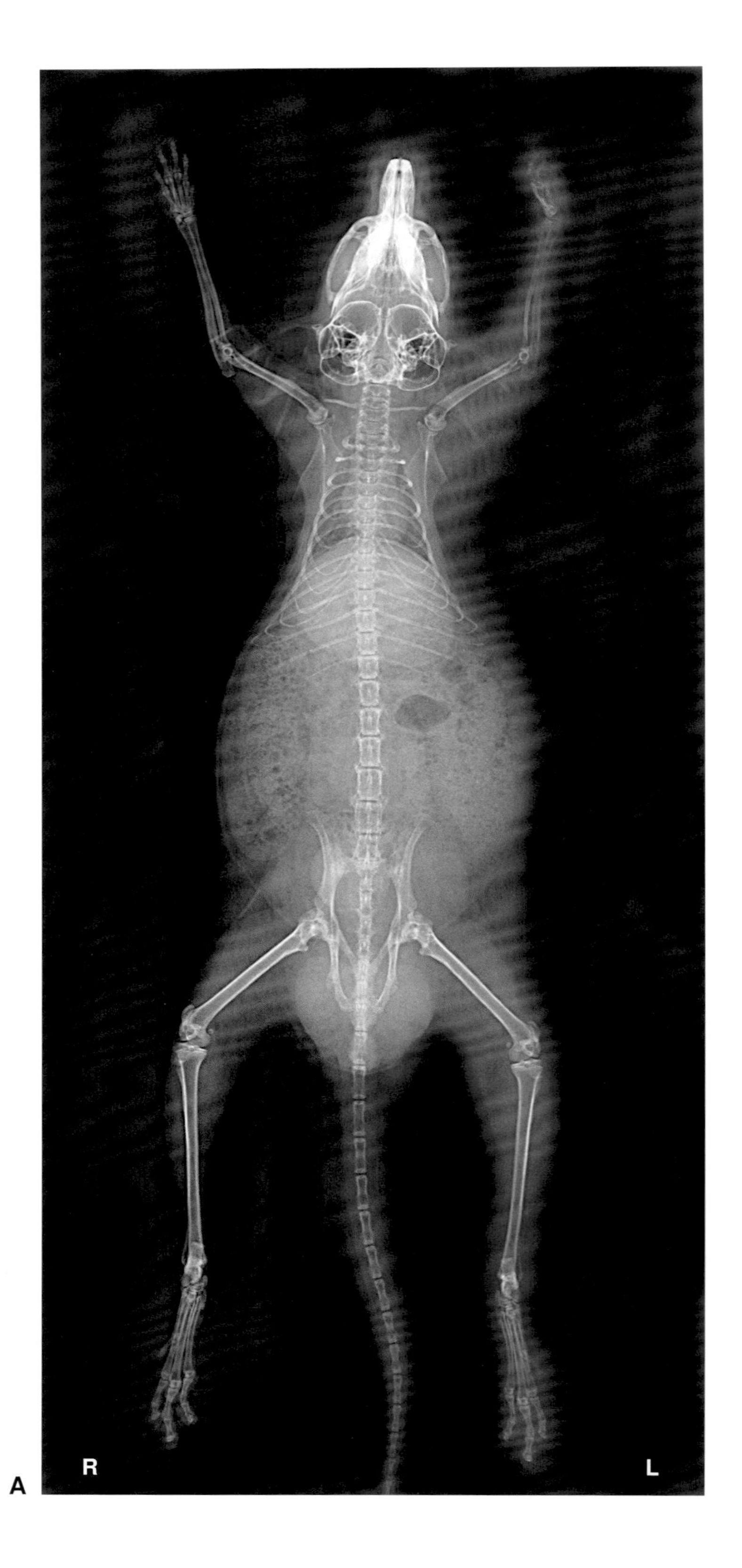

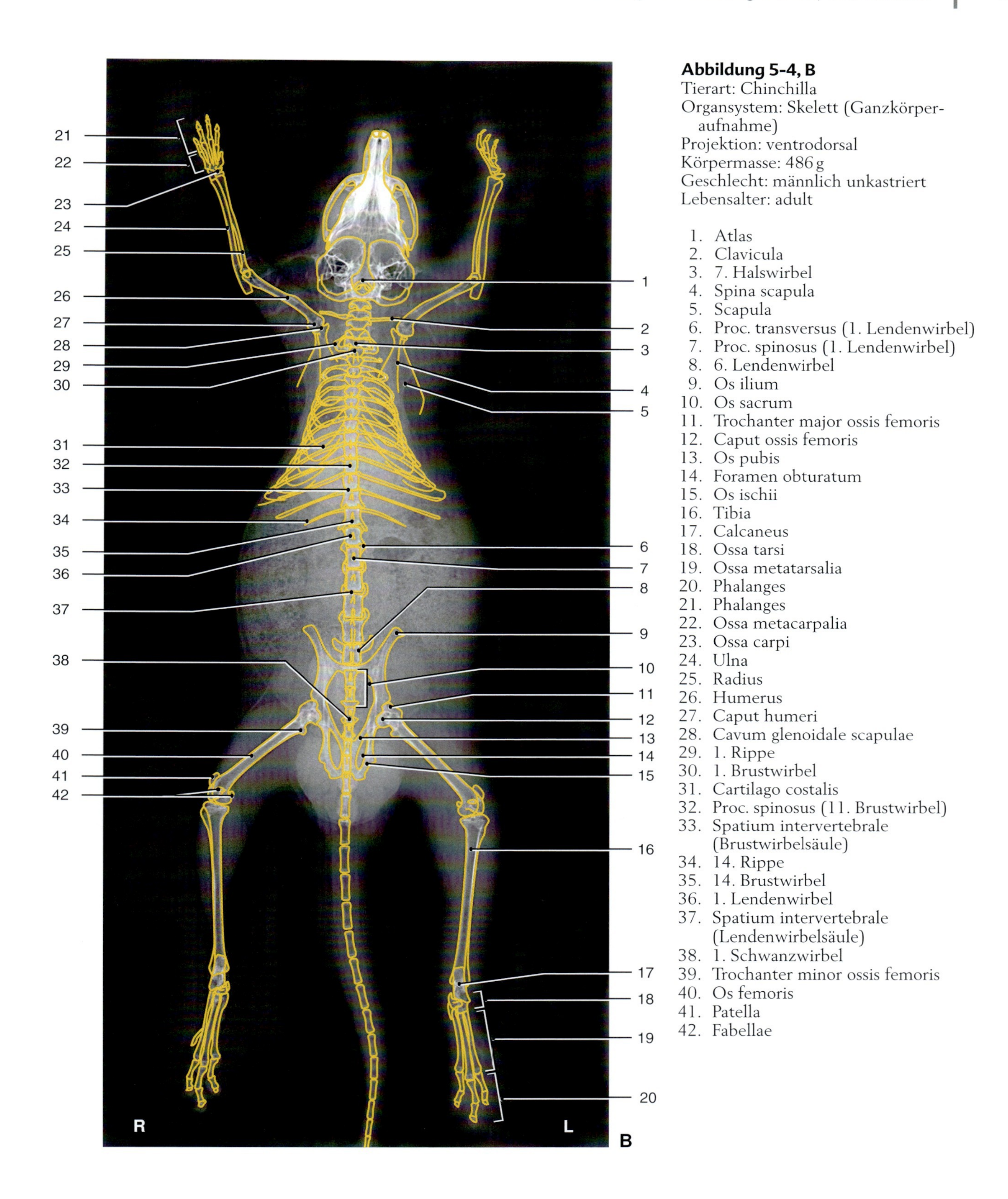

Abbildung 5-4, B
Tierart: Chinchilla
Organsystem: Skelett (Ganzkörperaufnahme)
Projektion: ventrodorsal
Körpermasse: 486 g
Geschlecht: männlich unkastriert
Lebensalter: adult

1. Atlas
2. Clavicula
3. 7. Halswirbel
4. Spina scapula
5. Scapula
6. Proc. transversus (1. Lendenwirbel)
7. Proc. spinosus (1. Lendenwirbel)
8. 6. Lendenwirbel
9. Os ilium
10. Os sacrum
11. Trochanter major ossis femoris
12. Caput ossis femoris
13. Os pubis
14. Foramen obturatum
15. Os ischii
16. Tibia
17. Calcaneus
18. Ossa tarsi
19. Ossa metatarsalia
20. Phalanges
21. Phalanges
22. Ossa metacarpalia
23. Ossa carpi
24. Ulna
25. Radius
26. Humerus
27. Caput humeri
28. Cavum glenoidale scapulae
29. 1. Rippe
30. 1. Brustwirbel
31. Cartilago costalis
32. Proc. spinosus (11. Brustwirbel)
33. Spatium intervertebrale (Brustwirbelsäule)
34. 14. Rippe
35. 14. Brustwirbel
36. 1. Lendenwirbel
37. Spatium intervertebrale (Lendenwirbelsäule)
38. 1. Schwanzwirbel
39. Trochanter minor ossis femoris
40. Os femoris
41. Patella
42. Fabellae

Abbildung 5-5, A
Tierart: Chinchilla
Organsystem: Kopf
Projektion: laterolateral
(rechte Seitenlage)
Körpermasse: 486 g
Geschlecht: männlich unkastriert
Lebensalter: adult

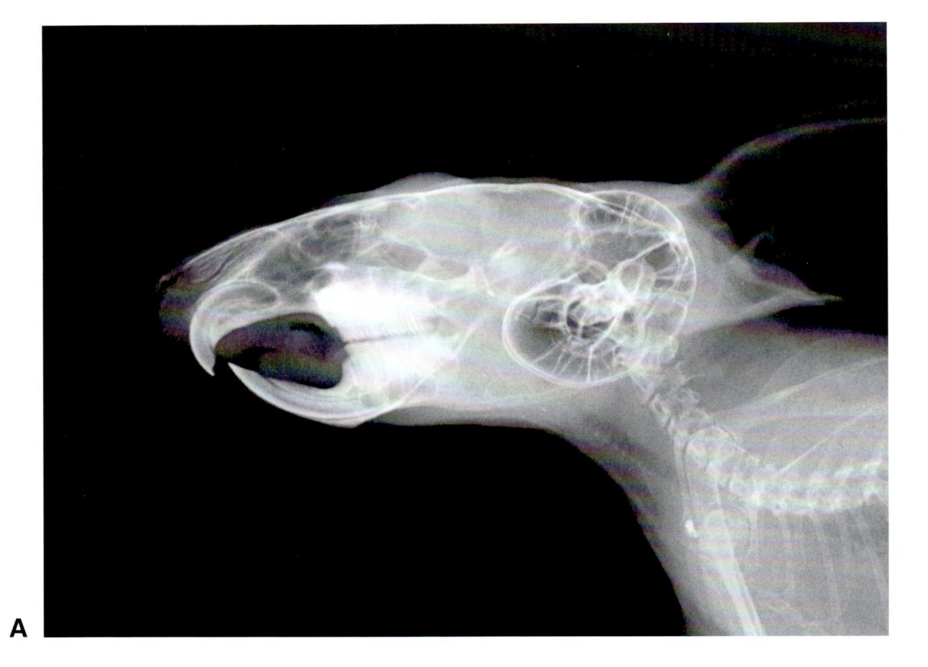

Abbildung 5-5, B
Tierart: Chinchilla
Organsystem: Kopf
Projektion: laterolateral
(rechte Seitenlage)
Körpermasse: 486 g
Geschlecht: männlich unkastriert
Lebensalter: adult

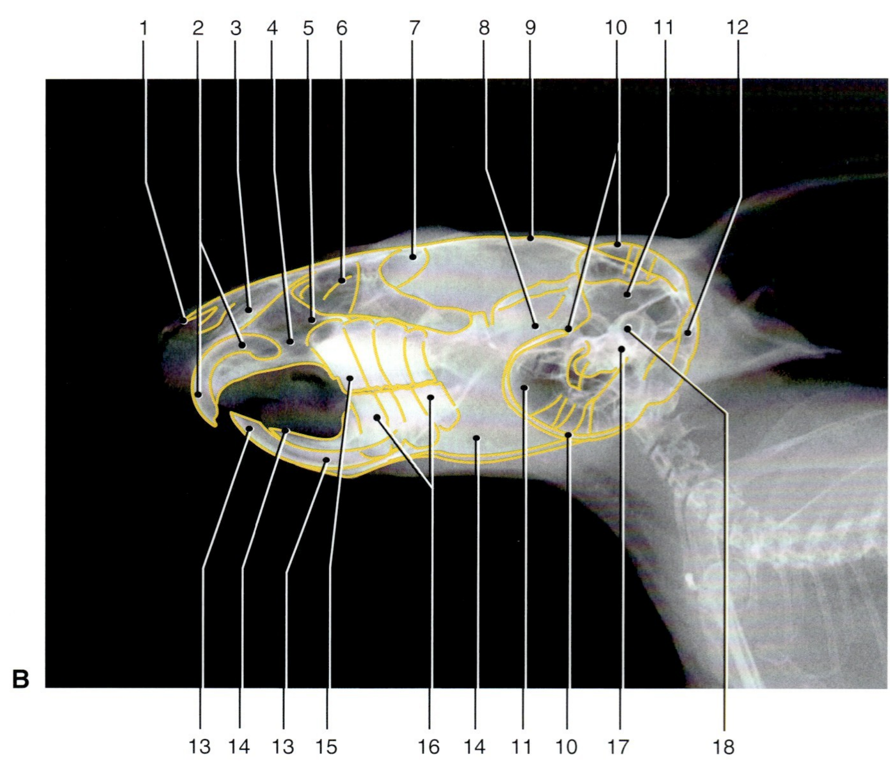

1. Os nasale
2. obere Schneidezähne
3. Os incisivum
4. Maxilla
5. Nasenhöhle
6. Siebbeinmuscheln
7. Os frontale
8. Os temporale
9. Os parietale
10. Bullae tympanicae
11. Cavum tympani
12. Os occipitale
13. untere Schneidezähne
14. Mandibula
15. Prämolar (Oberkiefer)
16. Prämolar und Molaren (Unterkiefer)
17. Pars petrosa ossis temporalis
18. äußerer Gehörgang

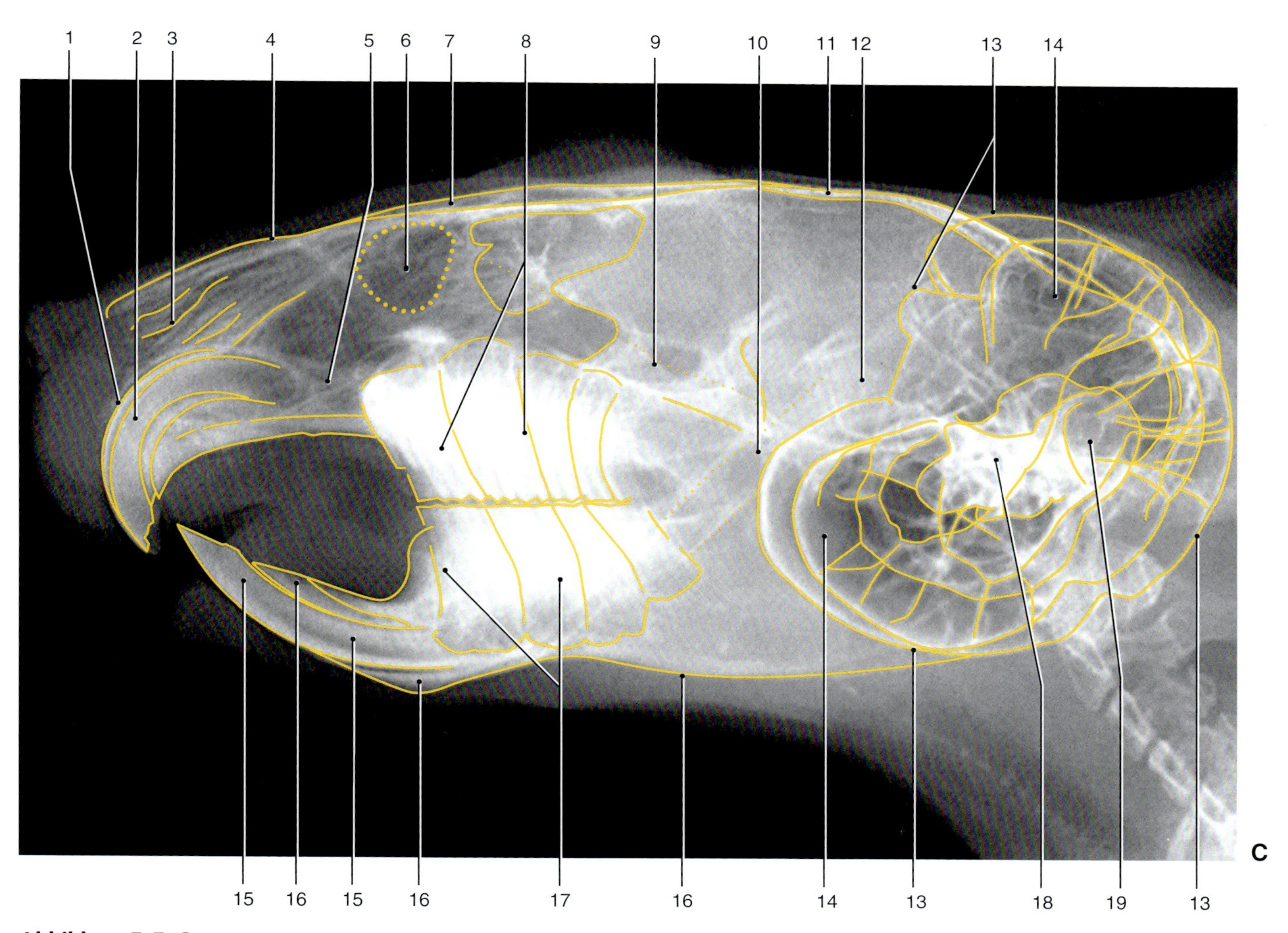

Abbildung 5-5, C
Tierart: Chinchilla
Organsystem: Kopf (direktvergrößerte Aufnahme)
Projektion: laterolateral (rechte Seitenlage)
Körpermasse: 430 g
Geschlecht: männlich unkastriert
Lebensalter: juvenil

1. Os incisivum
2. oberer Schneidezahn
3. Nasenmuschel
4. Os nasale
5. Maxilla
6. Hiatus infraorbitalis
7. Os frontale
8. Prämolar und Molaren (Oberkiefer)
9. Os zygomaticum
10. Proc. coronoideus mandibulae
11. Os parietale
12. Os temporale
13. Bullae tympanicae
14. Cavum tympani
15. unterer Schneidezahn
16. Mandibula
17. Prämolar und Molaren (Unterkiefer)
18. Pars petrosa ossis temporalis
19. äußerer Gehörgang

Abbildung 5-6, A
Tierart: Chinchilla
Organsystem: Kopf
Projektion: Schrägprojektion
Körpermasse: 486 g
Geschlecht: männlich unkastriert
Lebensalter: adult

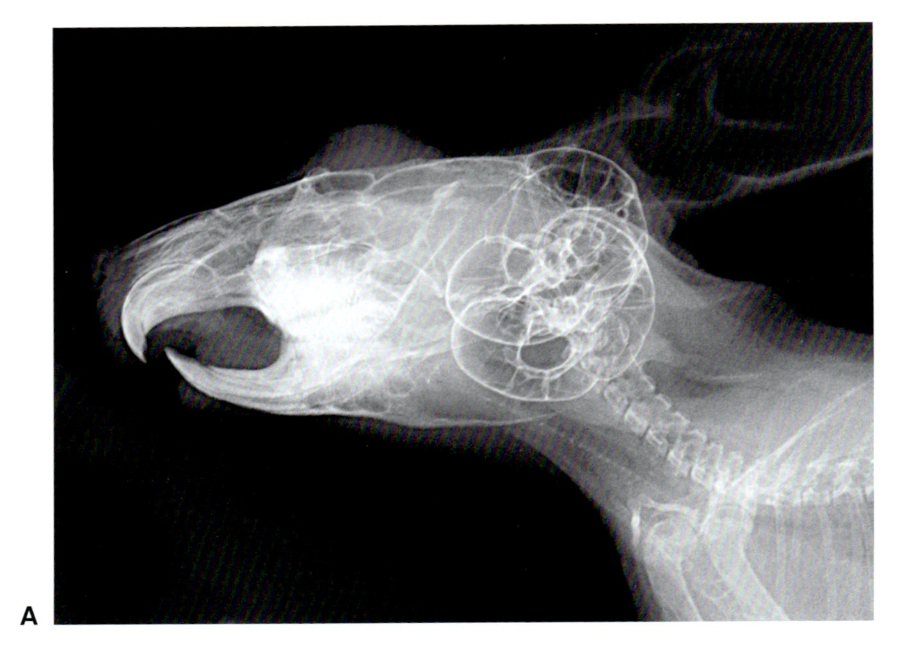

Abbildung 5-6, B
Tierart: Chinchilla
Organsystem: Kopf
Projektion: Schrägprojektion
Körpermasse: 486 g
Geschlecht: männlich unkastriert
Lebensalter: adult

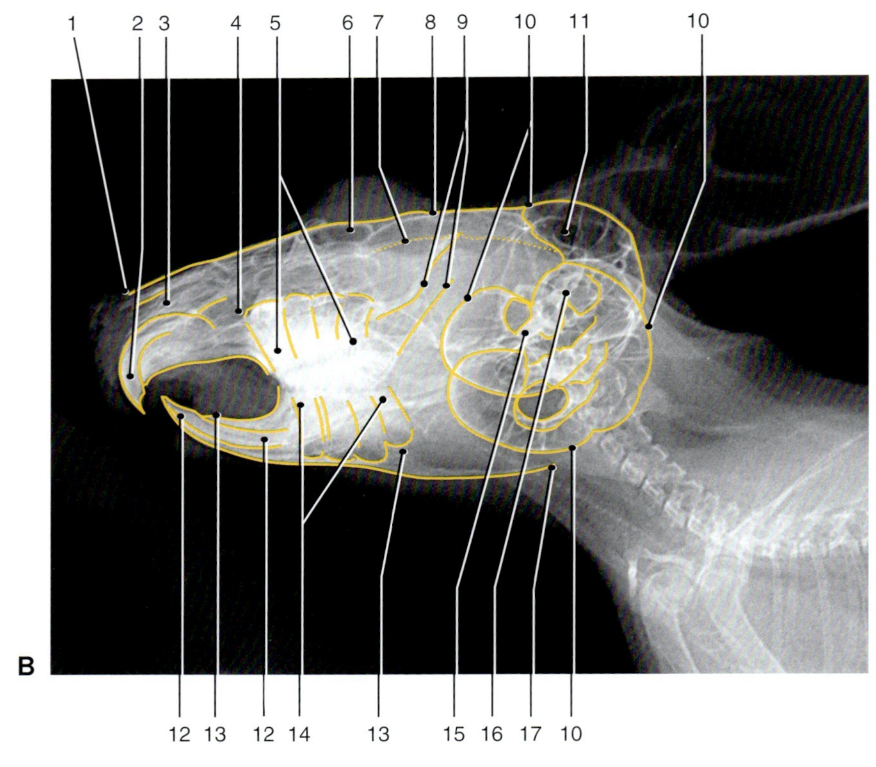

1. Os nasale
2. oberer Schneidezahn
3. Os incisivum
4. Maxilla
5. Prämolar und Molaren (Oberkiefer)
6. Os frontale
7. Os zygomaticum
8. Os parietale
9. Proc. coronoideus mandibulae
10. Bulla tympanica
11. Cavum tympani
12. unterer Schneidezahn
13. Mandibula
14. Prämolar und Molaren (Unterkiefer)
15. Pars petrosa ossis temporalis
16. äußerer Gehörgang
17. Proc. angularis mandibulae

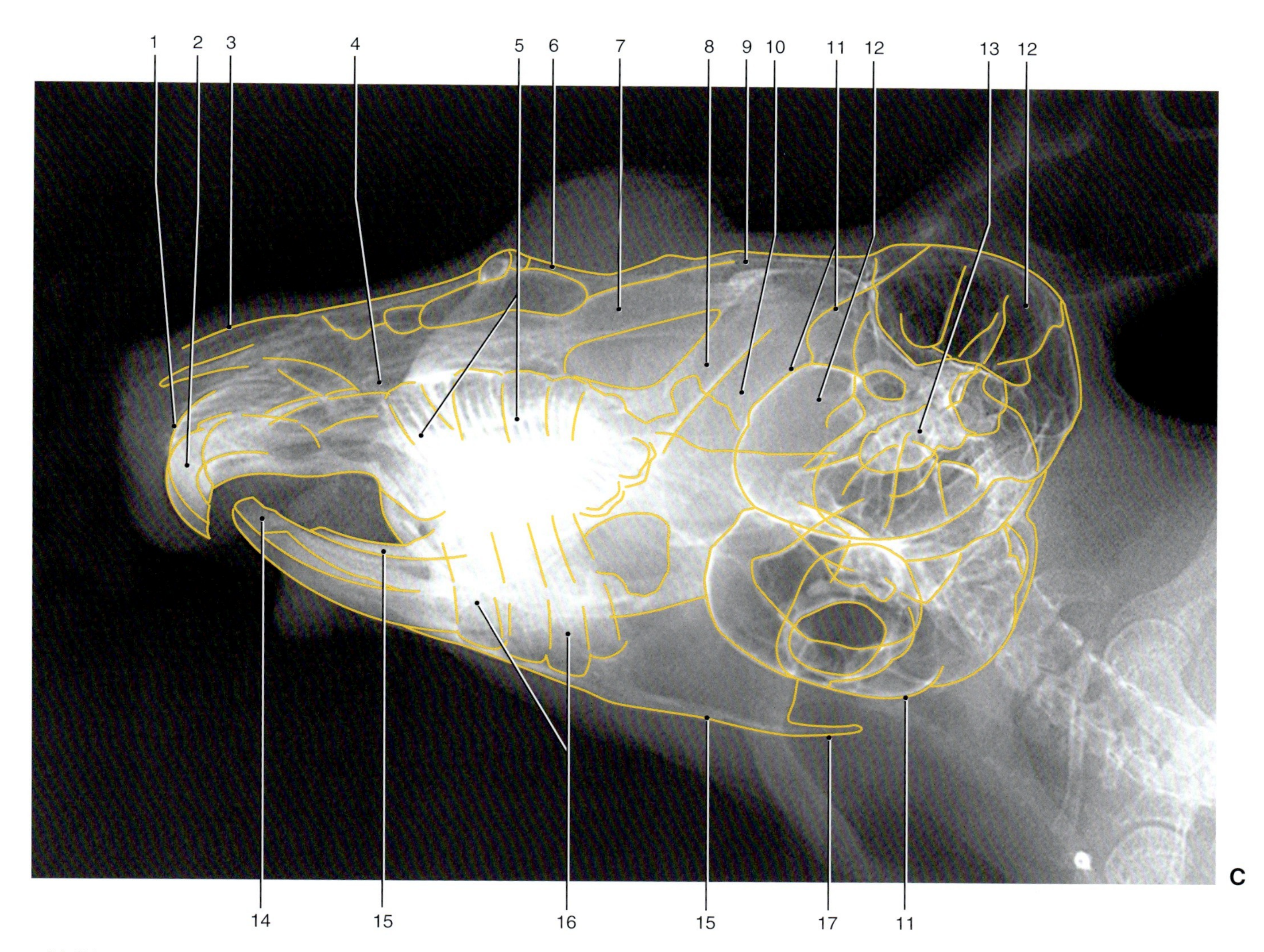

Abbildung 5-6, C
Tierart: Chinchilla
Organsystem: Kopf (direktvergrößerte Aufnahme)
Projektion: Schrägprojektion
Körpermasse: 430 g
Geschlecht: männlich unkastriert
Lebensalter: juvenil

1. Os incisivum
2. oberer Schneidezahn
3. Os nasale
4. Maxilla
5. Prämolar und Molaren (Oberkiefer)
6. Os frontale
7. Os zygomaticum
8. Proc. coronoideus mandibulae
9. Os parietale
10. Os temporale
11. Bulla tympanica
12. Cavum tympani
13. Pars petrosa ossis temporale
14. untere Schneidezähne
15. Mandibula
16. Prämolar und Molaren (Unterkiefer)
17. Proc. angularis mandibulae

Abbildung 5-7, A
Tierart: Chinchilla
Organsystem: Kopf
Projektion: dorsoventral
Körpermasse: 486 g
Geschlecht: männlich unkastriert
Lebensalter: adult

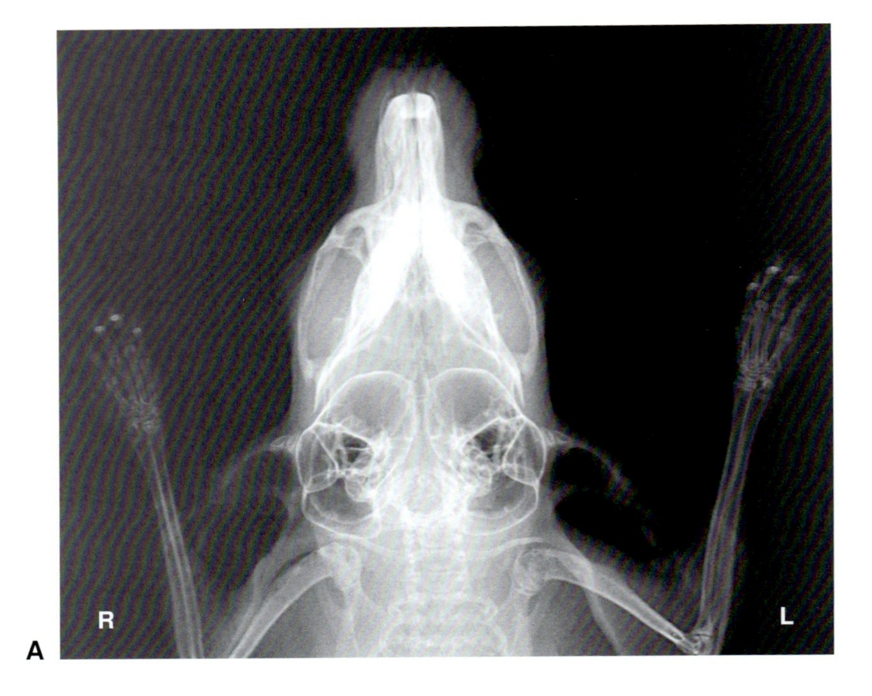

Abbildung 5-7, B
Tierart: Chinchilla
Organsystem: Kopf
Projektion: dorsoventral
Körpermasse: 486 g
Geschlecht: männlich unkastriert
Lebensalter: adult

1. oberer Schneidezahn
2. Os incisivum
3. Proc. zygomaticus
4. Prämolar und Molaren
5. Mandibula
6. Os zygomaticum
7. Proc. coronoideus mandibulae
8. Os basisphenoidale
9. Bulla tympanica
10. Cavum tympani
11. Pars petrosa ossis temporalis
12. Foramen magnum
13. Os occipitale
14. Maxilla
15. Hiatus infraorbitalis
16. Vomer
17. Os pterygoideum
18. Proc. angularis mandibulae
19. äußerer Gehörgang

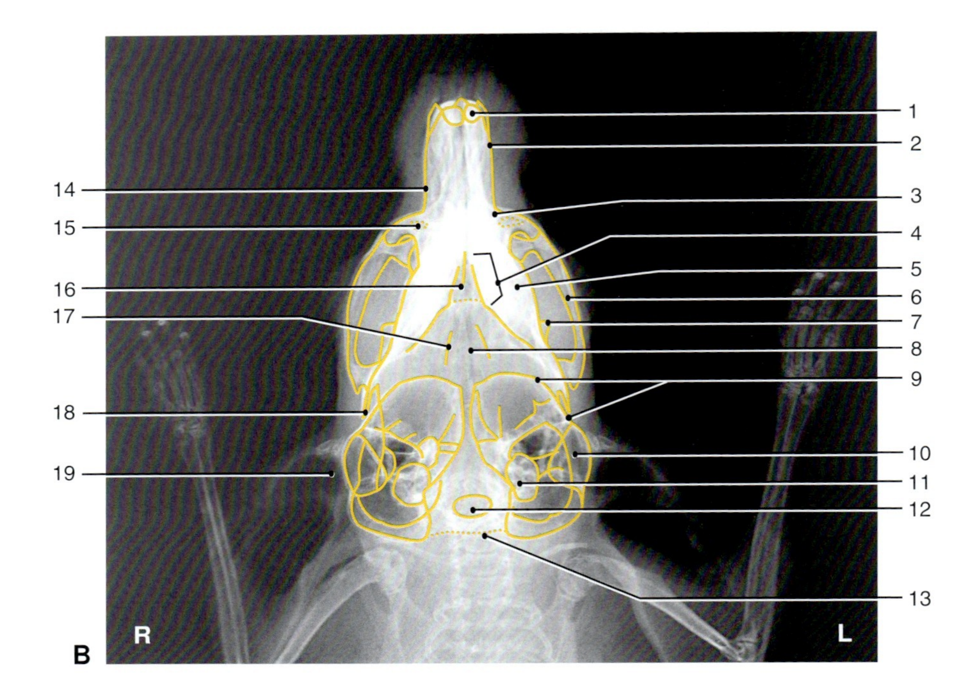

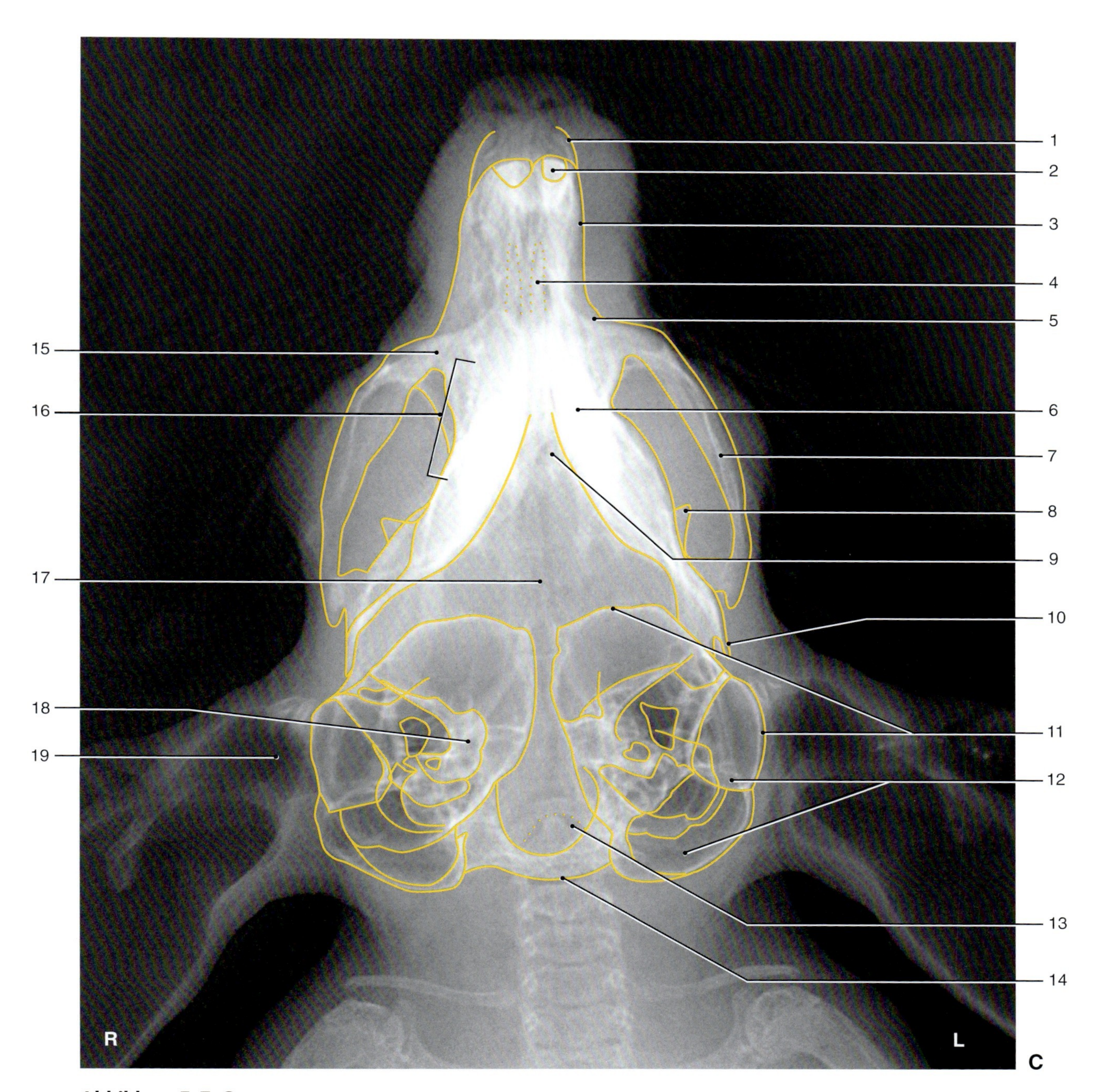

Abbildung 5-7, C
Tierart: Chinchilla
Organsystem: Kopf (direktvergrößerte Aufnahme)
Projektion: dorsoventral
Körpermasse: 430 g
Geschlecht: männlich unkastriert
Lebensalter: juvenil

1. Os nasale
2. oberer Schneidezahn
3. Os incisivum
4. unterer Schneidezahn
5. Maxilla
6. Mandibula
7. Os zygomaticum
8. Proc. coronoideus mandibulae
9. Os palatinum
10. Proc. angularis mandibulae
11. Bulla tympanica
12. Cavum tympani
13. Foramen magnum
14. Os occipitale
15. Proc. zygomaticus maxillaris
16. Prämolar und Molaren
17. Os basisphenoidale
18. Pars petrosa ossis temporalis
19. äußerer Gehörgang

Abbildung 5-8, A
Tierart: Chinchilla
Organsystem: Schultergliedmaße
Projektion: mediolateral
Körpermasse: 486 g
Geschlecht: männlich unkastriert
Lebensalter: adult

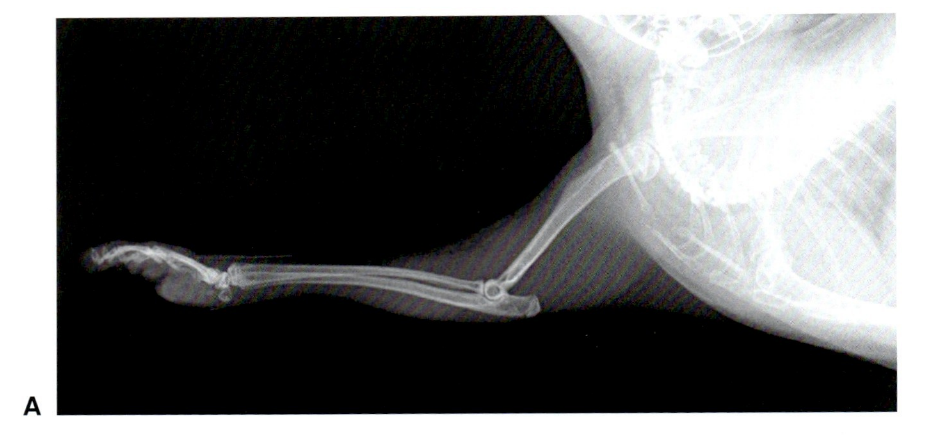

Abbildung 5-8, B
Tierart: Chinchilla
Organsystem: Schultergliedmaße
Projektion: mediolateral
Körpermasse: 486 g
Geschlecht: männlich unkastriert
Lebensalter: adult

1. Phalanges
2. Ossa metacarpalia
3. Ossa carpi
4. Radius
5. Condylus humeri
6. Humerus
7. Tuberositas deltoidea humeri
8. Clavicula
9. Scapula
10. Spina scapulae
11. Phalanx distalis
12. Phalanx media
13. Phalanx proximalis
14. Os carpi accessorium
15. Ulna
16. Incisura trochlearis ulnae
17. Olecranon
18. Caput humeri
19. Schultergelenkspalt

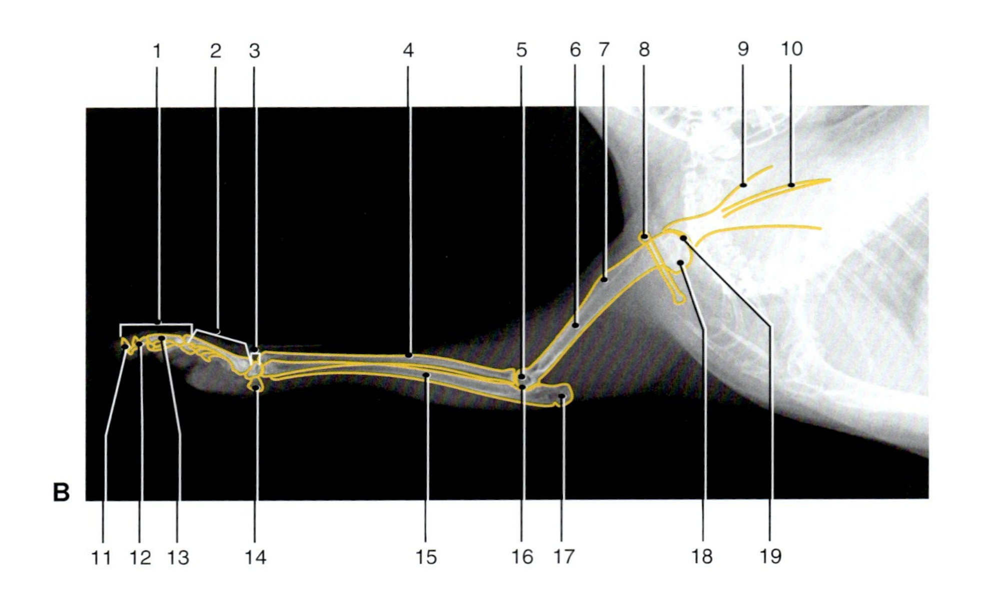

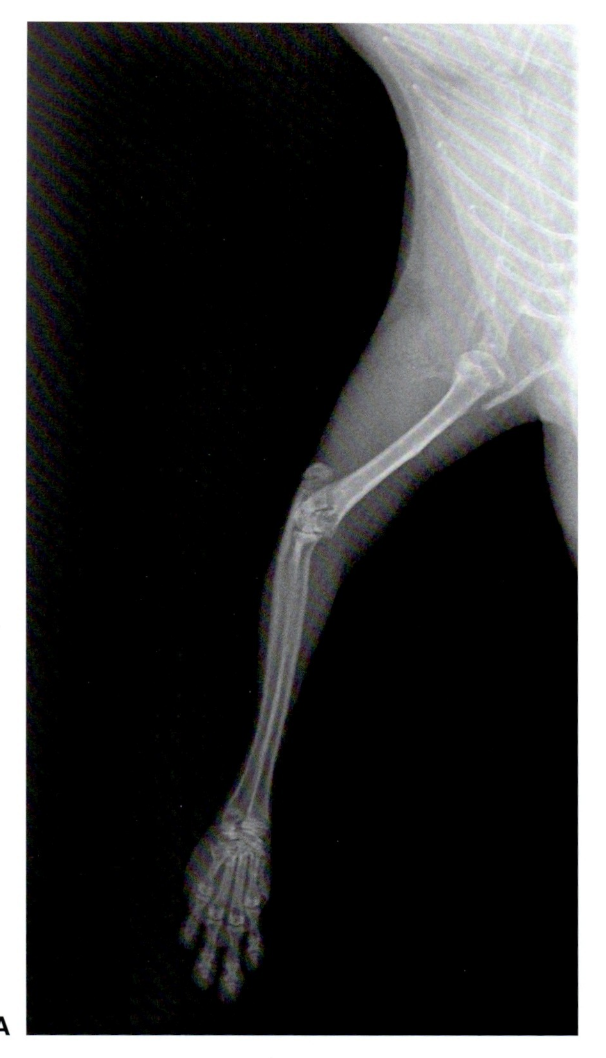

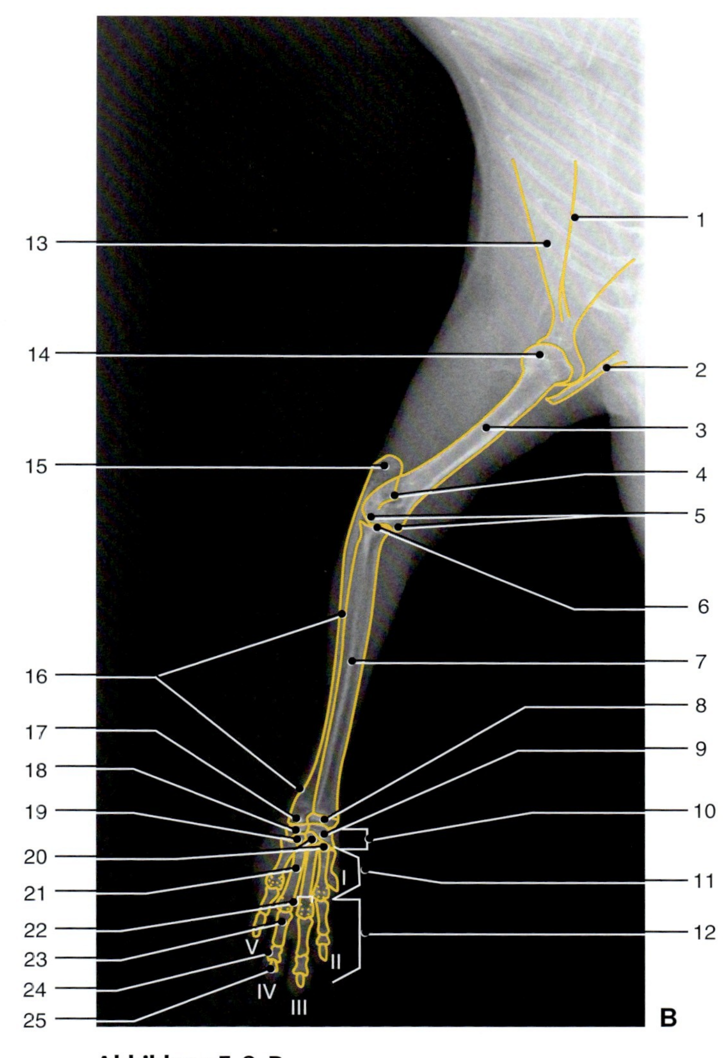

Abbildung 5-9, A
Tierart: Chinchilla
Organsystem: Schultergliedmaße
Projektion: ventrodorsal
Körpermasse: 486 g
Geschlecht: männlich unkastriert
Lebensalter: adult

Abbildung 5-9, B
Tierart: Chinchilla
Organsystem: Schultergliedmaße
Projektion: ventrodorsal
Körpermasse: 486 g
Geschlecht: männlich unkastriert
Lebensalter: adult

1. Spina scapulae
2. Clavicula
3. Humerus
4. Proc. anconaeus
5. Condylus humeri
6. Ellenbogengelenkspalt
7. Radius
8. distale Epiphysenfuge des Radius
9. Os carpi intermedioradiale
10. Ossa carpi
11. Ossa metacarpalia
12. Phalanges
13. Scapula
14. Caput humeri
15. Olecranon
16. Ulna
17. Proc. styloideus ulnae
18. Os carpi ulnare
19. Os carpale IV
20. Os carpale I, II und III
21. Os metacarpale IV
22. Ossa sesamoidea proximalia
23. Phalanx proximalis digiti IV
24. Phalanx media digiti IV
25. Phalanx distalis digiti IV

Abbildung 5-10, A
Tierart: Chinchilla
Organsystem: Ellenbogengelenk
Projektion: mediolateral
Körpermasse: 486 g
Geschlecht: männlich unkastriert
Lebensalter: adult

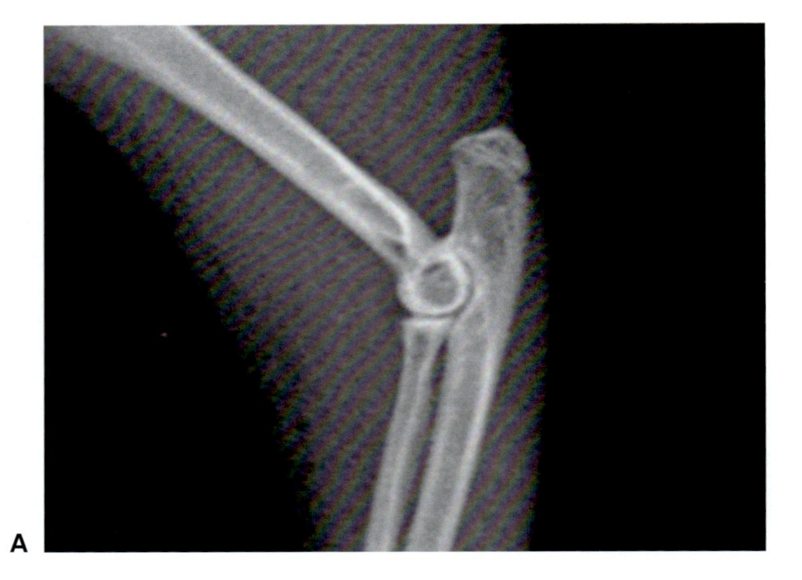

Abbildung 5-10, B
Tierart: Chinchilla
Organsystem: Ellenbogengelenk
Projektion: mediolateral
Körpermasse: 486 g
Geschlecht: männlich unkastriert
Lebensalter: adult

1. Olecranon
2. Incisura trochlearis ulnae
3. Ulna
4. Humerus
5. Condylus humeri
6. Radius

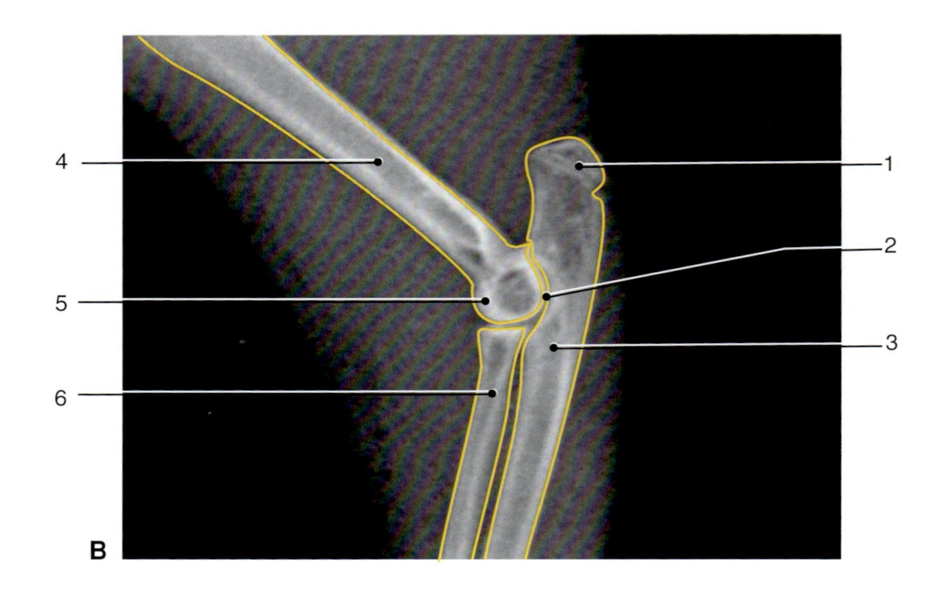

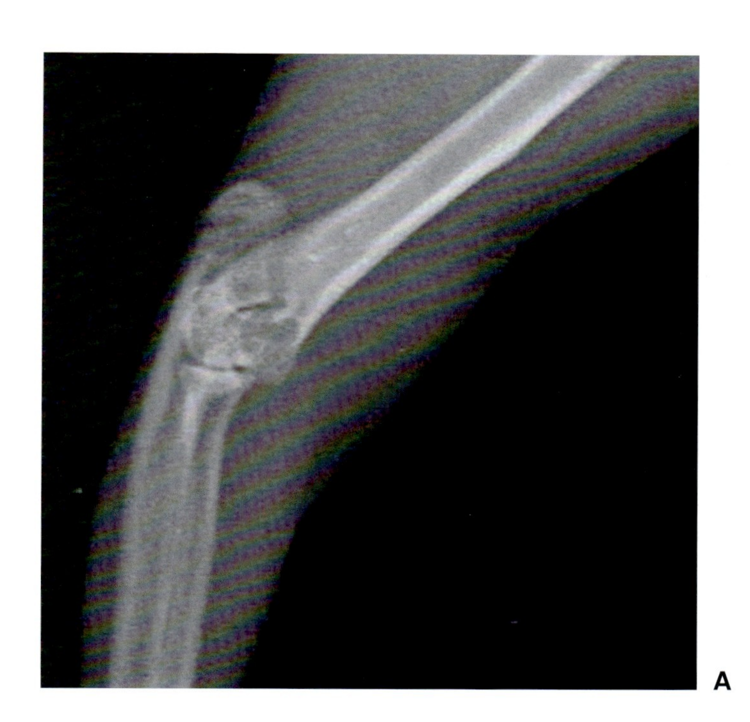

Abbildung 5-11, A
Tierart: Chinchilla
Organsystem: Ellenbogengelenk
Projektion: kaudokranial
Körpermasse: 486 g
Geschlecht: männlich unkastriert
Lebensalter: adult

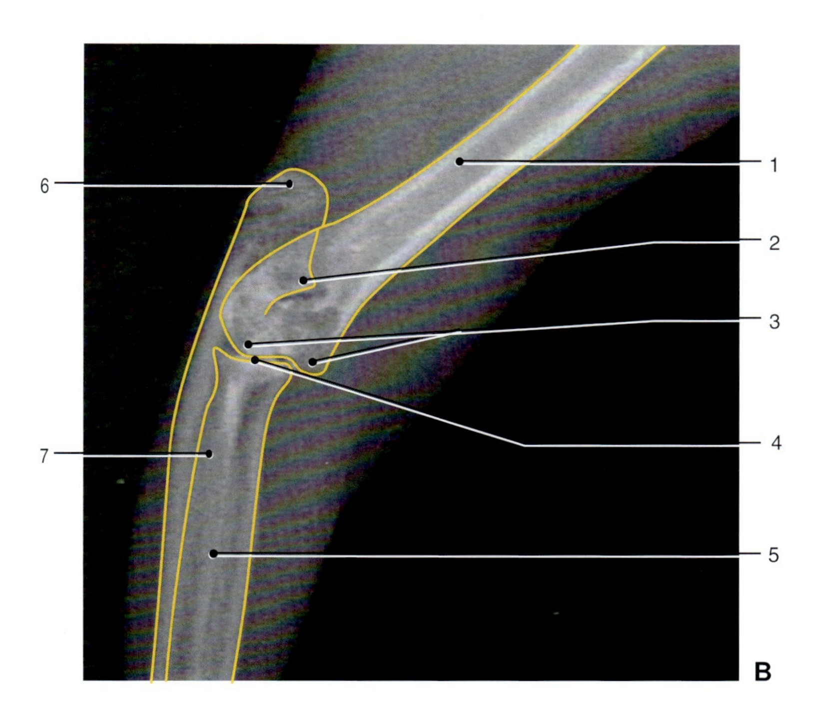

Abbildung 5-11, B
Tierart: Chinchilla
Organsystem: Ellenbogengelenk
Projektion: kaudokranial
Körpermasse: 486 g
Geschlecht: männlich unkastriert
Lebensalter: adult

1. Humerus
2. Proc. anconaeus
3. Condylus humeri
4. Ellenbogengelenkspalt
5. Radius
6. Olecranon
7. Ulna

Abbildung 5-12, A
Tierart: Chinchilla
Organsystem: Vorderpfote
Projektion: mediolateral
Körpermasse: 486 g
Geschlecht: männlich unkastriert
Lebensalter: adult

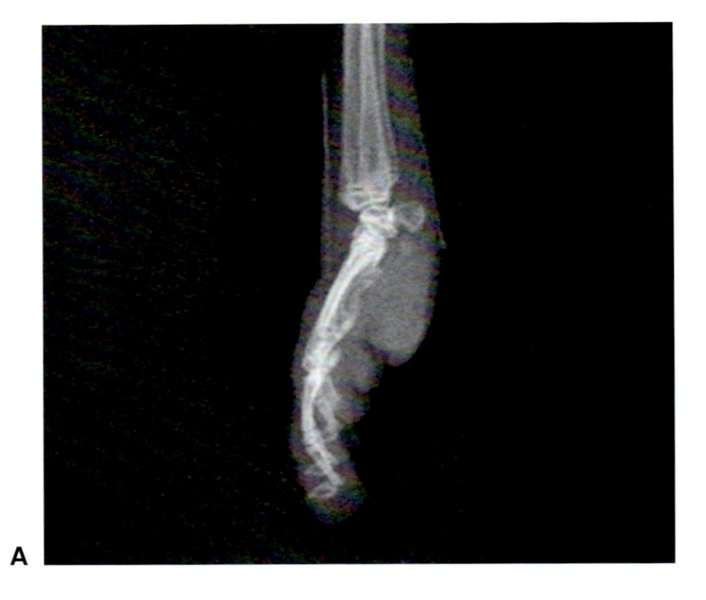

Abbildung 5-12, B
Tierart: Chinchilla
Organsystem: Vorderpfote
Projektion: mediolateral
Körpermasse: 486 g
Geschlecht: männlich unkastriert
Lebensalter: adult

1. Ulna
2. Os carpi accessorium
3. Phalanx proximalis
4. Phalanx media
5. Phalanx distalis
6. Radius
7. Ossa carpi
8. Ossa metacarpalia
9. Phalanges

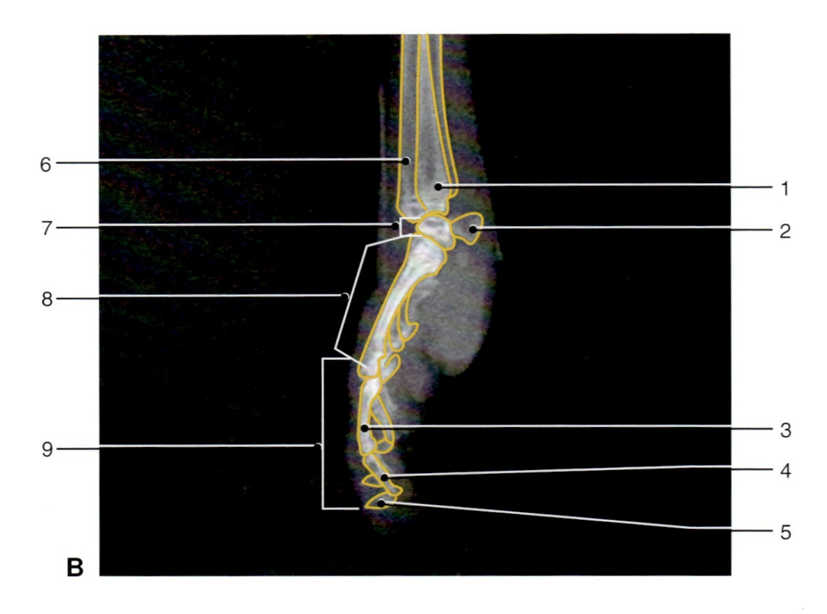

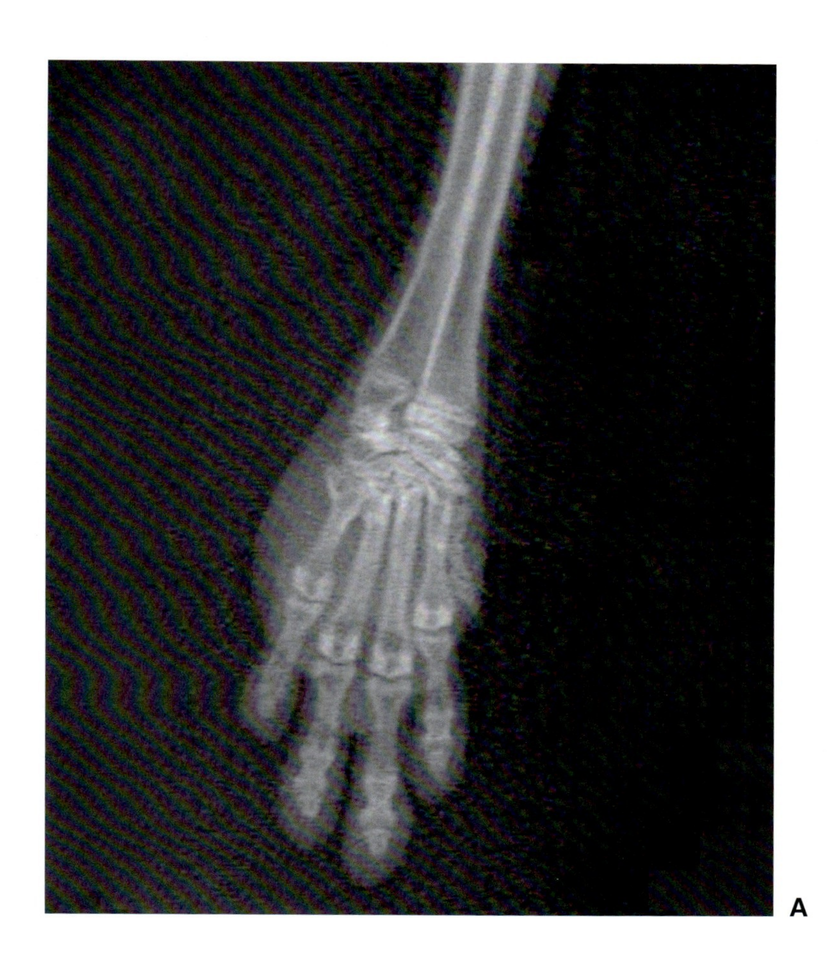

Abbildung 5-13, A
Tierart: Chinchilla
Organsystem: Vorderpfote
Projektion: dorsopalmar
Körpermasse: 486 g
Geschlecht: männlich unkastriert
Lebensalter: adult

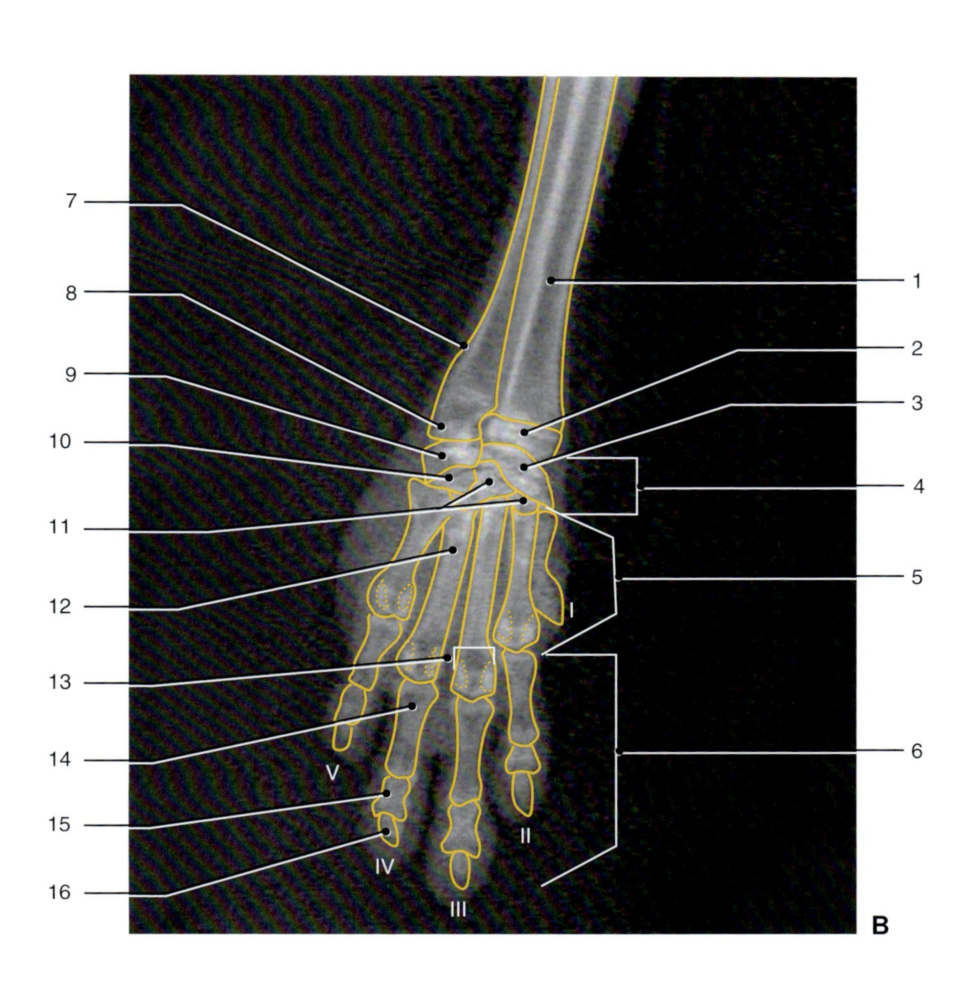

Abbildung 5-13, B
Tierart: Chinchilla
Organsystem: Vorderpfote
Projektion: dorsopalmar
Körpermasse: 486 g
Geschlecht: männlich unkastriert
Lebensalter: adult

1. Radius
2. distale Epiphysenfuge des Radius
3. Os carpi intermedioradiale
4. Ossa carpi
5. Ossa metacarpalia
6. Phalanges
7. Ulna
8. Proc. styloideus ulnae
9. Os carpi ulnare
10. Os carpale IV
11. Os carpale I, II und III
12. Os metacarpale IV
13. Os sesamoideum proximale
14. Phalanx proximalis digiti IV
15. Phalanx media digiti IV
16. Phalanx distalis digiti IV

Abbildung 5-14, A
Tierart: Chinchilla
Organsystem: Beckengliedmaße
Projektion: mediolateral
Körpermasse: 486 g
Geschlecht: männlich unkastriert
Lebensalter: adult

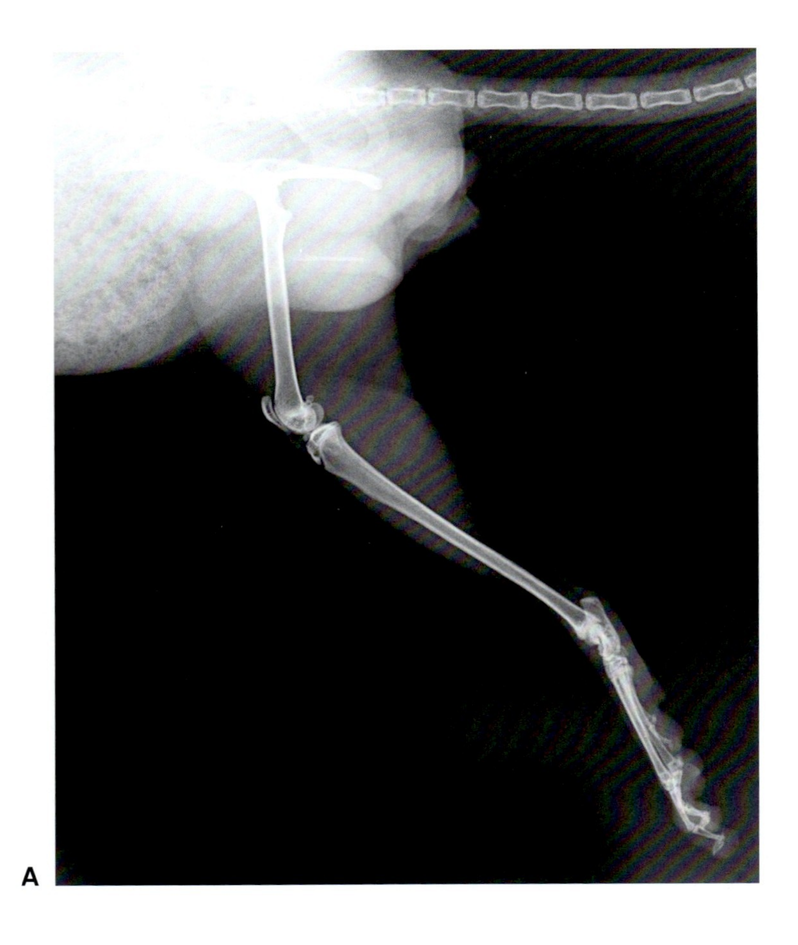

Abbildung 5-14, B
Tierart: Chinchilla
Organsystem: Beckengliedmaße
Projektion: mediolateral
Körpermasse: 486 g
Geschlecht: männlich unkastriert
Lebensalter: adult

1. Trochanter major ossis femoris
2. Trochanter minor ossis femoris
3. Os penis
4. Os femoris
5. Fabella
6. Fibula
7. Tuber calcanei
8. Talus
9. Calcaneus
10. Os tarsi tibiale
11. Os tarsi centrale
12. Os tarsale I, II, III und IV
13. 5. Zehe
14. Os sesamoideum proximale
15. Os metatarsale
16. Phalanx proximalis
17. Phalanx media
18. Phalanx distalis
19. Caput ossis femoris
20. Condylus ossis femoris
21. Patella
22. Tibia
23. Trochlea tali
24. Ossa tarsi
25. Ossa metatarsalia
26. Phalanges

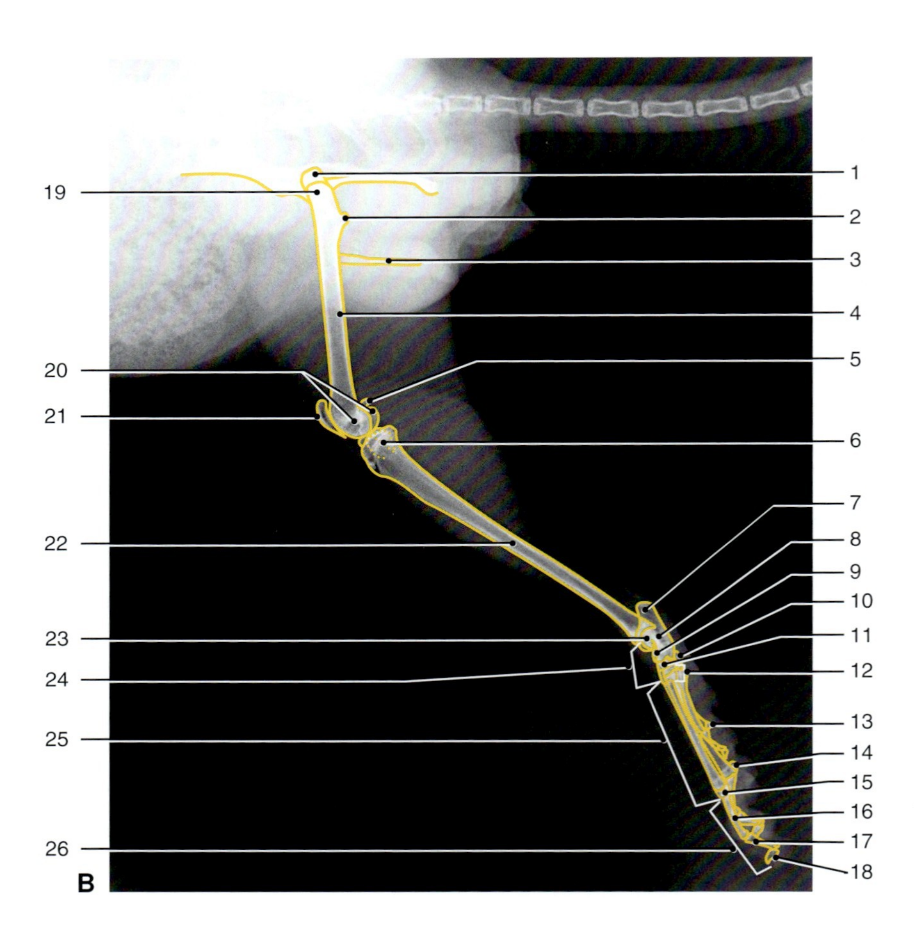

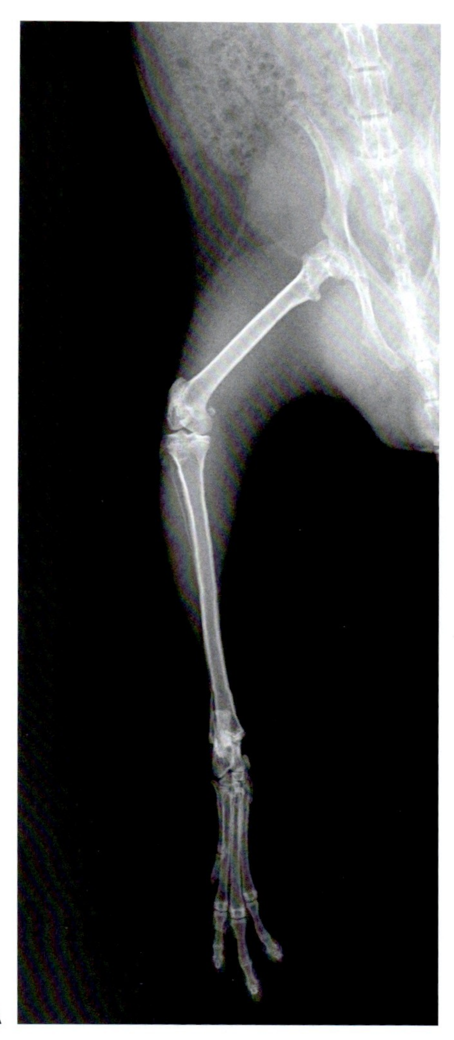

Abbildung 5-15, A
Tierart: Chinchilla
Organsystem: Beckengliedmaße
Projektion: ventrodorsal
Körpermasse: 486 g
Geschlecht: männlich unkastriert
Lebensalter: adult

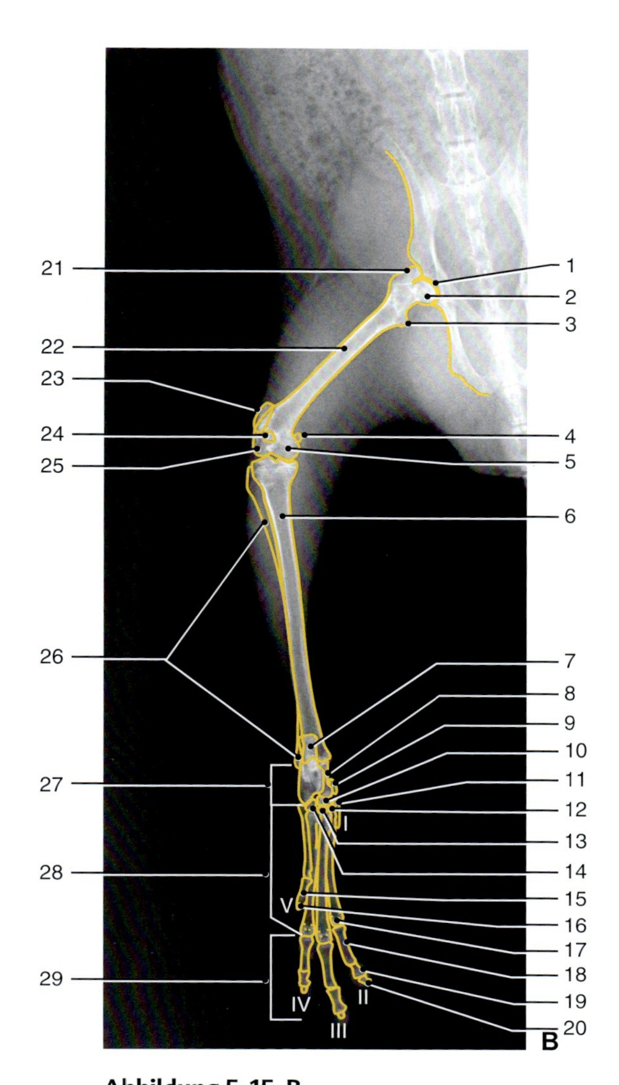

Abbildung 5-15, B
Tierart: Chinchilla
Organsystem: Beckengliedmaße
Projektion: ventrodorsal
Körpermasse: 486 g
Geschlecht: männlich unkastriert
Lebensalter: adult

1. Acetabulum
2. Caput ossis femoris
3. Trochanter minor ossis femoris
4. mediale Fabella
5. Condylus medialis ossis femoris
6. Tibia
7. Calcaneus
8. Talus
9. Os tarsi tibiale
10. Os tarsi centrale
11. Os tarsale I
12. Os tarsale II
13. Os tarsale III
14. Os tarsale IV
15. Phalanx proximalis digiti V
16. Phalanx distalis digiti V
17. Ossa sesamoidea proximalia
18. Phalanx proximalis digiti II
19. Phalanx media digiti II
20. Phalanx distalis digiti II
21. Trochanter major ossis femoris
22. Os femoris
23. Patella
24. laterale Fabella
25. Condylus lateralis ossis femoris
26. Fibula
27. Ossa tarsi
28. Ossa metatarsalia
29. Phalanges

Abbildung 5-16, A
Tierart: Chinchilla
Organsystem: Kniegelenk
Projektion: mediolateral
Körpermasse: 486 g
Geschlecht: männlich unkastriert
Lebensalter: adult

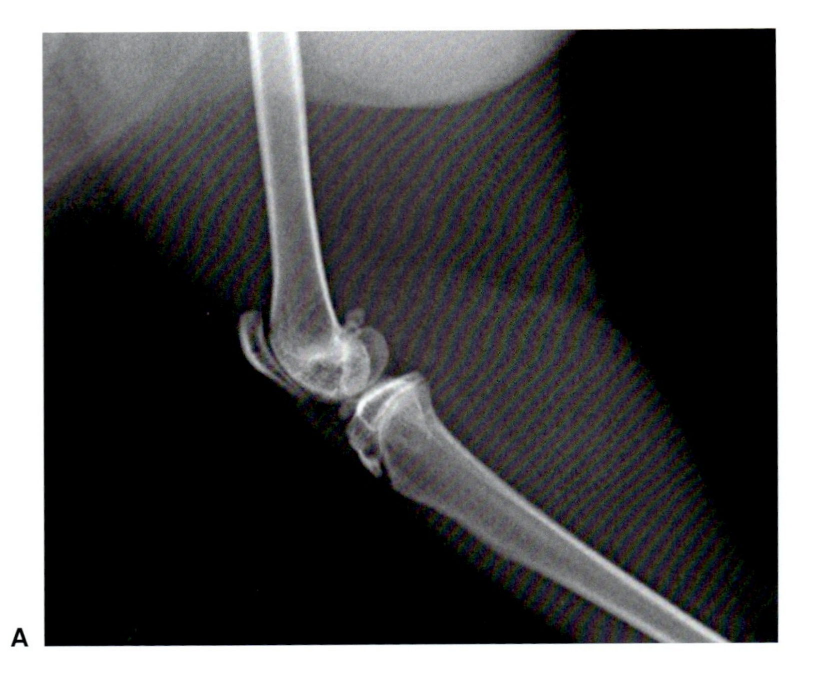

Abbildung 5-16, B
Tierart: Chinchilla
Organsystem: Kniegelenk
Projektion: mediolateral
Körpermasse: 486 g
Geschlecht: männlich unkastriert
Lebensalter: adult

1. Os femoris
2. Fabella
3. Fibula
4. Patella
5. Condylus ossis femoris
6. Tuberositas tibiae
7. Tibia

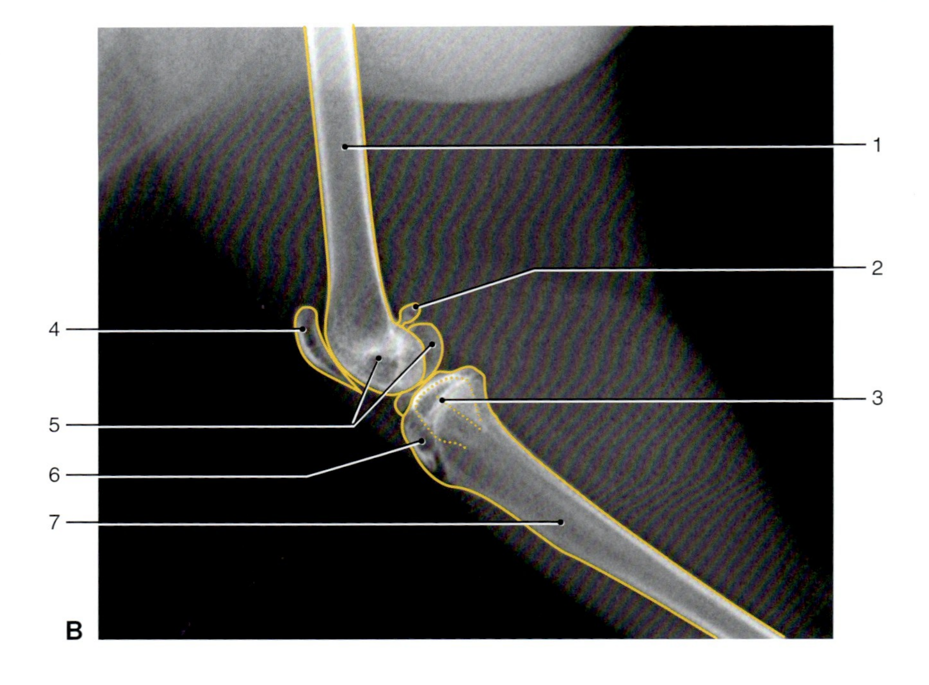

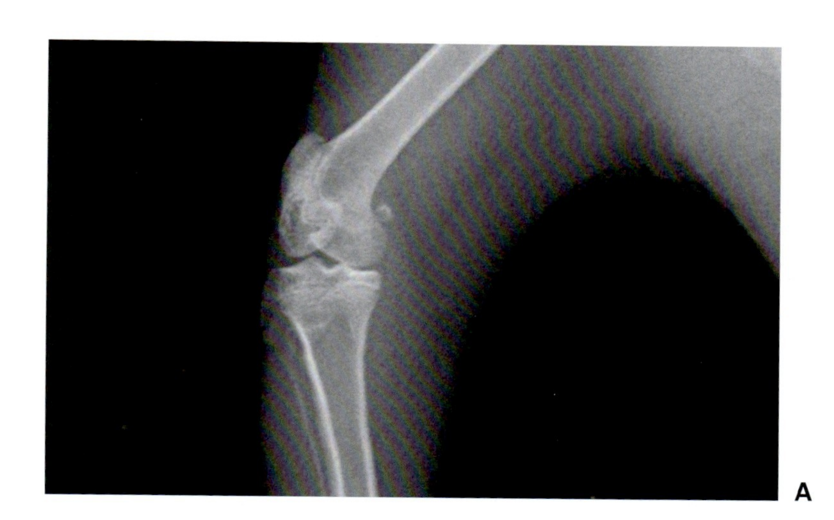

Abbildung 5-17, A
Tierart: Chinchilla
Organsystem: Kniegelenk
Projektion: kraniokaudal
Körpermasse: 486 g
Geschlecht: männlich unkastriert
Lebensalter: adult

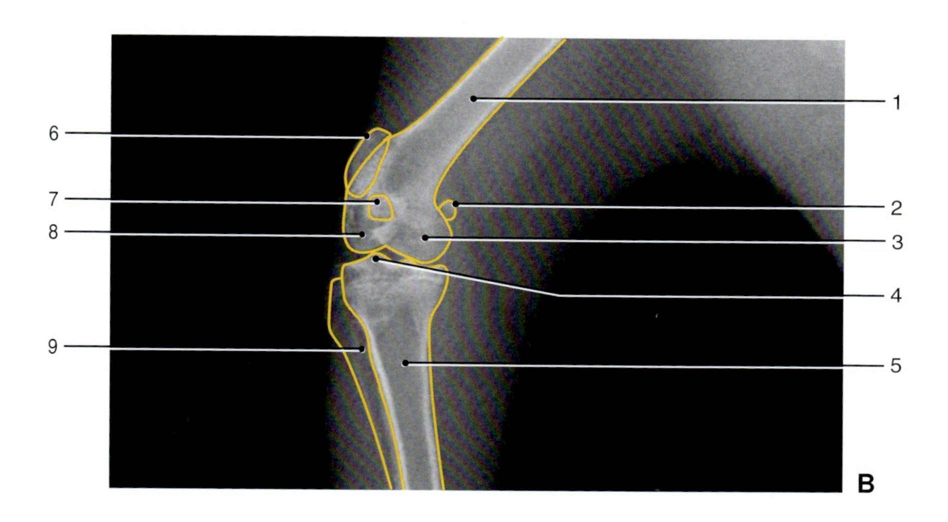

Abbildung 5-17, B
Tierart: Chinchilla
Organsystem: Kniegelenk
Projektion: kraniokaudal
Körpermasse: 486 g
Geschlecht: männlich unkastriert
Lebensalter: adult

1. Os femoris
2. mediale Fabella
3. Condylus medialis ossis femoris
4. Tuberculum intercondylare laterale tibiae
5. Tibia
6. Patella
7. laterale Fabella
8. Condylus lateralis ossis femoris
9. Fibula

Abbildung 5-18, A
Tierart: Chinchilla
Organsystem: Hinterpfote
Projektion: mediolateral
Körpermasse: 486 g
Geschlecht: männlich unkastriert
Lebensalter: adult

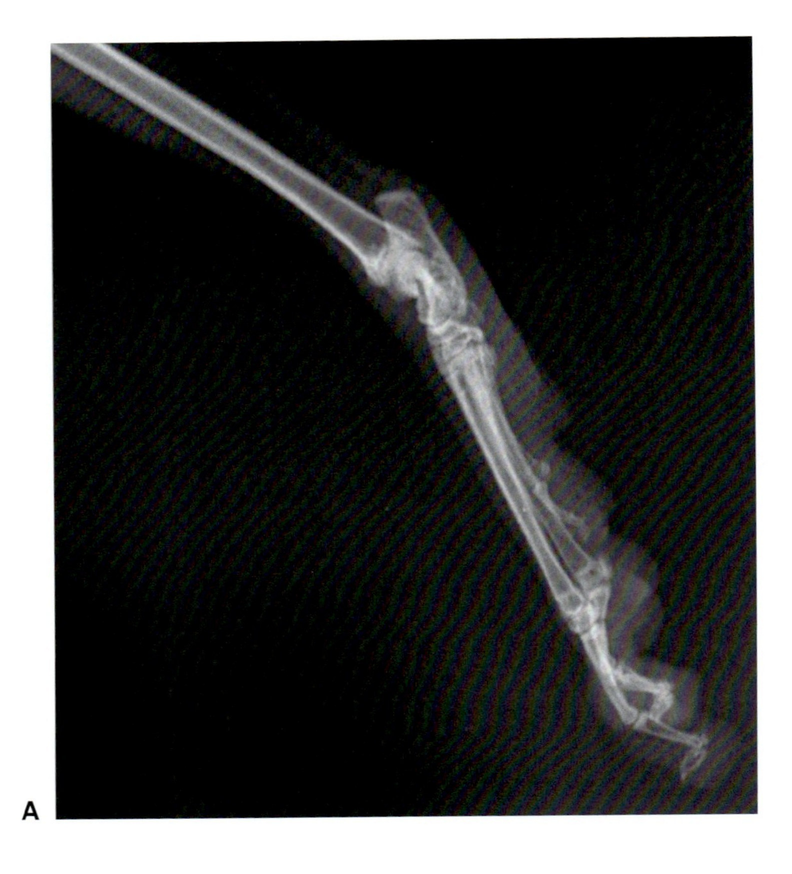

Abbildung 5-18, B
Tierart: Chinchilla
Organsystem: Hinterpfote
Projektion: mediolateral
Körpermasse: 486 g
Geschlecht: männlich unkastriert
Lebensalter: adult

1. Tibia
2. Tuber calcanei
3. Talus
4. Calcaneus
5. Os tarsi tibiale
6. Os tarsi centrale
7. Os tarsale I, II, III und IV
8. 5. Zehe
9. Os sesamoideum proximale
10. Os metatarsale
11. Phalanx proximalis
12. Phalanx media
13. Phalanx distalis
14. Trochlea tali
15. Ossa tarsi
16. Ossa metatarsalia
17. Phalanges

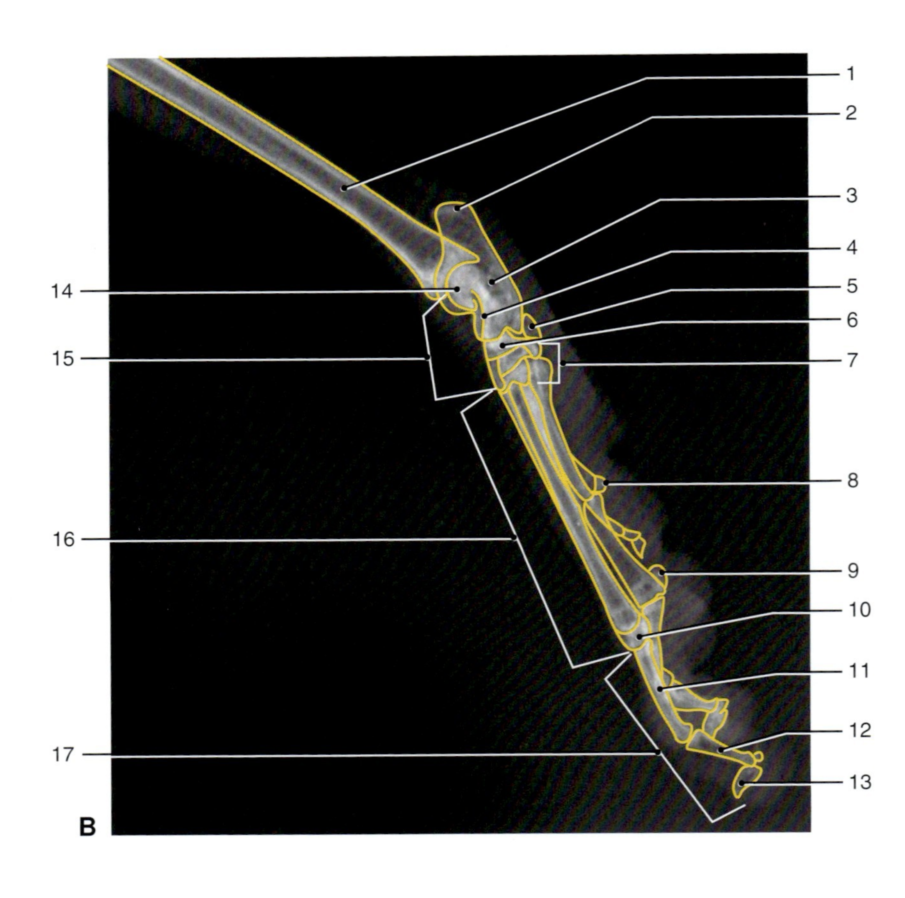

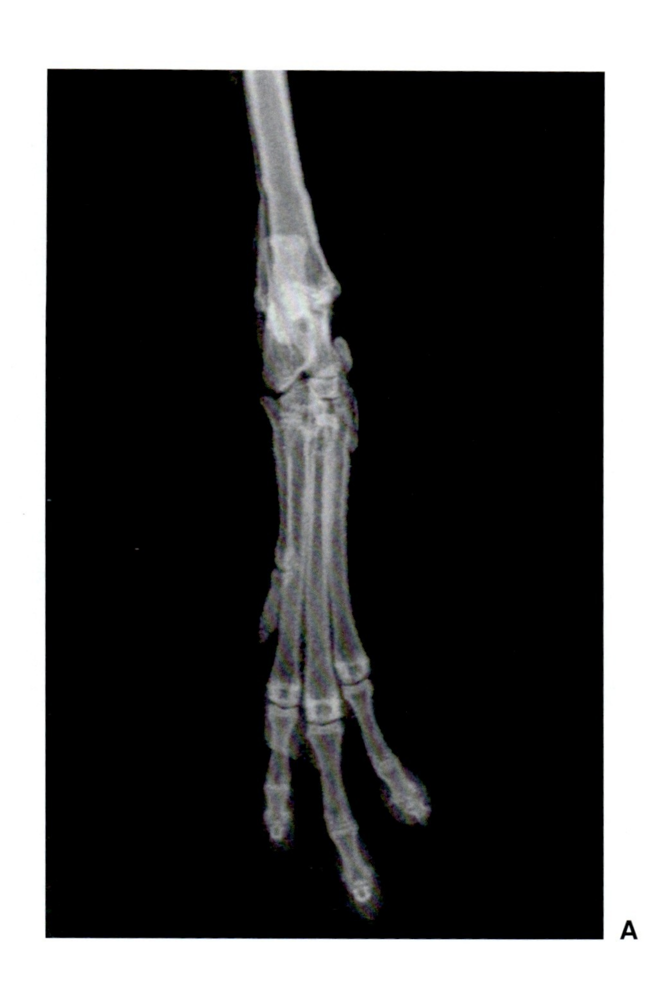

Abbildung 5-19, A
Tierart: Chinchilla
Organsystem: Hinterpfote
Projektion: dorsoplantar
Körpermasse: 486 g
Geschlecht: männlich unkastriert
Lebensalter: adult

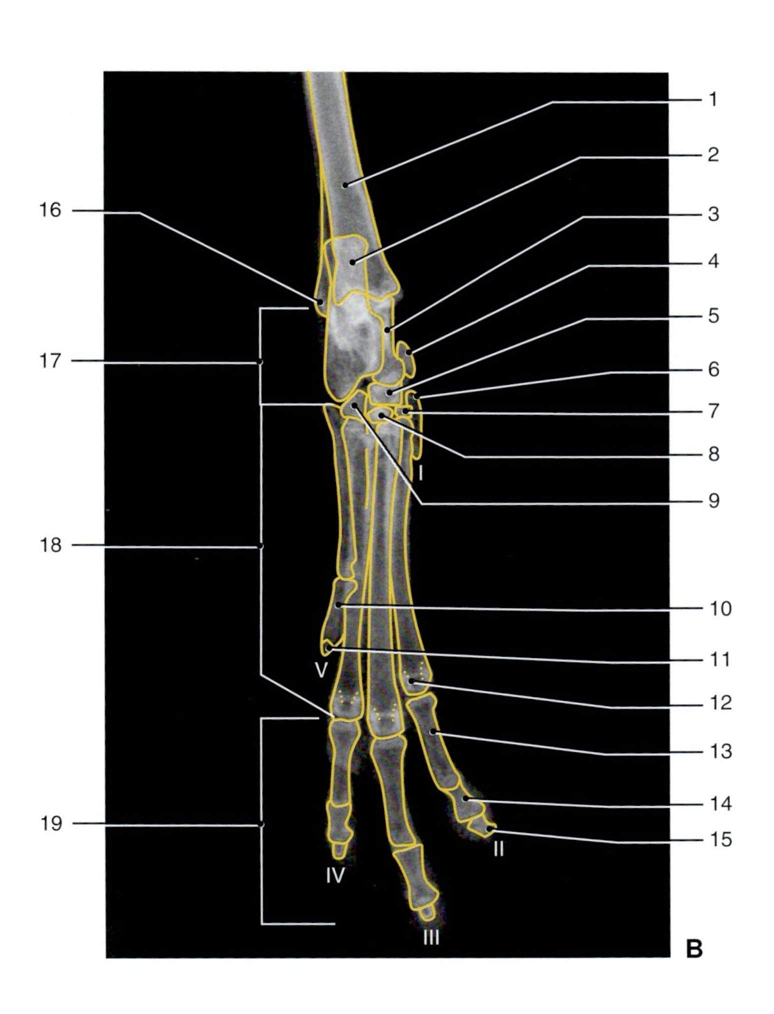

Abbildung 5-19, B
Tierart: Chinchilla
Organsystem: Hinterpfote
Projektion: dorsoplantar
Körpermasse: 486 g
Geschlecht: männlich unkastriert
Lebensalter: adult

1. Tibia
2. Calcaneus
3. Talus
4. Os tarsi tibiale
5. Os tarsi centrale
6. Os tarsometatarsale I
7. Os tarsale II
8. Os tarsale III
9. Os tarsale IV
10. Phalanx proximalis digiti V
11. Phalanx distalis digiti V
12. Os sesamoideum proximale
13. Phalanx proximalis digiti II
14. Phalanx media digiti II
15. Phalanx distalis digiti II
16. Fibula
17. Ossa tarsi
18. Ossa metatarsalia
19. Phalanges

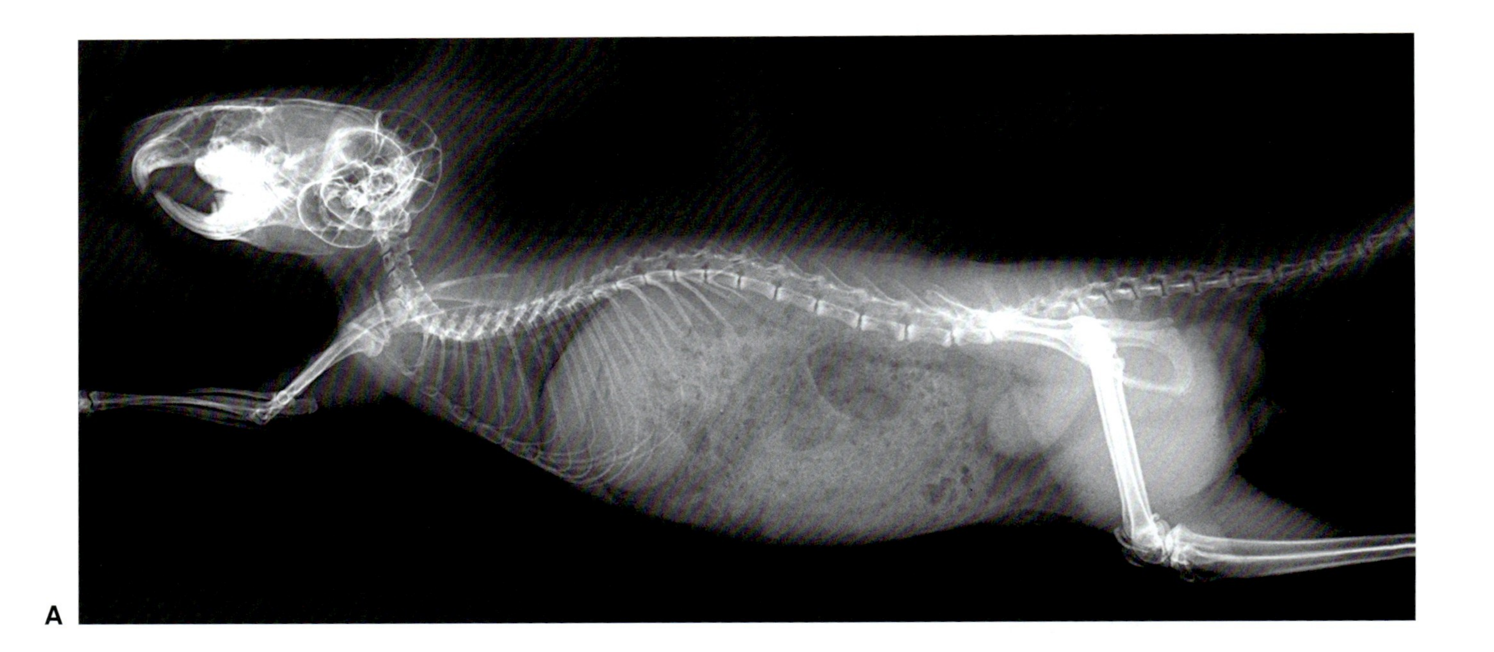

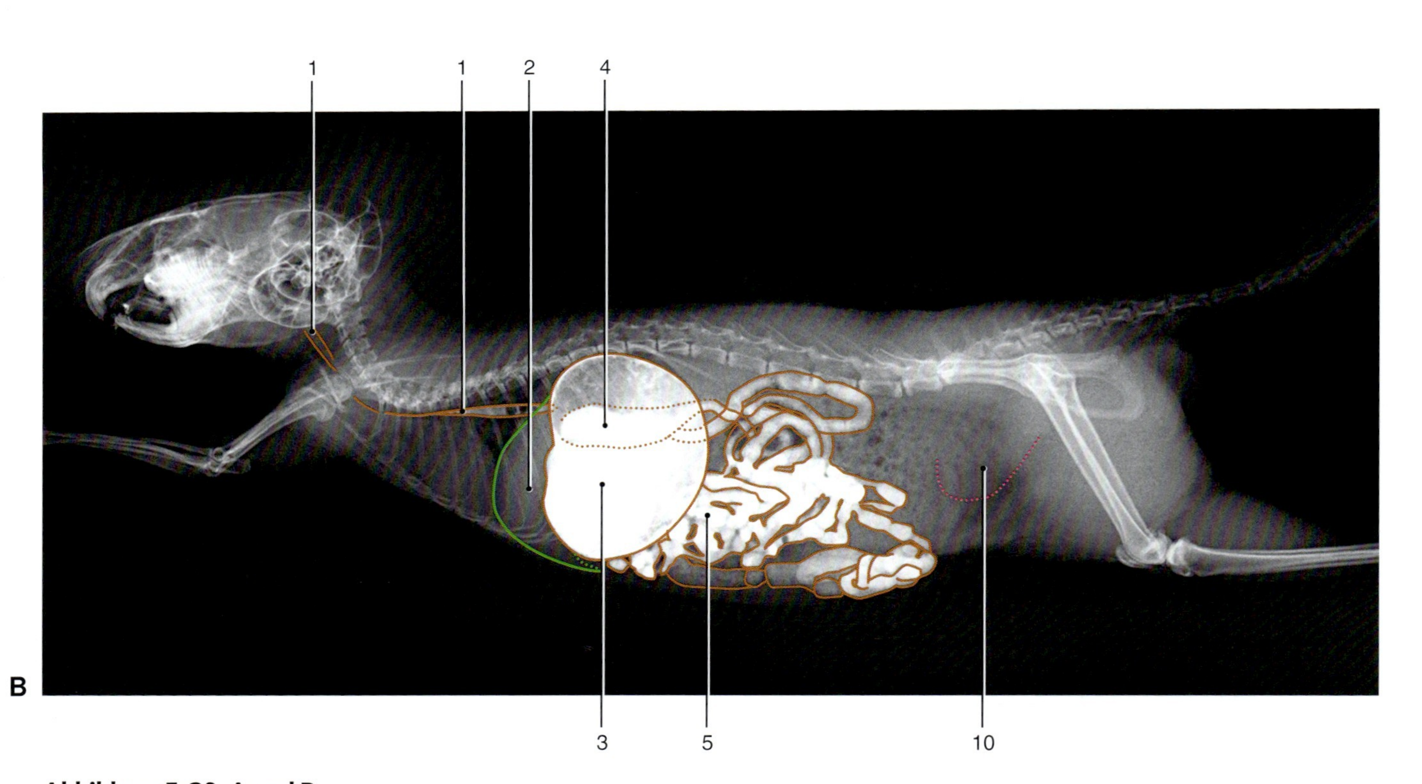

Abbildung 5-20, A und B
Tierart: Chinchilla
Organsystem: Gastrointestinaltrakt, Positivkontrastdarstellung
Kontrastmittel: Bariumsulfatsuspension (Novopaque® 60% v/w), 12 ml per os
Projektion: laterolateral (rechte Seitenlage)
Körpermasse: 480 g
Geschlecht: männlich unkastriert
Lebensalter: adult

Abbildung	Zeit (h)
A	Leeraufnahme
B	0,5

1. Speiseröhre
2. Leber
3. Magen
4. Duodenum
5. Dünndarm
6. Ileum
7. Blinddarm
8. Kolon
9. Rektum
10. Harnblase

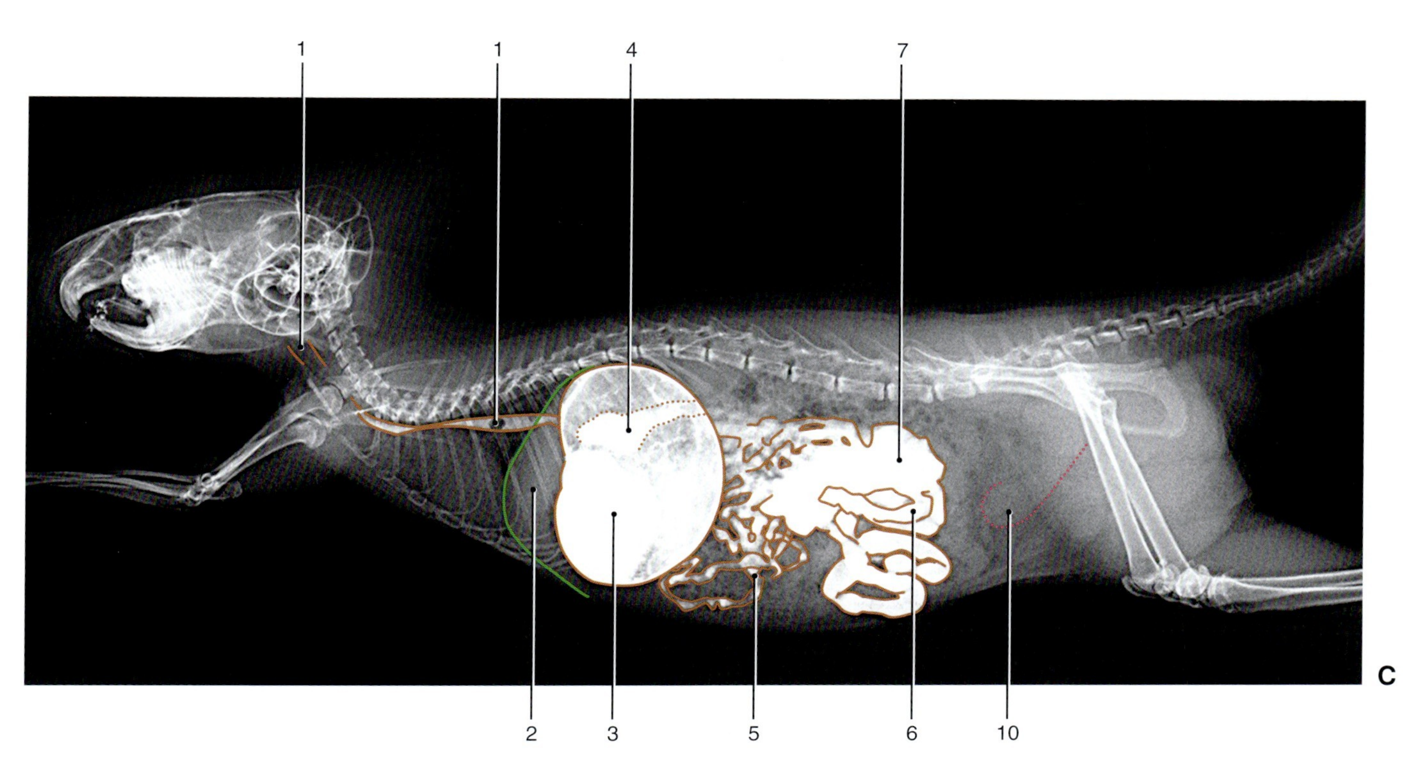

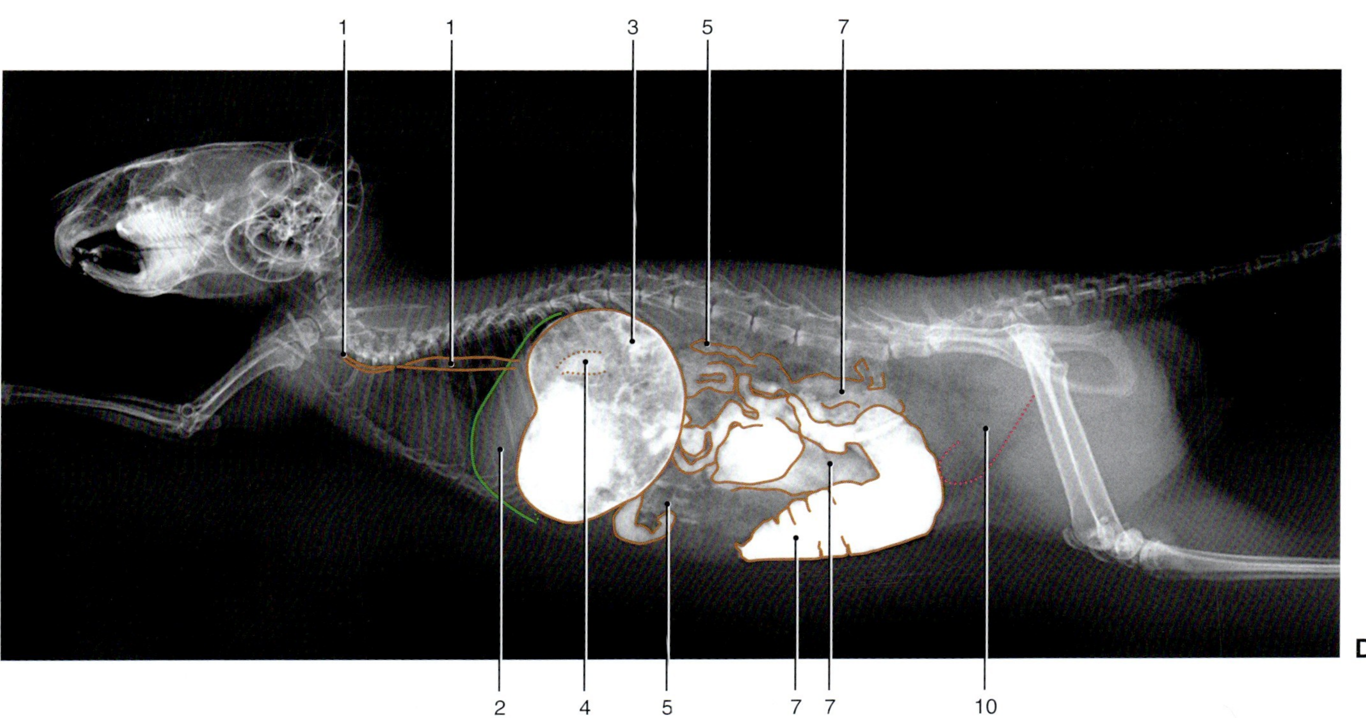

Abbildung 5-20, C und D
Tierart: Chinchilla, Positivkontrastdarstellung
Organsystem: Gastrointestinaltrakt, Positivkontrastdarstellung
Kontrastmittel: Bariumsulfatsuspension (Novopaque® 60% v/w), 12 ml per os
Projektion: laterolateral (rechte Seitenlage)
Körpermasse: 480 g
Geschlecht: männlich unkastriert
Lebensalter: adult

Abbildung	Zeit (h)
C	1,0
D	2,0

1. Speiseröhre
2. Leber
3. Magen
4. Duodenum
5. Dünndarm
6. Ileum
7. Blinddarm
8. Kolon
9. Rektum
10. Harnblase

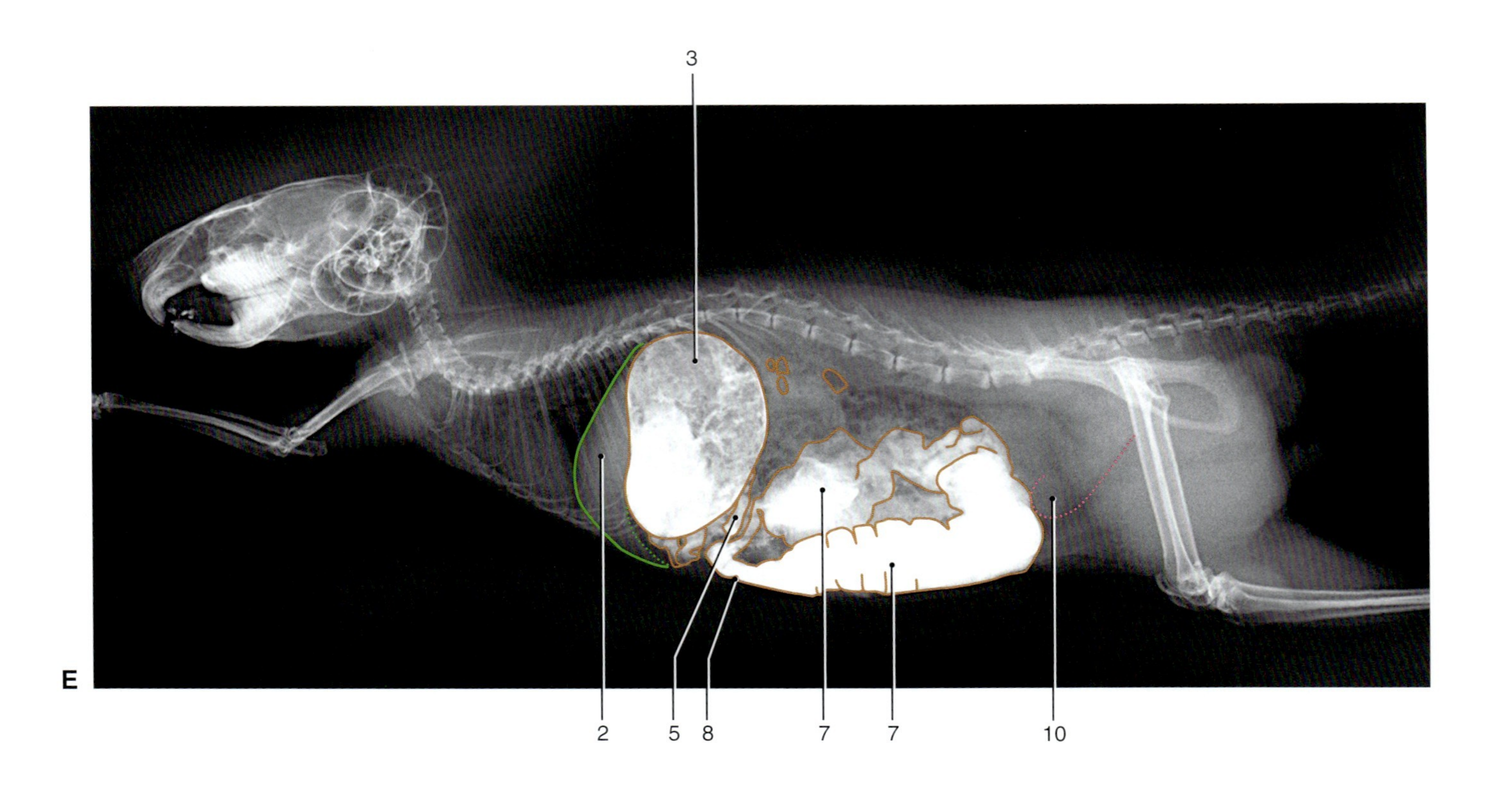

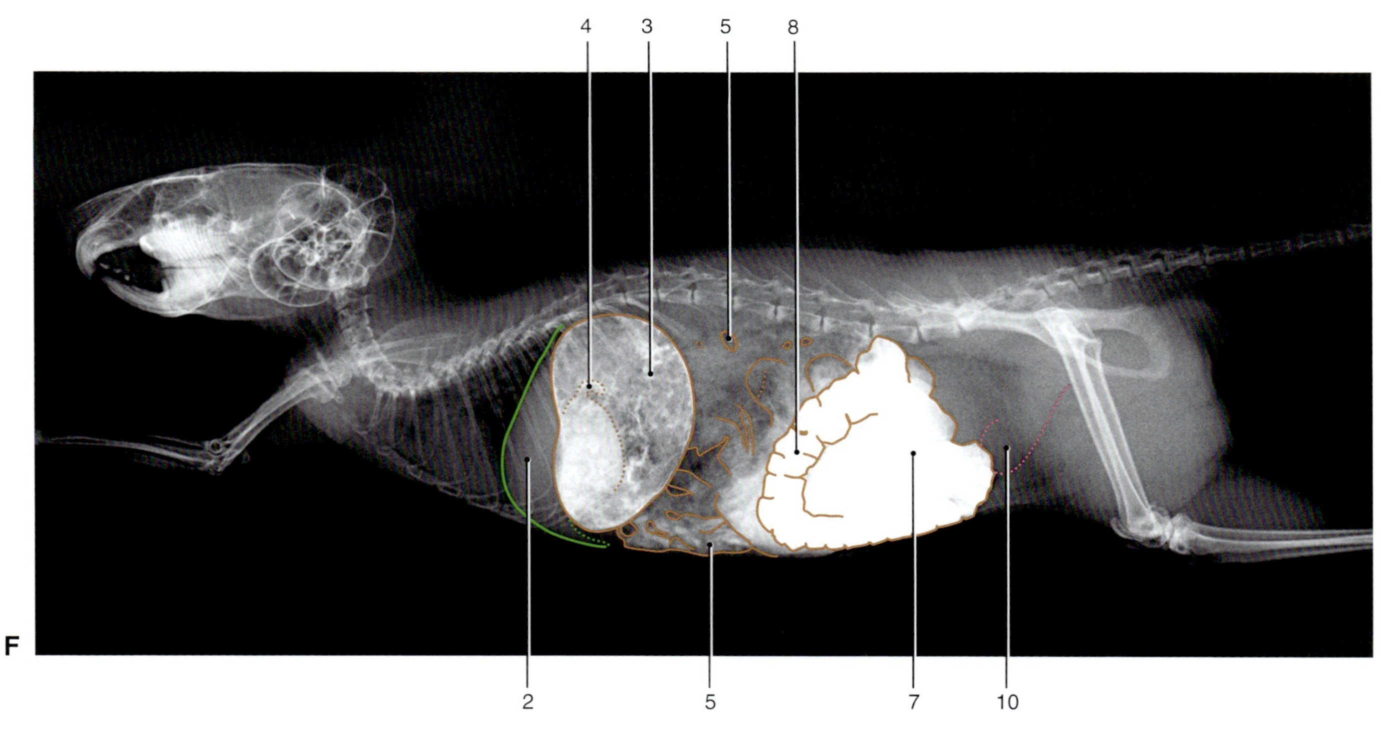

Abbildung 5-20, E und F
Tierart: Chinchilla, Positivkontrastdarstellung
Organsystem: Gastrointestinaltrakt, Positivkontrastdarstellung
Kontrastmittel: Bariumsulfatsuspension (Novopaque®
60% v/w), 12 ml per os
Projektion: laterolateral (rechte Seitenlage)
Körpermasse: 480 g
Geschlecht: männlich unkastriert
Lebensalter: adult

Abbildung	Zeit (h)
E	3,5
F	5,5

1. Speiseröhre
2. Leber
3. Magen
4. Duodenum
5. Dünndarm
6. Ileum
7. Blinddarm
8. Kolon
9. Rektum
10. Harnblase

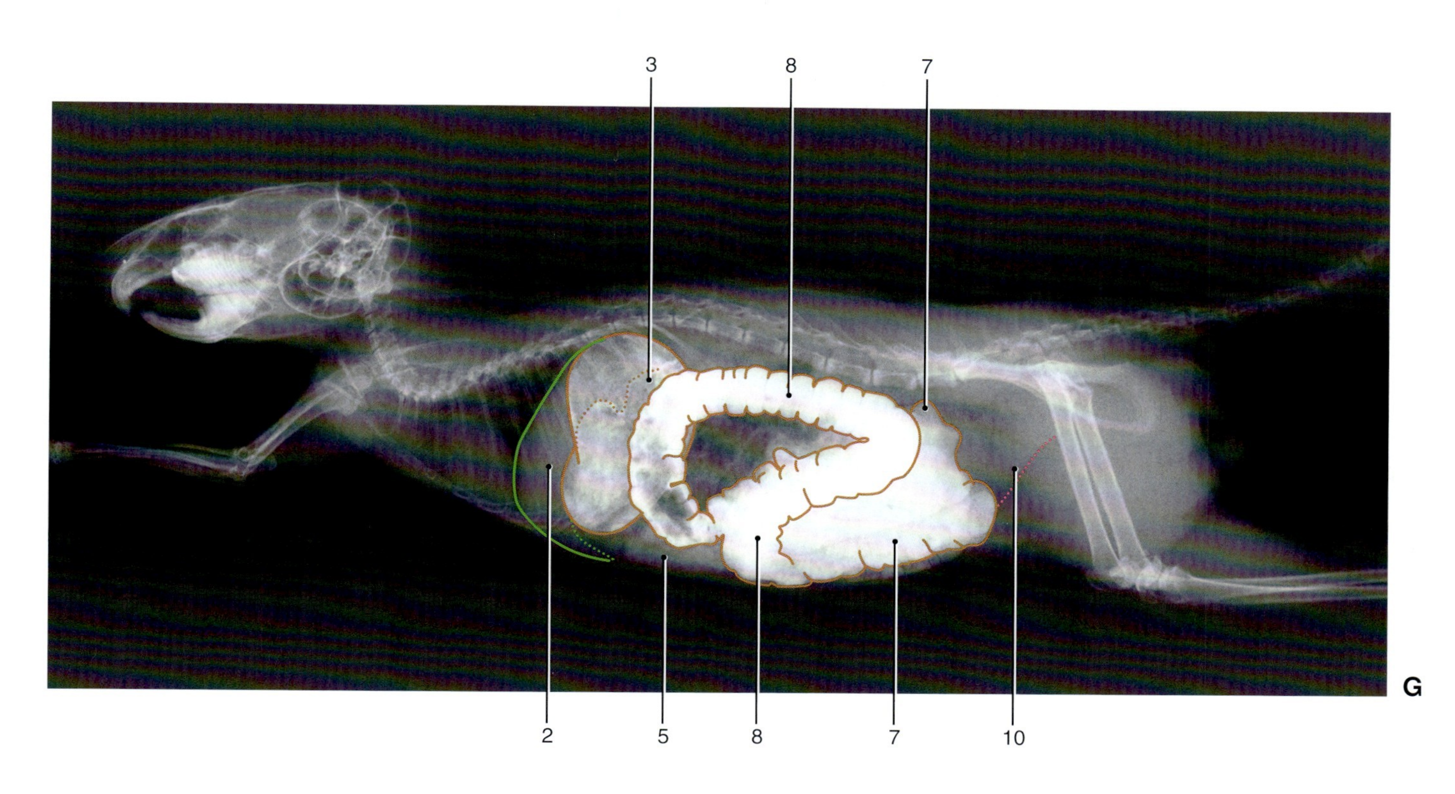

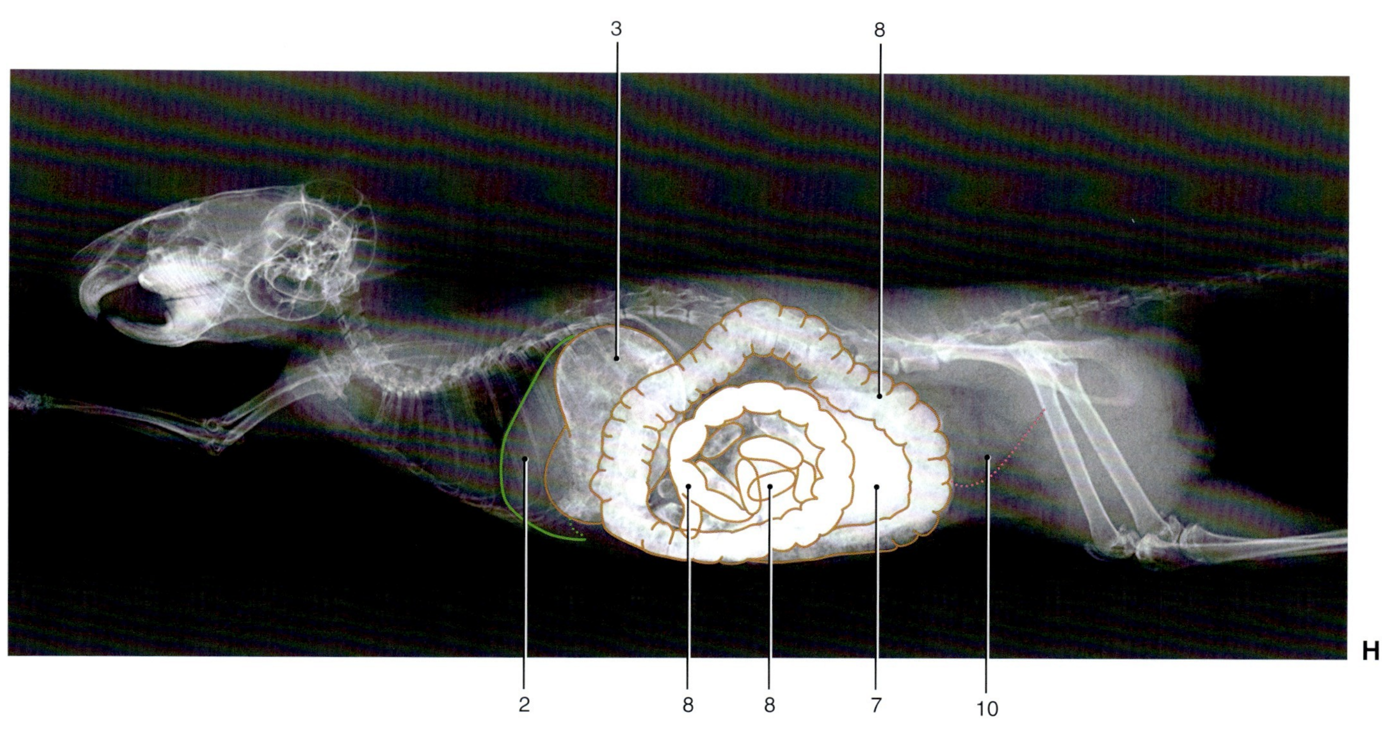

Abbildung 5-20, G und H
Tierart: Chinchilla, Positivkontrastdarstellung
Organsystem: Gastrointestinaltrakt, Positivkontrastdarstellung
Kontrastmittel: Bariumsulfatsuspension (Novopaque®
60% v/w), 12 ml per os
Projektion: laterolateral (rechte Seitenlage)
Körpermasse: 480 g
Geschlecht: männlich unkastriert
Lebensalter: adult

Abbildung	Zeit (h)
G	7,5
H	9,5

1. Speiseröhre
2. Leber
3. Magen
4. Duodenum
5. Dünndarm
6. Ileum
7. Blinddarm
8. Kolon
9. Rektum
10. Harnblase

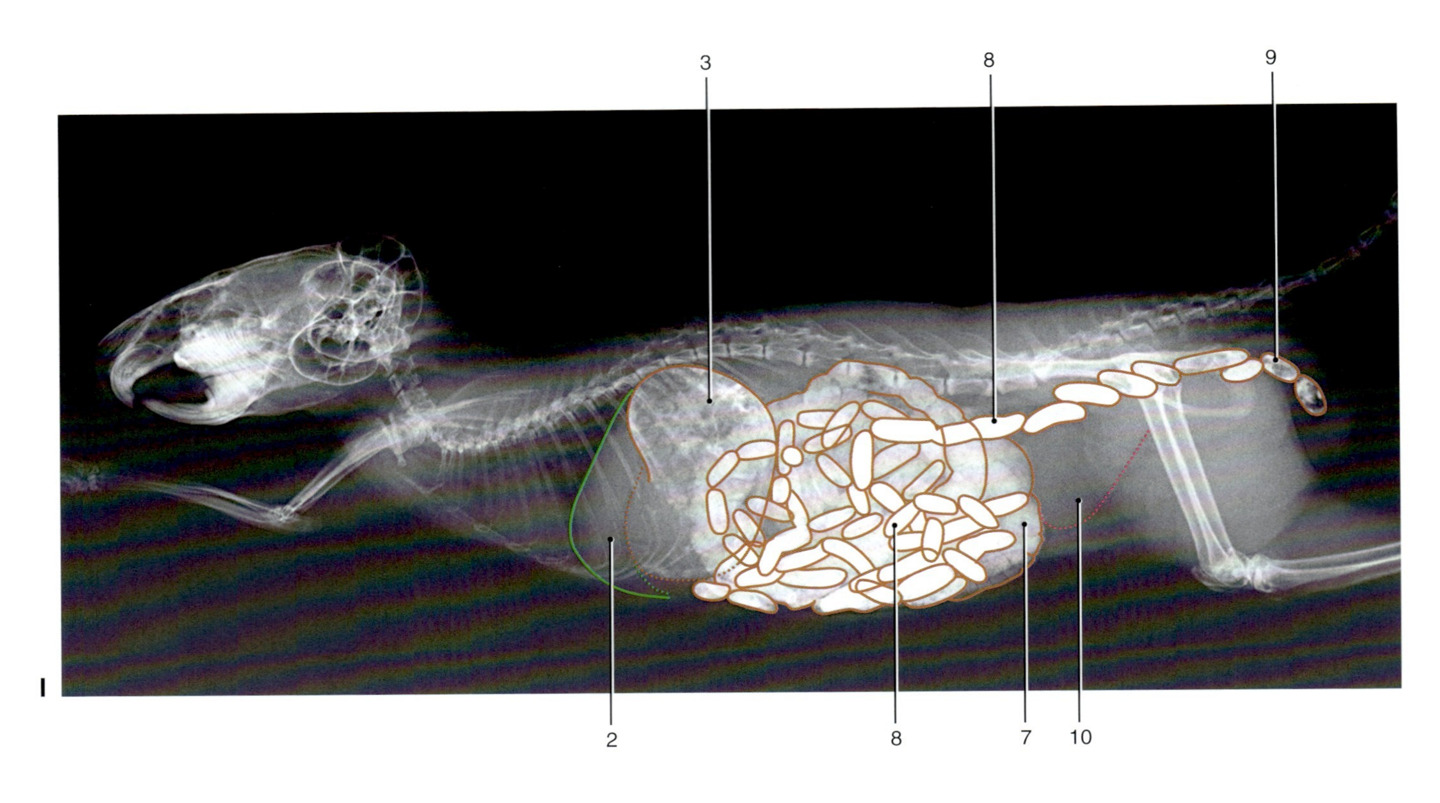

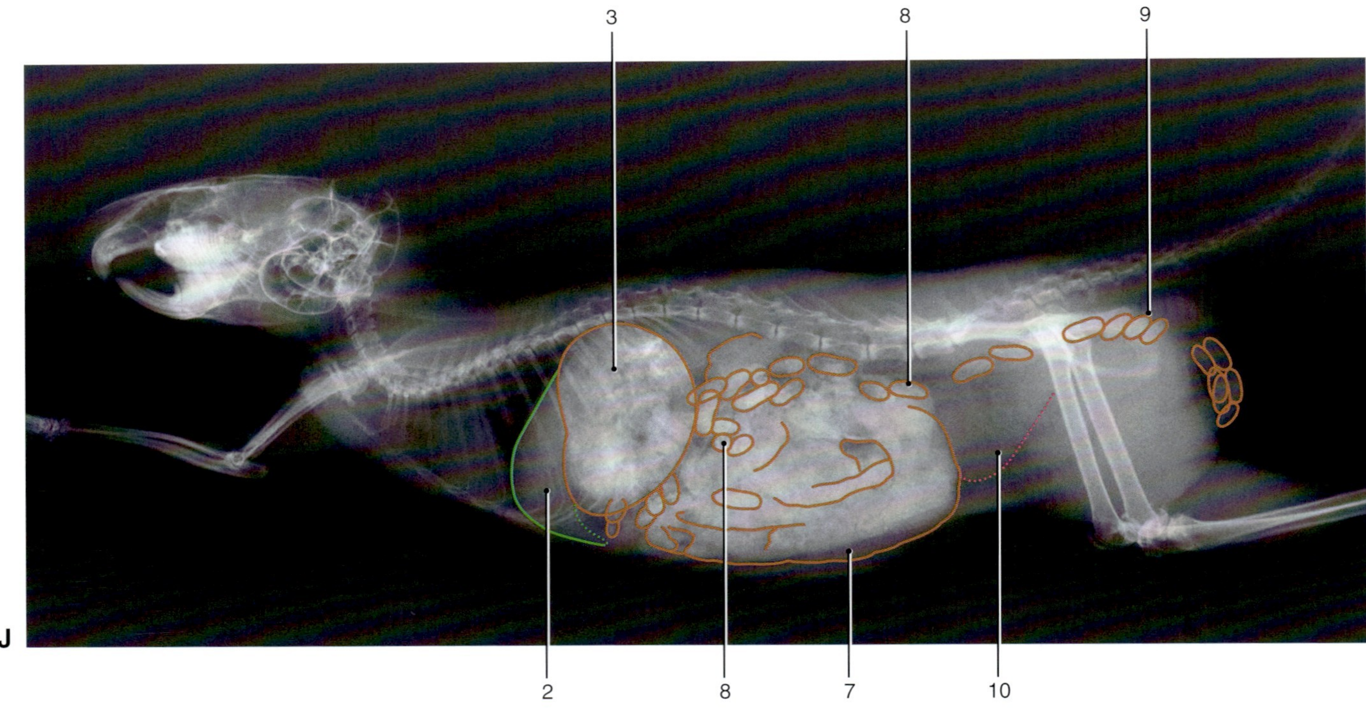

Abbildung 5-20, I und J
Tierart: Chinchilla, Positivkontrastdarstellung
Organsystem: Gastrointestinaltrakt, Positivkontrastdarstellung
Kontrastmittel: Bariumsulfatsuspension (Novopaque®
60% v/w), 12 ml per os
Projektion: laterolateral (rechte Seitenlage)
Körpermasse: 480 g
Geschlecht: männlich unkastriert
Lebensalter: adult

Abbildung	Zeit (h)
I	14,5
J	24,0

1. Speiseröhre
2. Leber
3. Magen
4. Duodenum
5. Dünndarm
6. Ileum
7. Blinddarm
8. Kolon
9. Rektum
10. Harnblase

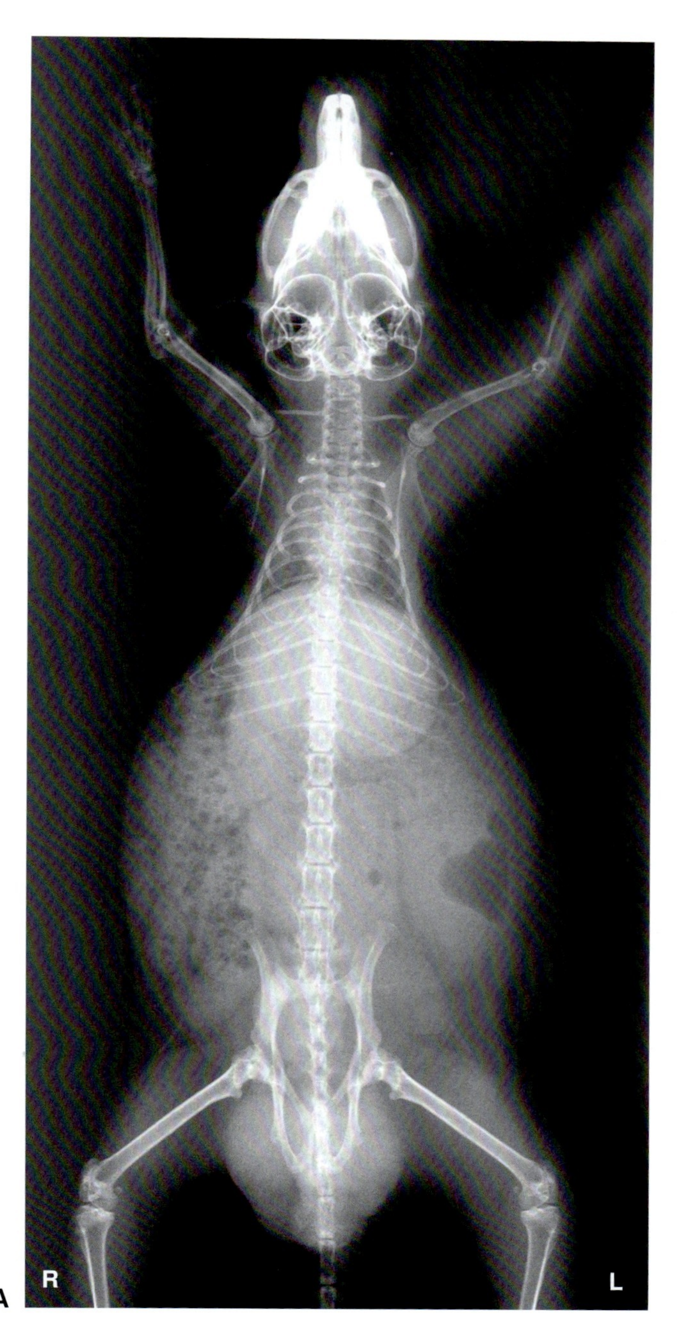

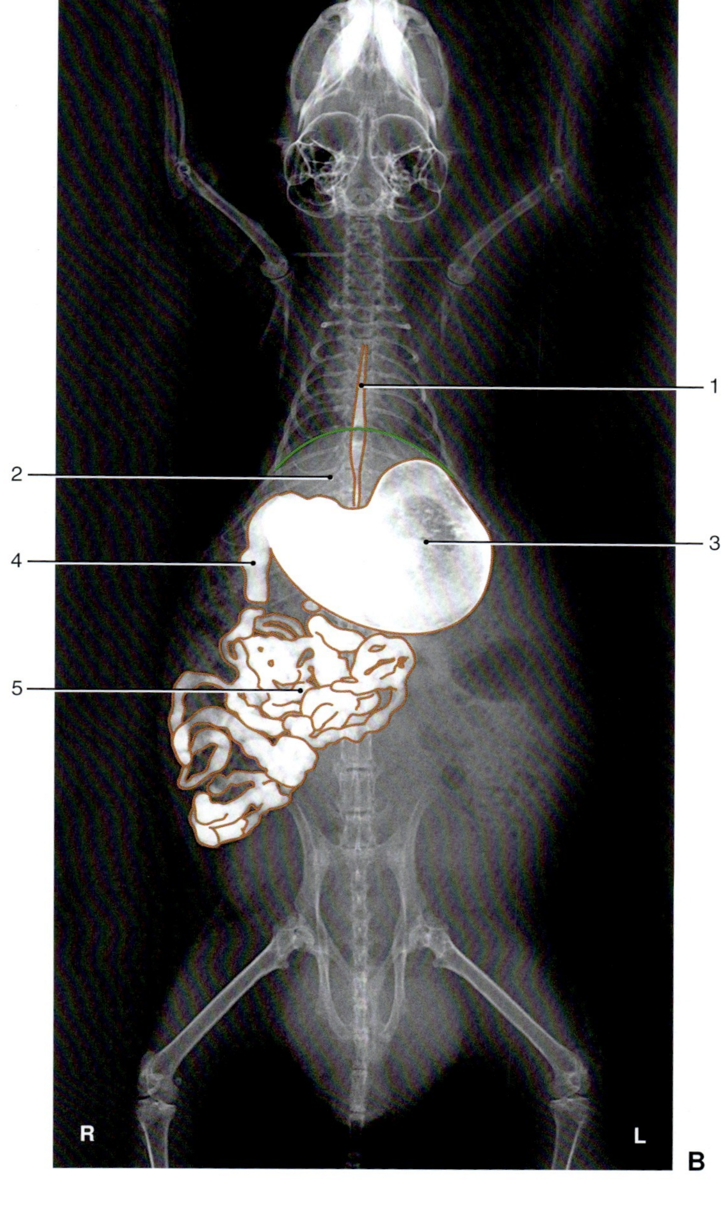

Abbildung 5-21, A und B
Tierart: Chinchilla, Positivkontrastdarstellung
Organsystem: Gastrointestinaltrakt, Positivkontrastdarstellung
Kontrastmittel: Bariumsulfatsuspension (Novopaque® 60% v/w), 12 ml per os
Projektion: ventrodorsal (Rückenlage)
Körpermasse: 480 g
Geschlecht: männlich unkastriert
Lebensalter: adult

Abbildung	Zeit (h)
A	Leeraufnahme
B	0,5

1. Speiseröhre
2. Leber
3. Magen
4. Duodenum
5. Dünndarm
6. Ileum
7. Blinddarm
8. Kolon
9. Rektum
10. Harnblase

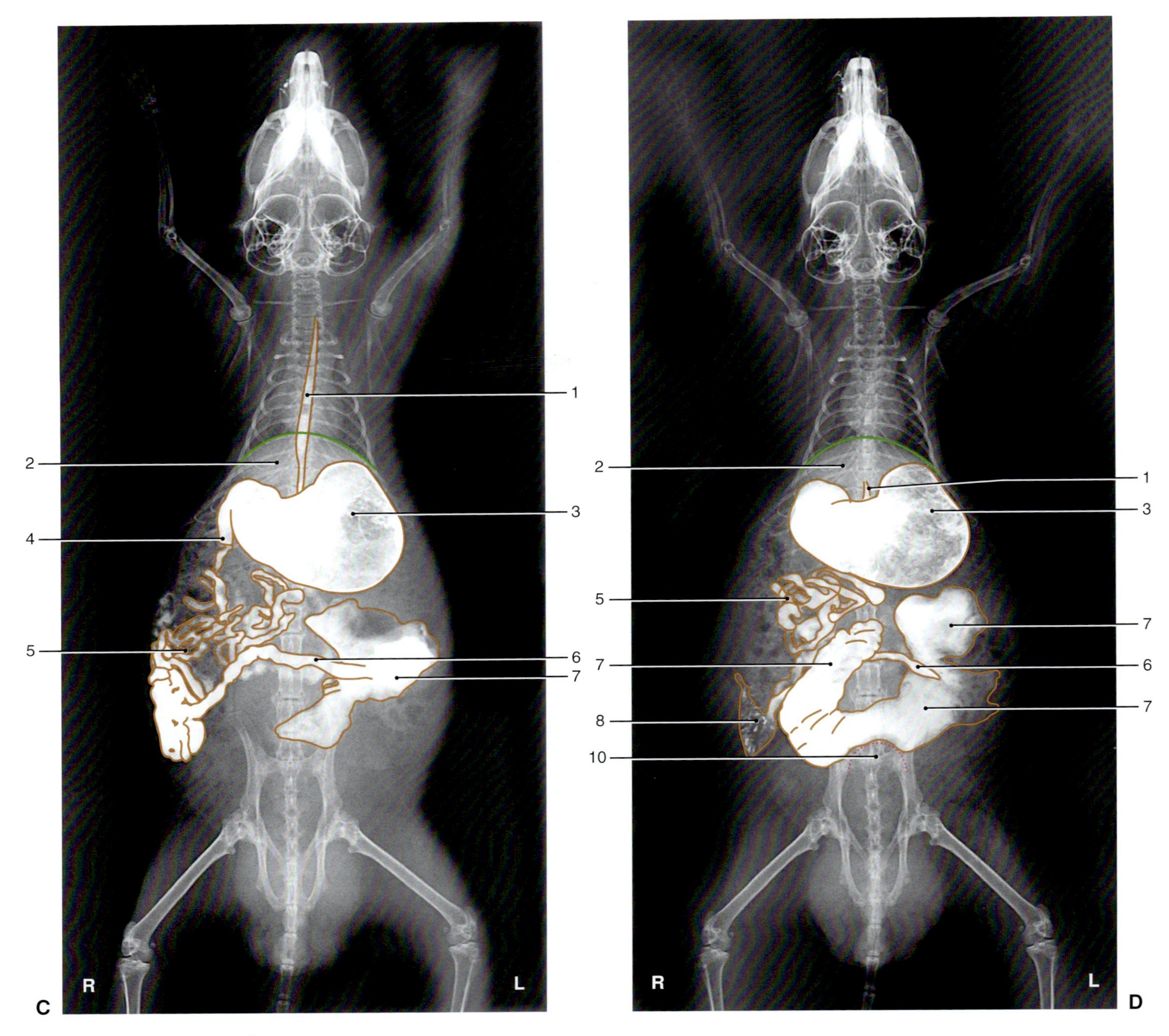

Abbildung 5-21, C und D
Tierart: Chinchilla, Positivkontrastdarstellung
Organsystem: Gastrointestinaltrakt, Positivkontrastdarstellung
Kontrastmittel: Bariumsulfatsuspension (Novopaque® 60% v/w), 12 ml per os
Projektion: ventrodorsal (Rückenlage)
Körpermasse: 480 g
Geschlecht: männlich unkastriert
Lebensalter: adult

Abbildung	Zeit (h)
C	1,0
D	2,0

1. Speiseröhre
2. Leber
3. Magen
4. Duodenum
5. Dünndarm
6. Ileum
7. Blinddarm
8. Kolon
9. Rektum
10. Harnblase

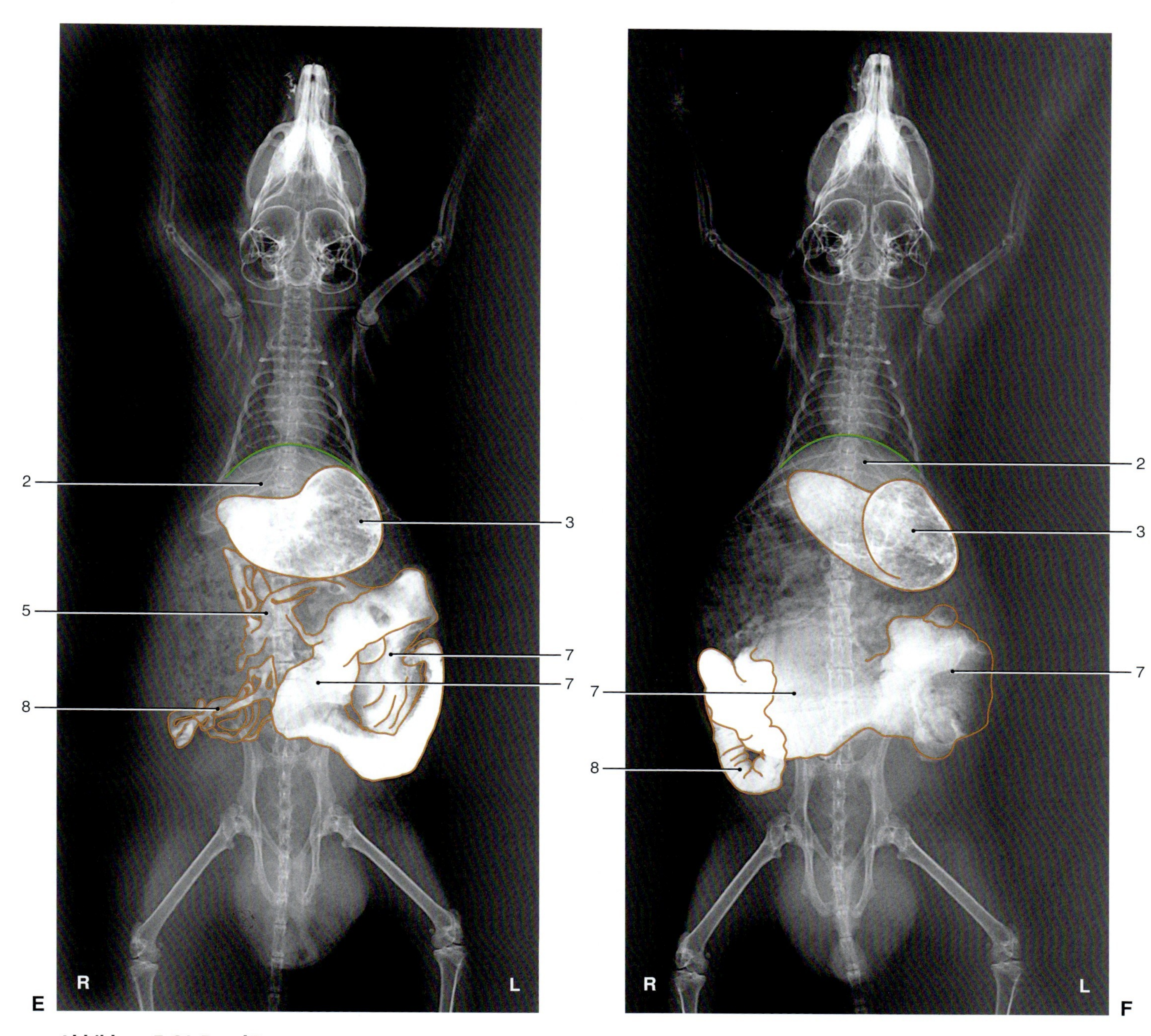

Abbildung 5-21, E und F
Tierart: Chinchilla, Positivkontrastdarstellung
Organsystem: Gastrointestinaltrakt, Positivkontrastdarstellung
Kontrastmittel: Bariumsulfatsuspension (Novopaque®
60% v/w), 12 ml per os
Projektion: ventrodorsal (Rückenlage)
Körpermasse: 480 g
Geschlecht: männlich unkastriert
Lebensalter: adult

Abbildung	Zeit (h)
E	3,5
F	5,5

1. Speiseröhre
2. Leber
3. Magen
4. Duodenum
5. Dünndarm
6. Ileum
7. Blinddarm
8. Kolon
9. Rektum
10. Harnblase

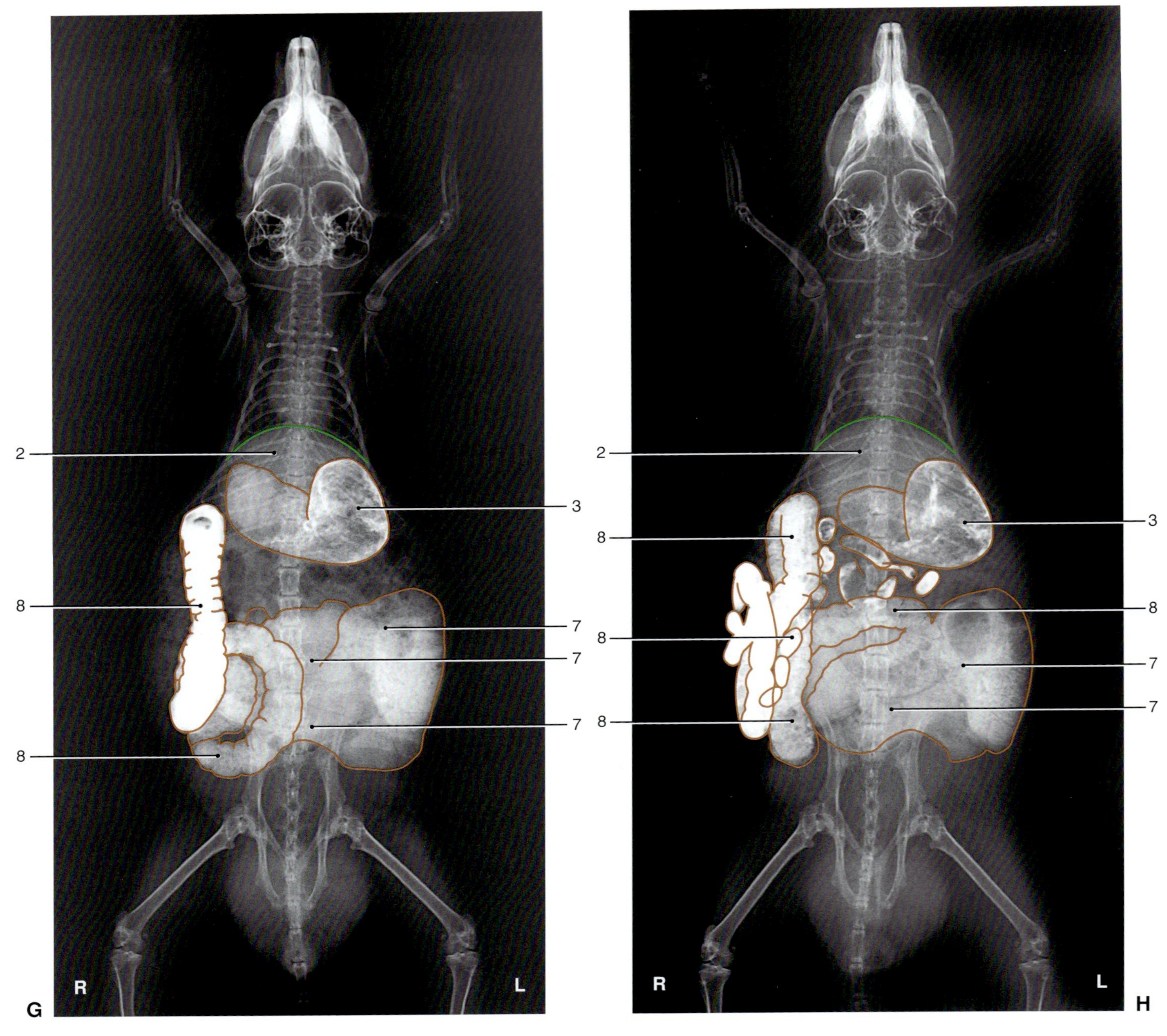

Abbildung 5-21, G und H
Tierart: Chinchilla, Positivkontrastdarstellung
Organsystem: Gastrointestinaltrakt, Positivkontrastdarstellung
Kontrastmittel: Bariumsulfatsuspension (Novopaque® 60% v/w), 12 ml per os
Projektion: ventrodorsal (Rückenlage)
Körpermasse: 480 g
Geschlecht: männlich unkastriert
Lebensalter: adult

Abbildung	Zeit (h)
G	7,5
H	9,5

1. Speiseröhre
2. Leber
3. Magen
4. Duodenum
5. Dünndarm
6. Ileum
7. Blinddarm
8. Kolon
9. Rektum
10. Harnblase

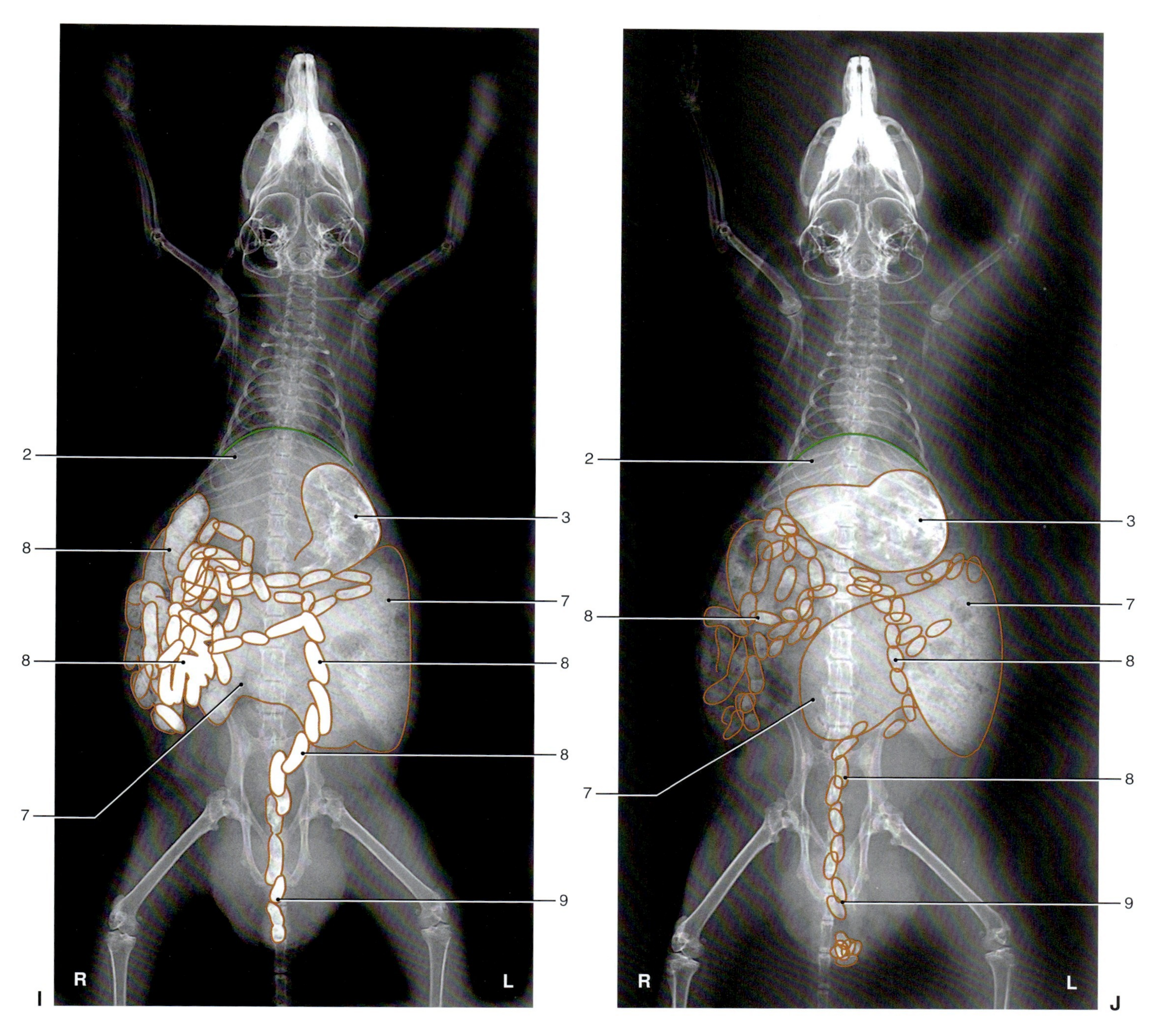

Abbildung 5-21, I und J
Tierart: Chinchilla, Positivkontrastdarstellung
Organsystem: Gastrointestinaltrakt, Positivkontrastdarstellung
Kontrastmittel: Bariumsulfatsuspension (Novopaque®
60% v/w), 12 ml per os
Projektion: ventrodorsal (Rückenlage)
Körpermasse: 480 g
Geschlecht: männlich unkastriert
Lebensalter: adult

Abbildung	Zeit (h)
I	14,5
J	24,0

1. Speiseröhre
2. Leber
3. Magen
4. Duodenum
5. Dünndarm
6. Ileum
7. Blinddarm
8. Kolon
9. Rektum
10. Harnblase

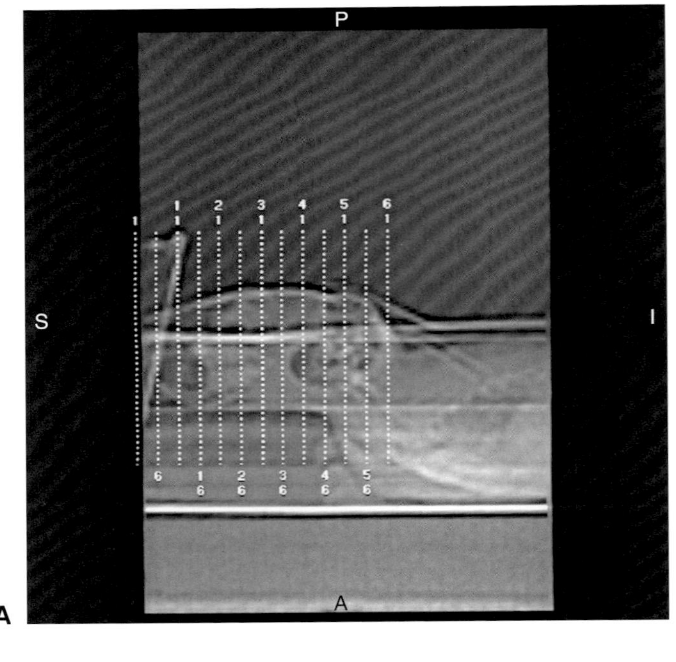

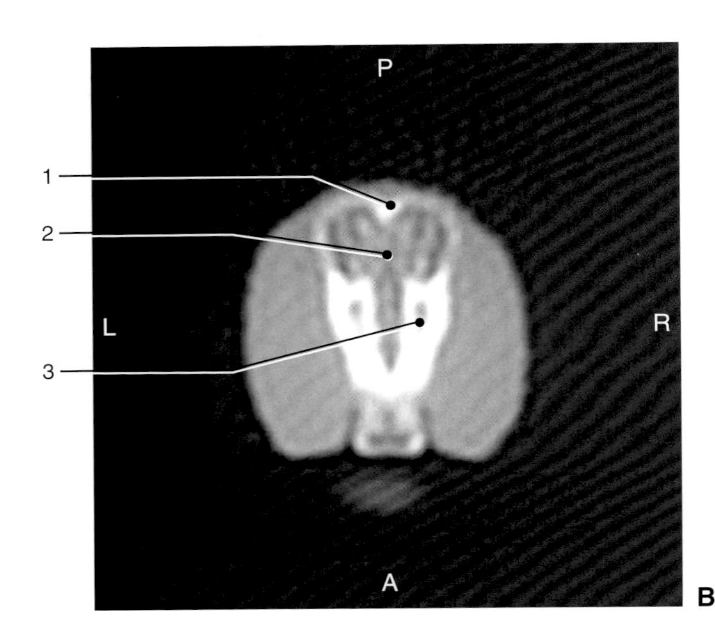

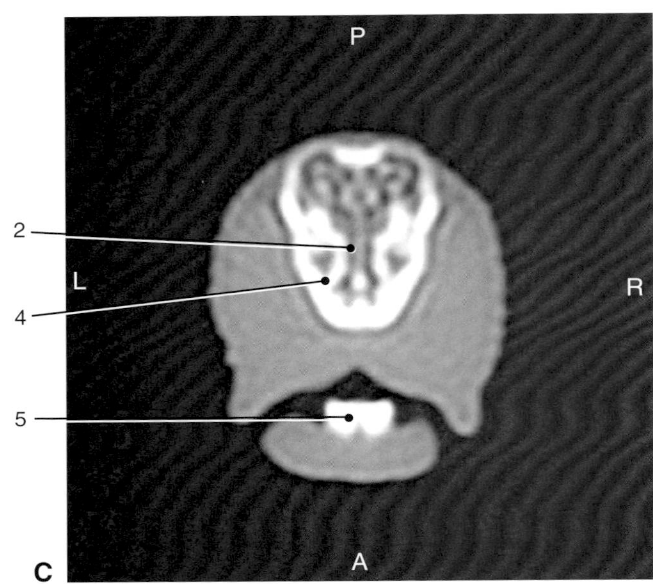

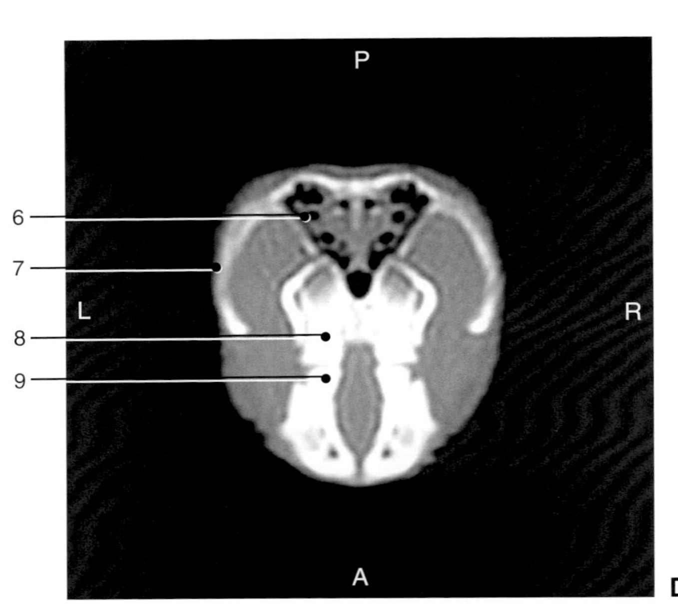

Abbildung 5-22, A – D
Tierart: Chinchilla
Organsystem: CT Kopf
Schnittebene: transversal
Körpermasse: 430 g
Geschlecht: männlich unkastriert
Lebensalter: juvenil

1. Os nasale
2. Nasenscheidewand
3. oberer Schneidezahn
4. Os incisivum
5. unterer Schneidezahn
6. Nasenmuscheln
7. Os zygomaticum
8. Oberkieferbackenzähne
9. Unterkieferbackenzähne
10. Os frontale
11. Bulbus olfactorius
12. Sinus frontalis
13. Maxilla
14. Nasenhöhle
15. Mandibula
16. Augapfel
17. Großhirn
18. Nasenrachen
19. Os parietale
20. Augenlinse
21. Ramus mandibulae
22. Os basisphenoidale
23. Kiefergelenk
24. Proc. condylaris mandibulae
25. Cavum tympani
26. Bulla tympanica
27. Zungenbein
28. Kehlkopf
29. äußerer Gehörgang
30. Innenohr
31. Os occipitale
32. Halswirbel

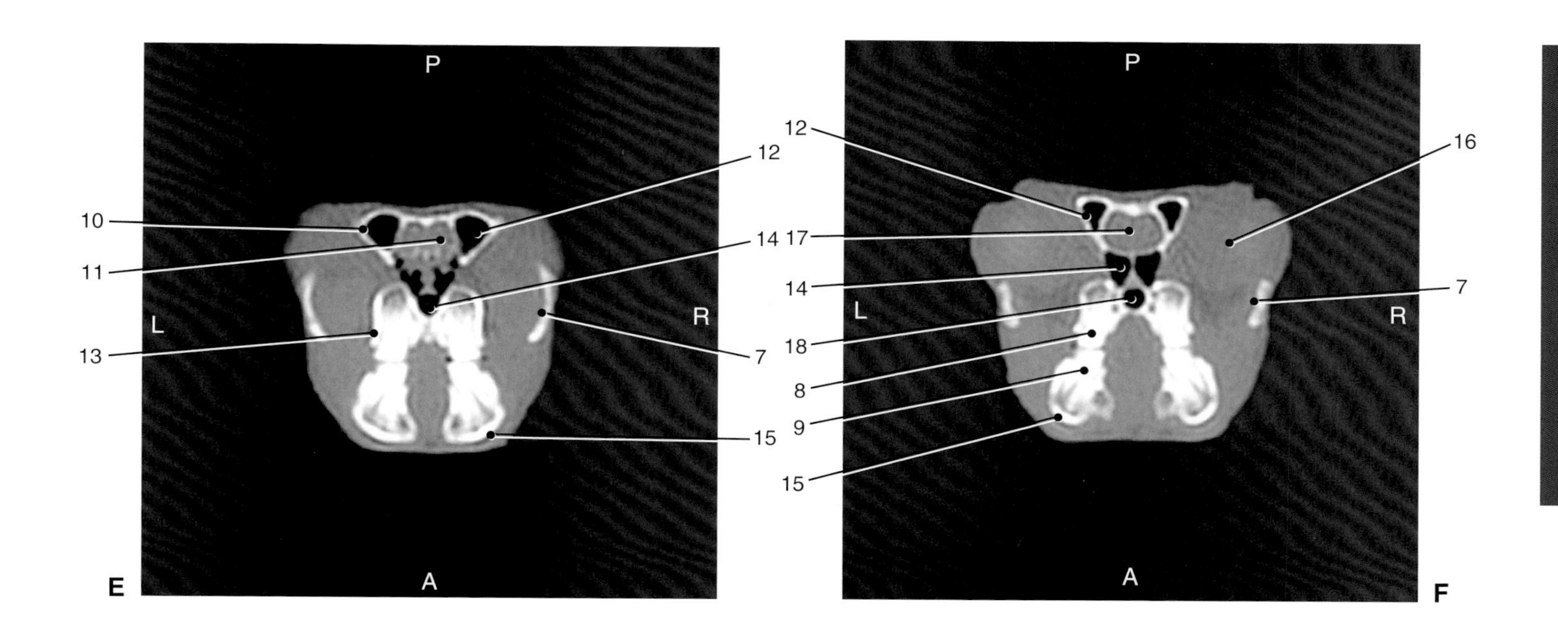

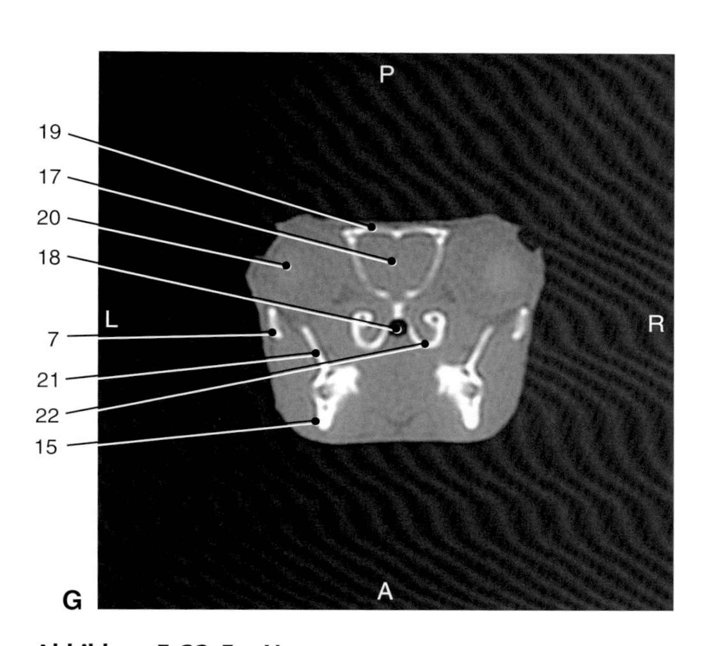

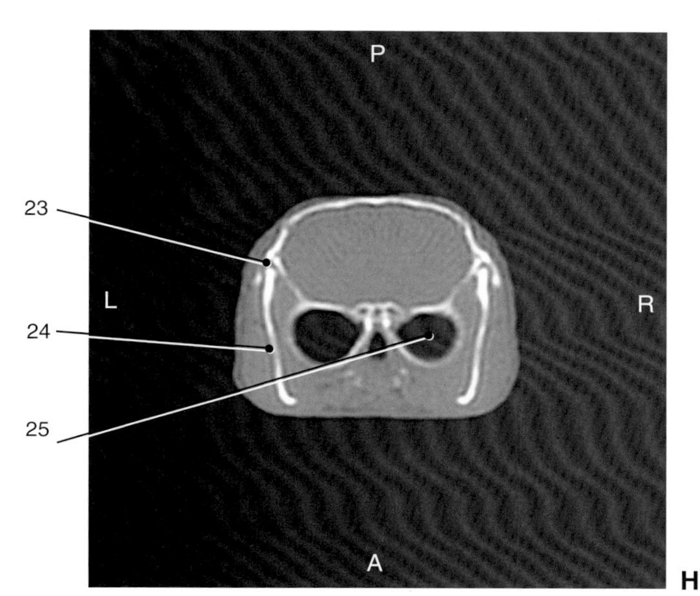

Abbildung 5-22, E – H
Tierart: Chinchilla
Organsystem: CT Kopf
Schnittebene: transversal
Körpermasse: 430 g
Geschlecht: männlich unkastriert
Lebensalter: juvenil

1. Os nasale
2. Nasenscheidewand
3. oberer Schneidezahn
4. Os incisivum
5. unterer Schneidezahn
6. Nasenmuscheln
7. Os zygomaticum
8. Oberkieferbackenzähne
9. Unterkieferbackenzähne
10. Os frontale
11. Bulbus olfactorius
12. Sinus frontalis
13. Maxilla
14. Nasenhöhle
15. Mandibula
16. Augapfel
17. Großhirn
18. Nasenrachen
19. Os parietale
20. Augenlinse
21. Ramus mandibulae
22. Os basisphenoidale
23. Kiefergelenk
24. Proc. condylaris mandibulae
25. Cavum tympani
26. Bulla tympanica
27. Zungenbein
28. Kehlkopf
29. äußerer Gehörgang
30. Innenohr
31. Os occipitale
32. Halswirbel

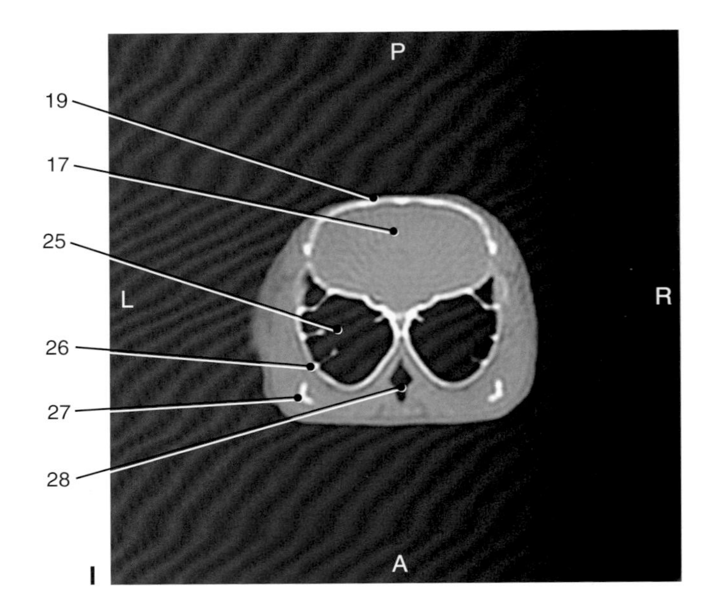

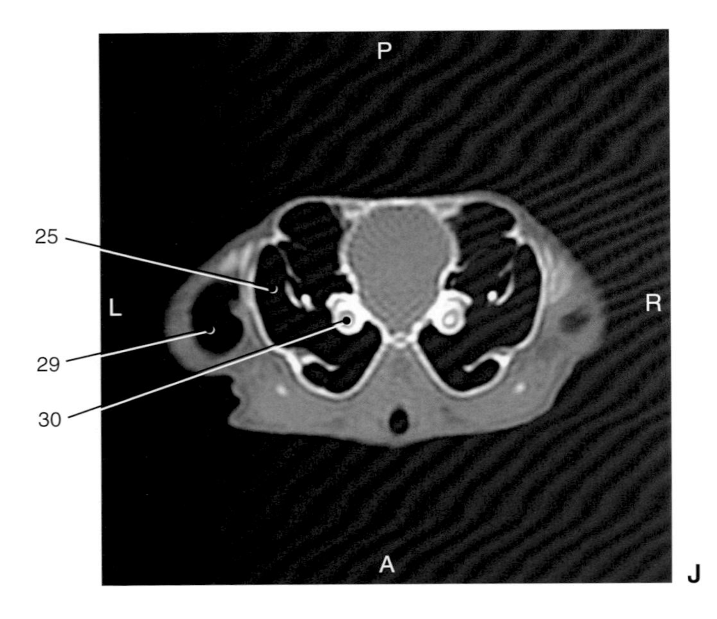

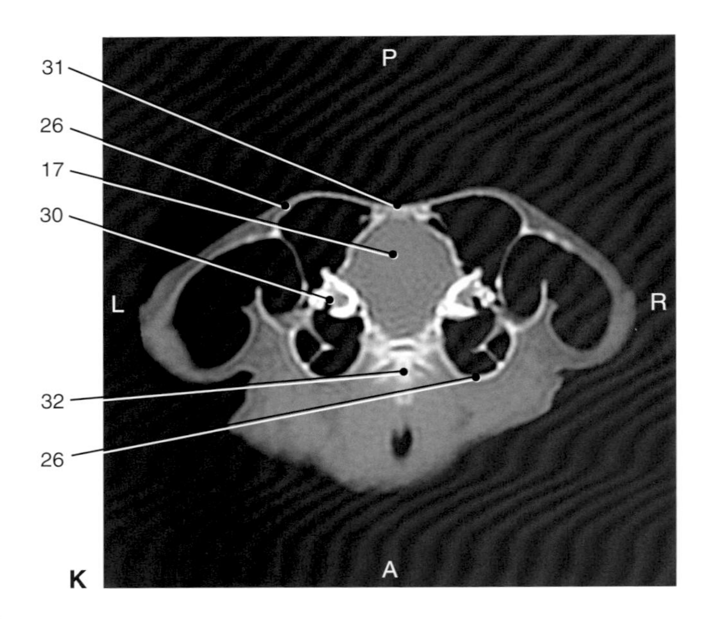

Abbildung 5-22, I – K
Tierart: Chinchilla
Organsystem: CT Kopf
Schnittebene: transversal
Körpermasse: 430 g
Geschlecht: männlich unkastriert
Lebensalter: juvenil

1. Os nasale
2. Nasenscheidewand
3. oberer Schneidezahn
4. Os incisivum
5. unterer Schneidezahn
6. Nasenmuscheln
7. Os zygomaticum
8. Oberkieferbackenzähne
9. Unterkieferbackenzähne
10. Os frontale
11. Bulbus olfactorius
12. Sinus frontalis
13. Maxilla
14. Nasenhöhle
15. Mandibula
16. Augapfel
17. Großhirn
18. Nasenrachen
19. Os parietale
20. Augenlinse
21. Ramus mandibulae
22. Os basisphenoidale
23. Kiefergelenk
24. Proc. condylaris mandibulae
25. Cavum tympani
26. Bulla tympanica
27. Zungenbein
28. Kehlkopf
29. äußerer Gehörgang
30. Innenohr
31. Os occipitale
32. Halswirbel

KAPITEL **6**

Meerschweinchen *(Cavia aperea f. porcellus)*

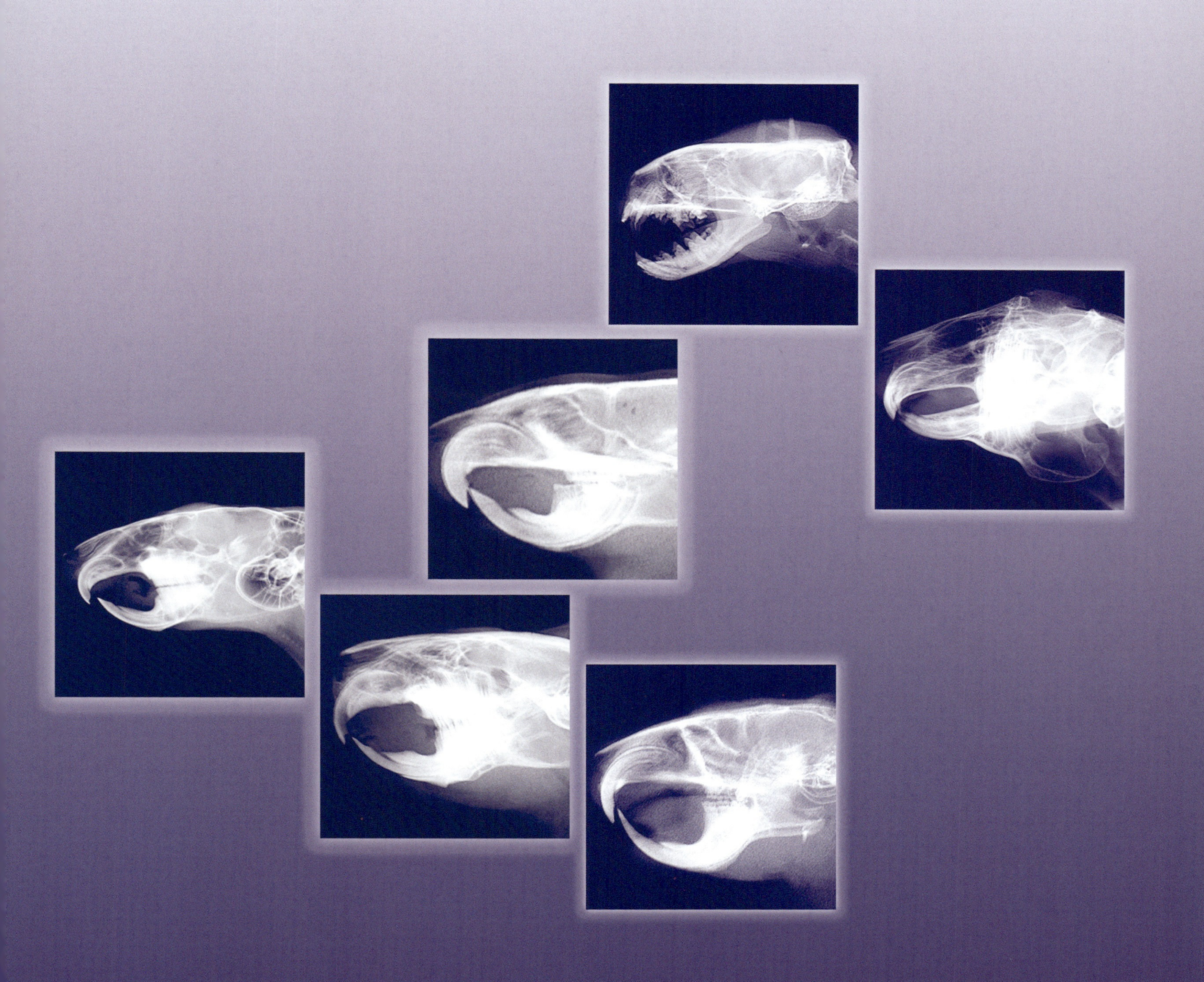

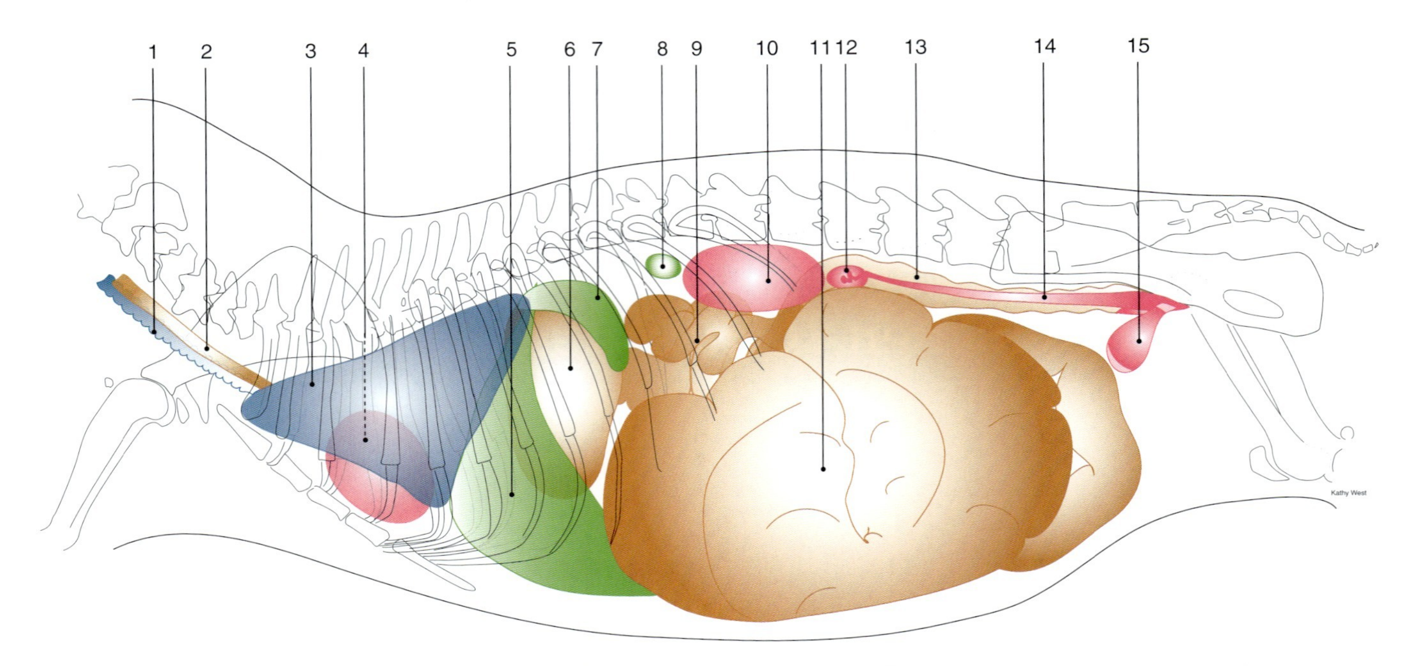

Abbildung 6-1, A Zeichnung der Anatomie (linke Seitenansicht) der Brust- und Bauchorgane eines adulten weiblichen Meerschweinchens.

1. Luftröhre
2. Speiseröhre
3. Lunge
4. Herz
5. Leber
6. Magen
7. Milz
8. linke Nebenniere
9. Dünndarm
10. linke Niere
11. Blinddarm
12. linker Eierstock
13. Colon descendens
14. linkes Uterushorn
15. Harnblase

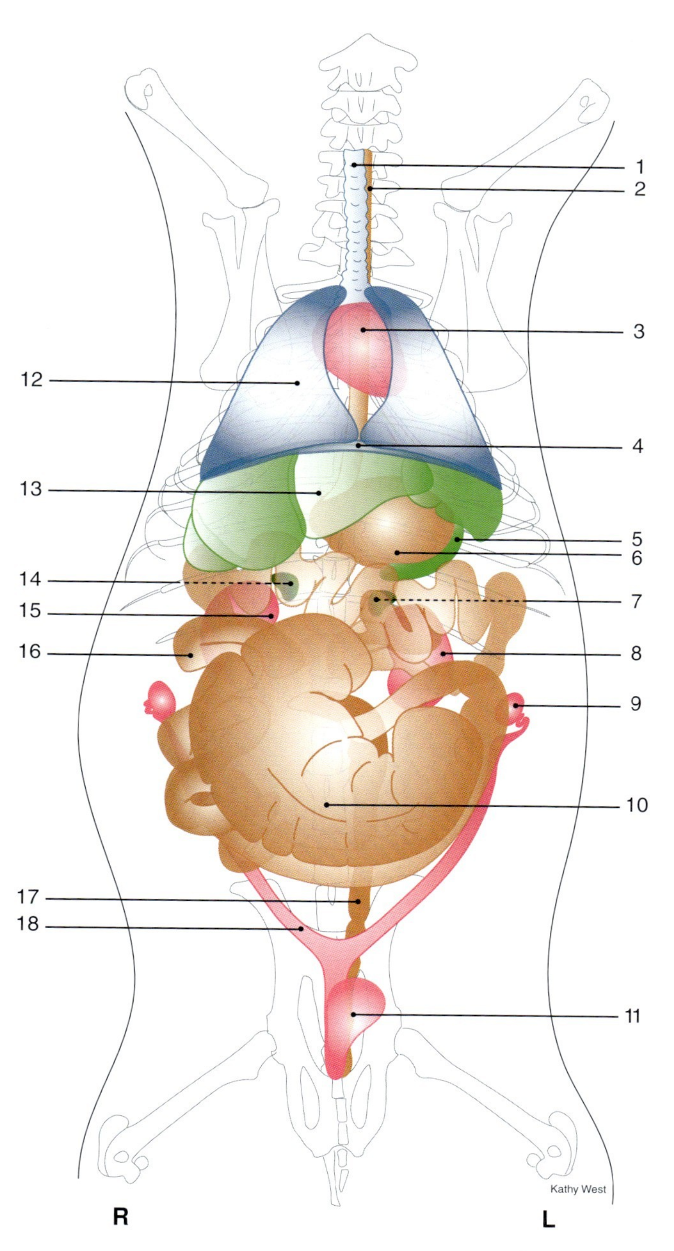

Abbildung 6-1, B Zeichnung der Anatomie (ventrale Ansicht) der Brust- und Bauchorgane eines adulten weiblichen Meerschweinchens.

1. Luftröhre
2. Speiseröhre
3. Herz
4. Zwerchfell
5. Milz
6. Magen
7. linke Nebenniere
8. linke Niere
9. linker Eierstock
10. Blinddarm
11. Harnblase
12. Lunge
13. Leber
14. rechte Nebenniere
15. rechte Niere
16. Dünndarm
17. Colon descendens
18. rechtes Uterushorn

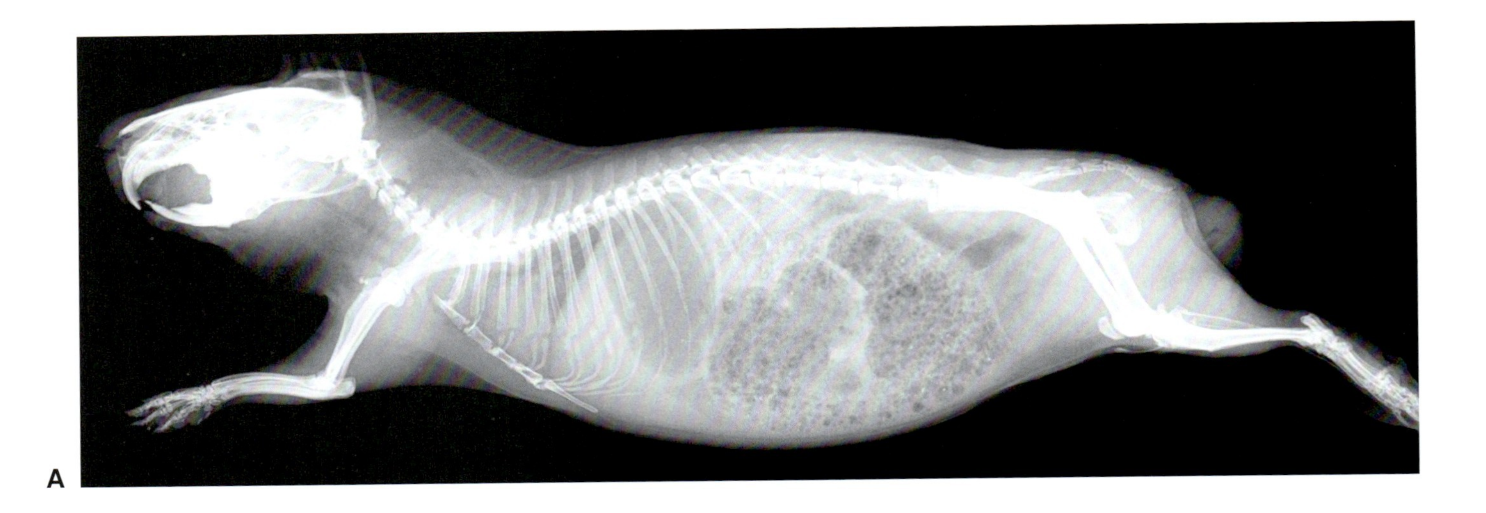

A

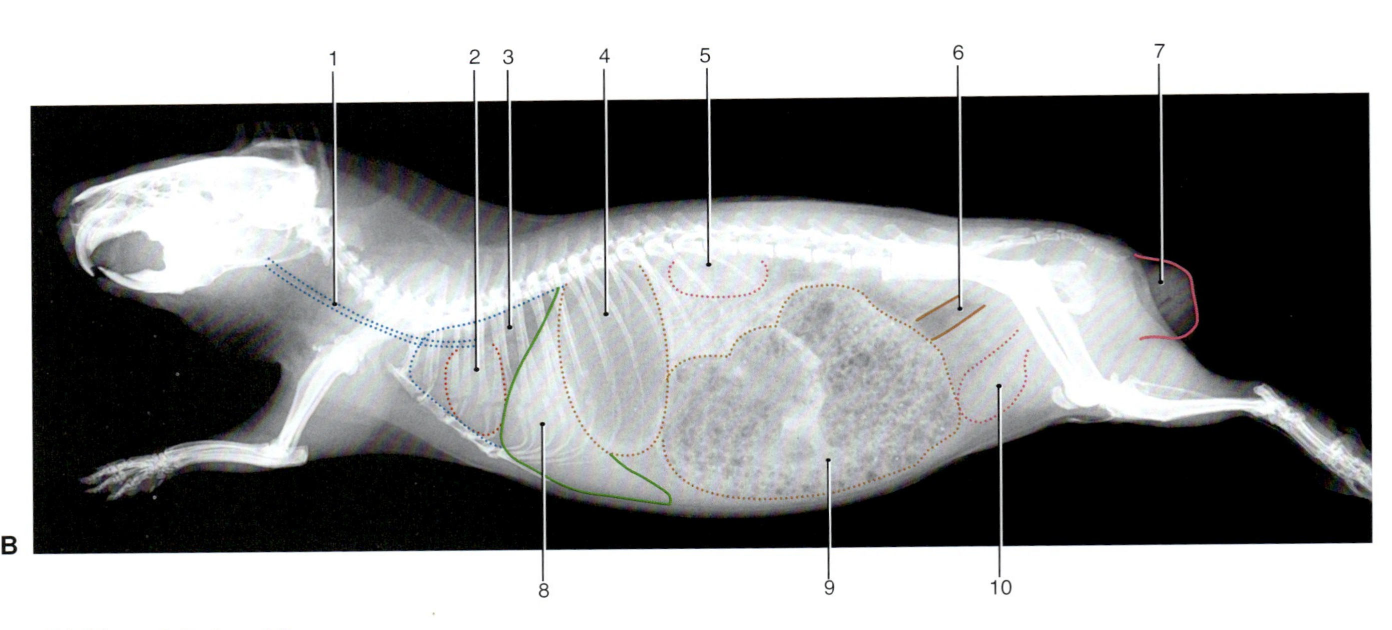

B

Abbildung 6-2, A und B
Tierart: Meerschweinchen
Organsystem: Brust- und Bauchorgane
Projektion: laterolateral (rechte Seitenlage)
Körpermasse: 1,2 kg
Geschlecht: männlich unkastriert
Lebensalter: 1,5 J.

1. Luftröhre
2. Herz
3. Lunge
4. Magen
5. Niere
6. Kolon
7. Skrotum
8. Leber
9. Blinddarm
10. Harnblase

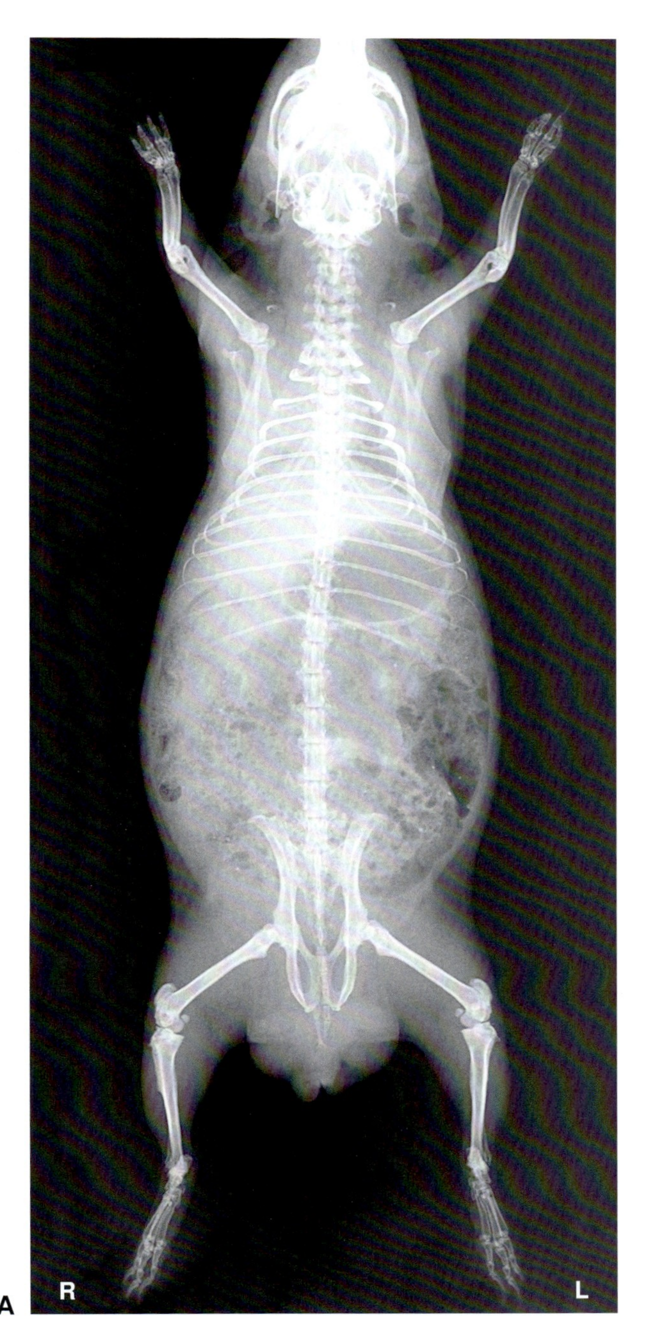

Abbildung 6-3, A
Tierart: Meerschweinchen
Organsystem: Brust- und Bauchorgane
Projektion: ventrodorsal (Rückenlage)
Körpermasse: 1,2 kg
Geschlecht: männlich unkastriert
Lebensalter: 1,5 J.

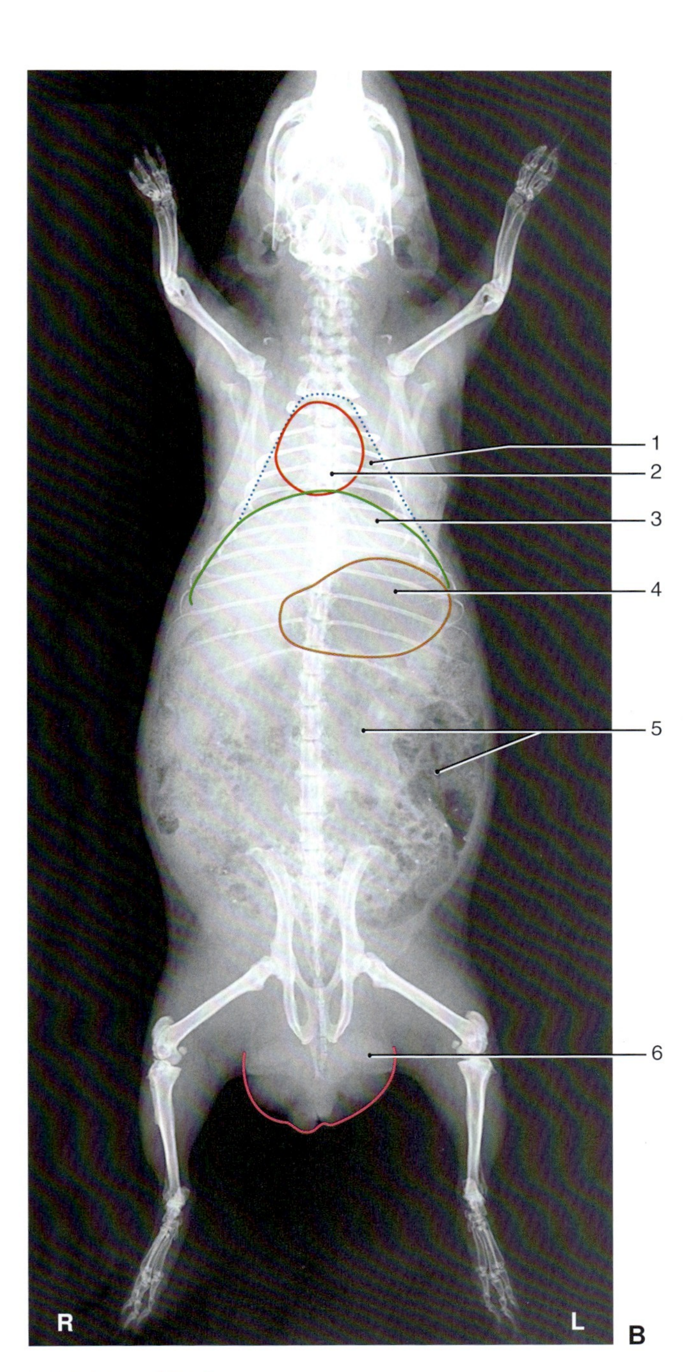

Abbildung 6-3, B
Tierart: Meerschweinchen
Organsystem: Brust- und Bauchorgane
Projektion: ventrodorsal (Rückenlage)
Körpermasse: 1,2 kg
Geschlecht: männlich unkastriert
Lebensalter: 1,5 J.

1. Lunge
2. Herz
3. Leber
4. Magen
5. Blinddarm
6. Skrotum

A

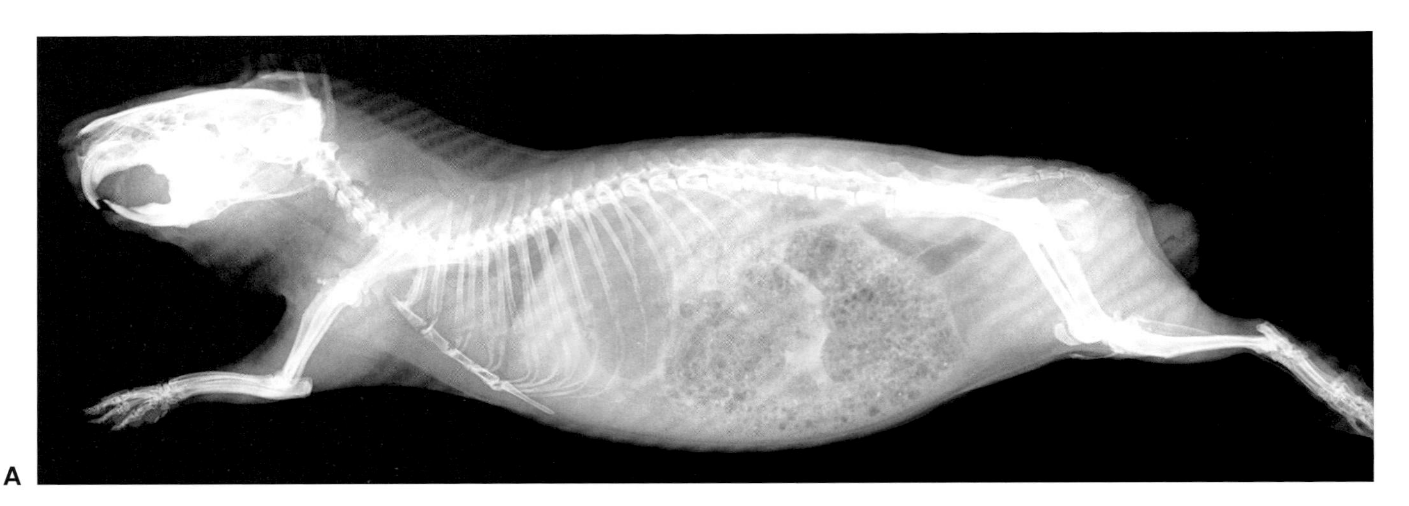

Abbildung 6-4, A
Tierart: Meerschweinchen
Organsystem: Skelett (Ganzkörperaufnahme)
Projektion: laterolateral (rechte Seitenlage)
Körpermasse: 1,2 kg
Geschlecht: männlich unkastriert
Lebensalter: 1,5 J.

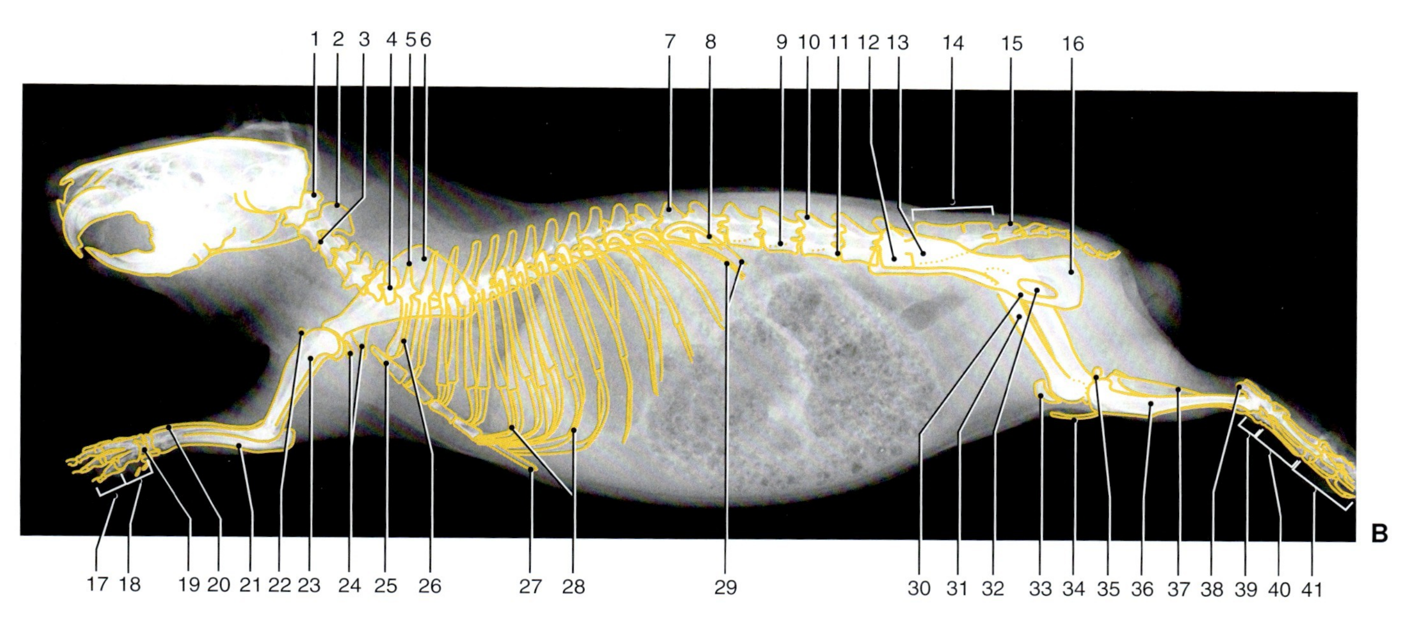

Abbildung 6-4, B
Tierart: Meerschweinchen
Organsystem: Skelett (Ganzkörperaufnahme)
Projektion: laterolateral (rechte Seitenlage)
Körpermasse: 1,2 kg
Geschlecht: männlich unkastriert
Lebensalter: 1,5 J.

1. Tuberculum dorsale (Atlas)
2. Proc. spinosus (Axis)
3. Spatium intervertebrale (Halswirbel)
4. 7. Halswirbel
5. Proc. spinosus (1. Brustwirbel)
6. Scapula
7. Proc. spinosus (13. Brustwirbel)
8. 1. Lendenwirbel
9. Proc. transversus (3. Lendenwirbel)
10. Proc. transversus (4. Lendenwirbel)
11. Foramen intervertebrale (Lendenwirbelsäule)
12. 6. Lendenwirbel
13. Os sacrum
14. Proc. spinosus ossis sacri
15. Schwanzwirbel
16. Os ischii
17. Phalanges
18. Ossa metacarpalia
19. Ossa carpi
20. Radius
21. Ulna
22. Clavicula
23. Humerus
24. Proc. suprahamatus
25. Manubrium sterni
26. 1. Rippe
27. Proc. xiphoideus
28. Cartilago costalis
29. 13. Rippe
30. Os pubis
31. Os femoris
32. Foramen obturatum
33. Patella
34. Os penis
35. Fabella
36. Tibia
37. Fibula
38. Calcaneus
39. Ossa tarsi
40. Ossa metatarsalia
41. Phalanges

Abbildung 6-5, A
Tierart: Meerschweinchen
Organsystem: Skelett (Ganzkörperaufnahme)
Projektion: ventrodorsal
Körpermasse: 1,2 kg
Geschlecht: männlich unkastriert
Lebensalter: 1,5 J.

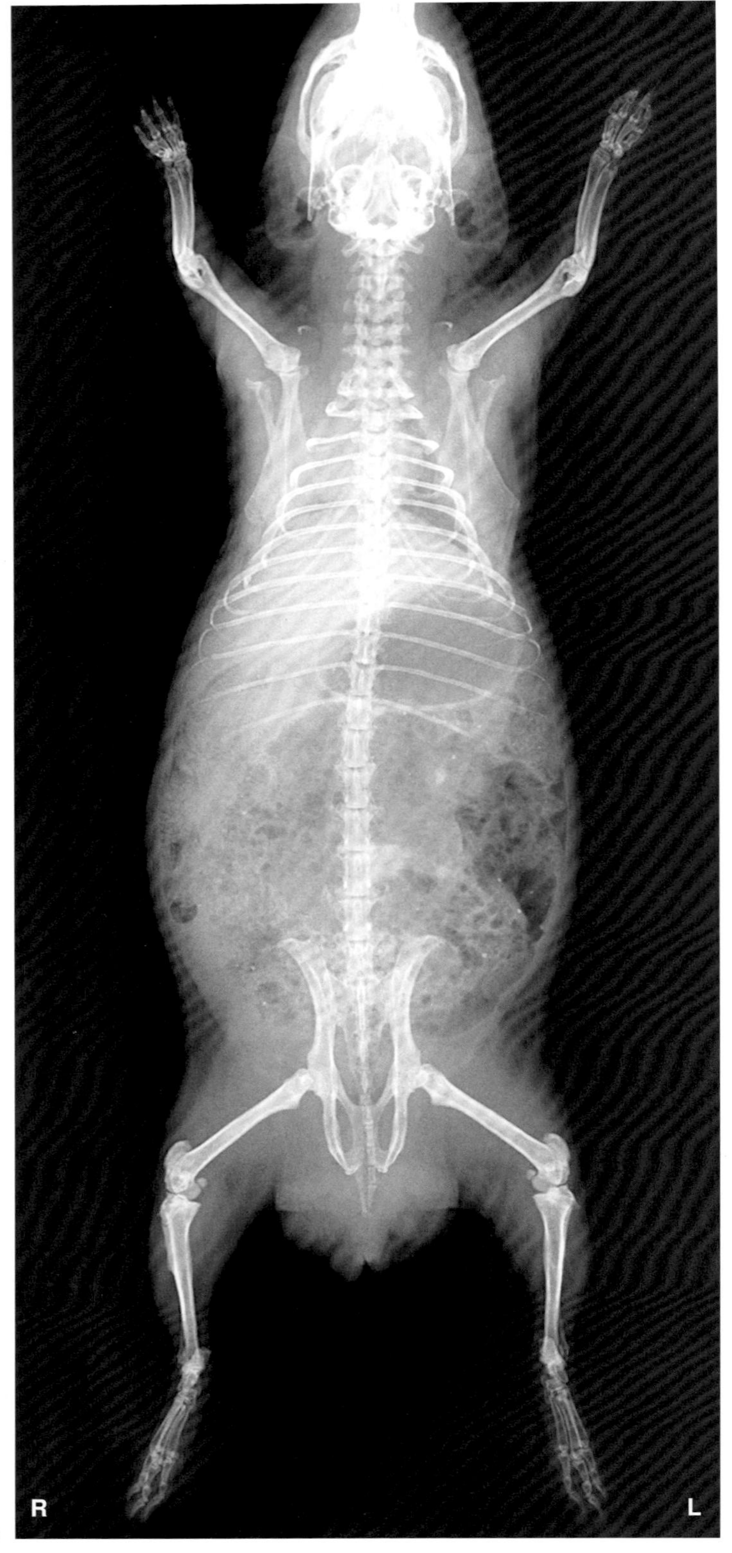

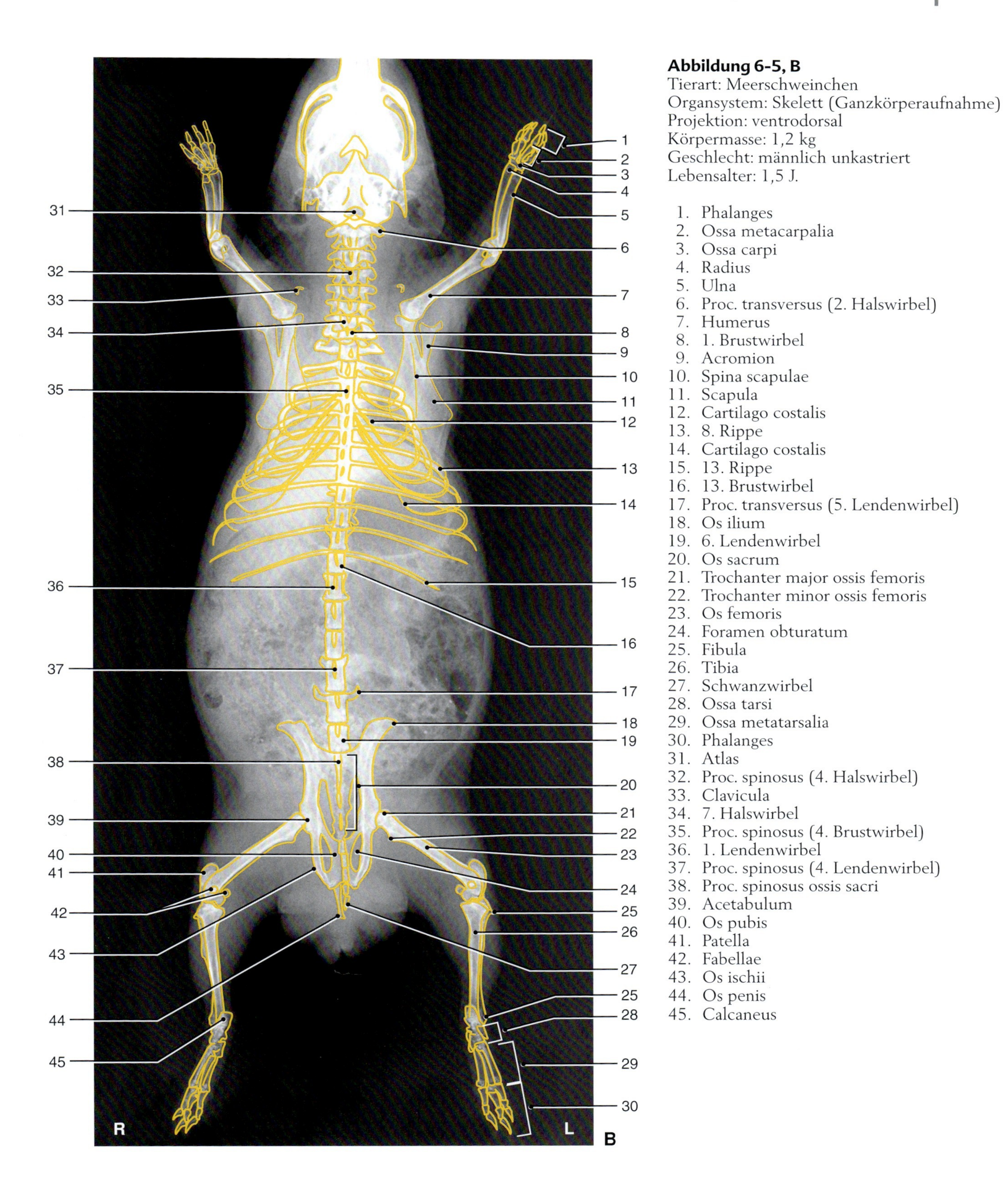

Abbildung 6-5, B
Tierart: Meerschweinchen
Organsystem: Skelett (Ganzkörperaufnahme)
Projektion: ventrodorsal
Körpermasse: 1,2 kg
Geschlecht: männlich unkastriert
Lebensalter: 1,5 J.

1. Phalanges
2. Ossa metacarpalia
3. Ossa carpi
4. Radius
5. Ulna
6. Proc. transversus (2. Halswirbel)
7. Humerus
8. 1. Brustwirbel
9. Acromion
10. Spina scapulae
11. Scapula
12. Cartilago costalis
13. 8. Rippe
14. Cartilago costalis
15. 13. Rippe
16. 13. Brustwirbel
17. Proc. transversus (5. Lendenwirbel)
18. Os ilium
19. 6. Lendenwirbel
20. Os sacrum
21. Trochanter major ossis femoris
22. Trochanter minor ossis femoris
23. Os femoris
24. Foramen obturatum
25. Fibula
26. Tibia
27. Schwanzwirbel
28. Ossa tarsi
29. Ossa metatarsalia
30. Phalanges
31. Atlas
32. Proc. spinosus (4. Halswirbel)
33. Clavicula
34. 7. Halswirbel
35. Proc. spinosus (4. Brustwirbel)
36. 1. Lendenwirbel
37. Proc. spinosus (4. Lendenwirbel)
38. Proc. spinosus ossis sacri
39. Acetabulum
40. Os pubis
41. Patella
42. Fabellae
43. Os ischii
44. Os penis
45. Calcaneus

Abbildung 6-6, A
Tierart: Meerschweinchen
Organsystem: Kopf
Projektion: laterolateral
(rechte Seitenlage)
Körpermasse: 1,2 kg
Geschlecht: männlich unkastriert
Lebensalter: adult

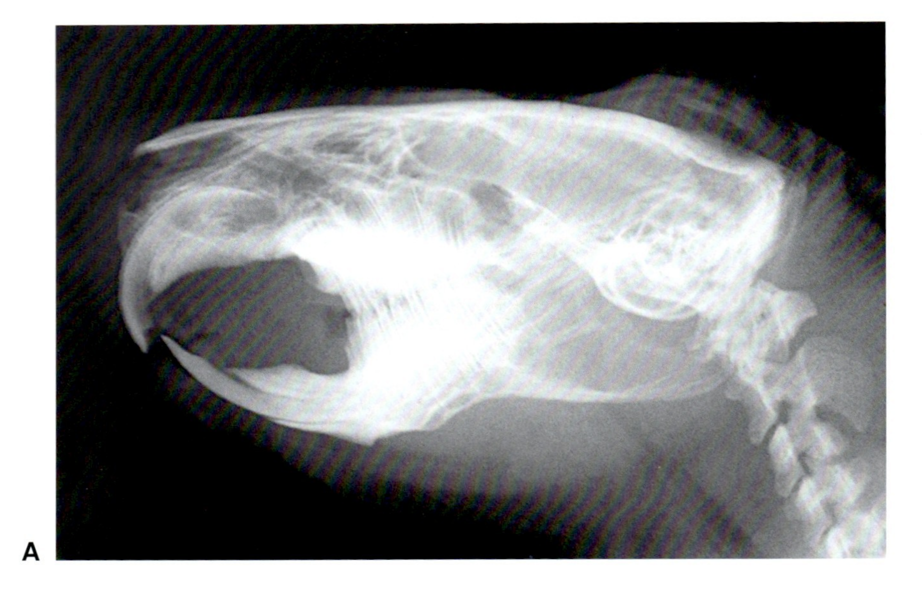

Abbildung 6-6, B
Tierart: Meerschweinchen
Organsystem: Kopf
Projektion: laterolateral
(rechte Seitenlage)
Körpermasse: 1,2 kg
Geschlecht: männlich unkastriert
Lebensalter: adult

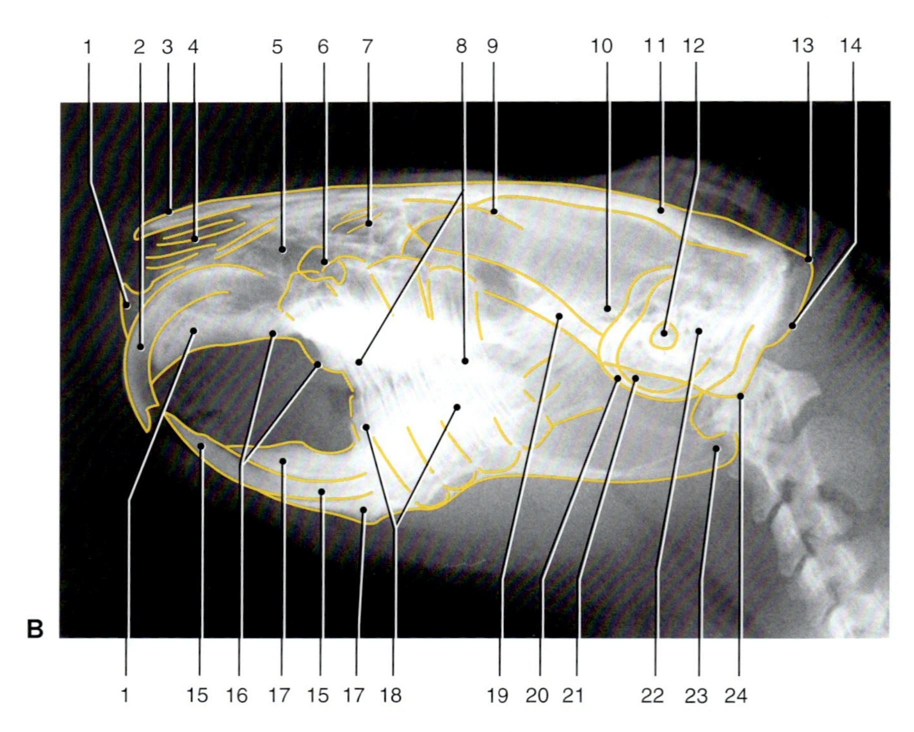

1. Os incisivum
2. obere Schneidezähne
3. Os nasale
4. Nasenmuscheln
5. Nasenhöhle
6. Hiatus infraorbitalis
7. Siebbeinmuscheln
8. Prämolar und Molaren (Oberkiefer)
9. Margo supraorbitalis ossis frontalis
10. Os temporale
11. Os parietale
12. äußerer Gehörgang
13. Protuberantia occipitalis externa
14. Os occipitale
15. unterer Schneidezahn
16. Maxilla
17. Mandibula
18. Prämolar und Molaren (Unterkiefer)
19. Os zygomaticum
20. Bulla tympanica
21. Cavum tympani
22. Pars petrosa ossis temporalis
23. Proc. angularis mandibulae
24. Condylus occipitalis

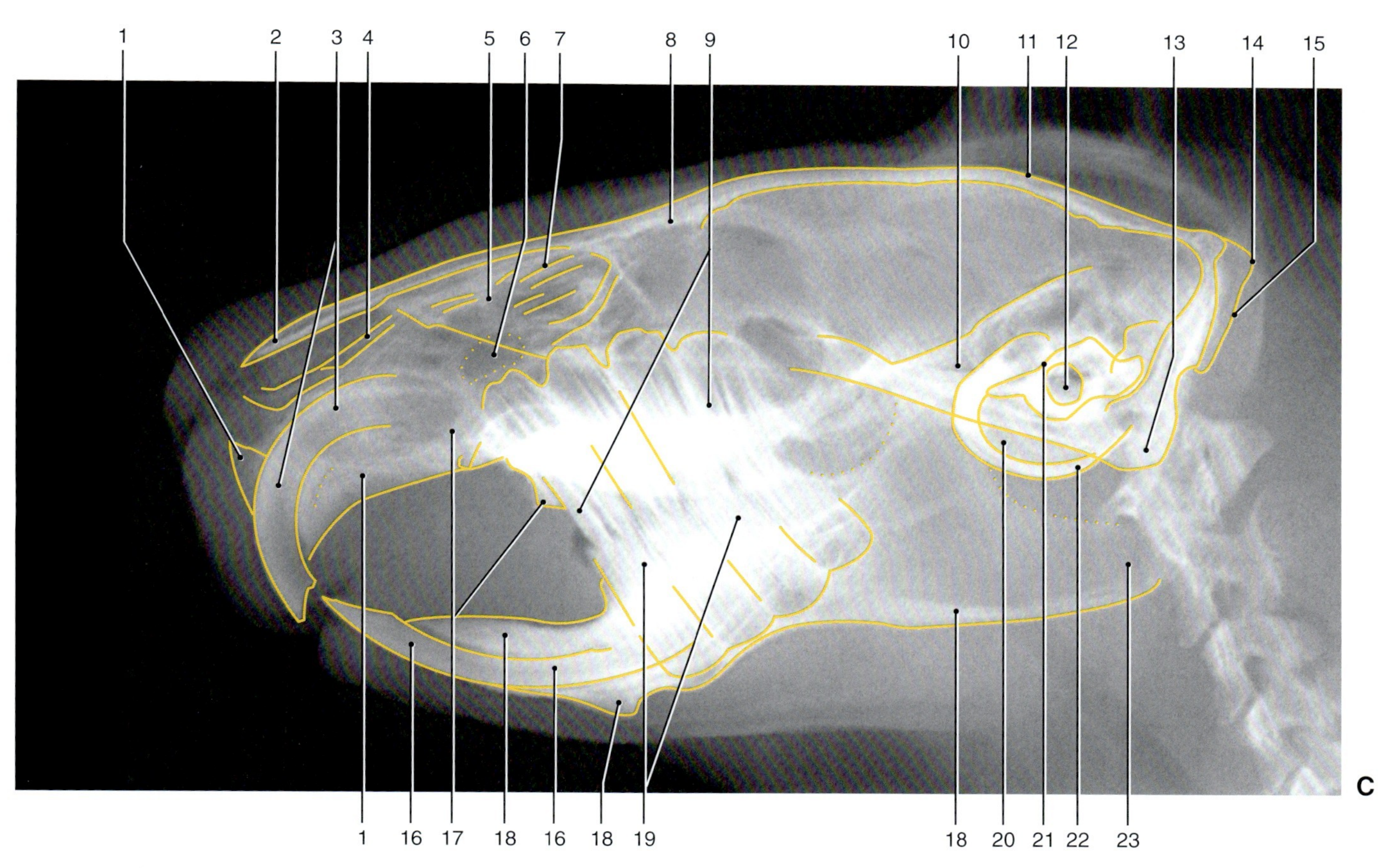

Abbildung 6-6, C
Tierart: Meerschweinchen
Organsystem: Kopf (direktvergrößerte Aufnahme)
Projektion: laterolateral (rechte Seitenlage)
Körpermasse: 1,2 kg
Geschlecht: männlich unkastriert
Lebensalter: adult

1. Os incisivum
2. Os nasale
3. oberer Schneidezahn
4. Nasenmuscheln
5. Nasenhöhle
6. Hiatus infraorbitalis
7. Siebbeinmuscheln
8. Margo supraorbitalis ossis frontalis
9. Prämolar und Molaren (Oberkiefer)
10. Os temporale
11. Os parietale
12. äußerer Gehörgang
13. Condylus occipitalis
14. Protuberantia occipitalis externa
15. Os occipitale
16. unterer Schneidezahn
17. Maxilla
18. Mandibula
19. Prämolar und Molaren (Unterkiefer)
20. Cavum tympani
21. Pars petrosa ossis temporalis
22. Bulla tympanica
23. Proc. angularis mandibulae

Abbildung 6-7, A
Tierart: Meerschweinchen
Organsystem: Kopf
Projektion: Schrägprojektion (30° ventrodorsal)
Körpermasse: 1,2 kg
Geschlecht: männlich unkastriert
Lebensalter: adult

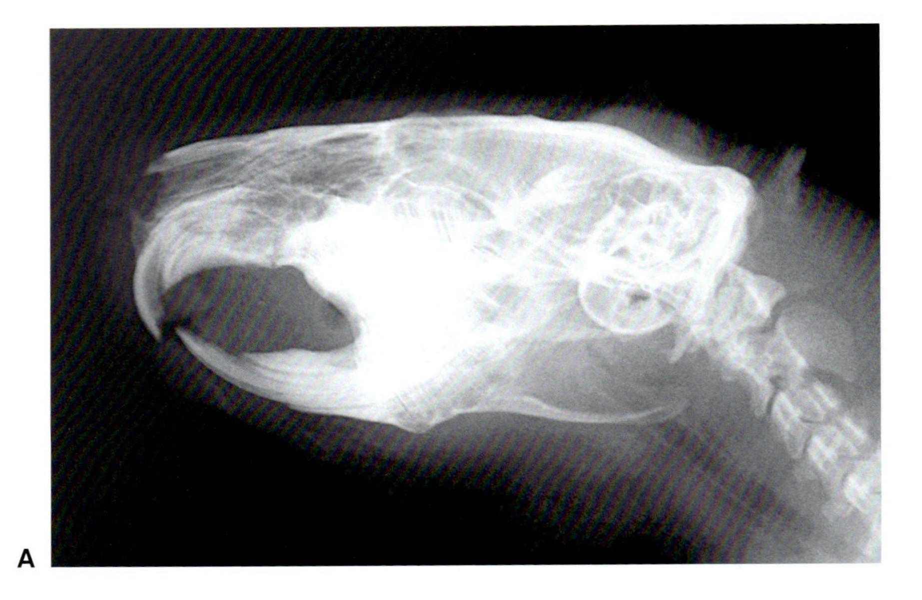

Abbildung 6-7, B
Tierart: Meerschweinchen
Organsystem: Kopf
Projektion: Schrägprojektion (30° ventrodorsal)
Körpermasse: 1,2 kg
Geschlecht: männlich unkastriert
Lebensalter: adult

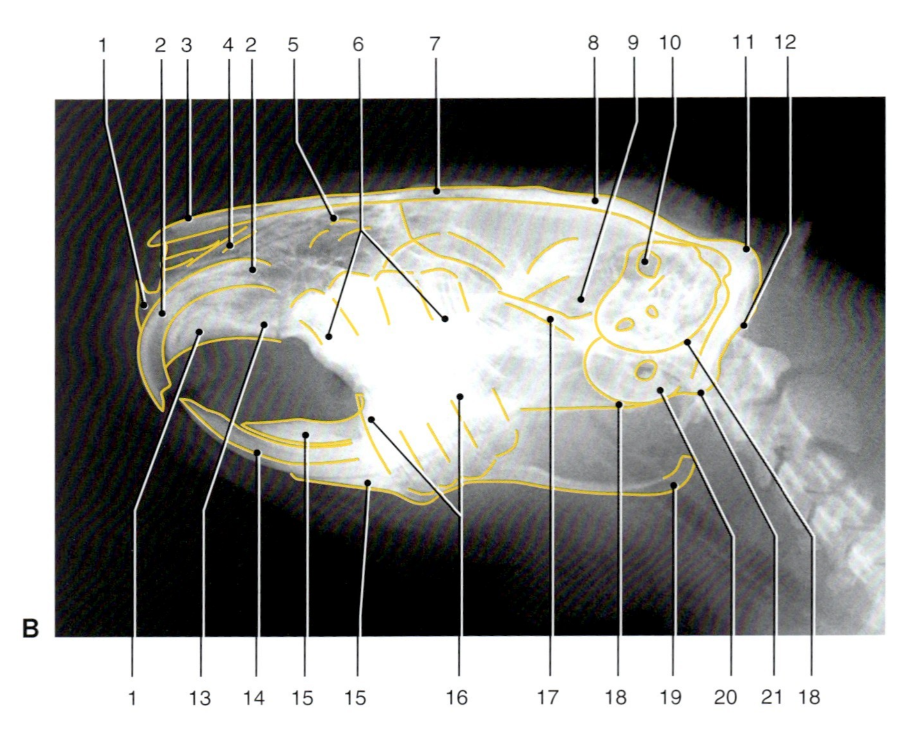

1. Os incisivum
2. oberer Schneidezahn
3. Os nasale
4. Nasenmuscheln
5. Siebbeinmuscheln
6. Prämolar und Molaren (Oberkiefer)
7. Os frontale
8. Os parietale
9. Os temporale
10. äußerer Gehörgang
11. Protuberantia occipitalis externa
12. Os occipitale
13. Maxilla
14. unterer Schneidezahn
15. Mandibula
16. Prämolar und Molaren (Unterkiefer)
17. Os zygomaticum
18. Bulla tympanica
19. Proc. angularis mandibulae
20. Cavum tympani
21. Condylus occipitalis

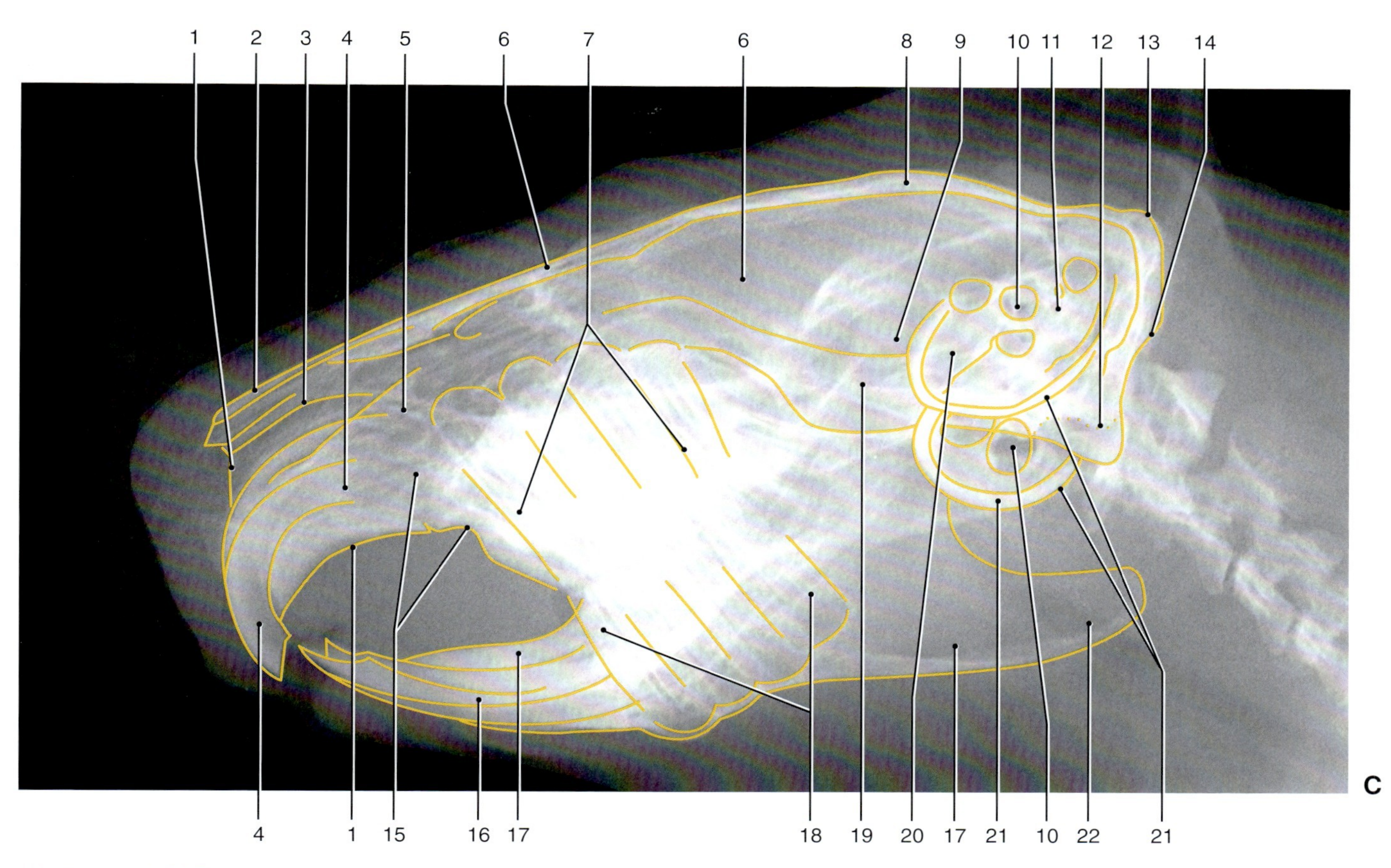

Abbildung 6-7, C
Tierart: Meerschweinchen
Organsystem: Kopf (direktvergrößerte Aufnahme)
Projektion: Schrägprojektion
Körpermasse: 1,2 kg
Geschlecht: männlich unkastriert
Lebensalter: adult

1. Os incisivum
2. Os nasale
3. Nasenmuscheln
4. oberer Schneidezahn
5. Nasenhöhle
6. Os frontale
7. Prämolar und Molaren (Oberkiefer)
8. Os parietale
9. Os temporale
10. äußerer Gehörgang
11. Pars petrosa ossis temporale
12. Condylus occipitalis
13. Protuberantia occipitalis
14. Os occipitale
15. Maxilla
16. unterer Schneidezahn
17. Mandibula
18. Prämolar und Molaren (Unterkiefer)
19. Os zygomaticum
20. Cavum tympani
21. Bulla tympanica
22. Proc. angularis mandibulae

Abbildung 6-8, A
Tierart: Meerschweinchen
Organsystem: Kopf
Projektion: dorsoventral
Körpermasse: 1,2 kg
Geschlecht: männlich unkastriert
Lebensalter: adult

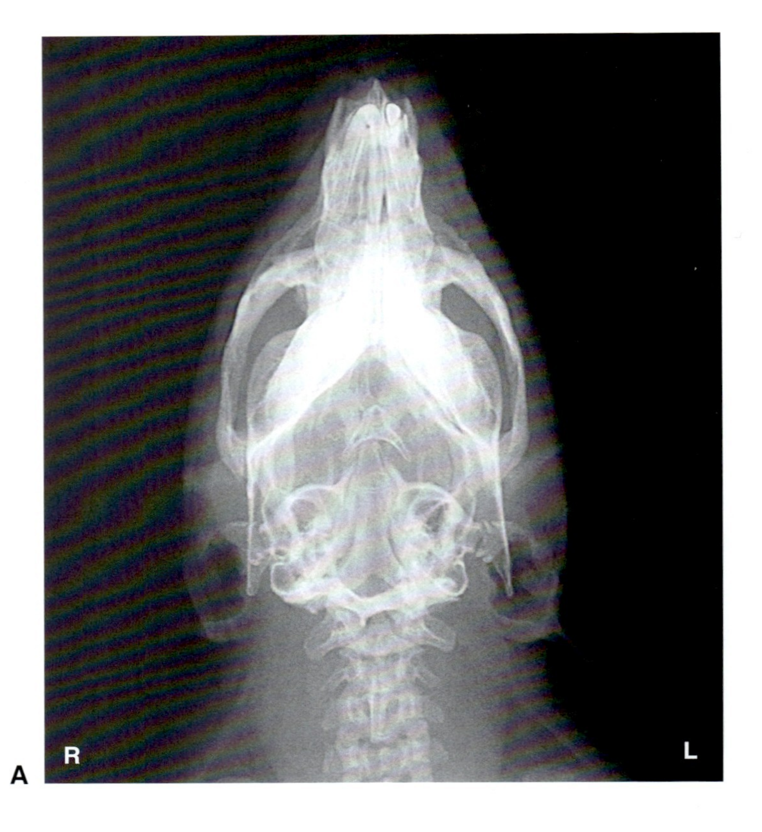

Abbildung 6-8, B
Tierart: Meerschweinchen
Organsystem: Kopf
Projektion: dorsoventral
Körpermasse: 1,2 kg
Geschlecht: männlich unkastriert
Lebensalter: adult

1. Os incisivum
2. oberer Schneidezahn
3. Maxilla
4. Os palatinum
5. Mandibula
6. Os pterygoideum
7. Cavum tympani
8. Proc. angularis mandibulae
9. Proc. paracondylaris ossis occipitalis
10. Foramen magnum
11. Os nasale
12. Vomer
13. Hiatus infraorbitalis
14. Proc. zygomaticus
15. Os zygomaticum
16. Os basisphenoidale
17. rostraler Ohrmuschelrand
18. Bulla tympanica
19. äußerer Gehörgang
20. Os occipitale
21. kaudaler Ohrmuschelrand
22. Protuberantia externa occipitalis

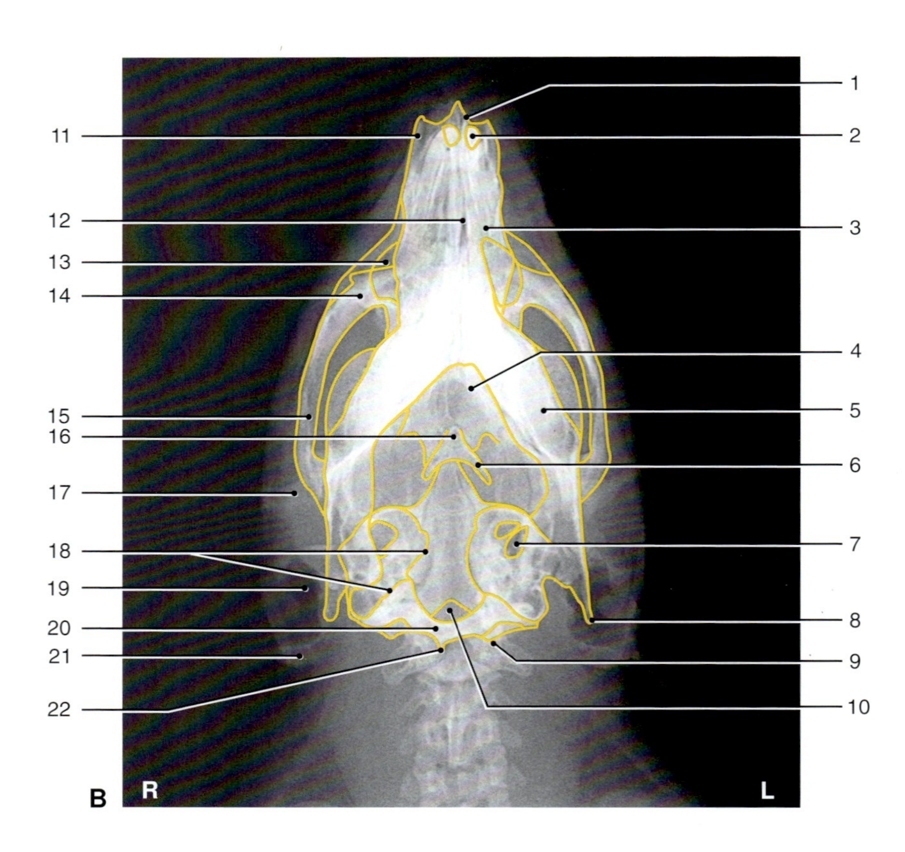

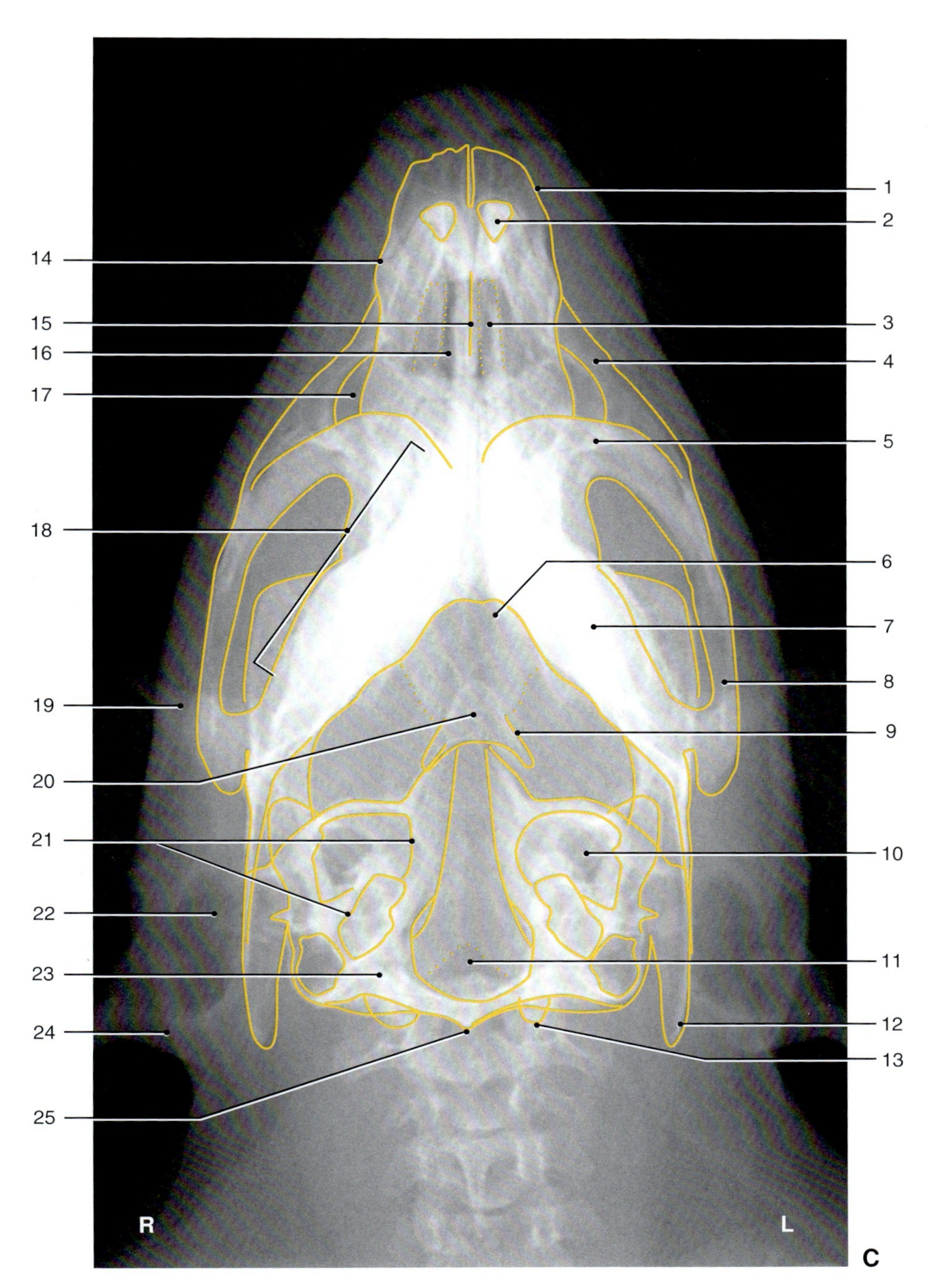

Abbildung 6-8, C
Tierart: Meerschweinchen
Organsystem: Kopf (direktvergrößerte Aufnahme)
Projektion: dorsoventral
Körpermasse: 1,2 kg
Geschlecht: männlich unkastriert
Lebensalter: adult

1. Os nasale
2. oberer Schneidezahn
3. unterer Schneidezahn
4. Maxilla
5. Proc. zygomaticus
6. Os palatinum
7. Mandibula
8. Os zygomaticum
9. Os pterygoideum
10. Cavum tympani
11. Foramen magnum
12. Proc. angularis mandibulae
13. Proc. paracondylaris ossis occipitalis
14. Os incisivum
15. Vomer
16. Nasenhöhle
17. Hiatus infraorbitalis
18. Prämolar und Molaren
19. rostraler Ohrmuschelrand
20. Os basisphenoidale
21. Bulla tympanica
22. äußerer Gehörgang
23. Os occipitale
24. kaudaler Ohrmuschelrand
25. Protuberantia occipitalis externa

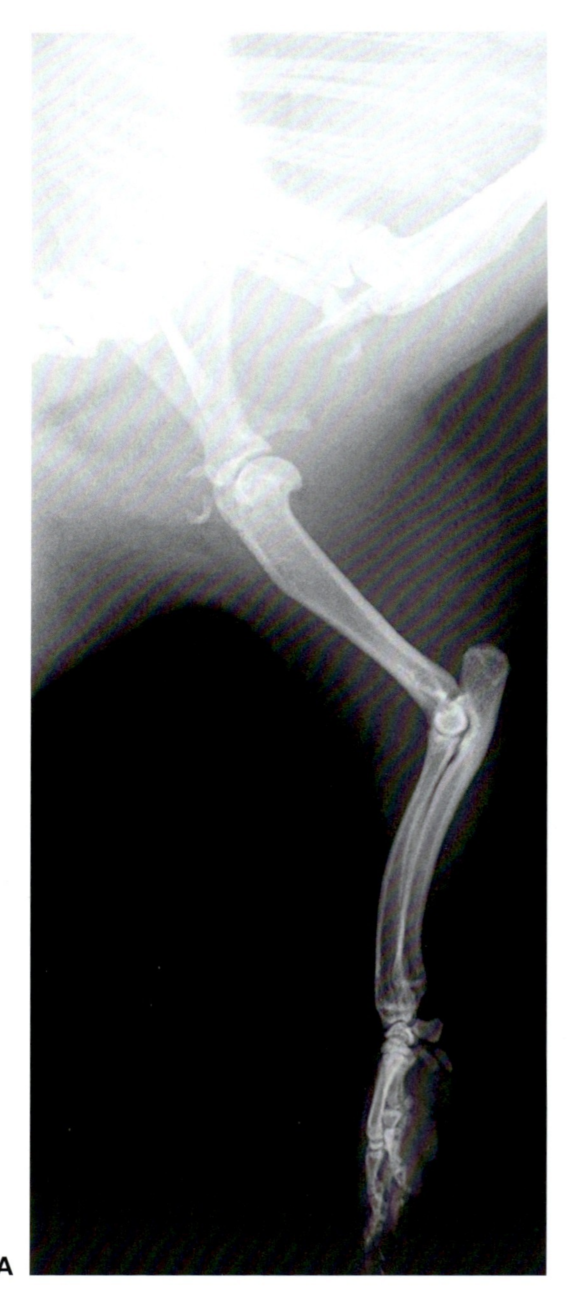

Abbildung 6-9, A
Tierart: Meerschweinchen
Organsystem: Schultergliedmaße
Projektion: mediolateral
Körpermasse: 1,2 kg
Geschlecht: männlich unkastriert
Lebensalter: 1,5 J.

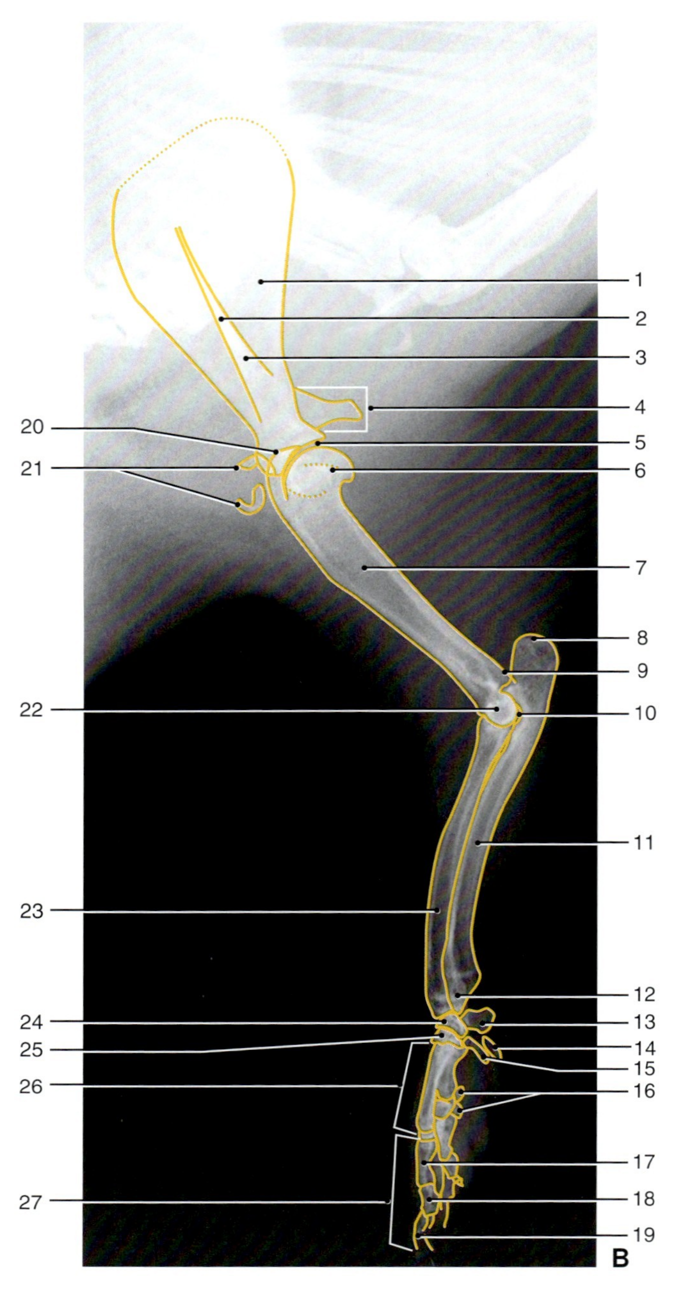

Abbildung 6-9, B
Tierart: Meerschweinchen
Organsystem: Schultergliedmaße
Projektion: mediolateral
Körpermasse: 1,2 kg
Geschlecht: männlich unkastriert
Lebensalter: 1,5 J.

1. Scapula
2. Spina scapula
3. Acromion
4. Proc. hamatus
5. Schultergelenkspalt
6. Caput humeri
7. Humerus
8. Olecranon
9. Epicondylus medialis humeri
10. Incisura trochlearis ulnae
11. Ulna
12. Proc. styloideus ulnae
13. Os carpi accessorium
14. Os carpi falciforme
15. Os metacarpale I
16. Os sesamoideum proximale
17. Phalanx proximalis
18. Phalanx media
19. Phalanx distalis
20. Tuberculum supraglenoidale
21. Clavicula
22. Condylus humeri
23. Radius
24. proximale Reihe der Ossa carpi
25. distale Reihe der Ossa carpi
26. Ossa metacarpalia
27. Phalanges

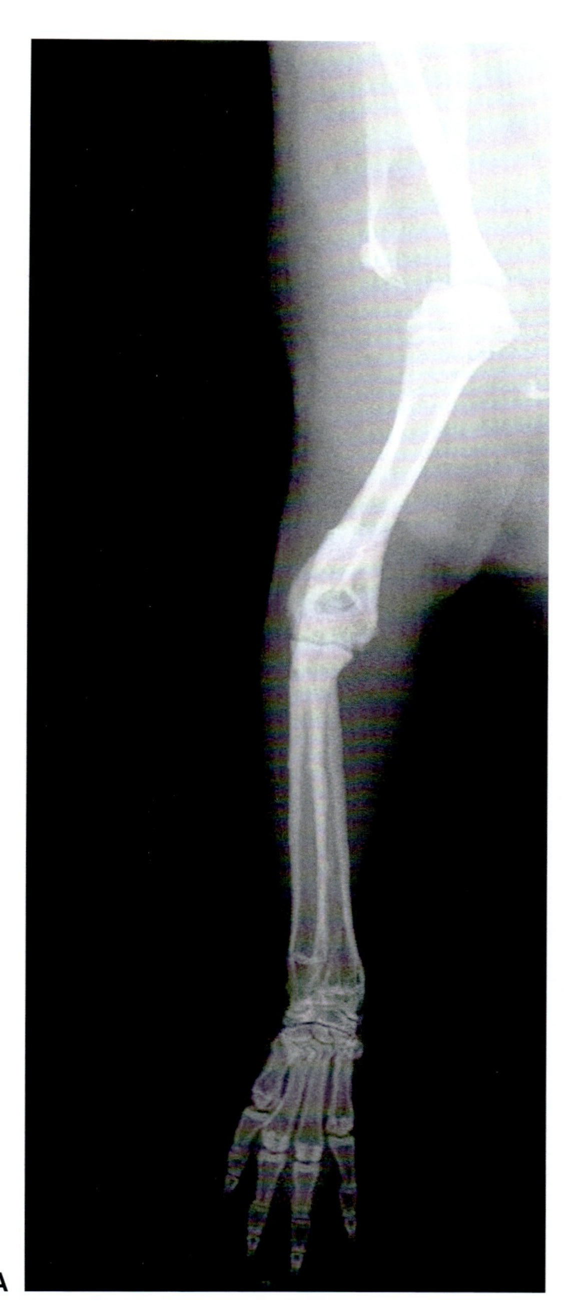

Abbildung 6-10, A
Tierart: Meerschweinchen
Organsystem: Schultergliedmaße
Projektion: ventrodorsal
Körpermasse: 1,2 kg
Geschlecht: männlich unkastriert
Lebensalter: 1,5 J.

Abbildung 6-10, B
Tierart: Meerschweinchen
Organsystem: Schultergliedmaße
Projektion: ventrodorsal
Körpermasse: 1,2 kg
Geschlecht: männlich unkastriert
Lebensalter: 1,5 J.

1. Proc. coracoideus scapulae
2. Tuberculum minus humeri
3. Clavicula
4. Humerus
5. Foramen supratrochleare humeri
6. Condylus humeri
7. Epicondylus medialis humeri
8. Ellenbogengelenkspalt
9. Radius
10. distale Radiusepiphysenfuge
11. Os carpi intermedioradiale
12. Os carpale III
13. Os carpale I
14. Os metacarpale I
15. Ossa metacarpalia
16. Phalanges
17. Spina scapulae
18. Scapula
19. Acromion
20. Proc. hamatus und suprahamatus
21. Tuberculum majus humeri
22. Caput humeri
23. Olecranon
24. Epicondylus lateralis humeri
25. Ulna
26. Proc. styloideus ulnae
27. Os carpi ulnare
28. Os carpi accessorium
29. Os carpale IV
30. Os carpale II
31. Os carpi falciforme
32. Os metacarpale V
33. Phalanx proximalis digiti V
34. Ossa sesamoidea proximalia
35. Phalanx media digiti V
36. Phalanx distalis digiti V

Abbildung 6-11, A
Tierart: Meerschweinchen
Organsystem: Ellenbogengelenk
Projektion: mediolateral
Körpermasse: 1,2 kg
Geschlecht: männlich unkastriert
Lebensalter: 1,5 J.

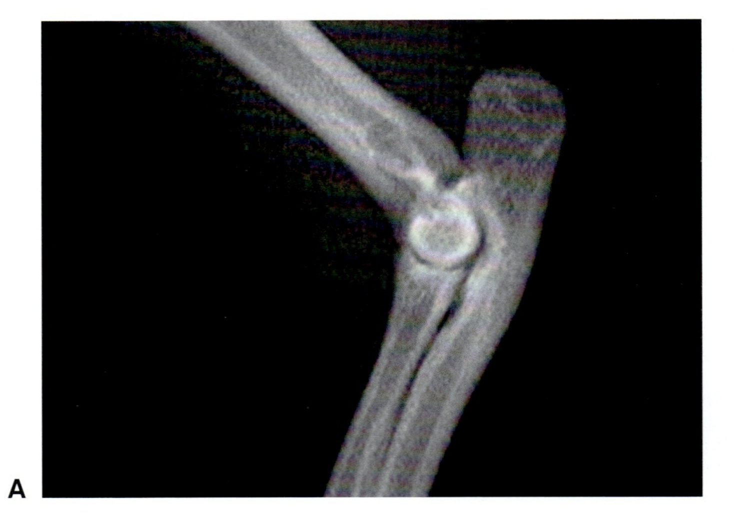

Abbildung 6-11, B
Tierart: Meerschweinchen
Organsystem: Ellenbogengelenk
Projektion: mediolateral
Körpermasse: 1,2 kg
Geschlecht: männlich unkastriert
Lebensalter: 1,5 J.

1. Olecranon
2. Epicondylus medialis humeri
3. Incisura trochlearis ulnae
4. Ulna
5. Humerus
6. Condylus humeri
7. Radius

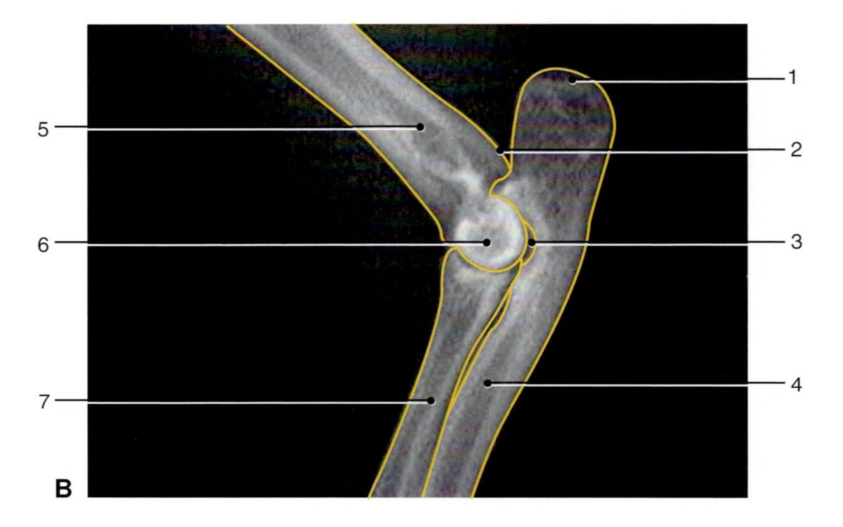

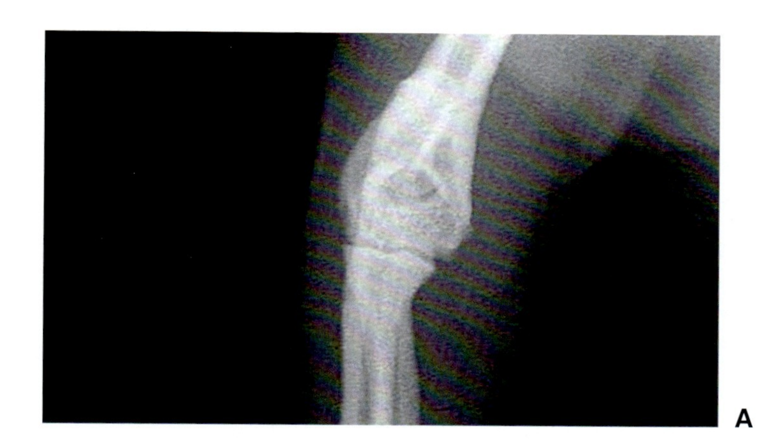

Abbildung 6-12, A
Tierart: Meerschweinchen
Organsystem: Ellenbogengelenk
Projektion: kaudokranial
Körpermasse: 1,2 kg
Geschlecht: männlich unkastriert
Lebensalter: 1,5 J.

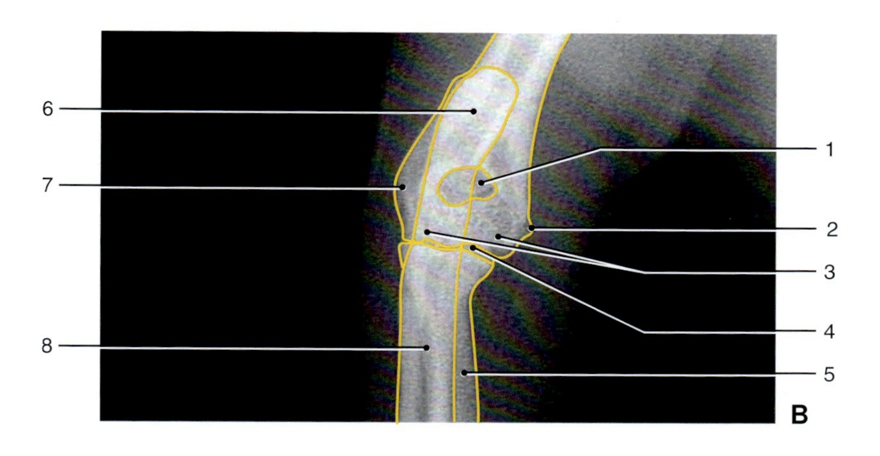

Abbildung 6-12, B
Tierart: Meerschweinchen
Organsystem: Ellenbogengelenk
Projektion: kaudokranial
Körpermasse: 1,2 kg
Geschlecht: männlich unkastriert
Lebensalter: 1,5 J.

1. Foramen supratrochleare humeri
2. Epicondylus medialis humeri
3. Condylus humeri
4. Ellenbogengelenkspalt
5. Radius
6. Olecranon
7. Epicondylus lateralis humeri
8. Ulna

Abbildung 6-13, A
Tierart: Meerschweinchen
Organsystem: Vorderpfote
Projektion: mediolateral
Körpermasse: 1,2 kg
Geschlecht: männlich unkastriert
Lebensalter: 1,5 J.

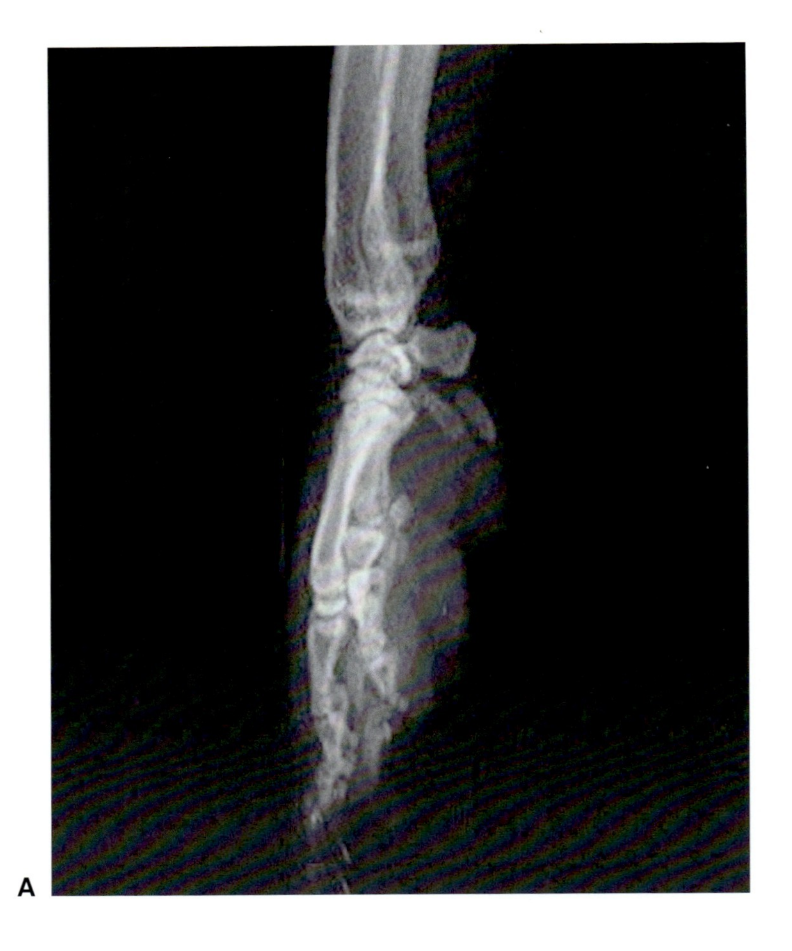

Abbildung 6-13, B
Tierart: Meerschweinchen
Organsystem: Vorderpfote
Projektion: mediolateral
Körpermasse: 1,2 kg
Geschlecht: männlich unkastriert
Lebensalter: 1,5 J.

1. Ulna
2. Proc. styloideus ulnae
3. Os carpi accessorium
4. Os carpi falciforme
5. Os metacarpale I
6. Ossa sesamoidea proximalia
7. Phalanx proximalis
8. Phalanx media
9. Phalanx distalis
10. Radius
11. proximale Reihe der Ossa carpi
12. distale Reihe der Ossa carpi
13. Ossa metacarpalia
14. Phalanges

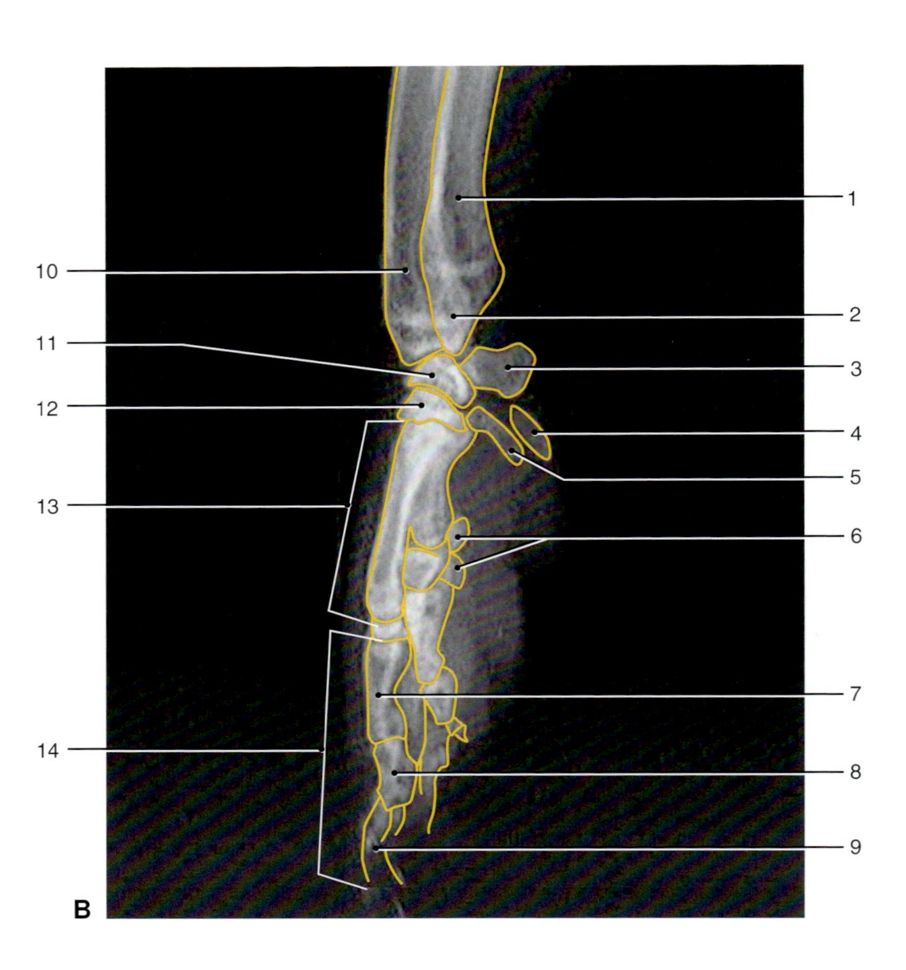

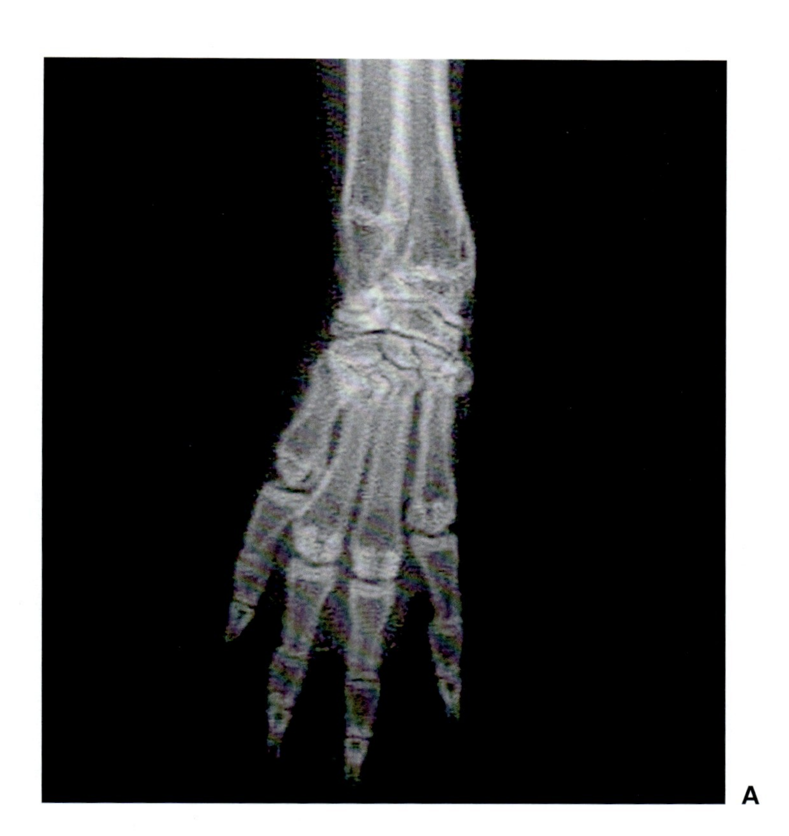

Abbildung 6-14, A
Tierart: Meerschweinchen
Organsystem: Vorderpfote
Projektion: dorsopalmar
Körpermasse: 1,2 kg
Geschlecht: männlich unkastriert
Lebensalter: 1,5 J.

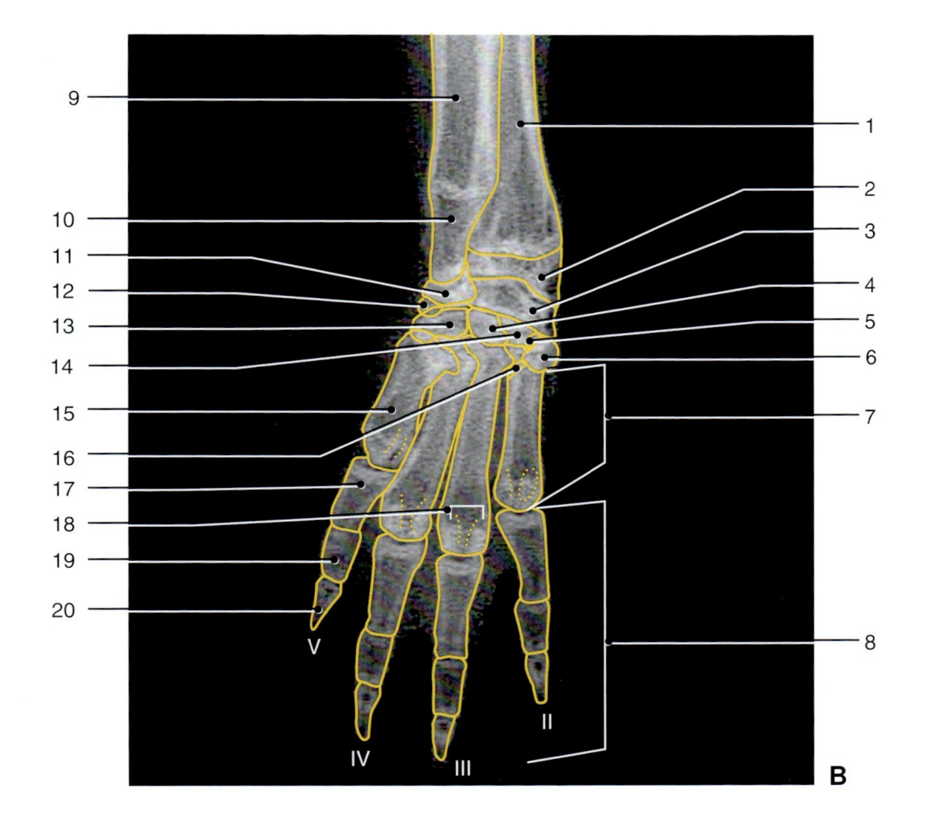

Abbildung 6-14, B
Tierart: Meerschweinchen
Organsystem: Vorderpfote
Projektion: dorsopalmar
Körpermasse: 1,2 kg
Geschlecht: männlich unkastriert
Lebensalter: 1,5 J.

1. Radius
2. distale Epiphysenfuge des Radius
3. Os carpi intermedioradiale
4. Os carpale III
5. Os carpale I
6. Os metacarpale I
7. Ossa metacarpalia
8. Phalanges
9. Ulna
10. Proc. styloideus ulnae
11. Os carpi ulnare
12. Os carpi accessorium
13. Os carpale IV
14. Os carpale II
15. Os metacarpale V
16. Os carpi falciforme
17. Phalanx proximalis digiti V
18. Ossa sesamoidea proximalia
19. Phalanx media digiti V
20. Phalanx distalis digiti V

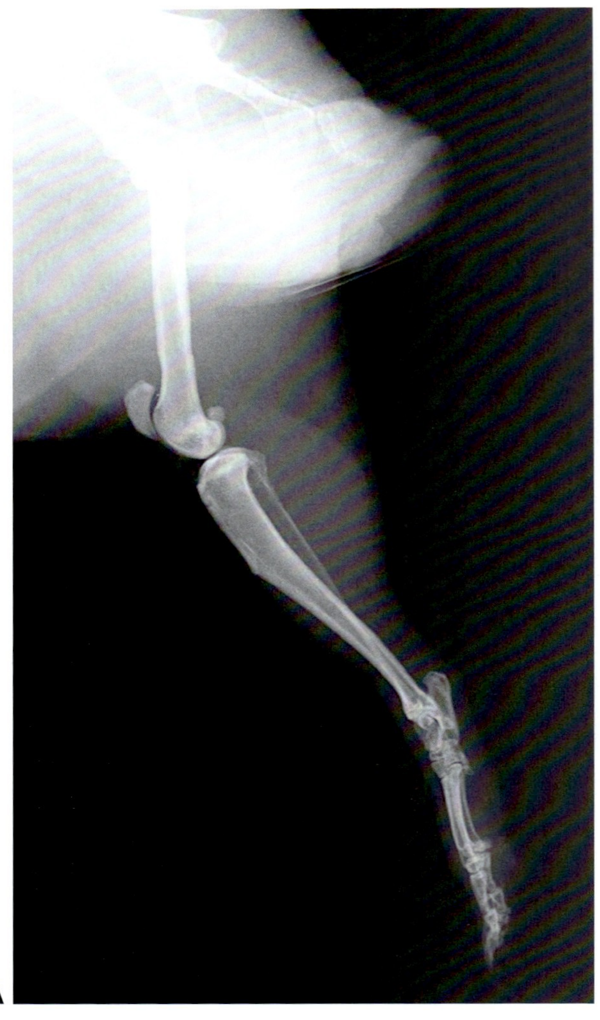

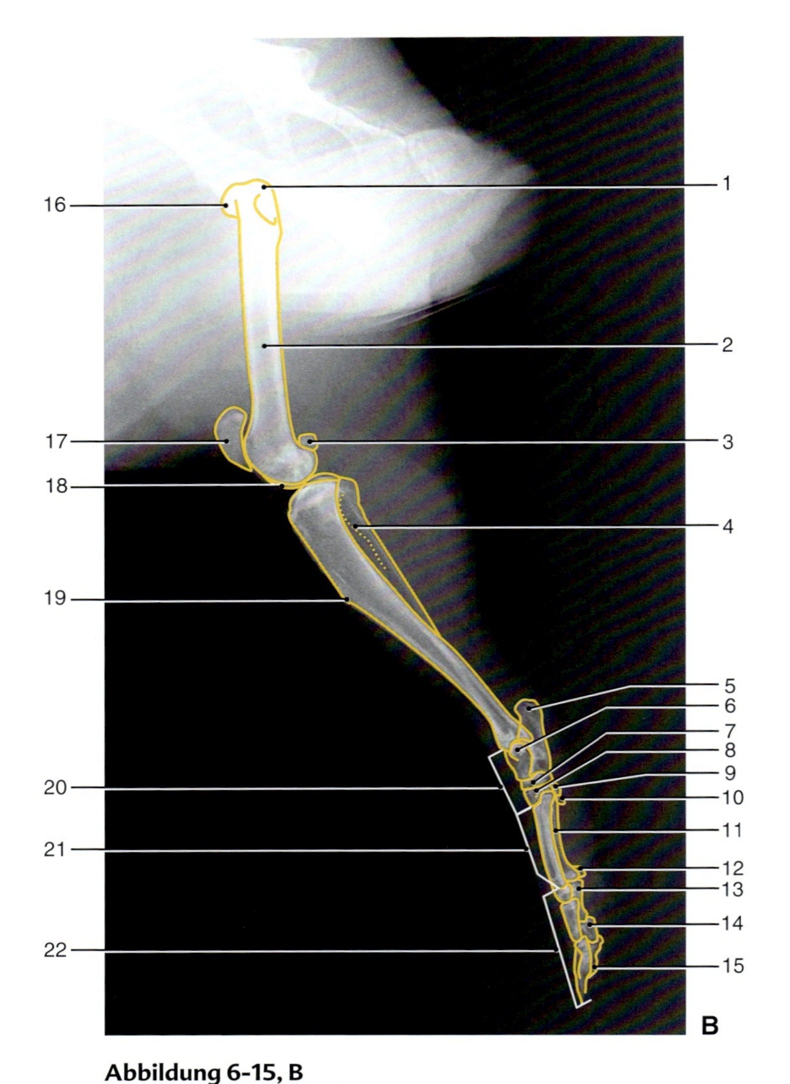

Abbildung 6-15, A
Tierart: Meerschweinchen
Organsystem: Beckengliedmaße
Projektion: mediolateral
Körpermasse: 1,2 kg
Geschlecht: männlich unkastriert
Lebensalter: 1,5 J.

Abbildung 6-15, B
Tierart: Meerschweinchen
Organsystem: Beckengliedmaße
Projektion: mediolateral
Körpermasse: 1,2 kg
Geschlecht: männlich unkastriert
Lebensalter: 1,5 J.

1. Trochanter major ossis femoris
2. Os femoris
3. Fabella
4. Fibula
5. Calcaneus
6. Talus
7. mittlere Reihe der Ossa tarsi
8. distale Reihe der Ossa tarsi
9. Os tarsale II
10. Os metatarsale I
11. Ossa metatarsalia
12. Ossa sesamoidea proximalia
13. Phalanx proximalis
14. Phalanx media
15. Phalanx distalis
16. Caput ossis femoris
17. Patella
18. Condylus ossis femoris
19. Tibia
20. Ossa tarsi
21. Ossa metatarsalia
22. Phalanges

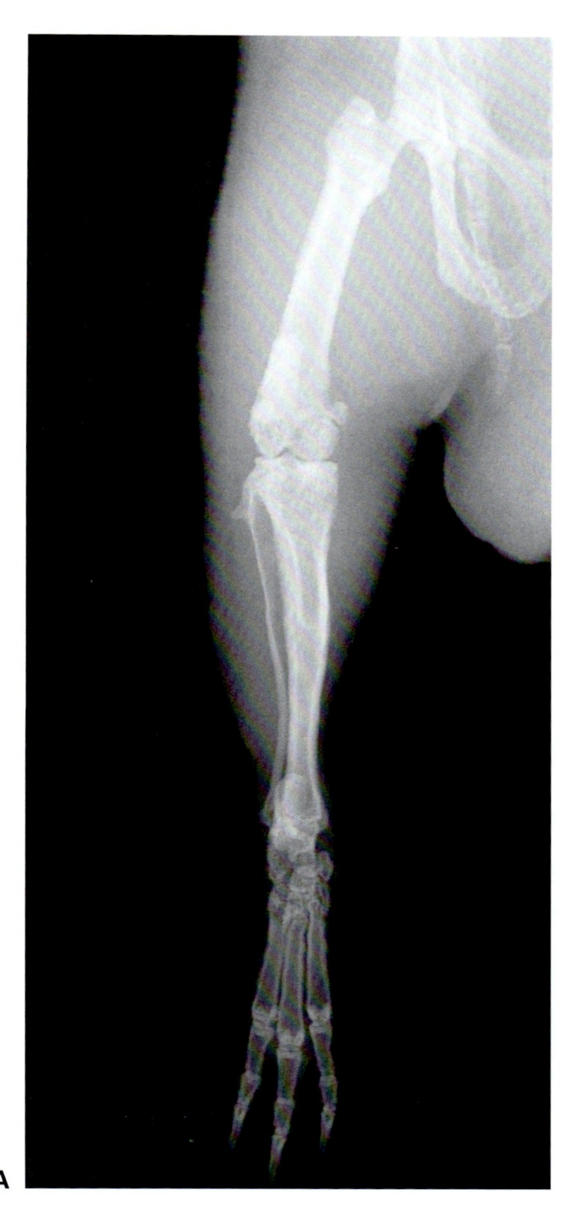

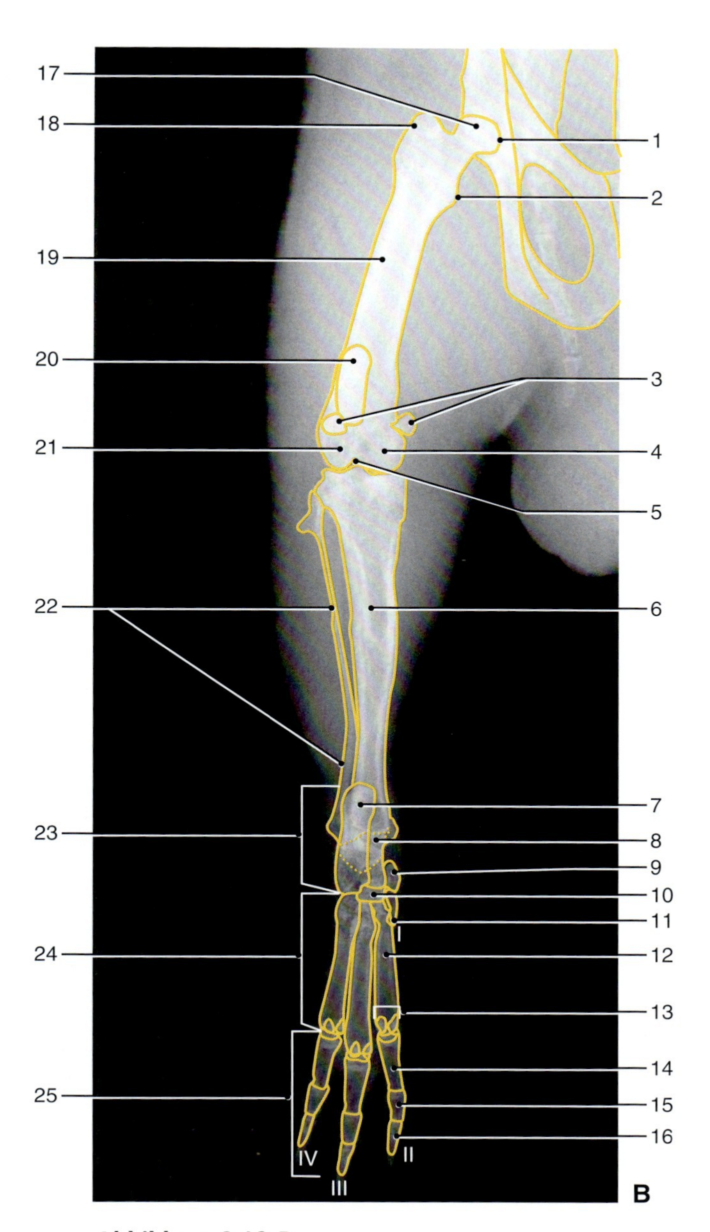

Abbildung 6-16, A
Tierart: Meerschweinchen
Organsystem: Beckengliedmaße
Projektion: ventrodorsal
Körpermasse: 1,2 kg
Geschlecht: männlich unkastriert
Lebensalter: 1,5 J.

Abbildung 6-16, B
Tierart: Meerschweinchen
Organsystem: Beckengliedmaße
Projektion: ventrodorsal
Körpermasse: 1,2 kg
Geschlecht: männlich unkastriert
Lebensalter: 1,5 J.

1. Acetabulum
2. Trochanter minor ossis femoris
3. Fabellae
4. Condylus medialis ossis femoris
5. Eminentia intercondylaris tibiae
6. Tibia
7. Calcaneus
8. Talus
9. Os tarsi tibiale
10. Os tarsale III
11. Os tarsometatarsale I
12. Os metatarsale II
13. Ossa sesamoidea proximalia
14. Phalanx proximalis digiti II
15. Phalanx media digiti II
16. Phalanx distalis digiti II
17. Caput ossis femoris
18. Trochanter major ossis femoris
19. Os femoris
20. Patella
21. Condylus lateralis ossis femoris
22. Fibula
23. Ossa tarsi
24. Ossa metatarsalia
25. Phalanges

Abbildung 6-17, A
Tierart: Meerschweinchen
Organsystem: Kniegelenk
Projektion: mediolateral
Körpermasse: 1,2 kg
Geschlecht: männlich unkastriert
Lebensalter: 1,5 J.

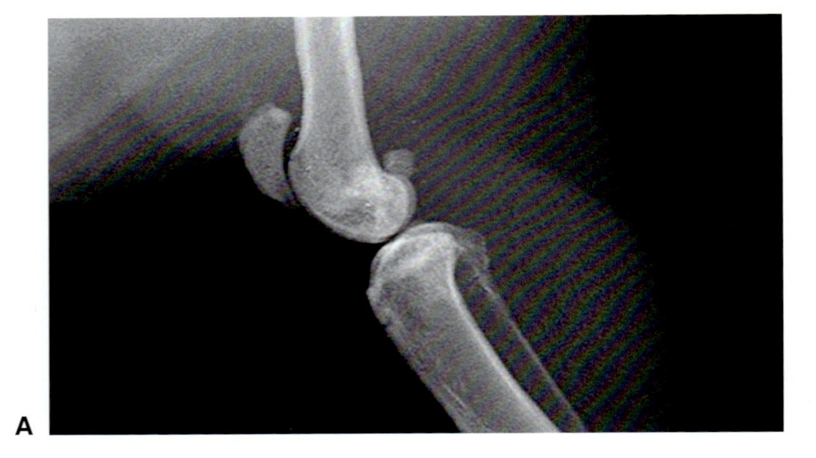

Abbildung 6-17, B
Tierart: Meerschweinchen
Organsystem: Kniegelenk
Projektion: mediolateral
Körpermasse: 1,2 kg
Geschlecht: männlich unkastriert
Lebensalter: 1,5 J.

1. Os femoris
2. Fabella
3. Fibula
4. Patella
5. Condylus ossis femoris
6. Tibia

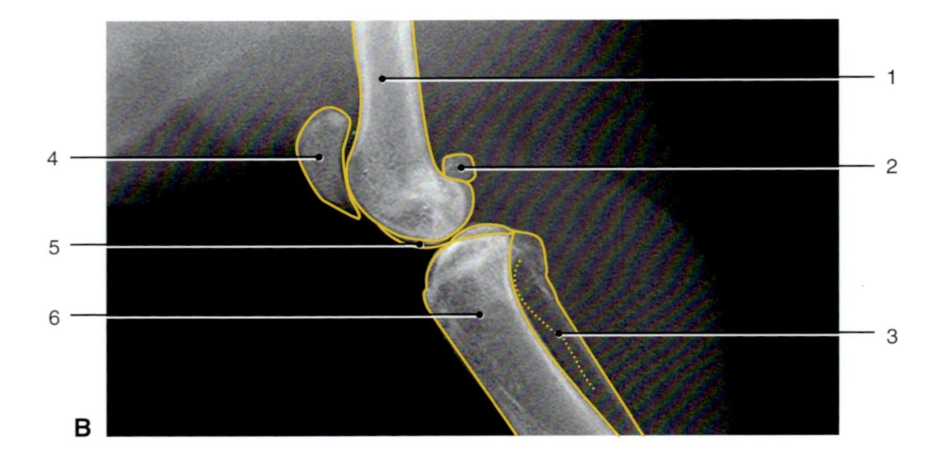

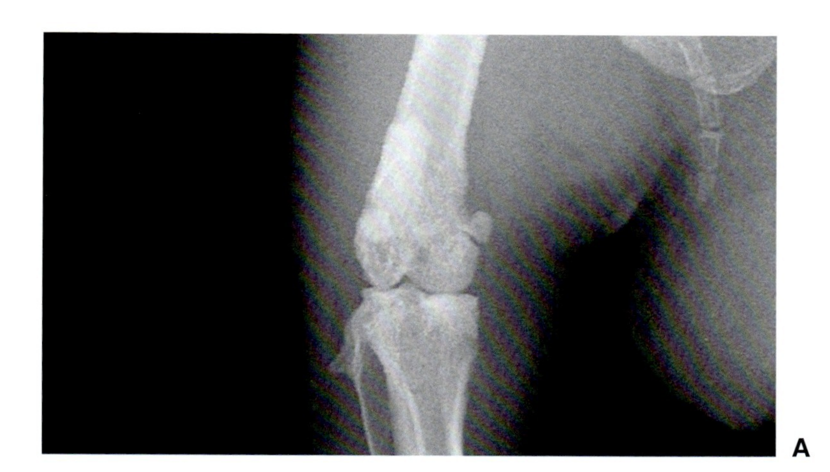

Abbildung 6-18, A
Tierart: Meerschweinchen
Organsystem: Kniegelenk
Projektion: kraniokaudal
Körpermasse: 1,2 kg
Geschlecht: männlich unkastriert
Lebensalter: 1,5 J.

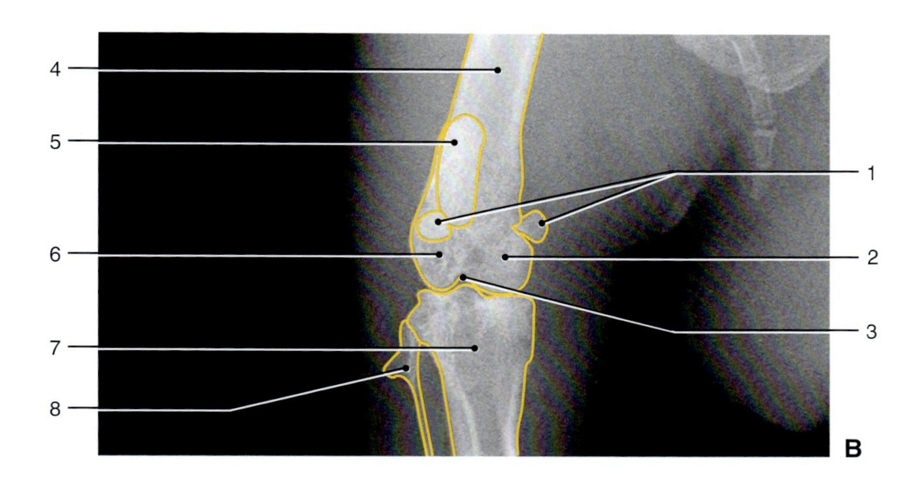

Abbildung 6-18, B
Tierart: Meerschweinchen
Organsystem: Kniegelenk
Projektion: kraniokaudal
Körpermasse: 1,2 kg
Geschlecht: männlich unkastriert
Lebensalter: 1,5 J.

1. Fabellae
2. Condylus medialis ossis femoris
3. Eminentia intercondylaris tibiae
4. Os femoris
5. Patella
6. Condylus lateralis ossis femoris
7. Tibia
8. Fibula

Abbildung 6-19, A
Tierart: Meerschweinchen
Organsystem: Hinterpfote
Projektion: mediolateral
Körpermasse: 1,2 kg
Geschlecht: männlich unkastriert
Lebensalter: 1,5 J.

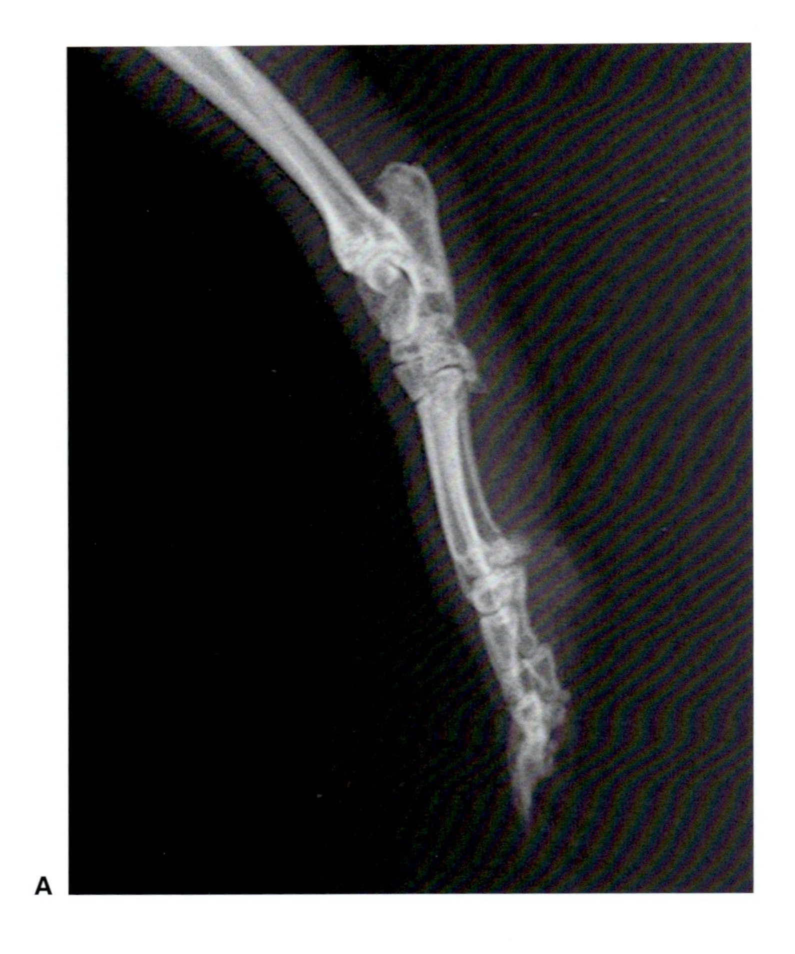

Abbildung 6-19, B
Tierart: Meerschweinchen
Organsystem: Hinterpfote
Projektion: mediolateral
Körpermasse: 1,2 kg
Geschlecht: männlich unkastriert
Lebensalter: 1,5 J.

1. Calcaneus
2. Talus
3. mittlere Reihe der Ossa tarsi
4. distale Reihe der Ossa tarsi
5. Os tarsale II
6. Os metatarsale I
7. Os metatarsale
8. Os sesamoideum proximale
9. Phalanx proximalis
10. Phalanx media
11. Phalanx distalis
12. Tibia
13. Ossa tarsi
14. Ossa metatarsalia
15. Phalanges

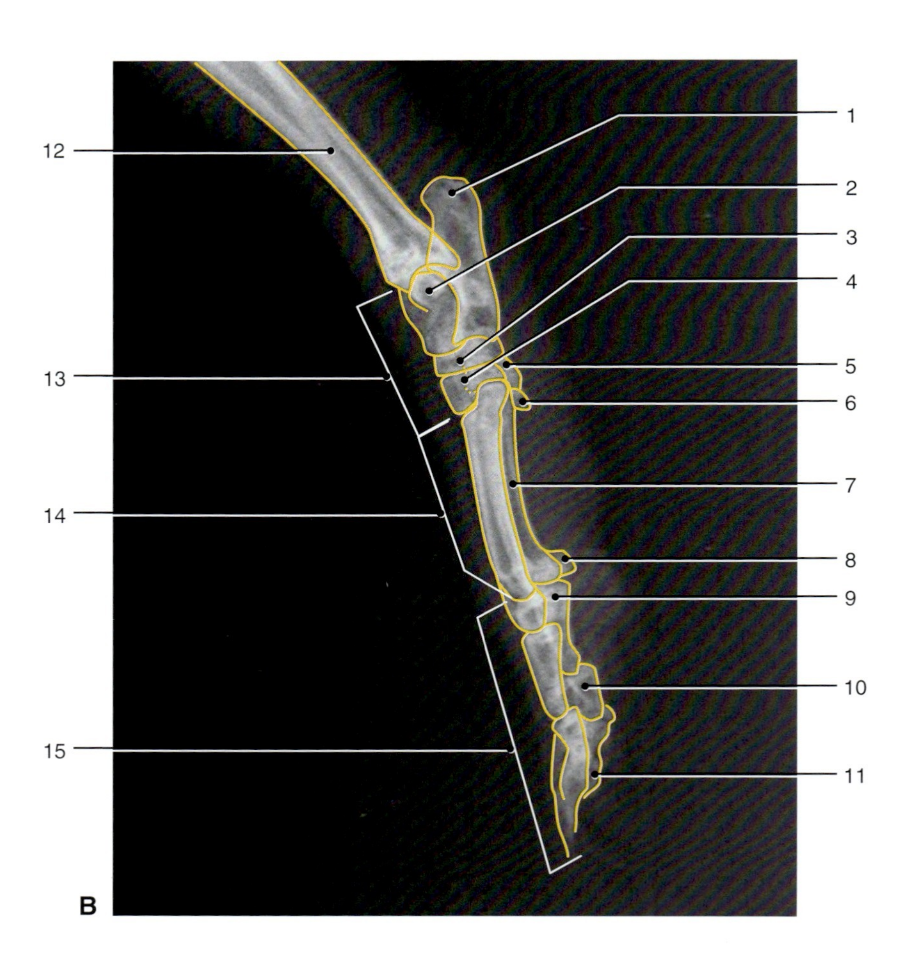

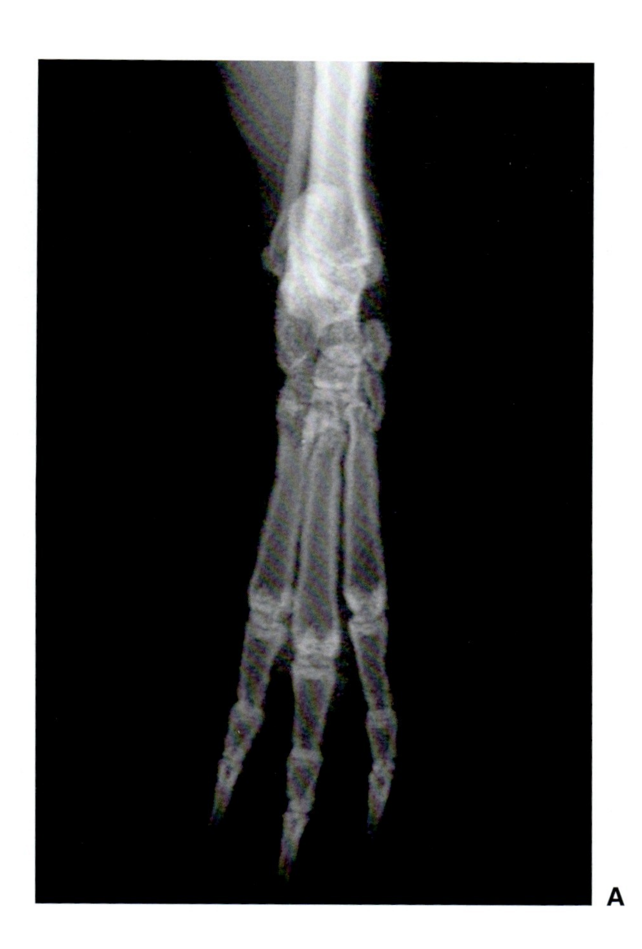

Abbildung 6-20, A
Tierart: Meerschweinchen
Organsystem: Hinterpfote
Projektion: dorsoplantar
Körpermasse: 1,2 kg
Geschlecht: männlich unkastriert
Lebensalter: 1,5 J.

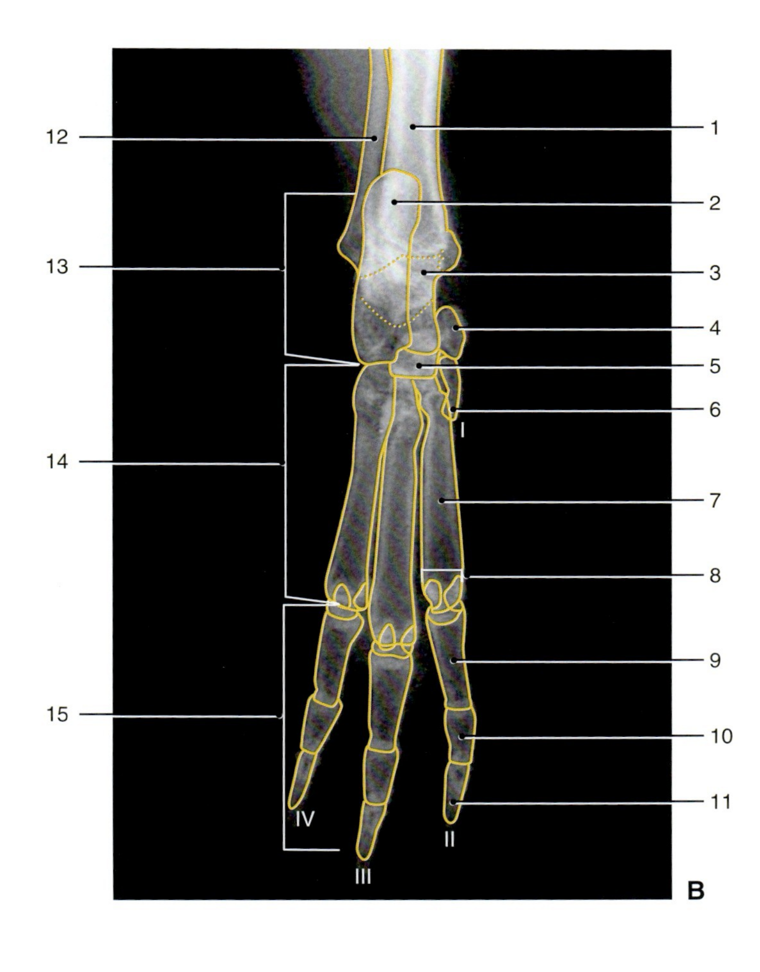

Abbildung 6-20, B
Tierart: Meerschweinchen
Organsystem: Hinterpfote
Projektion: dorsoplantar
Körpermasse: 1,2 kg
Geschlecht: männlich unkastriert
Lebensalter: 1,5 J.

1. Tibia
2. Calcaneus
3. Talus
4. Os tarsi tibiale
5. Os tarsale III
6. Os tarsometatarsale I
7. Os tarsale II
8. Ossa sesamoidea proximalia
9. Phalanx proximalis digiti II
10. Phalanx media digiti II
11. Phalanx distalis digiti II
12. Fibula
13. Ossa tarsi
14. Ossa metatarsalia
15. Phalanges

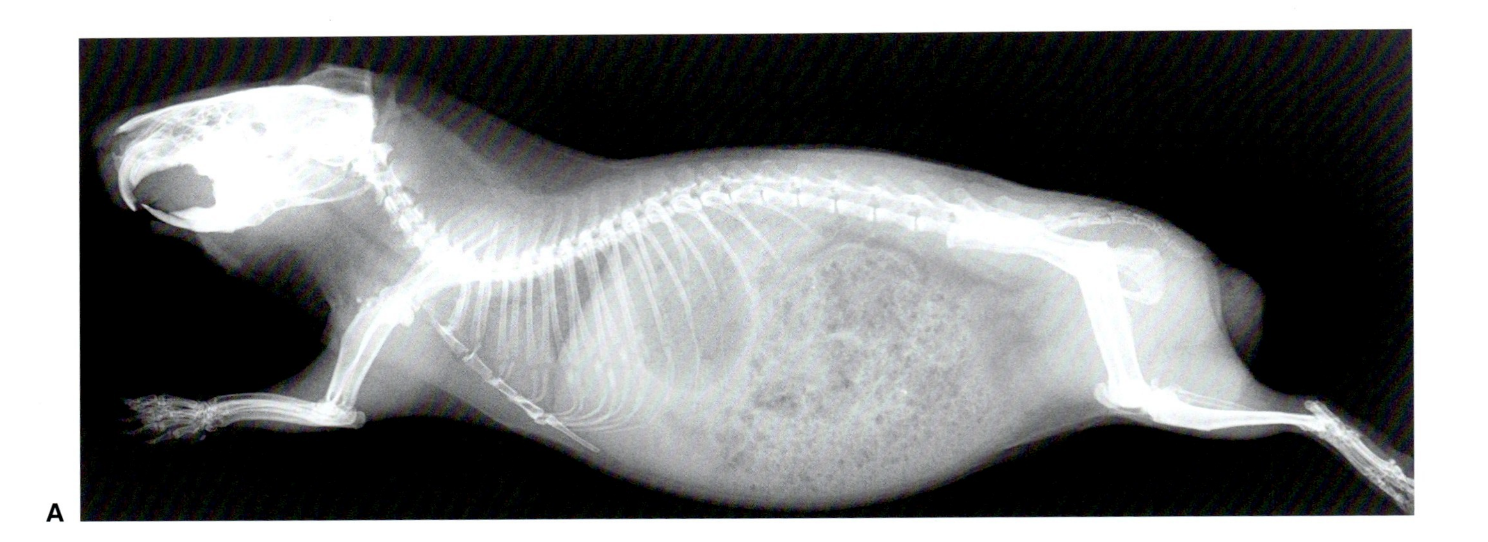

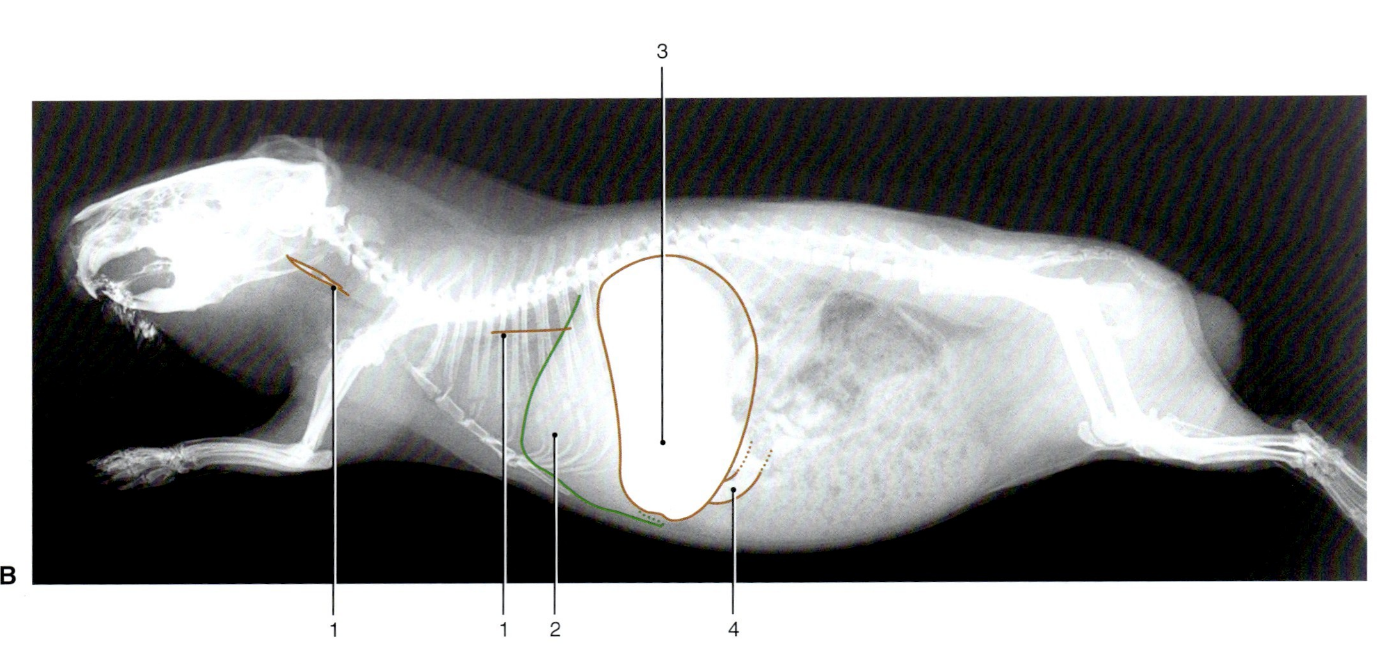

Abbildung 6-21, A und B
Tierart: Meerschweinchen
Organsystem: Gastrointestinaltrakt, Positivkontrastdarstellung
Kontrastmittel: Bariumsulfatsuspension (Novopaque®
60% v/w), 30 ml per os
Projektion: laterolateral (rechte Seitenlage)
Körpermasse: 1,2 kg
Geschlecht: männlich unkastriert
Lebensalter: adult

1. Speiseröhre
2. Leber
3. Magen
4. Duodenum
5. Dünndarm
6. Blinddarm
7. Kolon
8. Rektum
9. Harnblase

Abbildung	Zeit (h)
A	Leeraufnahme
B	0,25

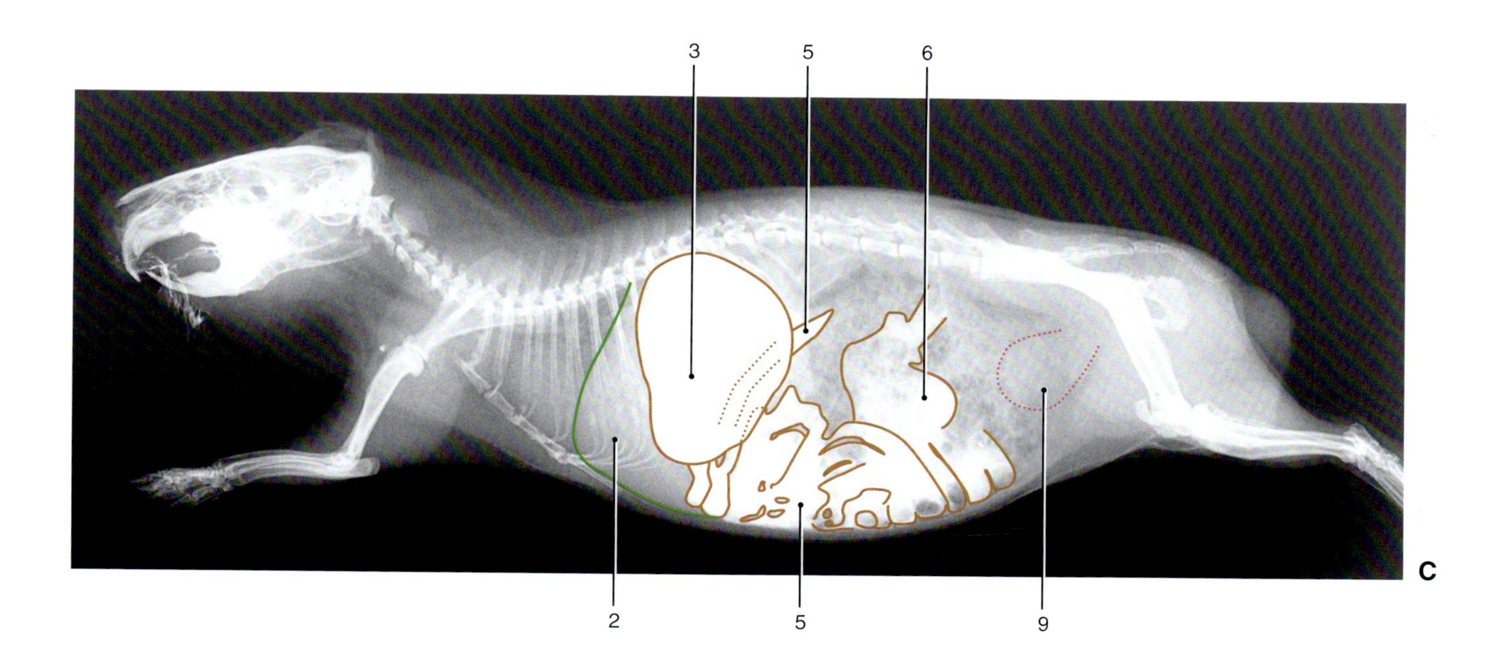

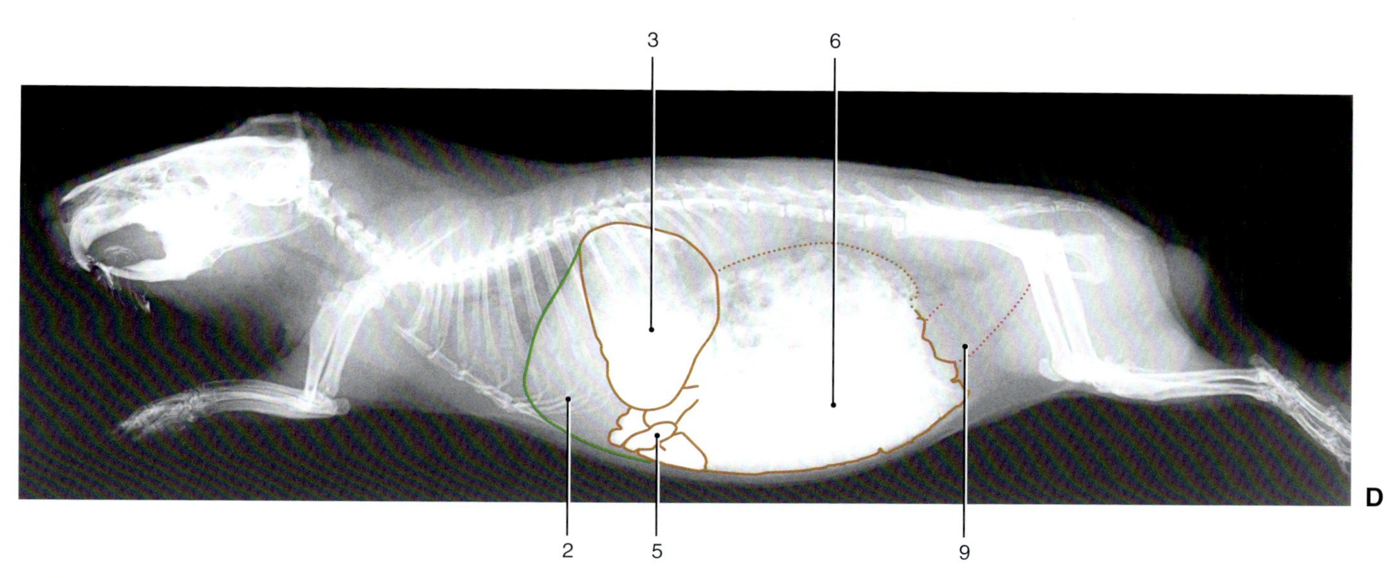

Abbildung 6-21, C und D
Tierart: Meerschweinchen
Organsystem: Gastrointestinaltrakt, Positivkontrastdarstellung
Kontrastmittel: Bariumsulfatsuspension (Novopaque® 60% v/w), 30 ml per os
Projektion: laterolateral (rechte Seitenlage)
Körpermasse: 1,2 kg
Geschlecht: männlich unkastriert
Lebensalter: adult

Abbildung	Zeit (h)
C	0,50
D	2,25

1. Speiseröhre
2. Leber
3. Magen
4. Duodenum
5. Dünndarm
6. Blinddarm
7. Kolon
8. Rektum
9. Harnblase

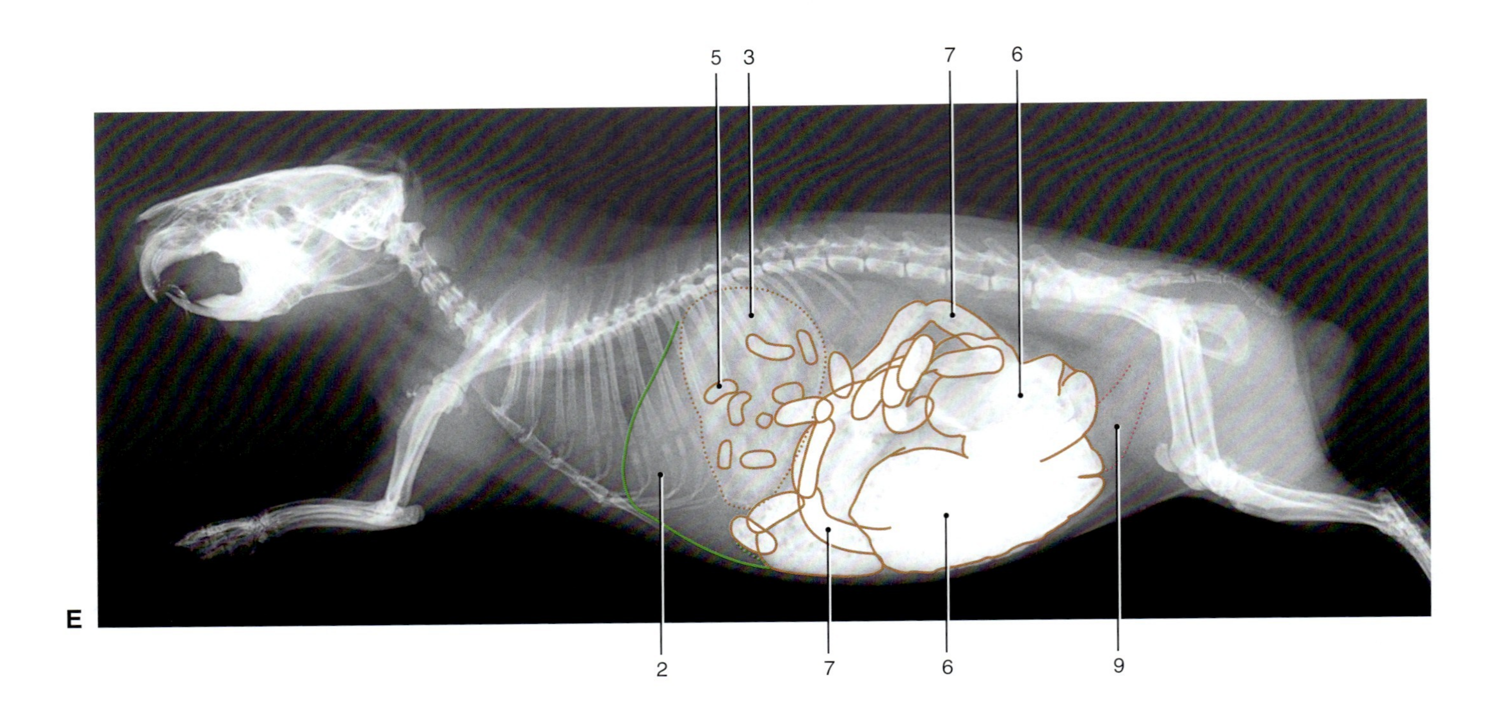

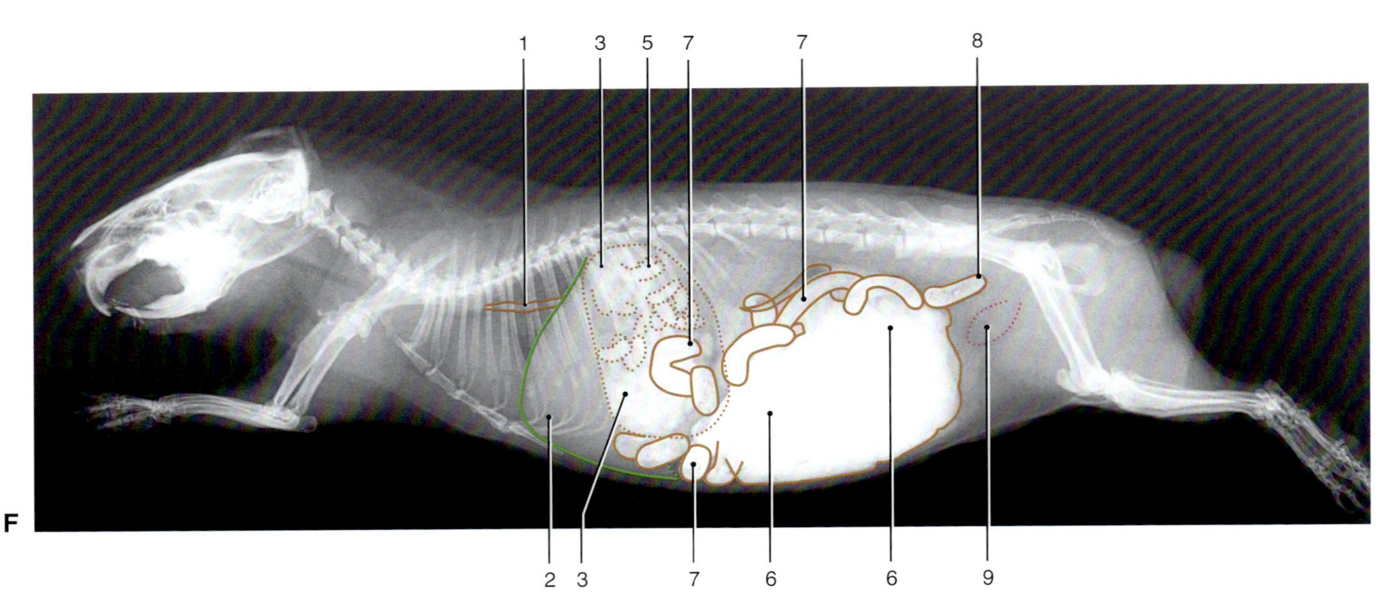

Abbildung 6-21, E und F
Tierart: Meerschweinchen
Organsystem: Gastrointestinaltrakt, Positivkontrastdarstellung
Kontrastmittel: Bariumsulfatsuspension (Novopaque® 60% v/w), 30 ml per os
Projektion: laterolateral (rechte Seitenlage)
Körpermasse: 1,2 kg
Geschlecht: männlich unkastriert
Lebensalter: adult

Abbildung	Zeit (h)
E	9,0
F	12,0

1. Speiseröhre
2. Leber
3. Magen
4. Duodenum
5. Dünndarm
6. Blinddarm
7. Kolon
8. Rektum
9. Harnblase

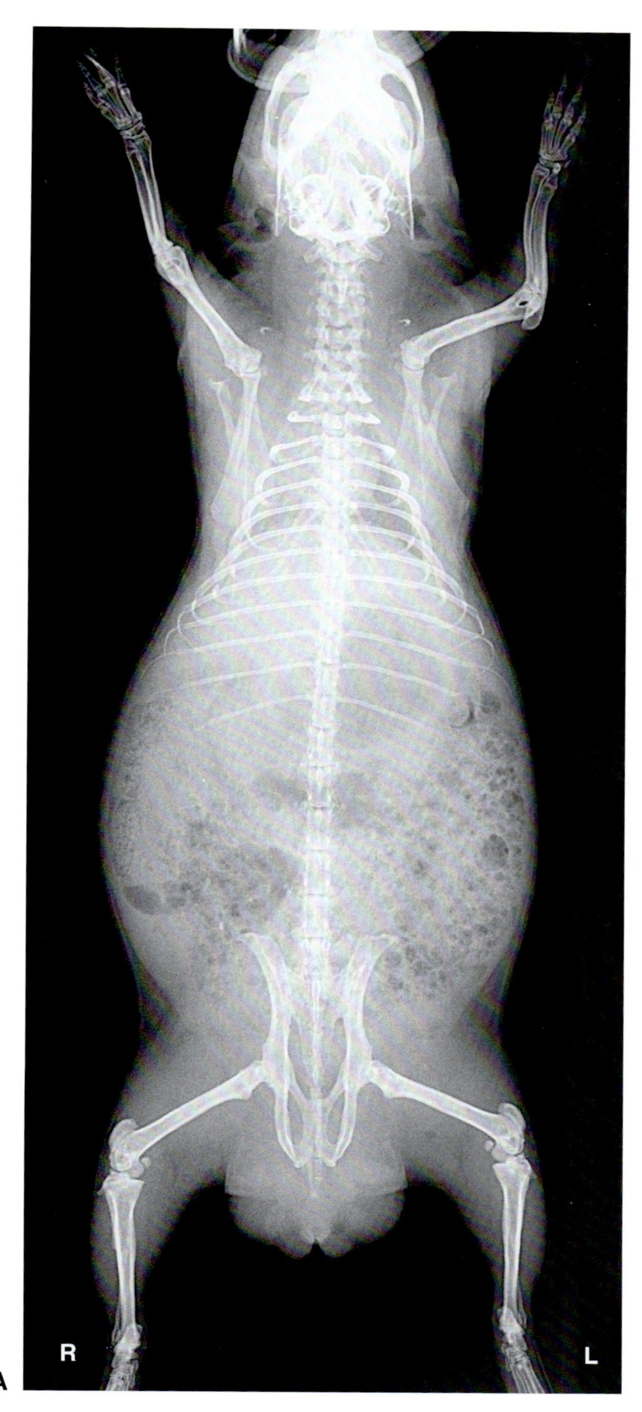

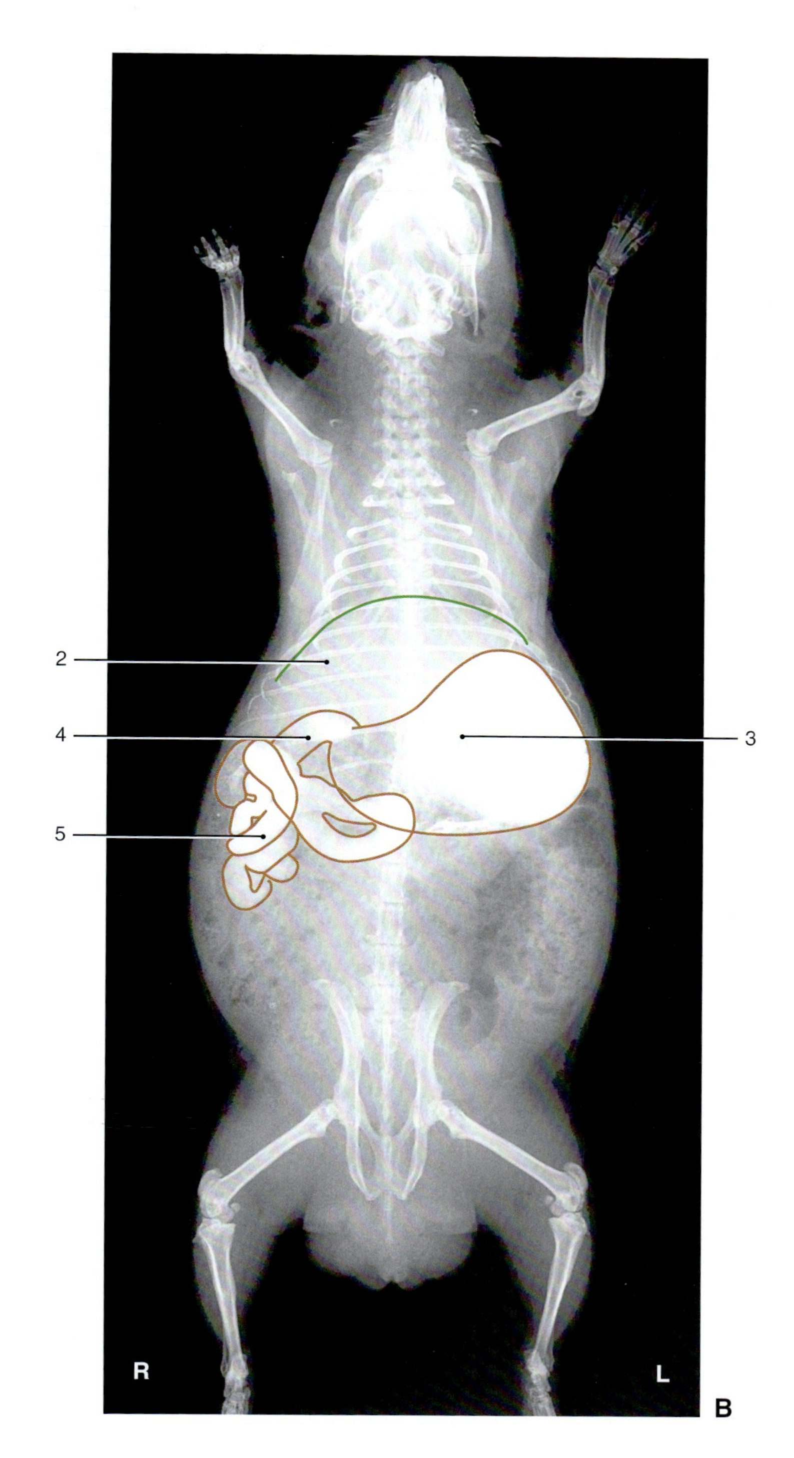

Abbildung 6-22, A und B
Tierart: Meerschweinchen
Organsystem: Gastrointestinaltrakt, Positivkontrastdarstellung
Kontrastmittel: Bariumsulfatsuspension (Novopaque® 60% v/w), 30 ml per os
Projektion: ventrodorsal (Rückenlage)
Körpermasse: 1,2 kg
Geschlecht: männlich unkastriert
Lebensalter: adult

Abbildung	Zeit (h)
A	Leeraufnahme
B	0,25

1. Speiseröhre
2. Leber
3. Magen
4. Duodenum
5. Dünndarm
6. Blinddarm
7. Kolon
8. Rektum
9. Harnblase

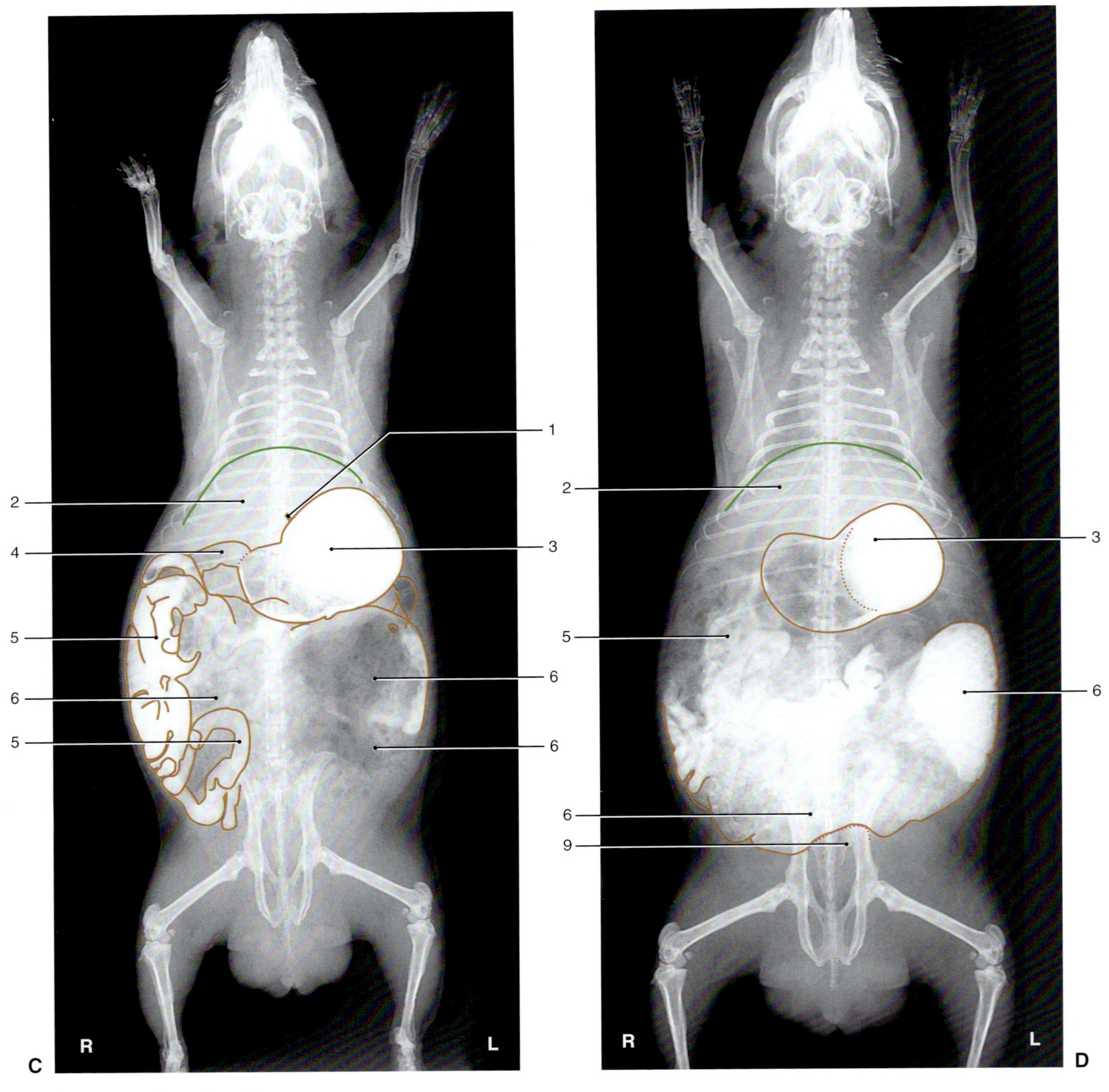

Abbildung 6-22, C und D
Tierart: Meerschweinchen
Organsystem: Gastrointestinaltrakt, Positivkontrastdarstellung
Kontrastmittel: Bariumsulfatsuspension (Novopaque® 60% v/w), 30 ml per os
Projektion: ventrodorsal (Rückenlage)
Körpermasse: 1,2 kg
Geschlecht: männlich unkastriert
Lebensalter: adult

Abbildung	Zeit (h)
C	0,5
D	2,25

1. Speiseröhre
2. Leber
3. Magen
4. Duodenum
5. Dünndarm
6. Blinddarm
7. Kolon
8. Rektum
9. Harnblase

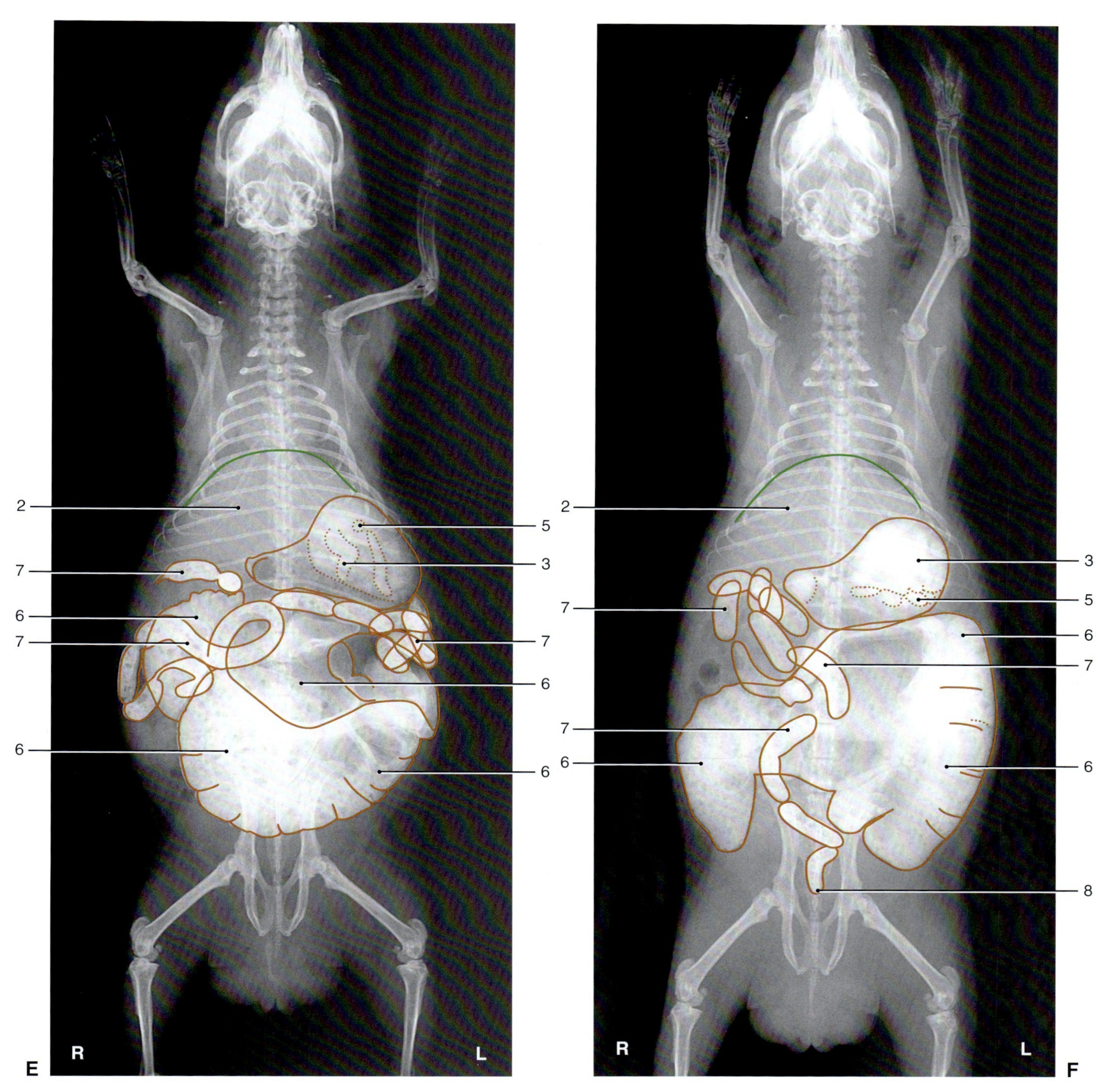

Abbildung 6-22, E und F
Tierart: Meerschweinchen
Organsystem: Gastrointestinaltrakt, Positivkontrastdarstellung
Kontrastmittel: Bariumsulfatsuspension (Novopaque® 60% v/w), 30 ml per os
Projektion: ventrodorsal (Rückenlage)
Körpermasse: 1,2 kg
Geschlecht: männlich unkastriert
Lebensalter: adult

Abbildung	Zeit (h)
E	9,0
F	12,0

1. Speiseröhre
2. Leber
3. Magen
4. Duodenum
5. Dünndarm
6. Blinddarm
7. Kolon
8. Rektum
9. Harnblase

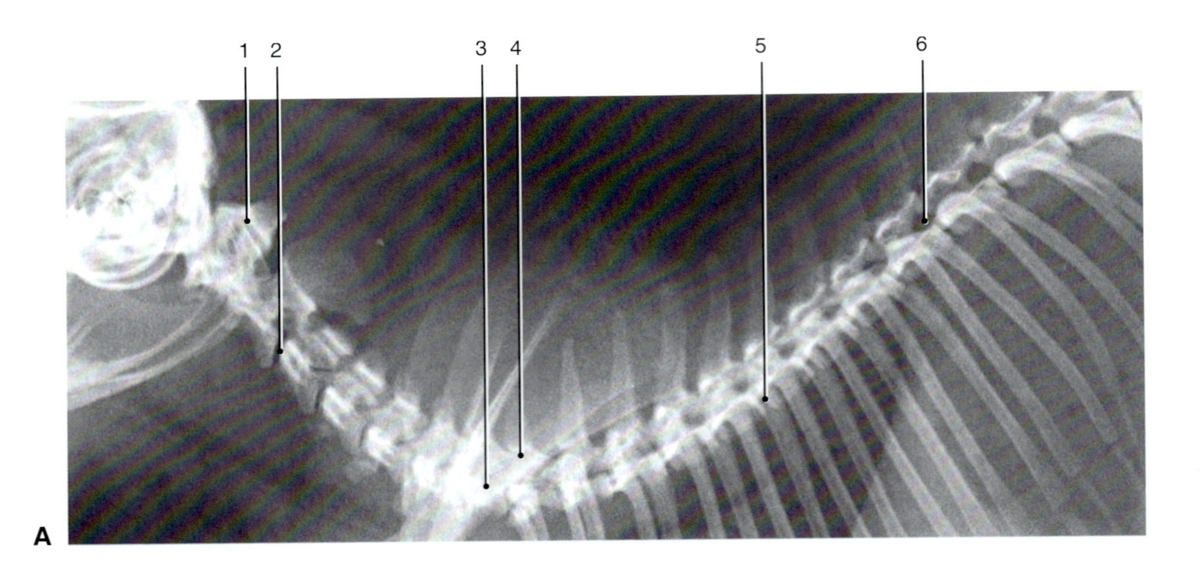

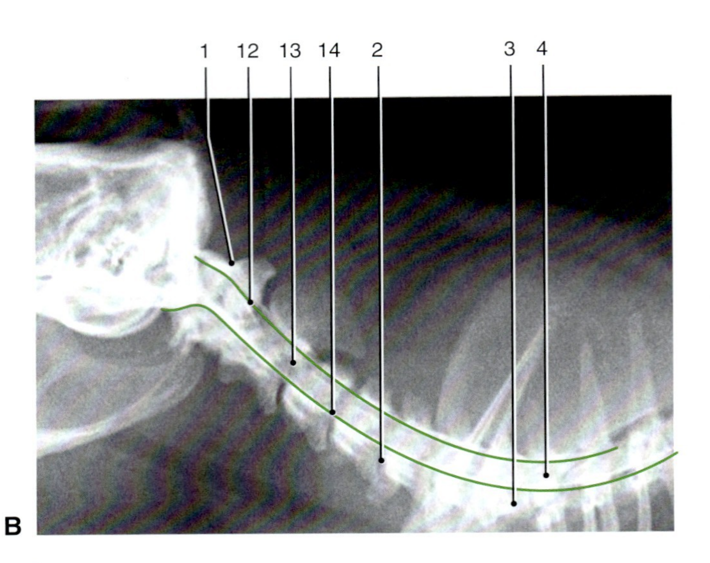

Abbildung 6-23, A und B
Tierart: Meerschweinchen
Organsystem: Myelographie
Kontrastmittel: Isovue 200 (41% Iopamidol, 20% gebundenes Jod, Bracco Diagnostics, Inc. Princetown,NJ), Injektion zwischen L6 und S1
Projektion: laterolateral (rechte Seitenlage)
Körpermasse: 1,2 kg
Geschlecht: männlich unkastriert
Lebensalter: adult

Abbildung	Bildausschnitt (Darstellungsmethode)
A	Hals- und Brustwirbelsäule (Leeraufnahme)
B	Halswirbelsäule (Myelographie)

1. Atlas
2. Spatium intervertebrale (Halswirbelsäule)
3. 7. Halswirbel
4. 1. Brustwirbel
5. Spatium intervertebrale (Brustwirbelsäule)
6. Foramen intervertebrale (Brustwirbelsäule)
7. 13. Brustwirbel
8. 1. Lendenwirbel
9. Spatium intervertebrale (Lendenwirbelsäule)
10. Foramen intervertebrale (Lendenwirbelsäule)
11. 6. Lendenwirbel
12. Cavum subarachnoidale (dorsal)
13. Rückenmark
14. Cavum subarachnoidale (ventral)
15. Spinalkanüle

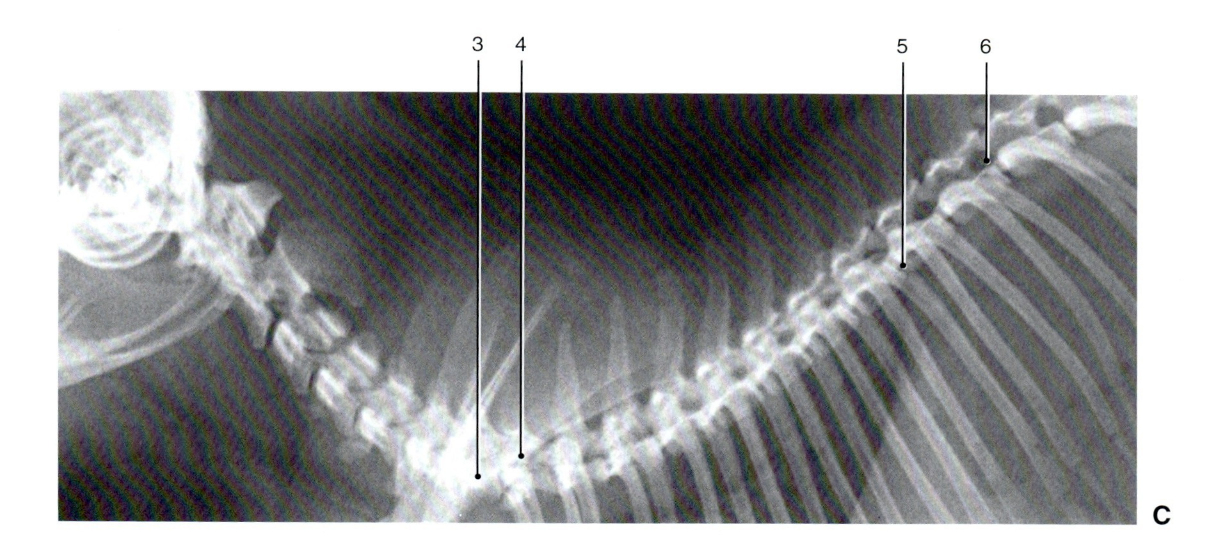

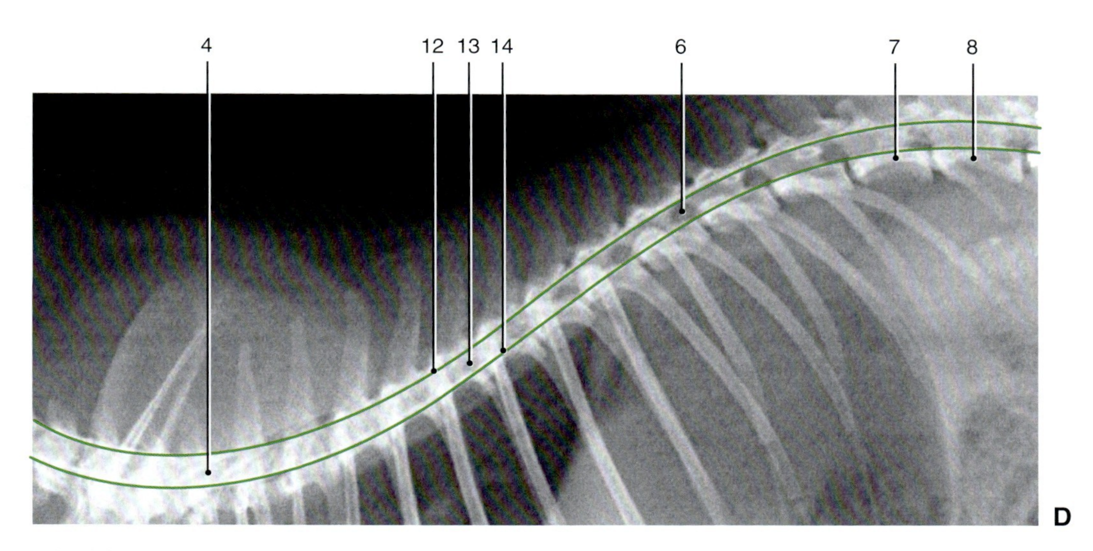

Abbildung 6-23, C und D
Tierart: Meerschweinchen
Organsystem: Myelographie
Kontrastmittel: Isovue 200 (41% Iopamidol, 20% gebundenes Jod, Bracco Diagnostics, Inc. Princetown,NJ), Injektion zwischen L6 und S1
Projektion: laterolateral (rechte Seitenlage)
Körpermasse: 1,2 kg
Geschlecht: männlich unkastriert
Lebensalter: adult

Abbildung	Bildausschnitt (Darstellungsmethode)
C	Hals- und Brustwirbelsäule (Leeraufnahme)
D	Brustwirbelsäule (Myelographie)

1. Atlas
2. Spatium intervertebrale (Halswirbelsäule)
3. 7. Halswirbel
4. 1. Brustwirbel
5. Spatium intervertebrale (Brustwirbelsäule)
6. Foramen intervertebrale (Brustwirbelsäule)
7. 13. Brustwirbel
8. 1. Lendenwirbel
9. Spatium intervertebrale (Lendenwirbelsäule)
10. Foramen intervertebrale (Lendenwirbelsäule)
11. 6. Lendenwirbel
12. Cavum subarachnoidale (dorsal)
13. Rückenmark
14. Cavum subarachnoidale (ventral)
15. Spinalkanüle

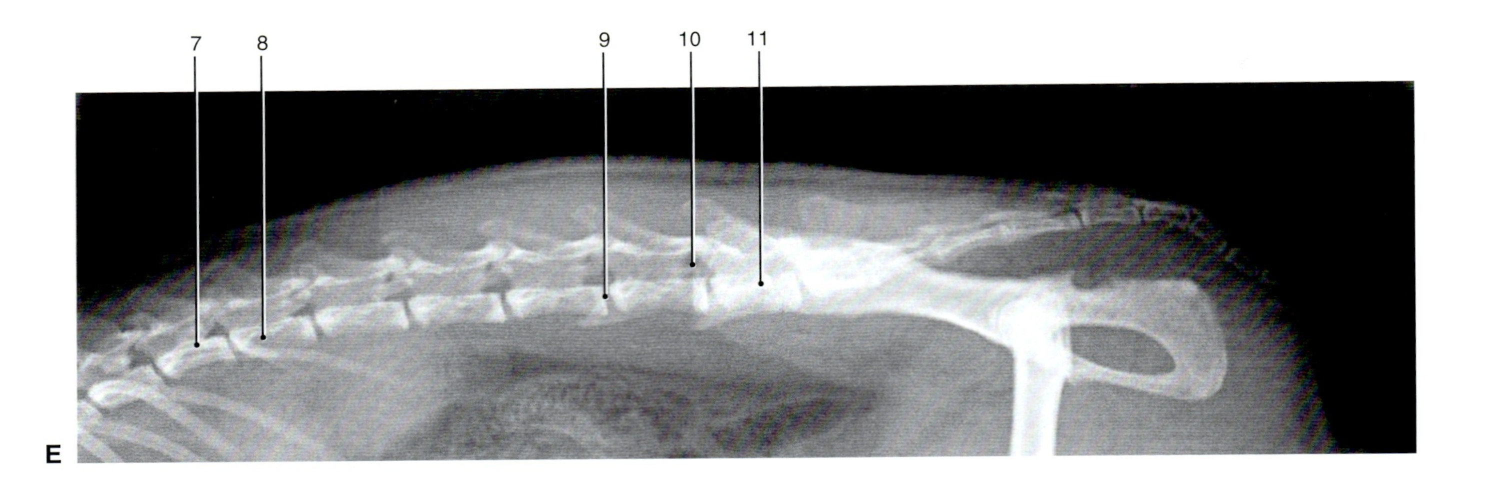

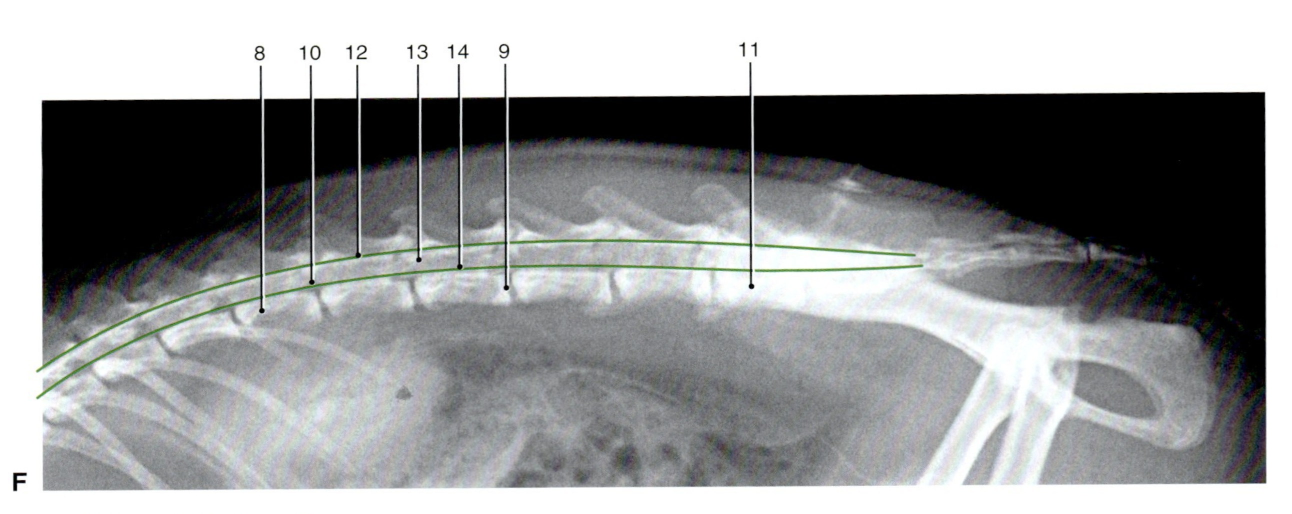

Abbildung 6-23, E und F
Tierart: Meerschweinchen
Organsystem: Myelographie
Kontrastmittel: Isovue 200 (41% Iopamidol, 20% gebundenes Jod, Bracco Diagnostics, Inc. Princetown, NJ), Injektion zwischen L6 und S1
Projektion: laterolateral (rechte Seitenlage)
Körpermasse: 1,2 kg
Geschlecht: männlich unkastriert
Lebensalter: adult

Abbildung	Bildausschnitt (Darstellungsmethode)
E	Lendenwirbelsäule (Leeraufnahme)
F	Lendenwirbelsäule (Myelographie)

1. Atlas
2. Spatium intervertebrale (Halswirbelsäule)
3. 7. Halswirbel
4. 1. Brustwirbel
5. Spatium intervertebrale (Brustwirbelsäule)
6. Foramen intervertebrale (Brustwirbelsäule)
7. 13. Brustwirbel
8. 1. Lendenwirbel
9. Spatium intervertebrale (Lendenwirbelsäule)
10. Foramen intervertebrale (Lendenwirbelsäule)
11. 6. Lendenwirbel
12. Cavum subarachnoidale (dorsal)
13. Rückenmark
14. Cavum subarachnoidale (ventral)
15. Spinalkanüle

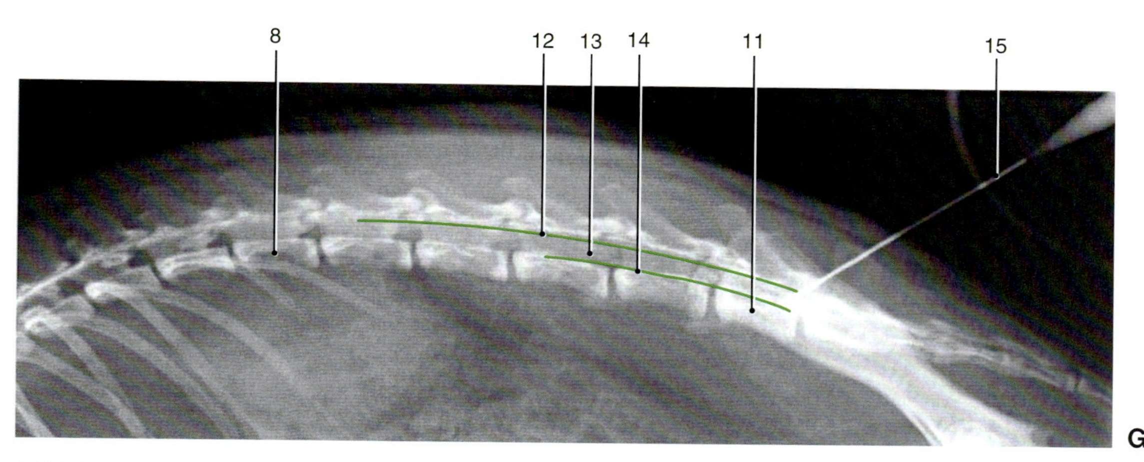

Abbildung 6-23, G
Tierart: Meerschweinchen
Organsystem: Myelographie
Kontrastmittel: Isovue 200 (41% Iopamidol, 20% gebundenes Jod, Bracco Diagnostics, Inc. Princetown, NJ), Injektion zwischen L6 und S1
Projektion: laterolateral (rechte Seitenlage)
Körpermasse: 1,2 kg
Geschlecht: männlich unkastriert
Lebensalter: adult

Abbildung	Bildausschnitt (Darstellungsmethode)
G	Lendenwirbelsäule (Testinjektion)

1. Atlas
2. Spatium intervertebrale (Halswirbelsäule)
3. 7. Halswirbel
4. 1. Brustwirbel
5. Spatium intervertebrale (Brustwirbelsäule)
6. Foramen intervertebrale (Brustwirbelsäule)
7. 13. Brustwirbel
8. 1. Lendenwirbel
9. Spatium intervertebrale (Lendenwirbelsäule)
10. Foramen intervertebrale (Lendenwirbelsäule)
11. 6. Lendenwirbel
12. Cavum subarachnoidale (dorsal)
13. Rückenmark
14. Cavum subarachnoidale (ventral)
15. Spinalkanüle

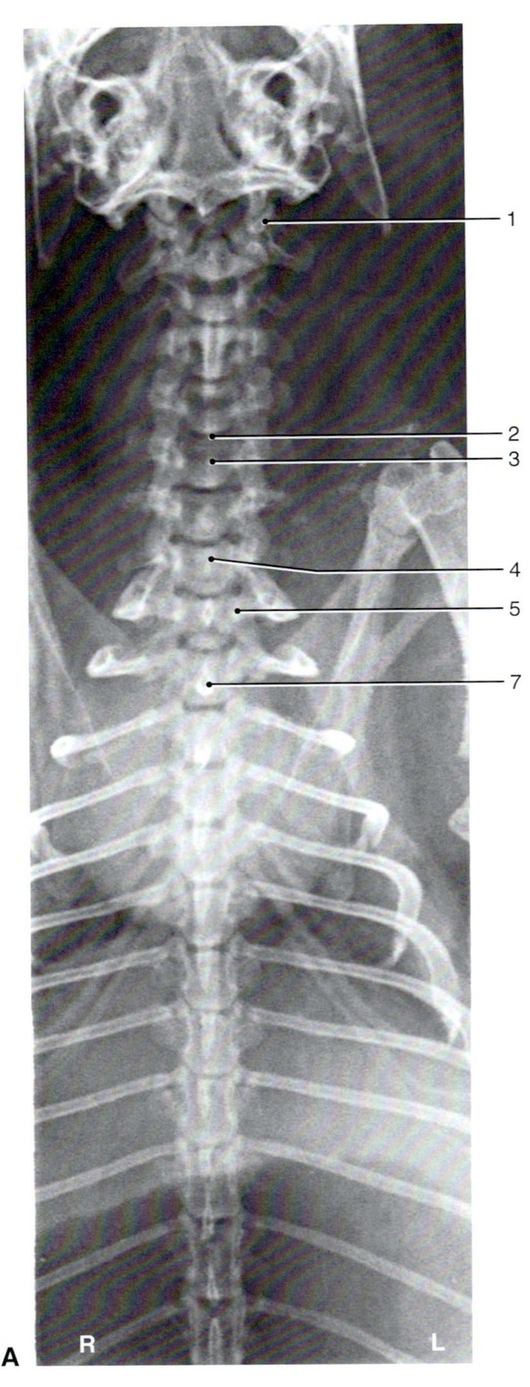

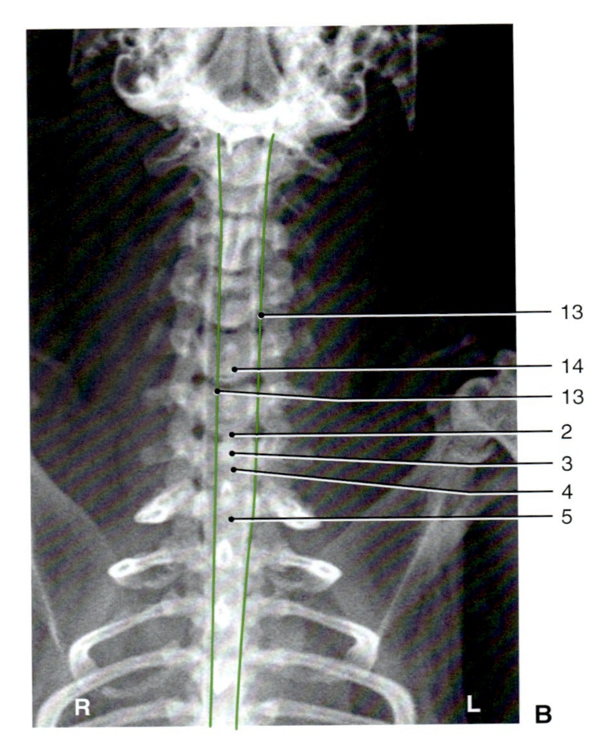

1. Atlas
2. Spatium intervertebrale (Halswirbelsäule)
3. Proc. spinosus (Halswirbel)
4. 7. Halswirbel
5. 1. Brustwirbel
6. Spatium intervertebrale (Brustwirbelsäule)
7. Proc. spinosus (Brustwirbelsäule)
8. 13. Brustwirbel
9. 1. Lendenwirbel
10. Spatium intervertebrale (Lendenwirbelsäule)
11. Proc. spinosus (Lendenwirbelsäule)
12. 6. Lendenwirbel
13. Cavum subarachnoidale (lateral)
14. Rückenmark
15. Os sacrum

Abbildung 6-24, A und B
Tierart: Meerschweinchen
Organsystem: Myelographie
Kontrastmittel: Isovue 200 (41% Iopamidol, 20% gebundenes Jod, Bracco Diagnostics, Inc. Princetown, NJ), Injektion zwischen L6 und S1
Projektion: dorsoventral (Bauchlage)
Körpermasse: 1,2 kg
Geschlecht: männlich unkastriert
Lebensalter: adult

Abbildung	Bildausschnitt (Darstellungsmethode)
A	Hals- und Brustwirbelsäule (Leeraufnahme)
B	Halswirbelsäule (Myelographie)

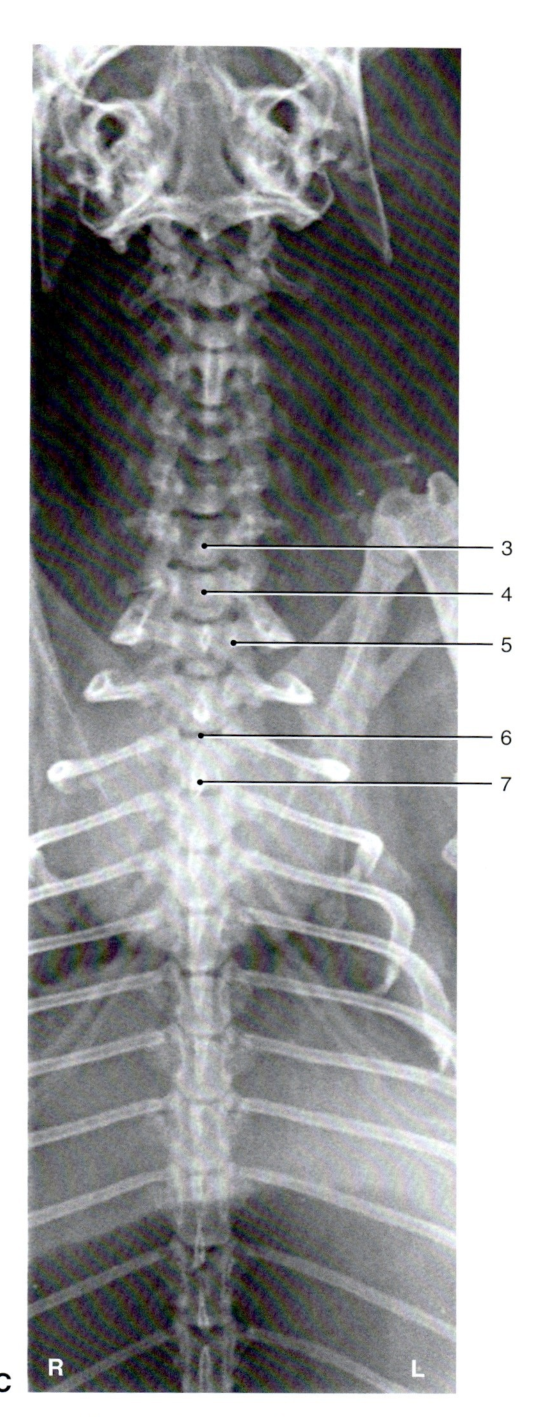

C

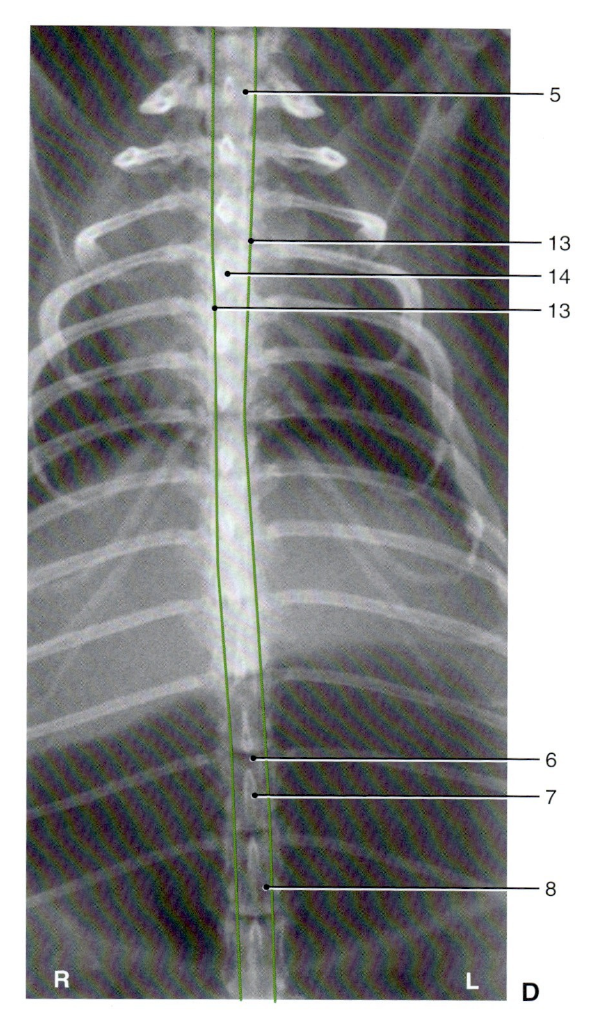

D

1. Atlas
2. Spatium intervertebrale (Halswirbelsäule)
3. Proc. spinosus (Halswirbel)
4. 7. Halswirbel
5. 1. Brustwirbel
6. Spatium intervertebrale (Brustwirbelsäule)
7. Proc. spinosus (Brustwirbelsäule)
8. 13. Brustwirbel
9. 1. Lendenwirbel
10. Spatium intervertebrale (Lendenwirbelsäule)
11. Proc. spinosus (Lendenwirbelsäule)
12. 6. Lendenwirbel
13. Cavum subarachnoidale (lateral)
14. Rückenmark
15. Os sacrum

Abbildung 6-24, C und D
Tierart: Meerschweinchen
Organsystem: Myelographie
Kontrastmittel: Isovue 200 (41% Iopamidol, 20% gebundenes Jod, Bracco Diagnostics, Inc. Princetown, NJ), Injektion zwischen L6 und S1
Projektion: dorsoventral (Bauchlage)
Körpermasse: 1,2 kg
Geschlecht: männlich unkastriert
Lebensalter: adult

Abbildung	Bildausschnitt (Darstellungsmethode)
C	Hals- und Brustwirbelsäule (Leeraufnahme)
D	Brustwirbelsäule (Myelographie)

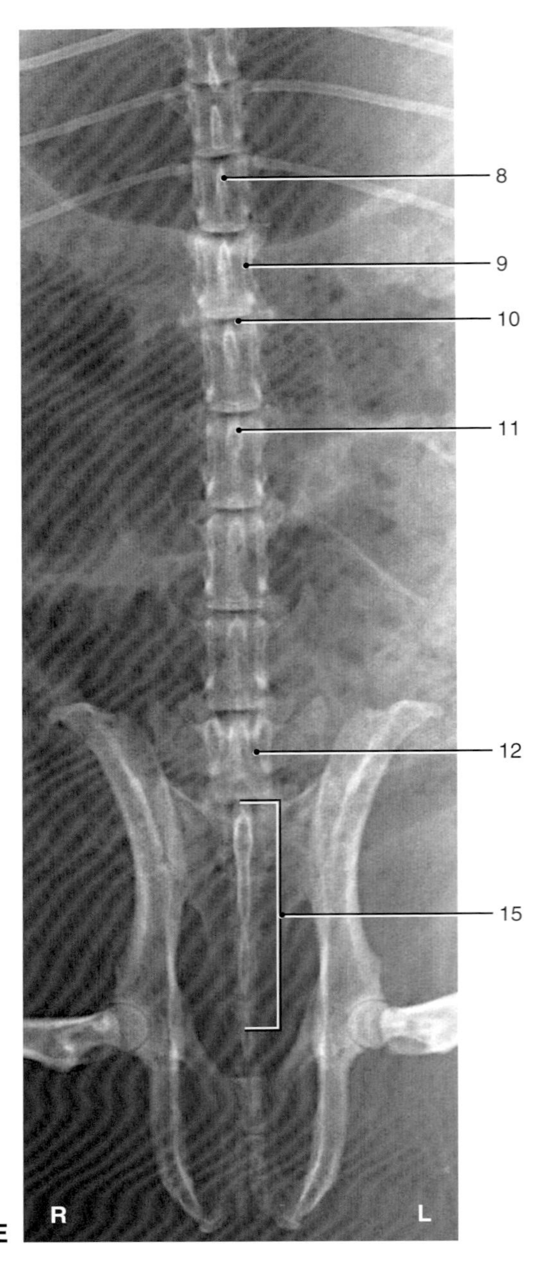

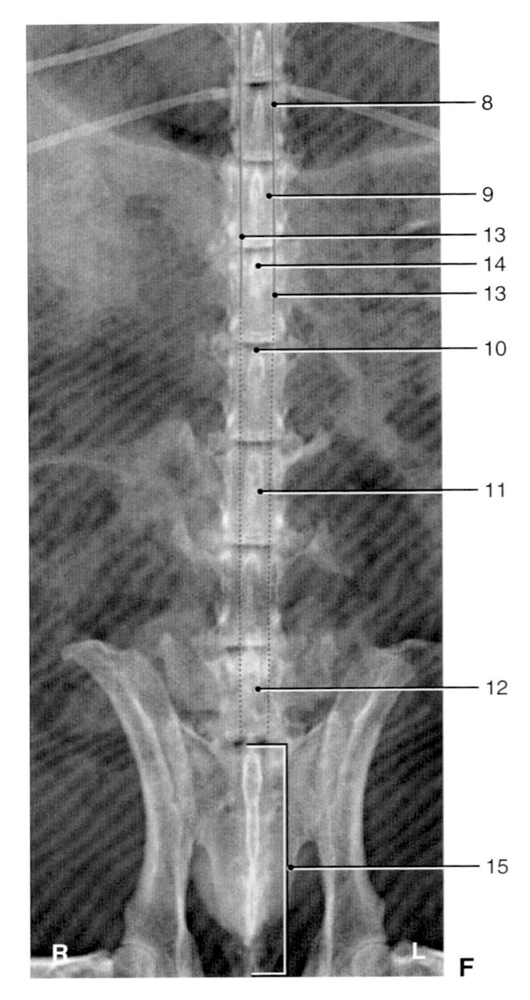

Abbildung 6-24, E und F
Tierart: Meerschweinchen
Organsystem: Myelographie
Kontrastmittel: Isovue 200 (41% Iopamidol, 20% gebundenes Jod, Bracco Diagnostics, Inc. Princetown, NJ), Injektion zwischen L6 und S1
Projektion: dorsoventral (Bauchlage)
Körpermasse: 1,2 kg
Geschlecht: männlich unkastriert
Lebensalter: adult

Abbildung	Bildausschnitt (Darstellungsmethode)
E	Lendenwirbelsäule (Leeraufnahme)
F	Lendenwirbelsäule (Myelographie)

1. Atlas
2. Spatium intervertebrale (Halswirbelsäule)
3. Proc. spinosus (Halswirbel)
4. 7. Halswirbel
5. 1. Brustwirbel)
6. Spatium intervertebrale (Brustwirbelsäule)
7. Proc. spinosus (Brustwirbelsäule)
8. 13. Brustwirbel
9. 1. Lendenwirbel
10. Spatium intervertebrale (Lendenwirbelsäule)
11. Proc. spinosus (Lendenwirbelsäule)
12. 6. Lendenwirbel
13. Cavum subarachnoidale (lateral)
14. Rückenmark
15. Os sacrum

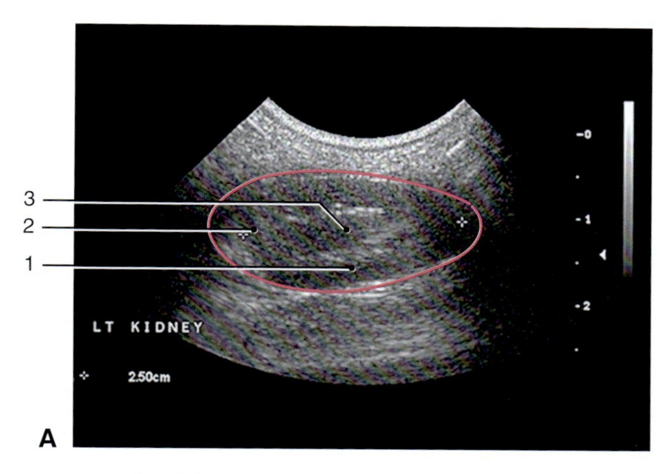

Abb. 6-25, A Sagittalschnitt durch die linke Niere.

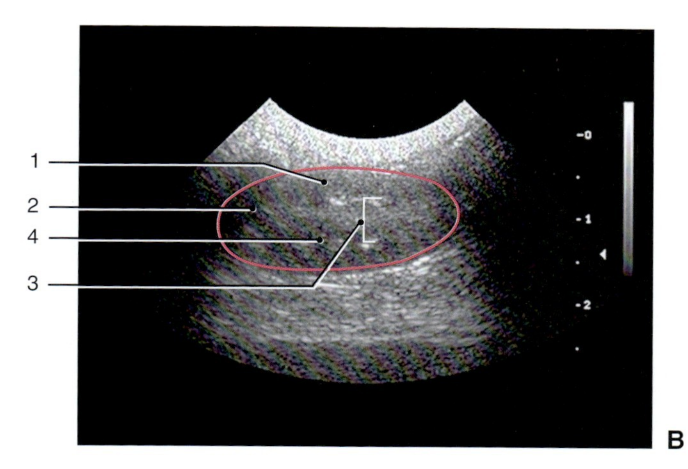

Abb. 6-25, B Sagittalschnitt durch die linke Niere.

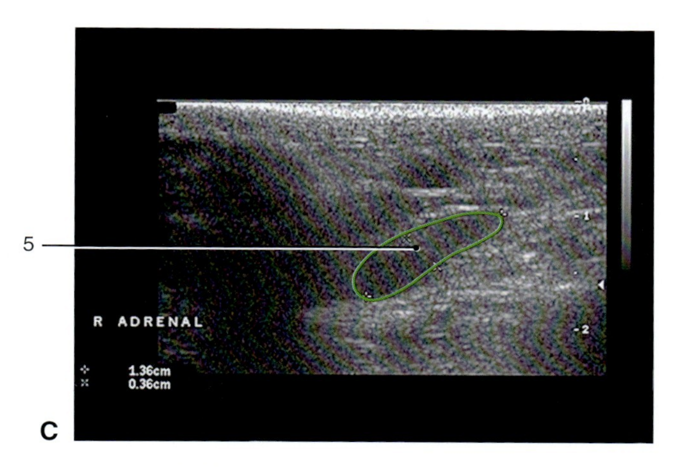

Abb. 6-25, C Sagittalschnitt durch die rechte Nebenniere.

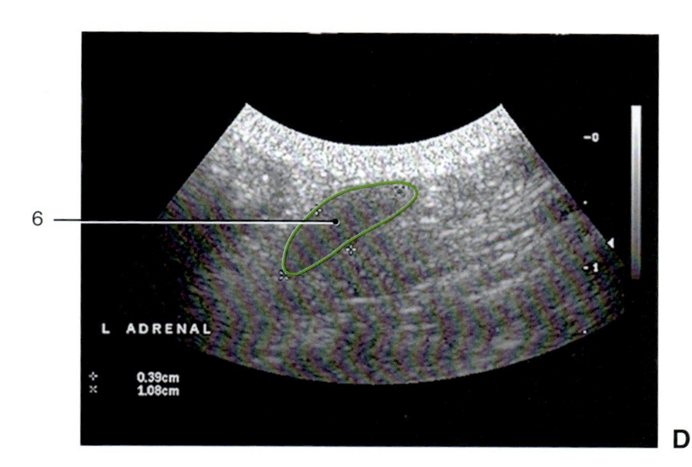

Abb. 6-25, D Sagittalschnitt durch die linke Nebenniere.

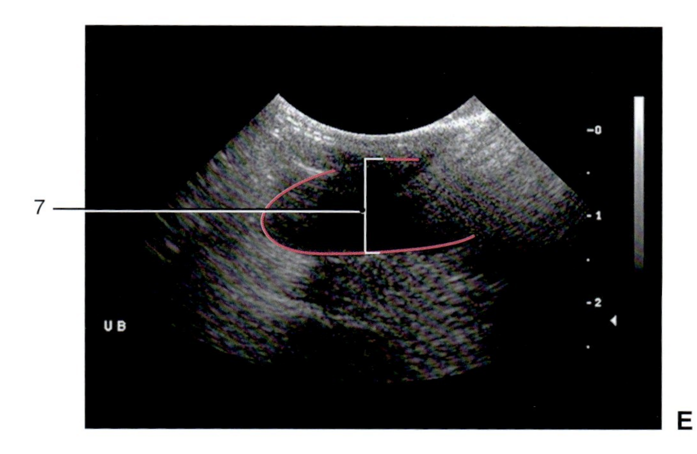

Abb. 6-25, E Harnblase im Sagittalschnitt.

Abbildung 6-25, A – E
Tierart: Meerschweinchen
Organsystem: Sonographie des Harntrakts und angrenzender Gewebe
Körpermasse: 1 kg
Geschlecht: weiblich unkastriert
Lebensalter: 1 J.

1. Nierenrinde
2. kranialer Nierenpol
3. Nierenbecken
4. Nierenmark
5. rechte Nebenniere
6. linke Nebenniere
7. Harnblase

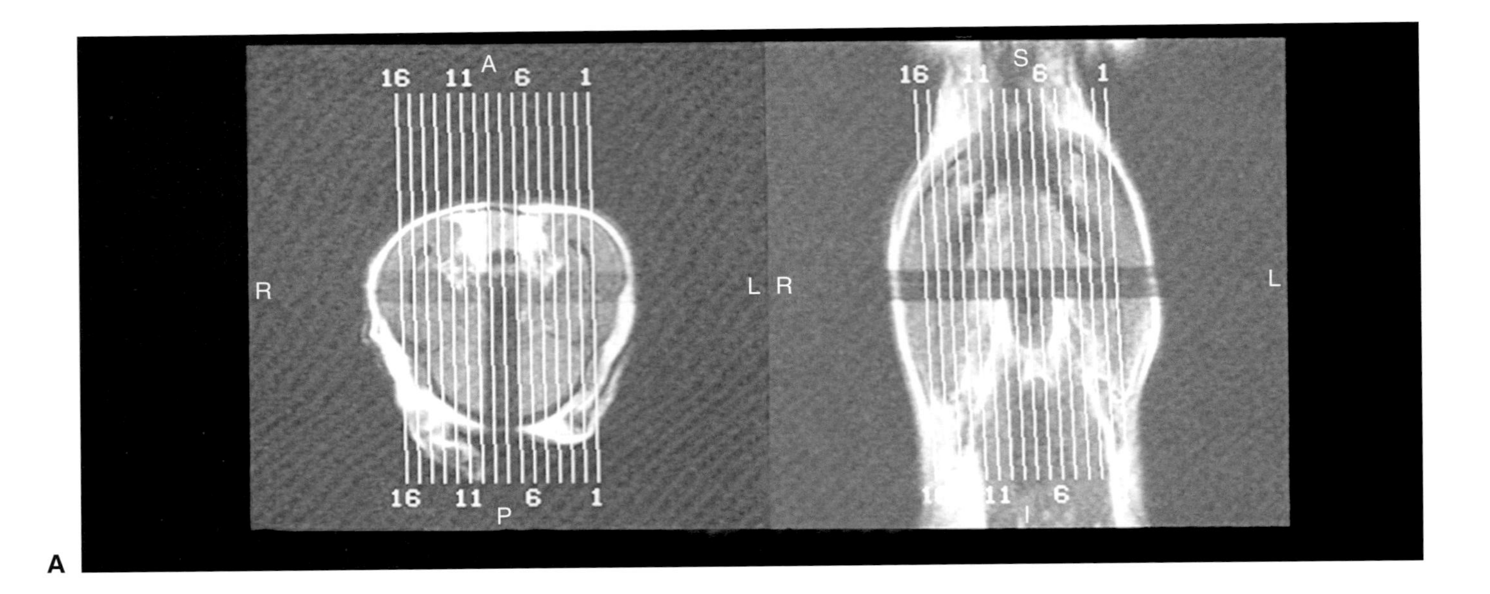

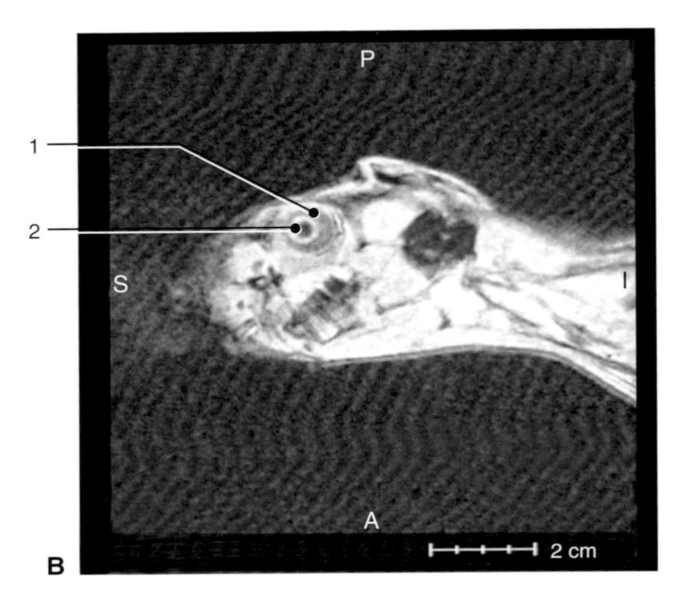

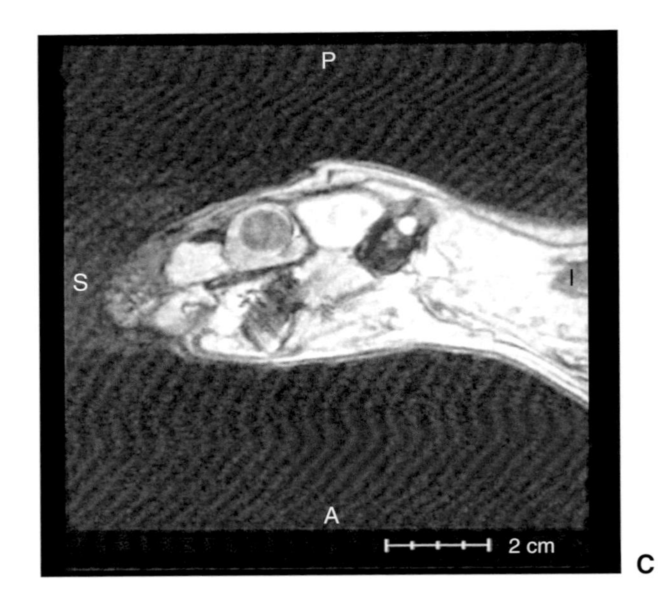

Abbildung 6-26, A – C
Tierart: Meerschweinchen
Organsystem: MRT Kopf
Schnittebene: sagittal

1. Augapfel
2. Linse
3. Nasenhöhle
4. Kleinhirn
5. Großhirn
6. Bulbus olfactorius
7. Nasenmuscheln
8. Mandibula
9. Luftröhre
10. Rückenmark
11. Nasenrachen
12. Zunge
13. Stammhirn

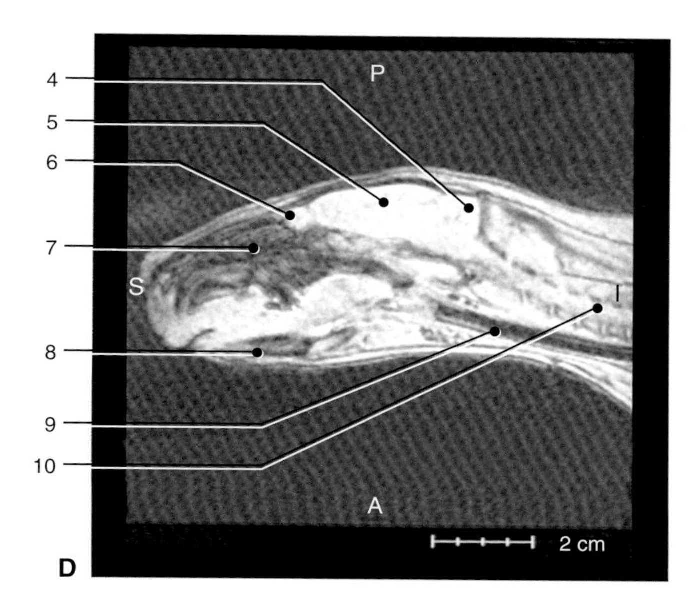

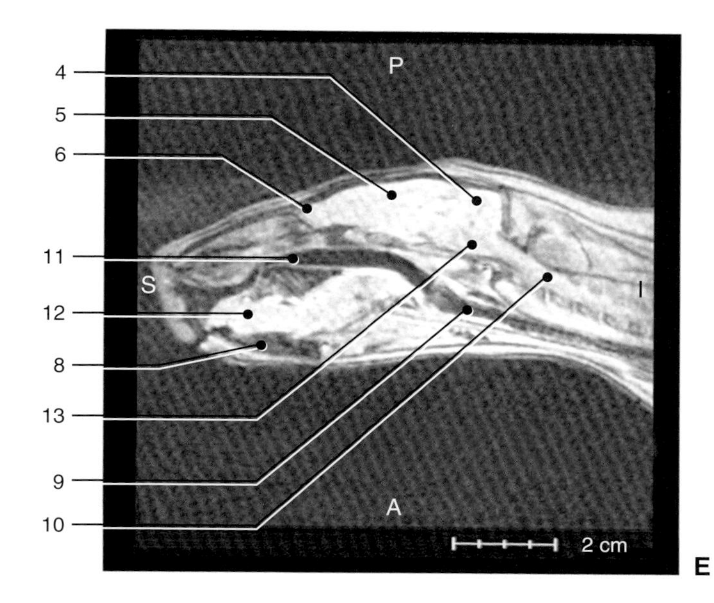

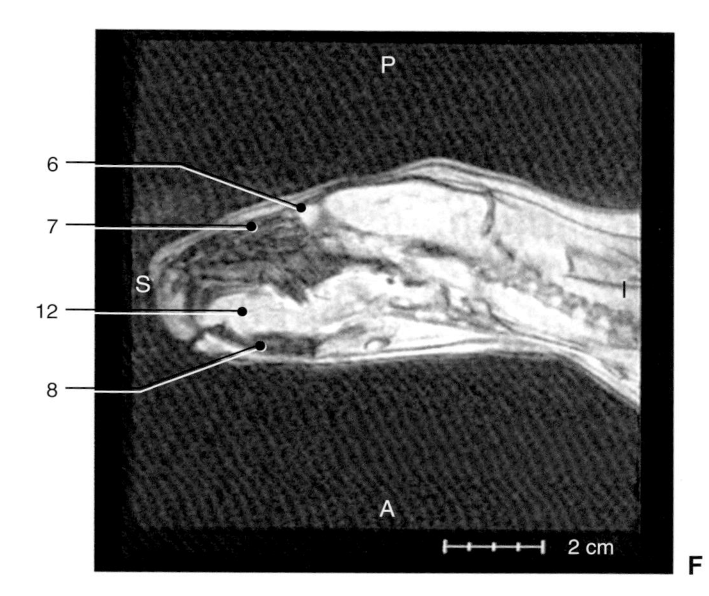

Abbildung 6-26, D – F
Tierart: Meerschweinchen
Organsystem: MRT Kopf
Schnittebene: sagittal

1. Augapfel
2. Linse
3. Nasenhöhle
4. Kleinhirn
5. Großhirn
6. Bulbus olfactorius
7. Nasenmuscheln
8. Mandibula
9. Luftröhre
10. Rückenmark
11. Nasenrachen
12. Zunge
13. Stammhirn

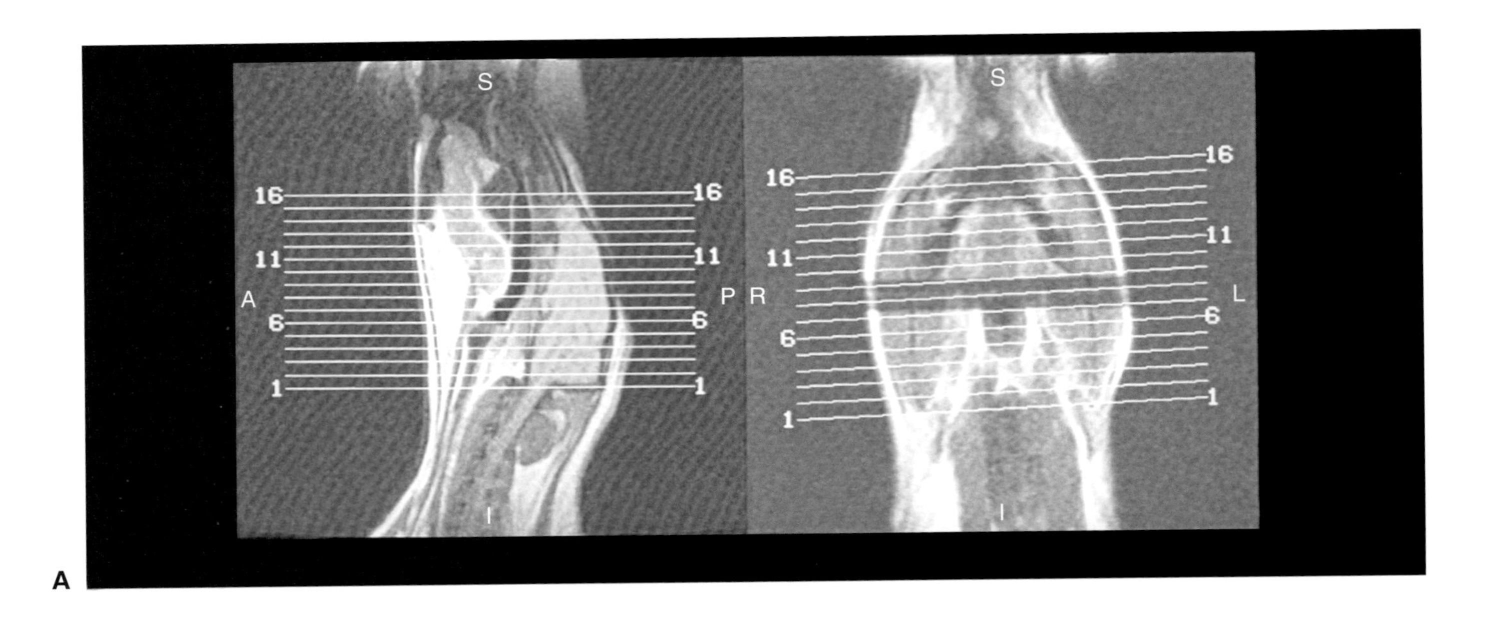

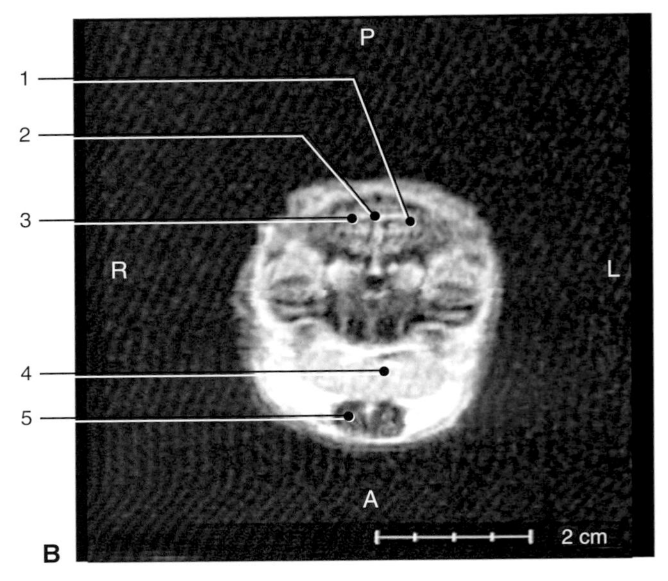

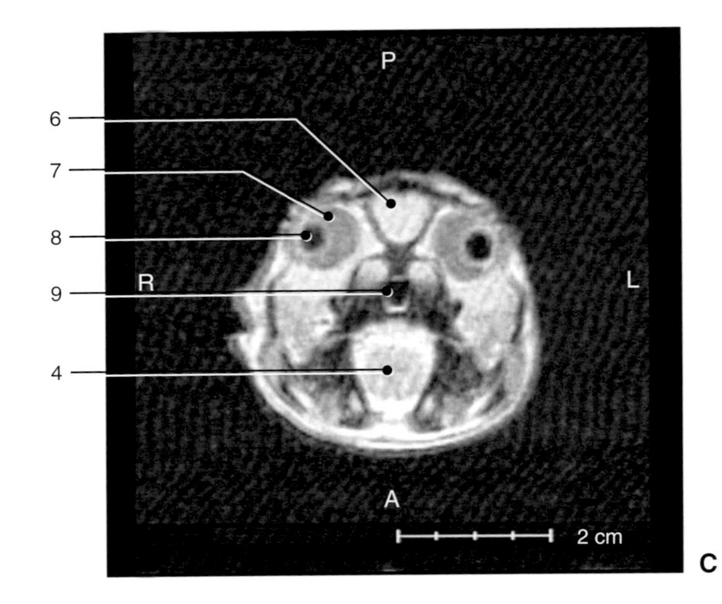

Abbildung 6-27, A – C
Tierart: Meerschweinchen
Organsystem: MRT Kopf
Schnittebene: transversal

1. Nasenhöhle
2. Nasenscheidewand
3. Nasenmuscheln
4. Zunge
5. Mandibula
6. Bulbus olfactorius
7. Augapfel
8. Linse
9. Nasenrachen
10. Großhirn
11. M. masseter
12. Aquaeductus mesencephali
13. Cavum tympani
14. Kehlkopf
15. Kleinhirn
16. Stammhirn
17. Luftröhre

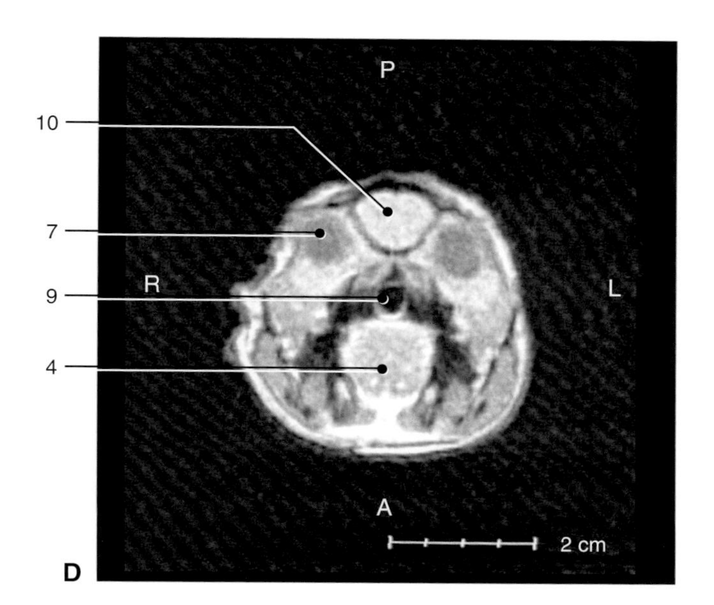

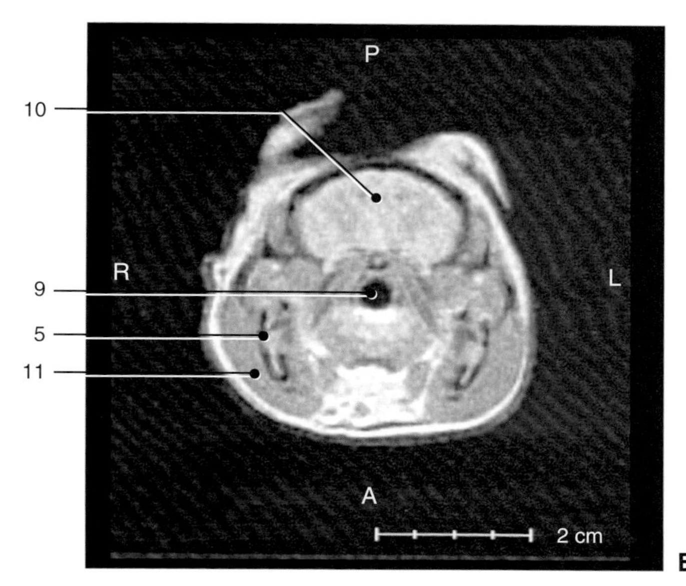

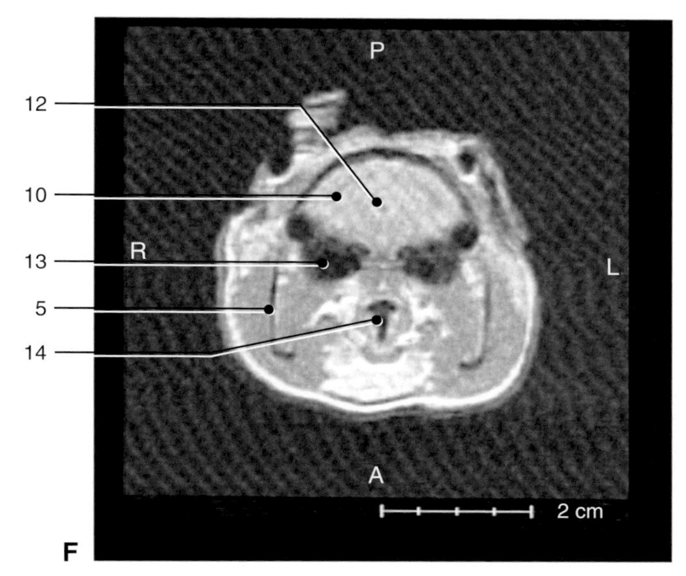

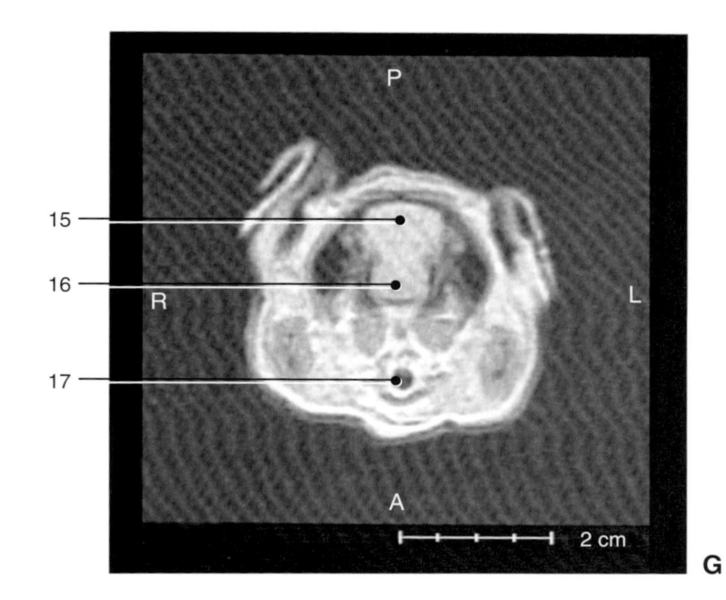

Abbildung 6-27, D – G
Tierart: Meerschweinchen
Organsystem: MRT Kopf
Schnittebene: transversal

1. Nasenhöhle
2. Nasenscheidewand
3. Nasenmuscheln
4. Zunge
5. Mandibula
6. Bulbus olfactorius
7. Augapfel
8. Linse
9. Nasenrachen
10. Großhirn
11. M. masseter
12. Aquaeductus mesencephali
13. Cavum tympani
14. Kehlkopf
15. Kleinhirn
16. Stammhirn
17. Luftröhre

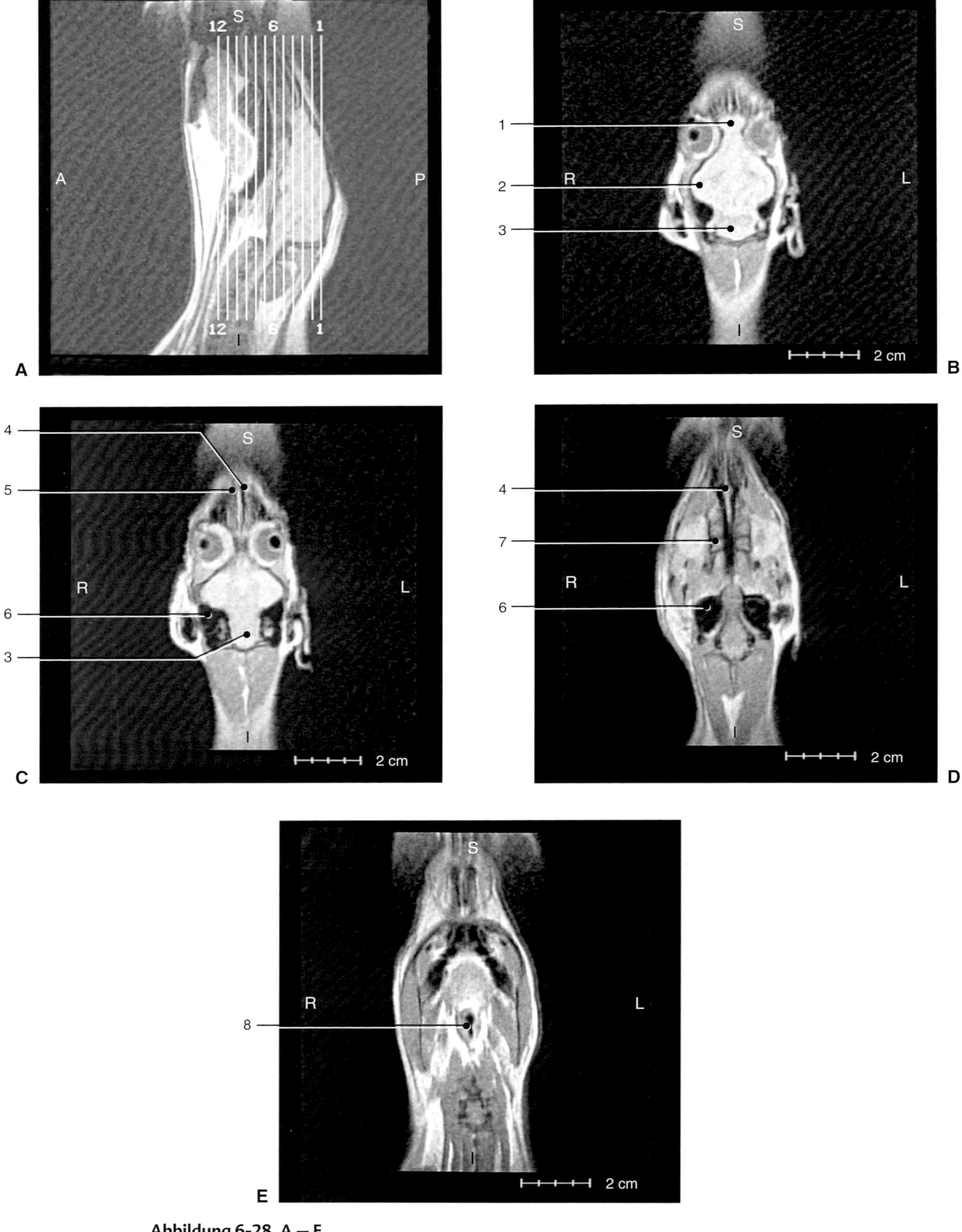

Abbildung 6-28, A – E
Tierart: Meerschweinchen
Organsystem: MRT Kopf
Schnittebene: coronal

1. Bulbus olfactorius
2. Großhirn
3. Kleinhirn
4. Nasenscheidewand
5. Nasenhöhle
6. Cavum tympani
7. Backenzahn
8. Kehlkopf

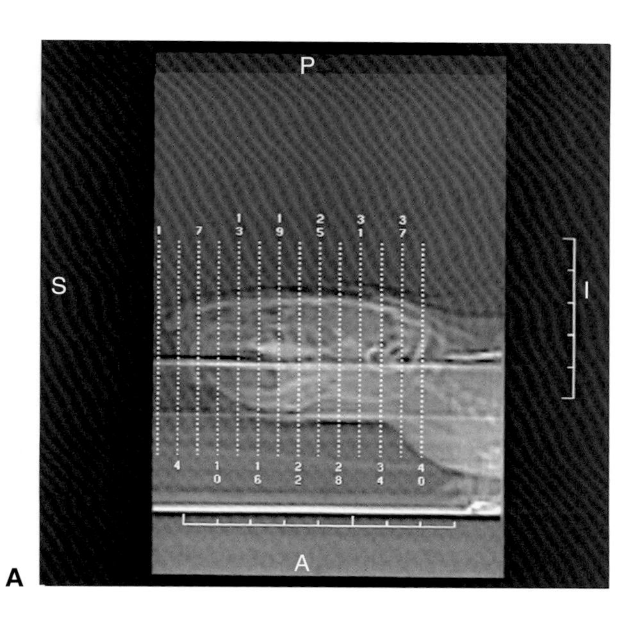

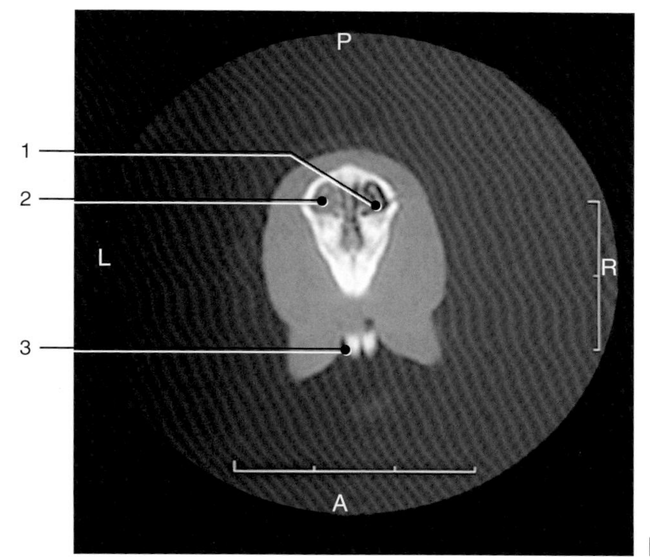

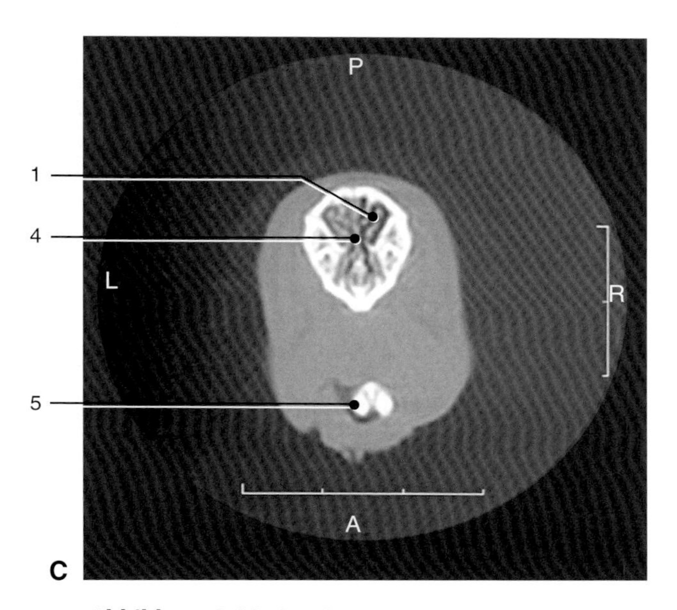

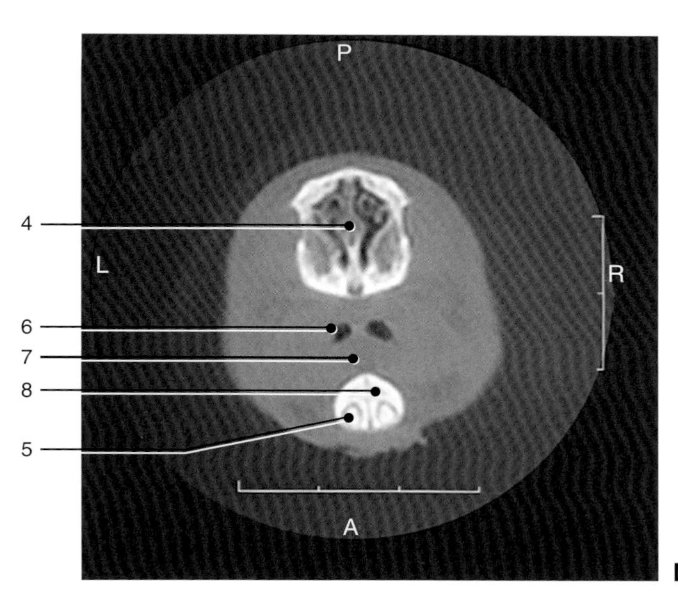

Abbildung 6-29, A – D
Tierart: Meerschweinchen
Organsystem: CT Kopf
Schnittebene: transversal
Körpermasse: 1,2 kg
Geschlecht: männlich unkastriert
Lebensalter: 1,5 J.

1. Nasenmuscheln
2. Nasenhöhle
3. oberer Schneidezahn
4. Nasenscheidewand
5. unterer Schneidezahn
6. Mundhöhle
7. Zunge
8. Mandibula
9. Siebbeinmuscheln
10. Backenzahn
11. Proc. zygomaticus
12. Lamina cribrosa
13. Augapfel
14. Os zygomaticum
15. Großhirn
16. Nasenrachen
17. Os basisphenoidale
18. M. pterygoideus
19. Kiefergelenk
20. Mandibula
21. Zungenbein
22. Cavum tympani
23. Bulla tympanica
24. Os occipitale
25. Kehlkopf
26. Gehörgang (kalzifiziert)
27. Gehörgang
28. Condylus occipitalis
29. Crista sagittalis externa
30. Atlas

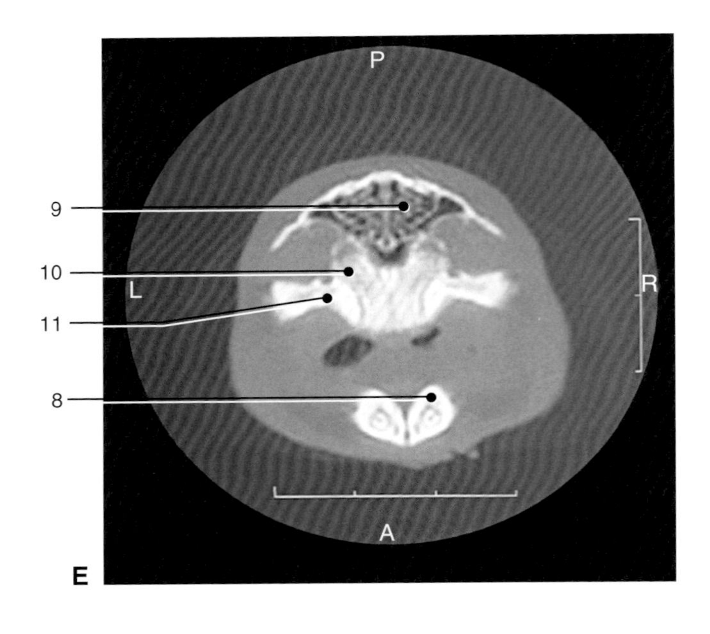

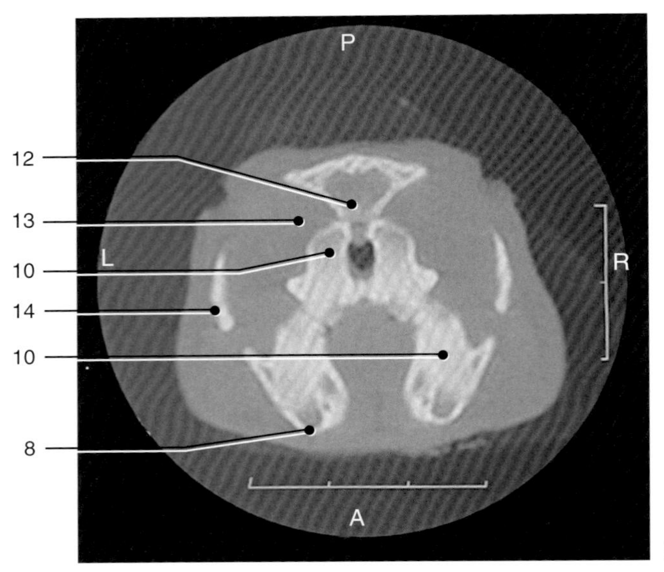

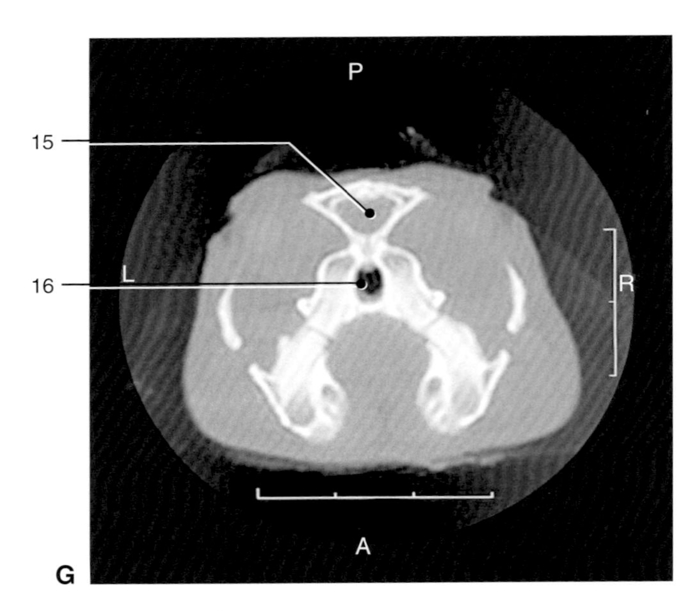

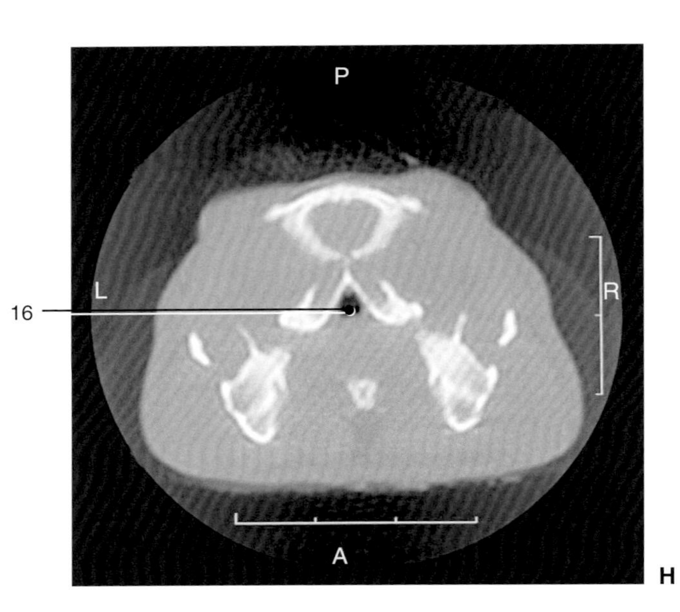

Abbildung 6-29, E – H
Tierart: Meerschweinchen
Organsystem: CT Kopf
Schnittebene: transversal
Körpermasse: 1,2 kg
Geschlecht: männlich unkastriert
Lebensalter: 1,5 J.

1. Nasenmuscheln
2. Nasenhöhle
3. oberer Schneidezahn
4. Nasenscheidewand
5. unterer Schneidezahn
6. Mundhöhle
7. Zunge
8. Mandibula
9. Siebbeinmuscheln
10. Backenzahn
11. Proc. zygomaticus
12. Lamina cribrosa
13. Augapfel
14. Os zygomaticum
15. Großhirn
16. Nasenrachen
17. Os basisphenoidale
18. M. pterygoideus
19. Kiefergelenk
20. Mandibula
21. Zungenbein
22. Cavum tympani
23. Bulla tympanica
24. Os occipitale
25. Kehlkopf
26. Gehörgang (kalzifiziert)
27. Gehörgang
28. Condylus occipitalis
29. Crista sagittalis externa
30. Atlas

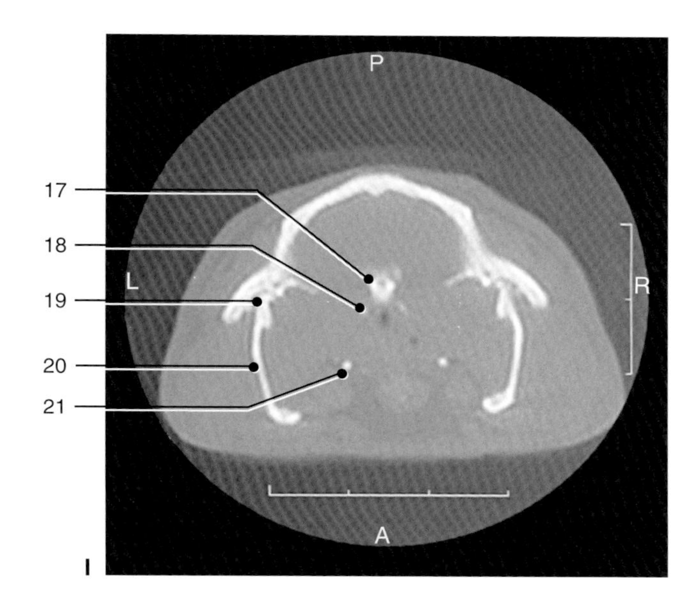

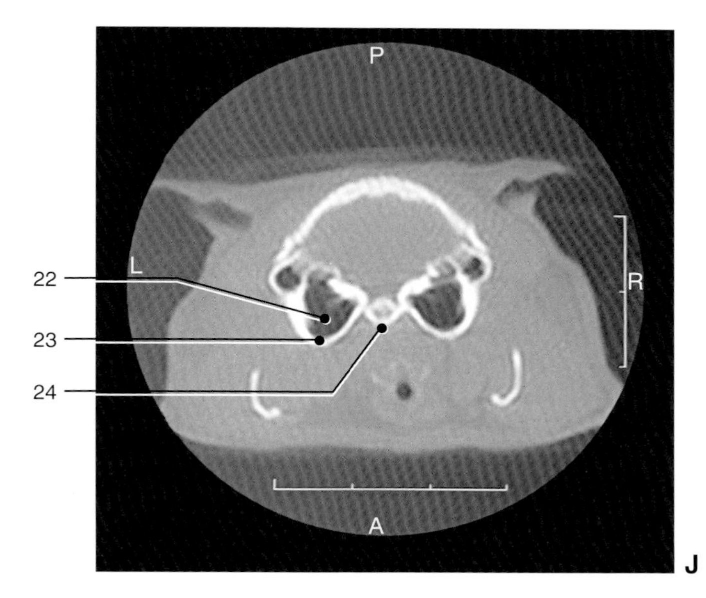

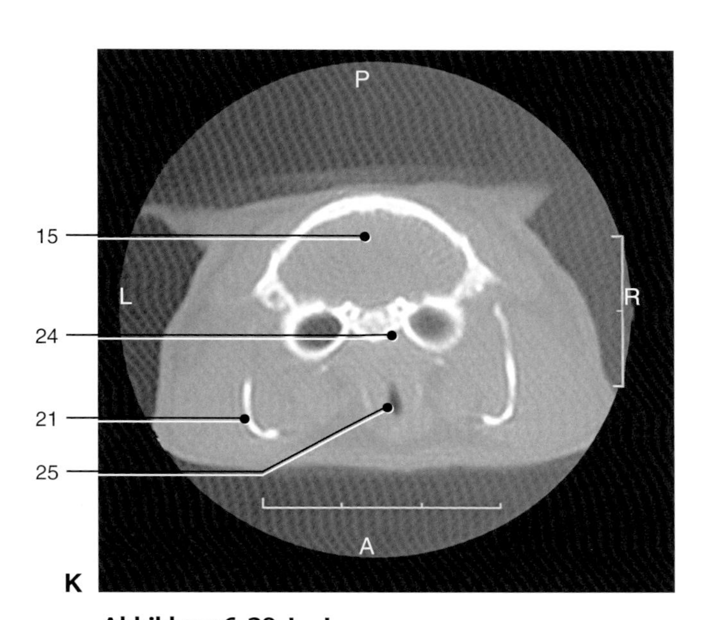

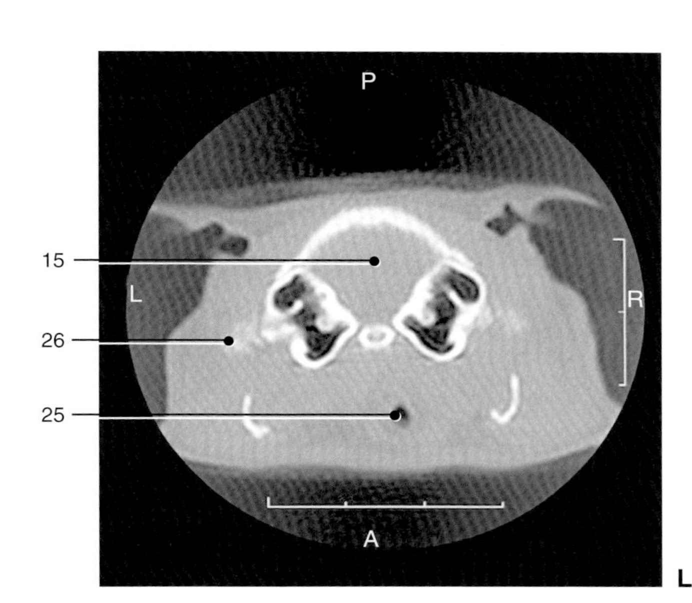

Abbildung 6-29, I – L
Tierart: Meerschweinchen
Organsystem: CT Kopf
Schnittebene: transversal
Körpermasse: 1,2 kg
Geschlecht: männlich unkastriert
Lebensalter: 1,5 J.

1. Nasenmuscheln
2. Nasenhöhle
3. oberer Schneidezahn
4. Nasenscheidewand
5. unterer Schneidezahn
6. Mundhöhle
7. Zunge
8. Mandibula
9. Siebbeinmuscheln
10. Backenzahn
11. Proc. zygomaticus
12. Lamina cribrosa
13. Augapfel
14. Os zygomaticum
15. Großhirn
16. Nasenrachen
17. Os basisphenoidale
18. M. pterygoideus
19. Kiefergelenk
20. Mandibula
21. Zungenbein
22. Cavum tympani
23. Bulla tympanica
24. Os occipitale
25. Kehlkopf
26. Gehörgang (kalzifiziert)
27. Gehörgang
28. Condylus occipitalis
29. Crista sagittalis externa
30. Atlas

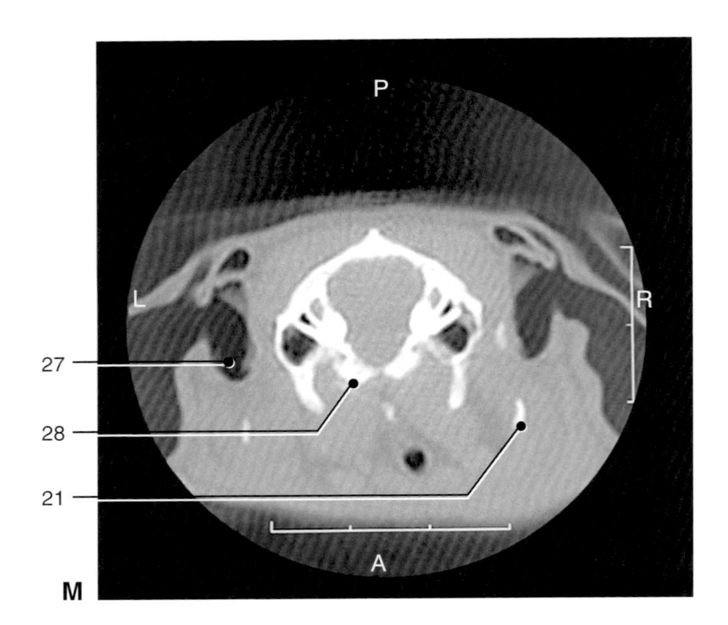

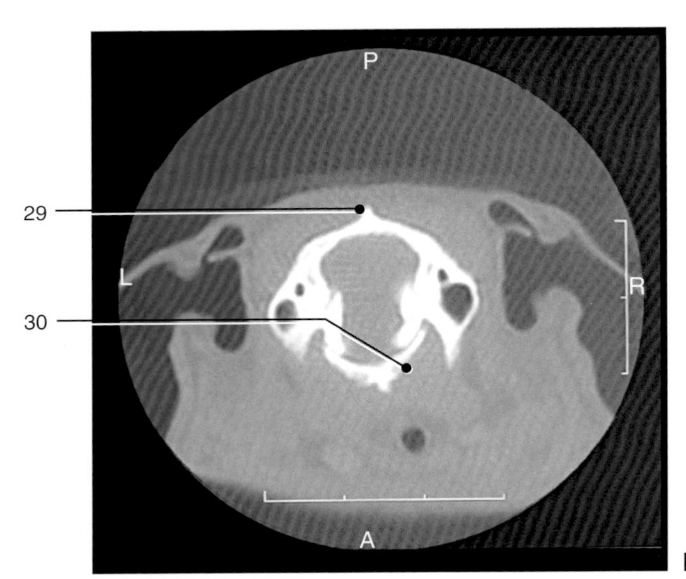

Abbildung 6-29, M und N
Tierart: Meerschweinchen
Organsystem: CT Kopf
Schnittebene: transversal
Körpermasse: 1,2 kg
Geschlecht: männlich unkastriert
Lebensalter: 1,5 J.

1. Nasenmuscheln
2. Nasenhöhle
3. oberer Schneidezahn
4. Nasenscheidewand
5. unterer Schneidezahn
6. Mundhöhle
7. Zunge
8. Mandibula
9. Siebbeinmuscheln
10. Backenzahn
11. Proc. zygomaticus
12. Lamina cribrosa
13. Augapfel
14. Os zygomaticum
15. Großhirn
16. Nasenrachen
17. Os basisphenoidale
18. M. pterygoideus
19. Kiefergelenk
20. Mandibula
21. Zungenbein
22. Cavum tympani
23. Bulla tympanica
24. Os occipitale
25. Kehlkopf
26. Gehörgang (kalzifiziert)
27. Gehörgang
28. Condylus occipitalis
29. Crista sagittalis externa
30. Atlas

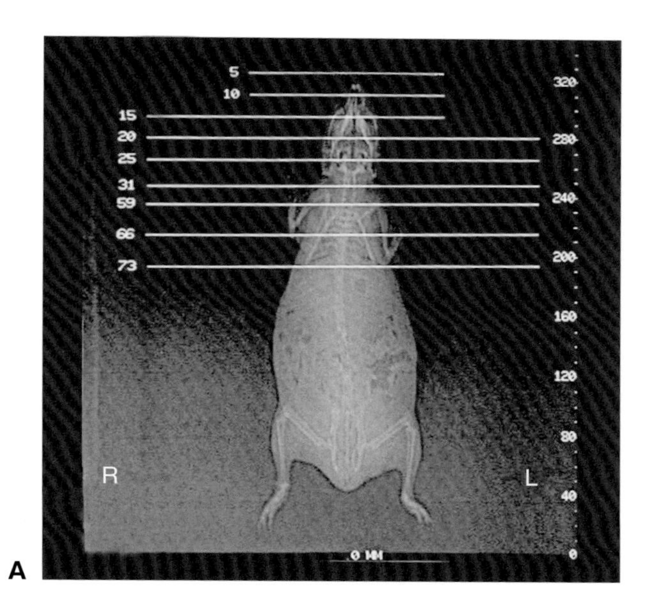

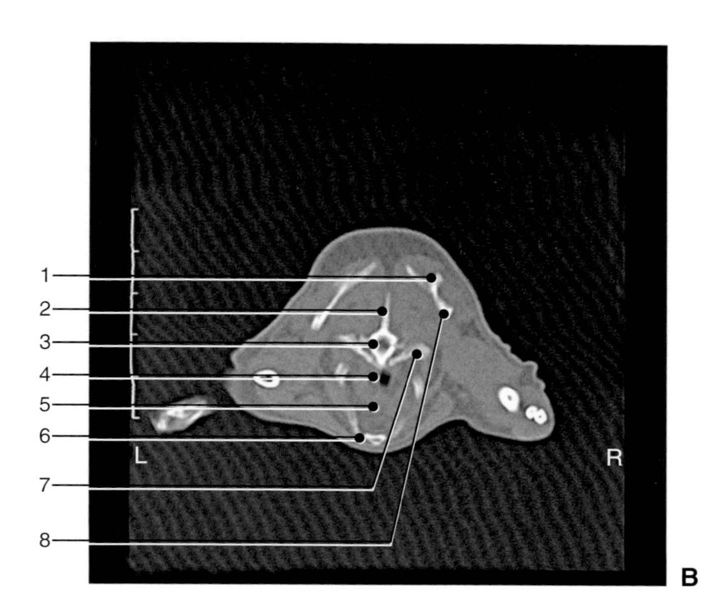

Abbildung 6-30, A – C
Tierart: Meerschweinchen
Organsystem: CT Thorax
Schnittebene: transversal

1. Spina scapulae
2. Proc. spinosus (Brustwirbel)
3. Rückenmarkkanal
4. Luftröhre
5. kraniales Mediastinum
6. Brustbein
7. Rippe
8. Scapula
9. Lunge
10. A. pulmonalis
11. Aorta
12. Humerus
13. Herz
14. Cartilago costalis
15. Ulna
16. Radius
17. Bronchus
18. V. pulmonalis
19. Ellenbogengelenk
20. V. cava caudalis
21. Leber

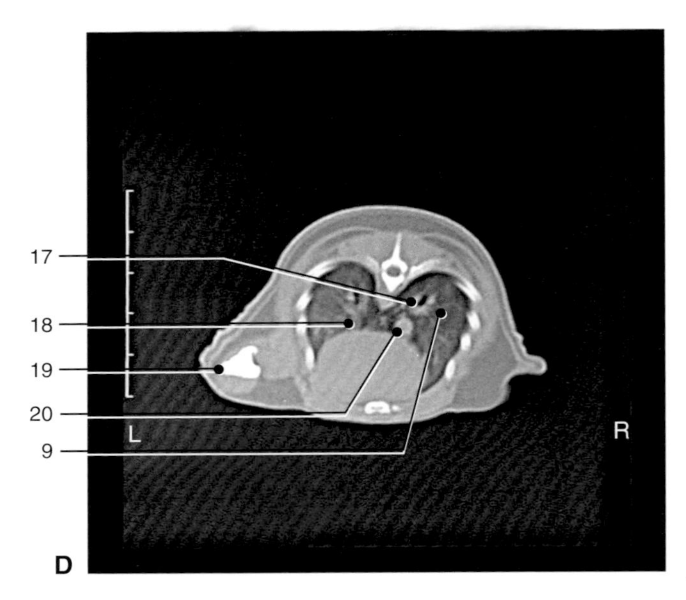

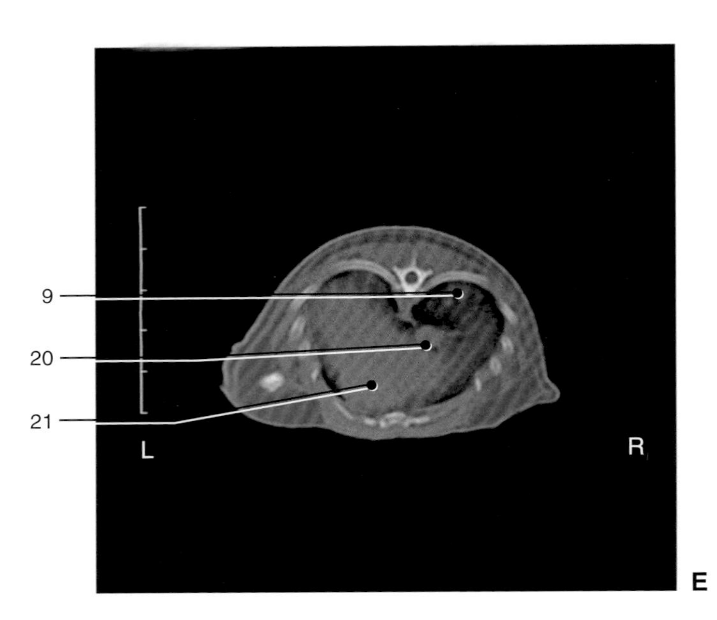

Abbildung 6-30, D und E
Tierart: Meerschweinchen
Organsystem: CT Thorax
Schnittebene: transversal

1. Spina scapulae
2. Proc. spinosus (Brustwirbel)
3. Rückenmarkkanal
4. Luftröhre
5. kraniales Mediastinum
6. Brustbein
7. Rippe
8. Scapula
9. Lunge
10. A. pulmonalis
11. Aorta
12. Humerus
13. Herz
14. Cartilago costalis
15. Ulna
16. Radius
17. Bronchus
18. V. pulmonalis
19. Ellenbogengelenk
20. V. cava caudalis
21. Leber

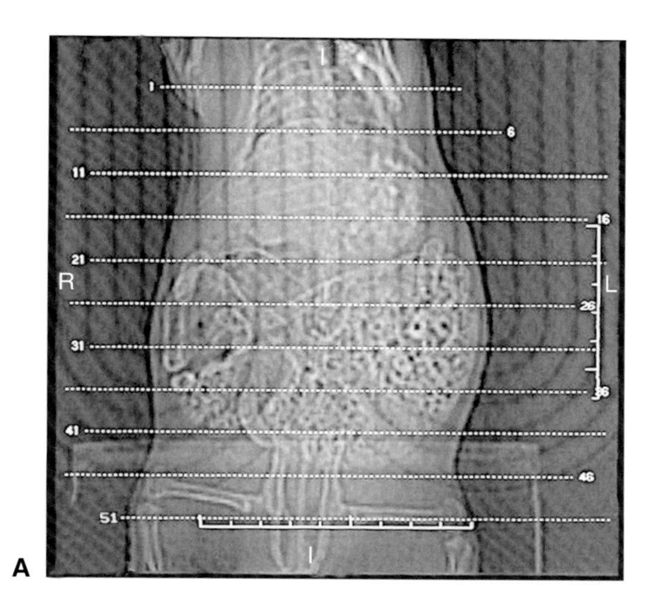

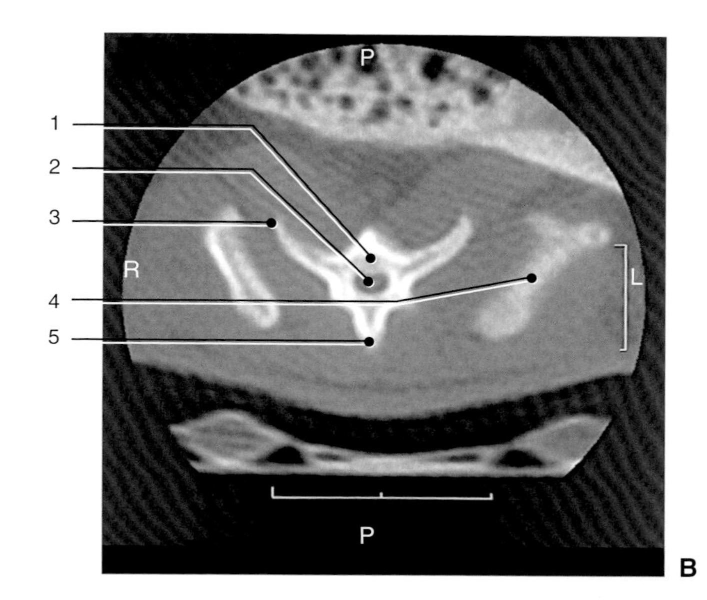

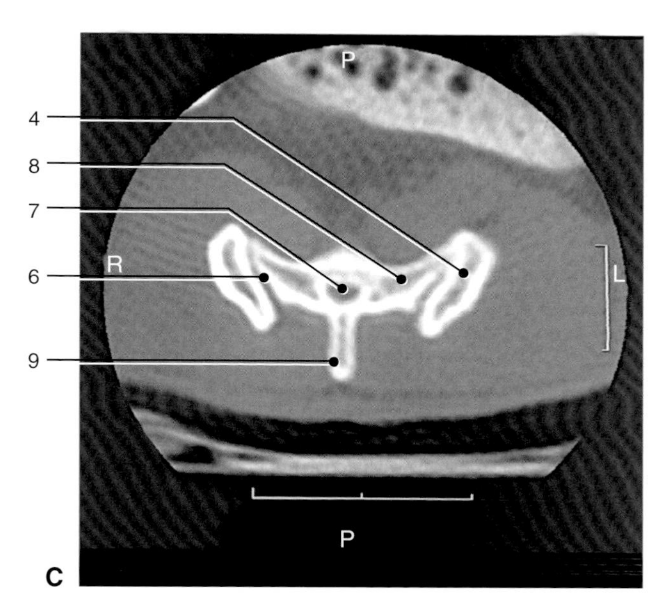

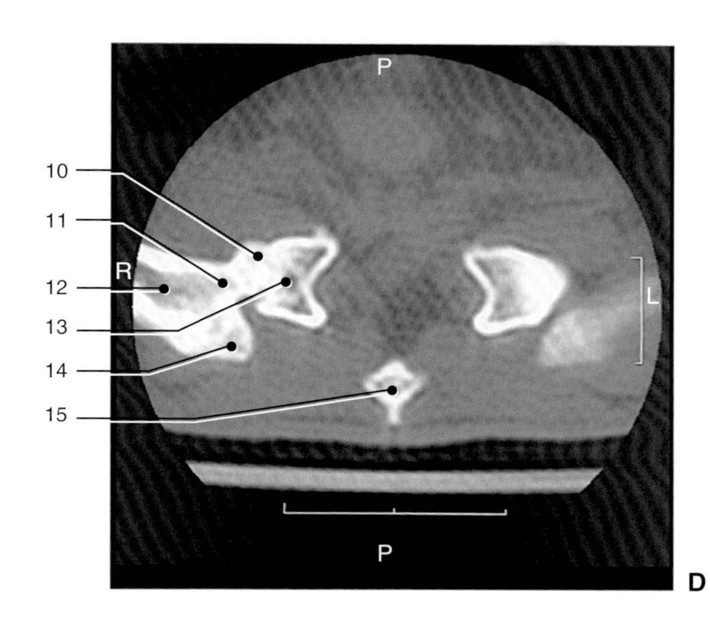

Abbildung 6-31, A – D
Tierart: Meerschweinchen
Organsystem: CT Becken
Schnittebene: transversal
Körpermasse: 1,2 kg
Geschlecht: männlich unkastriert
Lebensalter: 1,5 J.

1. Lendenwirbel
2. Rückenmarkkanal der Lendenwirbelsäule
3. Proc. transversus (Lendenwirbel)
4. Os ilium
5. Proc. spinosus (Lendenwirbel)
6. Articulatio sacroiliaca
7. Rückenmarkkanal des Kreuzbeins
8. Kreuzwirbel
9. Proc. spinosus (Kreuzwirbel)
10. Caput ossis femoris
11. Collum ossis femoris
12. Os femoris
13. Acetabulum
14. Trochanter major ossis femoris
15. Schwanzwirbel

KAPITEL 7

Kaninchen *(Oryctolagus cuniculus)*

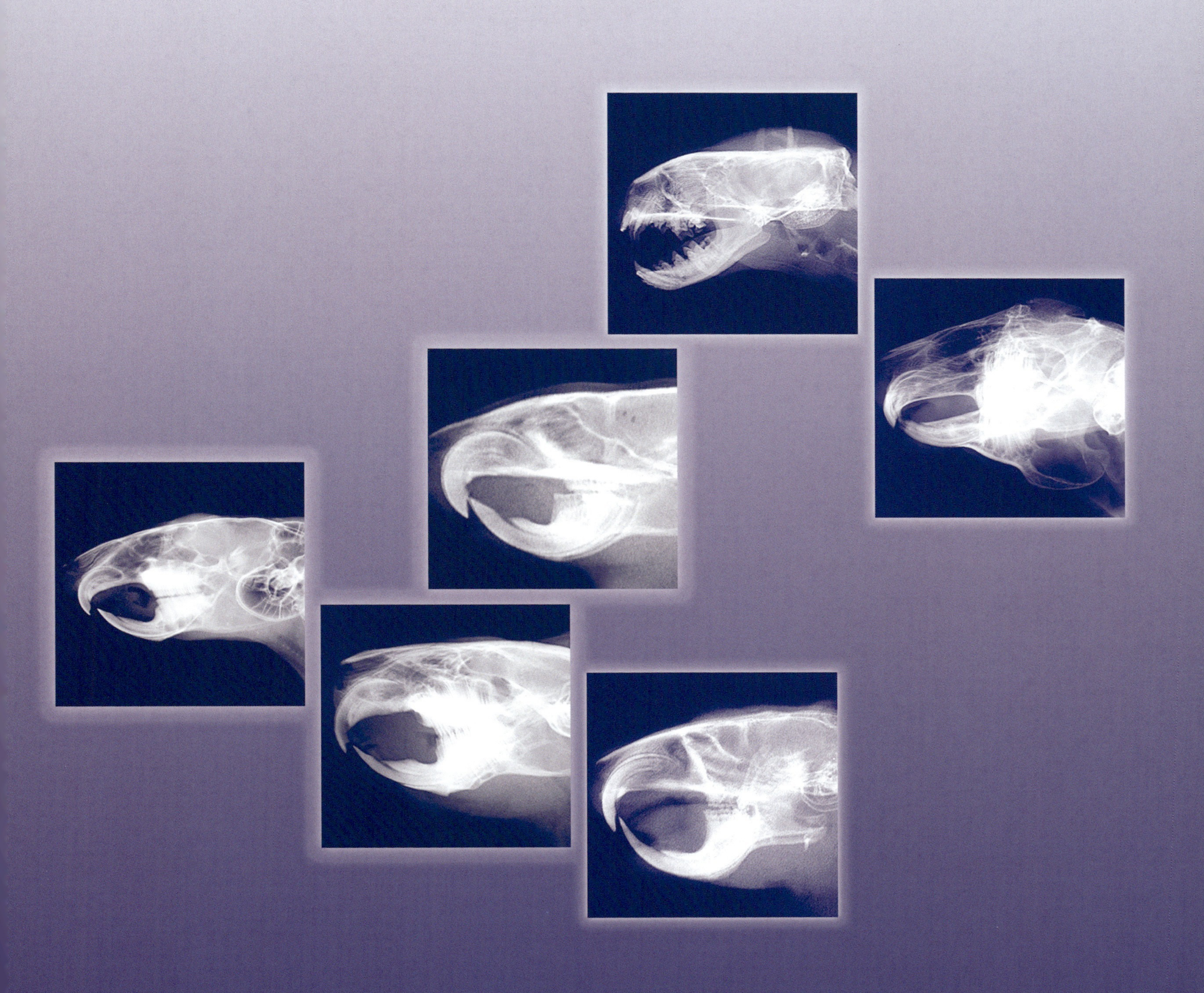

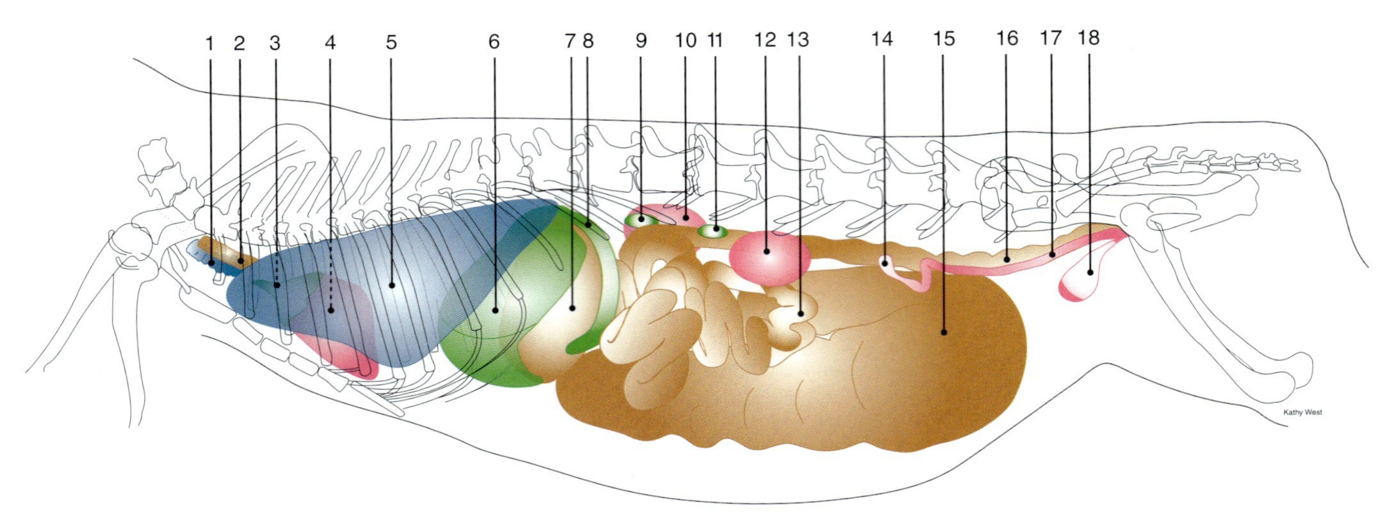

Abbildung 7-1, A Zeichnung der Anatomie (linke Seitenansicht) der Brust- und Bauchorgane eines adulten weiblichen Kaninchens.

1. Luftröhre
2. Speiseröhre
3. Thymus
4. Herz
5. Lunge
6. Leber
7. Magen
8. Milz
9. rechte Nebenniere
10. rechte Niere
11. linke Nebenniere
12. linke Niere
13. Dünndarm
14. linker Eierstock
15. Blinddarm
16. Colon descendens
17. linkes Gebärmutterhorn
18. Harnblase

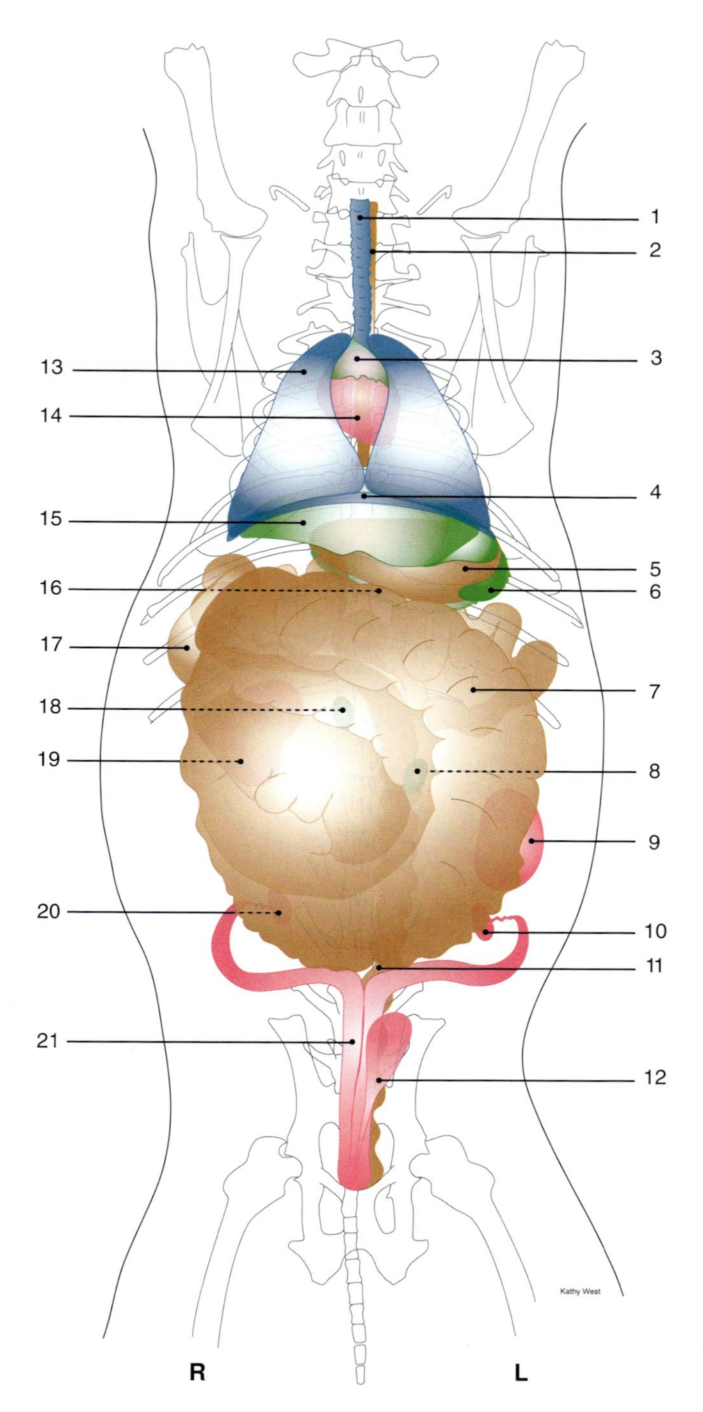

Abbildung 7-1, B Zeichnung der Anatomie (ventrale Ansicht) der Brust- und Bauchorgane eines adulten weiblichen Kaninchens.

1. Luftröhre
2. Speiseröhre
3. Thymus
4. Zwerchfell
5. Magen
6. Milz
7. Blinddarm
8. linke Nebenniere
9. linke Niere
10. linker Eierstock
11. Colon descendens
12. Harnblase
13. Lunge
14. Herz
15. Leber
16. Pankreas
17. Dünndarm
18. rechte Nebenniere
19. rechte Niere
20. rechter Eierstock
21. rechtes Gebärmutterhorn

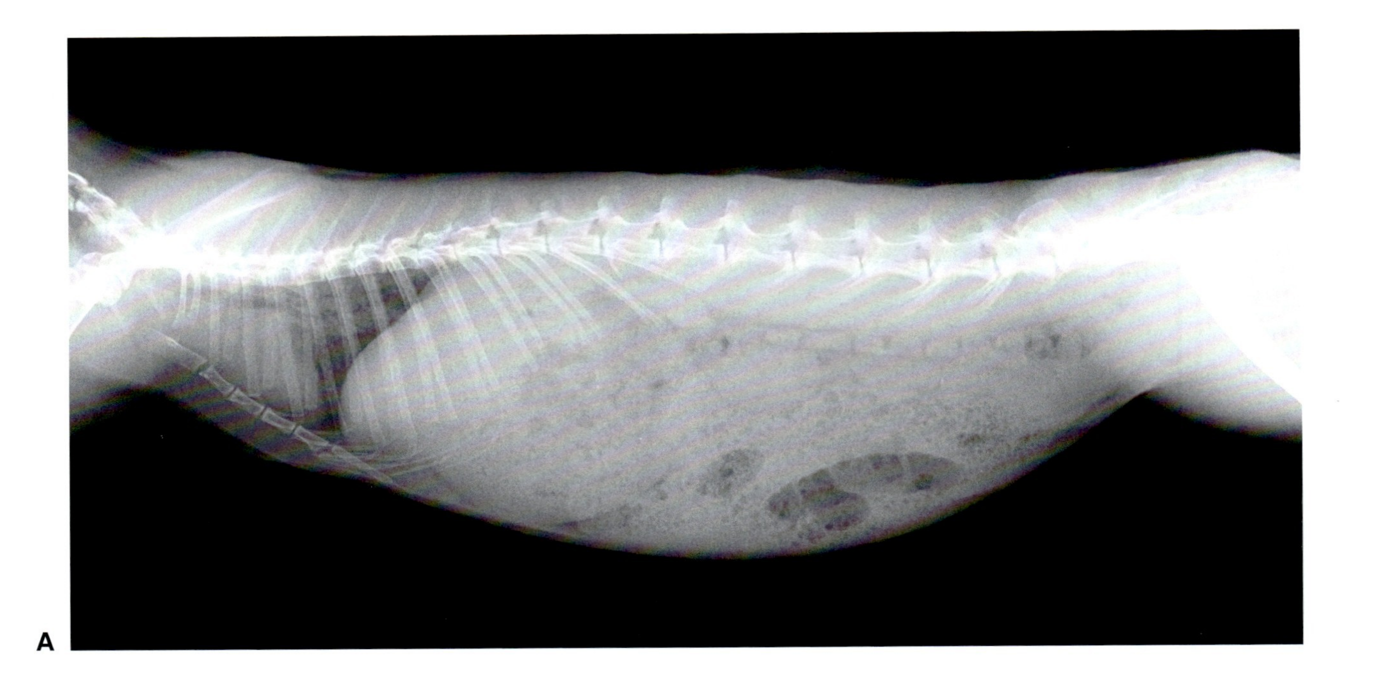

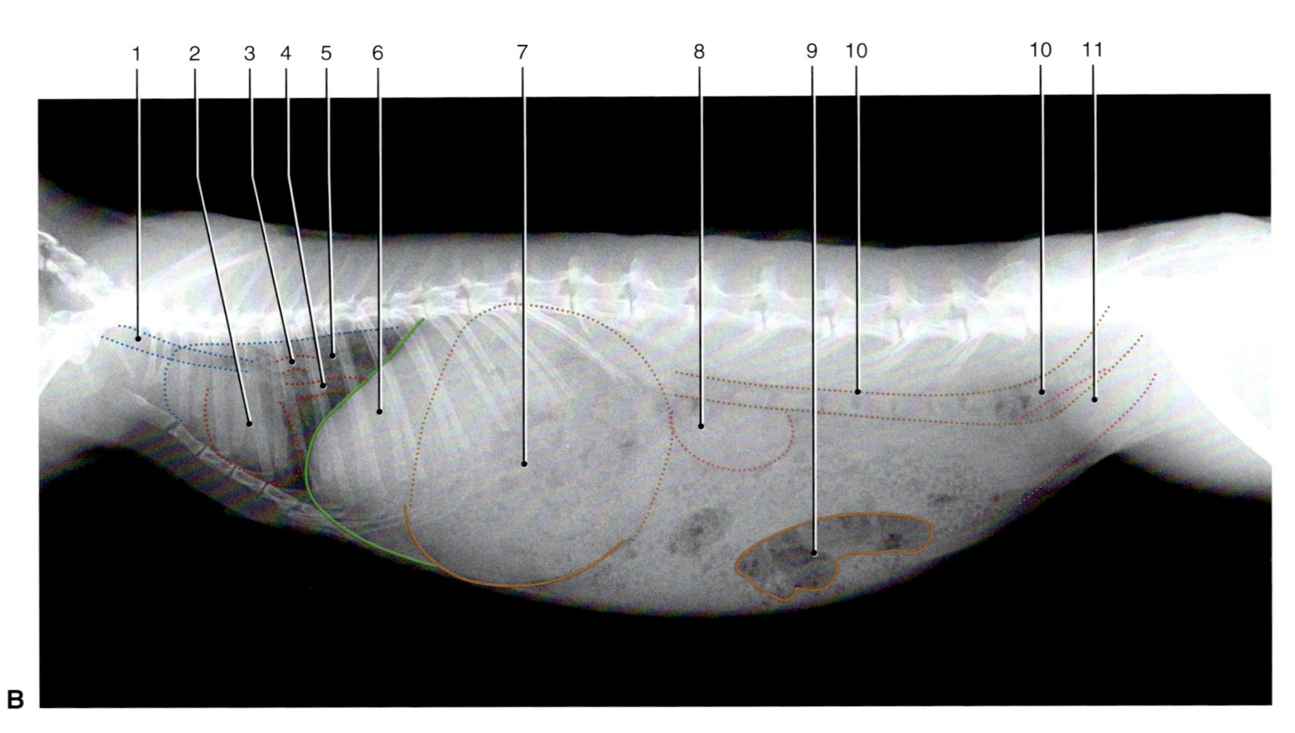

Abbildung 7-2, A und B
Tierart: Kaninchen
Organsystem: Brust- und Bauchorgane
Projektion: laterolateral (rechte Seitenlage)
Körpermasse: 2,2 kg
Geschlecht: männlich kastriert
Lebensalter: adult

1. Luftröhre
2. Herz
3. Lungengefäße
4. V. cava caudalis
5. Lunge
6. Leber
7. Magen
8. Niere
9. Blinddarm
10. Dickdarm
11. Harnblase

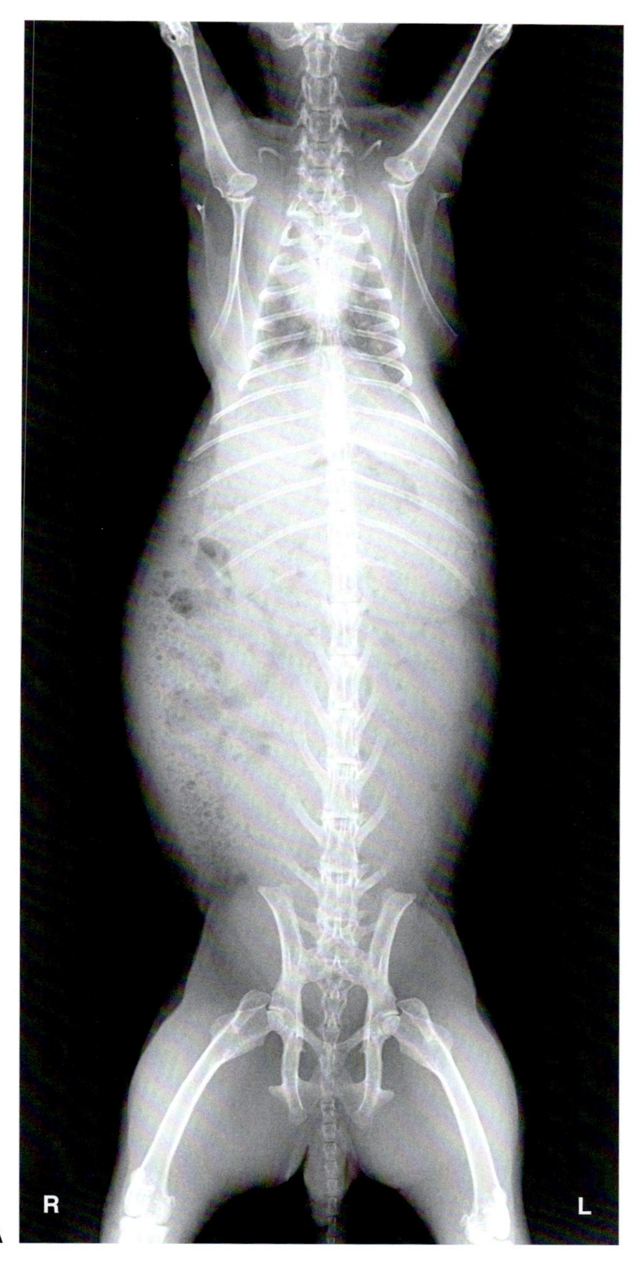

Abbildung 7-3, A
Tierart: Kaninchen
Organsystem: Brust- und Bauchorgane
Projektion: ventrodorsal (Rückenlage)
Körpermasse: 2,2 kg
Geschlecht: männlich kastriert
Lebensalter: adult

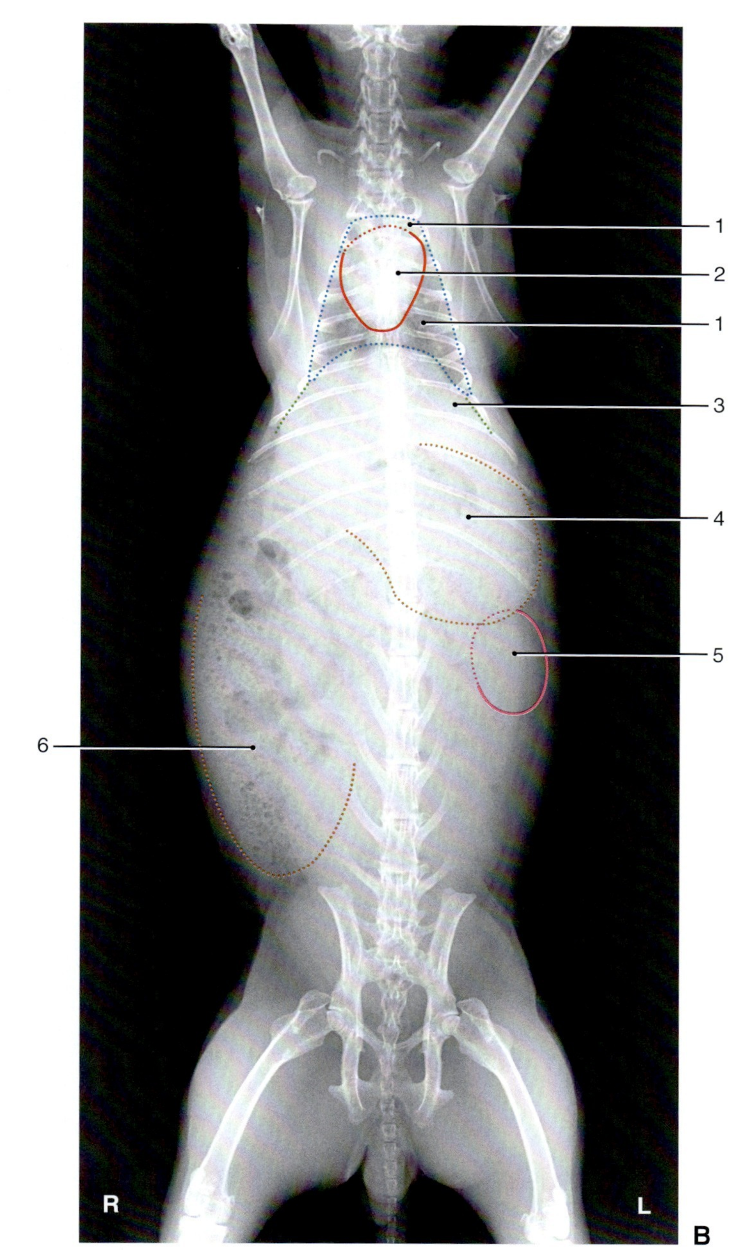

Abbildung 7-3, B
Tierart: Kaninchen
Organsystem: Brust- und Bauchorgane
Projektion: ventrodorsal (Rückenlage)
Körpermasse: 2,2 kg
Geschlecht: männlich kastriert
Lebensalter: adult

1. Lunge
2. Herz
3. Leber
4. Magen
5. linke Niere
6. Blinddarm

Abbildung 7-4, A
Tierart: Kaninchen
Organsystem: Kopf
Projektion: laterolateral (rechte Seitenlage)
Körpermasse: 4,1 kg
Geschlecht: weiblich unkastriert
Lebensalter: adult

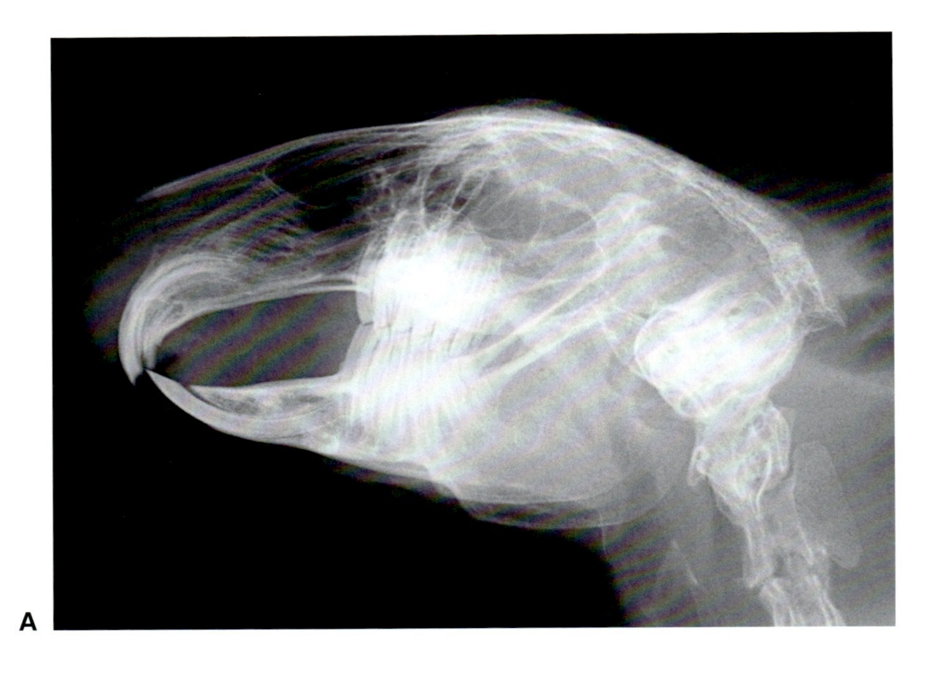

Abbildung 7-4, B
Tierart: Kaninchen
Organsystem: Kopf
Projektion: laterolateral (rechte Seitenlage)
Körpermasse: 4,1 kg
Geschlecht: weiblich unkastriert
Lebensalter: adult

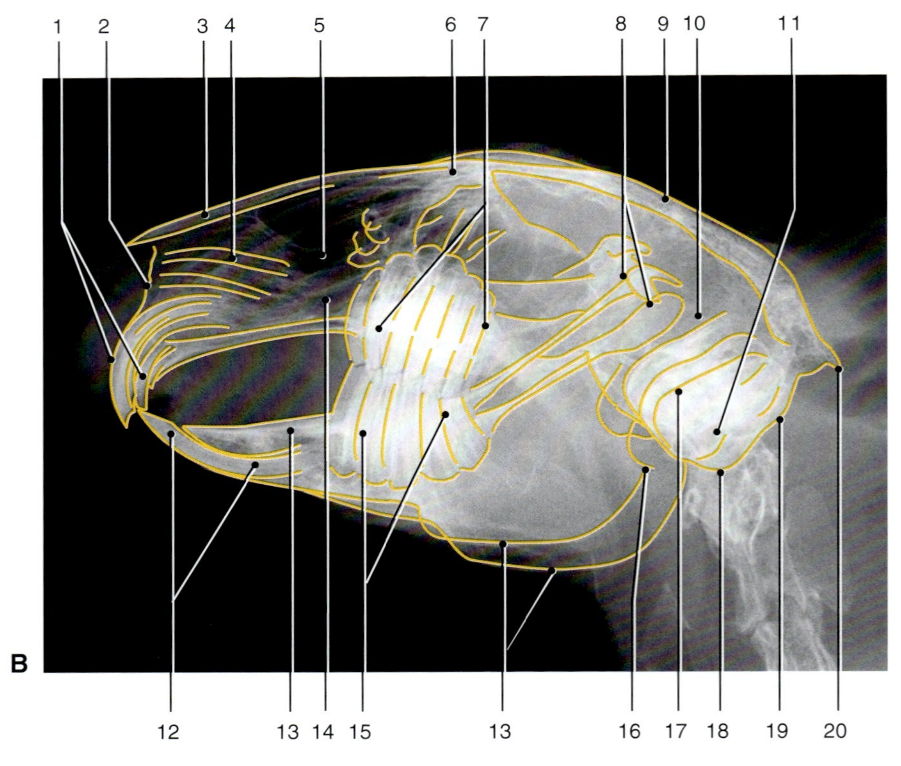

1. oberer Schneidezahn
2. Os incisivum
3. Os nasale
4. Nasenmuscheln
5. Nasenhöhle
6. Os frontale
7. Prämolar und Molaren (Oberkiefer)
8. Proc. condylaris mandibulae
9. Os parietale
10. Os temporale
11. Cavum tympani
12. unterer Schneidezahn
13. Mandibula
14. Maxilla
15. Prämolar und Molaren (Unterkiefer)
16. Proc. angularis mandibulae
17. Bulla tympanica
18. Condylus occipitalis
19. Os occipitale
20. Protuberantia occipitalis externa

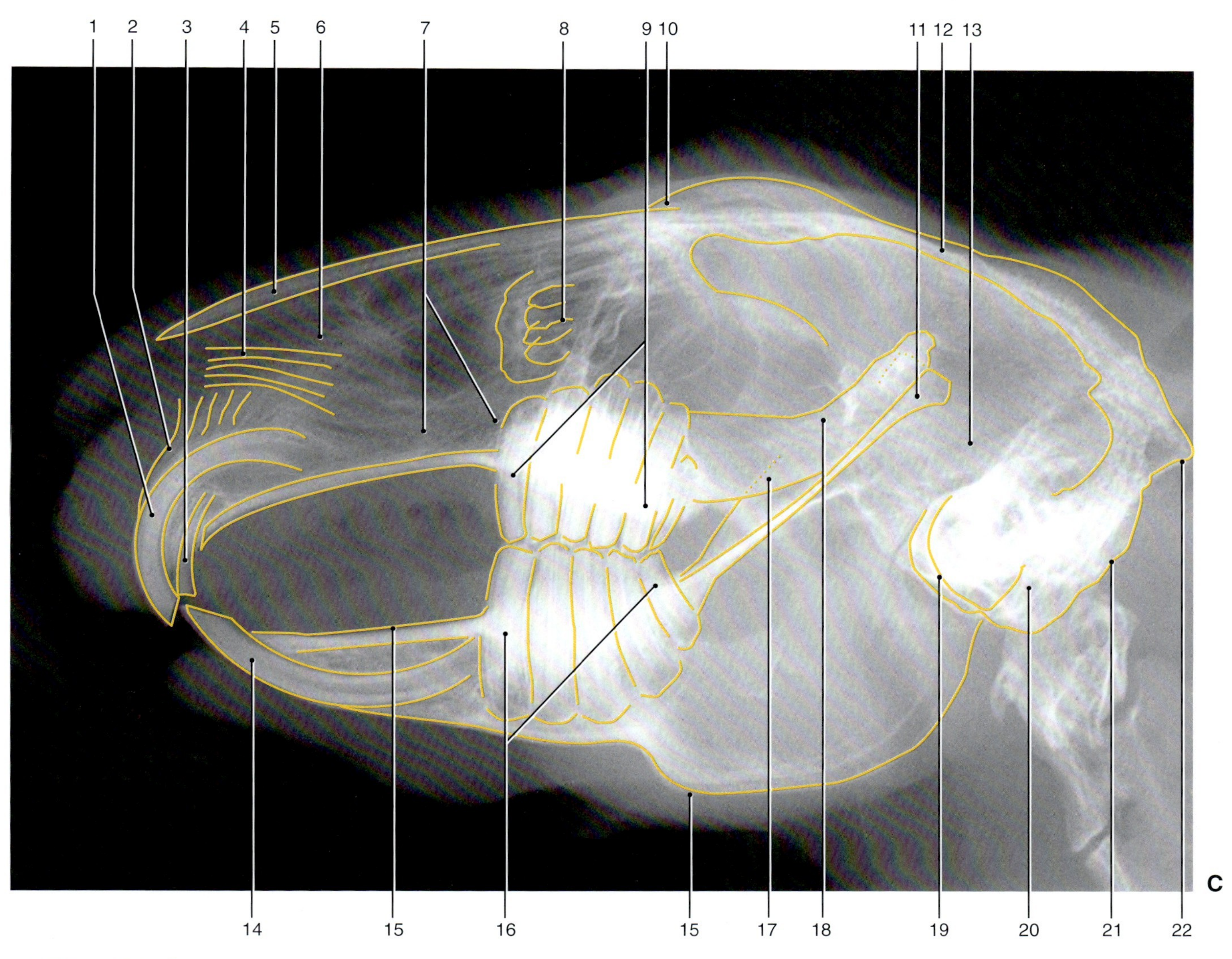

Abbildung 7-4, C
Tierart: Kaninchen
Organsystem: Kopf (direktvergrößerte Aufnahme)
Projektion: laterolateral (rechte Seitenlage)

1. oberer Schneidezahn
2. Os incisivum
3. Stiftzahn
4. Nasenmuscheln
5. Os nasale
6. Nasenhöhle
7. Maxilla
8. Siebbeinmuscheln
9. Prämolar und Molaren (Oberkiefer)
10. Os frontale
11. Proc. condylaris mandibulae
12. Os parietale
13. Os temporale
14. unterer Schneidezahn
15. Mandibula
16. Prämolar und Molaren (Unterkiefer)
17. Margo rostralis des Ramus mandibulae
18. Os zygomaticum
19. Bulla tympanica
20. Cavum tympani
21. Os occipitale
22. Protuberantia occipitalis externa

Abbildung 7-5, A
Tierart: Kaninchen
Organsystem: Kopf
Projektion: Schrägprojektion (30° ventrodorsal)
Körpermasse: 4,1 kg
Geschlecht: weiblich unkastriert
Lebensalter: adult

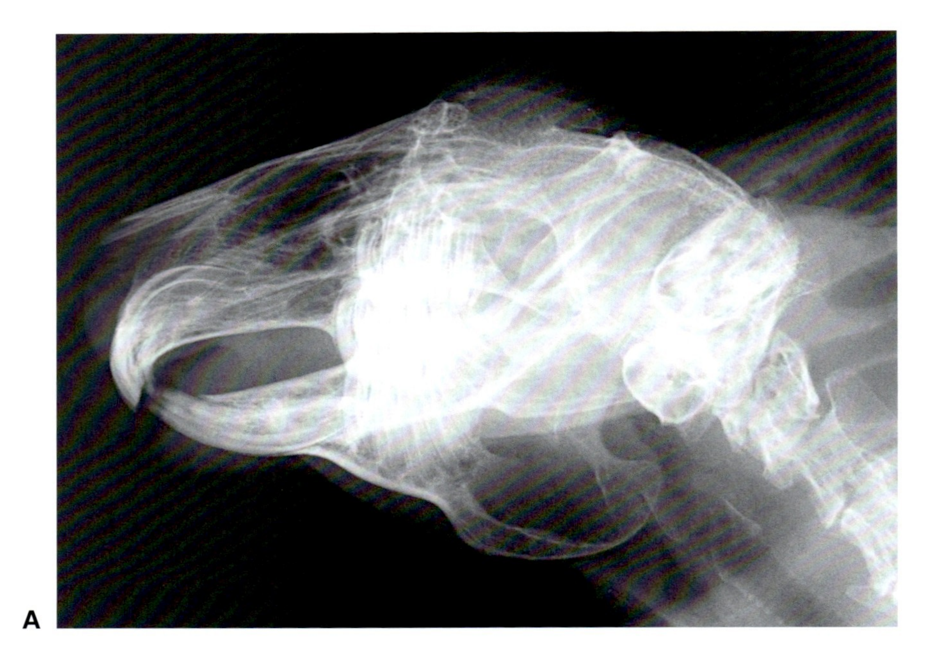

Abbildung 7-5, B
Tierart: Kaninchen
Organsystem: Kopf
Projektion: Schrägprojektion (30° ventrodorsal)
Körpermasse: 4,1 kg
Geschlecht: weiblich unkastriert
Lebensalter: adult

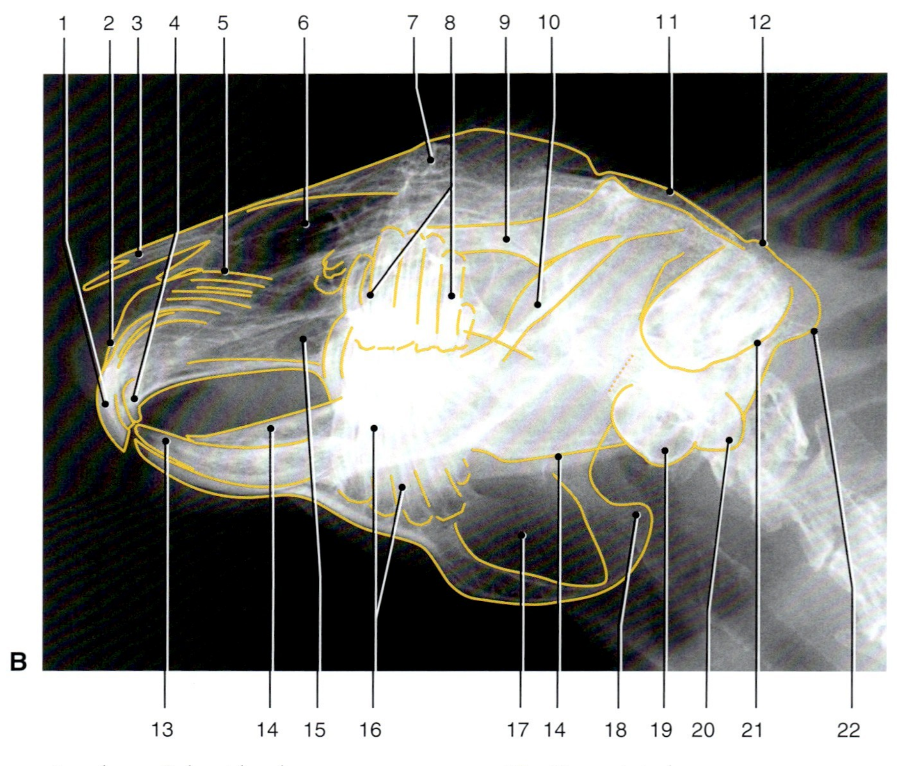

1. oberer Schneidezahn
2. Os incisivum
3. Os nasale
4. Stiftzahn
5. Nasenmuscheln
6. Nasenhöhle
7. Os frontale
8. Prämolar und Molaren (Oberkiefer)
9. Os zygomaticum
10. Margo rostralis des Ramus mandibulae
11. Os parietale
12. Os occipitale
13. unterer Schneidezahn
14. Mandibula
15. Maxilla
16. Prämolar und Molaren (Unterkiefer)
17. Fossa masseterica mandibulae
18. Proc. angularis mandibulae
19. Cavum tympani
20. Condylus occipitalis mandibulae
21. Bulla tympanica
22. Protuberantia occipitalis externa

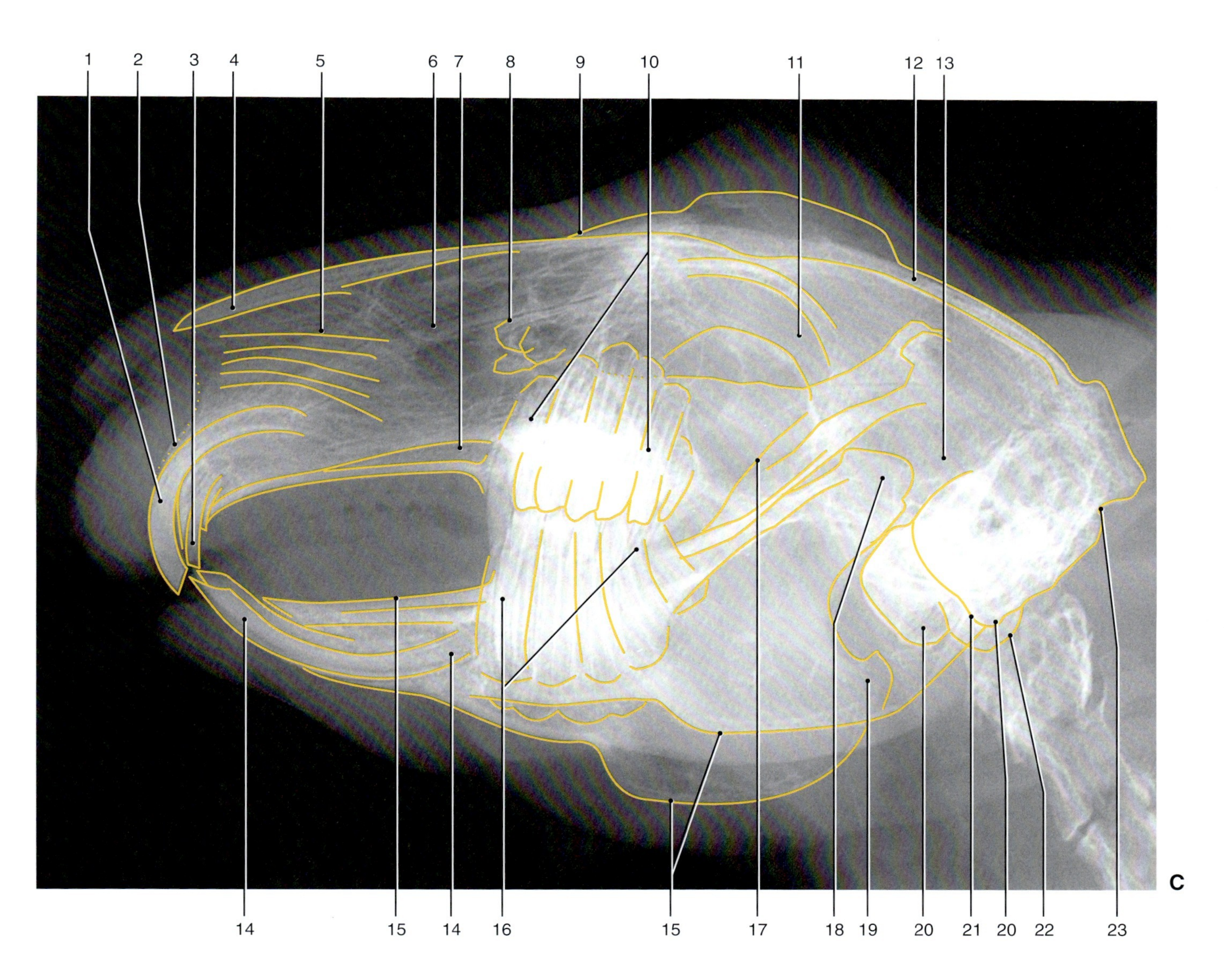

Abbildung 7-5, C
Tierart: Kaninchen
Organsystem: Kopf (direktvergrößerte Aufnahme)
Projektion: Schrägprojektion (10° ventrodorsal)

1. oberer Schneidezahn
2. Os incisivum
3. Stiftzahn
4. Os nasale
5. Nasenmuscheln
6. Nasenhöhle
7. Maxilla
8. Siebbeinmuscheln
9. Os frontale
10. Prämolar und Molaren (Oberkiefer)
11. Os zygomaticum
12. Os parietale Os occipitale
13. Os temporale
14. unterer Schneidezahn
15. Mandibula
16. Prämolar und Molaren (Unterkiefer)
17. Proc. coronoideus mandibulae
18. Proc. condylaris mandibulae
19. Proc. angularis mandibulae
20. Cavum tympani
21. Bulla tympanica
22. Condylus occipitalis
23. Os occipitale

Abbildung 7-6, A
Tierart: Kaninchen
Organsystem: Kopf
Projektion: dorsoventral
Körpermasse: 4,1 kg
Geschlecht: weiblich unkastriert
Lebensalter: adult

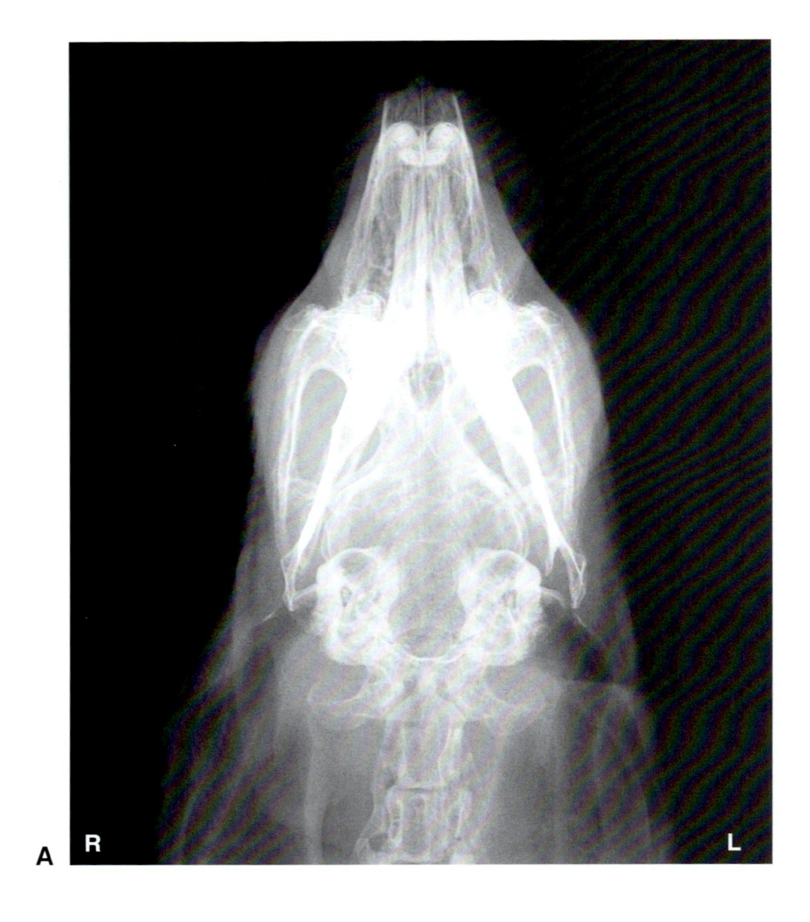

Abbildung 7-6, B
Tierart: Kaninchen
Organsystem: Kopf
Projektion: dorsoventral
Körpermasse: 4,1 kg
Geschlecht: weiblich unkastriert
Lebensalter: adult

1. Os nasale
2. obere Schneidezähne
3. Stiftzahn
4. Os incisivum
5. Maxilla
6. Proc. zygomaticus
7. Os zygomaticum
8. Proc. angularis mandibulae
9. Cavum tympani
10. Bulla tympanica
11. Foramen magnum
12. unterer Schneidezahn
13. 1. Prämolar (Oberkiefer)
14. Tuber facialis maxillae
15. Os palatinum
16. Mandibula
17. Os pterygoideum
18. Os basisphenoidale
19. äußerer Gehörgang
20. Os occipitale

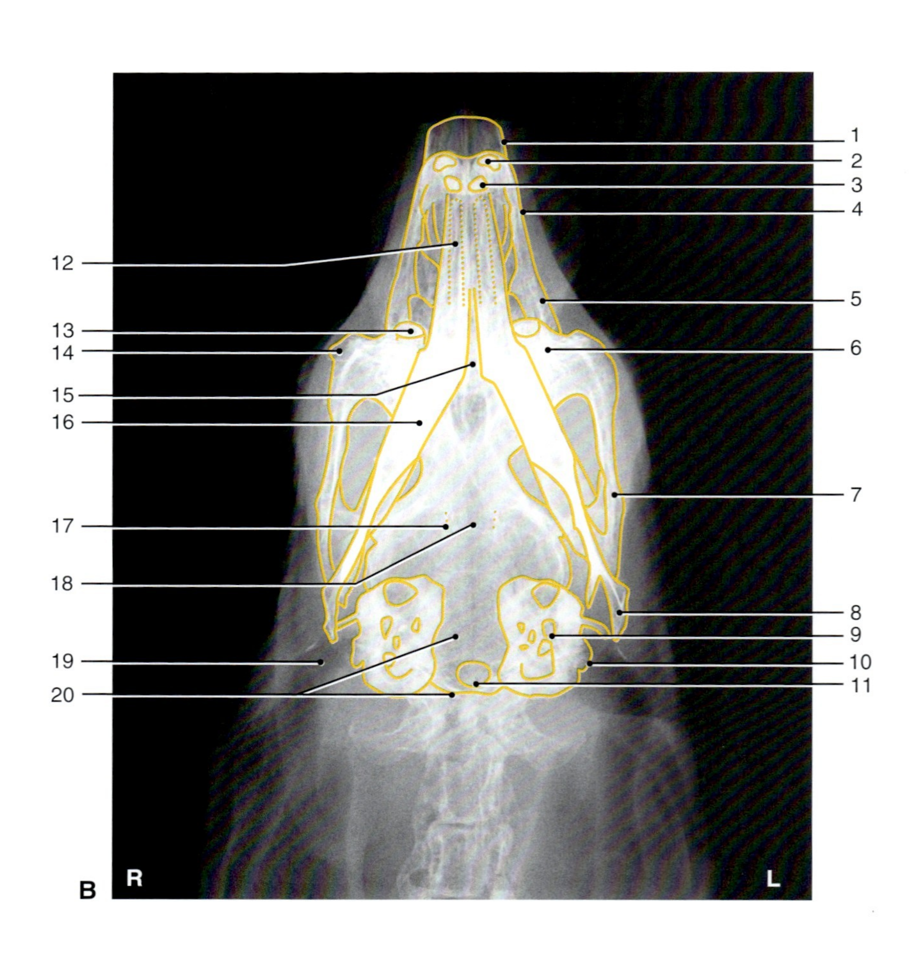

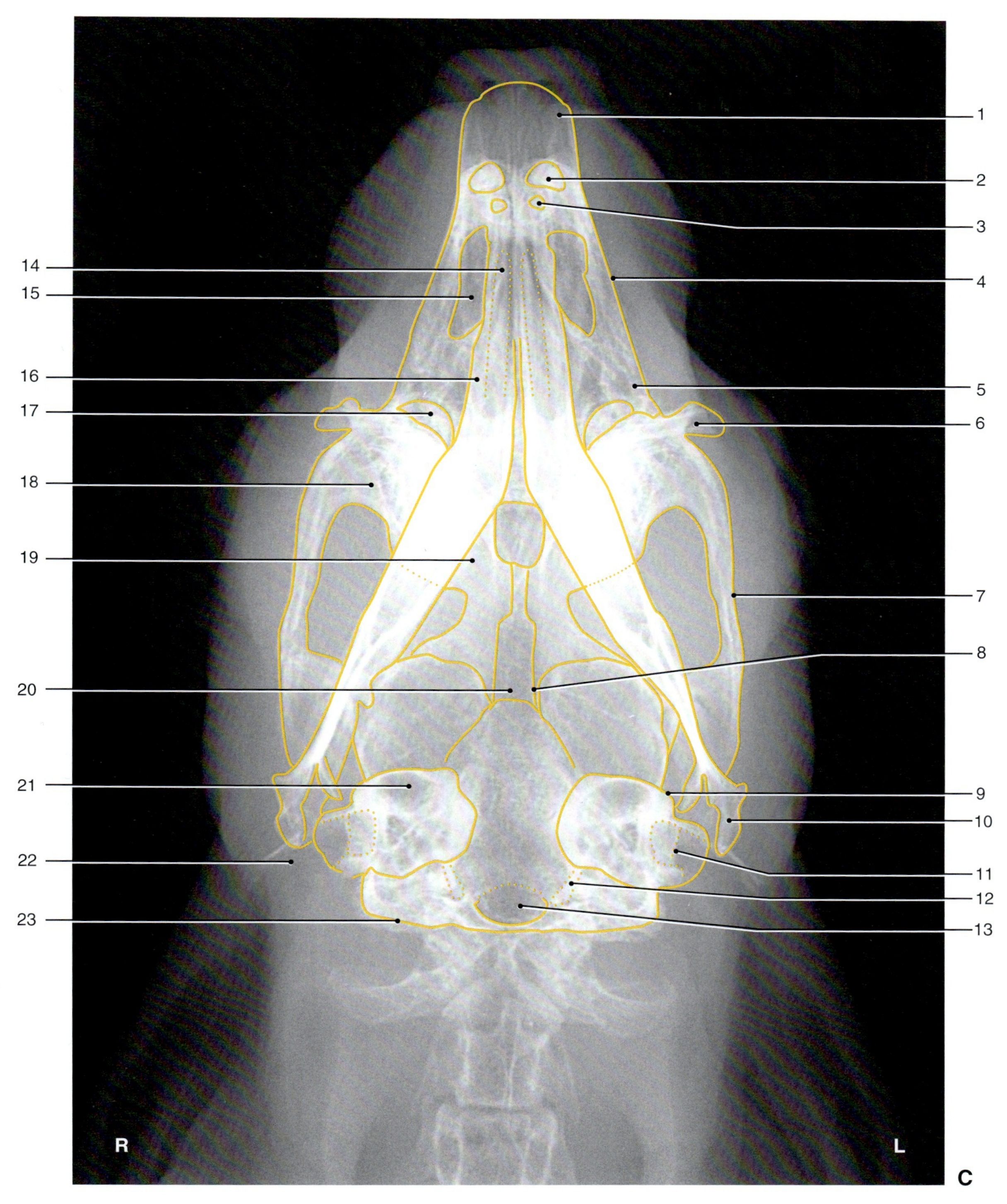

Abbildung 7-6, C
Tierart: Kaninchen
Organsystem: Kopf (direktvergrößerte Aufnahme)
Projektion: dorsoventral

1. Os nasale
2. oberer Schneidezahn
3. Stiftzahn
4. Os incisivum
5. Maxilla
6. Tuber facialis maxillae
7. Os zygomaticum
8. Os pterygoideum
9. Bulla tympanica
10. Proc. angularis mandibulae
11. Porus acusticus externus
12. Condylus occipitalis
13. Foramen magnum
14. unterer Schneidezahn
15. Nasenhöhle
16. Mandibula
17. 1. Prämolar (Oberkiefer)
18. Proc. zygomaticus
19. Os palatinum
20. Os basisphenoidale
21. Cavum tympani
22. äußerer Gehörgang
23. Os occipitale

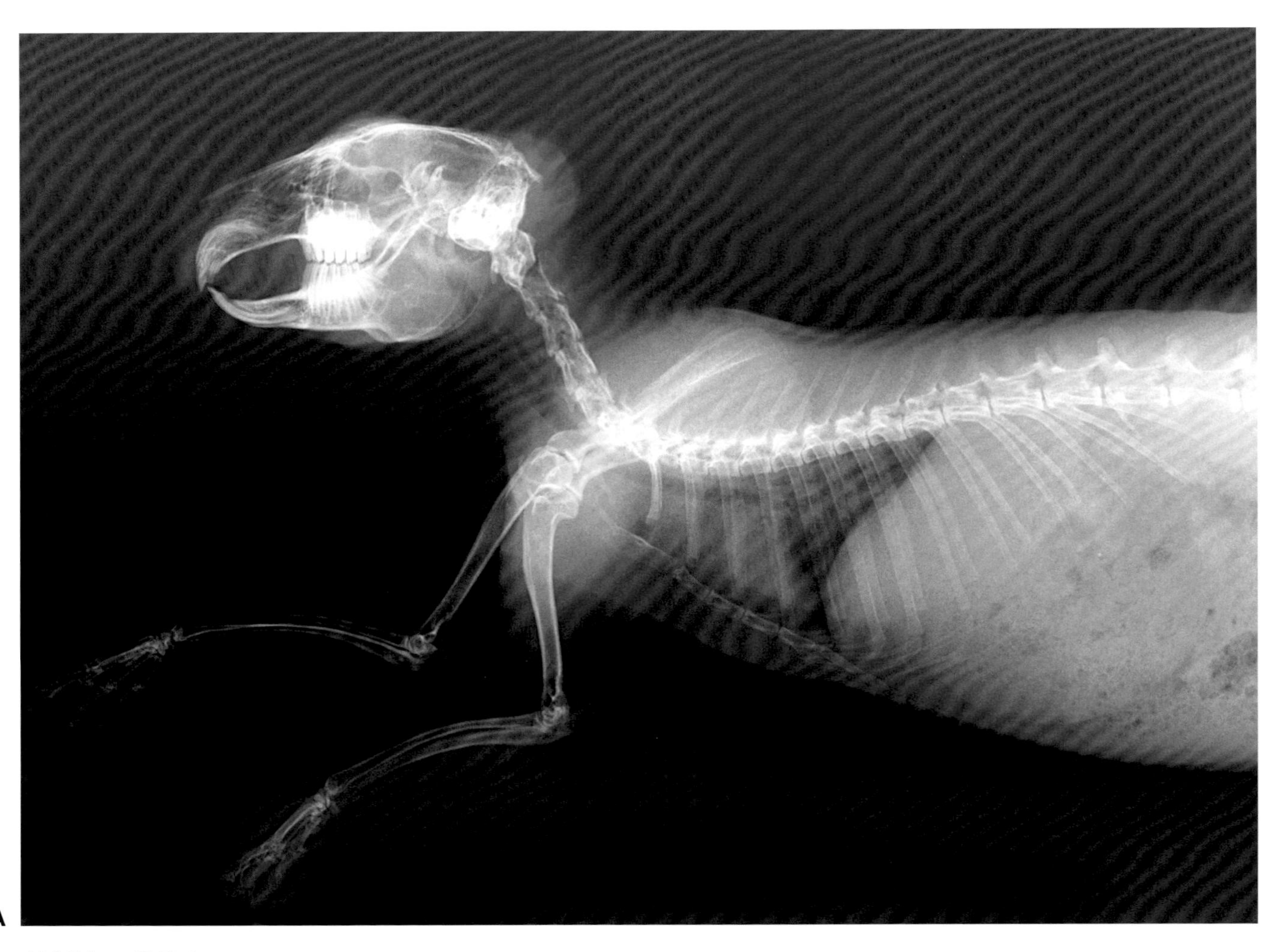

A

Abbildung 7-7, A
Tierart: Kaninchen
Organsystem: Hals- und Brustwirbelsäule
Projektion: laterolateral (rechte Seitenlage)
Körpermasse: 2,2 kg
Geschlecht: männlich kastriert
Lebensalter: adult

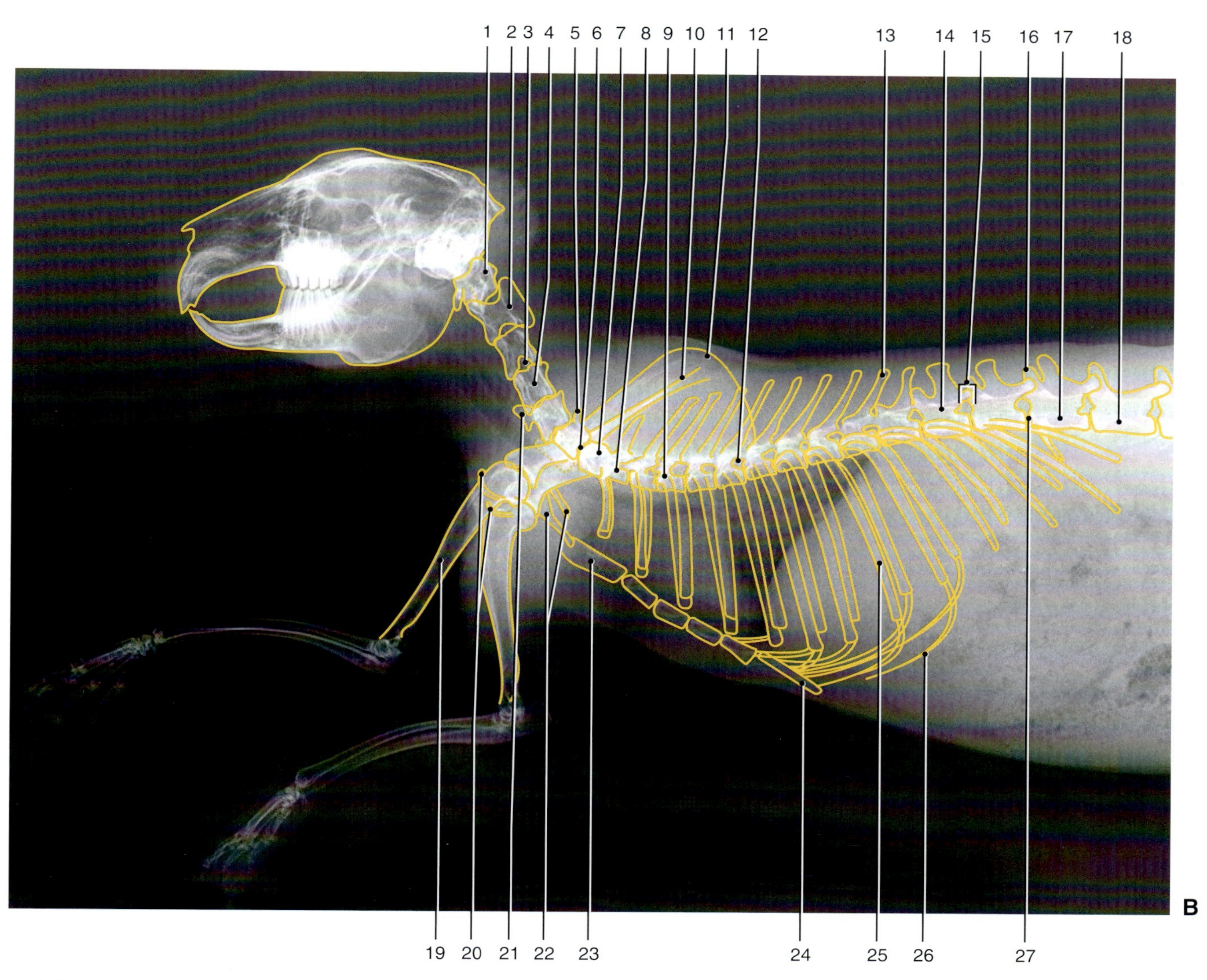

Abbildung 7-7, B
Tierart: Kaninchen
Organsystem: Hals- und Brustwirbelsäule
Projektion: laterolateral (rechte Seitenlage)
Körpermasse: 2,2 kg
Geschlecht: männlich kastriert
Lebensalter: adult

1. Atlas
2. Proc. spinosus (Axis)
3. Foramen intervertebrale (Halswirbelsäule)
4. Rückenmarkkanal (Halswirbelsäule)
5. Proc. spinosus (6. Halswirbel)
6. Spatium intervertebrale (Halswirbelsäule)
7. 7. Halswirbel
8. 1. Brustwirbel
9. Caput costae
10. Spina scapulae
11. Scapula
12. Foramen intervertebrale (Brustwirbelsäule)
13. Proc. spinosus (9. Brustwirbel)
14. Rückenmarkkanal (Brustwirbelsäule)
15. Procc. articulares (Brustwirbelsäule)
16. Proc. mamillaris (12. Brustwirbel)
17. 13. Brustwirbel
18. 1. Lendenwirbel
19. Humerus
20. Claviculae
21. Proc. transversus (5. Halswirbel)
22. Proc. suprahamatus
23. Manubrium sterni
24. Proc. xiphoideus
25. 8. Rippe
26. Cartilago costalis
27. Spatium intervertebrale (Brustwirbelsäule)

Abbildung 7-8, A
Tierart: Kaninchen
Organsystem: Hals- und Brustwirbelsäule
Projektion: ventrodorsal (Rückenlage)
Körpermasse: 2,2 kg
Geschlecht: männlich kastriert
Lebensalter: adult

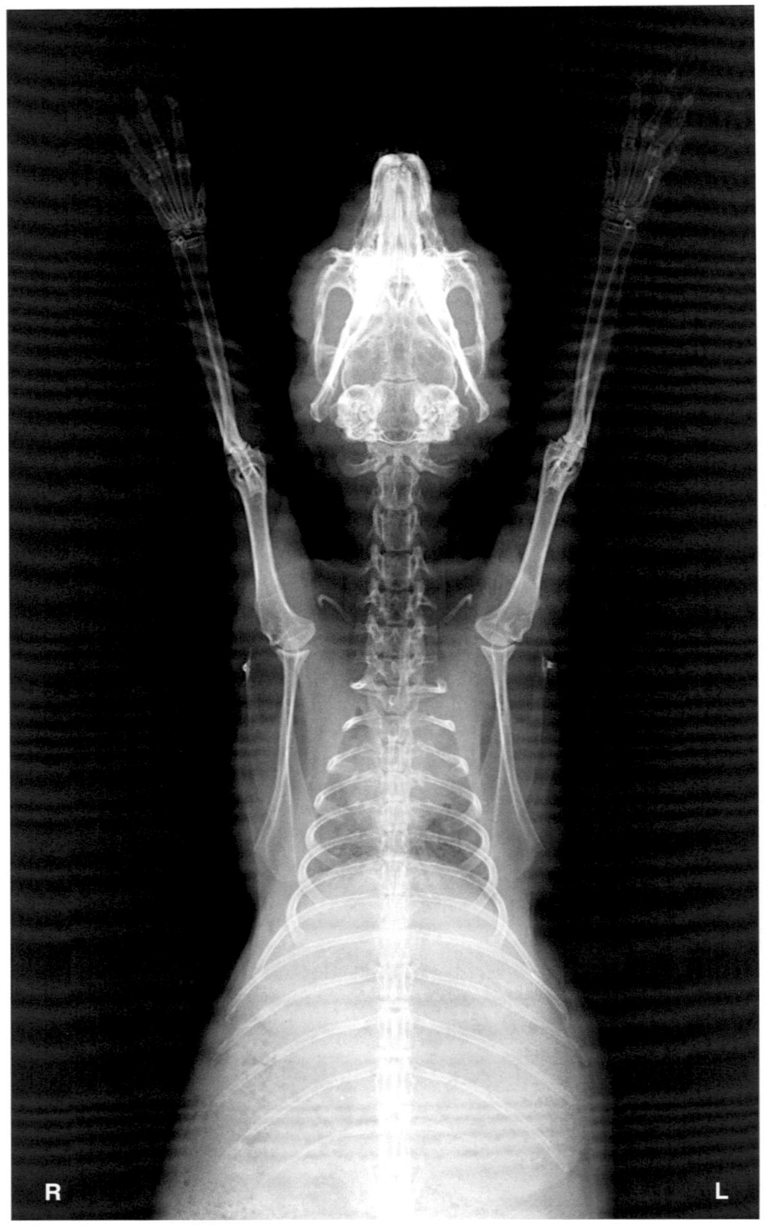

A

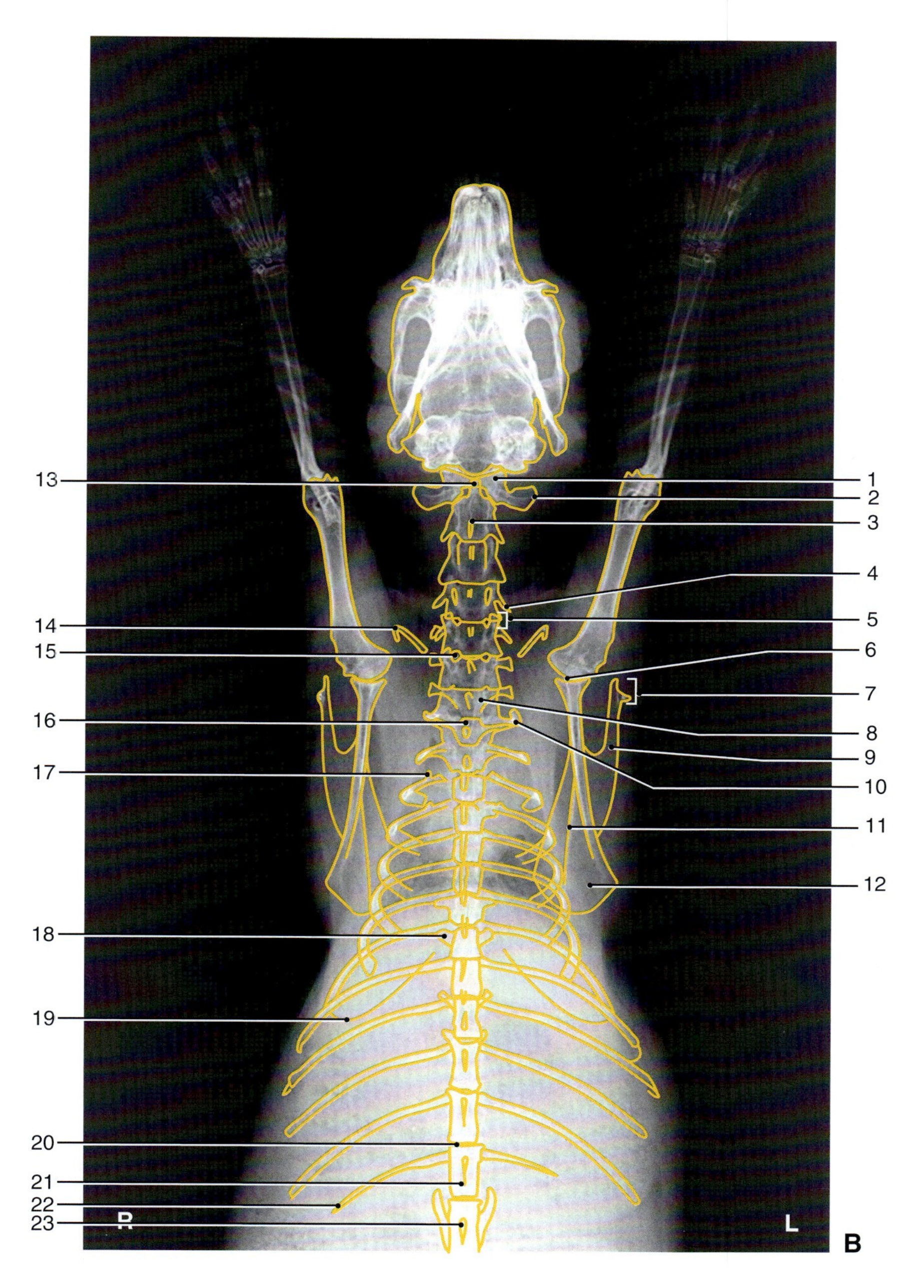

Abbildung 7-8, B
Tierart: Kaninchen
Organsystem: Hals- und Brustwirbelsäule
Projektion: ventrodorsal (Rückenlage)
Körpermasse: 2,2 kg
Geschlecht: männlich kastriert
Lebensalter: adult

1. Atlas
2. Atlasflügel
3. Proc. spinosus (Axis)
4. Proc. transversus (Halswirbelsäule)
5. Procc. articulares (Halswirbelsäule)
6. Schultergelenkspalt
7. Proc. suprahamatus
8. 7. Halswirbel
9. Acromion
10. 1. Rippe
11. Spina scapulae
12. Scapula
13. Dens axis
14. Clavicula
15. Spatium intervertebrale (Halswirbelsäule)
16. 1. Brustwirbel
17. Rippenhöckerchen
18. Proc. transversus (8. Brustwirbel)
19. Cartilago costalis
20. Spatium intervertebrale (Brustwirbelsäule)
21. 13. Brustwirbel
22. 13. Rippe
23. 1. Lendenwirbel

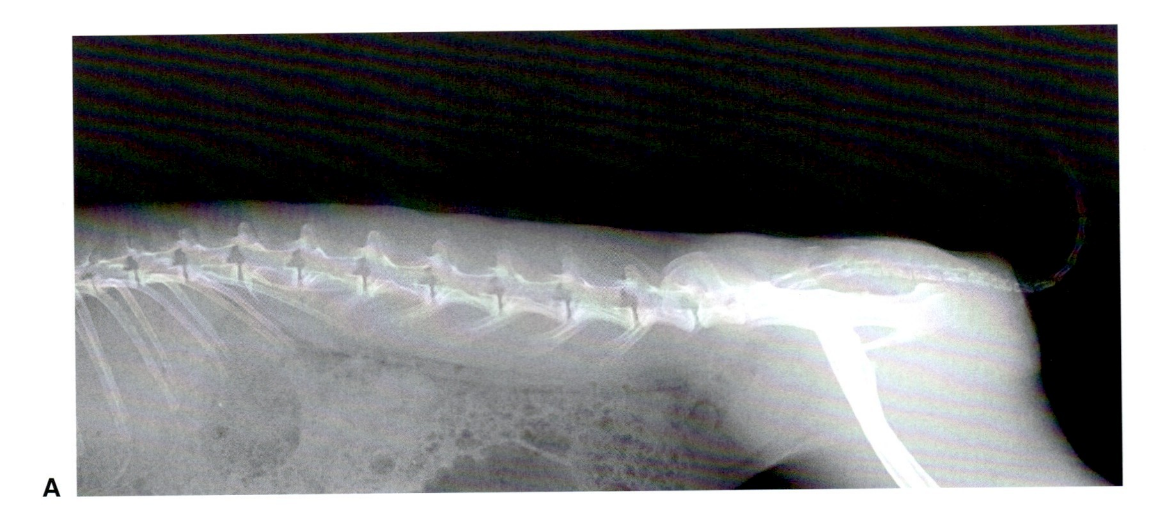

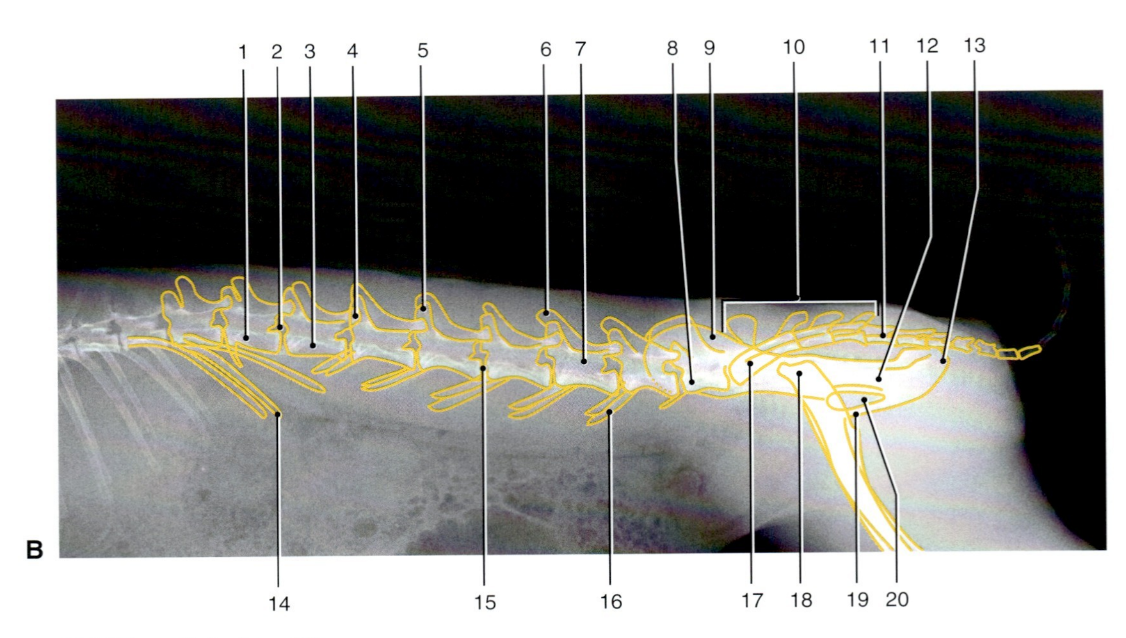

Abbildung 7-9, A und B
Tierart: Kaninchen
Organsystem: Lenden-, Kreuz- und Schwanzwirbelsäule
Projektion: laterolateral (rechte Seitenlage)
Körpermasse: 2,2 kg
Geschlecht: männlich kastriert
Lebensalter: adult

1. 13. Brustwirbel
2. Foramen intervertebrale
3. 1. Lendenwirbel
4. Proc. articularis (2. Lendenwirbel)
5. Proc. mamillaris (2. Lendenwirbel)
6. Proc. spinosus (5. Lendenwirbel)
7. Rückenmarkkanal
8. 7. Lendenwirbel
9. Os ilium
10. Proc. spinosus ossis sacri
11. 1. Schwanzwirbel
12. Os ischii
13. Tuber ischiadicum
14. 12. Rippe
15. Spatium intervertebrale (Lendenwirbelsäule)
16. Proc. transversus (6. Lendenwirbel)
17. Os sacrum
18. Caput ossis femoris
19. Os pubis
20. Foramen obturatum

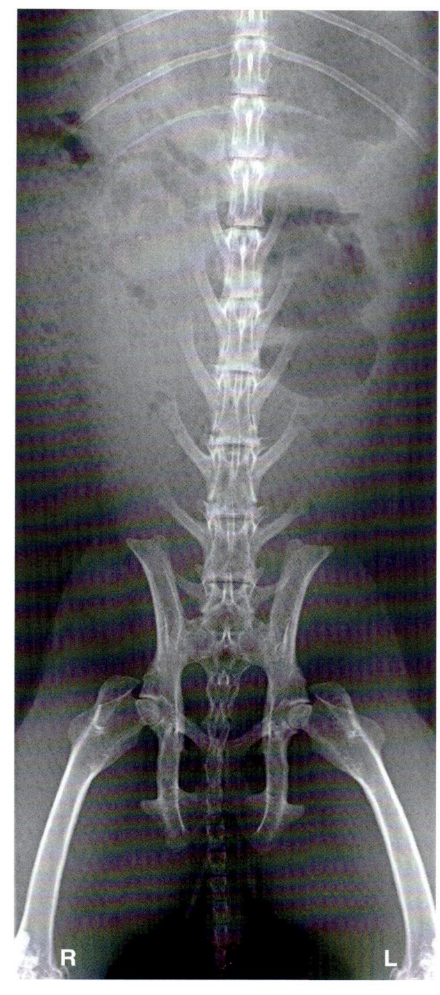

Abbildung 7-10, A
Tierart: Kaninchen
Organsystem: Lenden-, Kreuz- und Schwanzwirbelsäule
Projektion: ventrodorsal (Rückenlage)
Körpermasse: 2,2 kg
Geschlecht: männlich kastriert
Lebensalter: adult

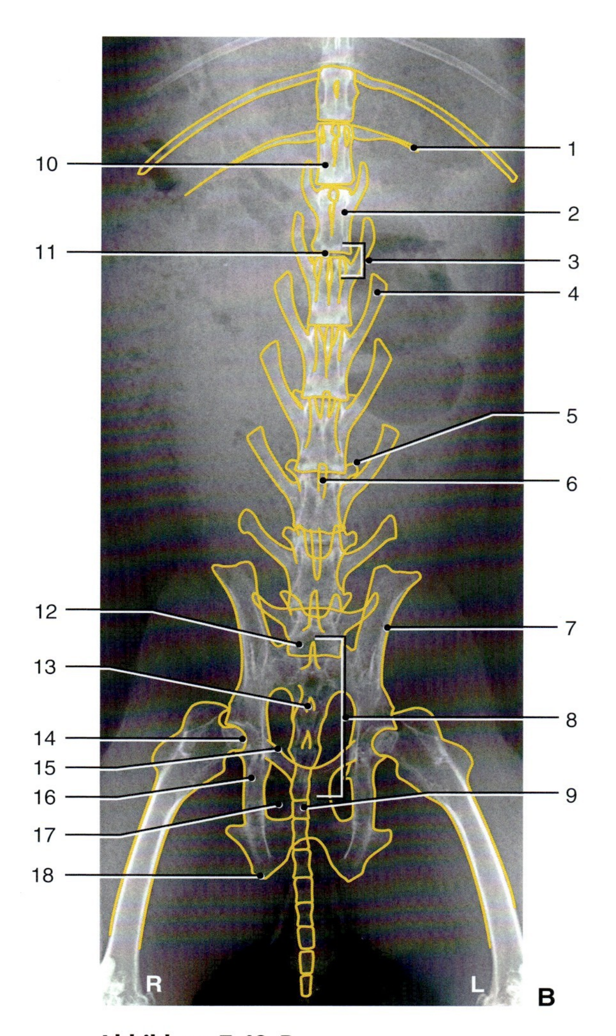

Abbildung 7-10, B
Tierart: Kaninchen
Organsystem: Lenden-, Kreuz- und Schwanzwirbelsäule
Projektion: ventrodorsal (Rückenlage)
Körpermasse: 2,2 kg
Geschlecht: männlich kastriert
Lebensalter: adult

1. 13. Rippe
2. 1. Lendenwirbel
3. Procc. articulares (1. u. 2. Lendenwirbel)
4. Proc. transversus (3. Lendenwirbel)
5. Proc. mamillaris (5. Lendenwirbel)
6. Proc. spinosus (5. Lendenwirbel)
7. Os ilium
8. Os sacrum
9. 1. Schwanzwirbel
10. 13. Brustwirbel
11. Spatium intervertebrale (Lendenwirbelsäule)
12. 7. Lendenwirbel
13. Proc. spinosus ossis sacri
14. Acetabulum
15. Os pubis
16. Os ischii
17. Foramen obturatum
18. Tuber ischiadicum

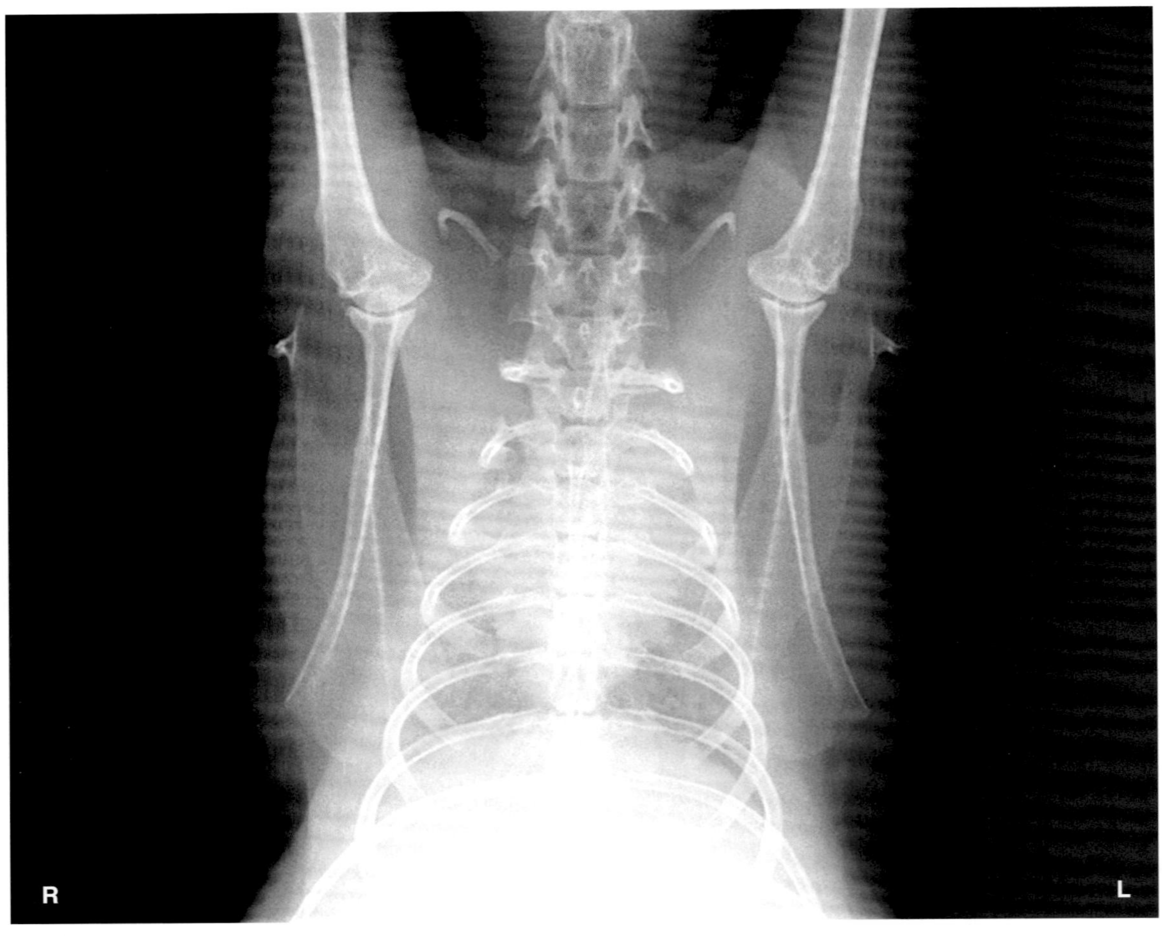

Abbildung 7-11, A
Tierart: Kaninchen
Organsystem: Schulterblatt
Projektion: kaudokranial
Körpermasse: 2,2 kg
Geschlecht: männlich kastriert
Lebensalter: adult

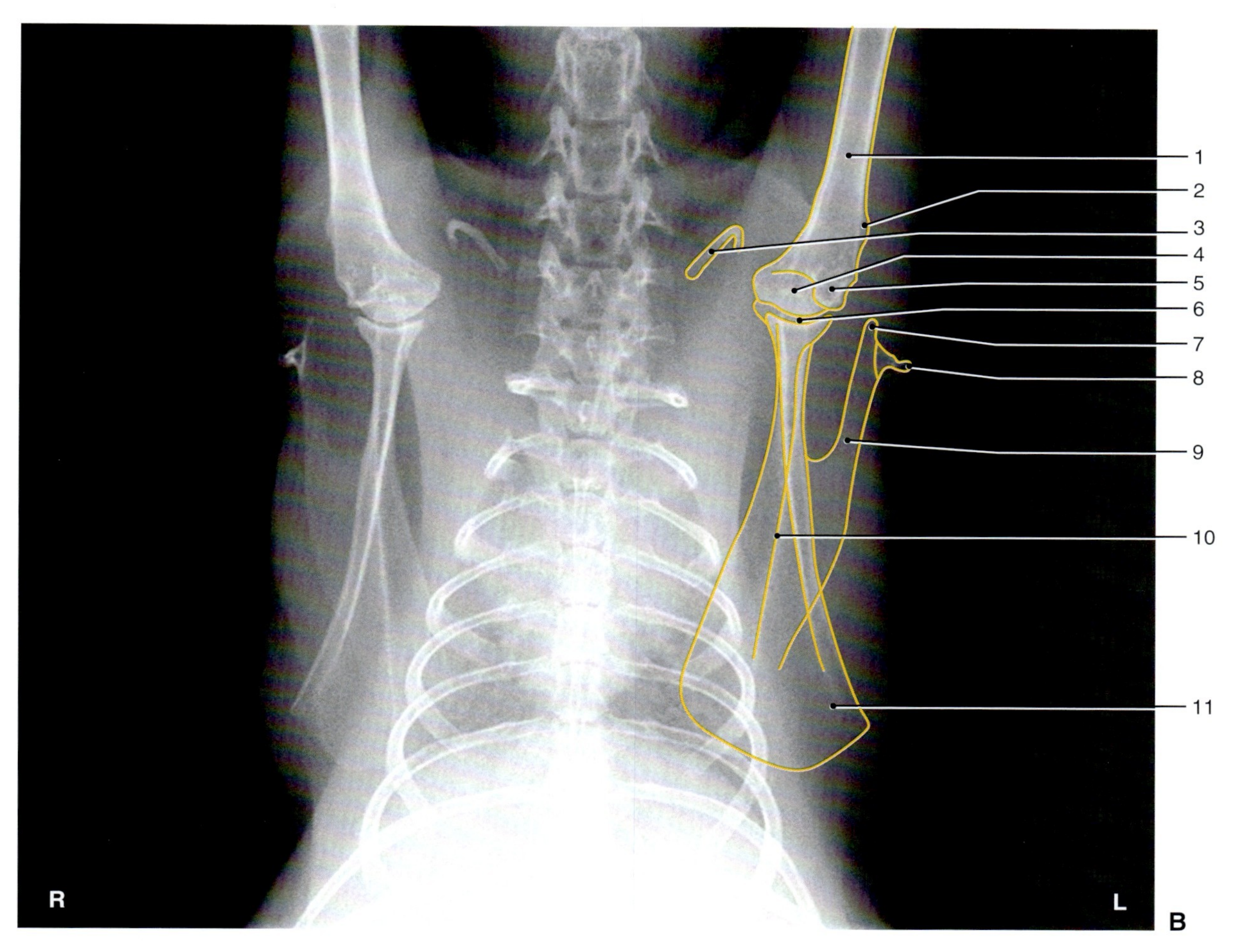

Abbildung 7-11, B
Tierart: Kaninchen
Organsystem: Schulterblatt
Projektion: kaudokranial
Körpermasse: 2,2 kg
Geschlecht: männlich kastriert
Lebensalter: adult

1. Humerus
2. Tuberositas deltoidea humeri
3. Clavicula
4. Caput humeri
5. Tuberculum majus humeri
6. Schultergelenkspalt
7. Proc. hamatus
8. Proc. suprahamatus
9. Acromion
10. Spina scapulae
11. Scapula

Abbildung 7-12, A
Tierart: Kaninchen
Organsystem: Schultergliedmaße
Projektion: mediolateral
Körpermasse: 2,2 kg
Geschlecht: männlich kastriert
Lebensalter: adult

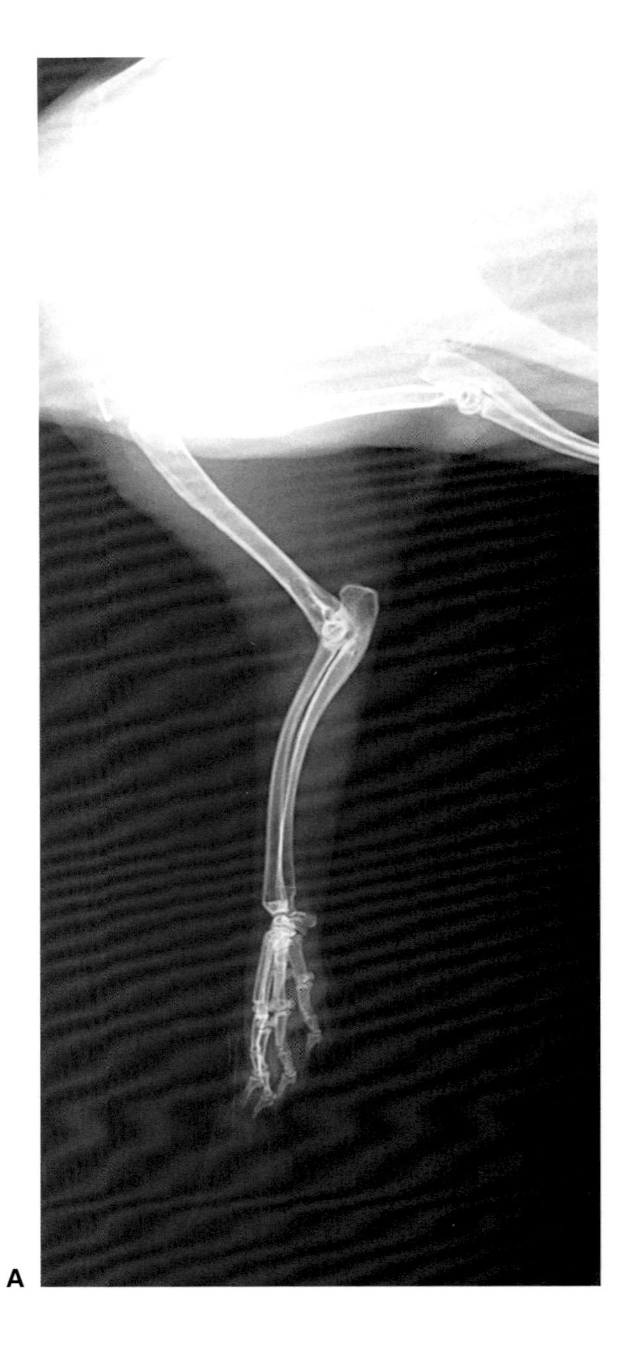
A

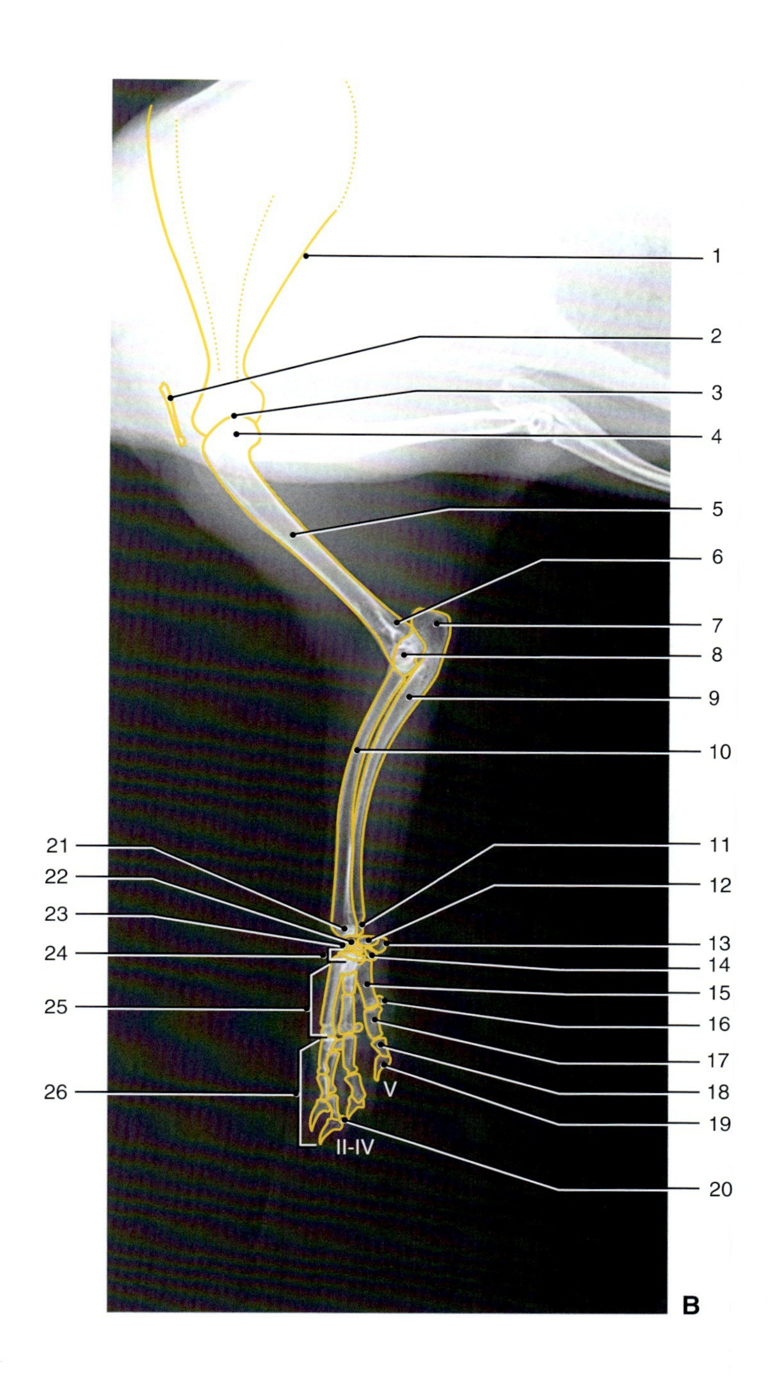

Abbildung 7-12, B
Tierart: Kaninchen
Organsystem: Schultergliedmaße
Projektion: mediolateral
Körpermasse: 2,2 kg
Geschlecht: männlich kastriert
Lebensalter: adult

1. Scapula
2. Clavicula
3. Schultergelenkspalt
4. Caput humeri
5. Humerus
6. Epicondylus humeri
7. Olecranon
8. Condylus humeri
9. Ulna
10. Radius
11. Proc. styloideus ulnae
12. Os carpi ulnare
13. Os carpi accessorium
14. Os carpale IV
15. Os metacarpale V
16. Os sesamoideum proximale
17. Phalanx proximalis digiti V
18. Phalanx media digiti V
19. Phalanx distalis digiti V
20. Os sesamoideum distale
21. distale Radiusepiphysenfuge
22. Os carpi intermedium
23. Os carpi radiale
24. Ossa carpalia I – III
25. Ossa metacarpalia
26. Phalanges

Abbildung 7-13, A
Tierart: Kaninchen
Organsystem: Schultergliedmaße
Projektion: ventrodorsal
Körpermasse: 2,2 kg
Geschlecht: männlich kastriert
Lebensalter: adult

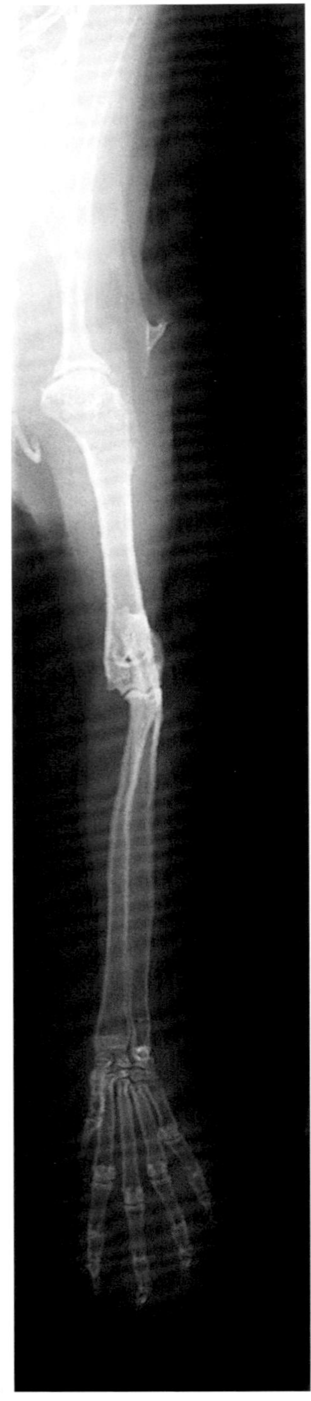

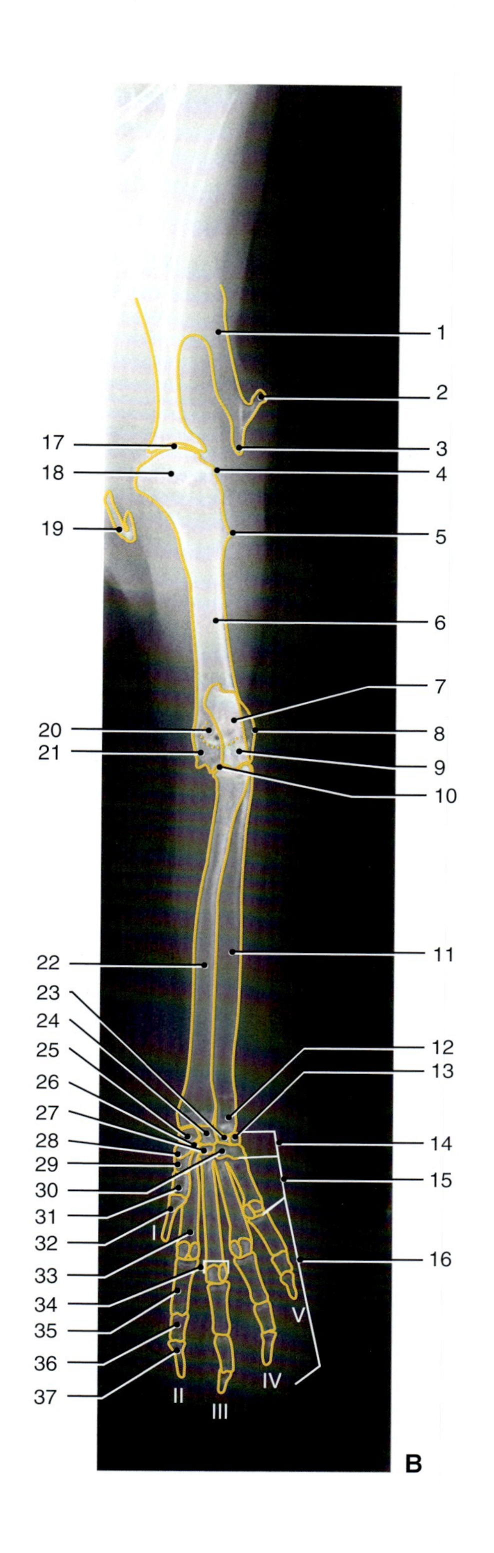

Abbildung 7-13, B
Tierart: Kaninchen
Organsystem: Schultergliedmaße
Projektion: ventrodorsal
Körpermasse: 2,2 kg
Geschlecht: männlich kastriert
Lebensalter: adult

1. Acromion
2. Proc. suprahamatus
3. Proc. hamatus
4. Tuberculum majus humeri
5. Tuberositas deltoidea humeri
6. Humerus
7. Olecranon
8. Epicondylus lateralis humeri
9. Condylus lateralis humeri
10. Ellenbogengelenkspalt
11. Ulna
12. Proc. styloideus ulnae
13. Os carpi accessorium
14. Ossa carpi
15. Ossa metacarpalia
16. Phalanges
17. Schultergelenkspalt
18. Caput humeri
19. Clavicula
20. Foramen supratrochleare humeri
21. Condylus medialis humeri
22. Radius
23. Os carpi ulnare
24. Os carpi intermedium
25. Os carpi radiale
26. Os carpale II
27. Os carpale III
28. Os carpale I
29. Os metacarpale I
30. Os carpale IV
31. Phalanx proximalis digiti I
32. Phalanx distalis digiti I
33. Os metacarpale II
34. Os sesamoideum proximale
35. Phalanx proximalis digiti II
36. Phalanx media digiti II
37. Phalanx distalis digiti II

Abbildung 7-14, A
Tierart: Kaninchen
Organsystem: Ellenbogengelenk
Projektion: mediolateral
Körpermasse: 3,4 kg
Geschlecht: weiblich unkastriert
Lebensalter: adult

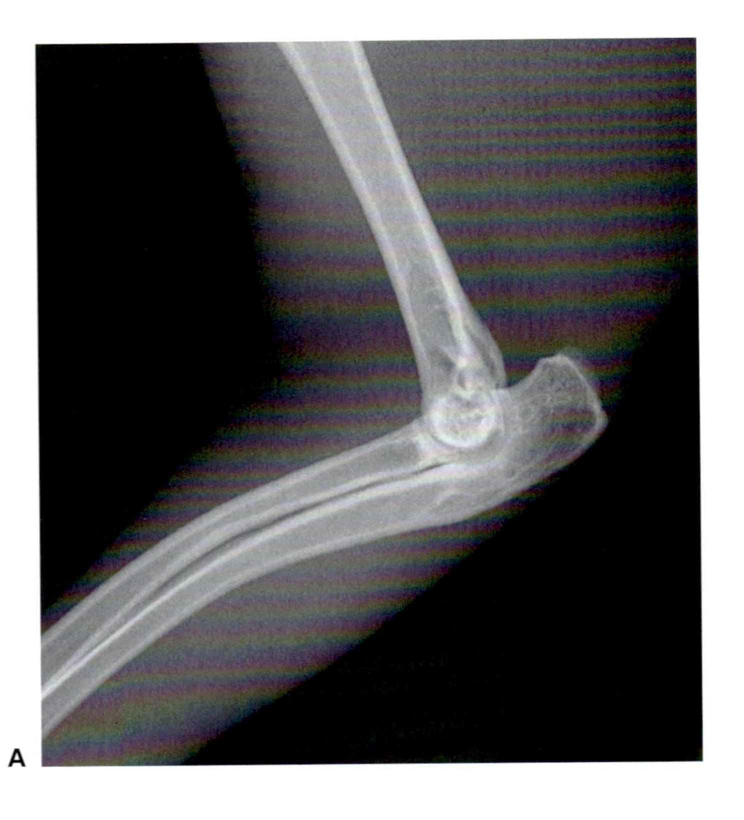

Abbildung 7-14, B
Tierart: Kaninchen
Organsystem: Ellenbogengelenk
Projektion: mediolateral
Körpermasse: 3,4 kg
Geschlecht: weiblich unkastriert
Lebensalter: adult

1. Epicondylus medialis humeri
2. Olecranon
3. Proc. anconaeus ulnae
4. Incisura trochlearis ulnae
5. Ulna
6. Humerus
7. Condylus humeri
8. Schultergelenkspalt
9. Radius

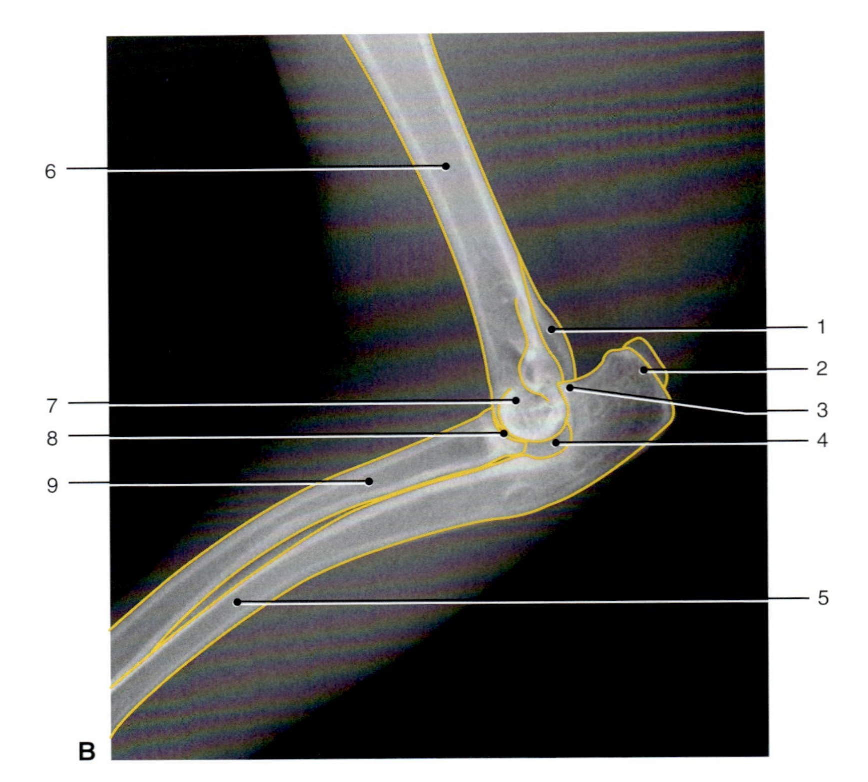

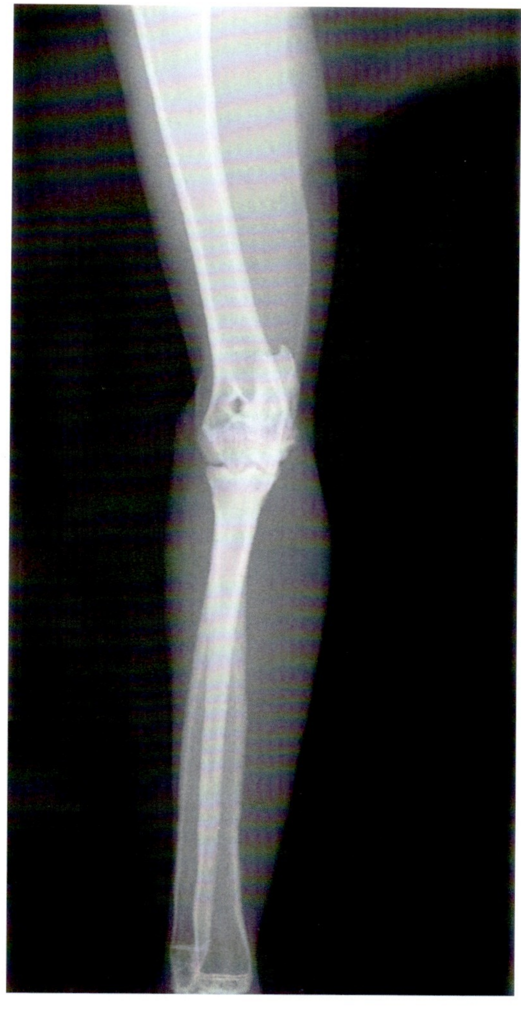

Abbildung 7-15, A
Tierart: Kaninchen
Organsystem: Ellenbogengelenk
Projektion: kaudokranial
Körpermasse: 3,4 kg
Geschlecht: weiblich unkastriert
Lebensalter: adult

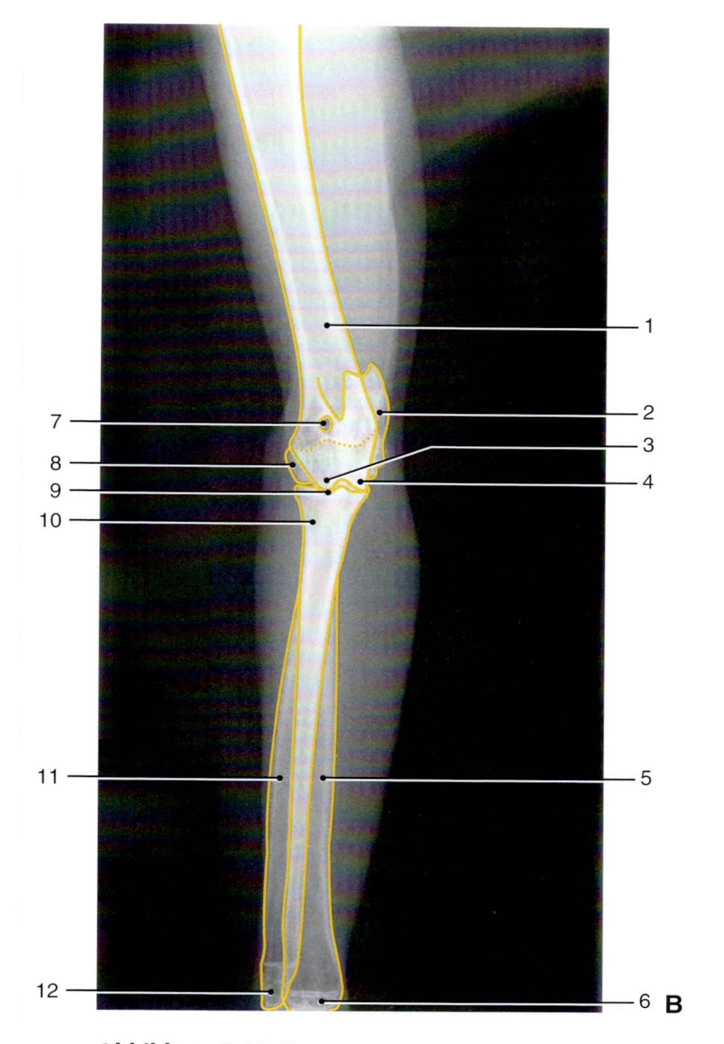

Abbildung 7-15, B
Tierart: Kaninchen
Organsystem: Ellenbogengelenk
Projektion: kaudokranial
Körpermasse: 3,4 kg
Geschlecht: weiblich unkastriert
Lebensalter: adult

1. Humerus
2. Olecranon
3. Condylus lateralis humeri
4. Condylus medialis humeri
5. Radius
6. distale Radiusepiphysenfuge
7. Foramen supratrochleare humeri
8. Epicondylus lateralis humeri
9. Ellenbogengelenkspalt
10. Radius
11. Ulna
12. Proc. styloideus ulnae

Abbildung 7-16, A
Tierart: Kaninchen
Organsystem: Vorderpfote
Projektion: mediolateral
Körpermasse: 2,2 kg
Geschlecht: männlich kastriert
Lebensalter: adult

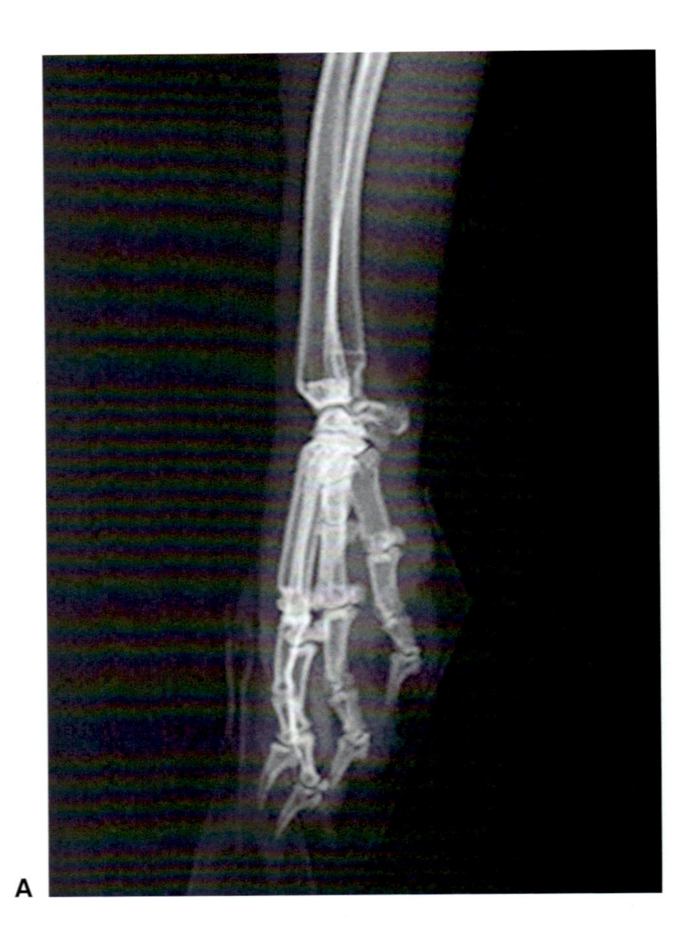

Abbildung 7-16, B
Tierart: Kaninchen
Organsystem: Vorderpfote
Projektion: mediolateral
Körpermasse: 2,2 kg
Geschlecht: männlich kastriert
Lebensalter: adult

1. Ulna
2. Proc. styloideus ulnae
3. Os carpi ulnare
4. Os carpi accessorium
5. Os carpale IV
6. Os metacarpale V
7. Os sesamoideum proximale
8. Phalanx proximalis digiti V
9. Phalanx media digiti V
10. Phalanx distalis digiti V
11. Os sesamoideum distale
12. Radius
13. distale Radiusepiphysenfuge
14. Os carpi intermedium
15. Os carpi radiale
16. Os carpale I, II et III
17. Ossa metacarpalia
18. Phalanges

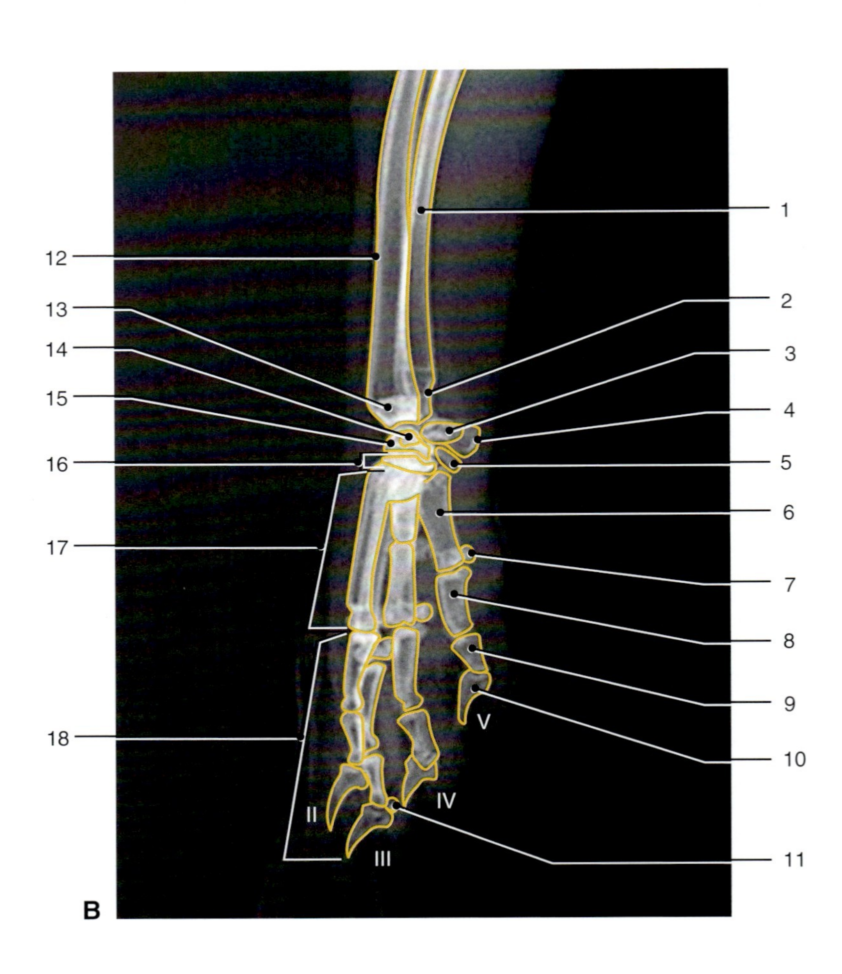

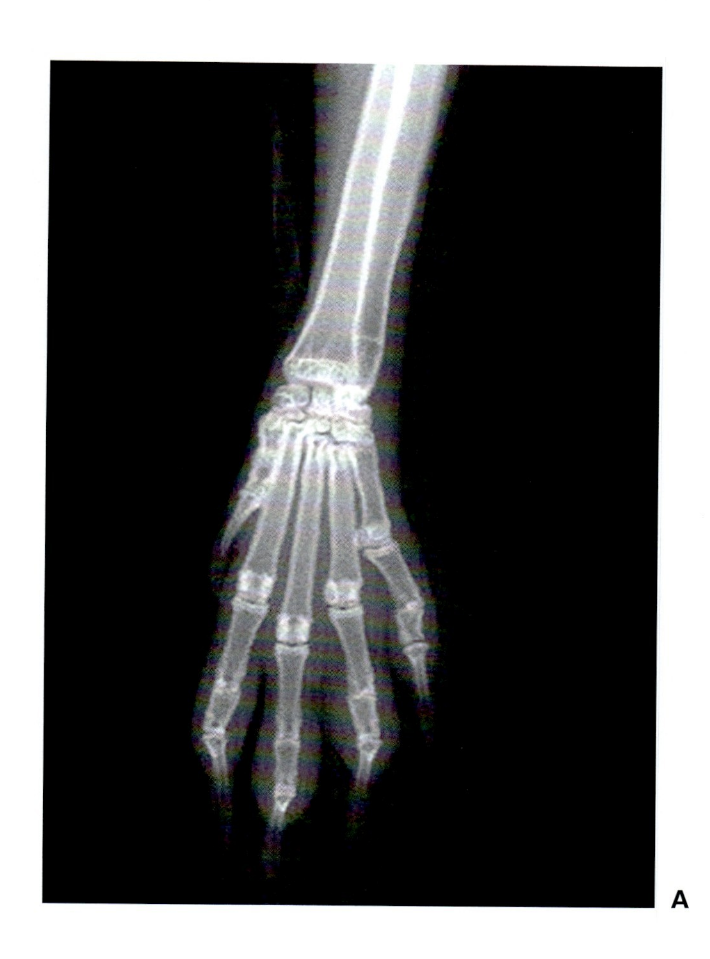

Abbildung 7-17, A
Tierart: Kaninchen
Organsystem: Vorderpfote
Projektion: dorsopalmar
Körpermasse: 2,2 kg
Geschlecht: männlich kastriert
Lebensalter: adult

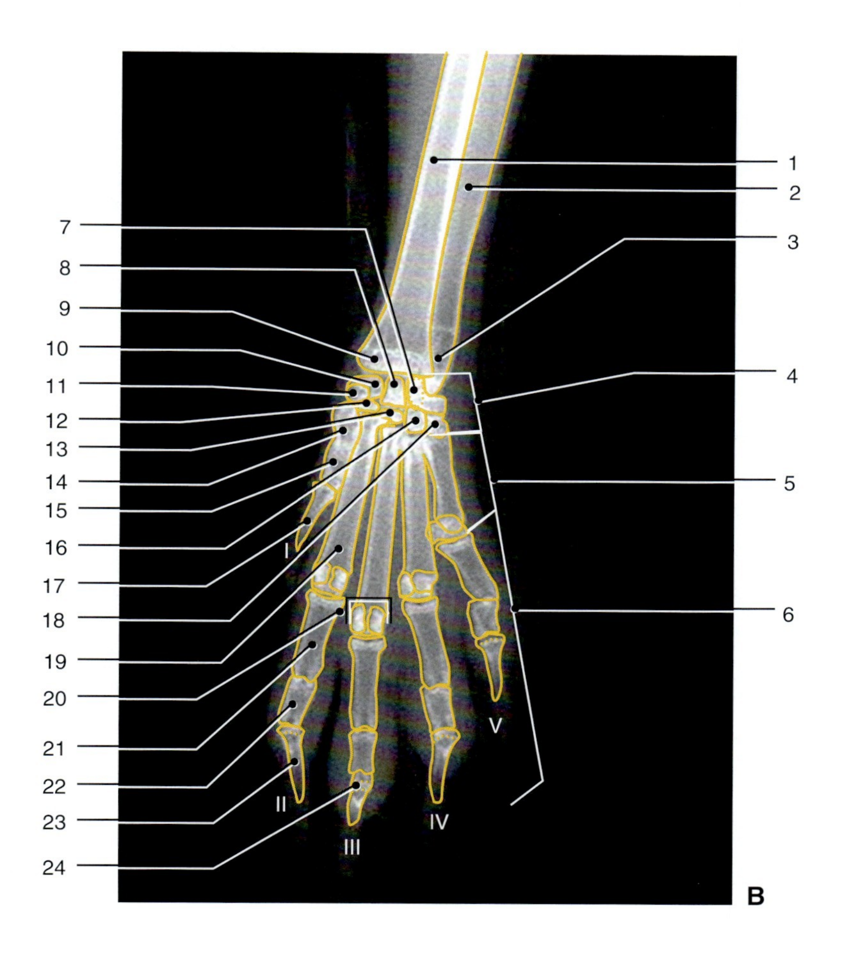

Abbildung 7-17, B
Tierart: Kaninchen
Organsystem: Vorderpfote
Projektion: dorsopalmar
Körpermasse: 2,2 kg
Geschlecht: männlich kastriert
Lebensalter: adult

1. Radius
2. Ulna
3. Proc. styloideus ulnae
4. Ossa carpi
5. Ossa metacarpalia
6. Phalanges
7. Os carpi accessorium
8. Os carpi ulnare
9. distale Radiusepiphysenfuge
10. Os carpi intermedium
11. Os carpi radiale
12. Os carpale I
13. Os carpale II
14. Os metacarpale I
15. Phalanx proximalis digiti I
16. Os carpale III
17. Phalanx distalis digiti I
18. Os carpale IV
19. Os metacarpale II
20. Os sesamoideum proximale
21. Phalanx proximalis digiti II
22. Phalanx media digiti II
23. Phalanx distalis digiti II
24. Os sesamoideum distale

Abbildung 7-18, A
Tierart: Kaninchen
Organsystem: Becken
Projektion: laterolateral
(rechte Seitenlage)
Körpermasse: 2,2 kg
Geschlecht: männlich kastriert
Lebensalter: adult

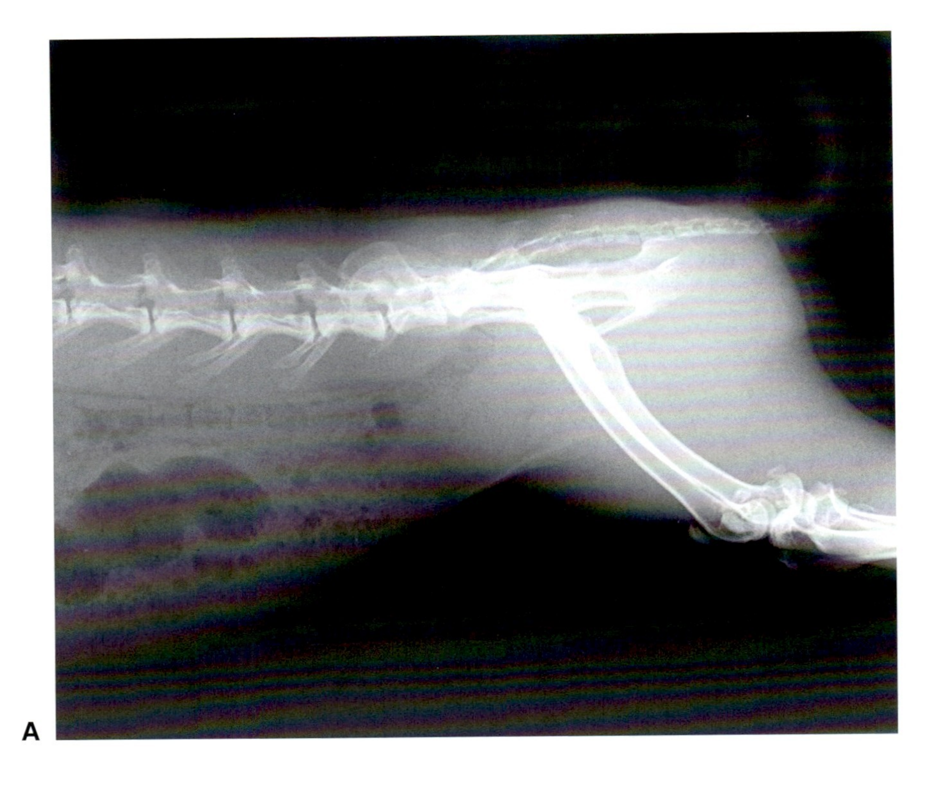

Abbildung 7-18, B
Tierart: Kaninchen
Organsystem: Becken
Projektion: laterolateral
(rechte Seitenlage)
Körpermasse: 2,2 kg
Geschlecht: männlich kastriert
Lebensalter: adult

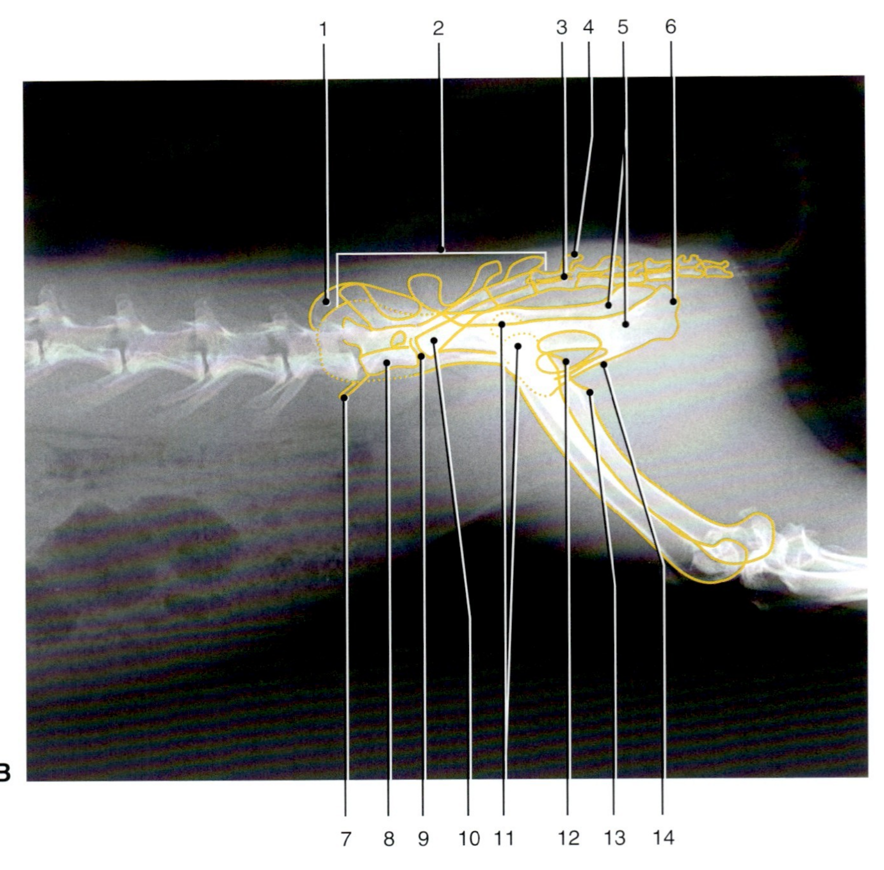

1. Os ilium
2. Proc. spinosus ossis sacri
3. 1. Schwanzwirbel
4. Proc. articularis (2. Schwanzwirbel)
5. Os ischii
6. Tuber ischiadicum
7. Proc. transversus (7. Lendenwirbel)
8. 7. Lendenwirbel
9. Spatium lumbosacrale
10. Os sacrum
11. Caput ossis femoris
12. Foramen obturatum
13. Trochanter minor ossis femoris
14. Os pubis

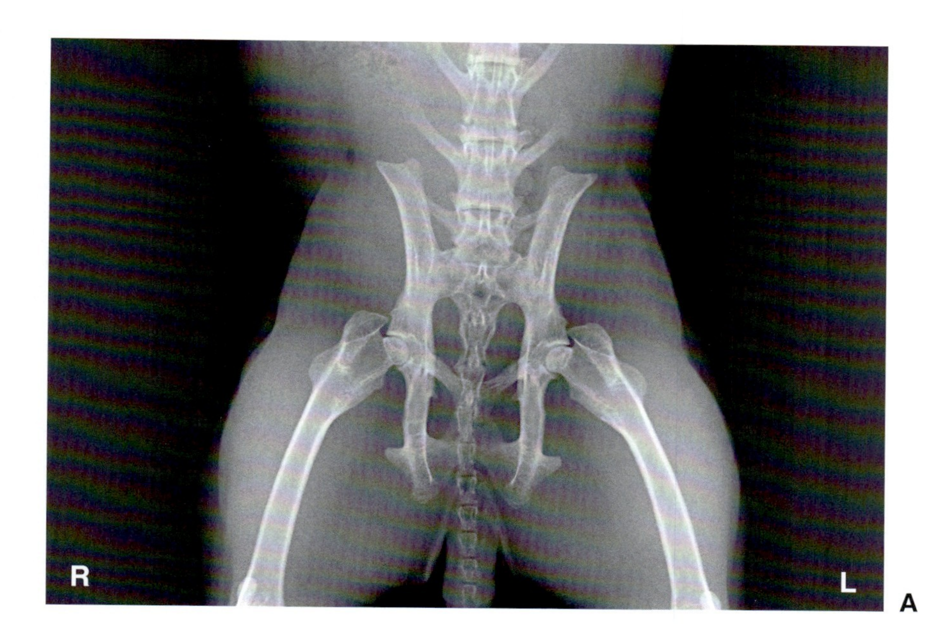

Abbildung 7-19, A
Tierart: Kaninchen
Organsystem: Becken
Projektion: ventrodorsal (Rückenlage)
Körpermasse: 2,2 kg
Geschlecht: männlich kastriert
Lebensalter: adult

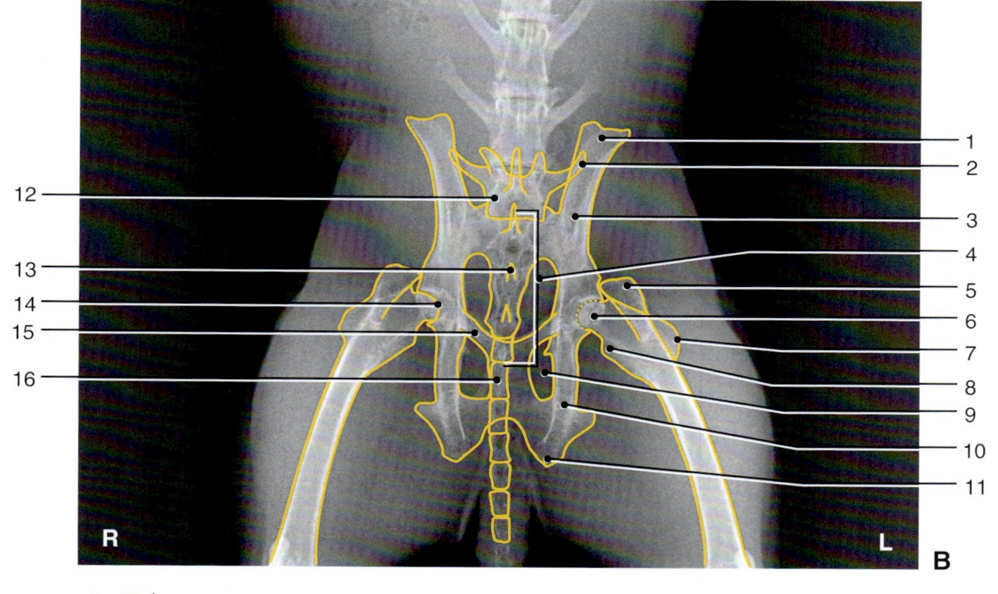

Abbildung 7-19, B
Tierart: Kaninchen
Organsystem: Becken
Projektion: ventrodorsal (Rückenlage)
Körpermasse: 2,2 kg
Geschlecht: männlich kastriert
Lebensalter: adult

1. Tuber coxae
2. Proc. transversus (7. Lendenwirbel)
3. Os ilium
4. Os sacrum
5. Trochanter major ossis femoris
6. Caput ossis femoris
7. Trochanter tertius ossis femoris
8. Trochanter minor ossis femoris
9. Foramen obturatum
10. Os ischii
11. Tuber ischiadicum
12. 7. Lendenwirbel
13. Proc. spinosus ossis sacri
14. Acetabulum
15. Os pubis
16. 1. Schwanzwirbel

Abbildung 7-20, A
Tierart: Kaninchen
Organsystem: Beckengliedmaße
Projektion: mediolateral
Körpermasse: 2,2 kg
Geschlecht: männlich kastriert
Lebensalter: adult

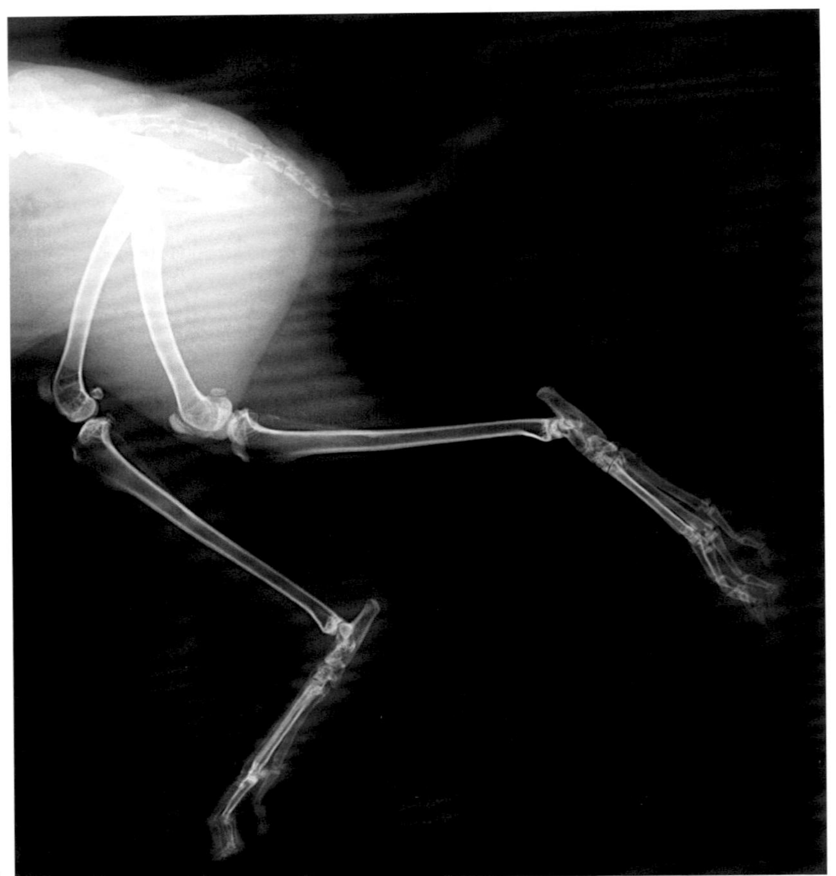
A

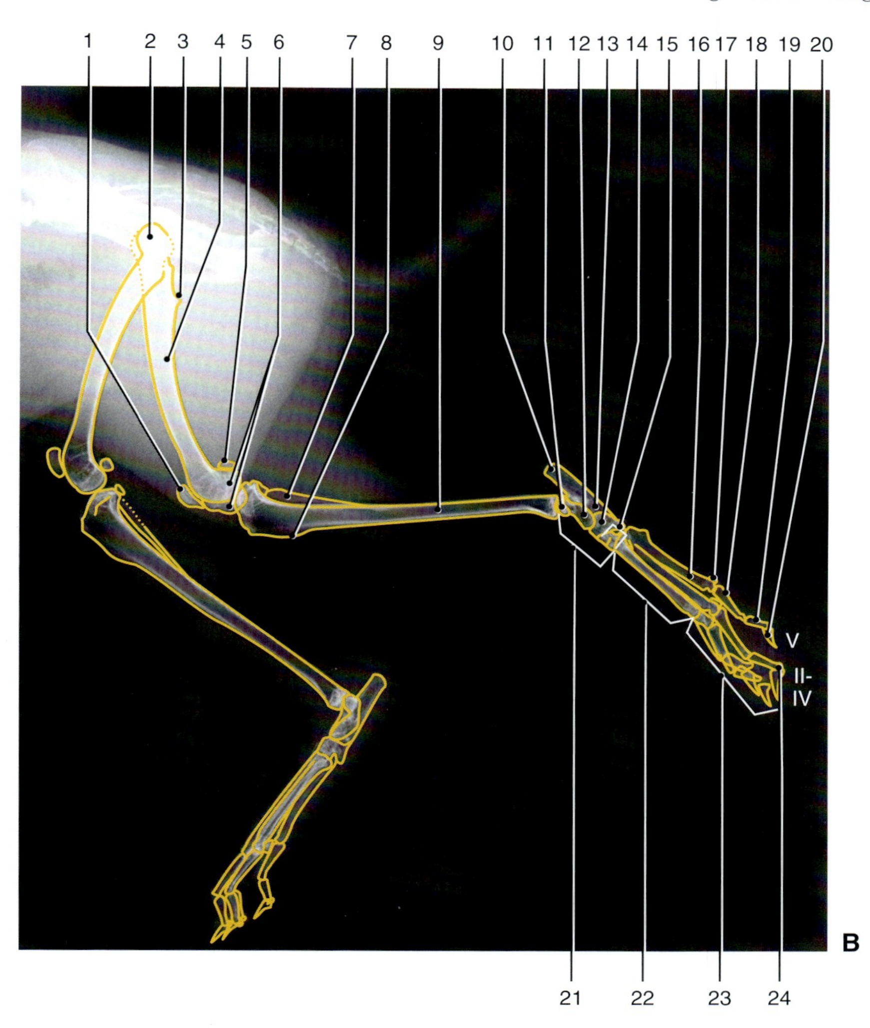

Abbildung 7-20, B
Tierart: Kaninchen
Organsystem: Beckengliedmaße
Projektion: mediolateral
Körpermasse: 2,2 kg
Geschlecht: männlich kastriert
Lebensalter: adult

1. Patella
2. Caput ossis femoris
3. Trochanter minor ossis femoris
4. Os femoris
5. Fabella
6. Condylus ossis femoris
7. Fibula
8. Crista tibiae
9. Tibia
10. Tuber calcanei
11. Trochlea tali
12. Talus
13. Calcaneus
14. Os tarsi centrale
15. Os tarsale II, III u. IV
16. Os metatarsale V
17. Os sesamoideum proximale
18. Phalanx proximalis digiti V
19. Phalanx media digiti V
20. Phalanx distalis digiti V
21. Ossa tarsi
22. Ossa metatarsalia
23. Phalanges
24. Os sesamoideum distale

Abbildung 7-21, A
Tierart: Kaninchen
Organsystem: Beckengliedmaße
Projektion: ventrodorsal
Körpermasse: 2,2 kg
Geschlecht: männlich kastriert
Lebensalter: adult

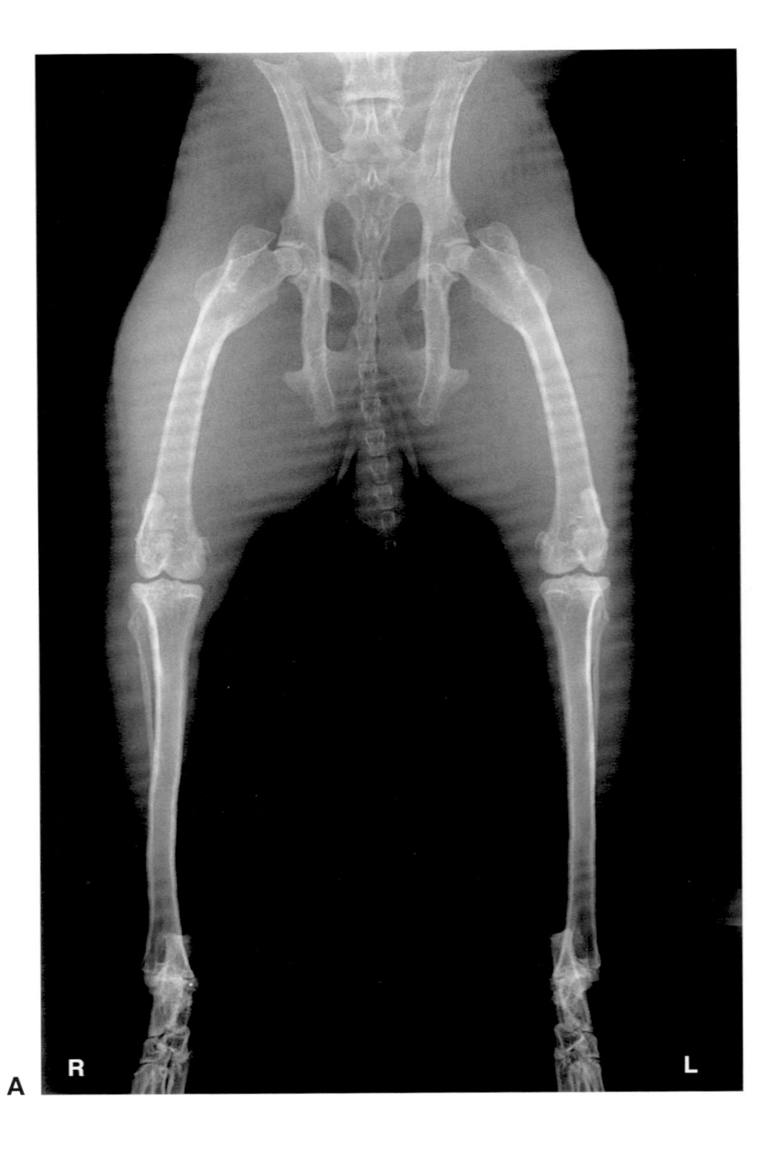

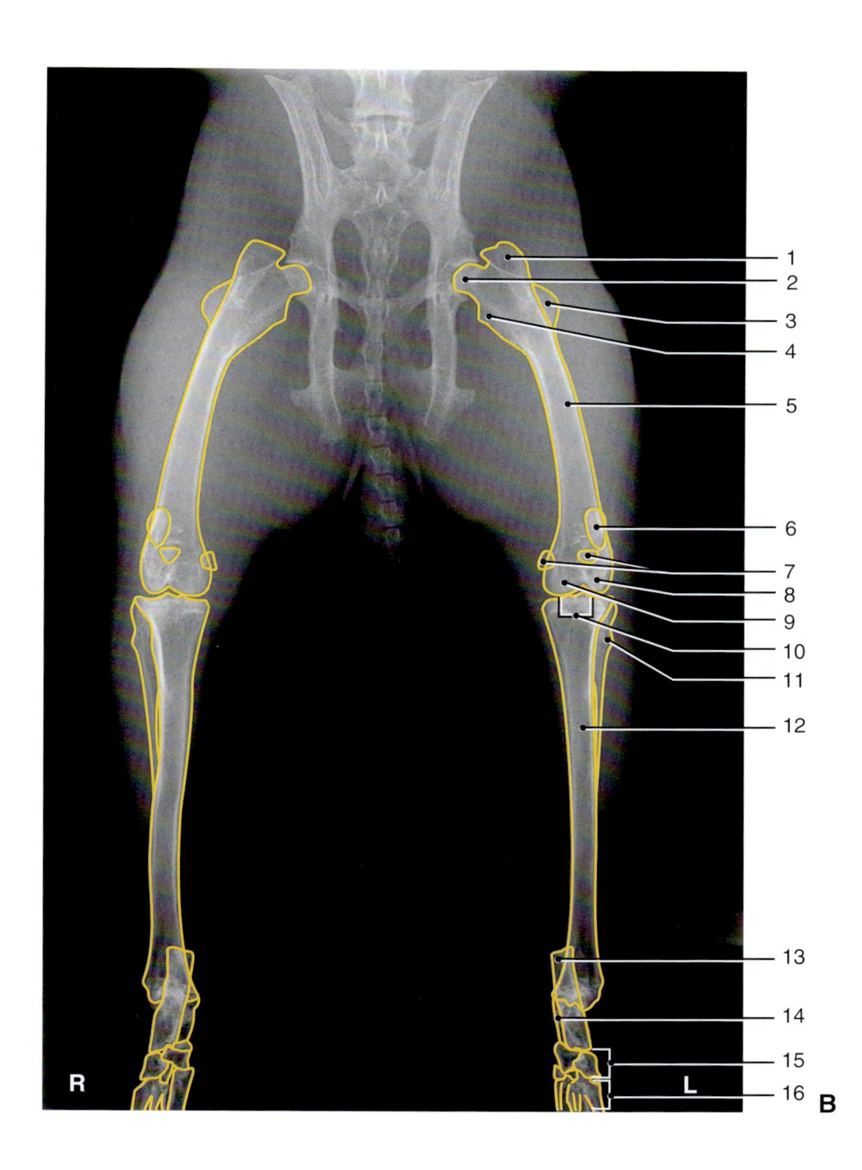

Abbildung 7-21, B
Tierart: Kaninchen
Organsystem: Beckengliedmaße
Projektion: ventrodorsal
Körpermasse: 2,2 kg
Geschlecht: männlich kastriert
Lebensalter: adult

1. Trochanter major ossis femoris
2. Caput ossis femoris
3. Trochanter tertius ossis femoris
4. Trochanter minor ossis femoris
5. Os femoris
6. Patella
7. Fabellae
8. Condylus lateralis ossis femoris
9. Condylus medialis ossis femoris
10. Eminentia intercondylaris tibiae
11. Fibula
12. Tibia
13. Tuber calcanei
14. Talus
15. Ossa tarsi
16. Ossa metatarsalia

Abbildung 7-22, A
Tierart: Kaninchen
Organsystem: Kniegelenk
Projektion: mediolateral
Körpermasse: 2,2 kg
Geschlecht: männlich kastriert
Lebensalter: adult

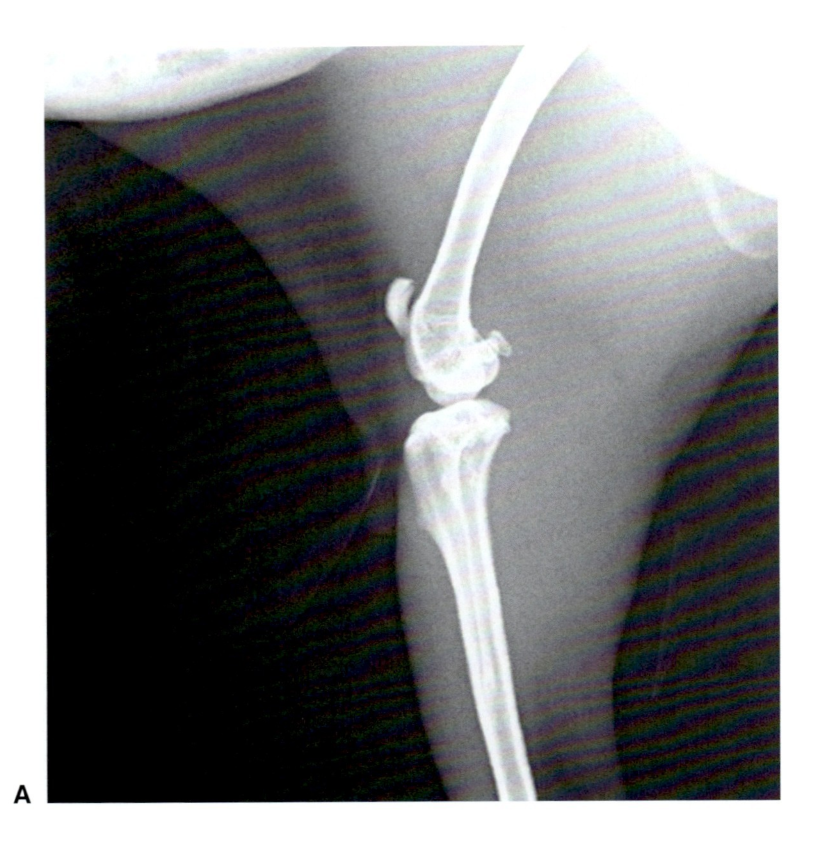

Abbildung 7-22, B
Tierart: Kaninchen
Organsystem: Kniegelenk
Projektion: mediolateral
Körpermasse: 2,2 kg
Geschlecht: männlich kastriert
Lebensalter: adult

1. Os femoris
2. Fabellae
3. Condylus medialis ossis femoris
4. Fibula
5. Tibia
6. Patella
7. Epicondylus ossis femoris
8. Condylus lateralis ossis femoris
9. Crista tibiae

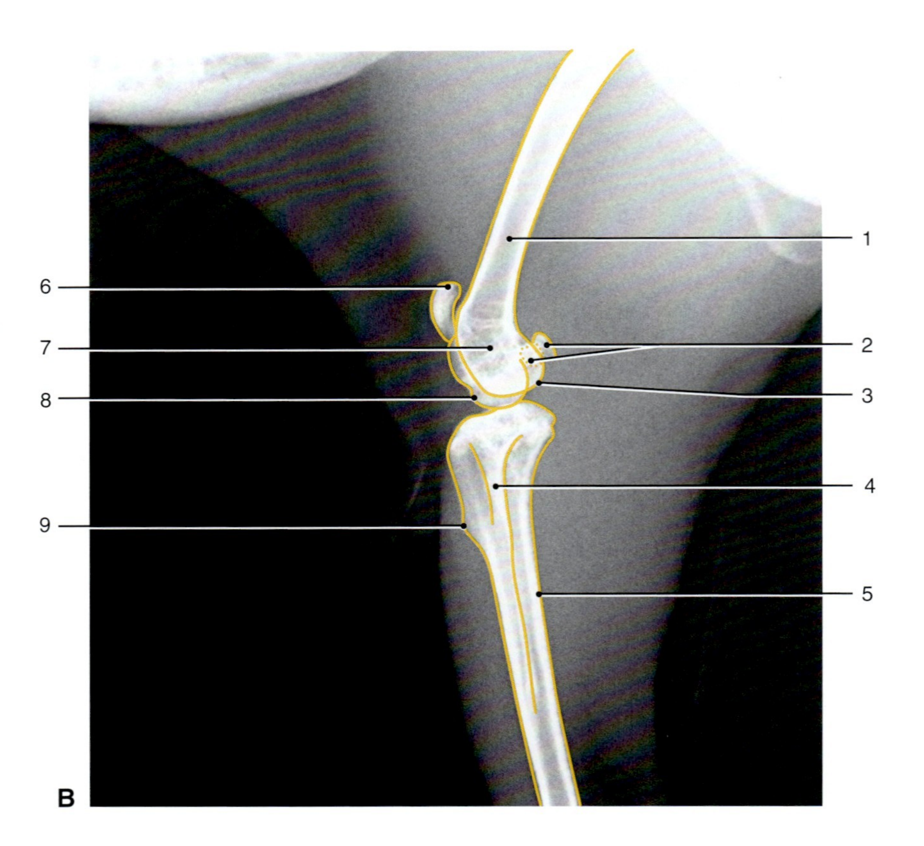

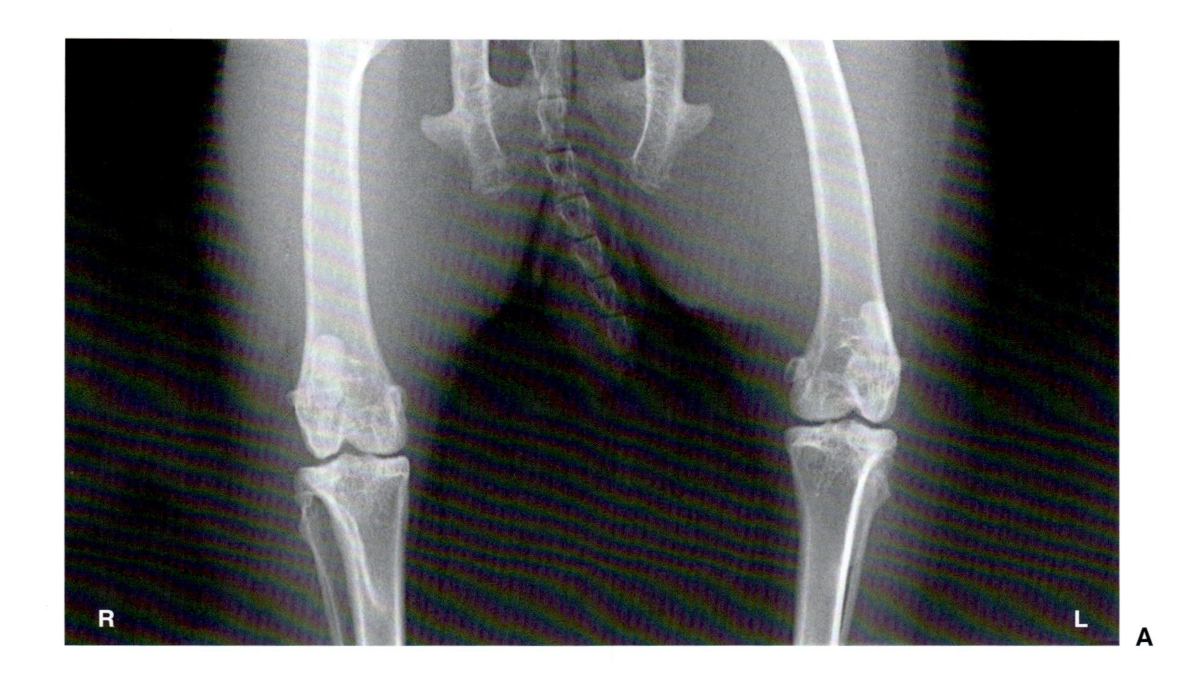

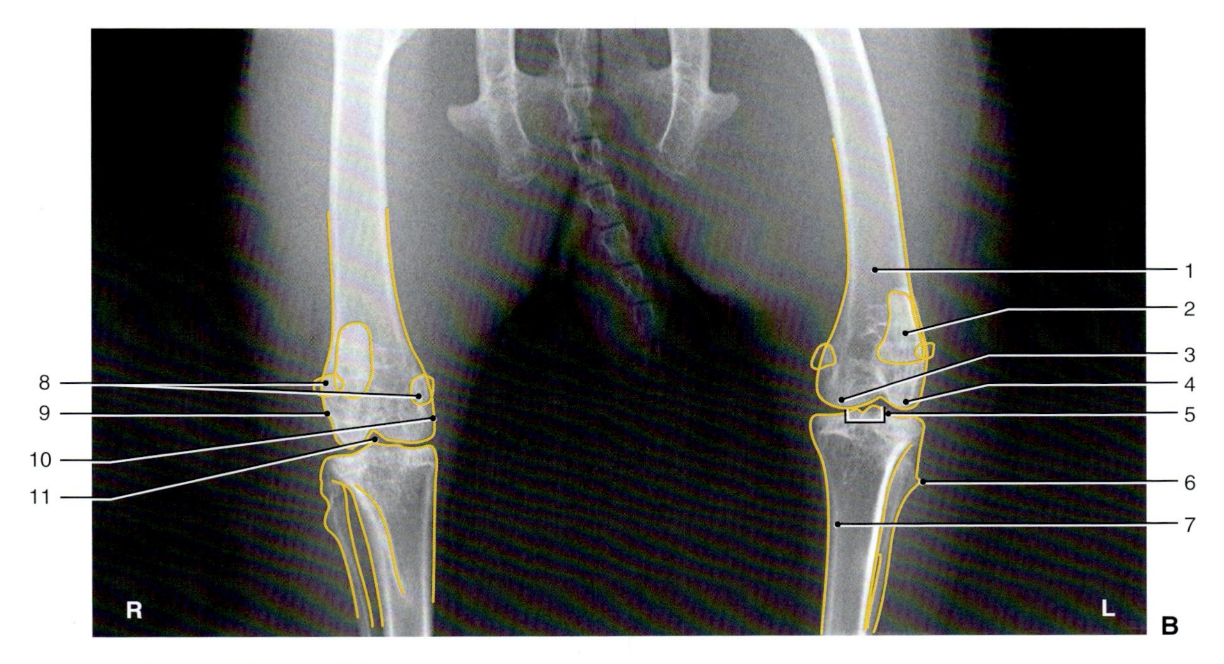

Abbildung 7-23, A und B
Tierart: Kaninchen
Organsystem: Kniegelenk
Projektion: kraniokaudal
Körpermasse: 2,2 kg
Geschlecht: männlich kastriert
Lebensalter: adult

1. Os femoris
2. Patella
3. Condylus medialis ossis femoris
4. Condylus lateralis ossis femoris
5. Eminentia intercondylaris tibiae
6. Fibula
7. Tibia
8. Fabellae
9. Epicondylus lateralis ossis femoris
10. Epicondylus medialis ossis femoris
11. Kniegelenkspalt

Abbildung 7-24, A
Tierart: Kaninchen
Organsystem: Hinterpfote
Projektion: mediolateral
Körpermasse: 2,2 kg
Geschlecht: männlich kastriert
Lebensalter: adult

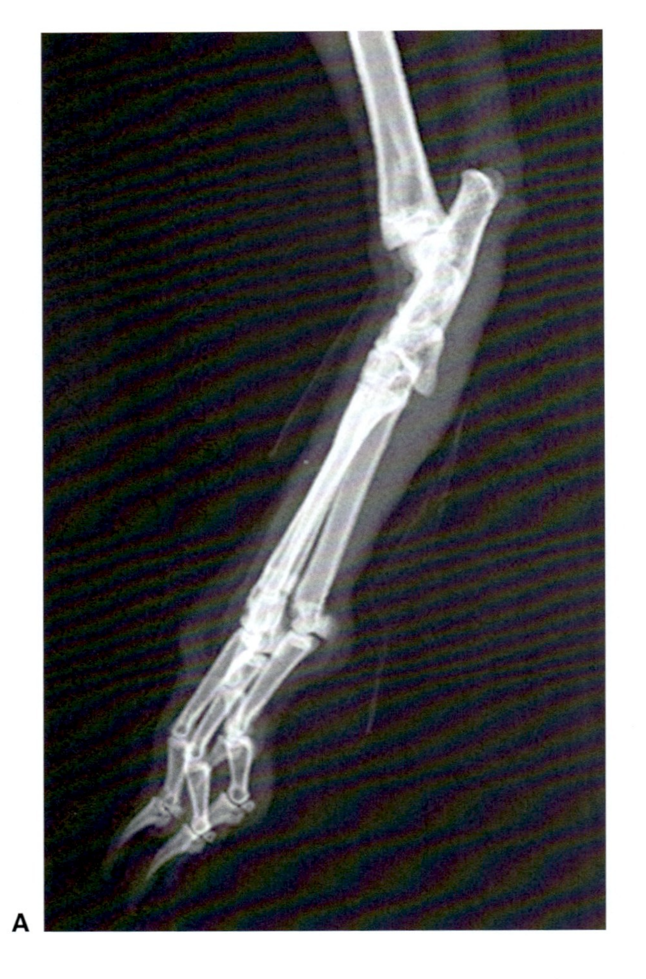

Abbildung 7-24, B
Tierart: Kaninchen
Organsystem: Hinterpfote
Projektion: mediolateral
Körpermasse: 2,2 kg
Geschlecht: männlich kastriert
Lebensalter: adult

1. Tibia
2. Tuber calcanei
3. Malleolus lateralis fibulae
4. Calcaneus
5. Trochlea tali
6. Talus
7. Os tarsi centrale
8. Os tarsale III
9. Os metatarsale
10. Os sesamoideum proximale
11. Phalanx proximalis digiti II
12. Phalanx media digiti II
13. Os sesamoideum distale
14. Phalanx distalis digiti II
15. Ossa tarsi
16. Ossa metatarsalia
17. Phalanges

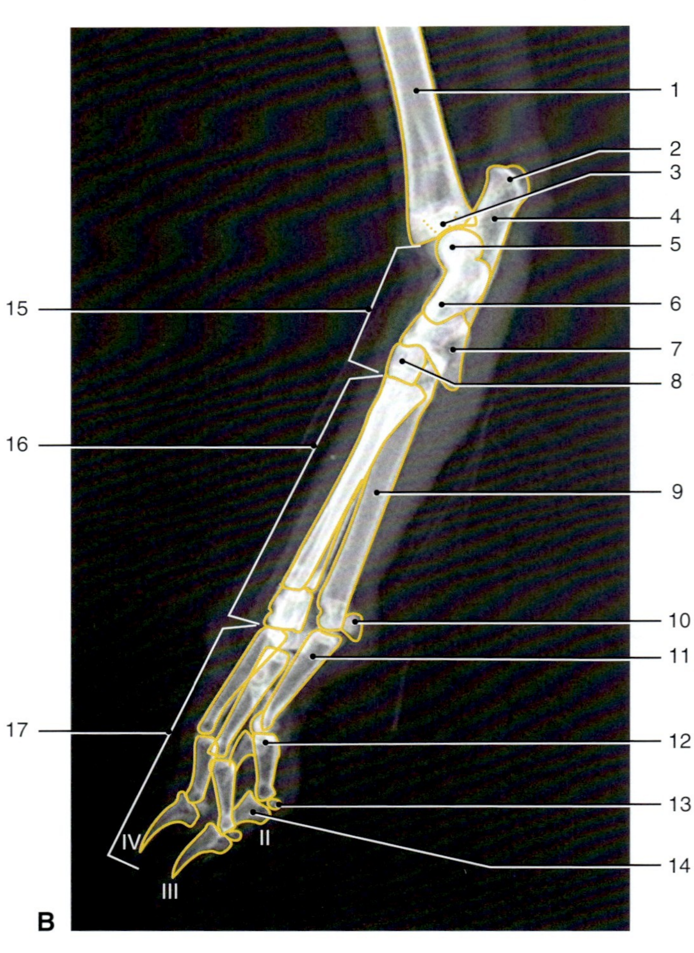

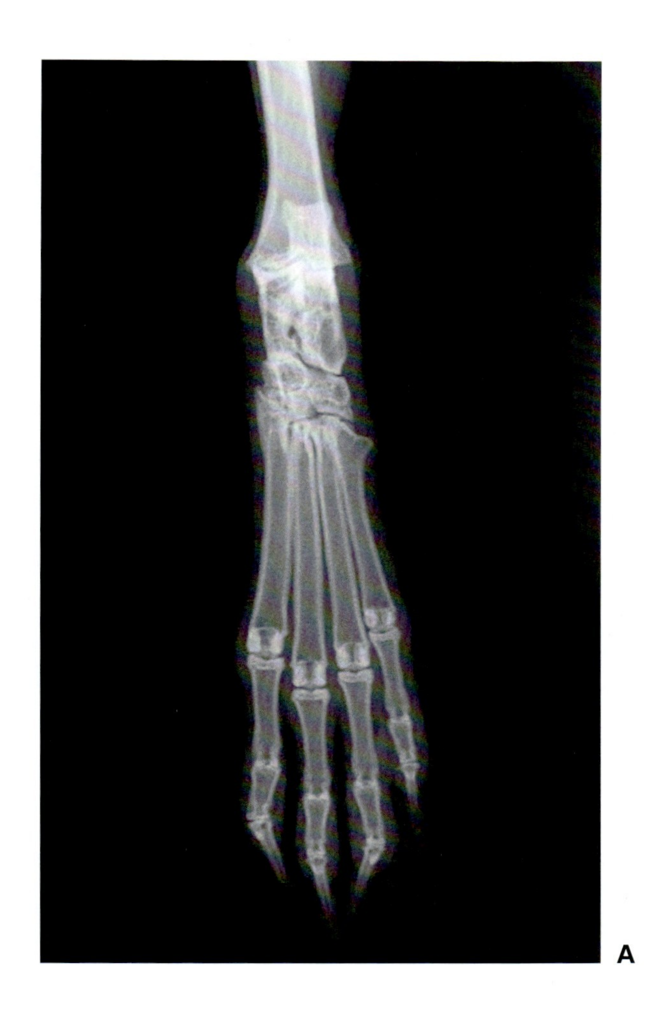

Abbildung 7-25, A
Tierart: Kaninchen
Organsystem: Hinterpfote
Projektion: dorsoplantar
Körpermasse: 2,2 kg
Geschlecht: männlich kastriert
Lebensalter: adult

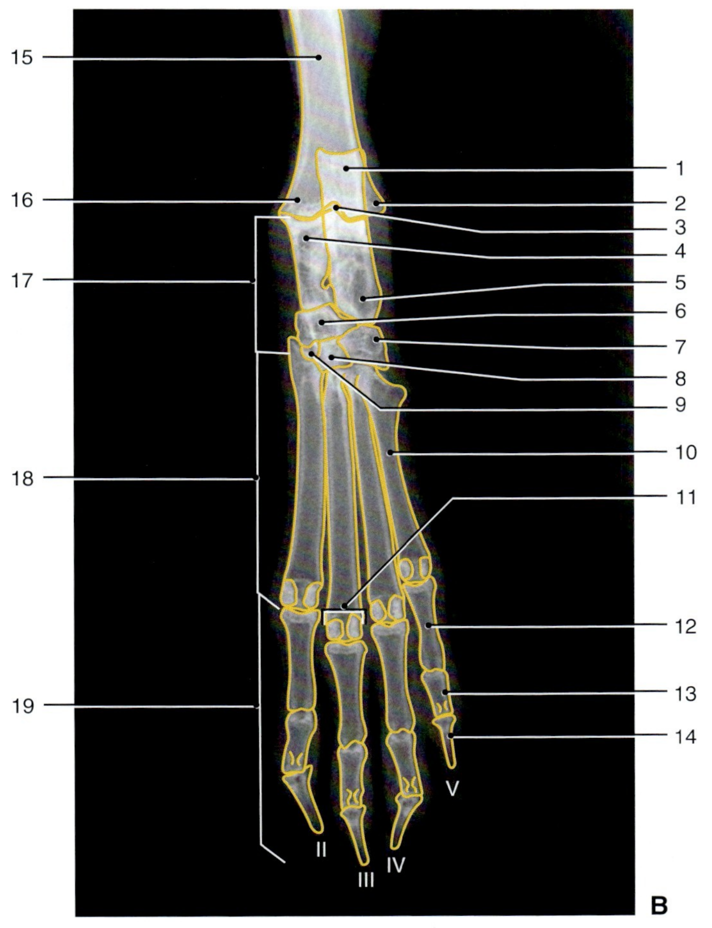

Abbildung 7-25, B
Tierart: Kaninchen
Organsystem: Hinterpfote
Projektion: dorsoplantar
Körpermasse: 2,2 kg
Geschlecht: männlich kastriert
Lebensalter: adult

1. Tuber calcanei
2. Malleolus lateralis fibulae
3. Sprunggelenkspalt
4. Talus
5. Calcaneus
6. Os tarsi centrale
7. Os tarsale IV
8. Os tarsale III
9. Os tarsale II
10. Os metatarsale V
11. Os sesamoideum proximale
12. Phalanx proximalis digiti V
13. Phalanx media digiti V
14. Phalanx distalis digiti V
15. Tibia
16. Malleolus medialis tibiae
17. Ossa tarsalia
18. Ossa metatarsalia
19. Phalanges

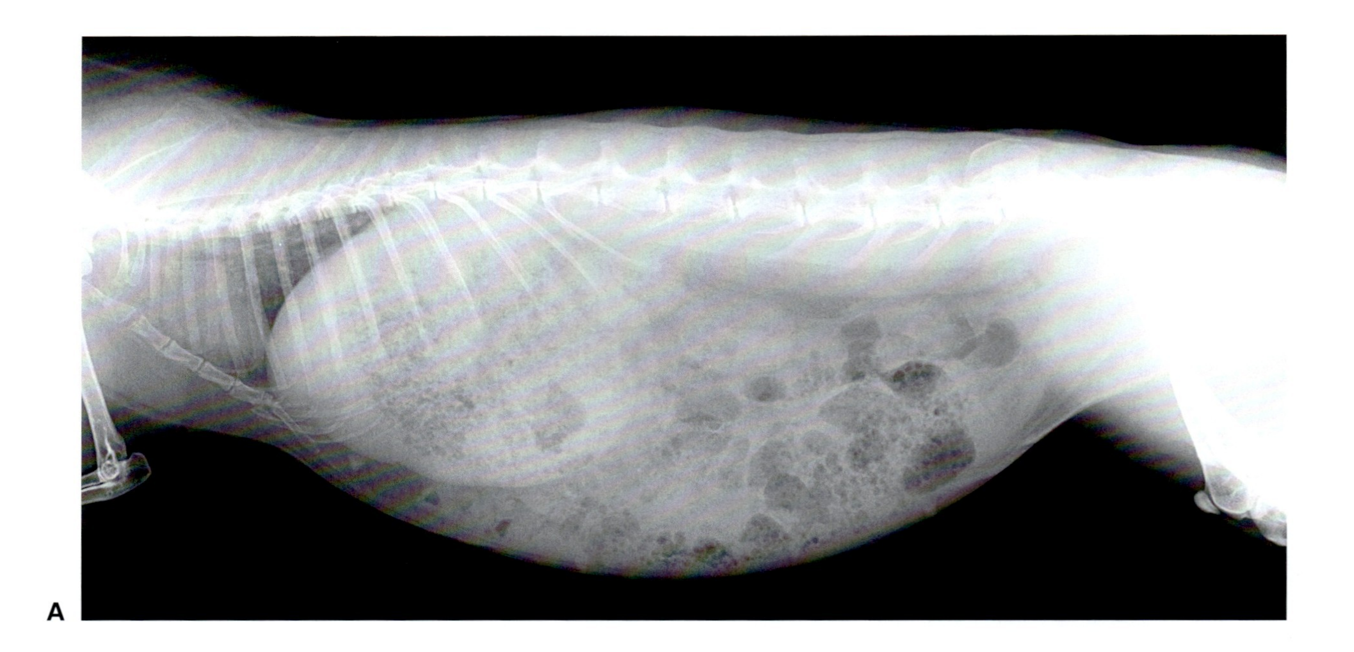

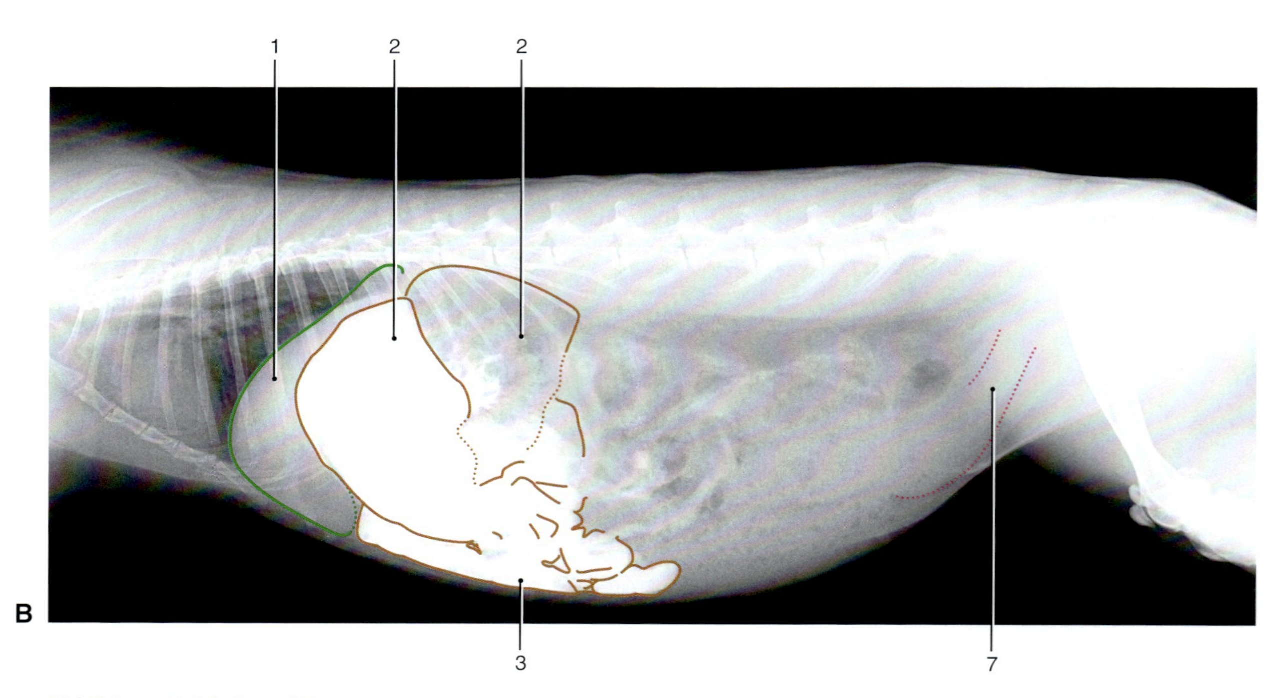

Abbildung 7-26, A und B
Tierart: Kaninchen
Organsystem: Gastrointestinaltrakt, Positivkontrastdarstellung
Kontrastmittel: Bariumsulfatsuspension (Novopaque® 60% v/w), 60 ml per os
Projektion: laterolateral (rechte Seitenlage)
Körpermasse: 4,1 kg
Geschlecht: weiblich unkastriert
Lebensalter: adult

Abbildung	Zeit (h)
A	Leeraufnahme
B	0,5

1. Leber
2. Magen
3. Dünndarm
4. Blinddarm
5. Ileum
6. Appendix vermiformis
7. Harnblase
8. rechte Niere
9. linke Niere
10. Dickdarm

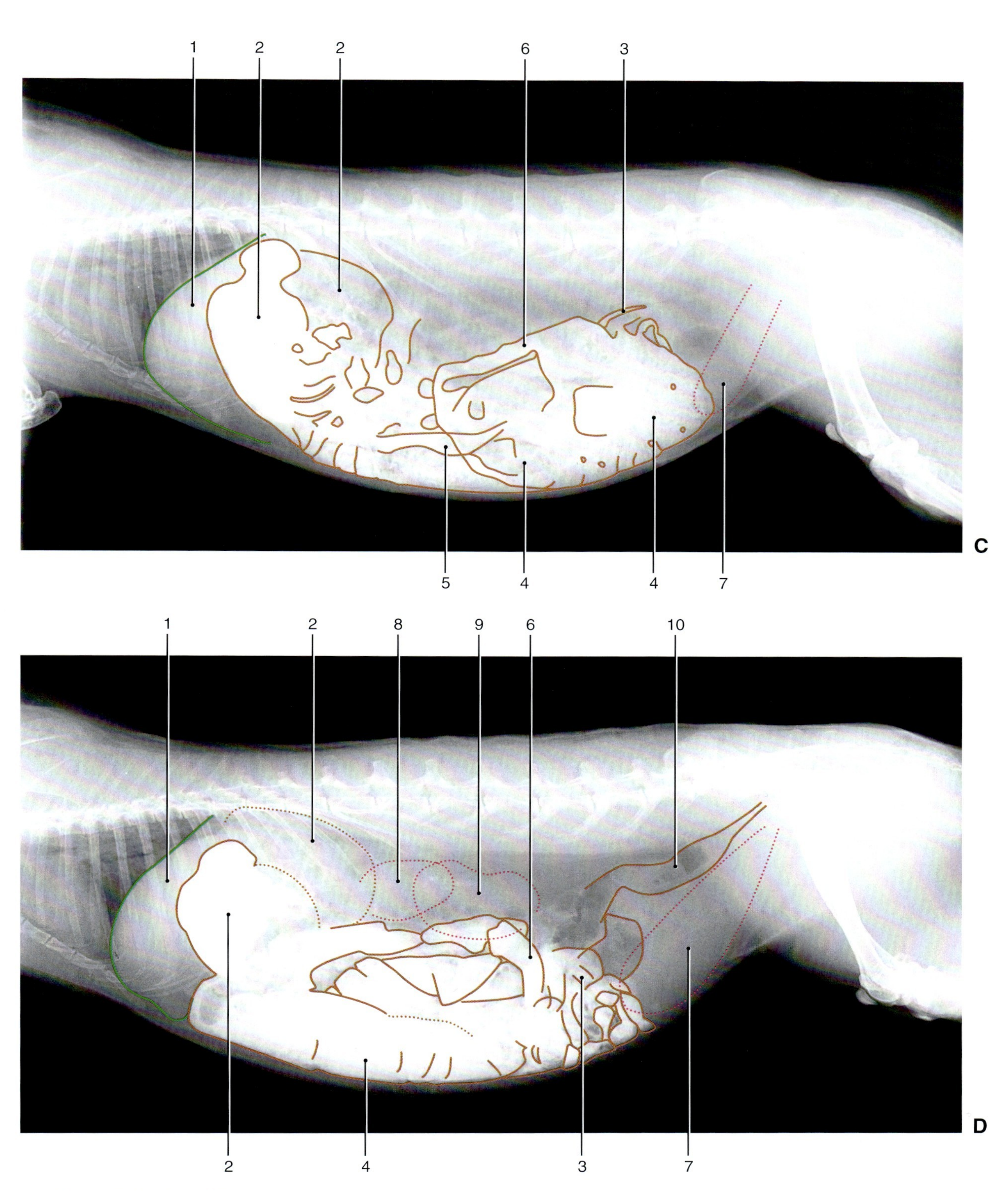

Abbildung 7-26, C und D
Tierart: Kaninchen
Organsystem: Gastrointestinaltrakt, Positivkontrastdarstellung
Kontrastmittel: Bariumsulfatsuspension (Novopaque® 60% v/w), 60 ml per os
Projektion: laterolateral (rechte Seitenlage)
Körpermasse: 4,1 kg
Geschlecht: weiblich unkastriert
Lebensalter: adult

1. Leber
2. Magen
3. Dünndarm
4. Blinddarm
5. Ileum
6. Appendix vermiformis
7. Harnblase
8. rechte Niere
9. linke Niere
10. Dickdarm

Abbildung	Zeit (h)
C	1,5
D	3,0

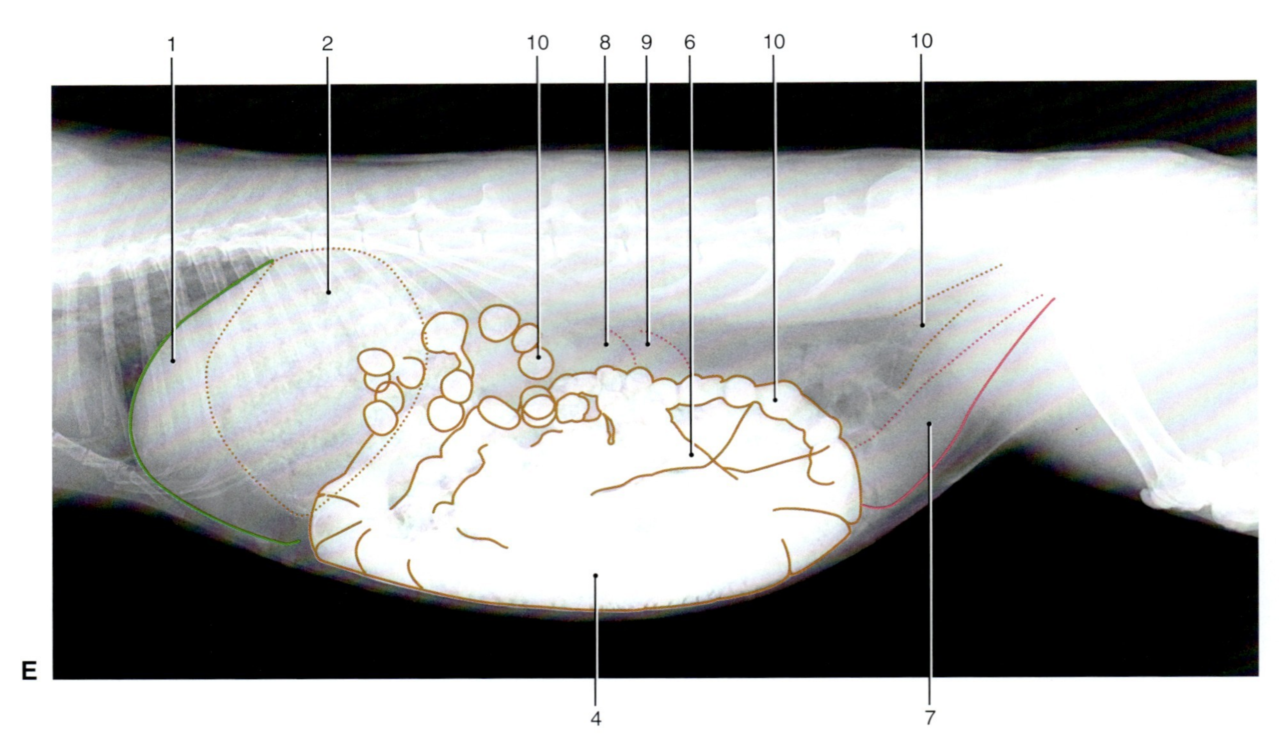

Abbildung 7-26, E

Tierart: Kaninchen
Organsystem: Gastrointestinaltrakt, Positivkontrastdarstellung
Kontrastmittel: Bariumsulfatsuspension (Novopaque® 60% v/w), 60 ml per os
Projektion: laterolateral (rechte Seitenlage)
Körpermasse: 4,1 kg
Geschlecht: weiblich unkastriert
Lebensalter: adult

Abbildung	Zeit (h)
E	6,0

1. Leber
2. Magen
3. Dünndarm
4. Blinddarm
5. Ileum
6. Appendix vermiformis
7. Harnblase
8. rechte Niere
9. linke Niere
10. Dickdarm

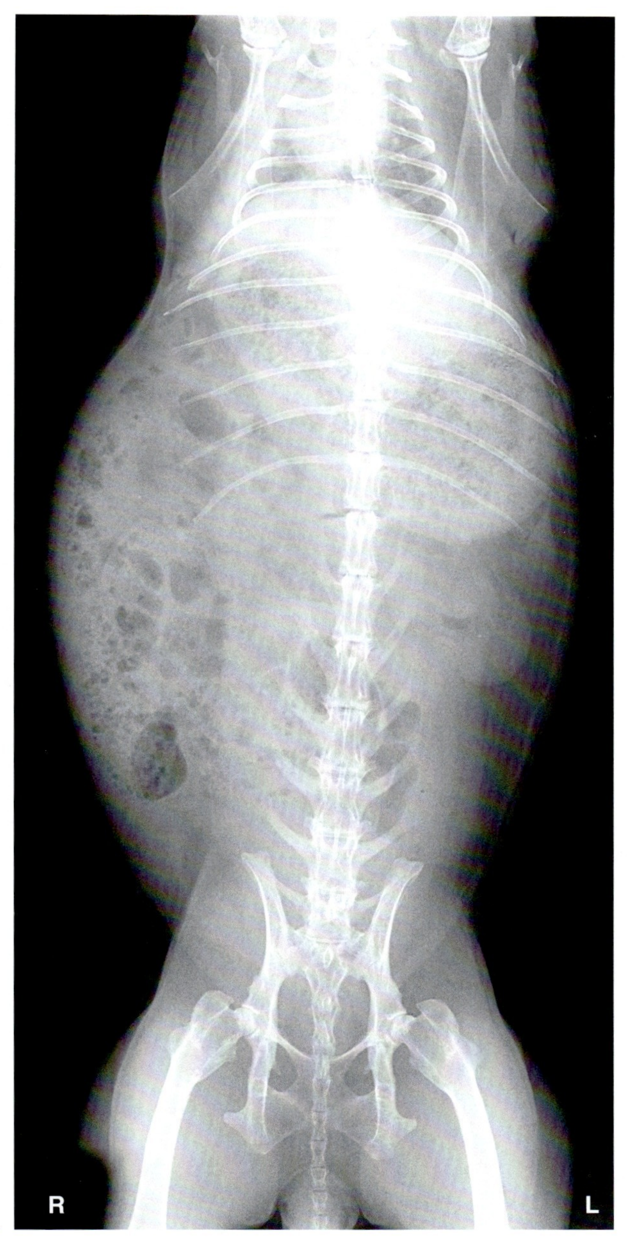

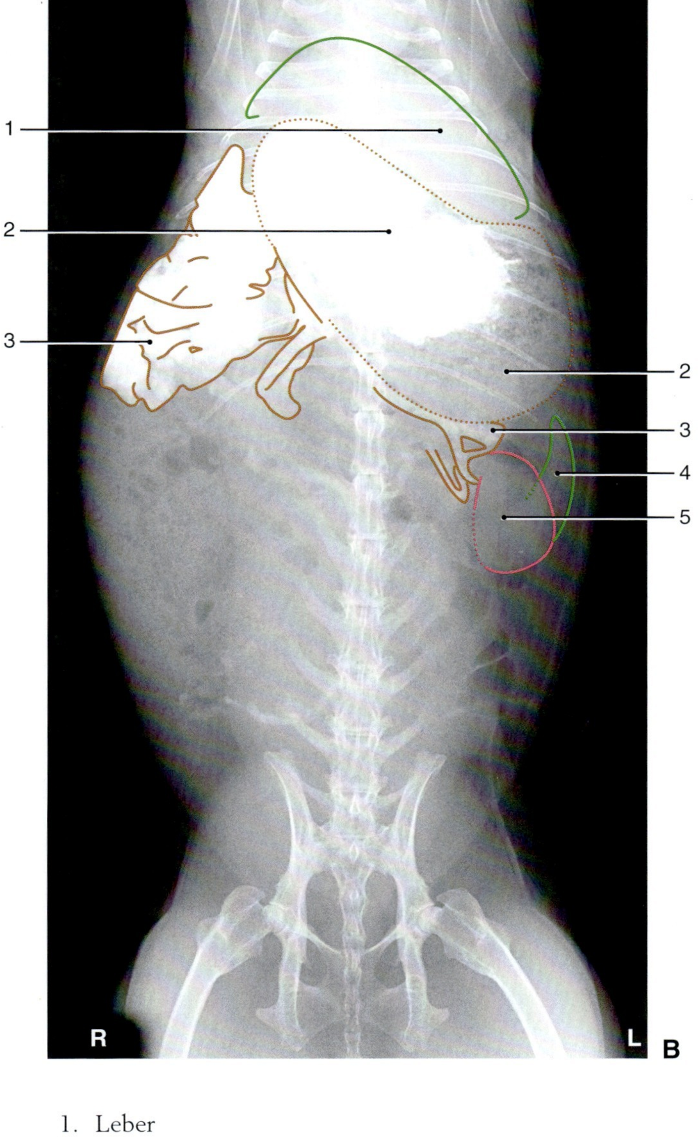

Abbildung 7-27, A und B
Tierart: Kaninchen
Organsystem: Gastrointestinaltrakt, Positivkontrastdarstellung
Kontrastmittel: Bariumsulfatsuspension (Novopaque® 60% v/w), 60 ml per os
Projektion: ventrodorsal (Rückenlage)
Körpermasse: 4,1 kg
Geschlecht: weiblich unkastriert
Lebensalter: adult

Abbildung	Zeit (h)
A	Leeraufnahme
B	0,5

1. Leber
2. Magen
3. Dünndarm
4. Milz
5. linke Niere
6. Appendix vermiformis
7. Blinddarm
8. Ileum
9. Dickdarm

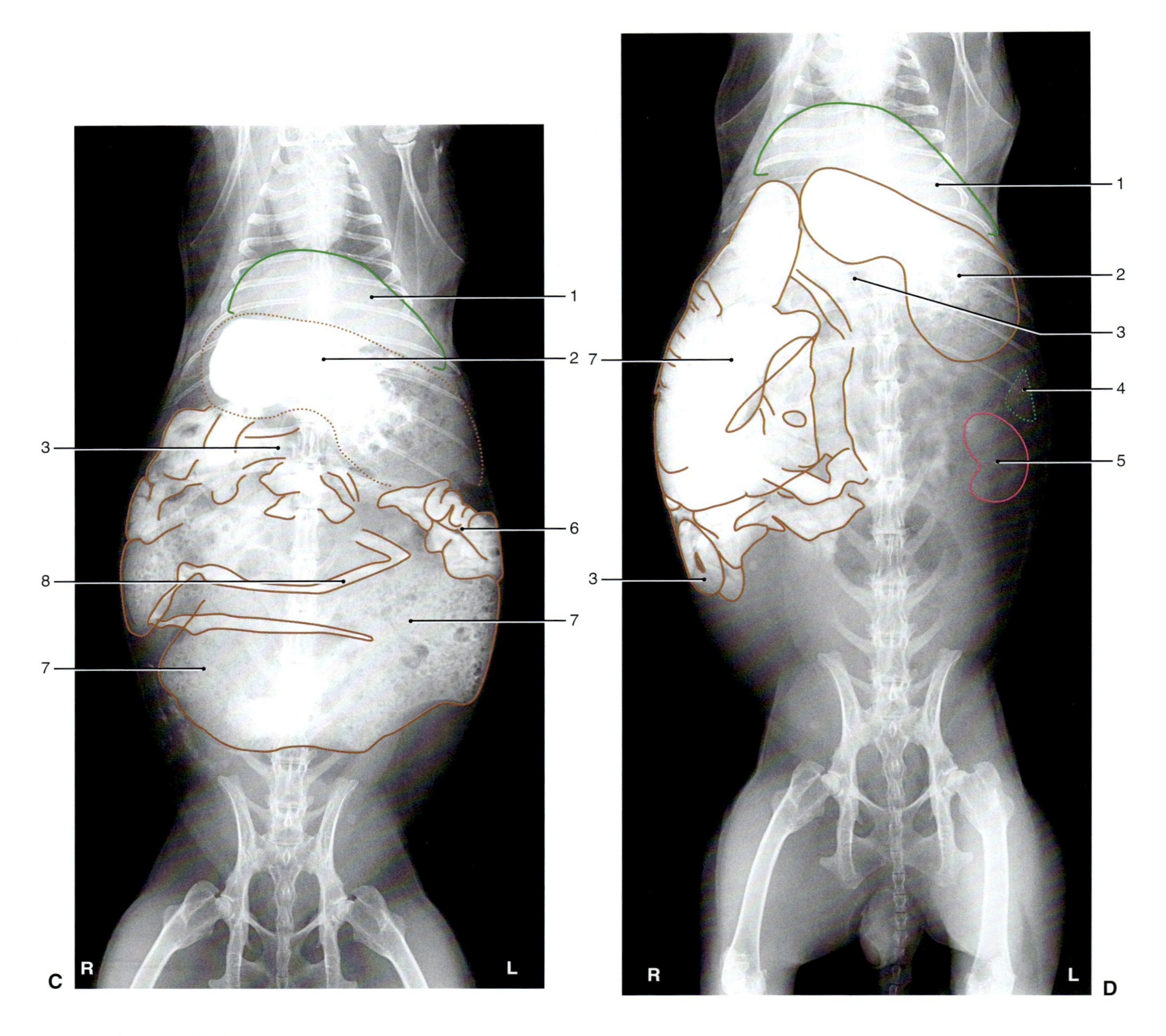

Abbildung 7-27, C und D
Tierart: Kaninchen
Organsystem: Gastrointestinaltrakt, Positivkontrastdarstellung
Kontrastmittel: Bariumsulfatsuspension (Novopaque®
60% v/w), 60 ml per os
Projektion: ventrodorsal (Rückenlage)
Körpermasse: 4,1 kg
Geschlecht: weiblich unkastriert
Lebensalter: adult

Abbildung	Zeit (h)
C	1,5
D	3,0

1. Leber
2. Magen
3. Dünndarm
4. Milz
5. linke Niere
6. Appendix vermiformis
7. Blinddarm
8. Ileum
9. Dickdarm

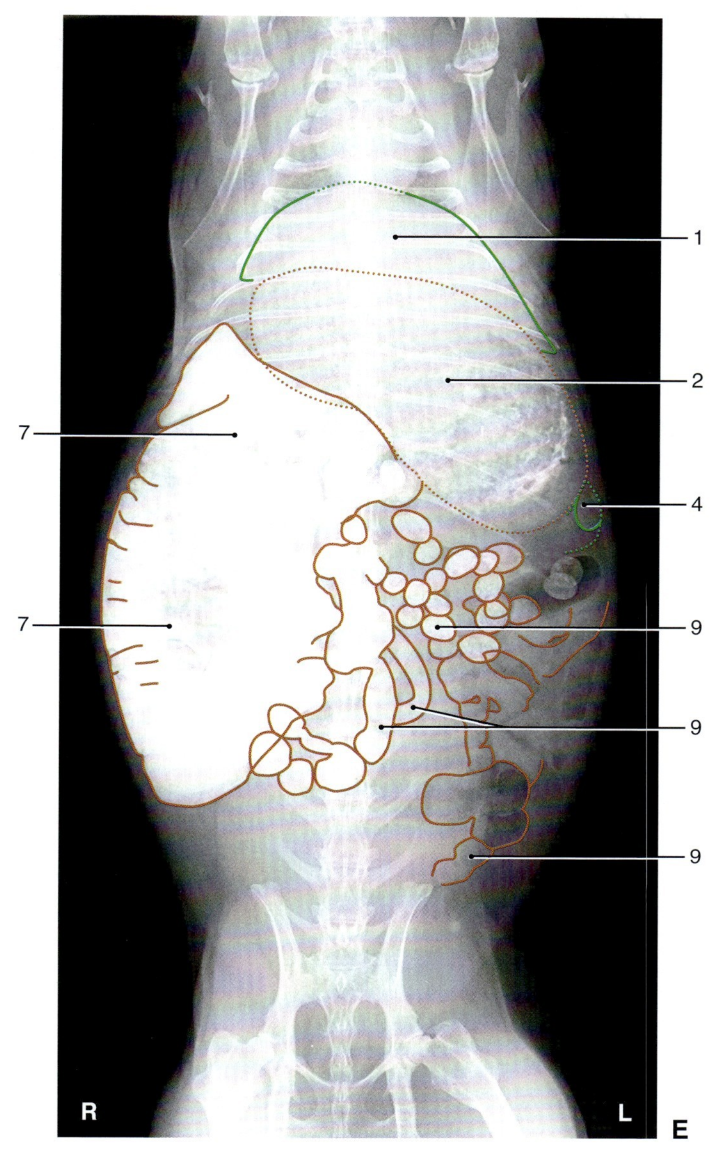

Abbildung 7-27, E
Tierart: Kaninchen
Organsystem: Gastrointestinaltrakt, Positivkontrastdarstellung
Kontrastmittel: Bariumsulfatsuspension (Novopaque® 60% v/w), 60 ml per os
Projektion: ventrodorsal (Rückenlage)
Körpermasse: 4,1 kg
Geschlecht: weiblich unkastriert
Lebensalter: adult

Abbildung	Zeit (h)
E	6,0

1. Leber
2. Magen
3. Dünndarm
4. Milz
5. linke Niere
6. Appendix vermiformis
7. Blinddarm
8. Ileum
9. Dickdarm

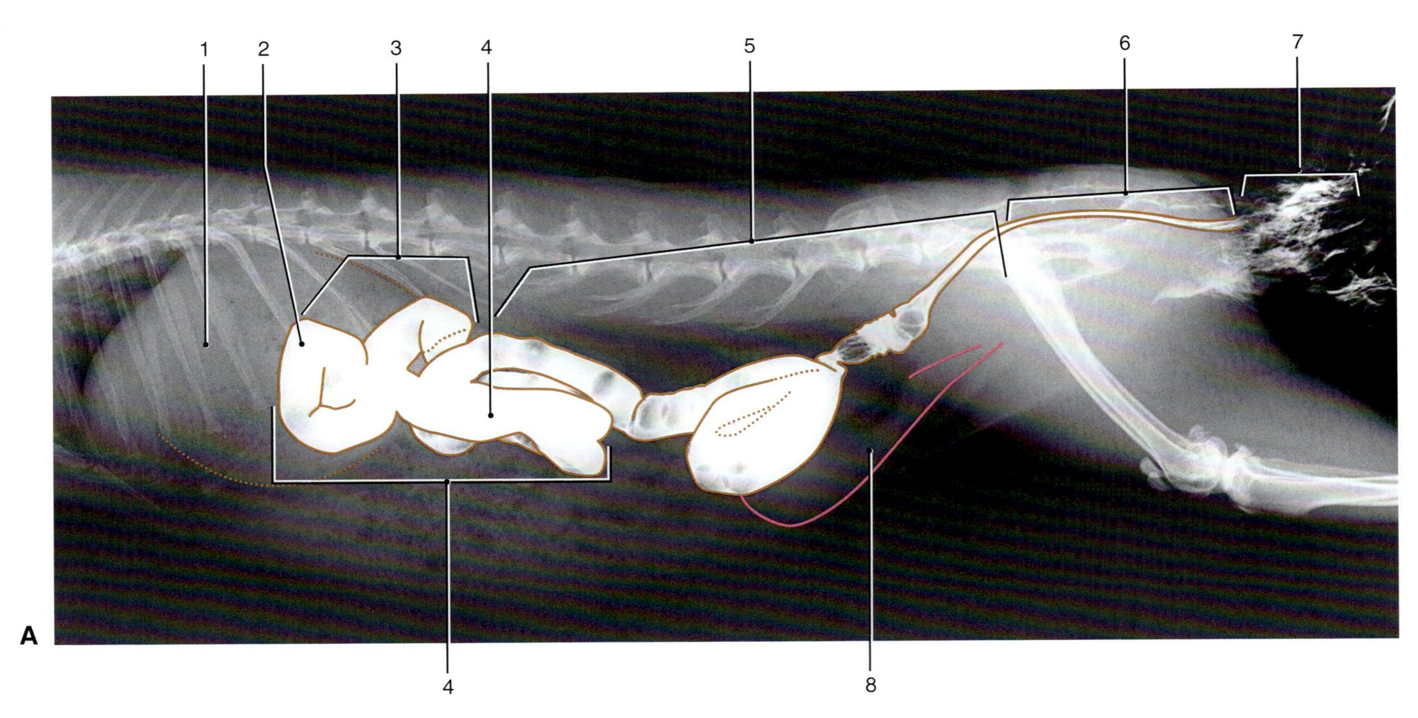

Abbildung 7-28, A
Tierart: Kaninchen
Organsystem: Gastrointestinaltrakt, Doppelkontrastdarstellung
Kontrastmittel: Bariumsulfatsuspension (Novopaque®
60% v/w), 80 ml rektal
Projektion: laterolateral (rechte Seitenlage)
Körpermasse: 3,5 kg
Geschlecht: weiblich unkastriert
Lebensalter: adult

1. Magen
2. Flexura hepatica coli
3. Colon transversum
4. Colon ascendens
5. Colon descendens
6. Rectum
7. Positivkontrastmittel in den Haaren
8. Harnblase

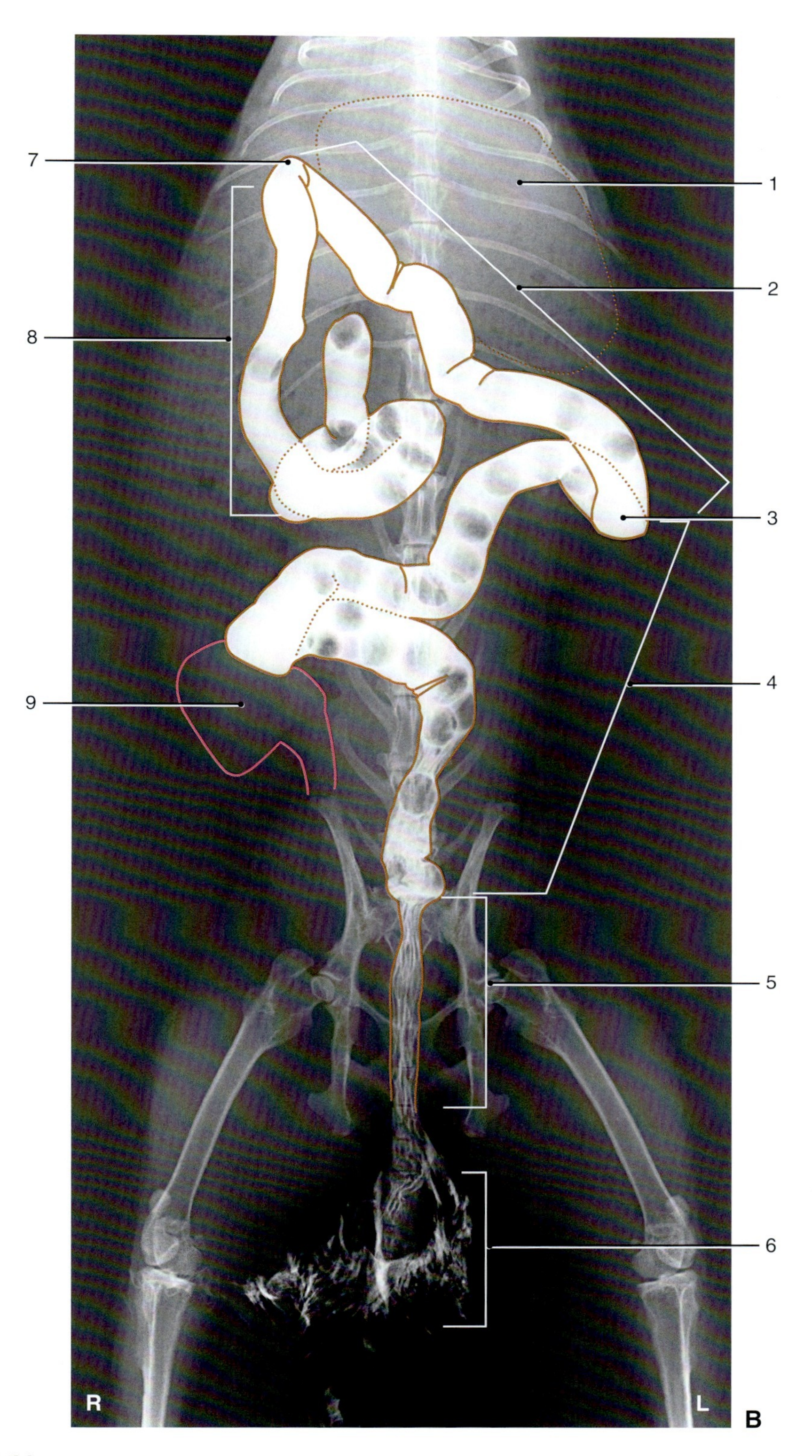

Abbildung 7-28, B
Tierart: Kaninchen
Organsystem: Gastrointestinaltrakt, Doppelkontrastdarstellung
Kontrastmittel: Bariumsulfatsuspension (Novopaque® 60% v/w), 80 ml rektal
Projektion: ventrodorsal (Rückenlage)
Körpermasse: 3,5 kg
Geschlecht: weiblich unkastriert
Lebensalter: adult

1. Magen
2. Colon transversum
3. Flexura lienis coli
4. Colon ascendens
5. Rectum
6. Positivkontrastmittel in den Haaren
7. Flexura hepatica coli
8. Colon ascendens
9. Harnblase

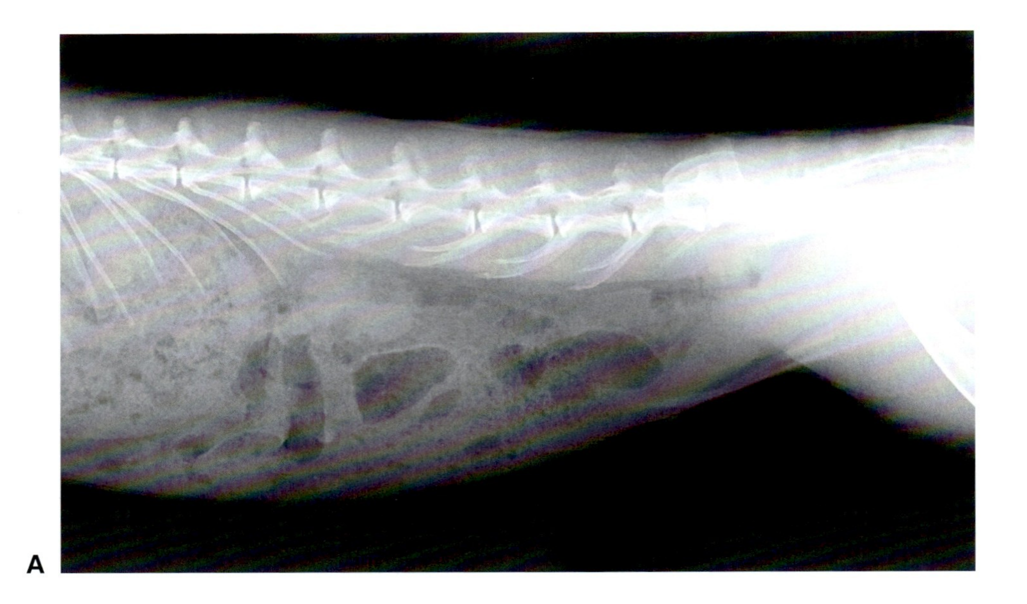

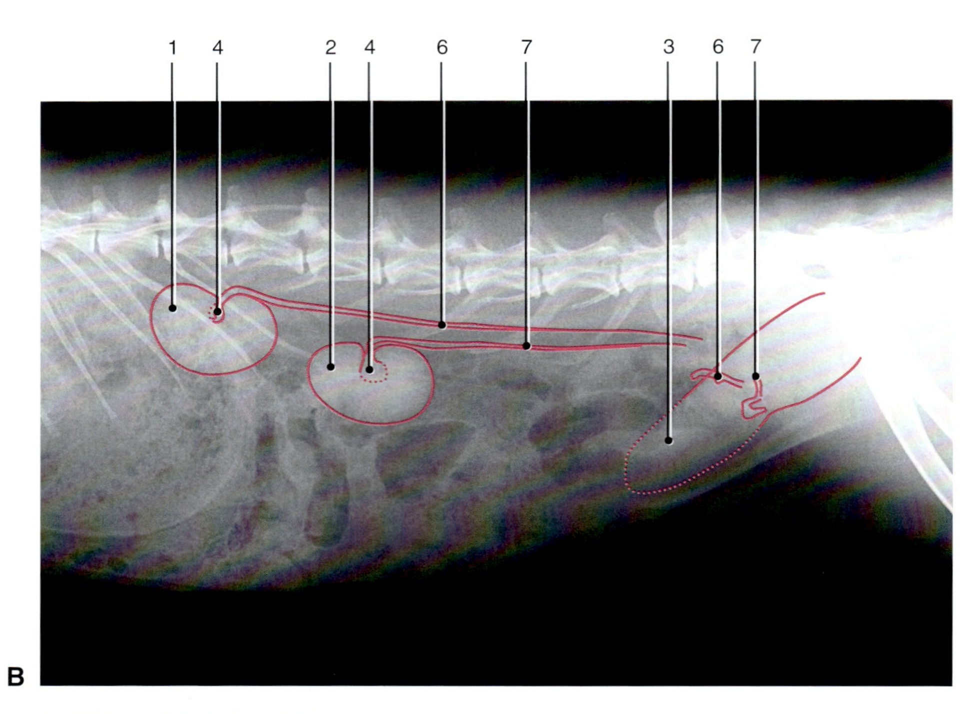

Abbildung 7-29, A und B
Tierart: Kaninchen
Organsystem: Harntrakt, Ausscheidungsurographie
Kontrastmittel: RenoCal 76® (37% organisch gebundenes Jod), 9 ml i.v. (3 ml/kg)
Projektion: laterolateral (rechte Seitenlage)
Körpermasse: 3,2 kg
Geschlecht: weiblich unkastriert
Lebensalter: adult

1. rechte Niere
2. linke Niere
3. Harnblase
4. Nierenbecken
5. Recessus pelvis des Nierenbeckens
6. rechter Ureter
7. linker Ureter
8. Kompressionsbandage

Abbildung	Zeit (min)
A	Leeraufnahme
B	1,0*

* Anlage einer Kompressionsbandage um den Bauch 20 Minuten nach Anfertigung der Aufnahme B

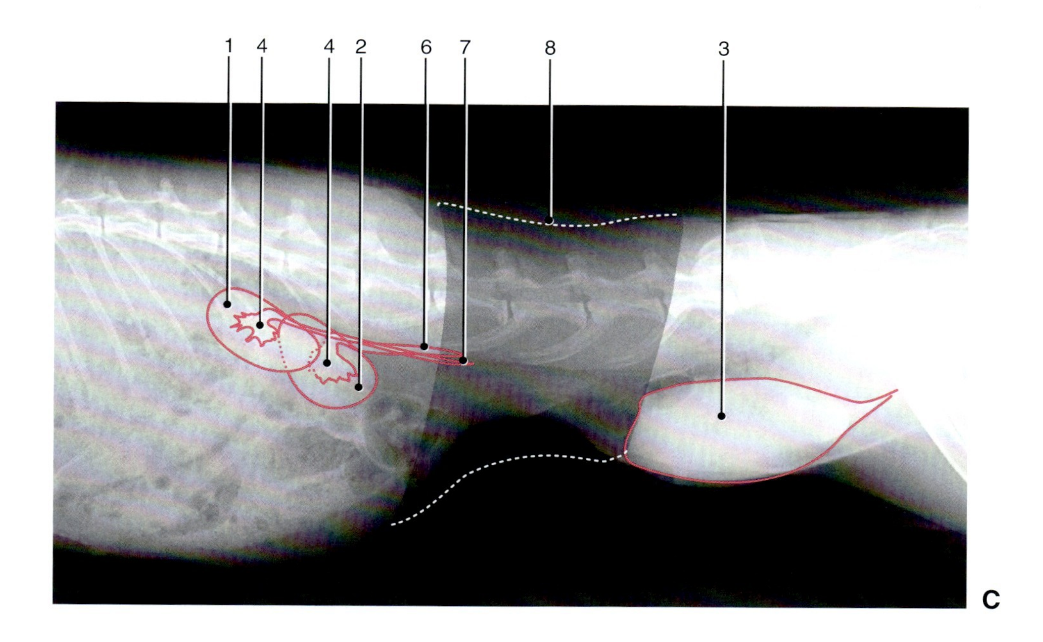

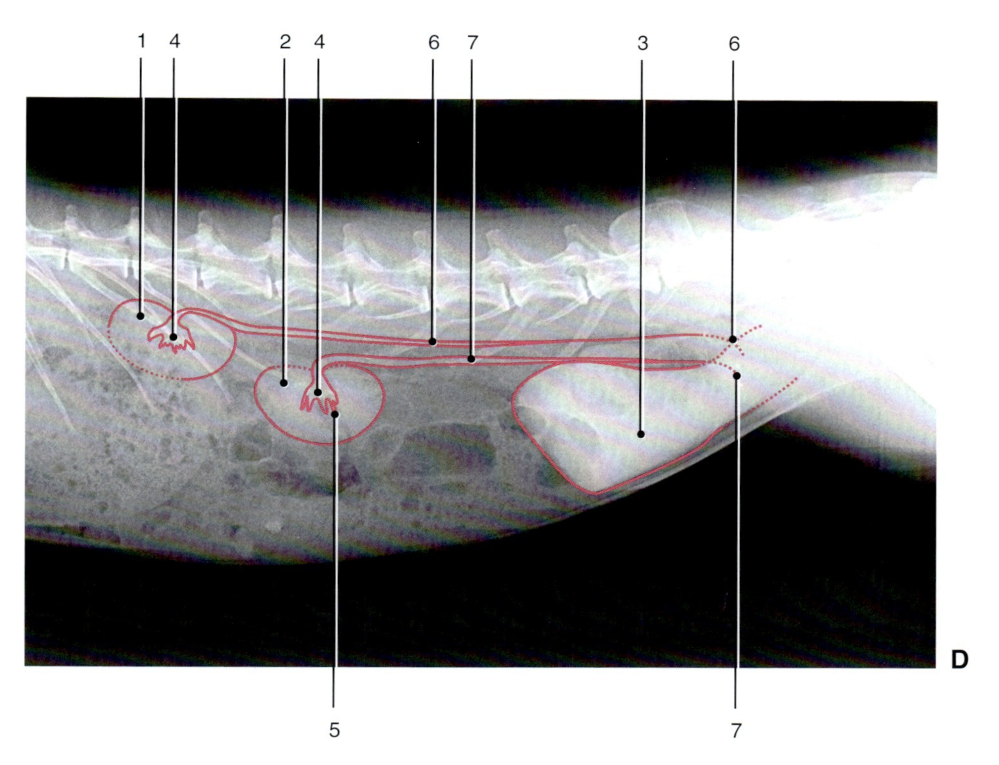

Abbildung 7-29, C und D
Tierart: Kaninchen
Organsystem: Harntrakt, Ausscheidungsurographie
Kontrastmittel: RenoCal 76® (37% organisch gebundenes Jod), 9 ml i.v. (3 ml/kg)
Projektion: laterolateral (rechte Seitenlage)
Körpermasse: 3,2 kg
Geschlecht: weiblich unkastriert
Lebensalter: adult

1. rechte Niere
2. linke Niere
3. Harnblase
4. Nierenbecken
5. Recessus pelvis des Nierenbeckens
6. rechter Ureter
7. linker Ureter
8. Kompressionsbandage

Abbildung	Zeit (min)
C	40,0*
D	45,0

* Entfernung der Kompressionsbandage nach Anfertigung der Aufnahme C

Abbildung 7-30, A und B
Tierart: Kaninchen
Organsystem: Harntrakt, Ausscheidungsurographie
Kontrastmittel: RenoCal 76® (37% organisch gebundenes Jod), 9 ml i.v. (3 ml/kg)
Projektion: ventrodorsal (rechte Seitenlage)
Körpermasse: 3,2 kg
Geschlecht: weiblich unkastriert
Lebensalter: adult

Abbildung	Zeit (min)
A	Leeraufnahme
B	1,0*

* Anlage einer Kompressionsbandage um den Bauch 20 Minuten nach Anfertigung der Aufnahme B

1. rechte Niere
2. linke Niere
3. Harnblase
4. Nierenbecken
5. Recessus pelvis des Nierenbeckens
6. rechter Ureter
7. linker Ureter
8. Kompressionsbandage

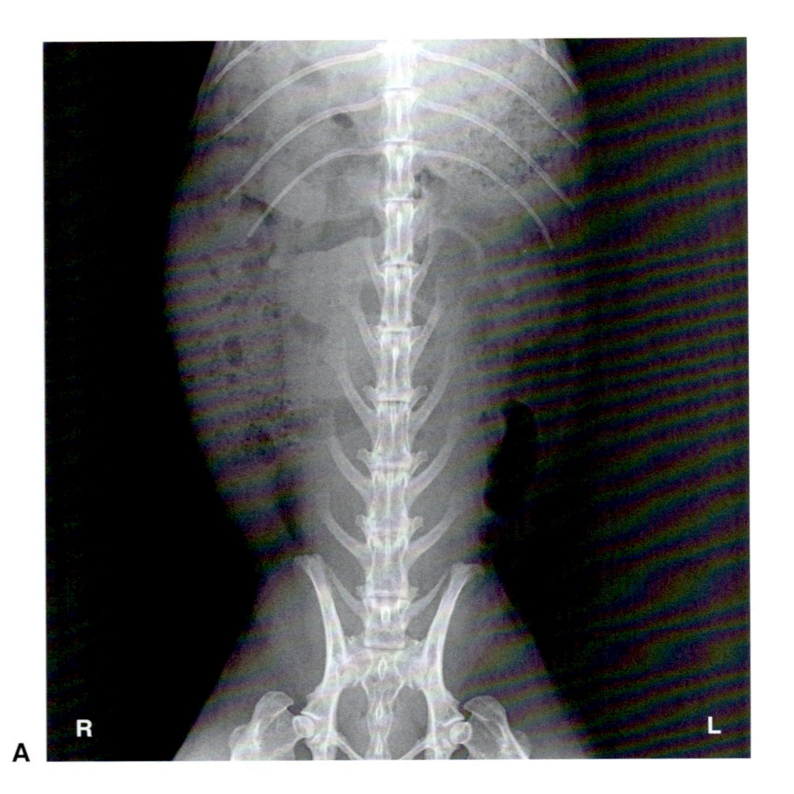

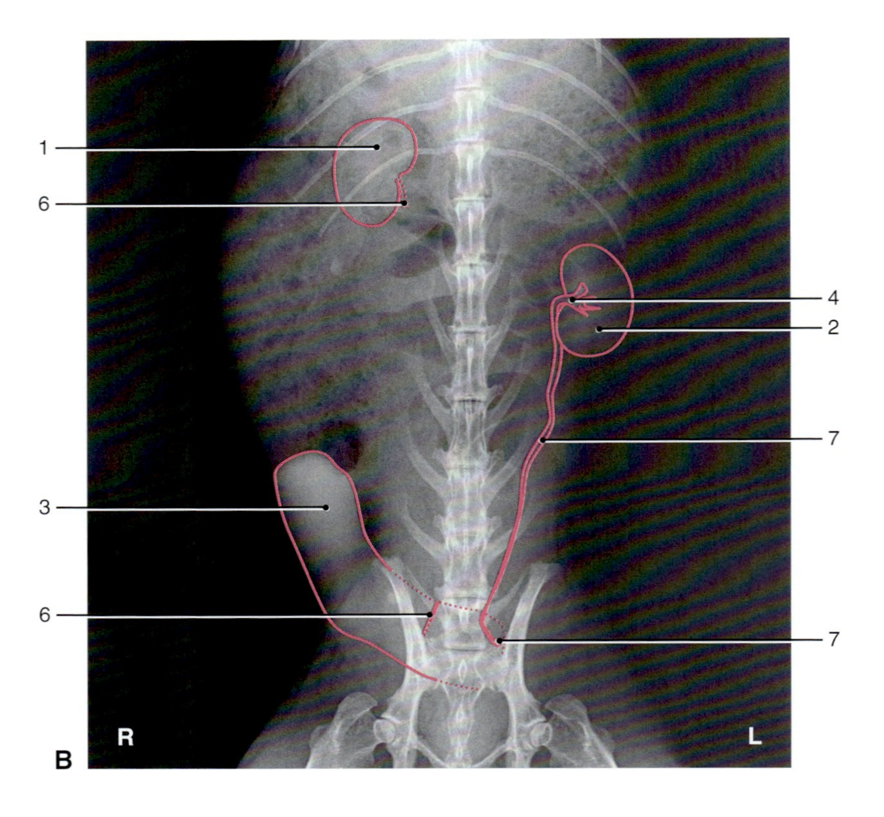

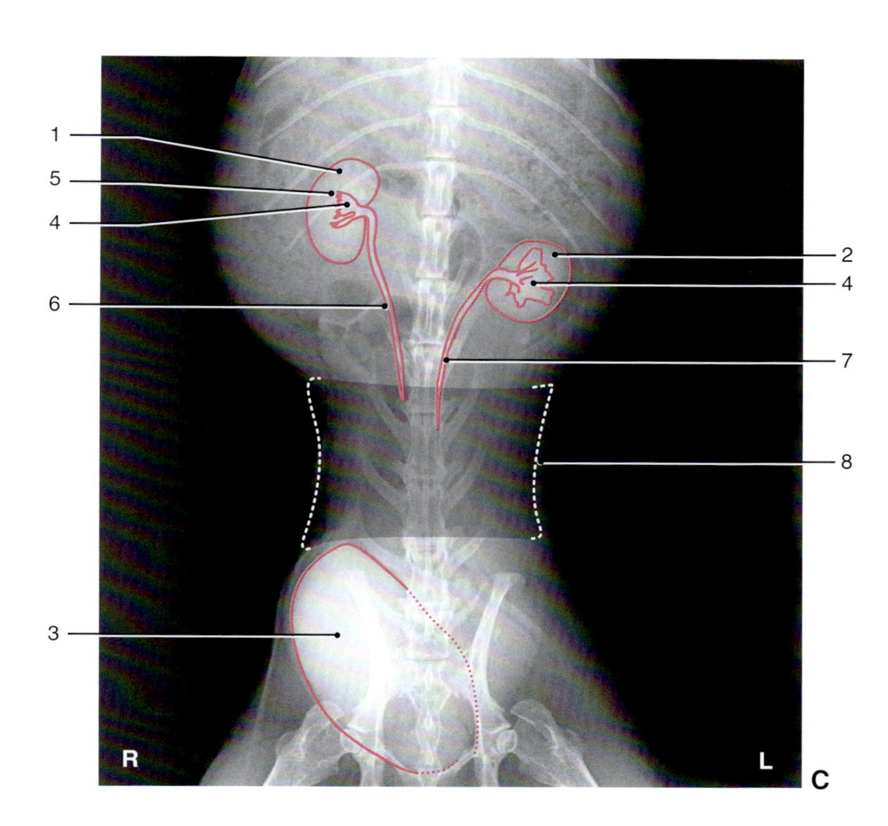

Abbildung 7-30, C – E
Tierart: Kaninchen
Organsystem: Harntrakt, Ausscheidungsurographie
Kontrastmittel: RenoCal 76® (37% organisch gebundenes Jod), 9 ml i. v. (3 ml/kg)
Projektion: ventrodorsal (rechte Seitenlage)
Körpermasse: 3,2 kg
Geschlecht: weiblich unkastriert
Lebensalter: adult

Abbildung	Zeit (min)
C	40,0*
D	45,0
E	40,0*

* Entfernung der Kompressionsbandage nach Anfertigung der Aufnahme C und E

1. rechte Niere
2. linke Niere
3. Harnblase
4. Nierenbecken
5. Recessus pelvis des Nierenbeckens
6. rechter Ureter
7. linker Ureter
8. Kompressionsbandage

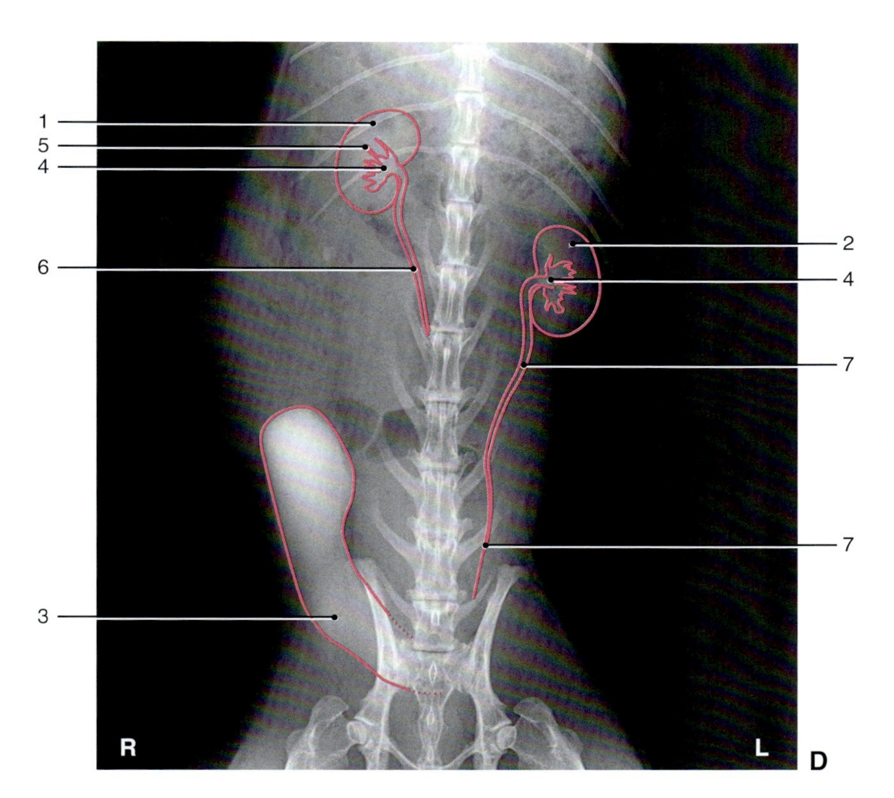

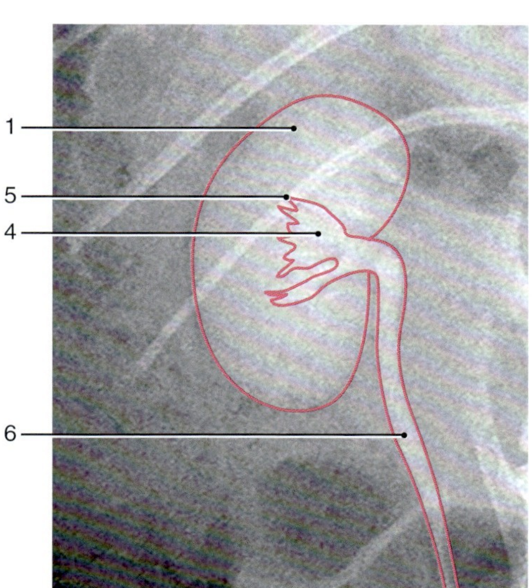

Abbildung 7-31, A und B
Tierart: Kaninchen
Organsystem: Harnblase, Doppelkontrastdarstellung
Positivkontrastmittel: RenoCal 76® (37% organisch gebundenes Jod), 2 ml injiziert über Harnkatheter; 1 ml über Harnkatheter wieder abgelassen; 35 ml Luft injiziert über Harnkatheter
Projektion: laterolateral (rechte Seitenlage)
Körpermasse: 3,2 kg
Geschlecht: weiblich unkastriert
Lebensalter: adult

Abbildung	Zeit (min)
A	laterolaterale Leeraufnahme
B	laterolaterale Doppelkontrastaufnahme

1. Harnblasenkörper
2. Harnblasenhals
3. Harnkatheter
4. Harnblasenwand
5. Luft im Harnblasenlumen
6. Positivkontrastmittel

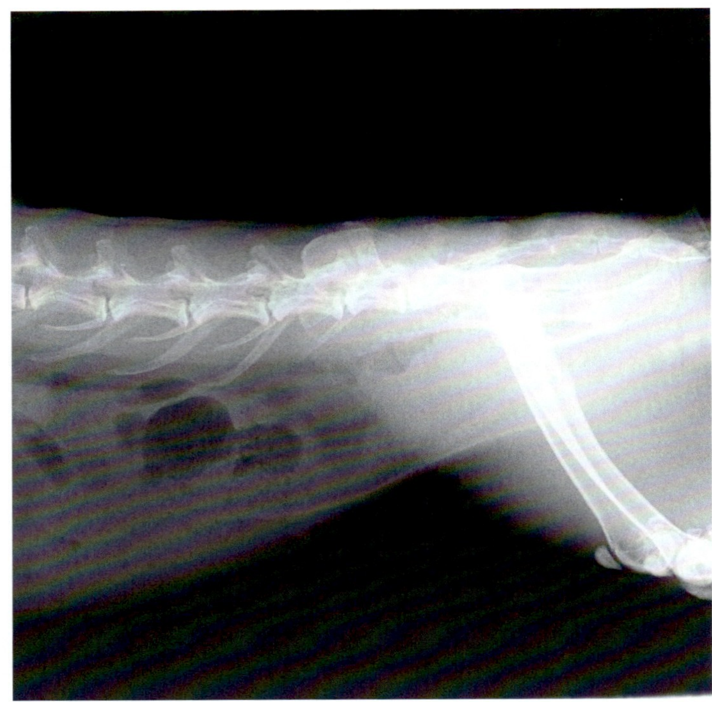

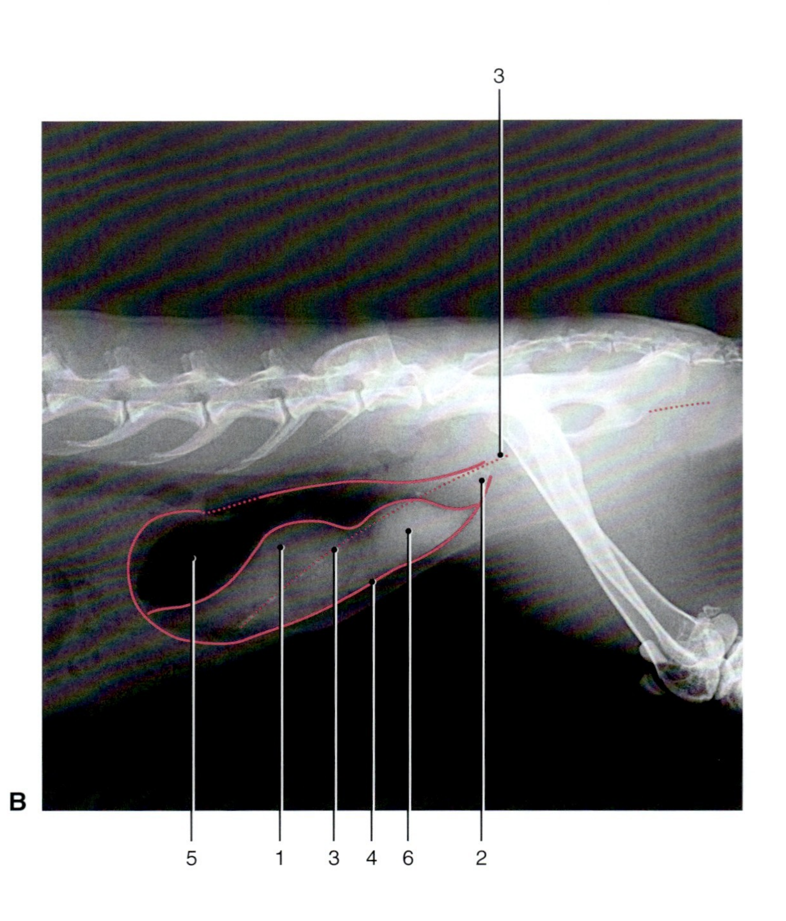

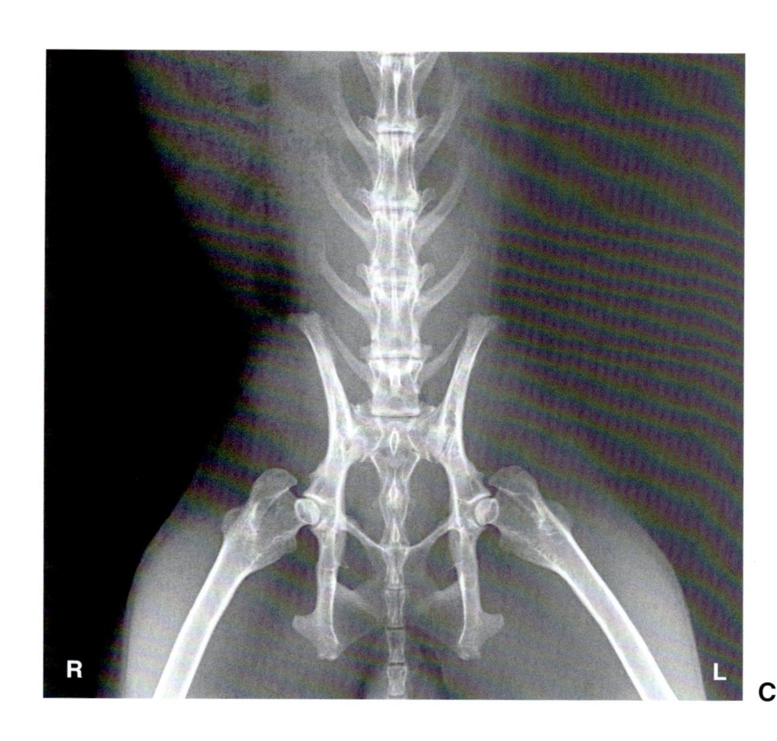

Abbildung 7-31, C und D
Tierart: Kaninchen
Organsystem: Harnblase, Doppelkontrastdarstellung
Positivkontrastmittel: RenoCal 76® (37% organisch gebundenes Jod), 2 ml injiziert über Harnkatheter; 1 ml über Harnkatheter wieder abgelassen; 35 ml Luft injiziert über Harnkatheter
Projektion: ventrodorsal (Rückenlage)
Körpermasse: 3,2 kg
Geschlecht: weiblich unkastriert
Lebensalter: adult

Abbildung	Zeit (min)
A	ventrodorsale Leeraufnahme
B	ventrodorsale Doppelkontrastaufnahme

1. Harnblasenkörper
2. Harnblasenhals
3. Harnkatheter
4. Harnblasenwand
5. Luft im Harnblasenlumen
6. Positivkontrastmittel

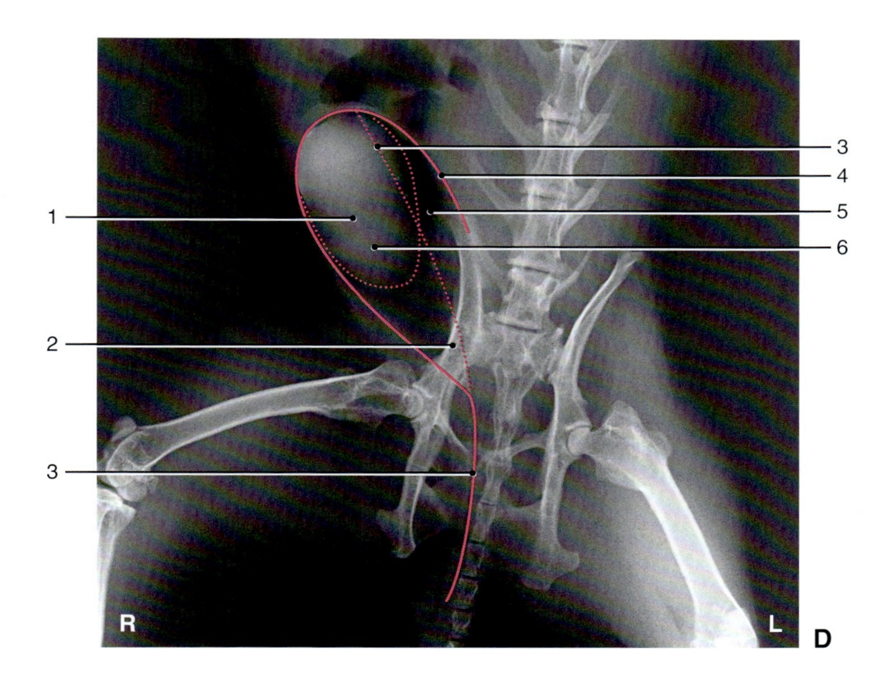

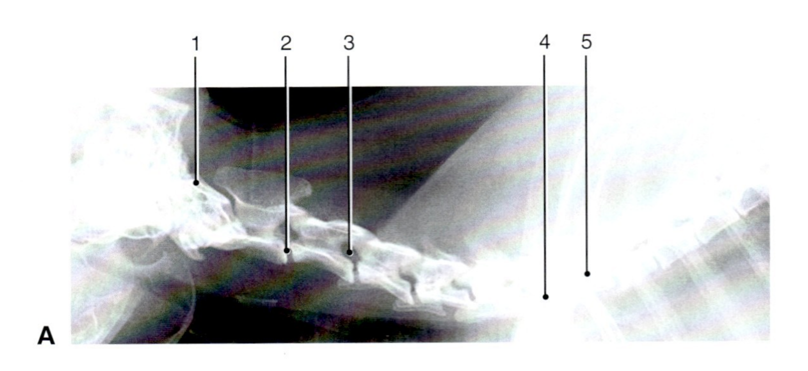

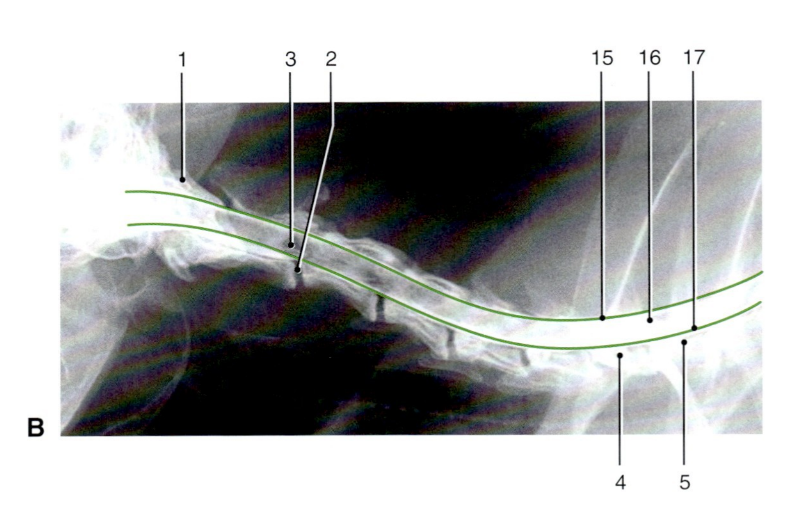

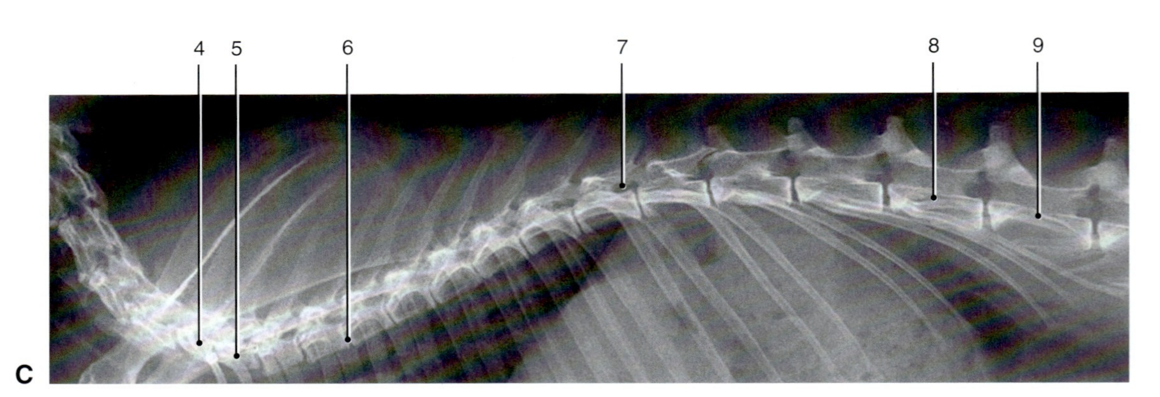

Abbildung 7-32, A – C
Tierart: Kaninchen
Organsystem: Myelographie
Kontrastmittel: Isovue 200 (41% Iopamidol, 20% gebundenes Jod, Bracco Diagnostics, Inc. Princetown,NJ), Injektion zwischen L5 – L6
Projektion: laterolateral (rechte Seitenlage)
Körpermasse: 3,5 kg
Geschlecht: weiblich unkastriert
Lebensalter: adult

Abbildung	Bildausschnitt (Darstellungsmethode)
A	Halswirbelsäule (Leeraufnahme)
B	Halswirbelsäule (Myelographie)
C	Brustwirbelsäule (Leeraufnahme)

1. Atlas
2. Spatium intervertebrale (Halswirbelsäule)
3. Foramen intervertebrale (Halswirbelsäule)
4. 7. Halswirbel
5. 1. Brustwirbel
6. Spatium intervertebrale (Brustwirbelsäule)
7. Foramen intervertebrale (Brustwirbelsäule)
8. 13. Brustwirbel
9. 1. Lendenwirbel
10. Spatium intervertebrale (Lendenwirbelsäule)
11. Procc. articulares (3. u. 4. Lendenwirbel)
12. Foramen intervertebrale (Lendenwirbelsäule)
13. 7. Lendenwirbel
14. Os sacrum
15. Cavum subarachnoidale (dorsal)
16. Rückenmark
17. Cavum subarachnoidale (ventral)
18. Spinalkanüle

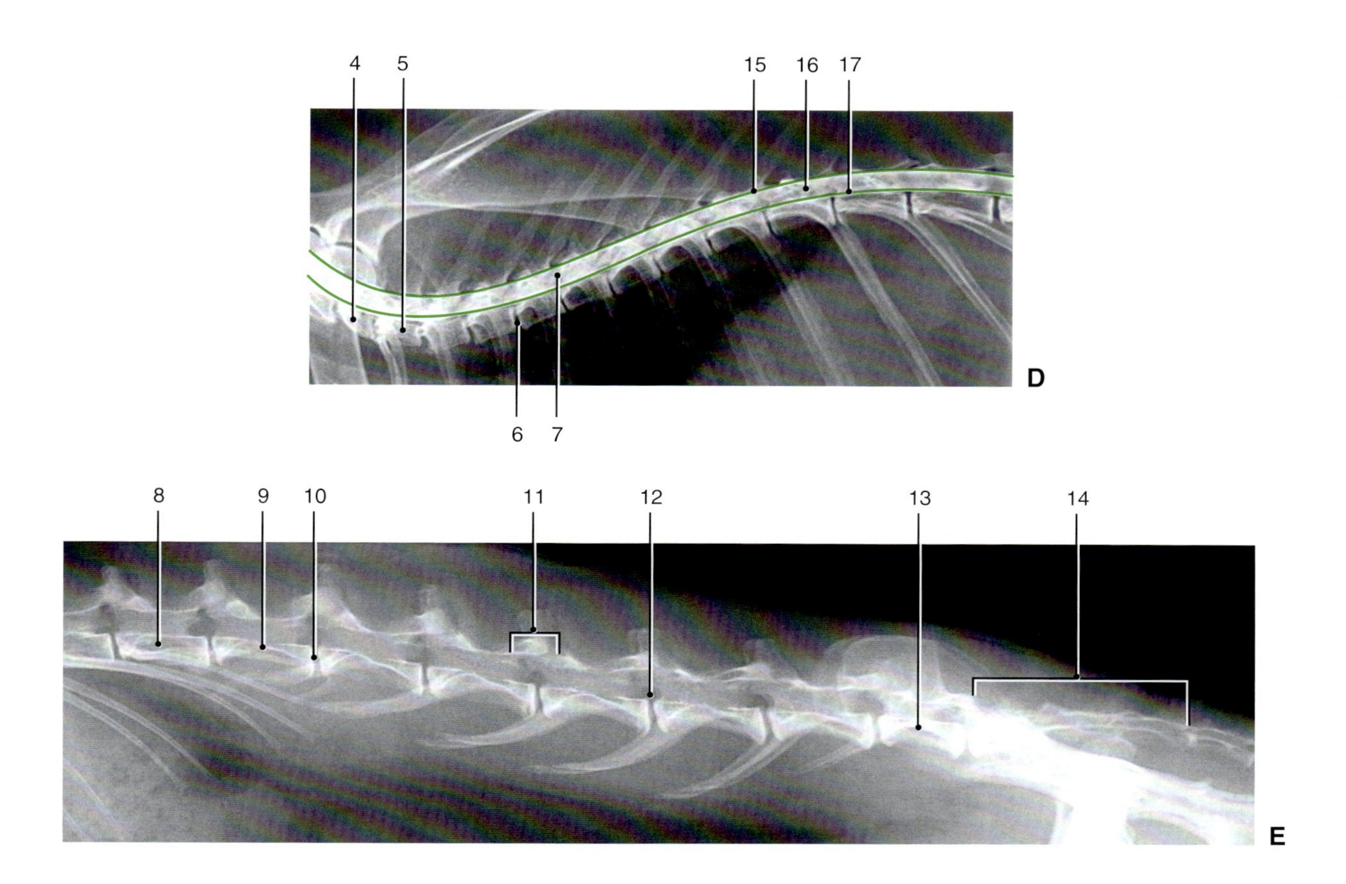

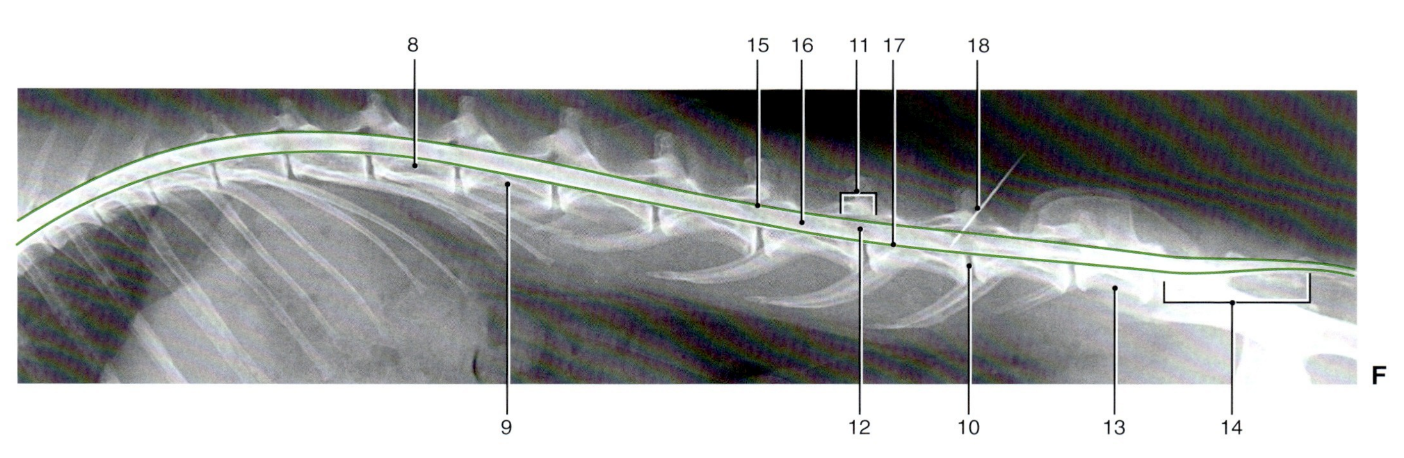

Abbildung 7-32, D – F
Tierart: Kaninchen
Organsystem: Myelographie
Kontrastmittel: Isovue 200 (41% Iopamidol, 20% gebundenes Jod, Bracco Diagnostics, Inc. Princetown, NJ), Injektion zwischen L5 – L6
Projektion: laterolateral (rechte Seitenlage)
Körpermasse: 3,5 kg
Geschlecht: weiblich unkastriert
Lebensalter: adult

Abbildung	Bildausschnitt (Darstellungsmethode)
D	Brustwirbelsäule (Myelographie)
E	Lendenwirbelsäule (Leeraufnahme)
F	Lendenwirbelsäule (Myelographie)

1. Atlas
2. Spatium intervertebrale (Halswirbelsäule)
3. Foramen intervertebrale (Halswirbelsäule)
4. 7. Halswirbel
5. 1. Brustwirbel
6. Spatium intervertebrale (Brustwirbelsäule)
7. Foramen intervertebrale (Brustwirbelsäule)
8. 13. Brustwirbel
9. 1. Lendenwirbel
10. Spatium intervertebrale (Lendenwirbelsäule)
11. Procc. articulares (3. u. 4. Lendenwirbel)
12. Foramen intervertebrale (Lendenwirbelsäule)
13. 7. Lendenwirbel
14. Os sacrum
15. Cavum subarachnoidale (dorsal)
16. Rückenmark
17. Cavum subarachnoidale (ventral)
18. Spinalkanüle

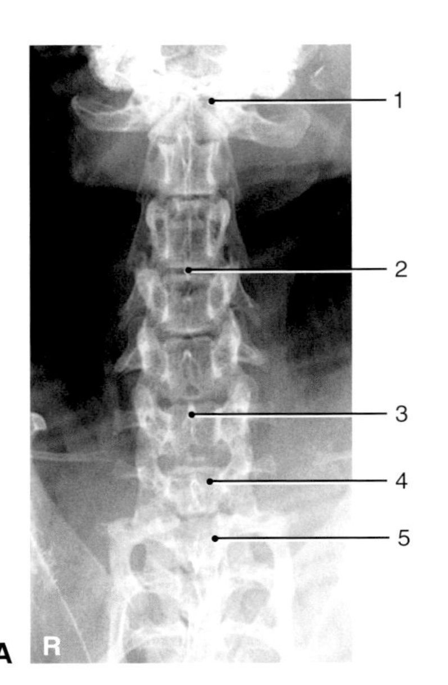

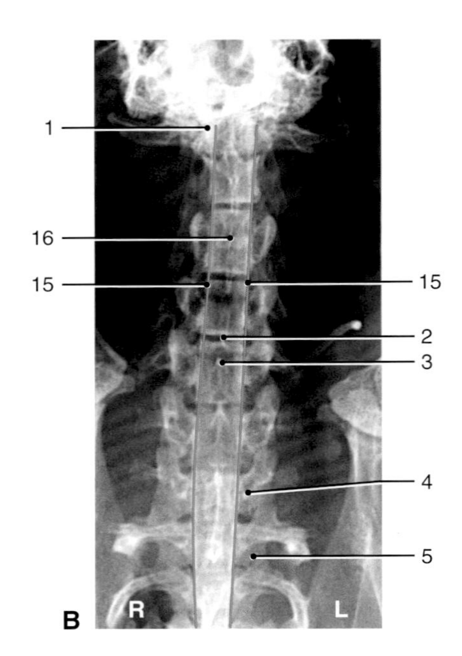

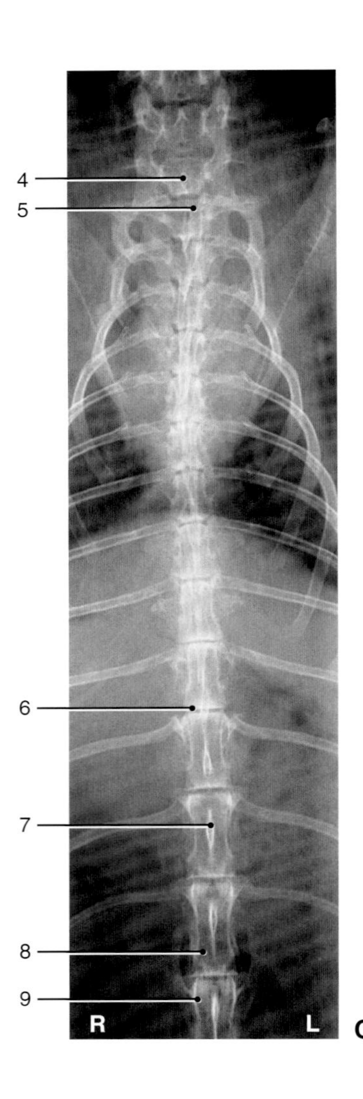

Abbildung 7-33, A – C
Tierart: Kaninchen
Organsystem: Myelographie
Kontrastmittel: Isovue 200 (41% Iopamidol, 20% gebundenes Jod, Bracco Diagnostics, Inc. Princetown, NJ), Injektion zwischen L5 – L6
Projektion: dorsoventral (Bauchlage)
Körpermasse: 3,5 kg
Geschlecht: weiblich unkastriert
Lebensalter: adult

Abbildung	Bildausschnitt (Darstellungsmethode)
A	Halswirbelsäule (Leeraufnahme)
B	Halswirbelsäule (Myelographie)
C	Brustwirbelsäule (Leeraufnahme)

1. Atlas
2. Spatium intervertebrale (Halswirbelsäule)
3. Proc. spinosus (6. Halswirbel)
4. 7. Halswirbel
5. 1. Brustwirbel
6. Spatium intervertebrale (Brustwirbelsäule)
7. Proc. spinosus (12. Brustwirbel)
8. 13. Brustwirbel
9. 1. Lendenwirbel
10. Spatium intervertebrale (Lendenwirbelsäule)
11. Proc. spinosus (3. Lendenwirbel
12. Procc. articulares (4. u. 5. Lendenwirbel)
13. 7. Lendenwirbel
14. Os sacrum
15. Cavum subarachnoidale (lateral)
16. Rückenmark

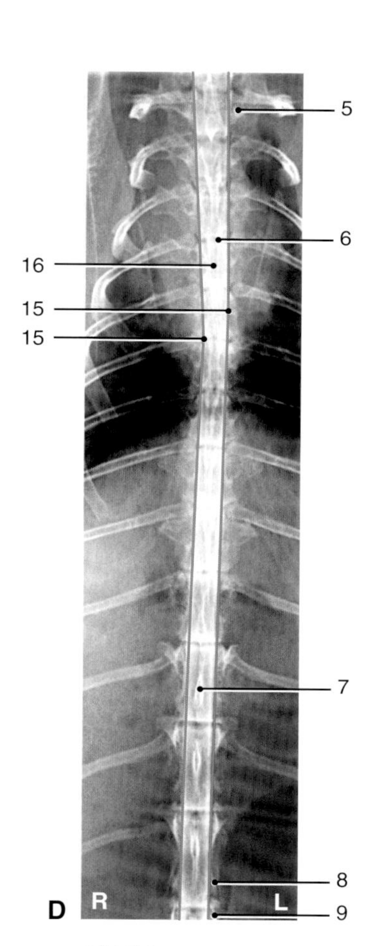

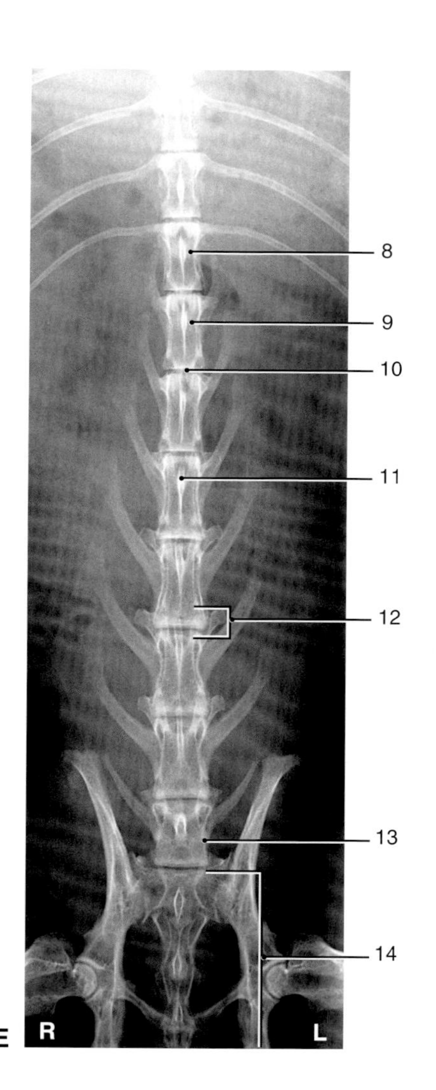

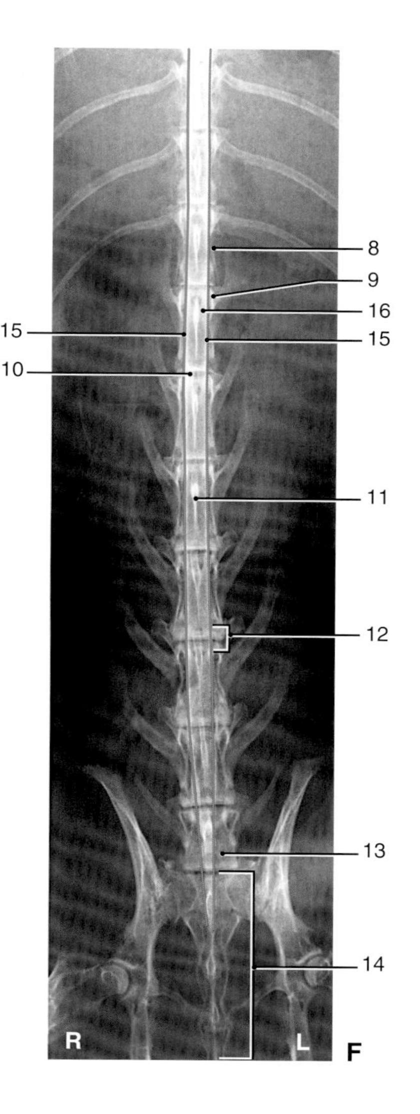

Abbildung 7-33, D – F
Tierart: Kaninchen
Organsystem: Myelographie
Kontrastmittel: Isovue 200 (41% Iopamidol, 20% gebundenes Jod, Bracco Diagnostics, Inc. Princetown, NJ), Injektion zwischen L5 – L6
Projektion: dorsoventral (Bauchlage)
Körpermasse: 3,5 kg
Geschlecht: weiblich unkastriert
Lebensalter: adult

Abbildung	Bildausschnitt (Darstellungsmethode)
D	Brustwirbelsäule (Myelographie)
E	Lendenwirbelsäule (Leeraufnahme)
F	Lendenwirbelsäule (Myelographie)

1. Atlas
2. Spatium intervertebrale (Halswirbelsäule)
3. Proc. spinosus (6. Halswirbel)
4. 7. Halswirbel
5. 1. Brustwirbel
6. Spatium intervertebrale (Brustwirbelsäule)
7. Proc. spinosus (12. Brustwirbel)
8. 13. Brustwirbel
9. 1. Lendenwirbel
10. Spatium intervertebrale (Lendenwirbelsäule)
11. Proc. spinosus (3. Lendenwirbel
12. Procc. articulares (4. u. 5. Lendenwirbel)
13. 7. Lendenwirbel
14. Os sacrum
15. Cavum subarachnoidale (lateral)
16. Rückenmark

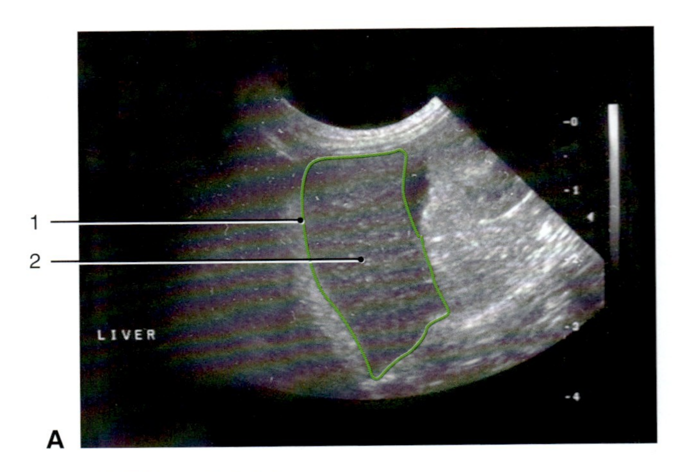

Abbildung 7-34, A
Sagittalschnitt durch die Leber

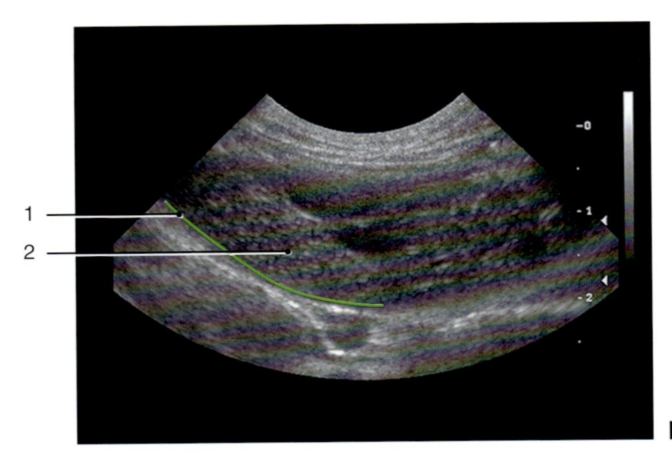

Abbildung 7-34, B
Transversalschnitt durch die Leber

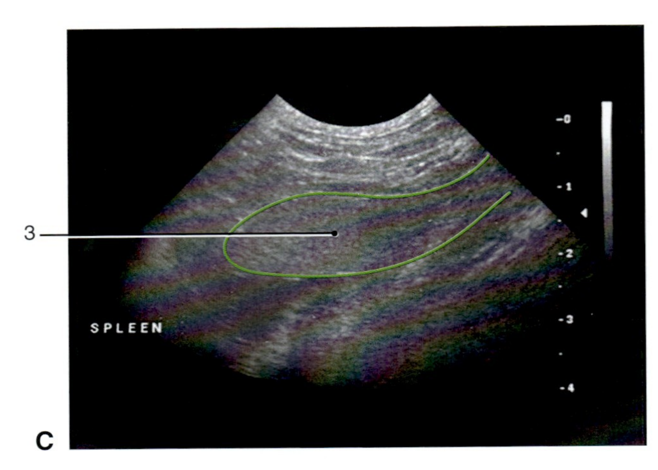

Abbildung 7-34, C
Sagittalschnitt durch die Milz

Abbildung 7-34, A – C
Tierart: Kaninchen
Organsystem: sonographische Darstellung von Leber und Milz
Körpermasse: 3,2 kg
Geschlecht: weiblich unkastriert
Lebensalter: adult

1. Zwerchfell
2. Leber
3. Milz

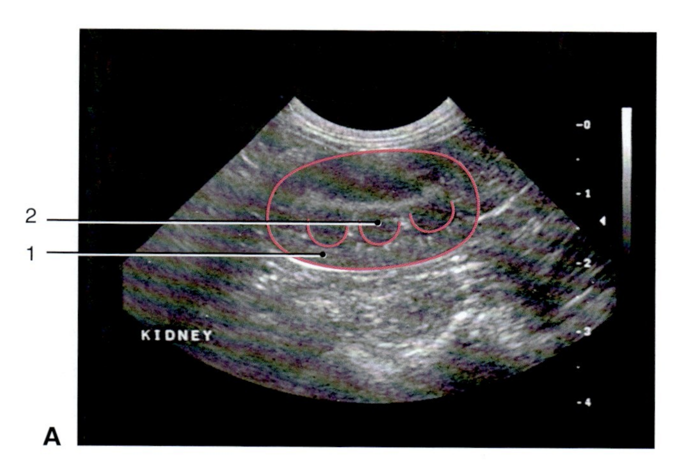

Abbildung 7-35, A
Sagittalschnitt durch die linke Niere

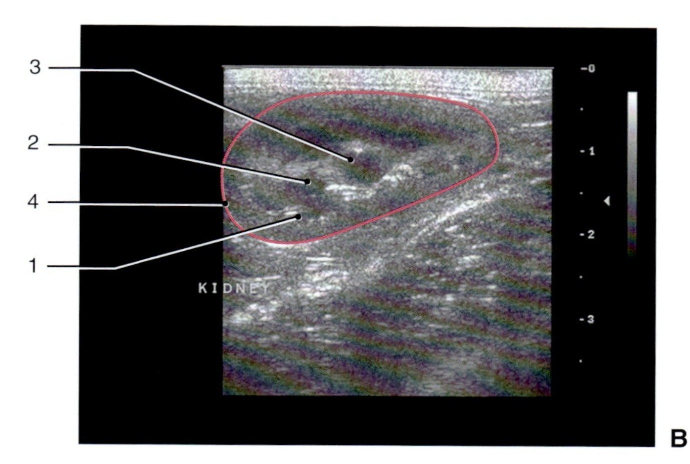

Abbildung 7-35, B
Sagittalschnitt durch die linke Niere

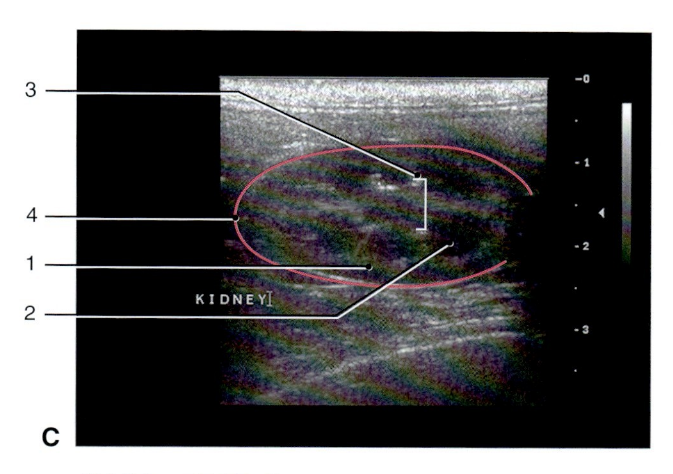

Abbildung 7-35, C
Sagittalschnitt durch die linke Niere

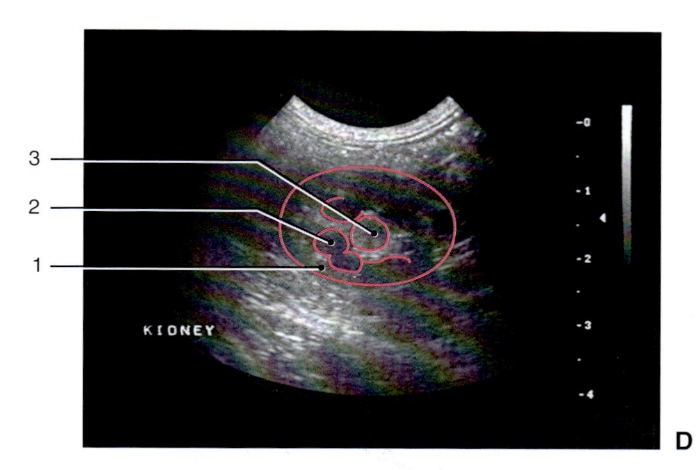

Abbildung 7-35, D
Transversalschnitt durch die linke Niere

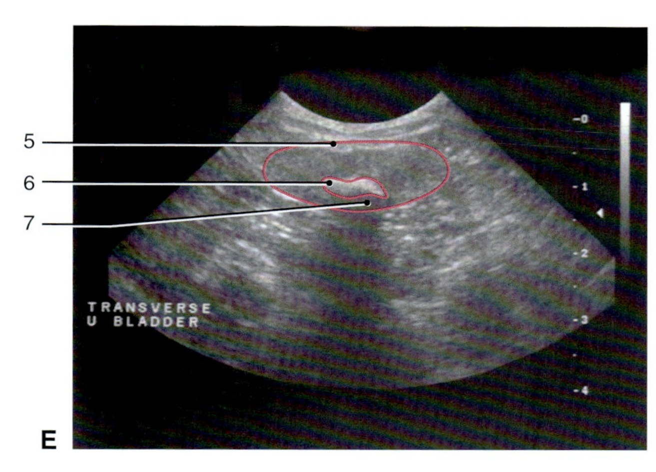

Abbildung 7-35, E
Transversalschnitt durch die Harnblase

Abbildung 7-35, A – E
Tierart: Kaninchen
Organsystem: sonographische Darstellung der Harnorgane
Körpermasse: 3,2 kg
Geschlecht: weiblich unkastriert
Lebensalter: adult

1. Nierenrinde
2. Nierenmark
3. Nierenbecken
4. kranialer Nierenpol
5. Harnblasenwand (ventral)
6. Harnblaseninhalt mit Harngrieß
7. Harnblasenwand (dorsal)

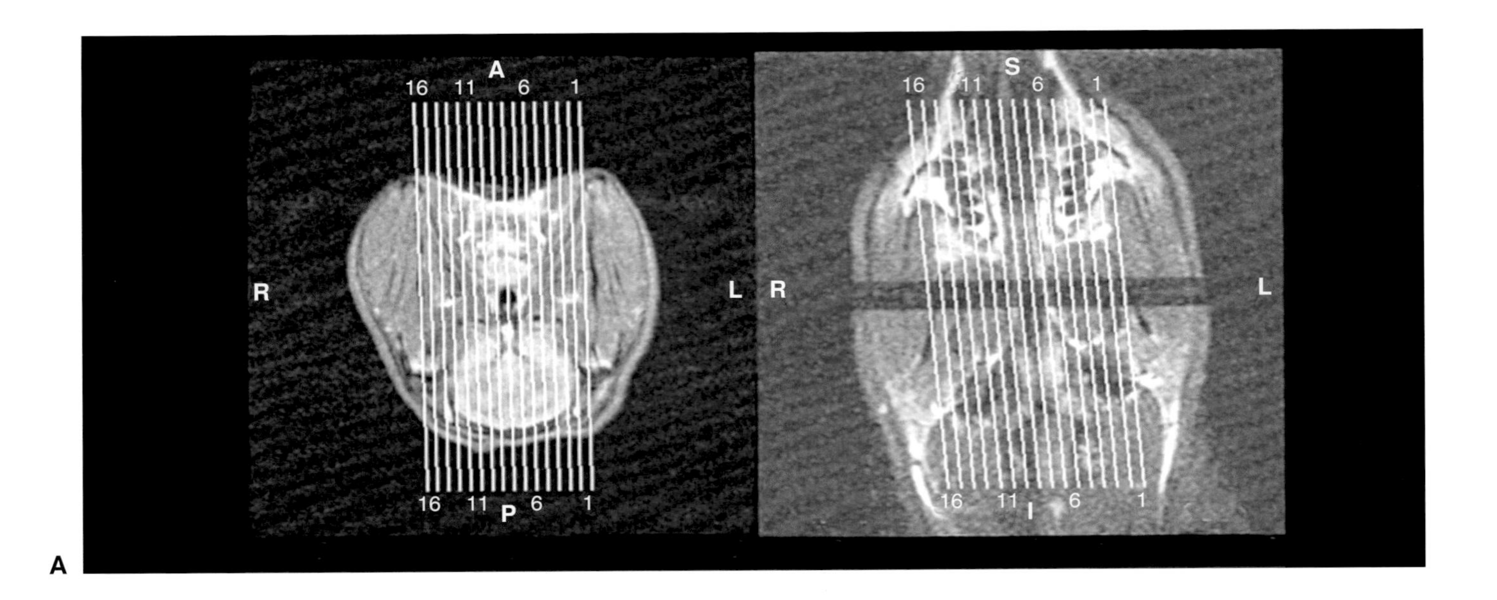

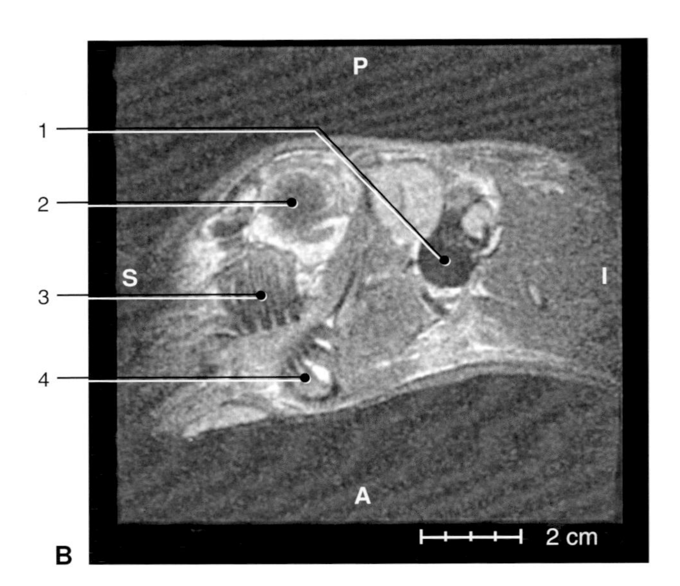

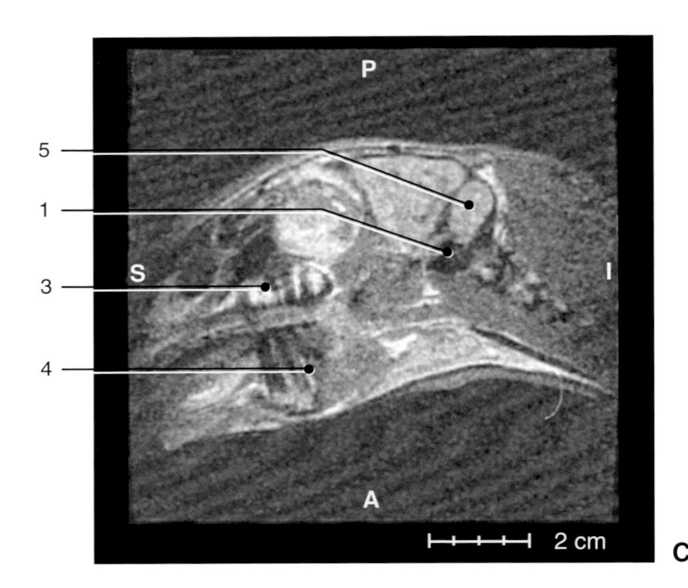

Abbildung 7-36, A – C
Tierart: Kaninchen
Organsystem: MRT Kopf
Schnittebene: sagittal
Geschlecht: männlich unkastriert
Lebensalter: adult

1. Cavum tympani
2. Augapfel
3. Oberkieferbackenzahn
4. Unterkieferbackenzahn
5. Kleinhirn
6. Großhirn
7. Bulbus olfactorius
8. Os basisphenoidale
9. Zunge
10. Stammhirn
11. Rückenmark
12. Rachen

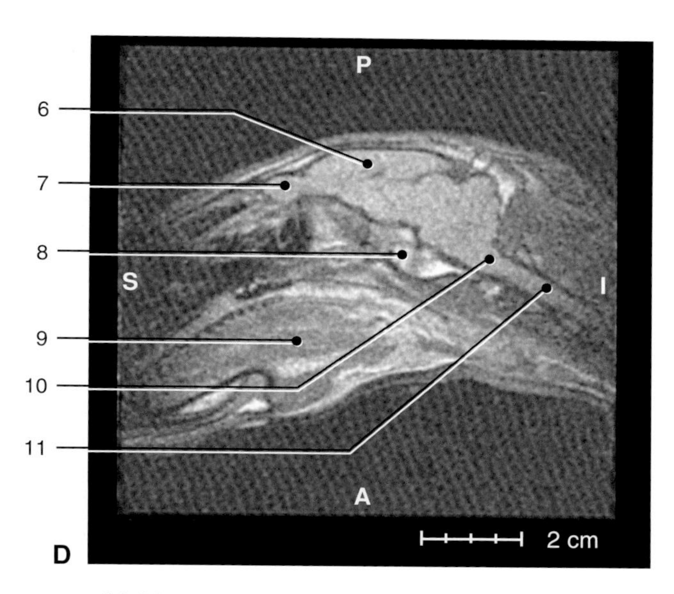

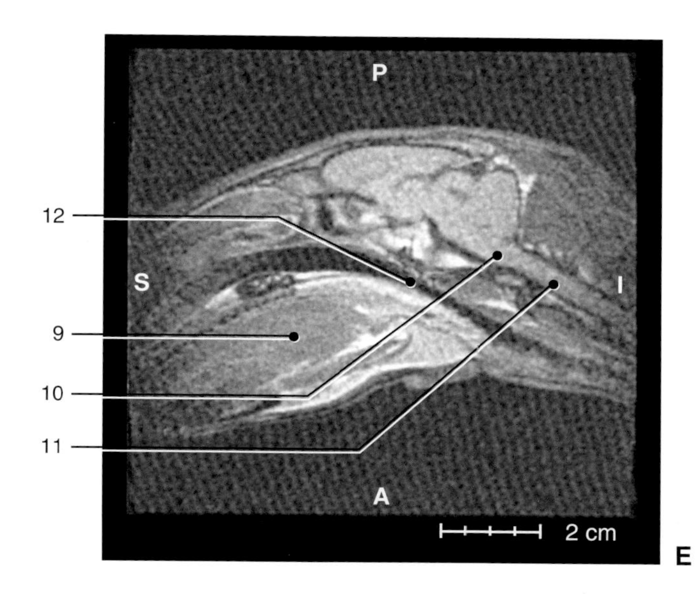

Abbildung 7-36, D und E
Tierart: Kaninchen
Organsystem: MRT Kopf
Schnittebene: sagittal
Geschlecht: männlich unkastriert
Lebensalter: adult

1. Cavum tympani
2. Augapfel
3. Oberkieferbackenzahn
4. Unterkieferbackenzahn
5. Kleinhirn
6. Großhirn
7. Bulbus olfactorius
8. Os basisphenoidale
9. Zunge
10. Stammhirn
11. Rückenmark
12. Rachen

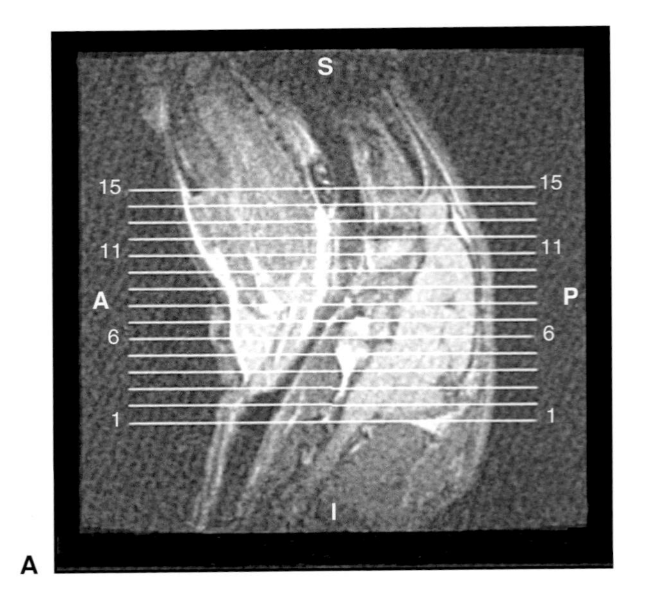

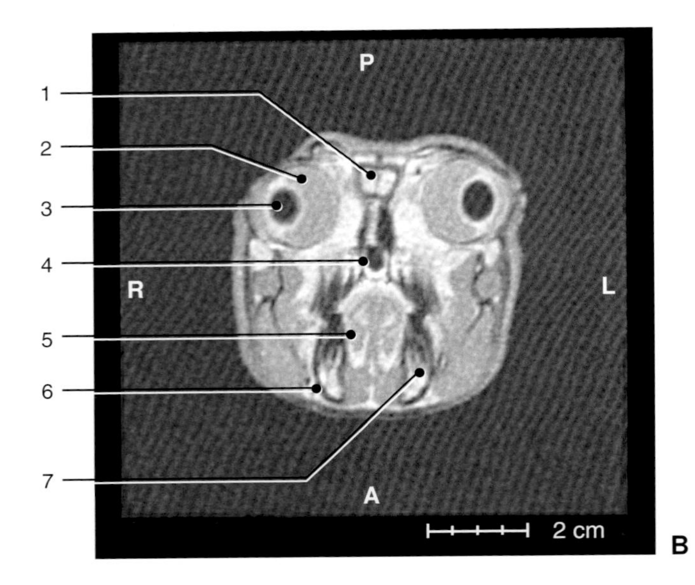

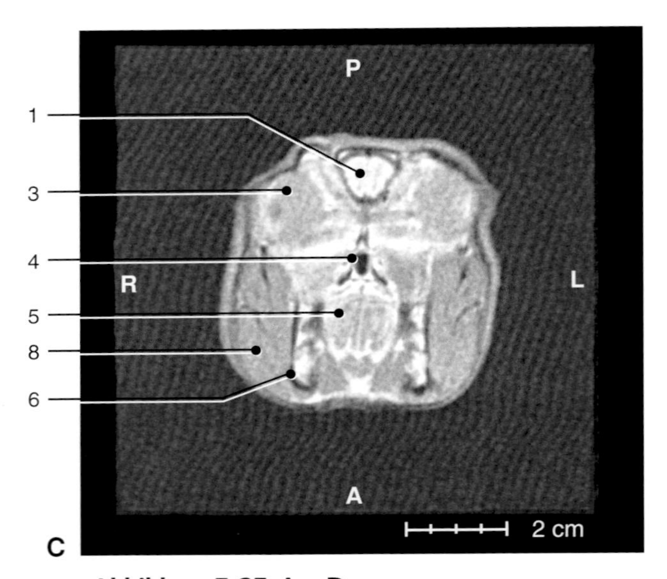

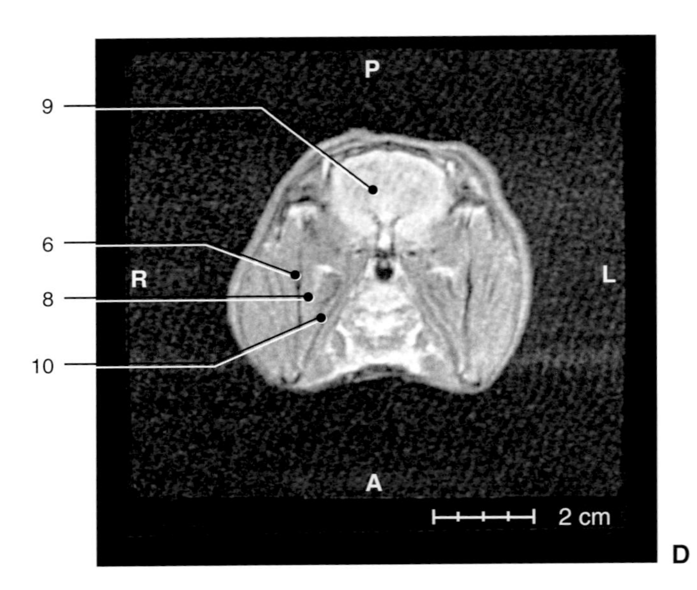

Abbildung 7-37, A – D
Tierart: Kaninchen
Organsystem: MRT Kopf
Schnittebene: transversal
Geschlecht: männlich unkastriert
Lebensalter: adult

1. Bulbus olfactorius
2. Augapfel
3. Linse
4. Nasenrachen
5. Zunge
6. Mandibula
7. Unterkieferbackenzahn
8. M. masseter
9. Großhirn
10. M. pterygoideus
11. Thalamus
12. Cavum tympani
13. 3. Hirnventrikel
14. Os basisphenoidale
15. Kleinhirn
16. äußerer Gehörgang
17. Kehlkopf

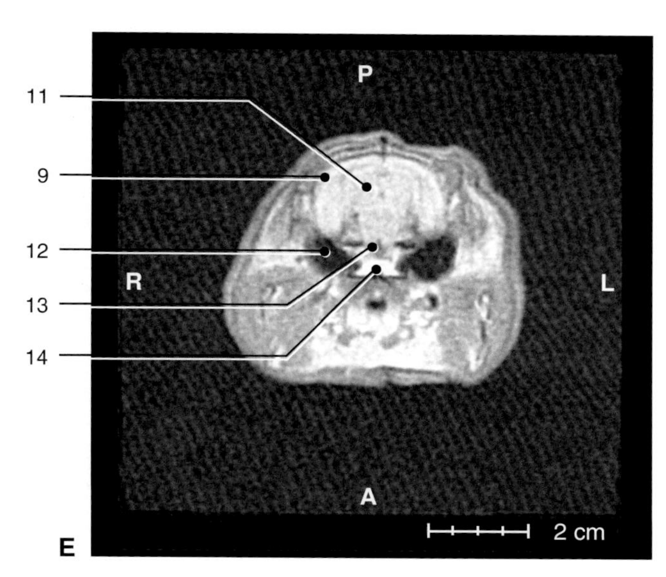

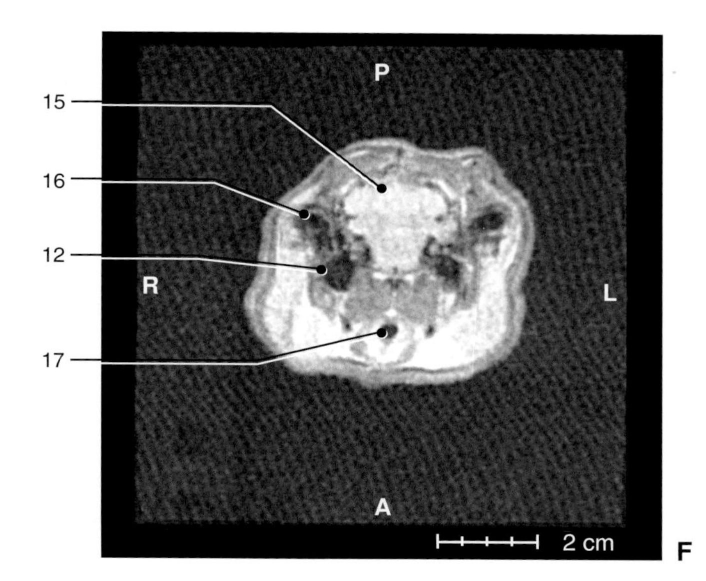

Abbildung 7-37, E und F
Tierart: Kaninchen
Organsystem: MRT Kopf
Schnittebene: transversal
Geschlecht: männlich unkastriert
Lebensalter: adult

1. Bulbus olfactorius
2. Augapfel
3. Linse
4. Nasenrachen
5. Zunge
6. Mandibula
7. Unterkieferbackenzahn
8. M. masseter
9. Großhirn
10. M. pterygoideus
11. Thalamus
12. Cavum tympani
13. 3. Hirnventrikel
14. Os basisphenoidale
15. Kleinhirn
16. äußerer Gehörgang
17. Kehlkopf

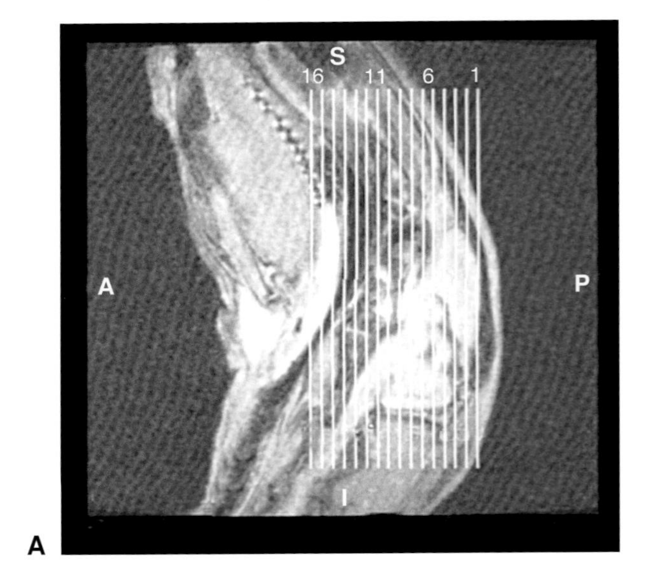

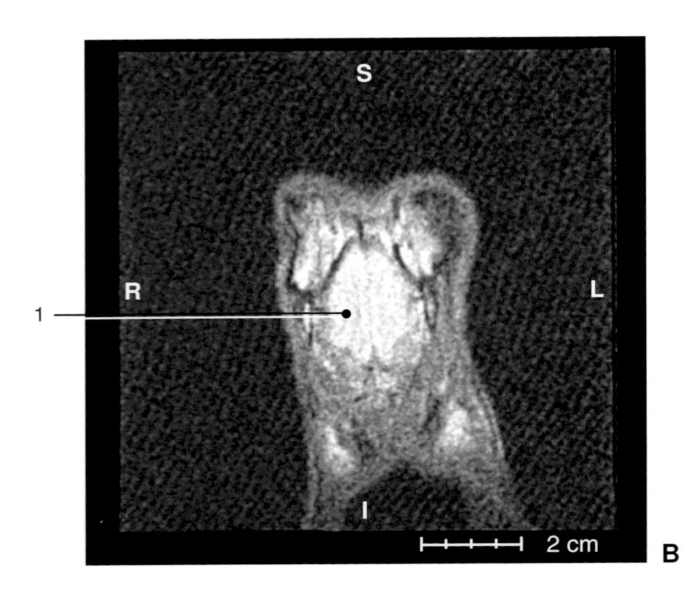

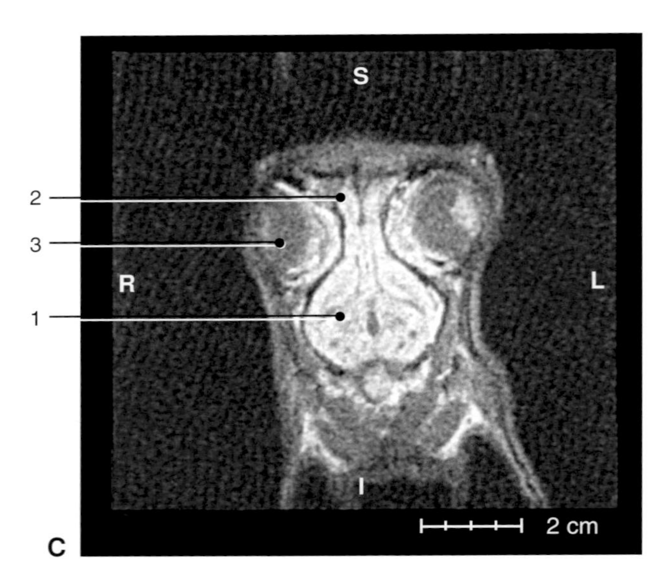

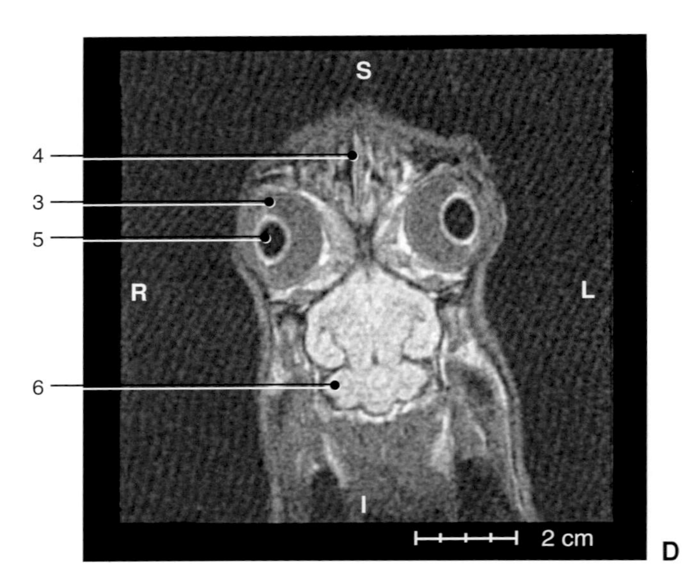

Abbildung 7-38, A – D
Tierart: Kaninchen
Organsystem: MRT Kopf
Schnittebene: coronal
Geschlecht: männlich unkastriert
Lebensalter: adult

1. Großhirn
2. Bulbus olfactorius
3. Augapfel
4. Siebbeinmuscheln
5. Linse
6. Kleinhirn
7. Nasenhöhle
8. Stammhirn
9. Backenzahn
10. Mandibula
11. M. masseter
12. M. pterygoideus
13. Cavum tympani

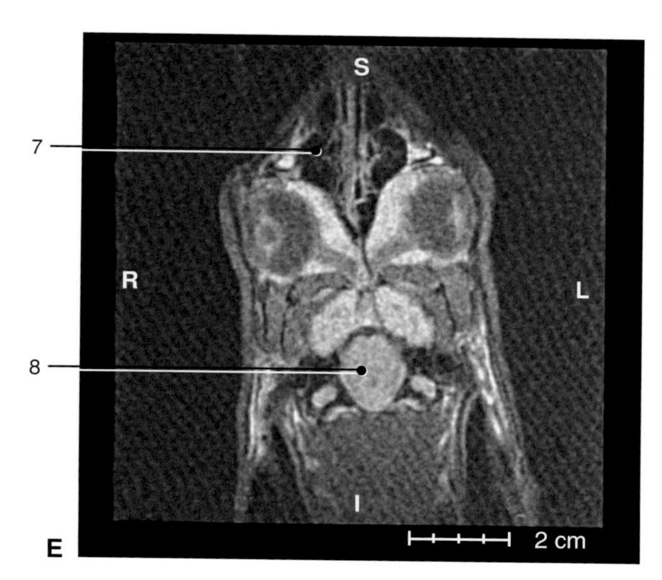

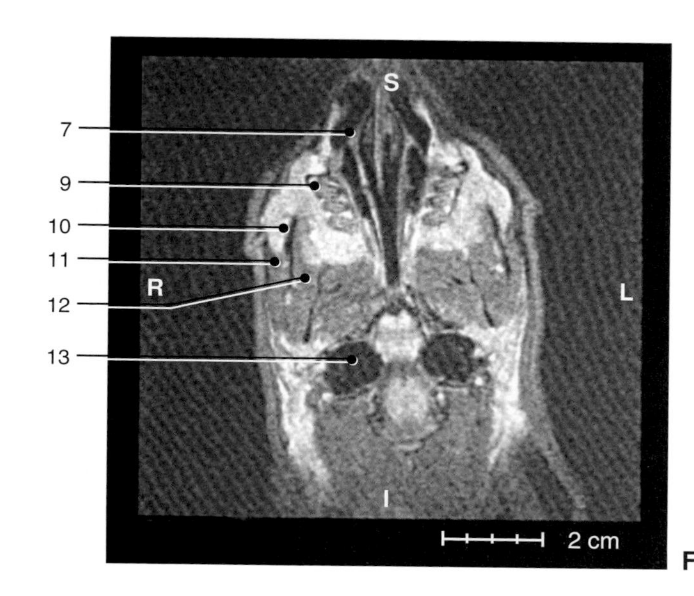

Abbildung 7-38, E und F
Tierart: Kaninchen
Organsystem: MRT Kopf
Schnittebene: coronal
Geschlecht: männlich unkastriert
Lebensalter: adult

1. Großhirn
2. Bulbus olfactorius
3. Augapfel
4. Siebbeinmuscheln
5. Linse
6. Kleinhirn
7. Nasenhöhle
8. Stammhirn
9. Backenzahn
10. Mandibula
11. M. masseter
12. M. pterygoideus
13. Cavum tympani

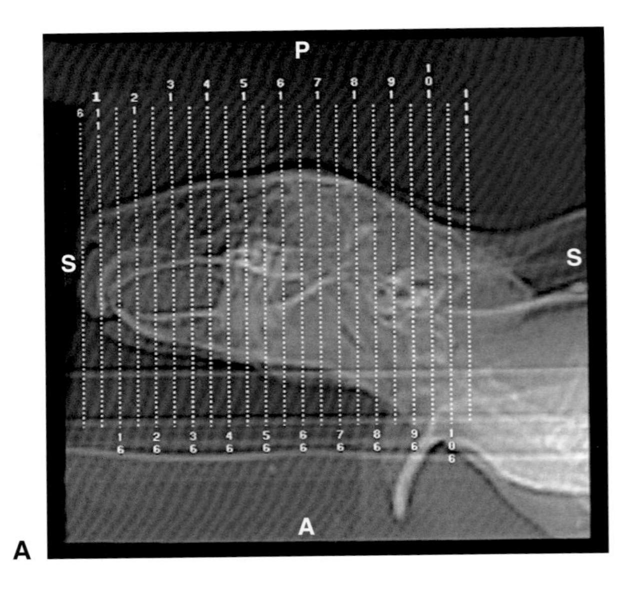

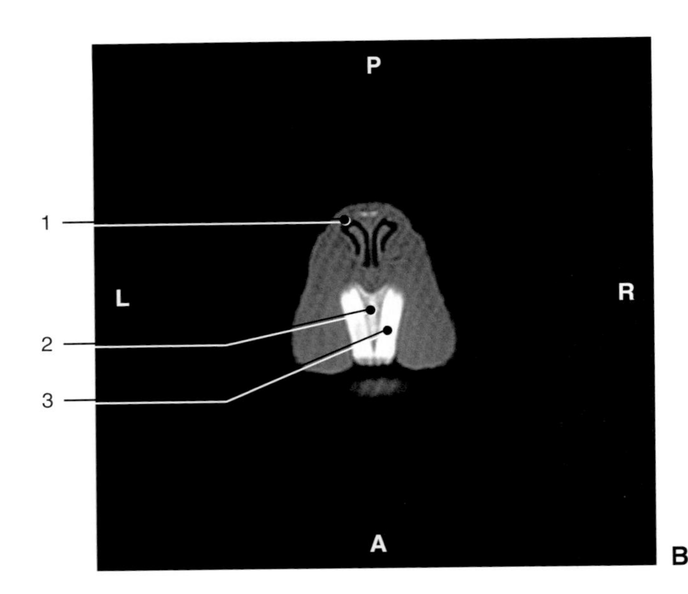

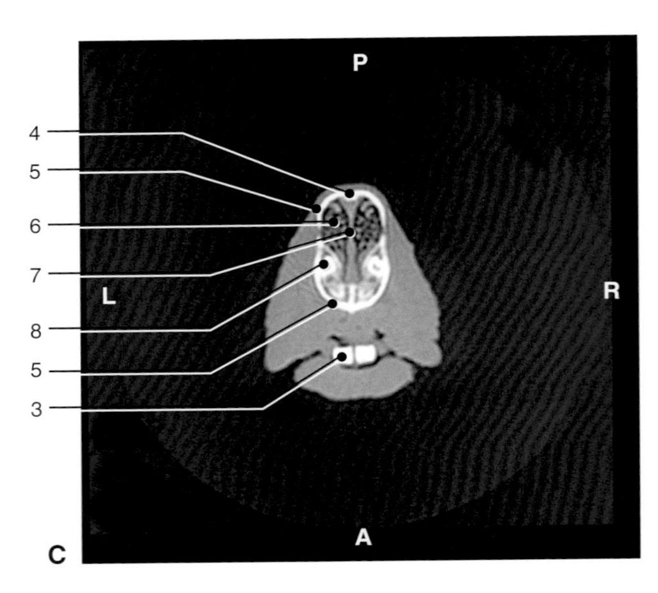

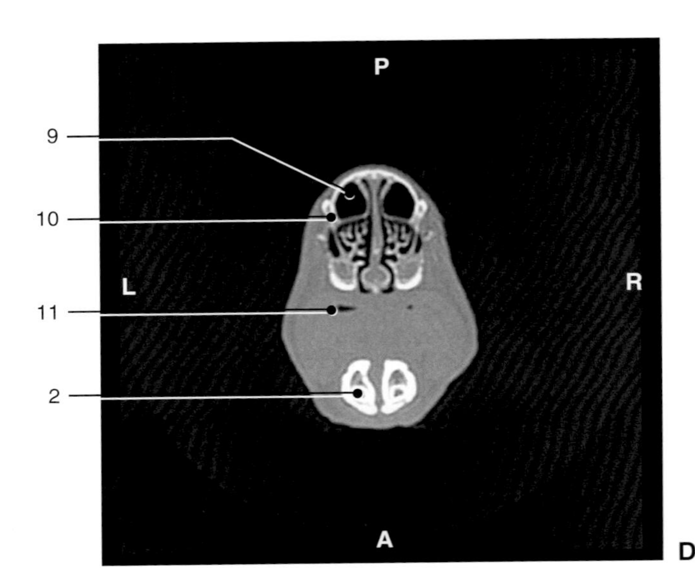

Abbildung 7-39, A – D
Tierart: Kaninchen
Organsystem: CT Kopf
Schnittebene: transversal
Körpermasse: 4,1 kg
Geschlecht: weiblich unkastriert
Lebensalter: adult

1. äußere Nase
2. Mandibula
3. unterer Schneidezahn
4. Os nasale
5. Os incisivum
6. Nasenmuscheln
7. Nasenscheidewand
8. oberer Schneidezahn
9. Sinus frontalis
10. Os frontale
11. Mundhöhle
12. Nasenrachen
13. Vomer
14. Oberkieferbackenzahn
15. M. masseter
16. Unterkieferbackenzahn
17. Os palatinum
18. Siebbeinmuscheln
19. Sinus sphenopalatinus
20. Os zygomaticum
21. Cavum tympani
22. Bulla tympanica
23. Os occipitale
24. Os parietale
25. Innenohr
26. Kehlkopf
27. äußerer Gehörgang
28. Condylus occipitalis
29. Atlas

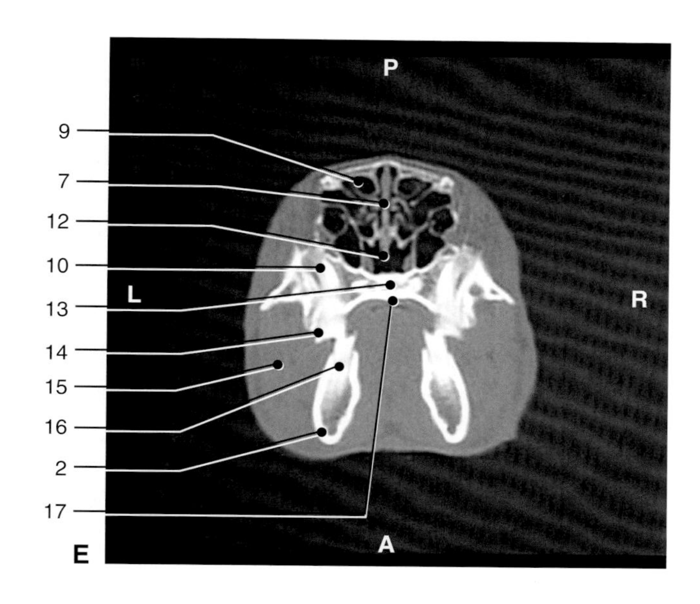

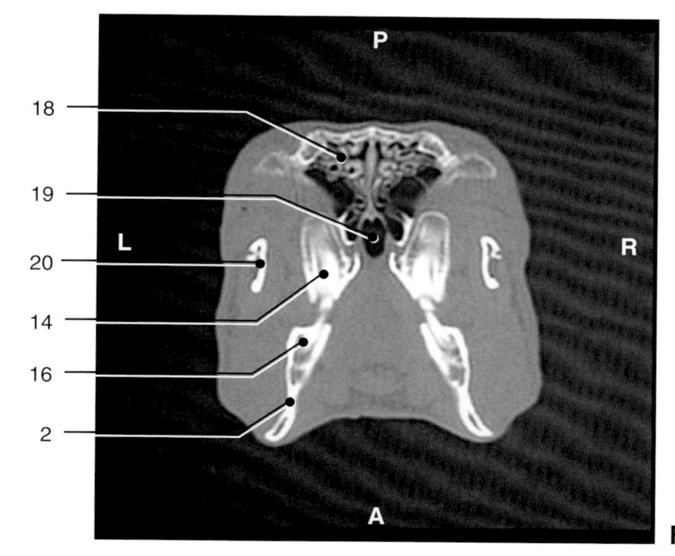

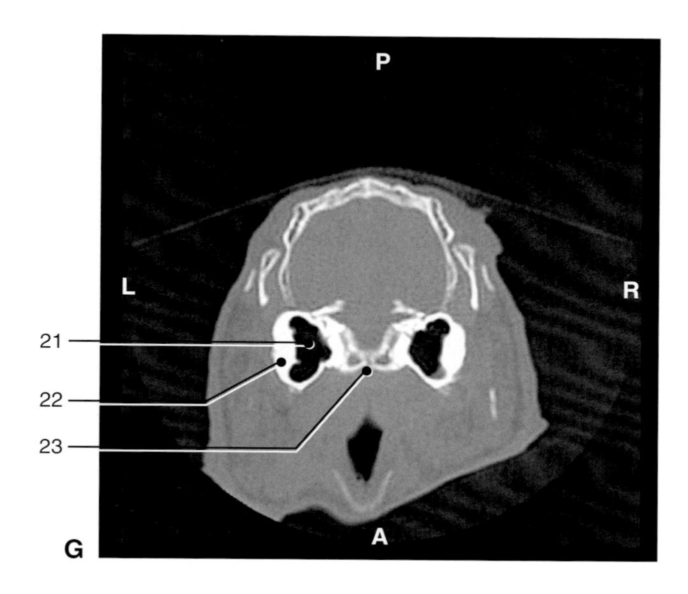

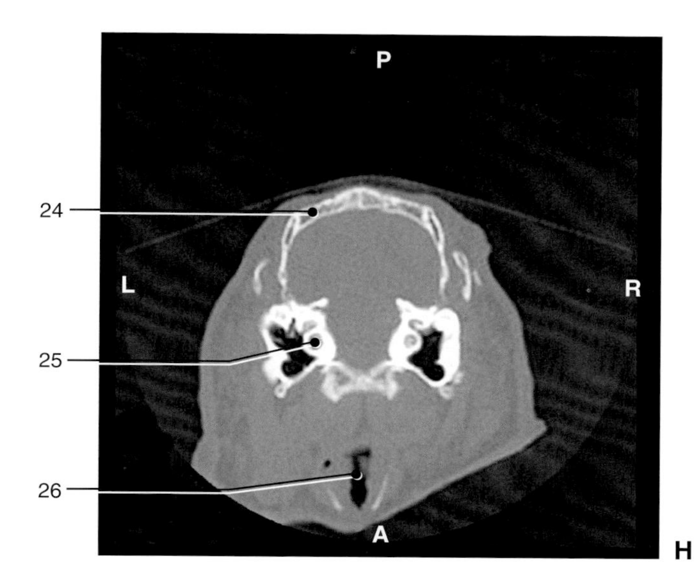

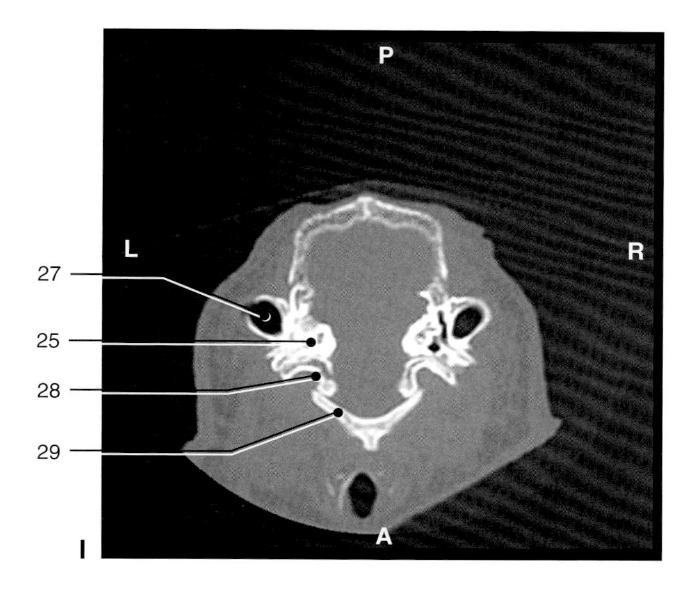

Abbildung 7-39, E – I
Tierart: Kaninchen
Organsystem: CT Kopf
Schnittebene: transversal
Körpermasse: 4,1 kg
Geschlecht: weiblich unkastriert
Lebensalter: adult

1. äußere Nase
2. Mandibula
3. unterer Schneidezahn
4. Os nasale
5. Os incisivum
6. Nasenmuscheln
7. Nasenscheidewand
8. oberer Schneidezahn
9. Sinus frontalis
10. Os frontale
11. Mundhöhle
12. Nasenrachen
13. Vomer
14. Oberkieferbackenzahn
15. M. masseter
16. Unterkieferbackenzahn
17. Os palatinum
18. Siebbeinmuscheln
19. Sinus sphenopalatinus
20. Os zygomaticum
21. Cavum tympani
22. Bulla tympanica
23. Os occipitale
24. Os parietale
25. Innenohr
26. Kehlkopf
27. äußerer Gehörgang
28. Condylus occipitalis
29. Atlas

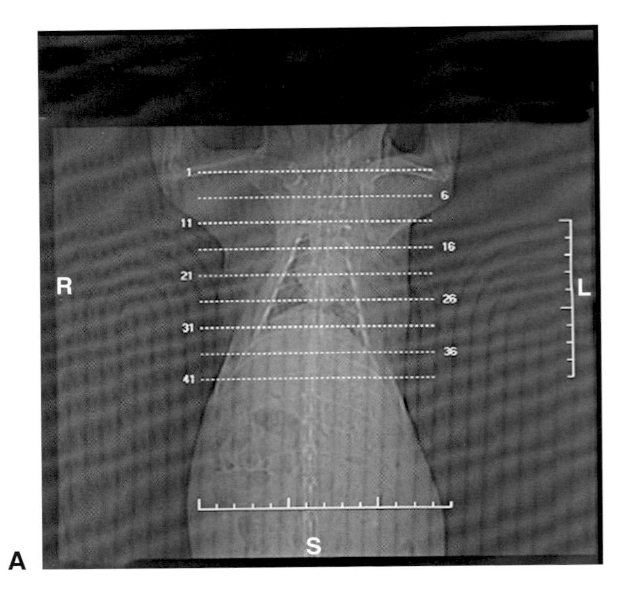

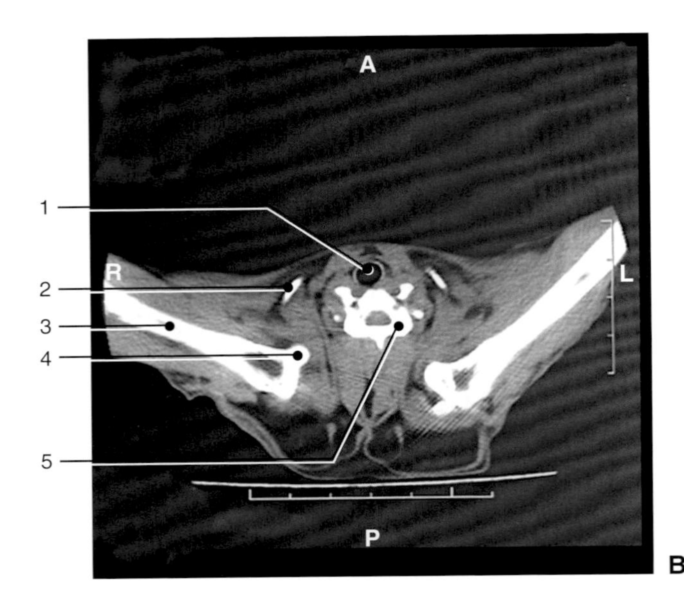

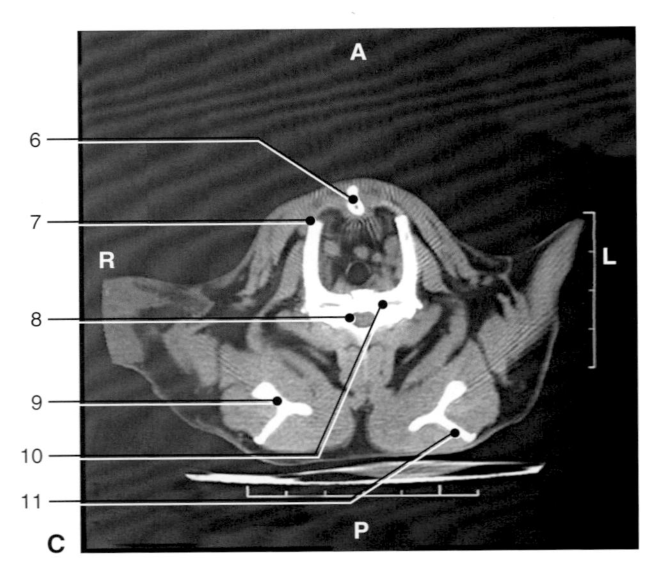

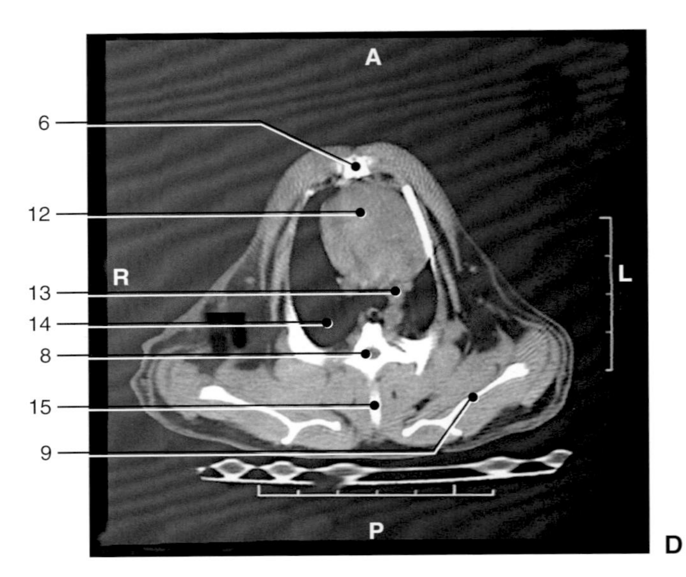

Abbildung 7-40, A – D
Tierart: Kaninchen
Organsystem: CT Thorax
Schnittebene: transversal
Körpermasse: 3,5 kg
Geschlecht: weiblich unkastriert
Lebensalter: adult

1. Luftröhre
2. Clavicula
3. Humerus
4. Caput humeri
5. Halswirbel
6. Brustbein
7. Rippe
8. Rückenmarkkanal (Brustwirbelsäule)
9. Scapula
10. Brustwirbel
11. Spina scapulae
12. Herz
13. Aorta
14. Lunge
15. Proc. spinosus (Brustwirbel)
16. Lungengefäße

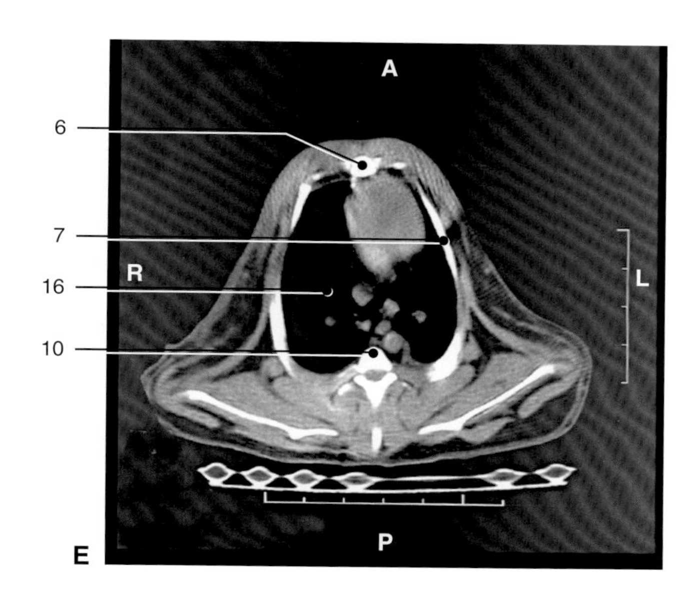

Abbildung 7-40, E
Tierart: Kaninchen
Organsystem: CT Thorax
Schnittebene: transversal
Körpermasse: 3,5 kg
Geschlecht: weiblich unkastriert
Lebensalter: adult

1. Luftröhre
2. Clavicula
3. Humerus
4. Caput humeri
5. Halswirbel
6. Brustbein
7. Rippe
8. Rückenmarkkanal (Brustwirbelsäule)
9. Scapula
10. Brustwirbel
11. Spina scapulae
12. Herz
13. Aorta
14. Lunge
15. Proc. spinosus (Brustwirbel)
16. Lungengefäße

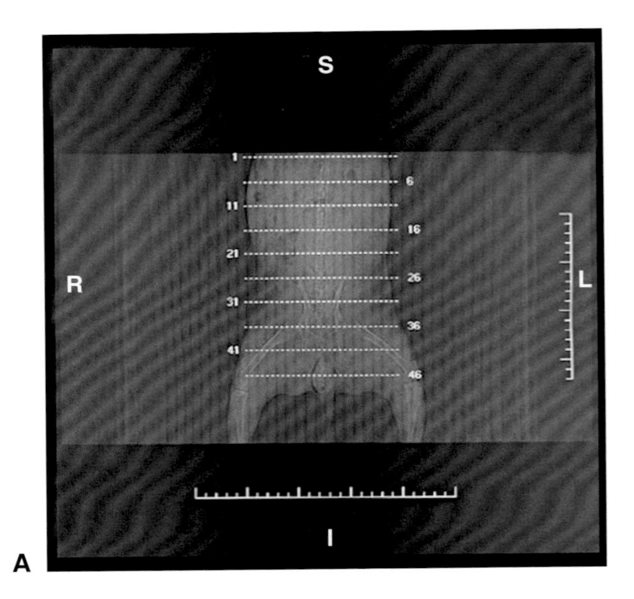

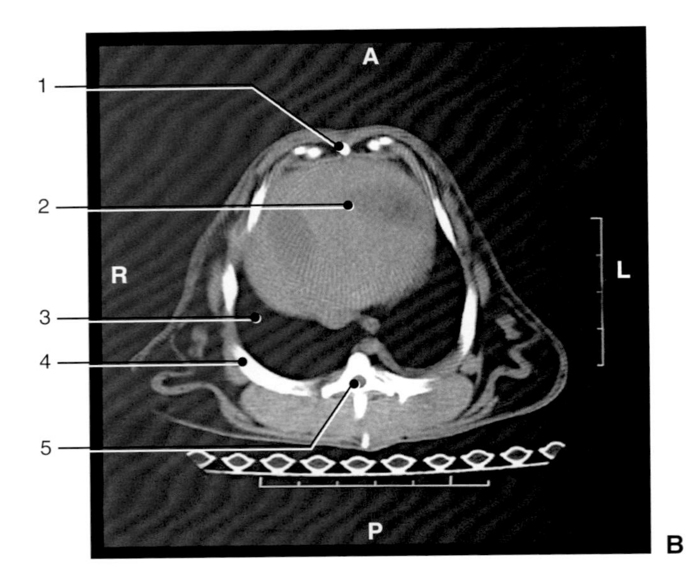

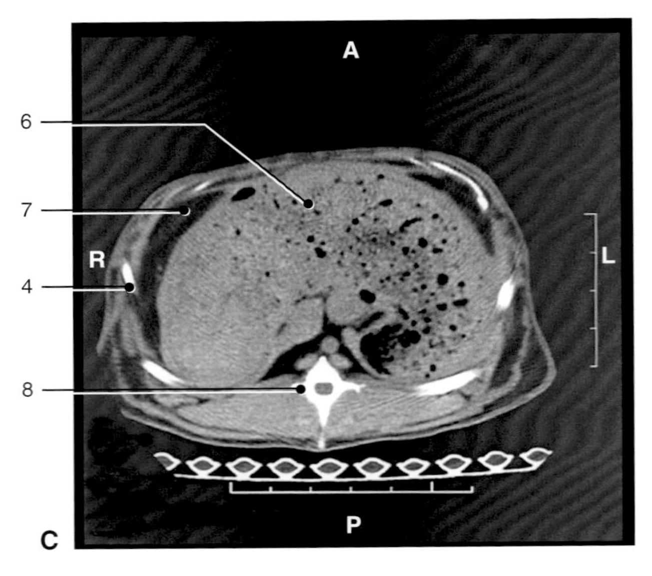

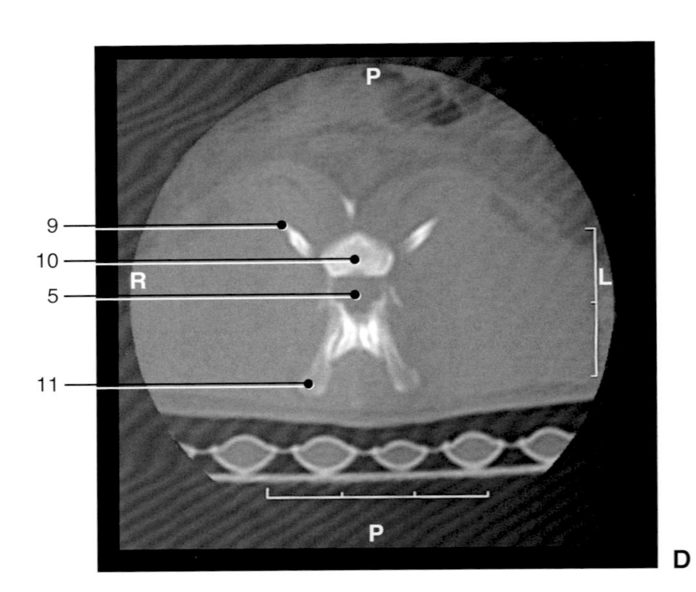

Abbildung 7-41, A – D
Tierart: Kaninchen
Organsystem: CT Abdomen
Schnittebene: transversal
Körpermasse: 3,5 kg
Geschlecht: weiblich unkastriert
Lebensalter: adult

1. Brustbein
2. Leber
3. Lunge
4. Rippe
5. Rückenmarkkanal (Brustwirbelsäule)
6. Magen
7. Bauchhöhle
8. Brustwirbel
9. Proc. transversus (Lendenwirbel)
10. Lendenwirbel
11. Proc. articularis (Lendenwirbel)
12. Proc. spinosus (Lendenwirbel)
13. Os sacrum
14. Os ilium
15. Proc. spinosus ossis sacri
16. Caput ossis femoris
17. Acetabulum
18. Schwanzwirbel

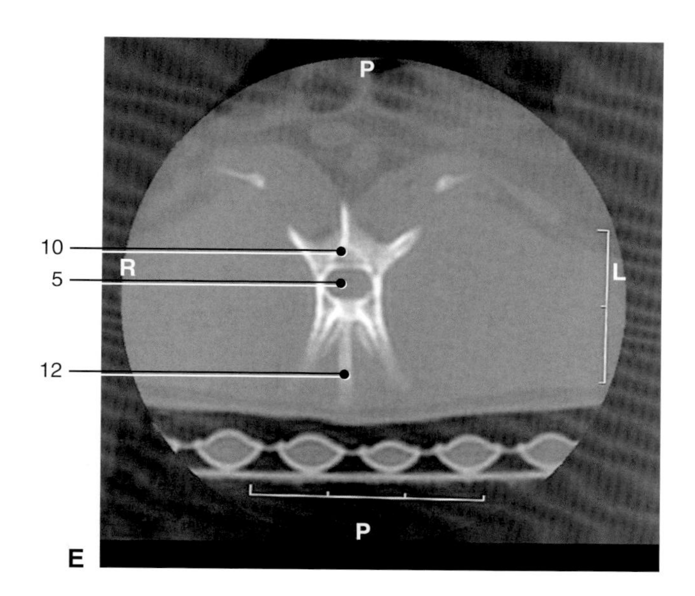

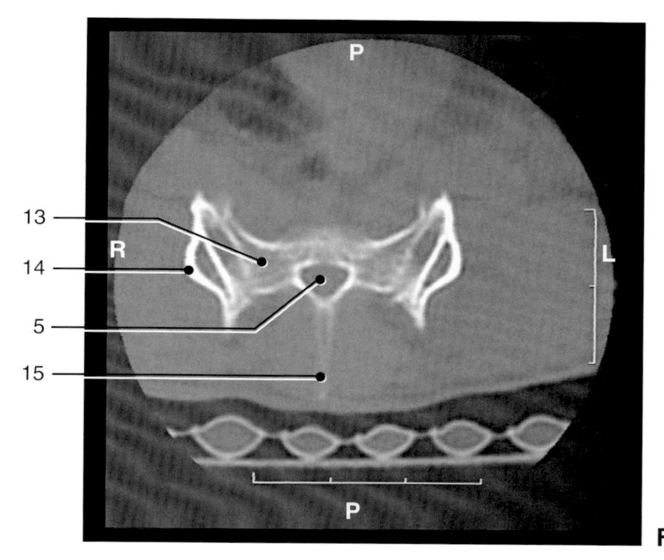

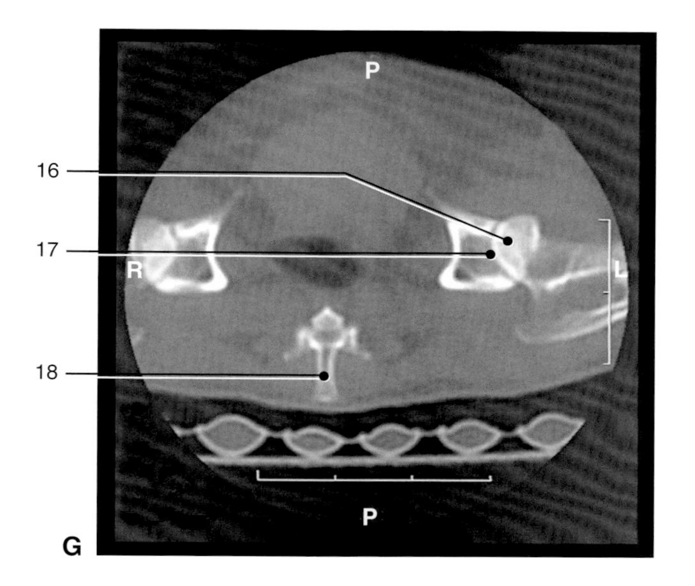

Abbildung 7-41, E – G
Tierart: Kaninchen
Organsystem: CT Abdomen
Schnittebene: transversal
Körpermasse: 3,5 kg
Geschlecht: weiblich unkastriert
Lebensalter: adult

1. Brustbein
2. Leber
3. Lunge
4. Rippe
5. Rückenmarkkanal (Brustwirbelsäule)
6. Magen
7. Bauchhöhle
8. Brustwirbel
9. Proc. transversus (Lendenwirbel)
10. Lendenwirbel
11. Proc. articularis (Lendenwirbel)
12. Proc. spinosus (Lendenwirbel)
13. Os sacrum
14. Os ilium
15. Proc. spinosus ossis sacri
16. Caput ossis femoris
17. Acetabulum
18. Schwanzwirbel

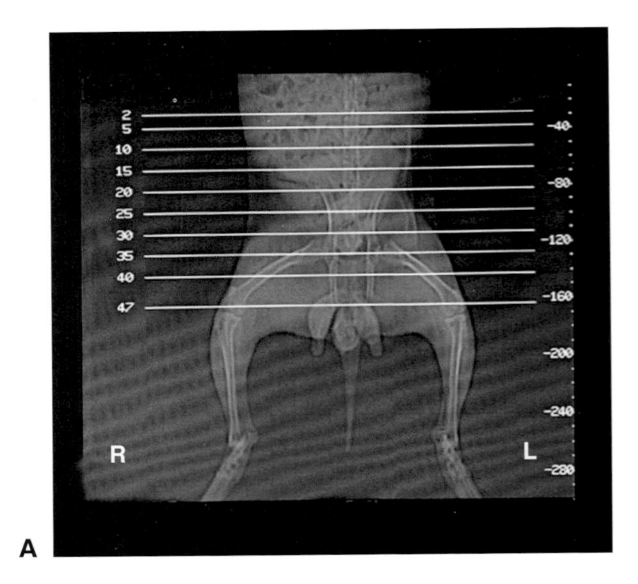

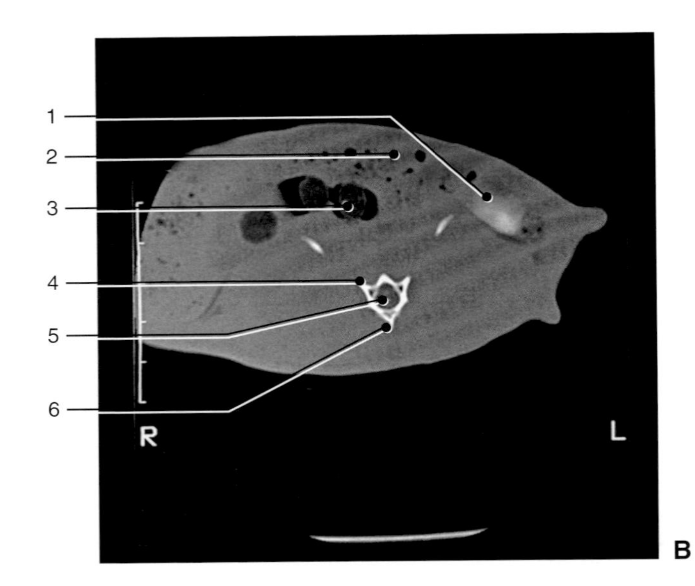

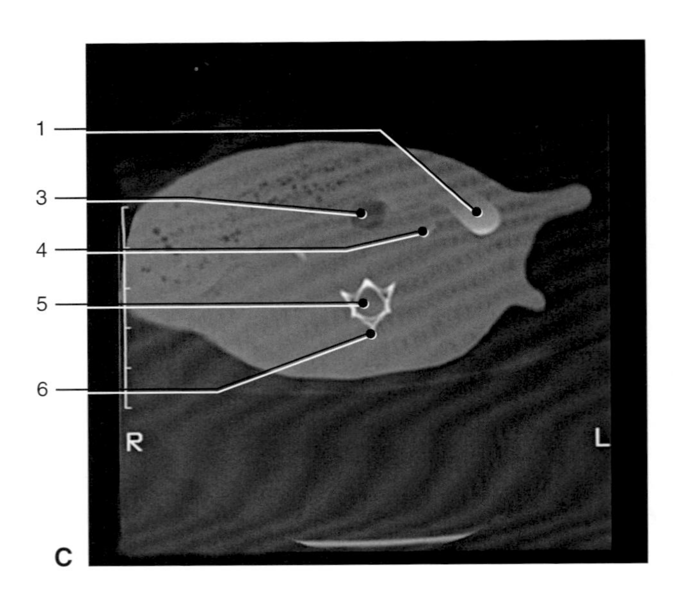

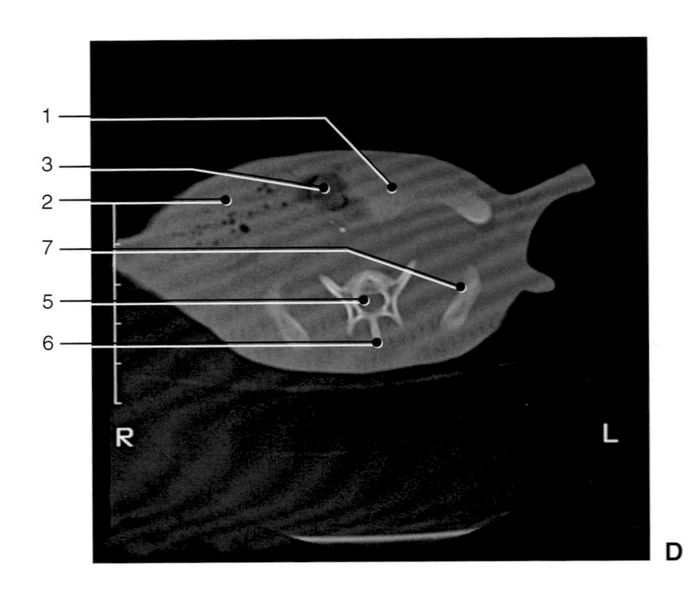

Abbildung 7-42, A – D
Tierart: Kaninchen
Organsystem: CT Becken
Schnittebene: transversal
Körpermasse: 3,5 kg
Geschlecht: weiblich unkastriert
Lebensalter: adult.

1. Harnblase
2. Blinddarm
3. Dickdarm
4. Proc. transversus (Lendenwirbel)
5. Rückenmarkkanal (Lendenwirbelsäule)
6. Proc. spinosus (Lendenwirbel)
7. Os lilium
8. Extremitas caudalis (7. Lendenwirbel)
9. Proc. articularis (Lendenwirbel)
10. Articulatio iliosacralis
11. Proc. spinosus ossis sacri
12. Os sacrum
13. Rückenmarkkanal (Os sacrum)
14. Os femoris
15. Collum ossis femoris
16. Caput ossis femoris
17. Acetabulum
18. Facies lunata acetabuli
19. Schwanzwirbel

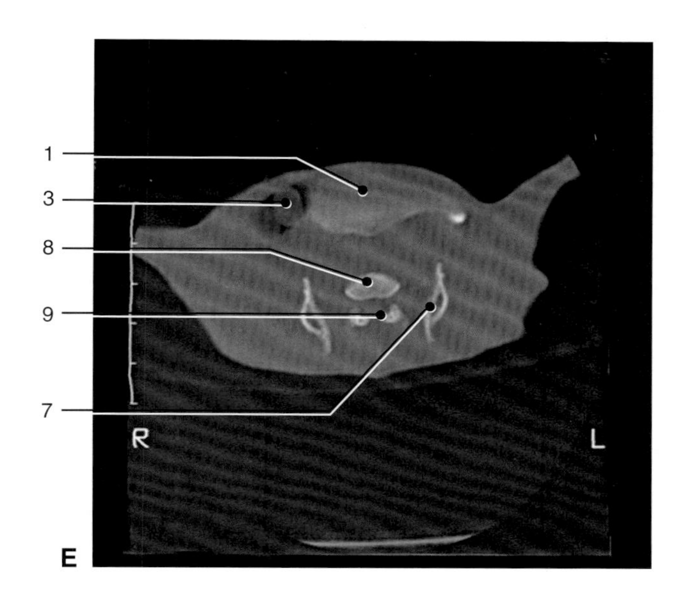

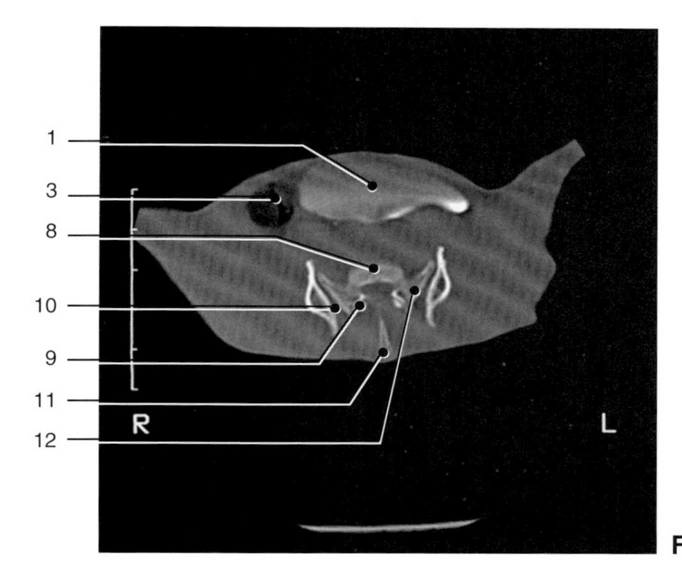

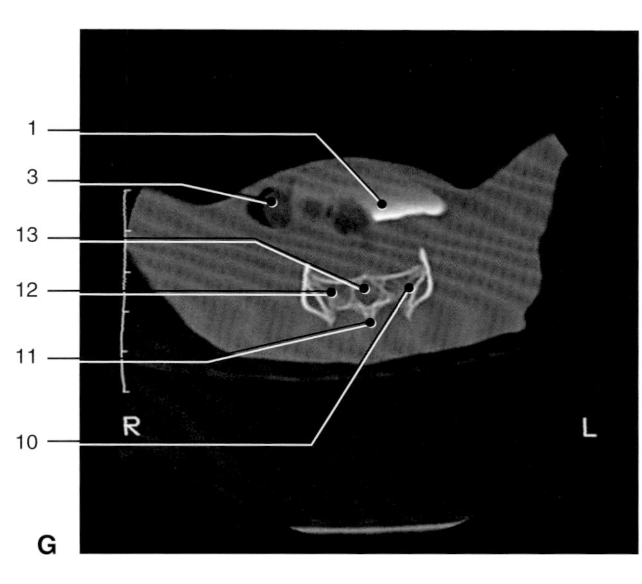

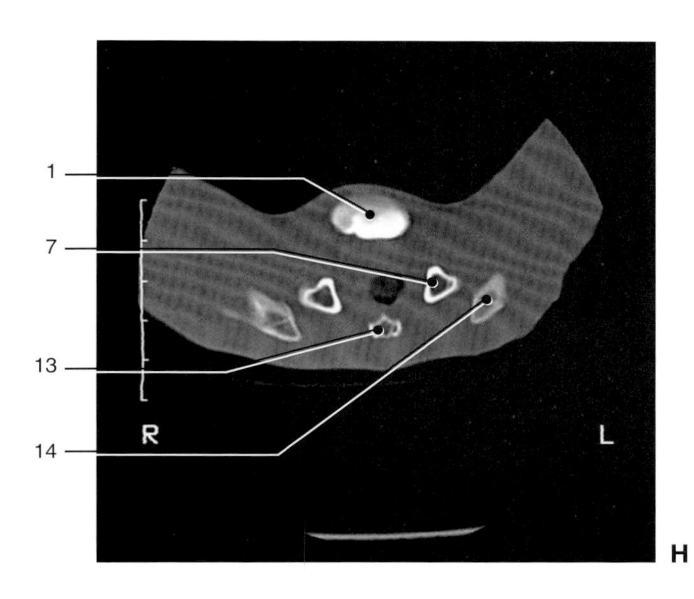

Abbildung 7-42, E – H
Tierart: Kaninchen
Organsystem: CT Becken
Schnittebene: transversal
Körpermasse: 3,5 kg
Geschlecht: weiblich unkastriert
Lebensalter: adult

1. Harnblase
2. Blinddarm
3. Dickdarm
4. Proc. transversus (Lendenwirbel)
5. Rückenmarkkanal (Lendenwirbelsäule)
6. Proc. spinosus (Lendenwirbel)
7. Os lilium
8. Extremitas caudalis (7. Lendenwirbel)
9. Proc. articularis (Lendenwirbel)
10. Articulatio iliosacralis
11. Proc. spinosus ossis sacri
12. Os sacrum
13. Rückenmarkkanal (Os sacrum)
14. Os femoris
15. Collum ossis femoris
16. Caput ossis femoris
17. Acetabulum
18. Facies lunata acetabuli
19. Schwanzwirbel

Abbildung 7-42, I
Tierart: Kaninchen
Organsystem: CT Becken
Schnittebene: transversal
Körpermasse: 3,5 kg
Geschlecht: weiblich unkastriert
Lebensalter: adult

1. Harnblase
2. Blinddarm
3. Dickdarm
4. Proc. transversus (Lendenwirbel)
5. Rückenmarkkanal (Lendenwirbelsäule)
6. Proc. spinosus (Lendenwirbel)
7. Os lilium
8. Extremitas caudalis (7. Lendenwirbel)
9. Proc. articularis (Lendenwirbel)
10. Articulatio iliosacralis
11. Proc. spinosus ossis sacri
12. Os sacrum
13. Rückenmarkkanal (Os sacrum)
14. Os femoris
15. Collum ossis femoris
16. Caput ossis femoris
17. Acetabulum
18. Facies lunata acetabuli
19. Schwanzwirbel

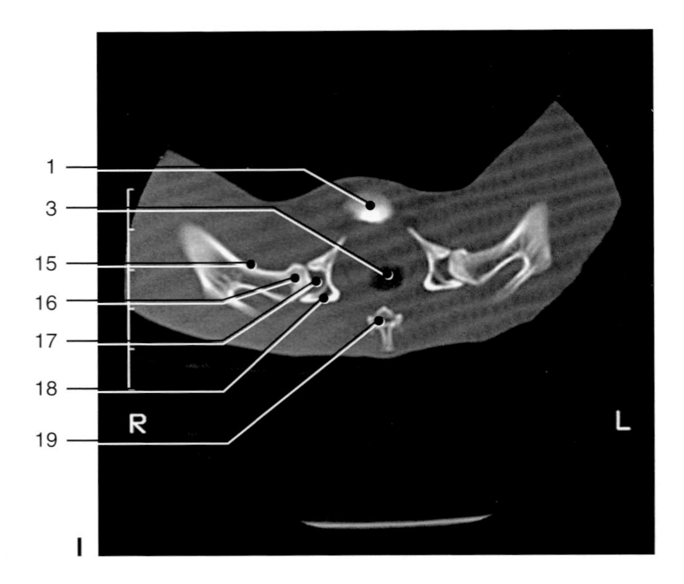

KAPITEL 8

Frettchen *(Mustela putorius f. furo)*

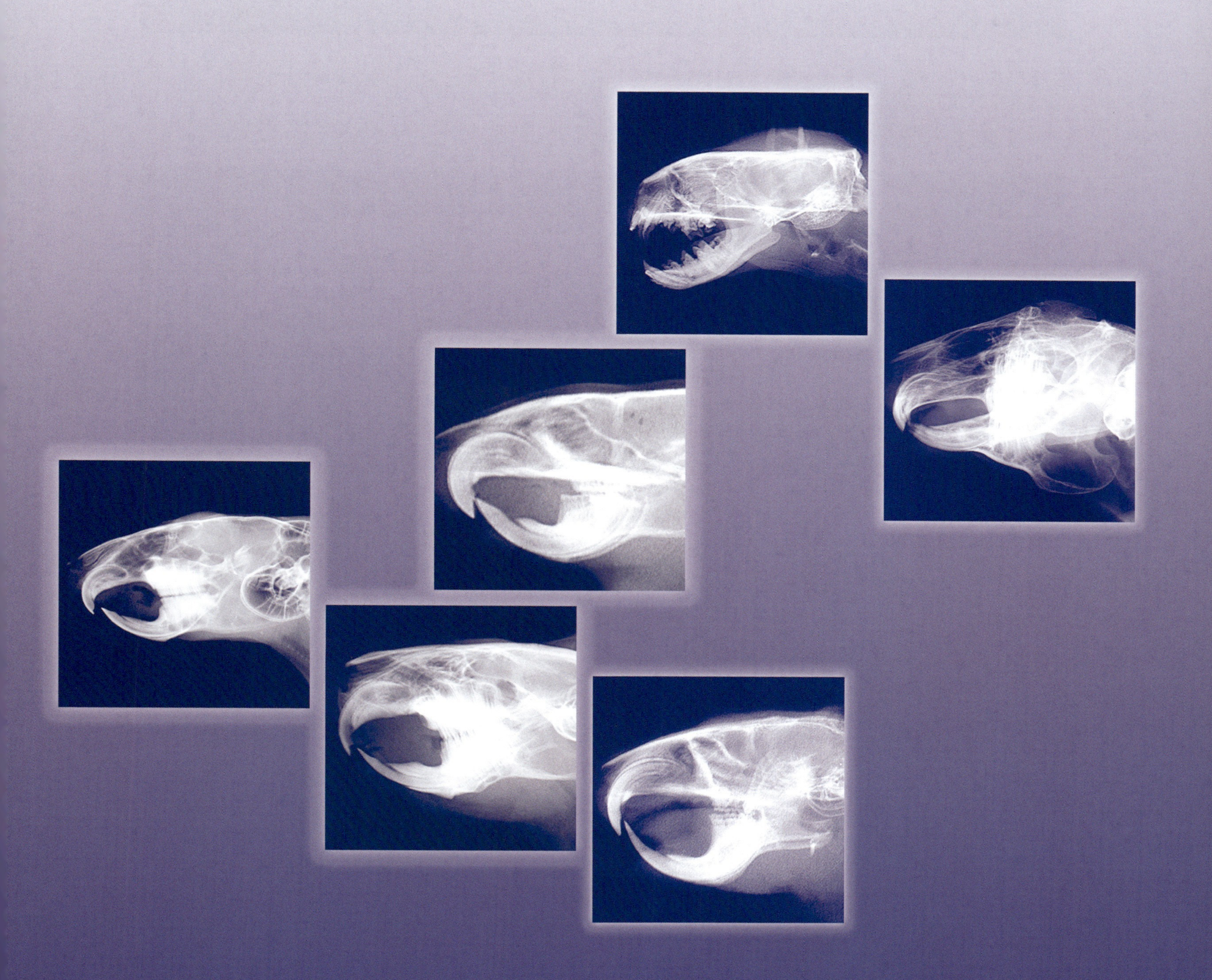

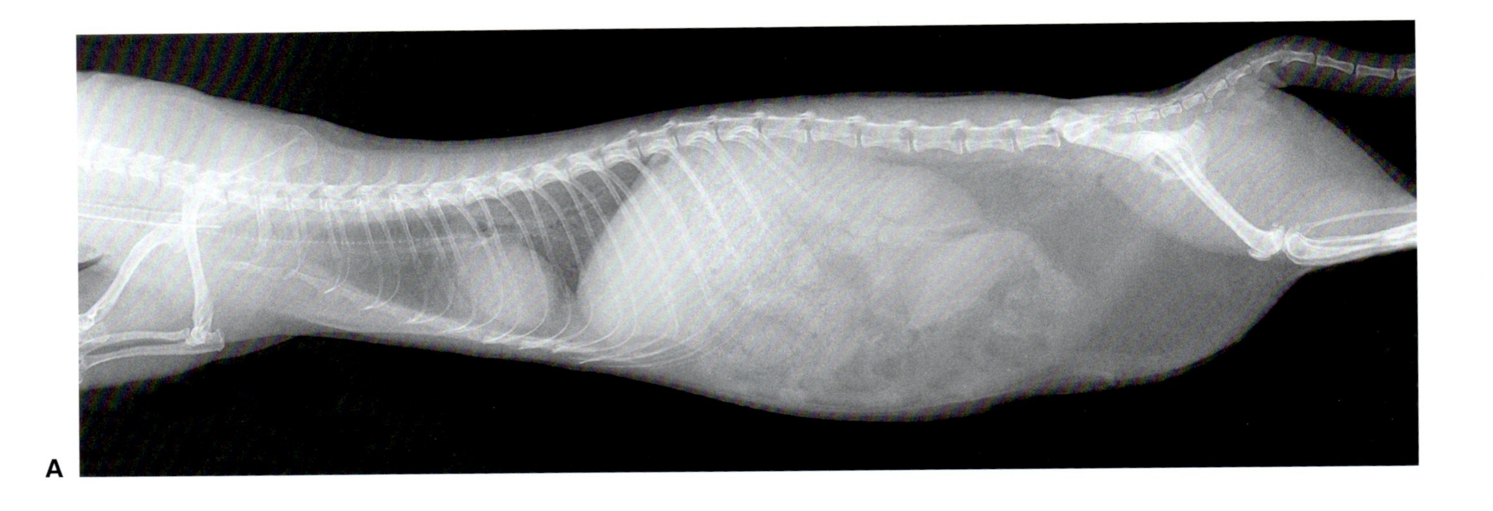

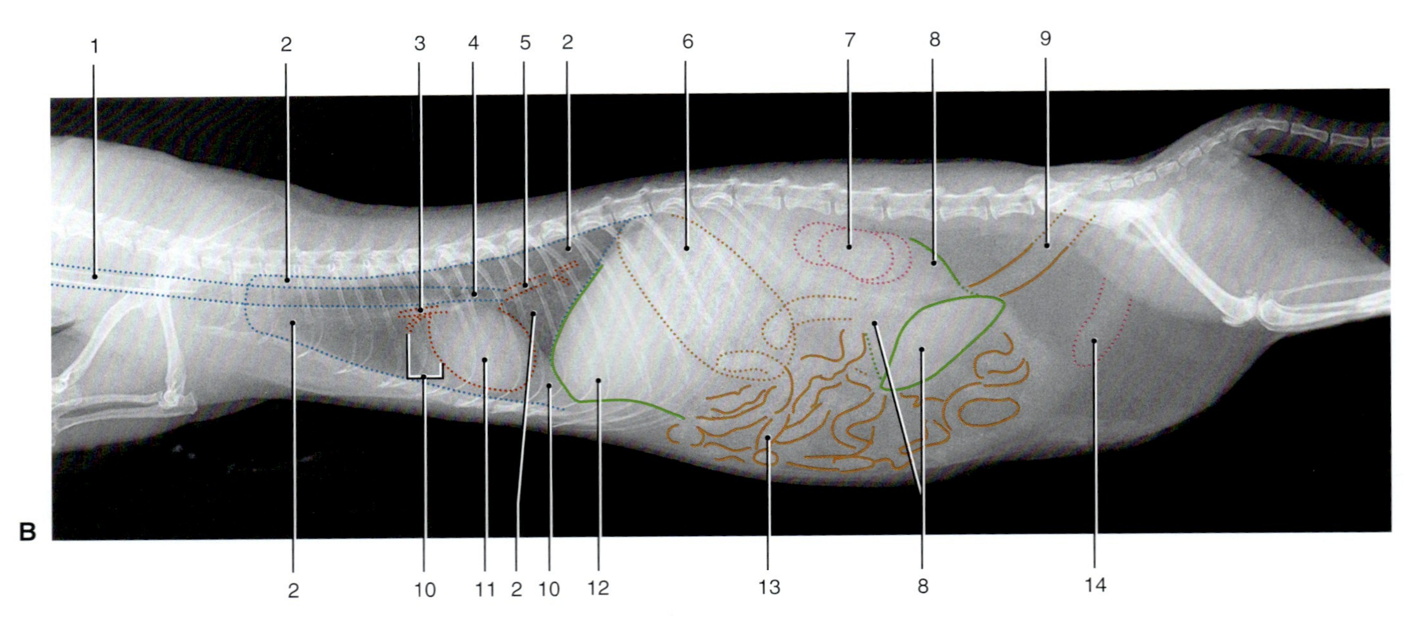

Abbildung 8-1, A und B
Tierart: Frettchen
Organsystem: Brust- und Bauchorgane
Projektion: laterolateral (rechte Seitenlage)
Körpermasse: 900 g
Geschlecht: weiblich kastriert
Lebensalter: 1 J.

1. Luftröhre (mit Endotrachealtubus)
2. Lunge
3. Lungengefäße
4. Bronchus
5. Lungenvene
6. Magen
7. Niere
8. Milz
9. Dickdarm
10. intrathorakales Fett
11. Herz
12. Leber
13. Dünndarm
14. Harnblase

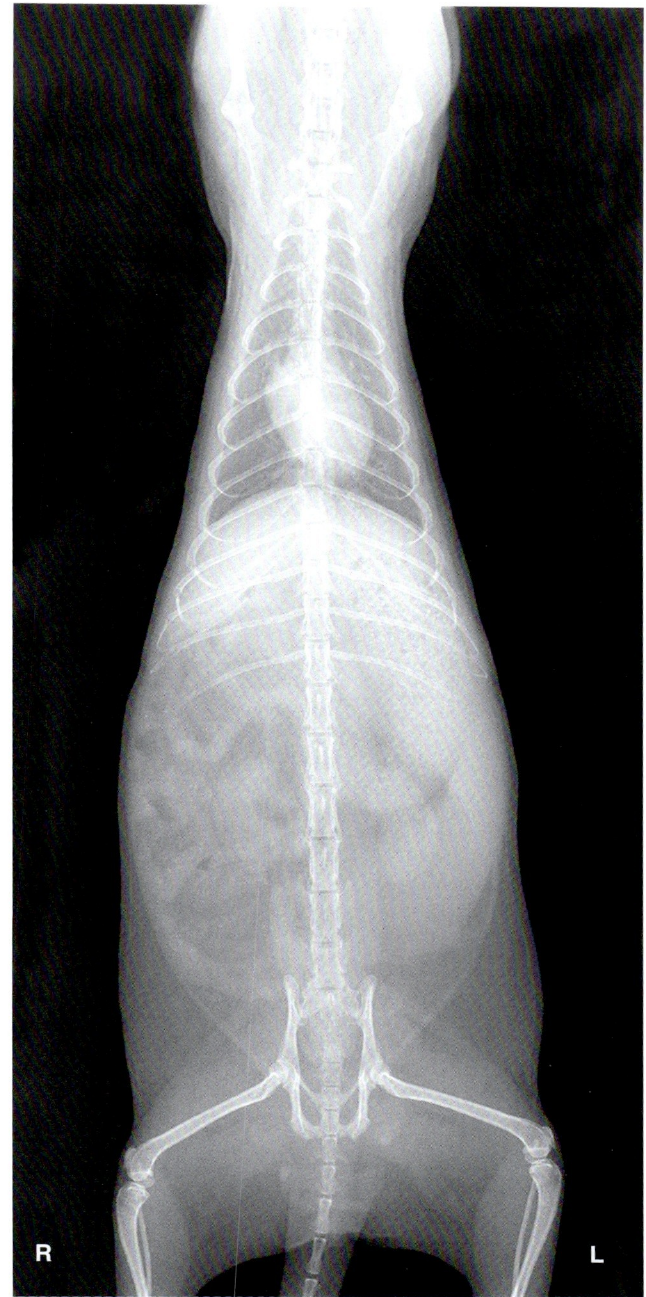

Abbildung 8-2, A
Tierart: Frettchen
Organsystem: Brust- und Bauchorgane
Projektion: ventrodorsal (Rückenlage)
Körpermasse: 900 g
Geschlecht: weiblich kastriert
Lebensalter: 1 J.

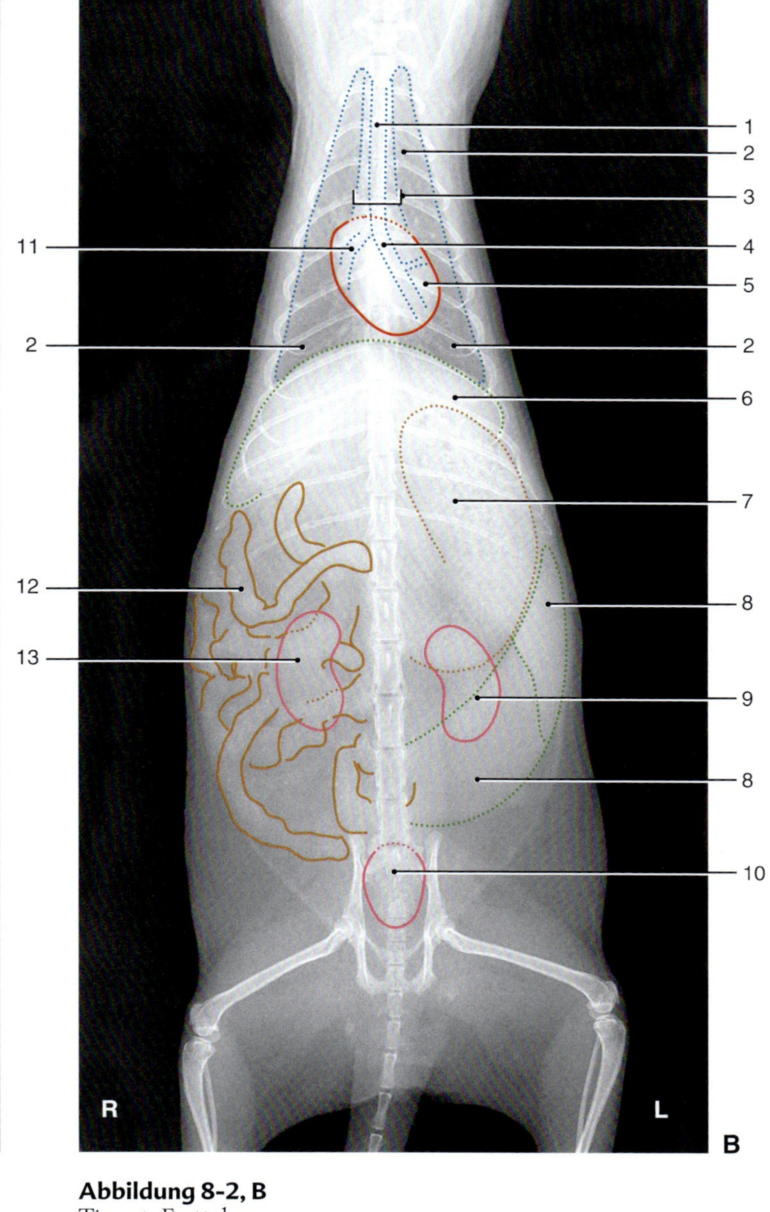

Abbildung 8-2, B
Tierart: Frettchen
Organsystem: Brust- und Bauchorgane
Projektion: ventrodorsal (Rückenlage)
Körpermasse: 900 g
Geschlecht: weiblich kastriert
Lebensalter: 1 J.

1. Luftröhre (mit Endotrachealtubus)
2. Lunge
3. kraniales Mediastinum
4. linker Primärbronchus
5. Herz
6. Leber
7. Magen
8. Milz
9. linke Niere
10. Harnblase
11. rechter Primärbronchus
12. Dünndarm
13. rechte Niere

A

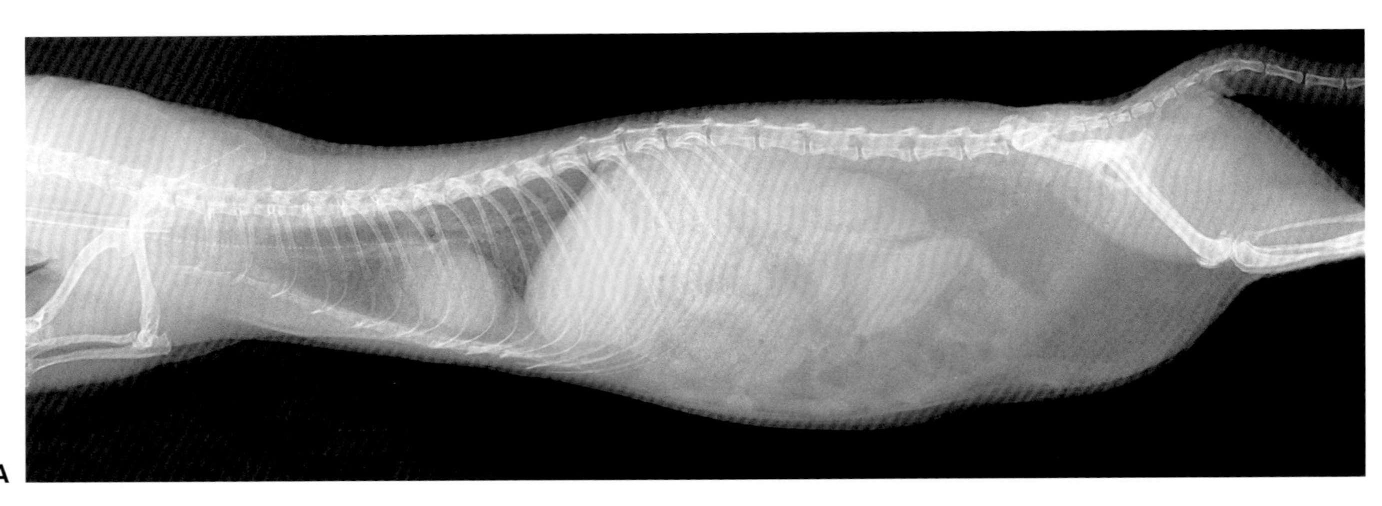

Abbildung 8-3, A
Tierart: Frettchen
Organsystem: Skelett (Ganzkörperaufnahme)
Projektion: laterolateral (rechte Seitenlage)
Körpermasse: 900 g
Geschlecht: weiblich kastriert
Lebensalter: 1 J.

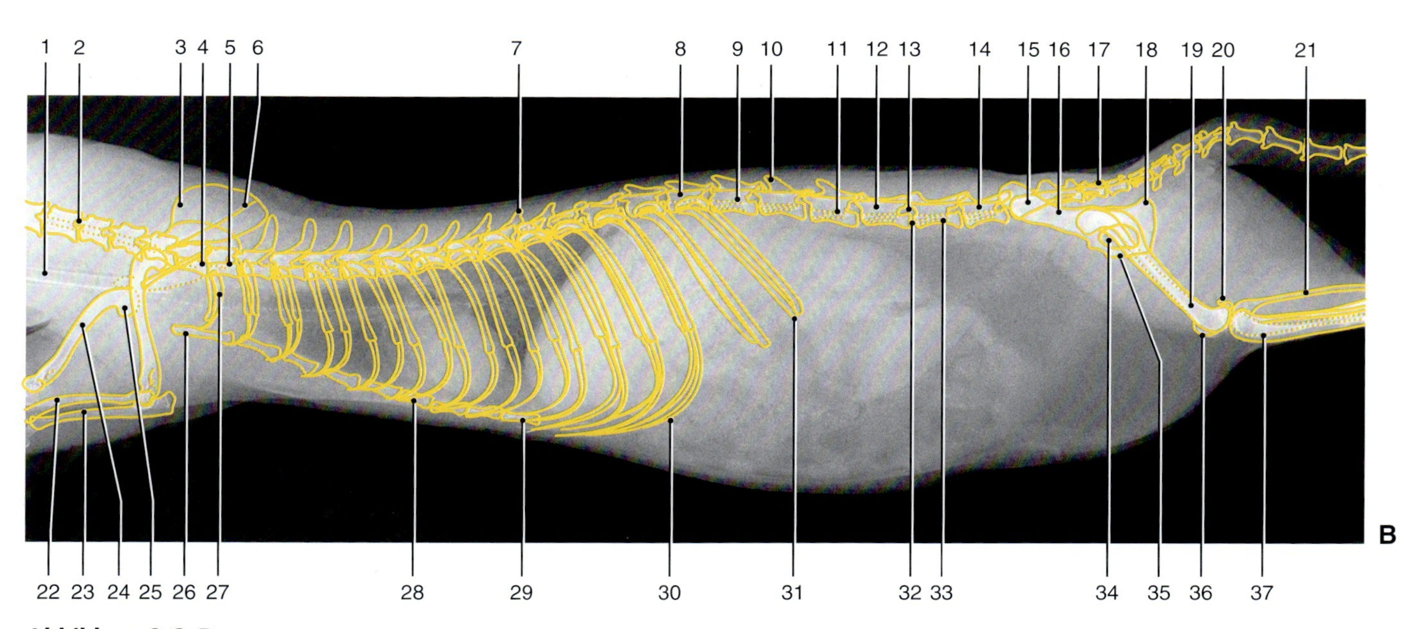

Abbildung 8-3, B
Tierart: Frettchen
Organsystem: Skelett (Ganzkörperaufnahme)
Projektion: laterolateral (rechte Seitenlage)
Körpermasse: 900 g
Geschlecht: weiblich kastriert
Lebensalter: 1 J.

1. Luftröhre (mit Endotrachealtubus)
2. Spatium intervertebrale (Halswirbelsäule)
3. Scapula
4. 7. Halswirbel
5. 1. Brustwirbel
6. Spina scapulae
7. Proc. spinosus (13. Brustwirbel)
8. 14. Brustwirbel
9. 1. Lendenwirbel
10. Proc. spinosus (2. Lendenwirbel)
11. ventraler Begrenzung des Rückenmarkkanals
12. Rückenmarkkanal
13. Foramen intervertebrale (Lendenwirbelsäule)
14. 6. Lendenwirbel
15. Os sacrum
16. Os ilium
17. 1. Schwanzwirbel
18. Os ischii
19. Os femoris
20. Fabella
21. Fibula
22. Radius
23. Ulna
24. Humerus
25. Caput humeri
26. Manubrium sterni
27. 1. Rippe
28. Brustbein
29. Proc. xiphoideus
30. Cartilago costalis
31. 14. Rippe
32. Spatium intervertebrale (Lendenwirbelsäule)
33. Proc. transversus (5. Lendenwirbel)
34. Foramen obturatum
35. Os pubis
36. Patella
37. Tibia

Abbildung 8-4, A
Tierart: Frettchen
Organsystem: Skelett
(Ganzkörperaufnahme)
Projektion: ventrodorsal (Rückenlage)
Körpermasse: 900 g
Geschlecht: weiblich kastriert
Lebensalter: 1 J.

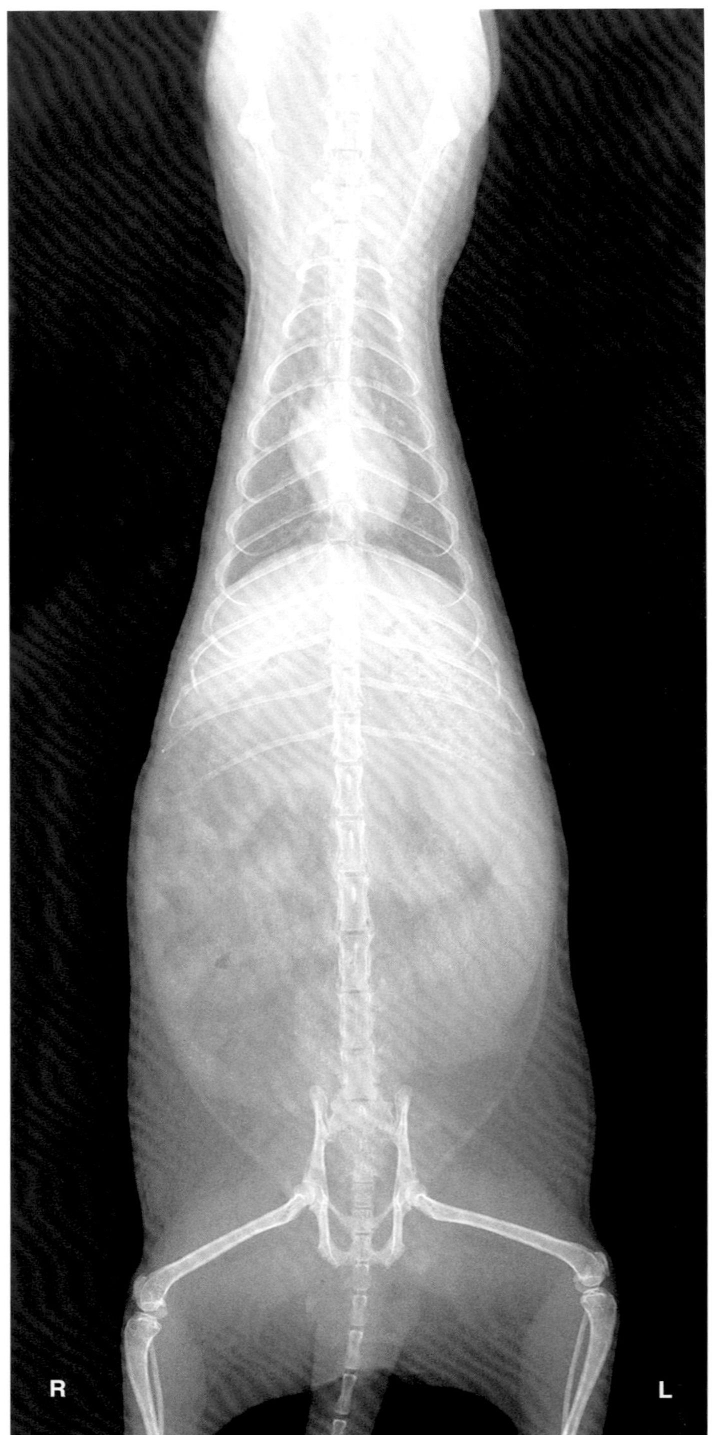

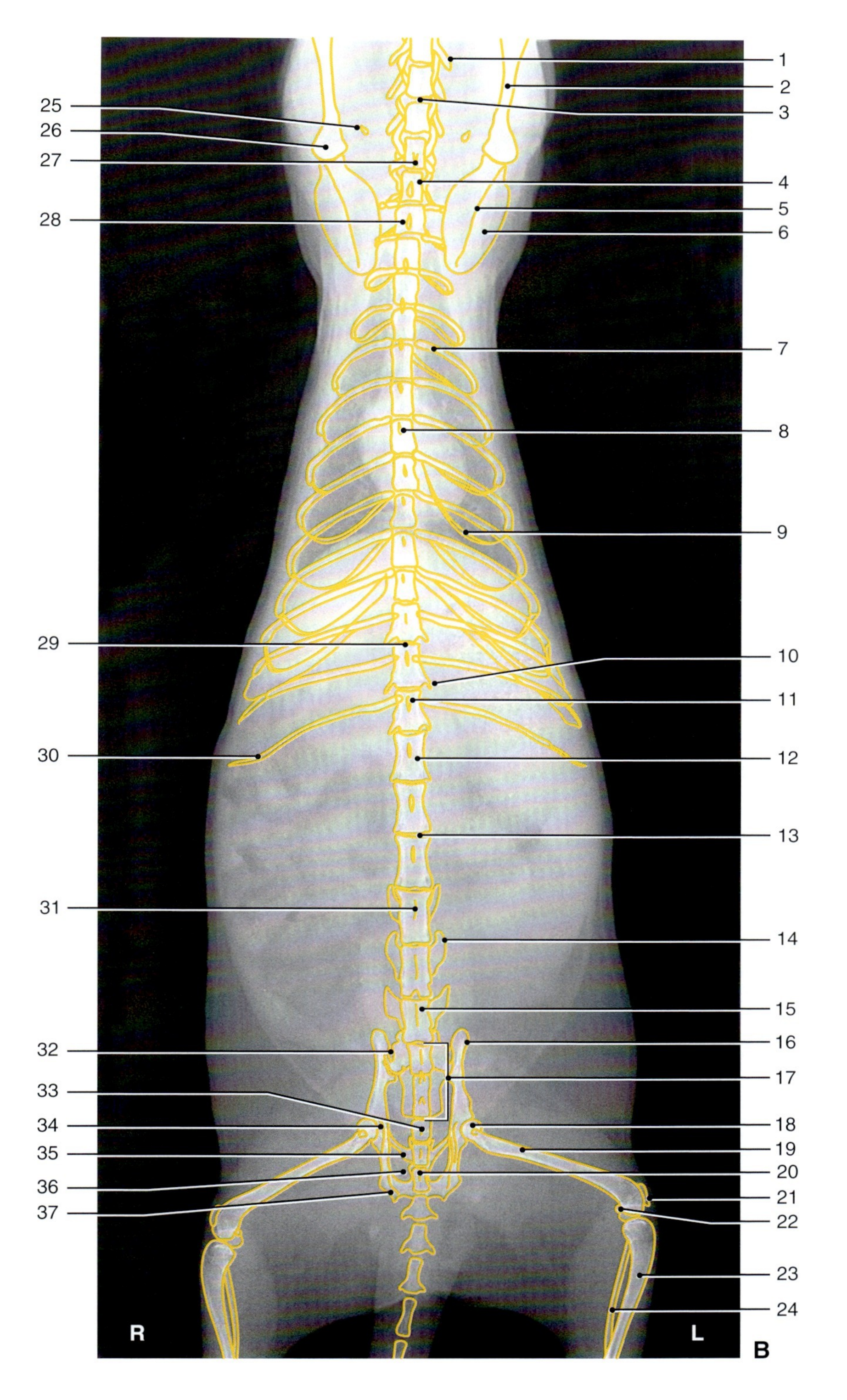

Abbildung 8-4, B
Tierart: Frettchen
Organsystem: Skelett (Ganzkörperaufnahme)
Projektion: ventrodorsal (Rückenlage)
Körpermasse: 900 g
Geschlecht: weiblich kastriert
Lebensalter: 1 J.

1. Proc. transversus (3. Halswirbel)
2. Humerus
3. Spatium intervertebrale (Halswirbelsäule)
4. 7. Halswirbel
5. Spina scapulae
6. Scapula
7. 5. Rippe
8. Proc. spinosus (7. Brustwirbel)
9. Cartilago costalis
10. Proc. transversus (13. Brustwirbel)
11. 14. Brustwirbel
12. 1. Lendenwirbel
13. Spatium intervertebrale (Lendenwirbelsäule)
14. Proc. transversus (5. Lendenwirbel)
15. 6. Lendenwirbel
16. Os ilium
17. Os sacrum
18. Caput ossis femoris
19. Os femoris
20. Proc. spinosus (3. Schwanzwirbel)
21. Patella
22. Fabella
23. Tibia
24. Fibula
25. Clavicula
26. Caput humeri
27. Proc. spinosus (6. Halswirbel)
28. 1. Brustwirbel
29. Spatium intervertebrale (Brustwirbelsäule)
30. 14. Rippe
31. Proc. spinosus (4. Lendenwirbel)
32. Articulatio sacroiliaca
33. 1. Schwanzwirbel
34. Acetabulum
35. Os pubis
36. Foramen obturatum
37. Os ischii

Abbildung 8-5, A
Tierart: Frettchen
Organsystem: Kopf
Projektion: laterolateral
Körpermasse: 1,2 kg
Geschlecht: männlich kastriert
Lebensalter: adult

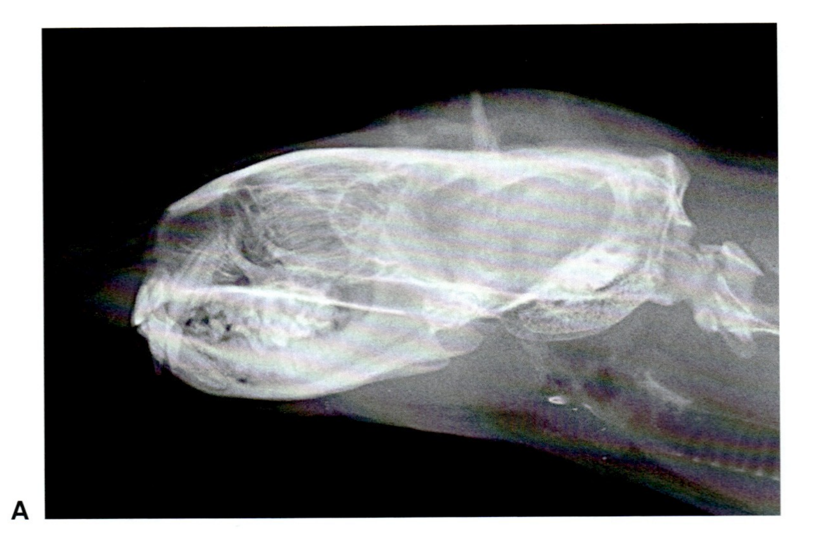

Abbildung 8-5, B
Tierart: Frettchen
Organsystem: Kopf
Projektion: laterolateral
Körpermasse: 1,2 kg
Geschlecht: männlich kastriert
Lebensalter: adult

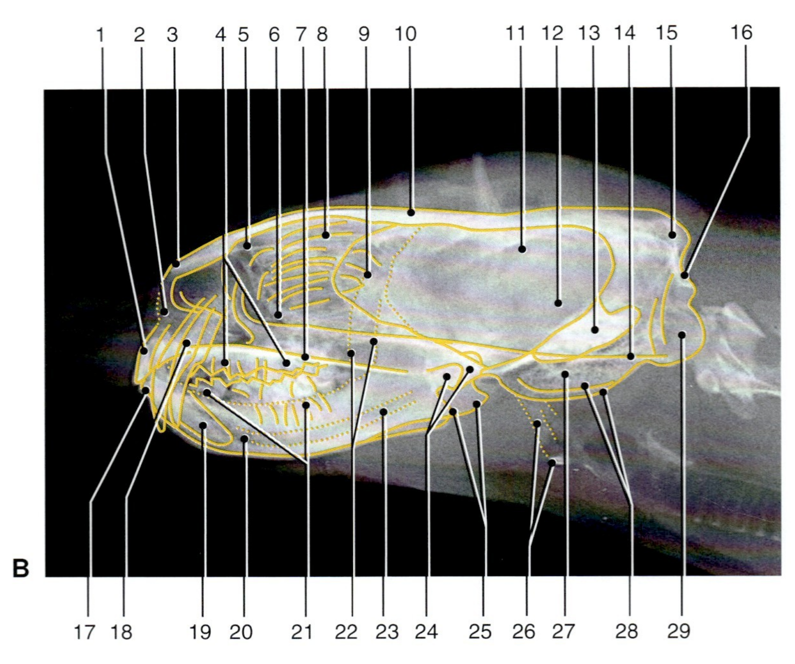

1. oberer Schneidezahn
2. Os incisivum
3. Os nasale
4. Oberkieferbackenzähne
5. Nasenhöhle
6. Maxilla
7. harter Gaumen
8. Nasenmuscheln
9. Siebbeinmuscheln
10. Os frontale
11. Os parietale
12. Os temporale
13. Pars petrosa ossis temporalis
14. Pars basilaris ossis occipitalis
15. Protuberantia occipitalis
16. Os occipitale
17. untere Schneidezähne
18. Oberkiefereckzahn
19. Unterkiefereckzahn
20. Foramen mentale
21. Unterkieferbackenzähne
22. Proc. coronoideus mandibulae
23. Foramen mandibulae
24. Proc. condylaris mandibulae
25. Proc. angularis mandibulae
26. Zungenbein
27. Cavum tympani
28. Bulla tympanica
29. Condylus occipitalis

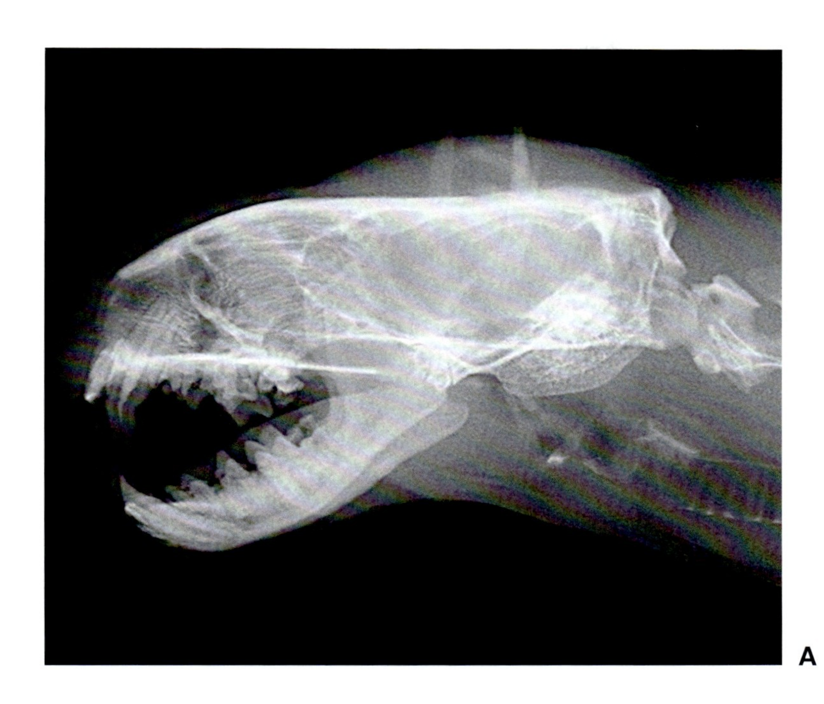

Abbildung 8-6, A
Tierart: Frettchen
Organsystem: Kopf mit geöffnetem Fang
Projektion: laterolateral
Körpermasse: 1,2 kg
Geschlecht: männlich kastriert
Lebensalter: adult

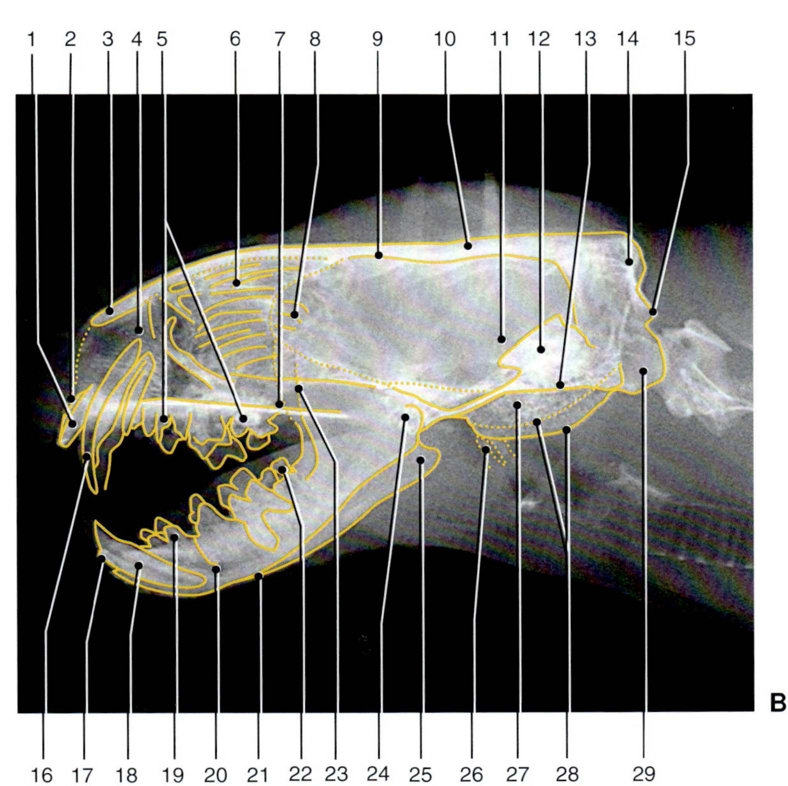

Abbildung 8-6, B
Tierart: Frettchen
Organsystem: Kopf mit geöffnetem Fang
Projektion: laterolateral
Körpermasse: 1,2 kg
Geschlecht: männlich kastriert
Lebensalter: adult

1. oberer Schneidezahn
2. Os incisivum
3. Os nasale
4. Nasenhöhle
5. Oberkieferbackenzähne
6. Nasenmuscheln
7. harter Gaumen
8. Siebbeinmuscheln
9. Os frontale
10. Os parietale
11. Os temporale
12. Pars petrosa ossis temporalis
13. Pars basilaris ossis occipitalis
14. Protuberantia occipitalis
15. Os occipitale
16. Oberkiefereckzahn
17. untere Schneidezähne
18. Unterkiefereckzahn
19. Prämolar (Unterkiefer)
20. Foramen mentale
21. Mandibula
22. Unterkieferbackenzähne
23. Proc. coronoideus mandibulae
24. Proc. condylaris mandibulae
25. Proc. angularis mandibulae
26. Zungenbein
27 Cavum tympani
28. Bulla tympanica
29. Condylus occipitalis

Abbildung 8-7, A
Tierart: Frettchen
Organsystem: Kopf
Projektion: dorsoventral (Bauchlage)
Körpermasse: 1,2 kg
Geschlecht: männlich kastriert
Lebensalter: adult

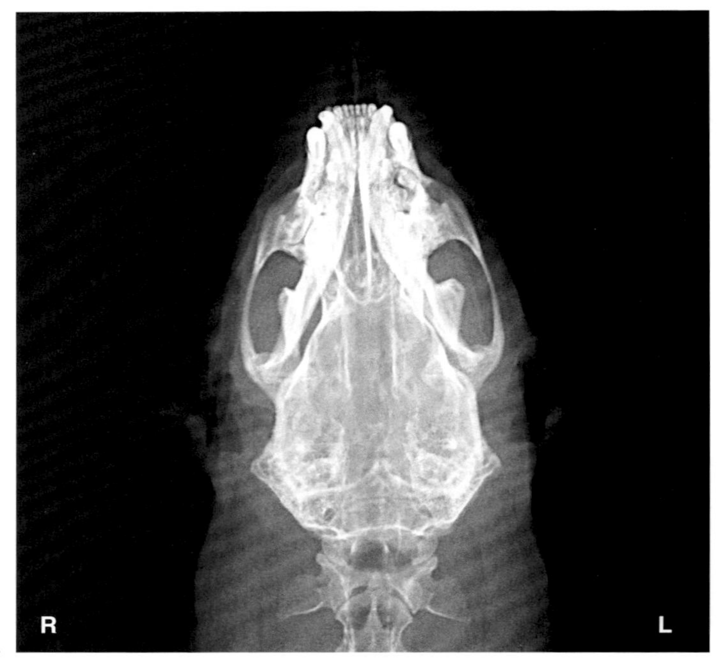

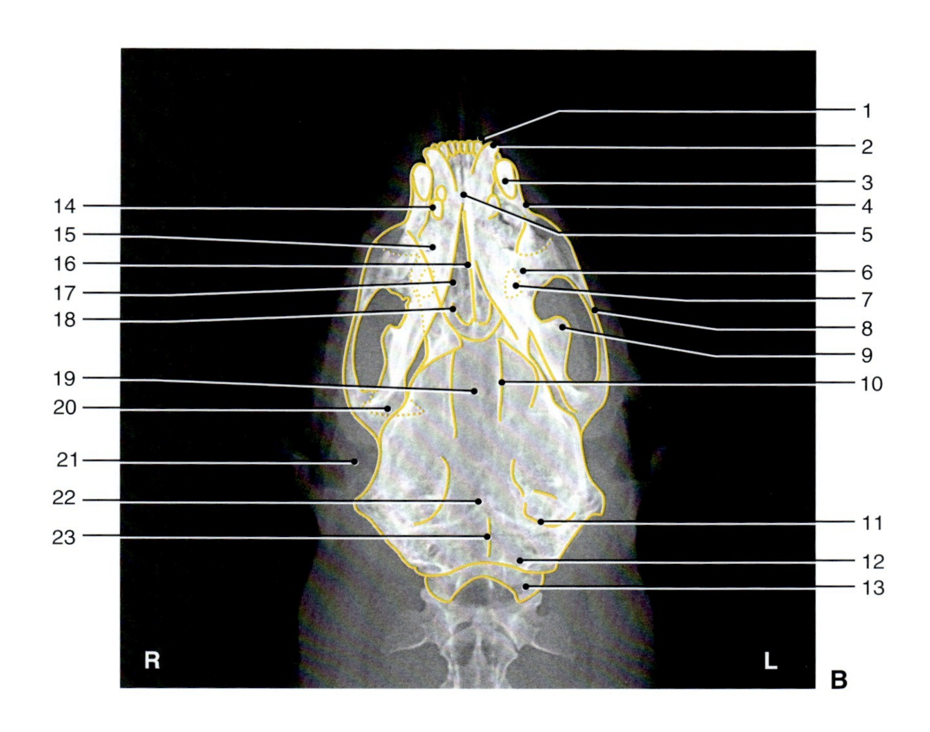

Abbildung 8-7, B
Tierart: Frettchen
Organsystem: Kopf
Projektion: dorsoventral (Bauchlage)
Körpermasse: 1,2 kg
Geschlecht: männlich kastriert
Lebensalter: adult

1. Schneidezahn
2. Unterkiefereckzahn
3. Oberkiefereckzahn
4. Maxilla
5. Symphysis mandibulae
6. Os frontale
7. Molar
8. Os zygomaticum
9. Proc. coronoideus mandibulae
10. Os pterygoideum
11. Bulla tympanica
12. Os occipitale
13. Condylus occipitalis
14. Prämolar
15. Mandibula
16. Vomer
17. Nasenhöhle
18. Siebbeinmuscheln
19. Os praesphenoidale
20. Kiefergelenk
21. äußerer Gehörgang
22. Os basisphenoidale
23. Crista sagittalis externa

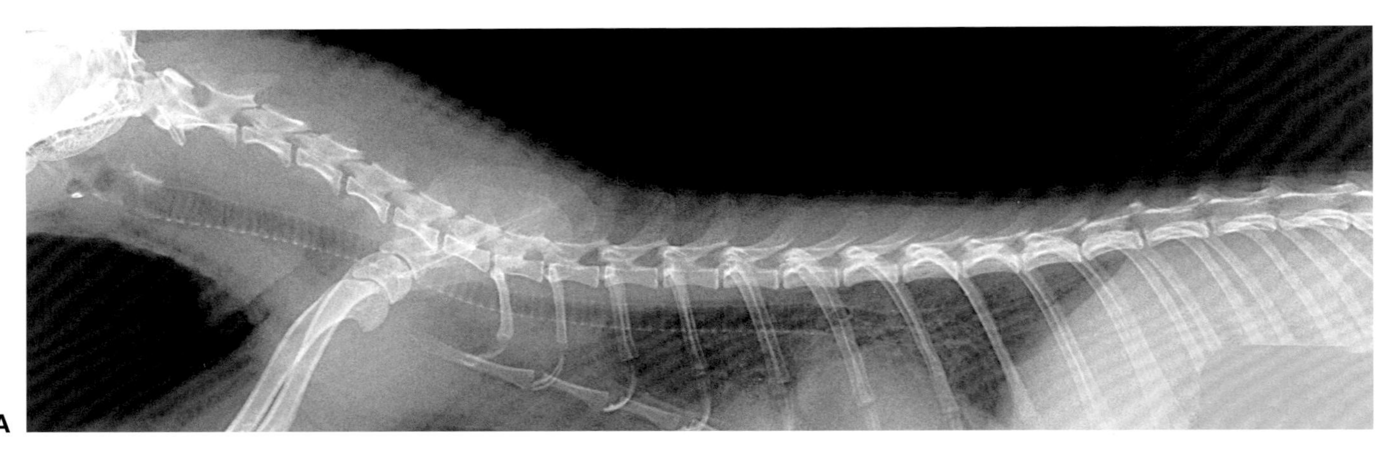

Abbildung 8-8, A
Tierart: Frettchen
Organsystem: Hals- und Brustwirbelsäule
Projektion: laterolateral (rechte Seitenlage)
Körpermasse: 1,2 kg
Geschlecht: männlich kastriert
Lebensalter: adult

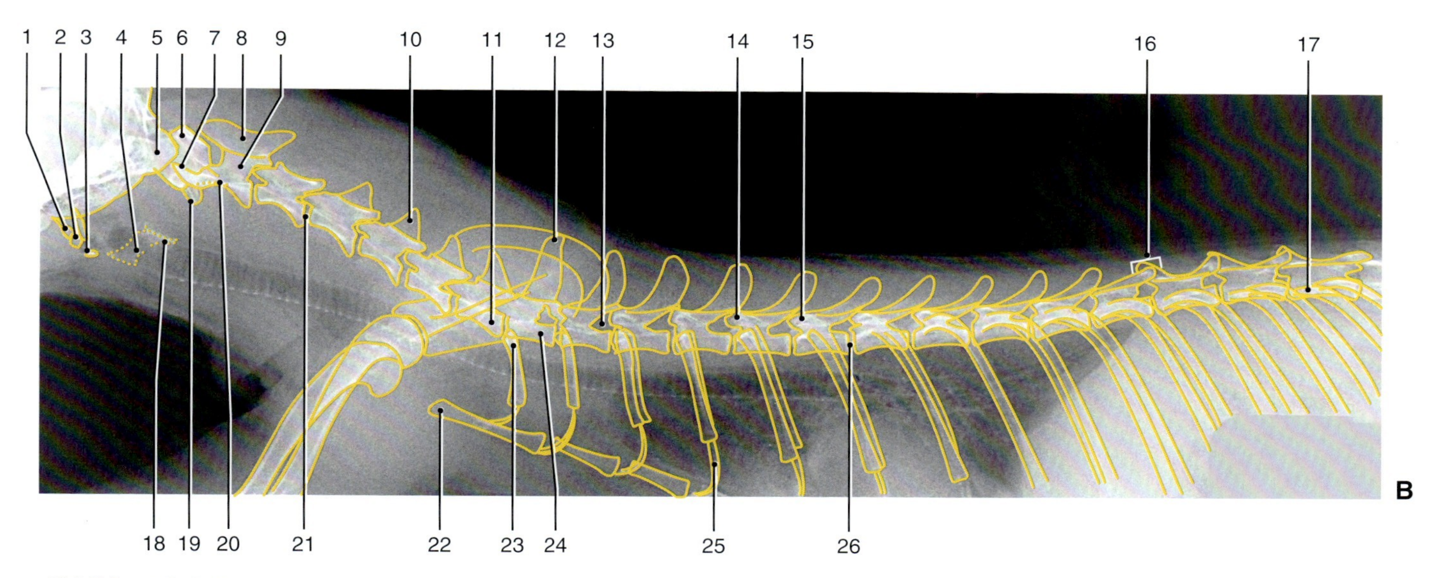

Abbildung 8-8, B
Tierart: Frettchen
Organsystem: Hals- und Brustwirbelsäule
Projektion: laterolateral (rechte Seitenlage)
Körpermasse: 1,2 kg
Geschlecht: männlich kastriert
Lebensalter: adult

1. Epihyoideum
2. Ceratohyoideum
3. Basihyoideum
4. Schildknorpel
5. Condylus occipitalis
6. Tuberculum dorsale atlantis
7. Dens axis
8. Proc. spinosus axis
9. Rückenmarkkanal
10. Proc. spinosus (5. Halswirbel)
11. 7. Halswirbel
12. Proc. spinosus (1. Brustwirbel)
13. Foramen intervertebrale (Brustwirbelsäule)
14. Proc. transversus (5. Brustwirbel)
15. Caput costae
16. Procc. articulares (11. u. 12. Brustwirbel)
17. 14. Brustwirbel
18. Ringknorpel
19. Ala atlantis
20. Proc. transversus axis
21. Spatium intervertebrale (Halswirbelsäule)
22. Manubrium sterni
23. 1. Rippe
24. 1. Brustwirbel
25. Cartilago costalis
26. Spatium intervertebrale (Brustwirbelsäule)

Abbildung 8-9, A
Tierart: Frettchen
Organsystem: Hals- und Brustwirbelsäule
Projektion: ventrodorsal (Rückenlage)
Körpermasse: 1,2 kg
Geschlecht: männlich kastriert
Lebensalter: adult

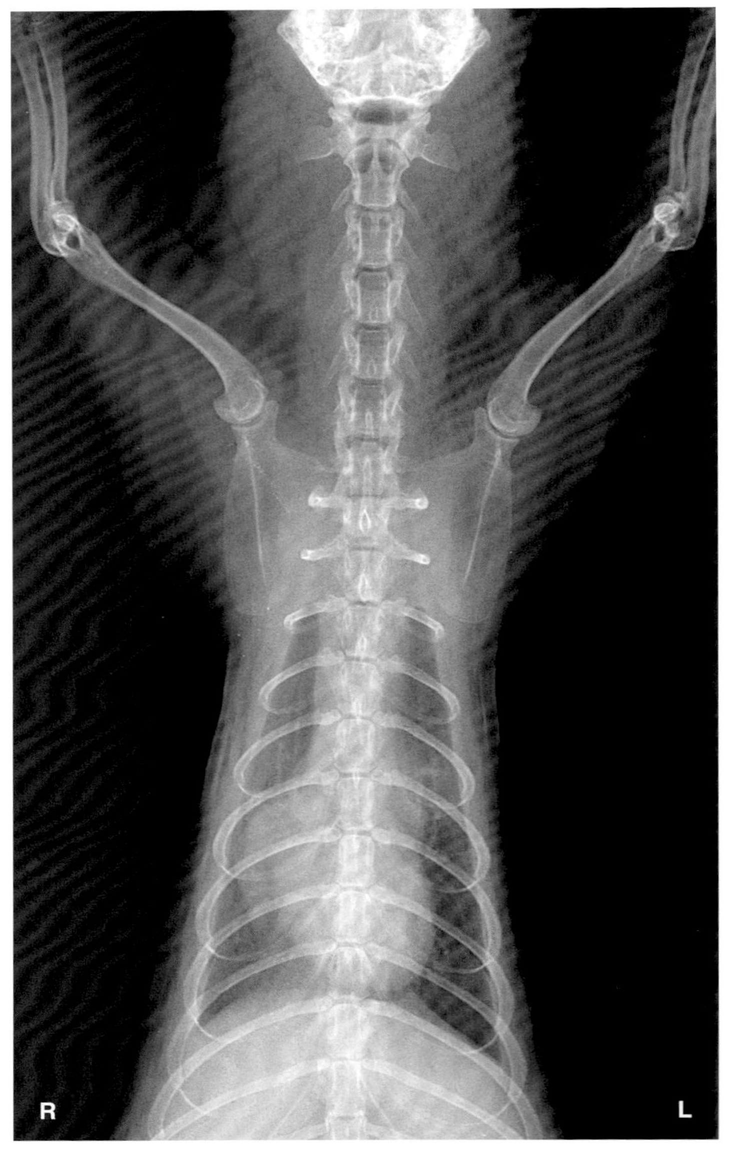

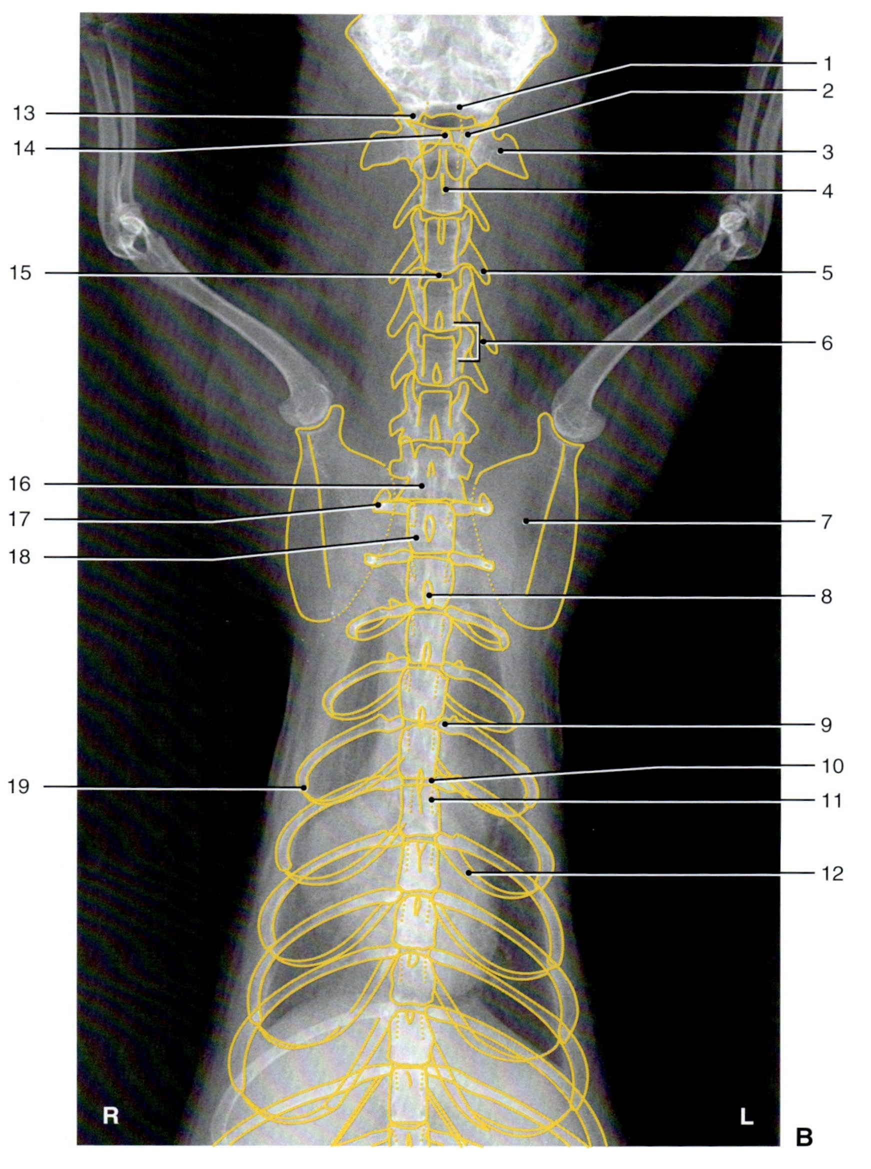

Abbildung 8-9, B
Tierart: Frettchen
Organsystem: Hals- und Brustwirbelsäule
Projektion: ventrodorsal (Rückenlage)
Körpermasse: 1,2 kg
Geschlecht: männlich kastriert
Lebensalter: adult

1. Os occipitale
2. Atlas
3. Ala atlantis
4. Proc. transversus axis
5. Proc. transversus (3. Halswirbel)
6. Procc. articulares (4. u. 5. Halswirbel)
7. Scapula
8. Proc. spinosus (2. Brustwirbel)
9. Caput costae
10. Spatium intervertebrale (Brustwirbelsäule)
11. Proc. articularis (6. Brustwirbel)
12. Cartilago costalis
13. Condylus occipitalis
14. Dens axis
15. Spatium intervertebrale (Halswirbelsäule)
16. 7. Halswirbel
17. 1. Rippe
18. 1. Brustwirbel
19. Synchondrosis costochondralis

Abbildung 8-10, A
Tierart: Frettchen
Organsystem: Lenden-, Kreuz- und Schwanzwirbelsäule
Projektion: laterolateral (rechte Seitenlage)
Körpermasse: 1,2 kg
Geschlecht: männlich kastriert
Lebensalter: adult

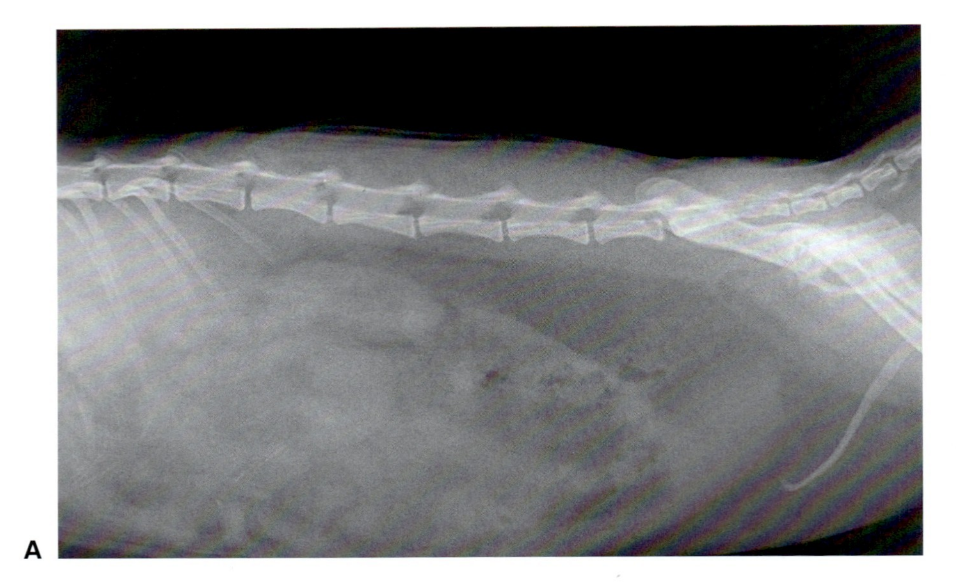

Abbildung 8-10, B
Tierart: Frettchen
Organsystem: Lenden-, Kreuz- und Schwanzwirbelsäule
Projektion: laterolateral (rechte Seitenlage)
Körpermasse: 1,2 kg
Geschlecht: männlich kastriert
Lebensalter: adult

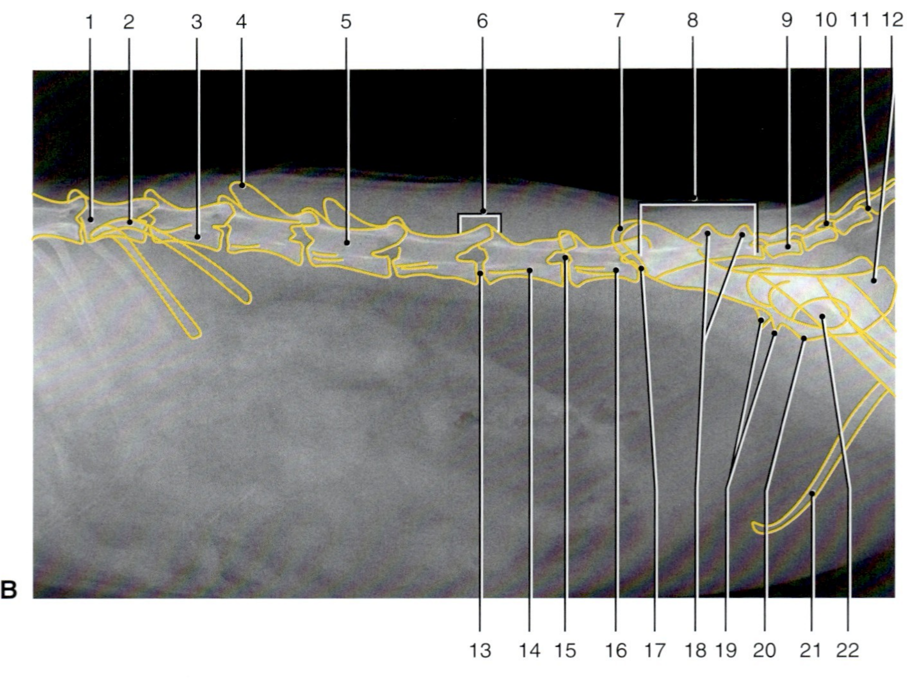

1. 14. Brustwirbel
2. letzte Rippe
3. 1. Lendenwirbel
4. Proc. spinosus (2. Lendenwirbel)
5. Rückenmarkkanal
6. Procc. articulares (3. u. 4. Lendenwirbel)
7. Os ilium
8. Os sacrum
9. 1. Schwanzwirbel
10. Foramen intervertebrale (Schwanzwirbelsäule)
11. Spatium intervertebrale (Schwanzwirbelsäule)
12. Os ischii
13. Spatium intervertebrale (Lendenwirbelsäule)
14. Proc. transversus (5. Lendenwirbel)
15. Foramen intervertebrale (Lendenwirbelsäule)
16. 6. Lendenwirbel
17. Spatium intervertebrale lumbosacrale
18. Procc. spinosi ossis sacri
19. Eminentia iliopubica
20. Os pubis
21. Os penis
22. Foramen obturatum

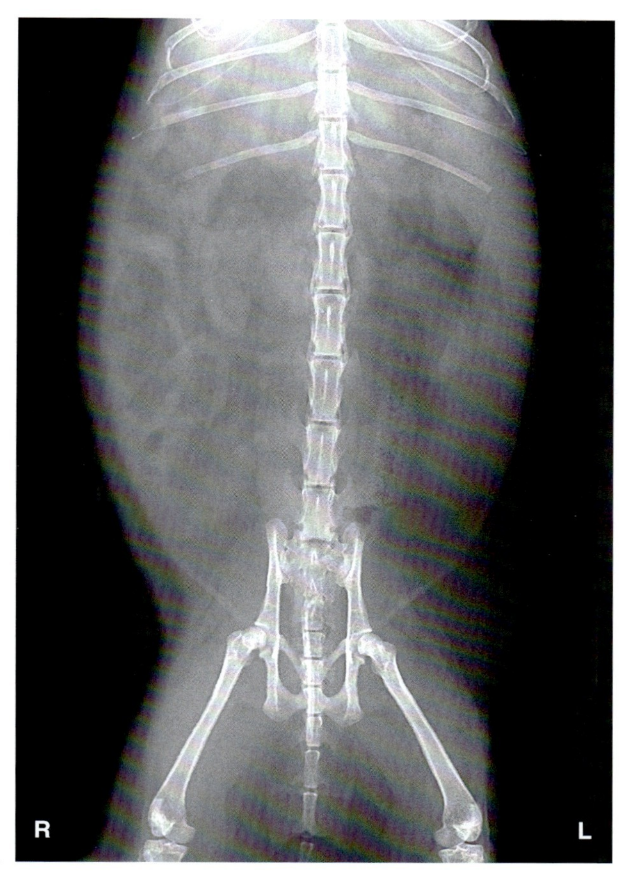

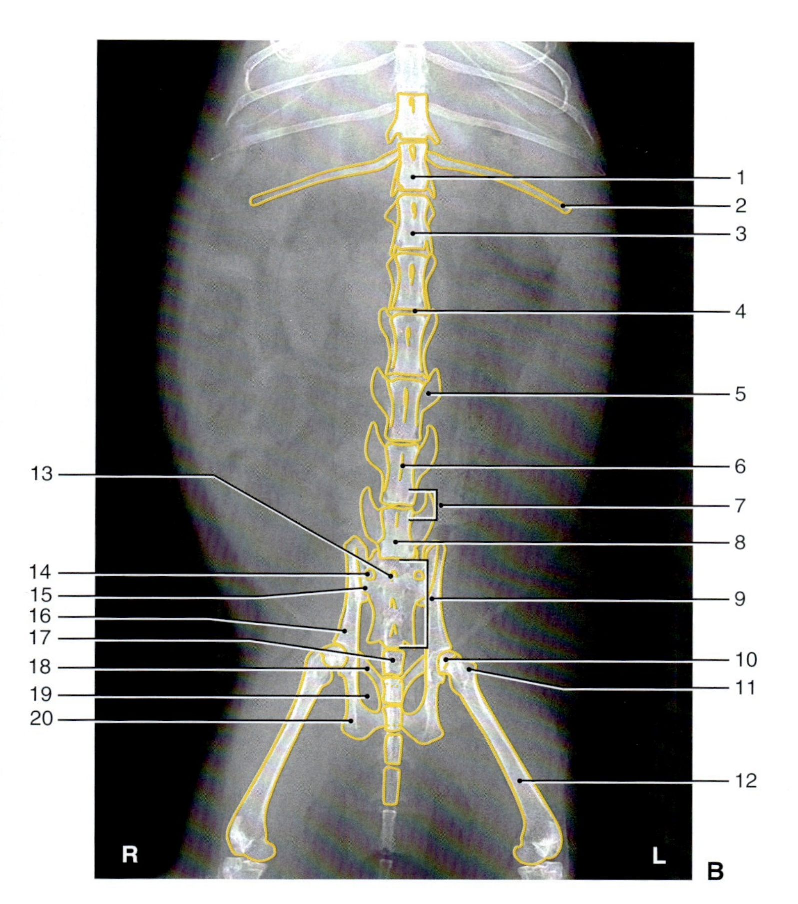

Abbildung 8-11, A
Tierart: Frettchen
Organsystem: Lenden-, Kreuz- und Schwanzwirbelsäule
Projektion: ventrodorsal (Rückenlage)
Körpermasse: 1,2 kg
Geschlecht: männlich kastriert
Lebensalter: adult

Abbildung 8-11, B
Tierart: Frettchen
Organsystem: Lenden-, Kreuz- und Schwanzwirbelsäule
Projektion: ventrodorsal (Rückenlage)
Körpermasse: 1,2 kg
Geschlecht: männlich kastriert
Lebensalter: adult

1. 14. Brustwirbel
2. 14. Rippe
3. 1. Lendenwirbel
4. Spatium intervertebrale (Lendenwirbelsäule)
5. Proc. transversus (4. Lendenwirbel)
6. Proc. spinosus (5. Lendenwirbel)
7. Procc. articulares (5. u. 6. Lendenwirbel)
8. 6. Lendenwirbel
9. Os sacrum
10. Caput ossis femoris
11. Trochanter major ossis femoris
12. Os femoris
13. Proc. spinosus ossis sacri
14. Foramen sacrale
15. Articulatio sacroiliaca
16. Os ilium
17. 1. Schwanzwirbel
18. Os pubis
19. Foramen obturatum
20. Os ischii

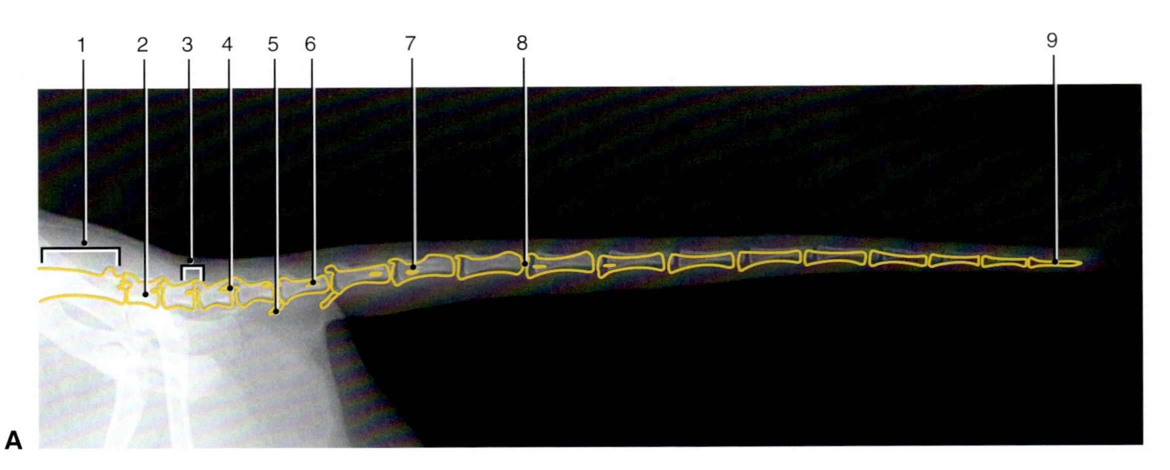

Abbildung 8-12, A
Tierart: Frettchen
Organsystem: Schwanzwirbelsäule
Projektion: laterolateral
Körpermasse: 1,2 kg
Geschlecht: männlich kastriert
Lebensalter: adult

1. Os sacrum
2. 1. Schwanzwirbel
3. Procc. articulares (2. u. 3. Schwanzwirbel)
4. Foramen intervertebrale (Schwanzwirbelsäule)
5. Proc. haemalis
6. Proc. articularis (5. Schwanzwirbel)
7. Procc. transversus (7. Schwanzwirbel)
8. Spatium intervertebrale (Schwanzwirbelsäule)
9. letzter Schwanzwirbel

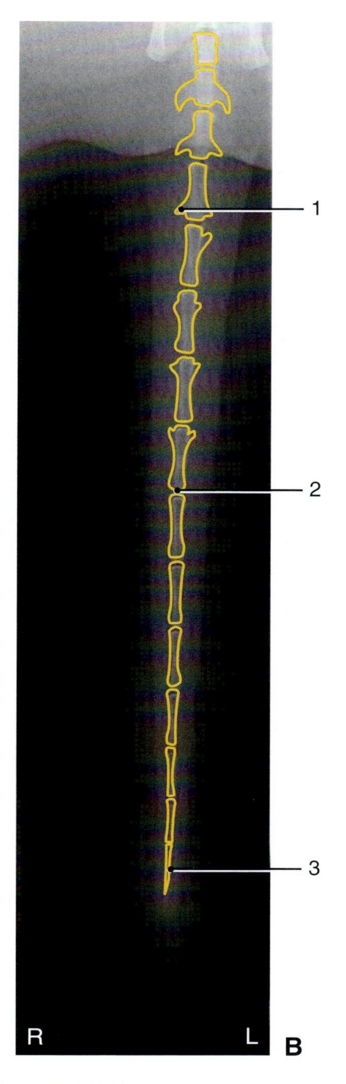

Abbildung 8-12, B
Tierart: Frettchen
Organsystem: Schwanzwirbelsäule
Projektion: ventrodorsal (Rückenlage)
Körpermasse: 1,2 kg
Geschlecht: männlich kastriert
Lebensalter: adult

1. Proc. articularis
2. Spatium intervertebrale
3. letzter Schwanzwirbel

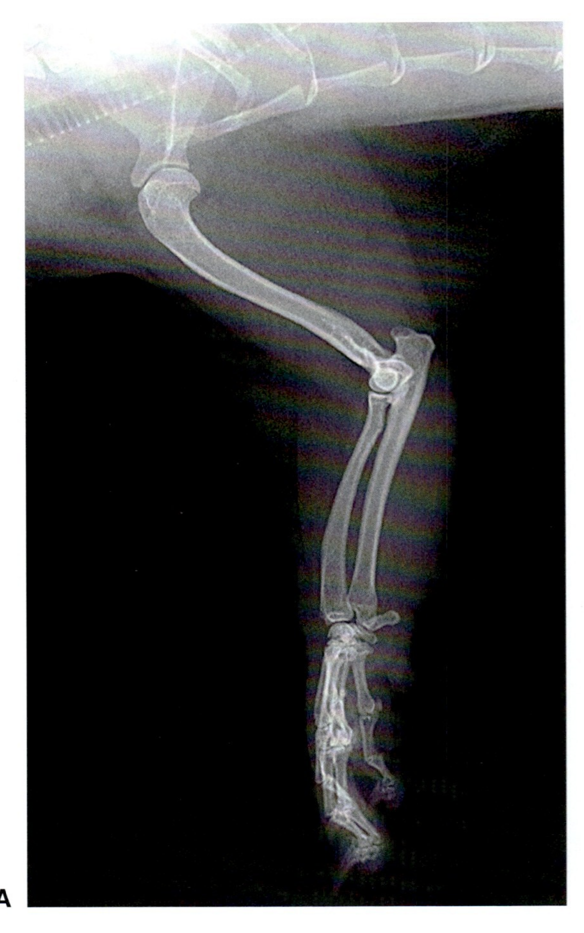

Abbildung 8-13, A
Tierart: Frettchen
Organsystem: Schultergliedmaße
Projektion: mediolateral
Körpermasse: 1,2 kg
Geschlecht: männlich kastriert
Lebensalter: adult

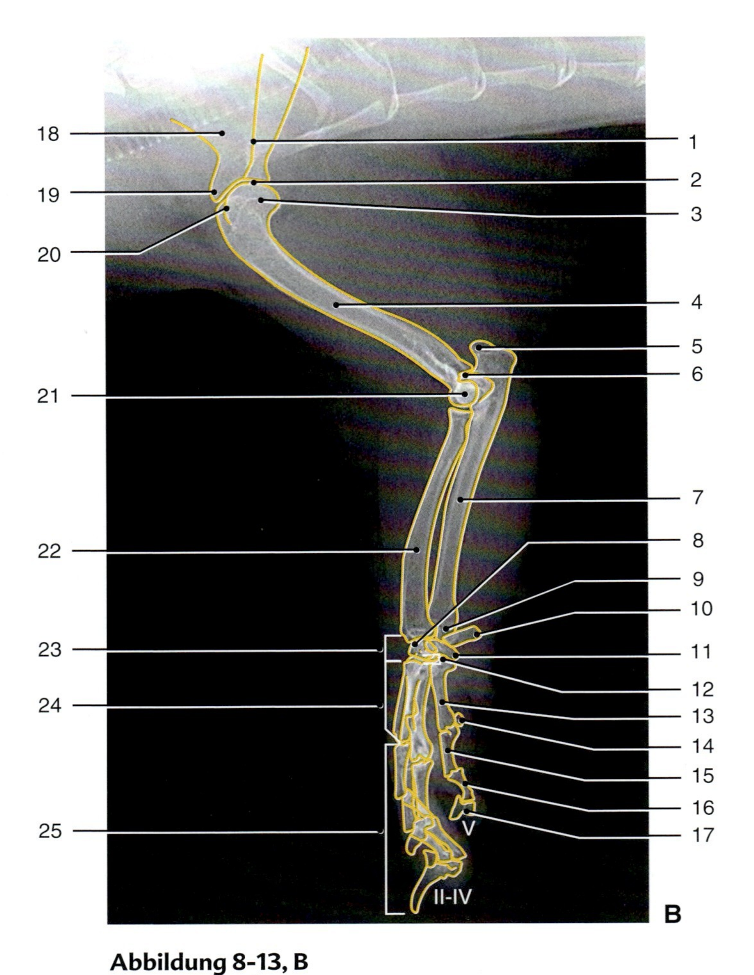

Abbildung 8-13, B
Tierart: Frettchen
Organsystem: Schultergliedmaße
Projektion: mediolateral
Körpermasse: 1,2 kg
Geschlecht: männlich kastriert
Lebensalter: adult

1. Spina scapulae
2. Schultergelenkspalt
3. Caput humeri
4. Humerus
5. Olecranon
6. Proc. anconaeus
7. Ulna
8. Os carpi radiale
9. Proc. styloideus ulnae
10. Os carpi accessorium
11. Os carpi ulnare
12. Os carpale I, II, III u. IV
13. Os metacarpale V
14. Os sesamoideum proximale
15. Phalanx proximalis digiti V
16. Phalanx media digiti V
17. Phalanx distalis digiti V
18. Scapula
19. Tuberculum supraglenoidale
20. Tuberculum majus humeri
21. Condylus humeri
22. Radius
23. Ossa carpalia
24. Ossa metacarpalia
25. Phalanges

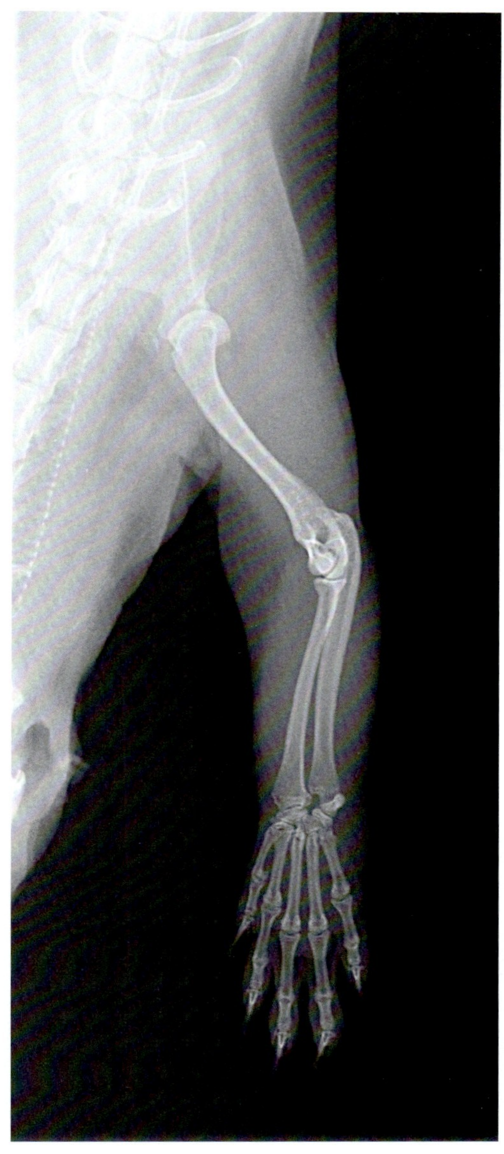

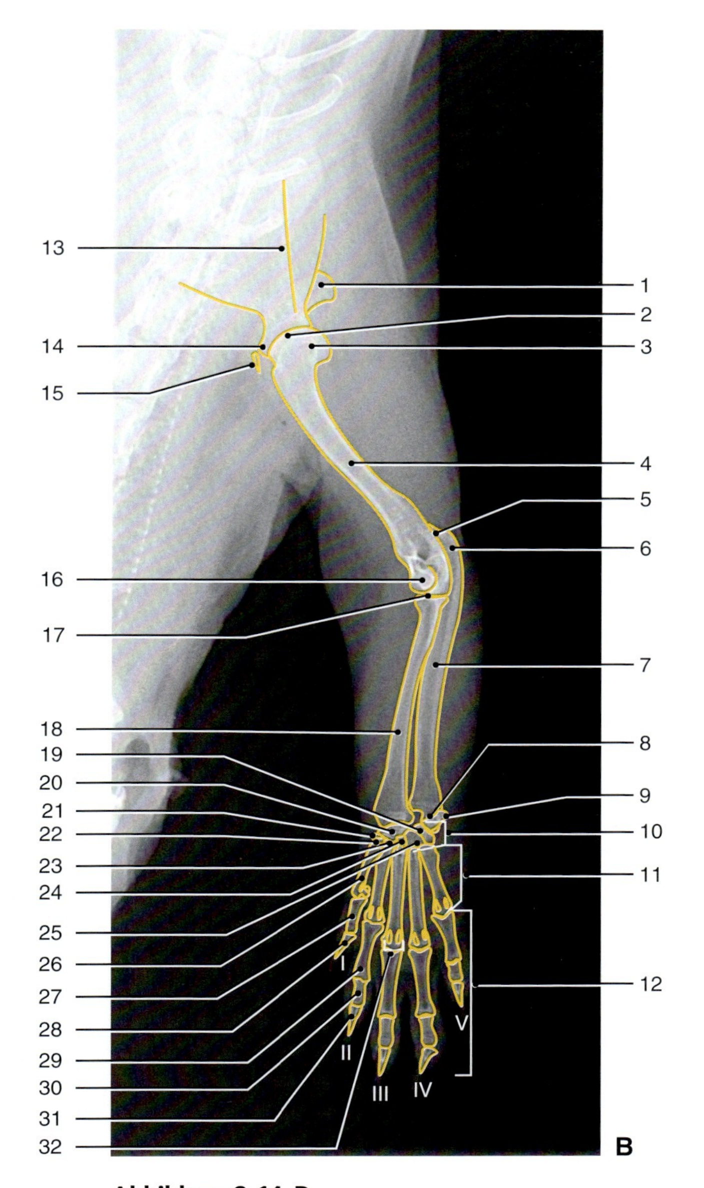

Abbildung 8-14, A
Tierart: Frettchen
Organsystem: Schultergliedmaße
Projektion: ventrodorsal
Körpermasse: 1,2 kg
Geschlecht: männlich kastriert
Lebensalter: adult

Abbildung 8-14, B
Tierart: Frettchen
Organsystem: Schultergliedmaße
Projektion: ventrodorsal
Körpermasse: 1,2 kg
Geschlecht: männlich kastriert
Lebensalter: adult

1. Acromion
2. Schultergelenkspalt
3. Caput humeri
4. Humerus
5. Epicondylus humeri
6. Olecranon
7. Ulna
8. Proc. styloideus ulnae
9. Os carpi accessorium
10. Ossa carpi
11. Ossa metacarpalia
12. Phalanges
13. Spina scapulae
14. Tuberculum supraglenoidale
15. Clavicula
16. Condylus humeri
17. Ellenbogengelenkspalt
18. Radius
19. Os carpi ulnare
20. Os carpi radiale
21. Os sesamoideum palmare
22. Os carpale I
23. Os carpale II
24. Os carpale III
25. Os carpale IV
26. Os metacarpale I
27. Phalanx proximalis digiti I
28. Phalanx distalis digiti I
29. Phalanx proximalis digiti II
30. Phalanx media digiti II
31. Phalanx distalis digiti II
32. Ossa sesamoidea proximalia

Abbildung 8-15, A
Tierart: Frettchen
Organsystem: Ellenbogengelenk
Projektion: mediolateral
Körpermasse: 1,2 kg
Geschlecht: männlich kastriert
Lebensalter: adult

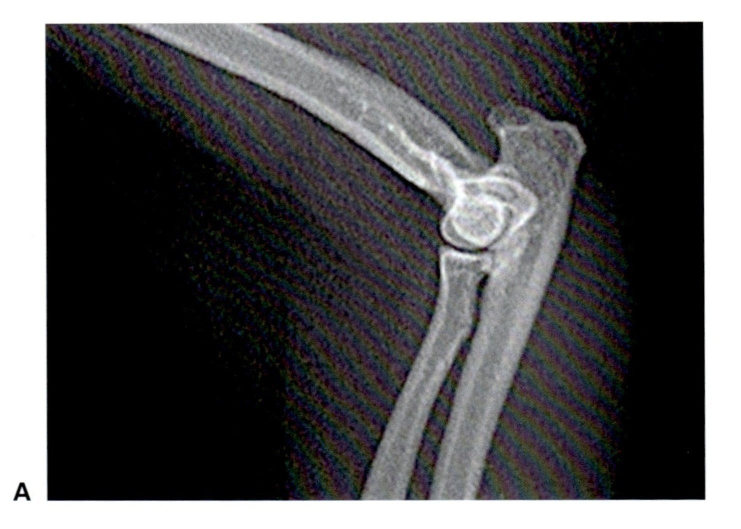

Abbildung 8-15, B
Tierart: Frettchen
Organsystem: Ellenbogengelenk
Projektion: mediolateral
Körpermasse: 1,2 kg
Geschlecht: männlich kastriert
Lebensalter: adult

1. Olecranon
2. Proc. anconaeus ulnae
3. Ulna
4. Humerus
5. Condylus humeri
6. Radius

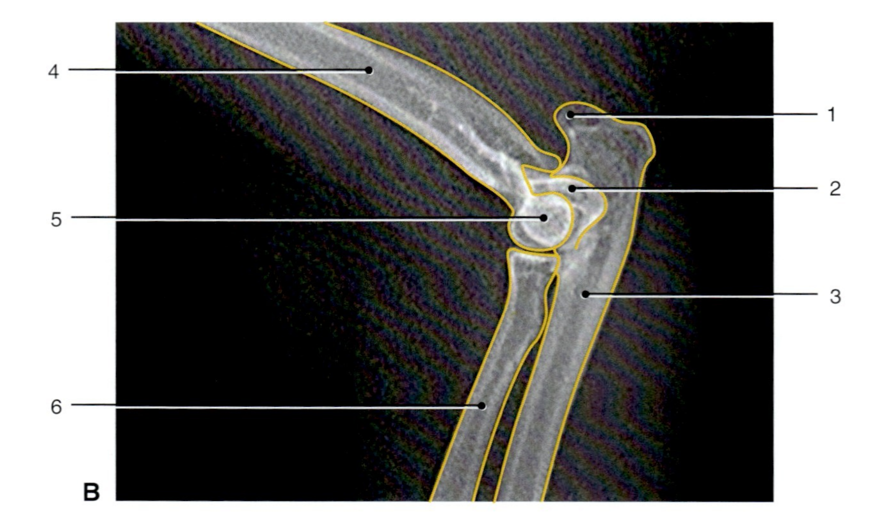

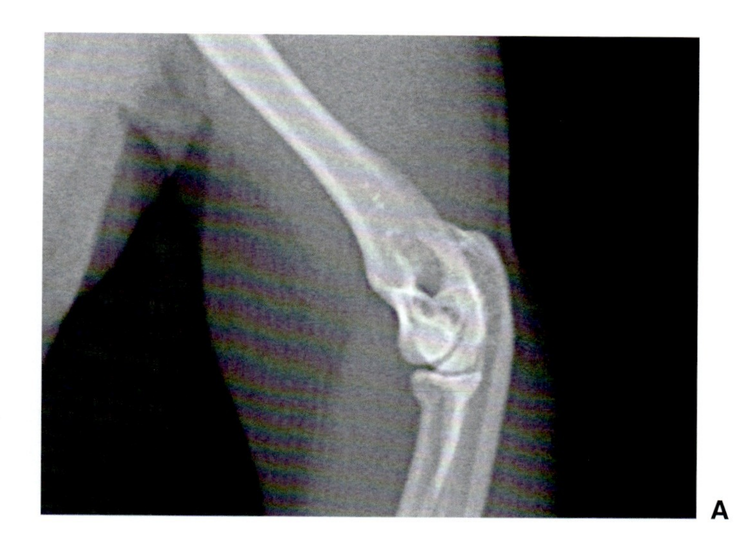

Abbildung 8-16, A
Tierart: Frettchen
Organsystem: Ellenbogengelenk
Projektion: kaudokranial
Körpermasse: 1,2 kg
Geschlecht: männlich kastriert
Lebensalter: adult

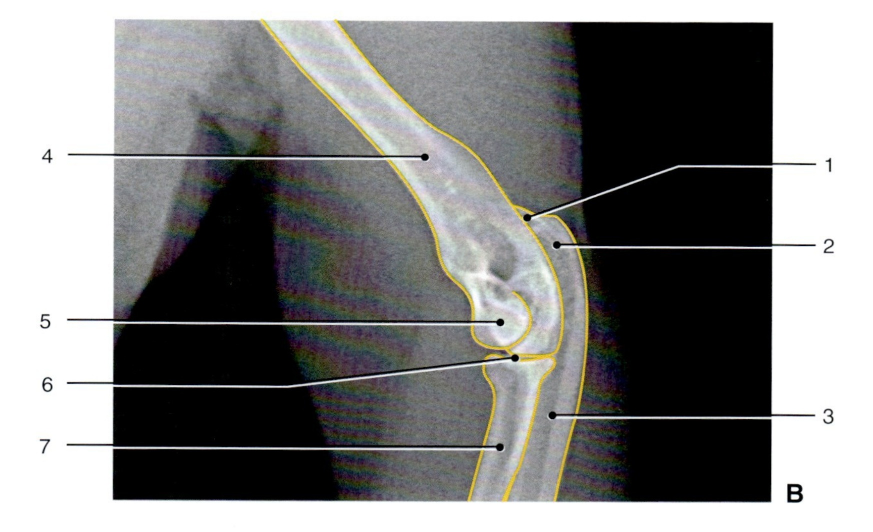

Abbildung 8-16, B
Tierart: Frettchen
Organsystem: Ellenbogengelenk
Projektion: kaudokranial
Körpermasse: 1,2 kg
Geschlecht: männlich kastriert
Lebensalter: adult

1. Epicondylus humeri
2. Olecranon
3. Ulna
4. Humerus
5. Condylus humeri
6. Ellenbogengelenkspalt
7. Radius

Abbildung 8-17, A
Tierart: Frettchen
Organsystem: Vorderpfote
Projektion: mediolateral
Körpermasse: 1,2 kg
Geschlecht: männlich kastriert
Lebensalter: adult

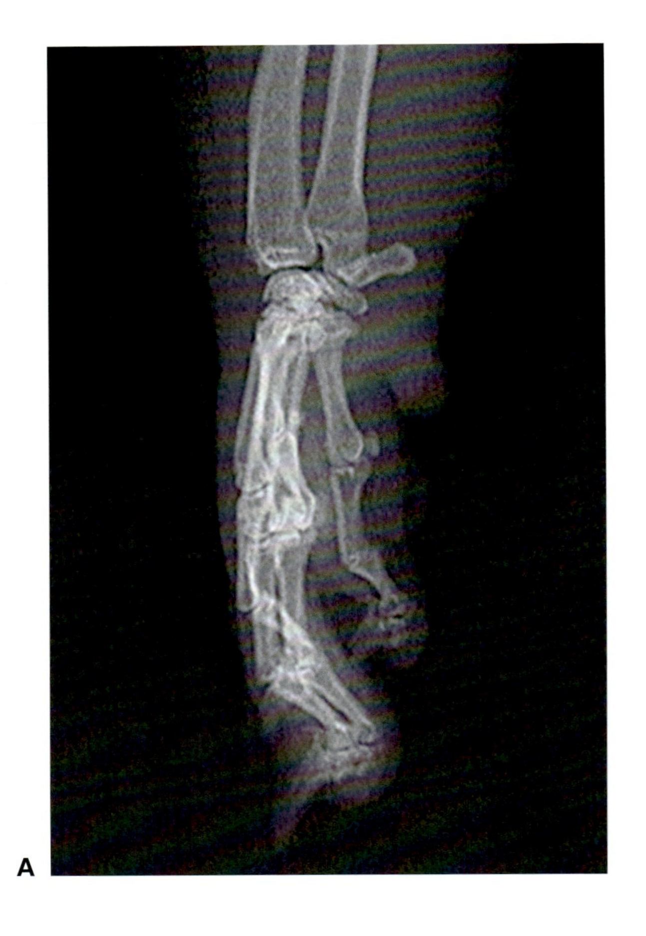

Abbildung 8-17, B
Tierart: Frettchen
Organsystem: Vorderpfote
Projektion: mediolateral
Körpermasse: 1,2 kg
Geschlecht: männlich kastriert
Lebensalter: adult

1. Os carpi radiale
2. Proc. styloideus ulnae
3. Os carpi accessorium
4. Os carpi ulnare
5. Os carpale I, II, III und IV
6. Os metacarpale V
7. Os sesamoideum proximale
8. Phalanx proximalis digiti V
9. Phalanx media digiti V
10. Phalanx distalis digiti V
11. Radius
12. Ulna
13. Ossa carpi
14. Ossa metacarpalia
15. Phalanges

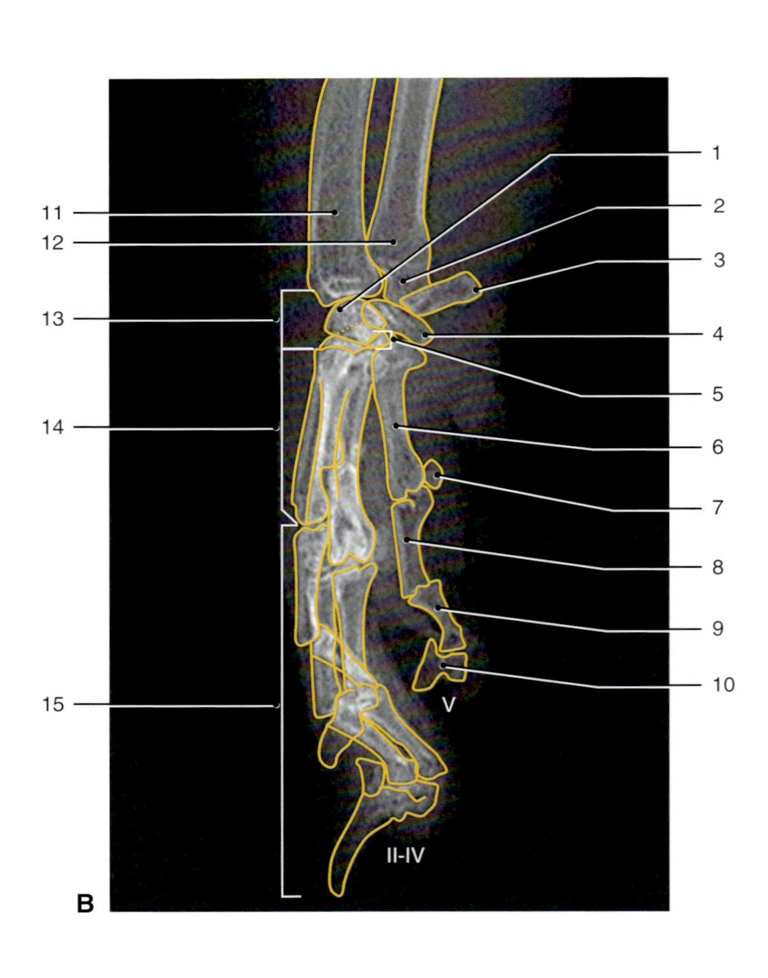

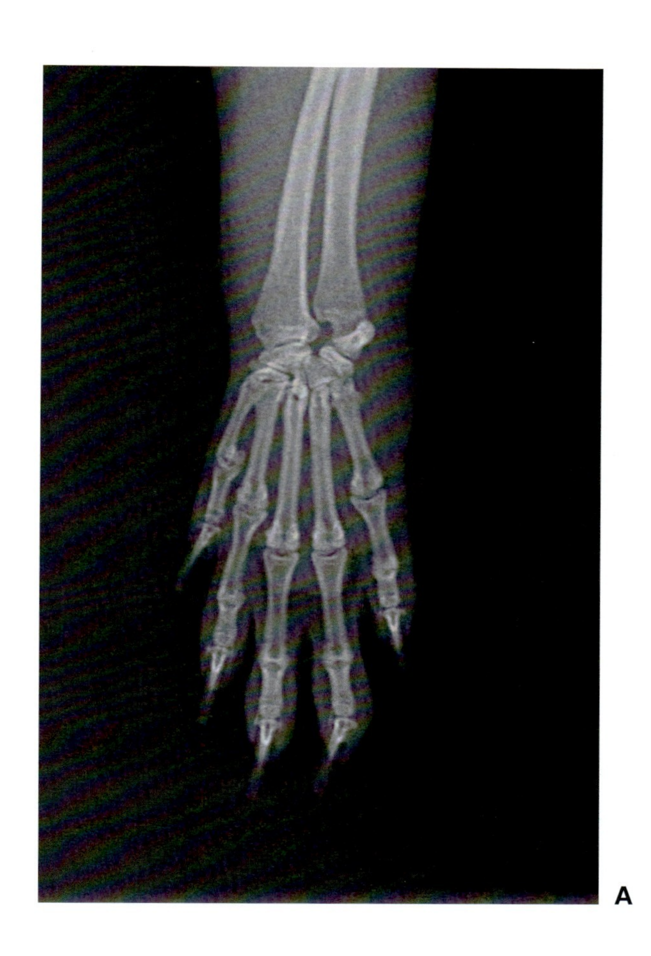

Abbildung 8-18, A
Tierart: Frettchen
Organsystem: Vorderpfote
Projektion: dorsopalmar
Körpermasse: 1,2 kg
Geschlecht: männlich kastriert
Lebensalter: adult

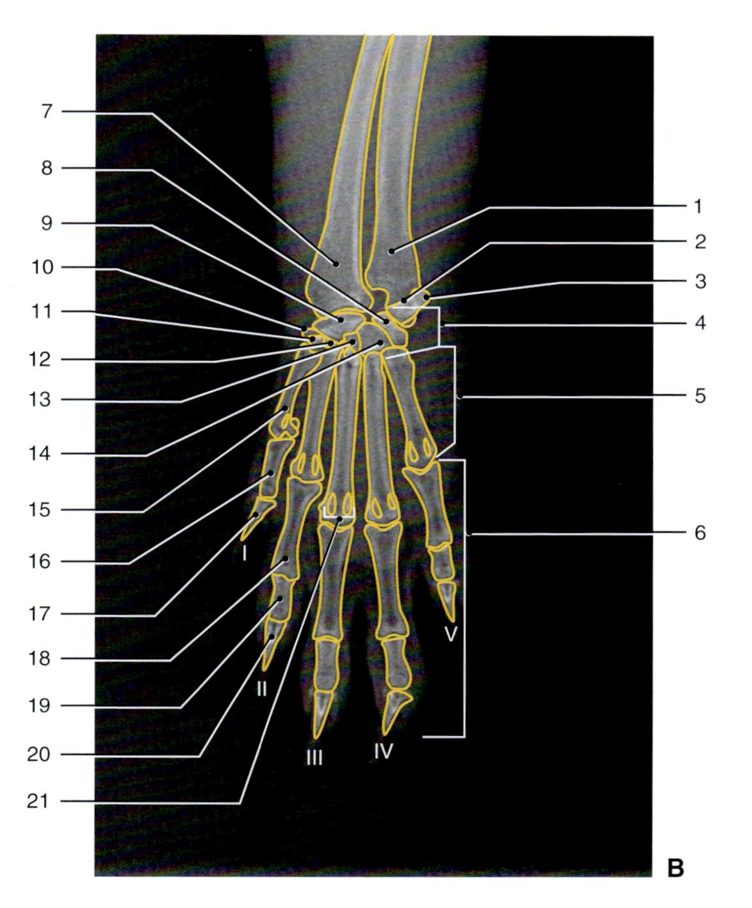

Abbildung 8-18, B
Tierart: Frettchen
Organsystem: Vorderpfote
Projektion: dorsopalmar
Körpermasse: 1,2 kg
Geschlecht: männlich kastriert
Lebensalter: adult

1. Ulna
2. Proc. styloideus ulnae
3. Os carpi accessorium
4. Ossa carpi
5. Ossa metacarpalia
6. Phalanges
7. Radius
8. Os carpi ulnare
9. Os carpi radiale distale
10. Os sesamoideum palmare
11. Os carpale I
12. Os carpale II
13. Os carpale III
14. Os carpale IV
15. Os metacarpale I
16. Phalanx proximalis digiti I
17. Phalanx distalis digiti I
18. Phalanx proximalis digiti II
19. Phalanx media digiti II
20. Phalanx distalis digiti II
21. Os sesamoideum proximale

Abbildung 8-19, A
Tierart: Frettchen
Organsystem: Becken
Projektion: laterolateral
(rechte Seitenlage)
Körpermasse: 1,2 kg
Geschlecht: männlich kastriert
Lebensalter: adult

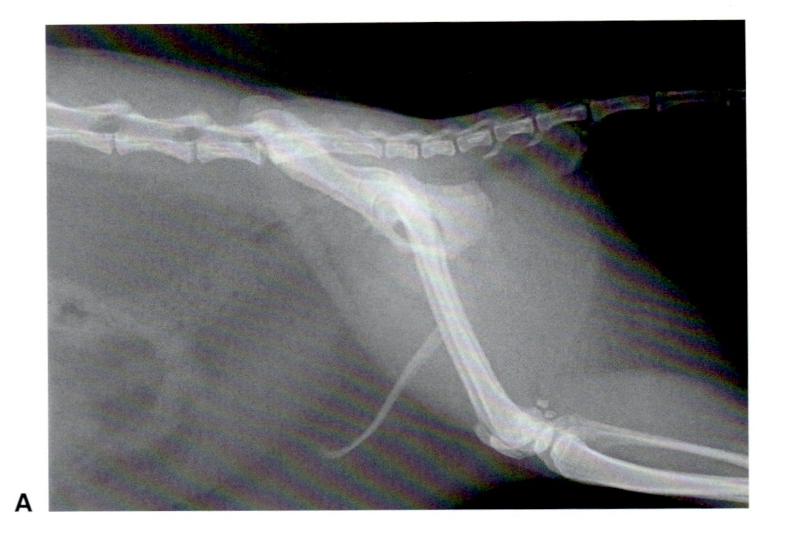

Abbildung 8-19, B
Tierart: Frettchen
Organsystem: Becken
Projektion: laterolateral
(rechte Seitenlage)
Körpermasse: 1,2 kg
Geschlecht: männlich kastriert
Lebensalter: adult

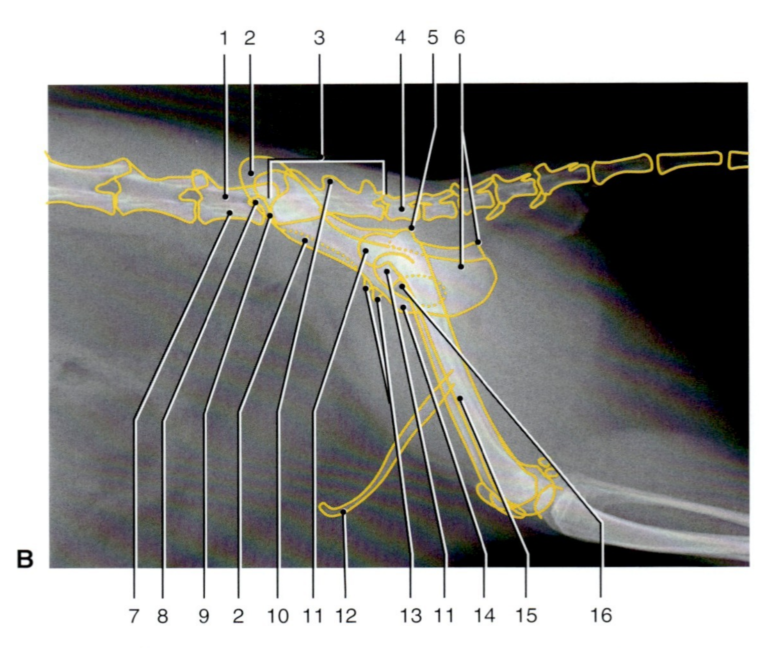

1. Rückenmarkkanal
2. Os ilium
3. Os sacrum
4. 1. Schwanzwirbel
5. Trochanter major ossis femoris
6. Os ischii
7. 6. Lendenwirbel
8. Foramen intervertebrale lumbosacrale
9. Spatium lumbosacrale
10. Proc. spinosus ossis sacri
11. Caput ossis femoris
12. Os penis
13. Eminentia iliopubica
14. Os pubis
15. Os femoris
16. Foramen obturatum

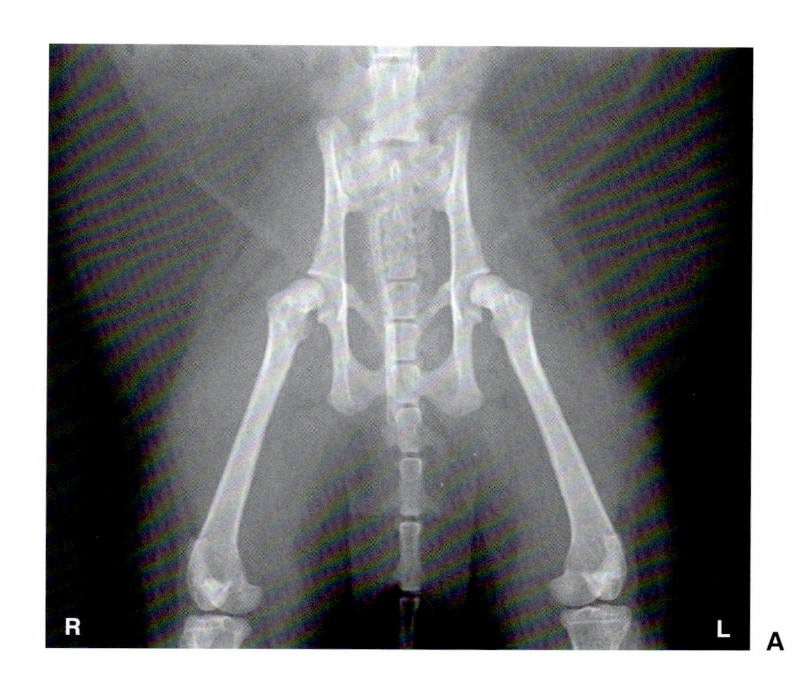

A

Abbildung 8-20, A
Tierart: Frettchen
Organsystem: Becken
Projektion: ventrodorsal (Rückenlage)
Körpermasse: 1,2 kg
Geschlecht: männlich kastriert
Lebensalter: adult

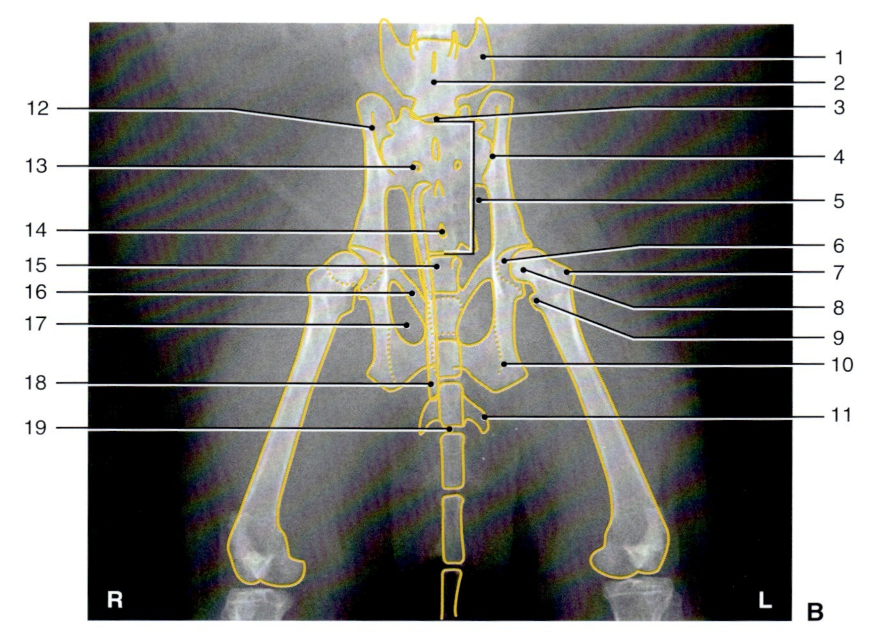

B

Abbildung 8-20, B
Tierart: Frettchen
Organsystem: Becken
Projektion: ventrodorsal (Rückenlage)
Körpermasse: 1,2 kg
Geschlecht: männlich kastriert
Lebensalter: adult

1. Proc. transversus (6. Lendenwirbel)
2. 6. Lendenwirbel
3. Spatium lumbosacrale
4. Articulatio sacroiliaca
5. Os sacrum
6. Acetabulum
7. Trochanter major ossis femoris
8. Caput ossis femoris
9. Trochanter minor ossis femoris
10. Os ischii
11. Proc. transversus (4. Schwanzwirbel)
12. Os ilium
13. Foramen sacrale
14. Proc. spinosus ossis sacri
15. 1. Schwanzwirbel
16. Os pubis
17. Foramen obturatum
18. Os penis
19. Spatium intervertebrale (Schwanzwirbelsäule)

Abbildung 8-21, A
Tierart: Frettchen
Organsystem: Beckengliedmaße
Projektion: mediolateral
Körpermasse: 1,2 kg
Geschlecht: männlich kastriert
Lebensalter: adult

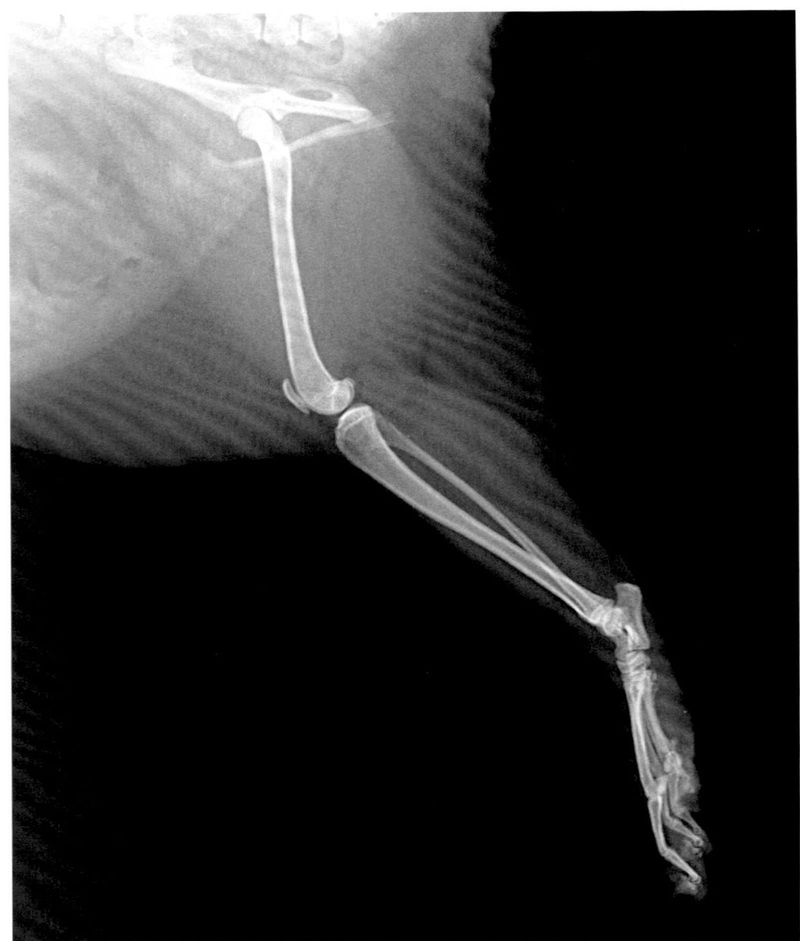

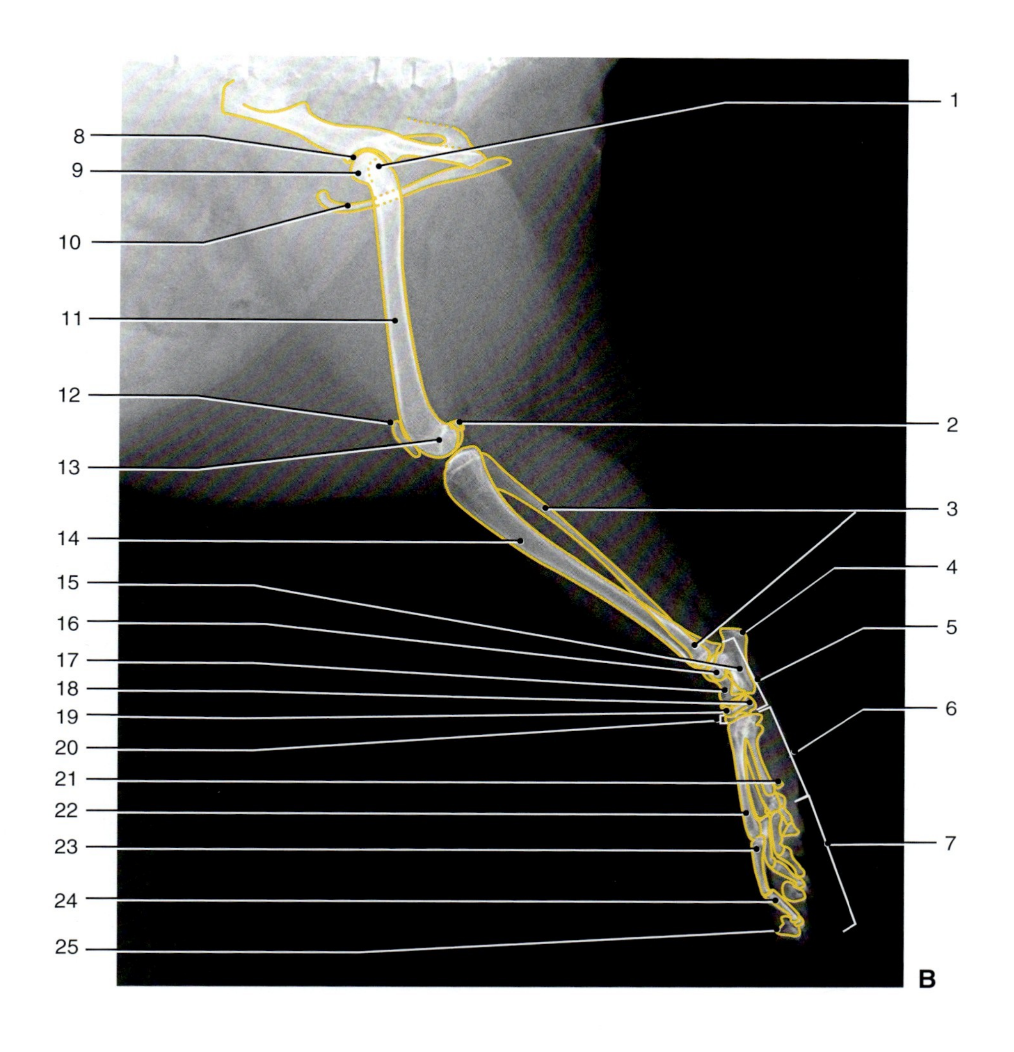

Abbildung 8-21, B
Tierart: Frettchen
Organsystem: Beckengliedmaße
Projektion: mediolateral
Körpermasse: 1,2 kg
Geschlecht: männlich kastriert
Lebensalter: adult

1. Trochanter major ossis femoris
2. Fabella
3. Fibula
4. Tuber calcanei
5. Ossa tarsi
6. Ossa metatarsalia
7. Phalanges
8. Acetabulum
9. Caput ossis femoris
10. Os penis
11. Os femoris
12. Patella
13. Condylus ossis femoris
14. Tibia
15. Talus
16. Trochlea tali
17. Calcaneus
18. Os tarsale IV
19. Os tarsi centrale
20. Os tarsale I, II u. III
21. Os sesamoideum proximale
22. Ossa metatarsalia
23. Phalanx proximalis
24. Phalanx media
25. Phalanx distalis

Abbildung 8-22, A
Tierart: Frettchen
Organsystem: Beckengliedmaße
Projektion: ventrodorsal
Körpermasse: 1,2 kg
Geschlecht: männlich kastriert
Lebensalter: adult

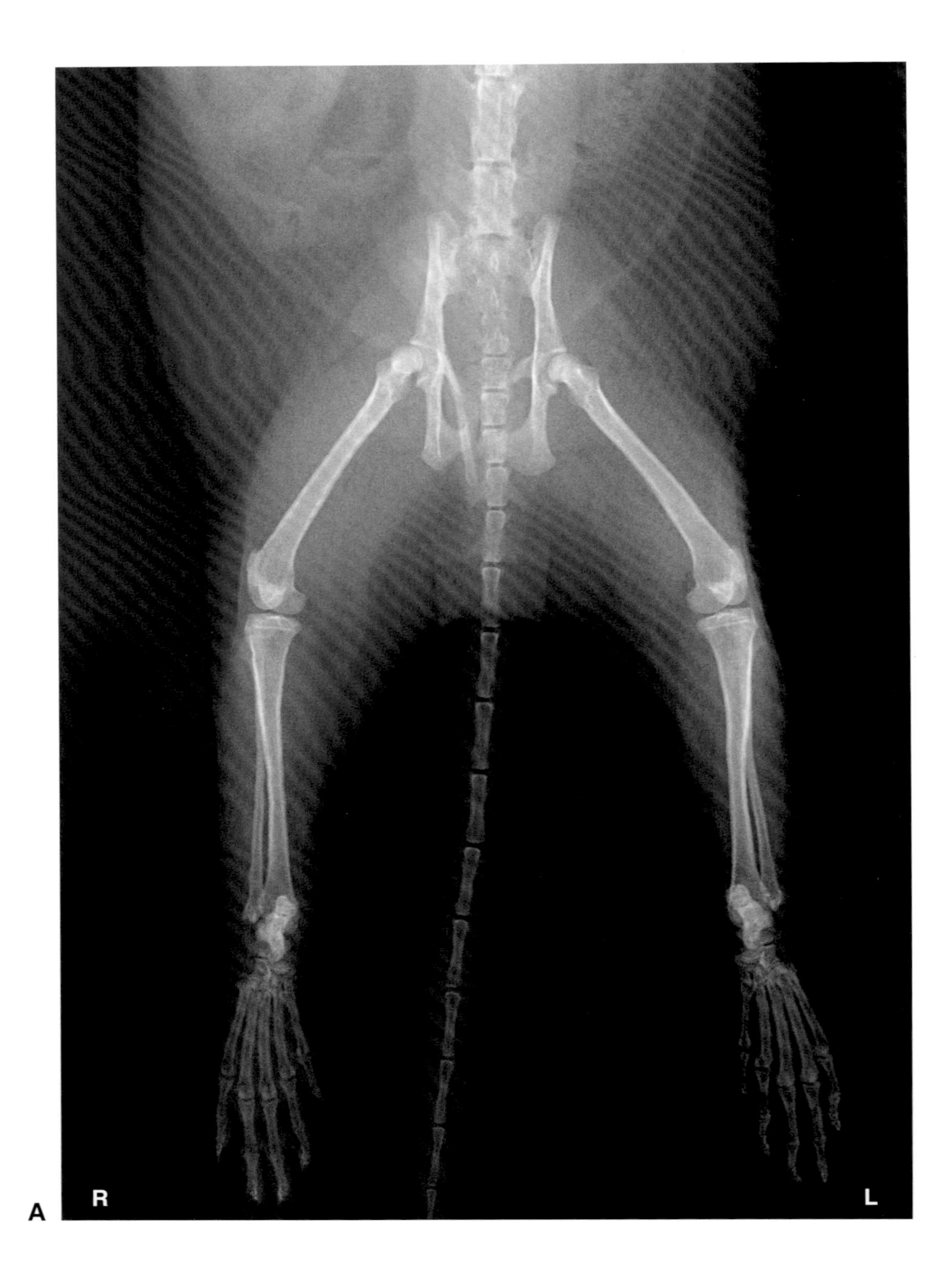

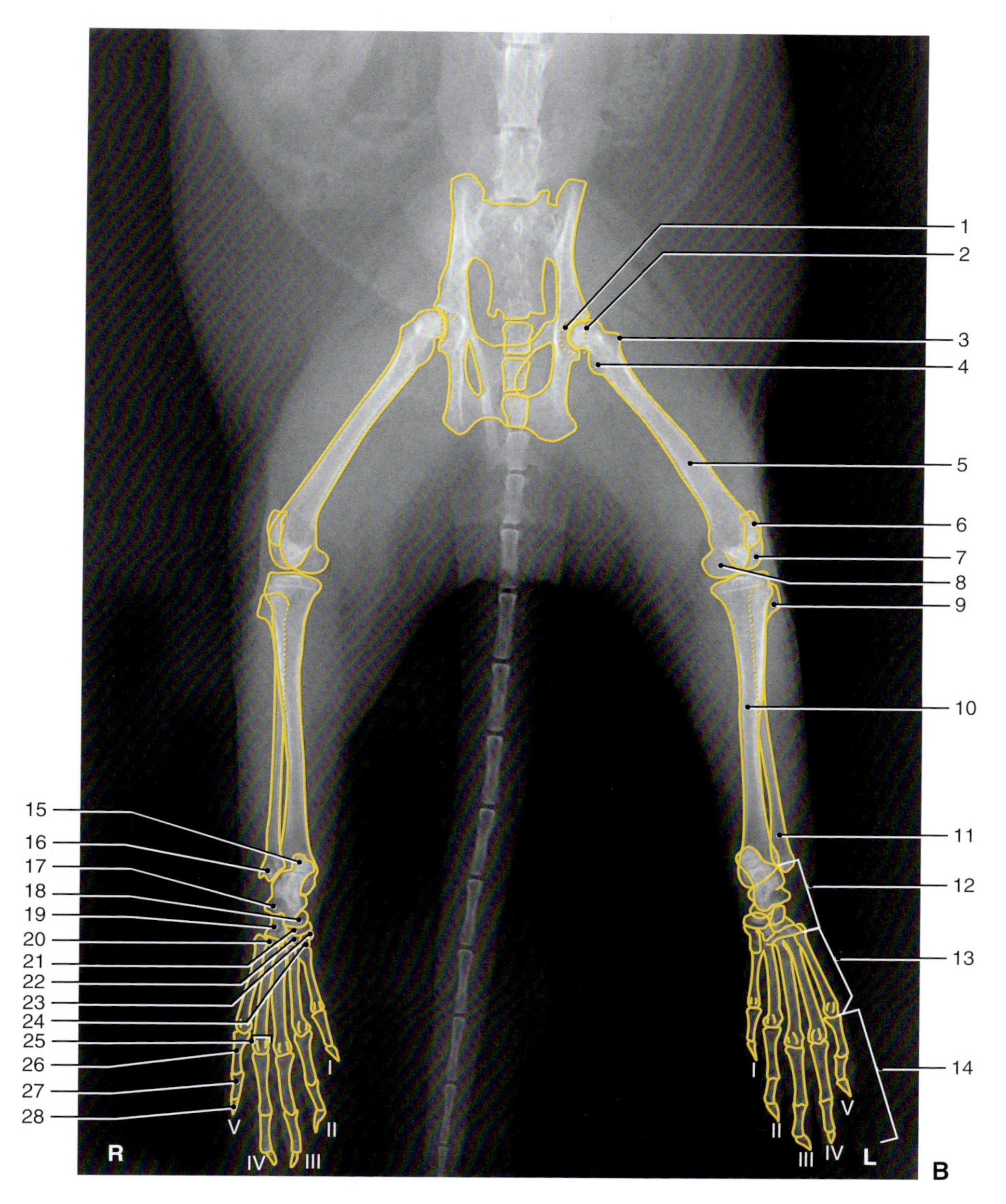

Abbildung 8-22, B
Tierart: Frettchen
Organsystem: Beckengliedmaße
Projektion: ventrodorsal
Körpermasse: 1,2 kg
Geschlecht: männlich kastriert
Lebensalter: adult

1. Acetabulum
2. Caput ossis femoris
3. Trochanter major ossis femoris
4. Trochanter minor ossis femoris
5. Os femoris
6. Patella
7. Condylus lateralis ossis femoris
8. Condylus medialis ossis femoris
9. Caput fibulae
10. Tibia
11. Fibula
12. Ossa tarsi
13. Ossa metatarsalia
14. Phalanges
15. Malleolus lateralis fibulae
16. Tuber calcanei
17. Calcaneus
18. Talus
19. Os tarsale IV
20. Os tarsale III
21. Os tarsi centrale
22. Os tarsale II
23. Os tarsale I
24. Os metatarsale I
25. Os sesamoideum proximale
26. Phalanx proximalis digiti V
27. Phalanx media digiti V
28. Phalanx distalis digiti V

Abbildung 8-23, A
Tierart: Frettchen
Organsystem: Kniegelenk
Projektion: mediolateral
Körpermasse: 1,2 kg
Geschlecht: männlich kastriert
Lebensalter: adult

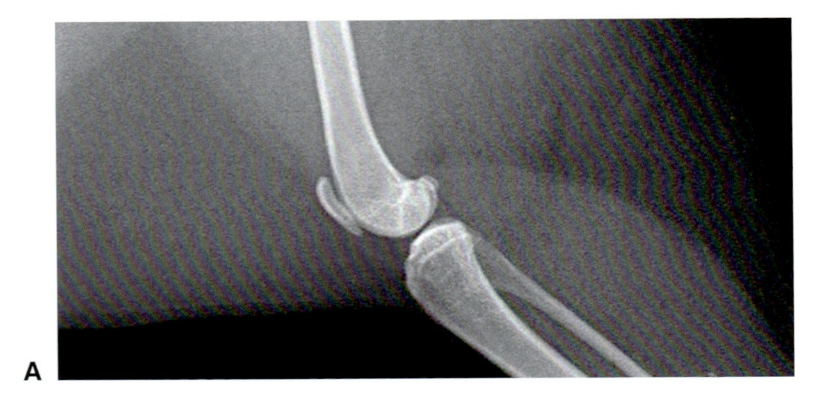

Abbildung 8-23, B
Tierart: Frettchen
Organsystem: Kniegelenk
Projektion: mediolateral
Körpermasse: 1,2 kg
Geschlecht: männlich kastriert
Lebensalter: adult

1. Os femoris
2. Fabella
3. Fibula
4. Patella
5. Condylus ossis femoris
6. Tibia

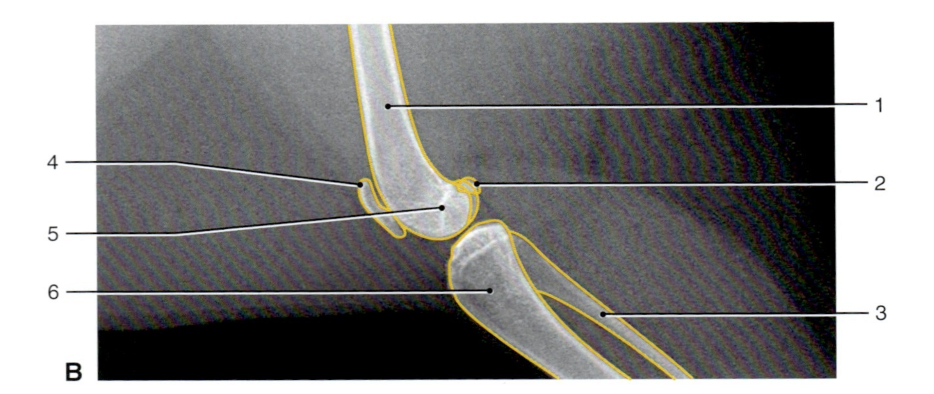

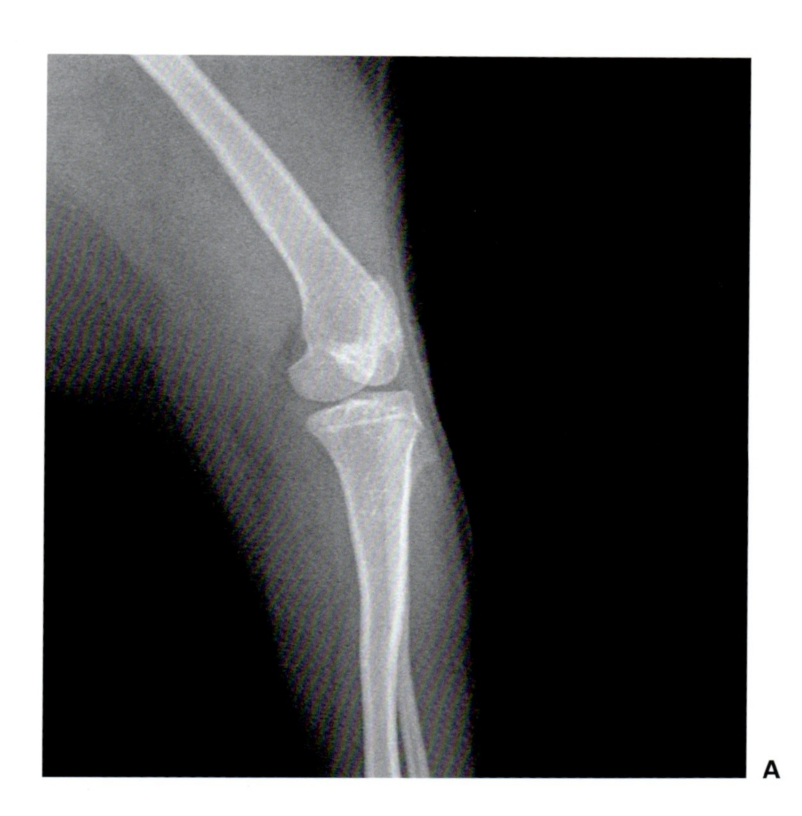

Abbildung 8-24, A
Tierart: Frettchen
Organsystem: Kniegelenk
Projektion: kraniokaudal
Körpermasse: 1,2 kg
Geschlecht: männlich kastriert
Lebensalter: adult

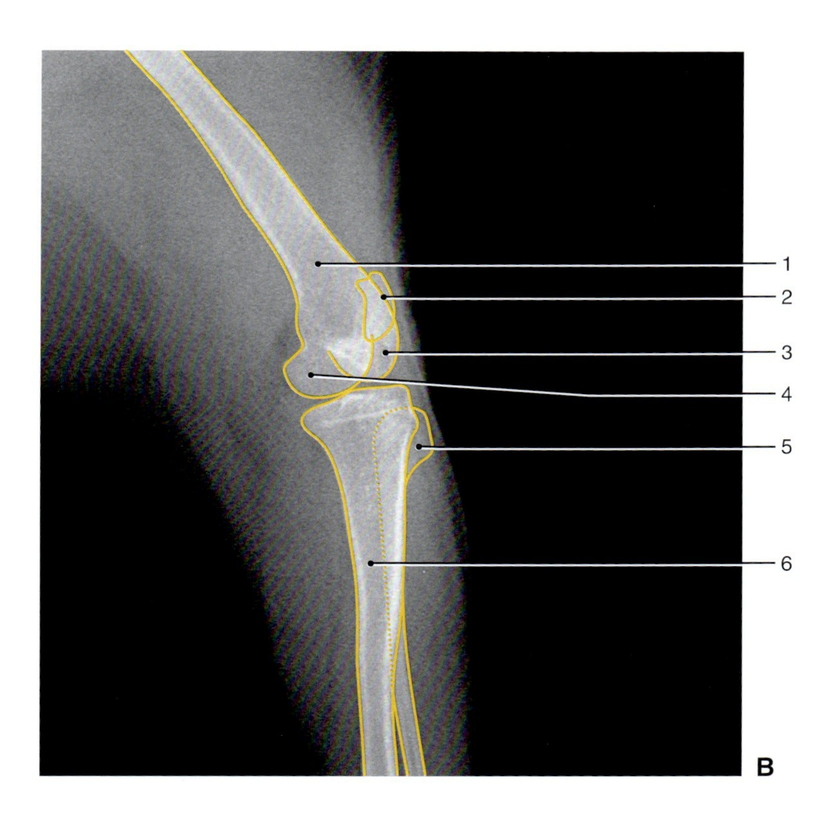

Abbildung 8-24, B
Tierart: Frettchen
Organsystem: Kniegelenk
Projektion: kraniokaudal
Körpermasse: 1,2 kg
Geschlecht: männlich kastriert
Lebensalter: adult

1. Os femoris
2. Patella
3. Condylus lateralis ossis femoris
4. Condylus medialis ossis femoris
5. Fibula
6. Tibia

Abbildung 8-25, A
Tierart: Frettchen
Organsystem: Hinterpfote
Projektion: mediolateral
Körpermasse: 1,2 kg
Geschlecht: männlich kastriert
Lebensalter: adult

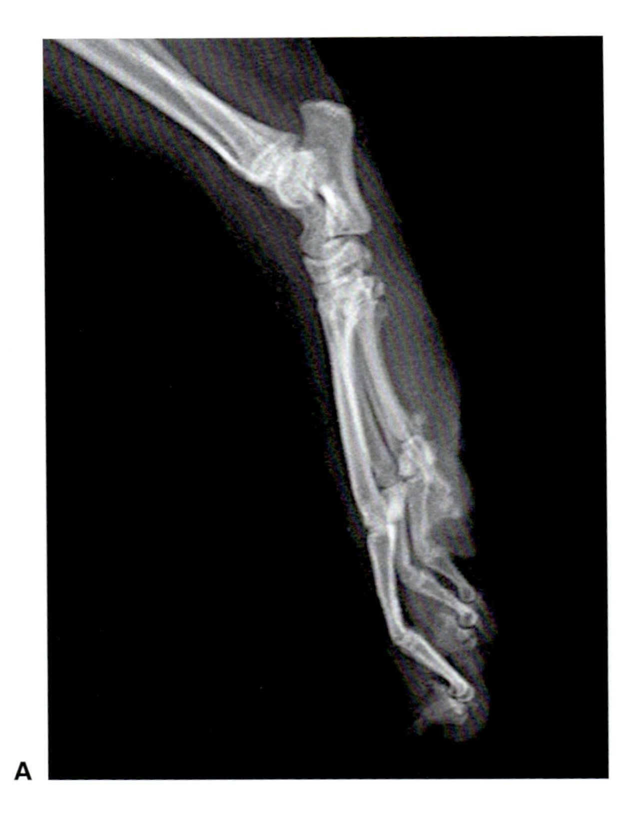

Abbildung 8-25, B
Tierart: Frettchen
Organsystem: Hinterpfote
Projektion: mediolateral
Körpermasse: 1,2 kg
Geschlecht: männlich kastriert
Lebensalter: adult

1. Fibula
2. Tuber calcanei
3. Ossa tarsi
4. Ossa metatarsalia
5. Phalanges
6. Tibia
7. Talus
8. Trochlea tali
9. Calcaneus
10. Os tarsale IV
11. Os tarsi centrale
12. Os tarsale I, II u. III
13. Os sesamoideum proximale
14. Os metatarsale
15. Phalanx proximalis
16. Phalanx media
17. Phalanx distalis

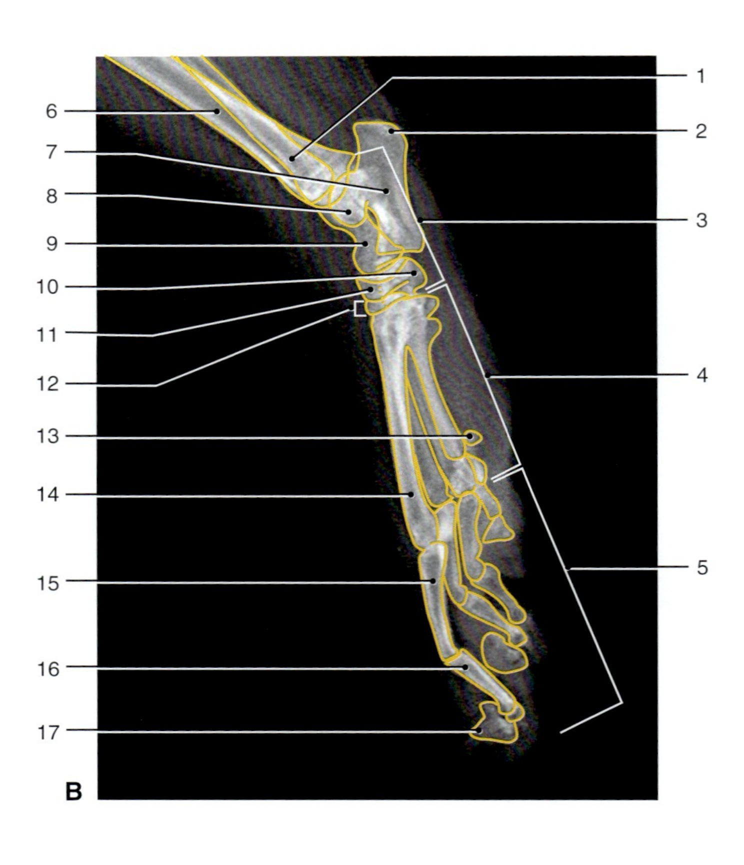

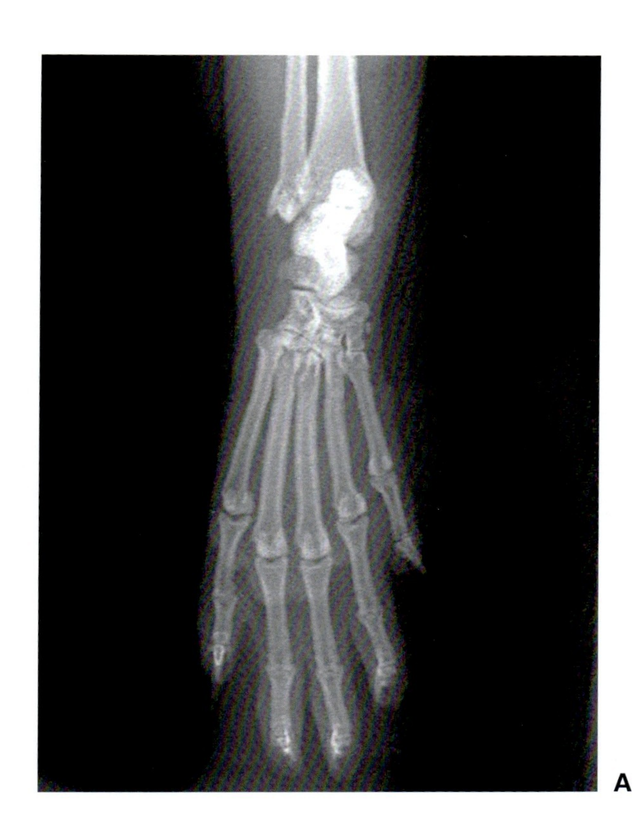

Abbildung 8-26, A
Tierart: Frettchen
Organsystem: Hinterpfote
Projektion: dorsoplantar
Körpermasse: 1,2 kg
Geschlecht: männlich kastriert
Lebensalter: adult

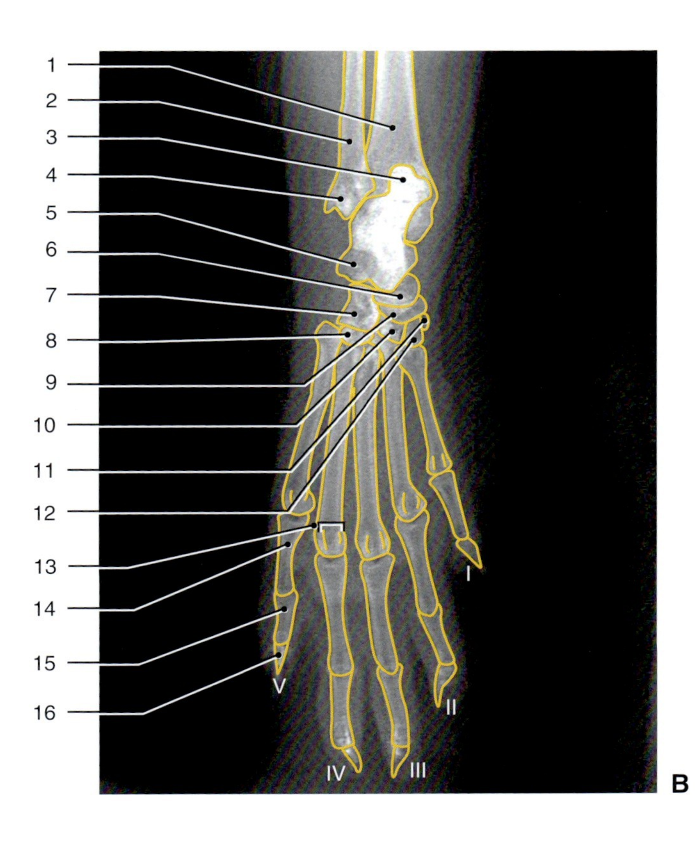

Abbildung 8-26, B
Tierart: Frettchen
Organsystem: Hinterpfote
Projektion: dorsoplantar
Körpermasse: 1,2 kg
Geschlecht: männlich kastriert
Lebensalter: adult

1. Tibia
2. Fibula
3. Tuber calcanei
4. Malleolus lateralis fibulae
5. Calcaneus
6. Talus
7. Os tarsale IV
8. Os tarsale III
9. Os tarsi centrale
10. Os tarsale II
11. Os tarsale I
12. Os metatarsale I
13. Os sesamoideum proximale
14. Phalanx proximalis digiti V
15. Phalanx media digiti V
16. Phalanx distalis digiti V

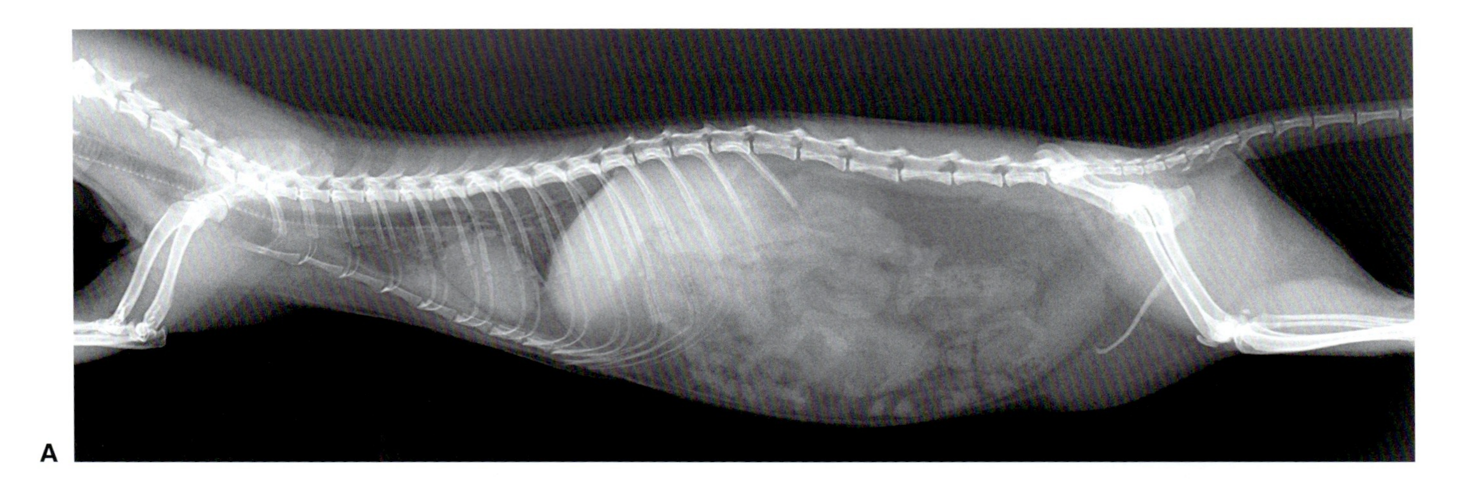

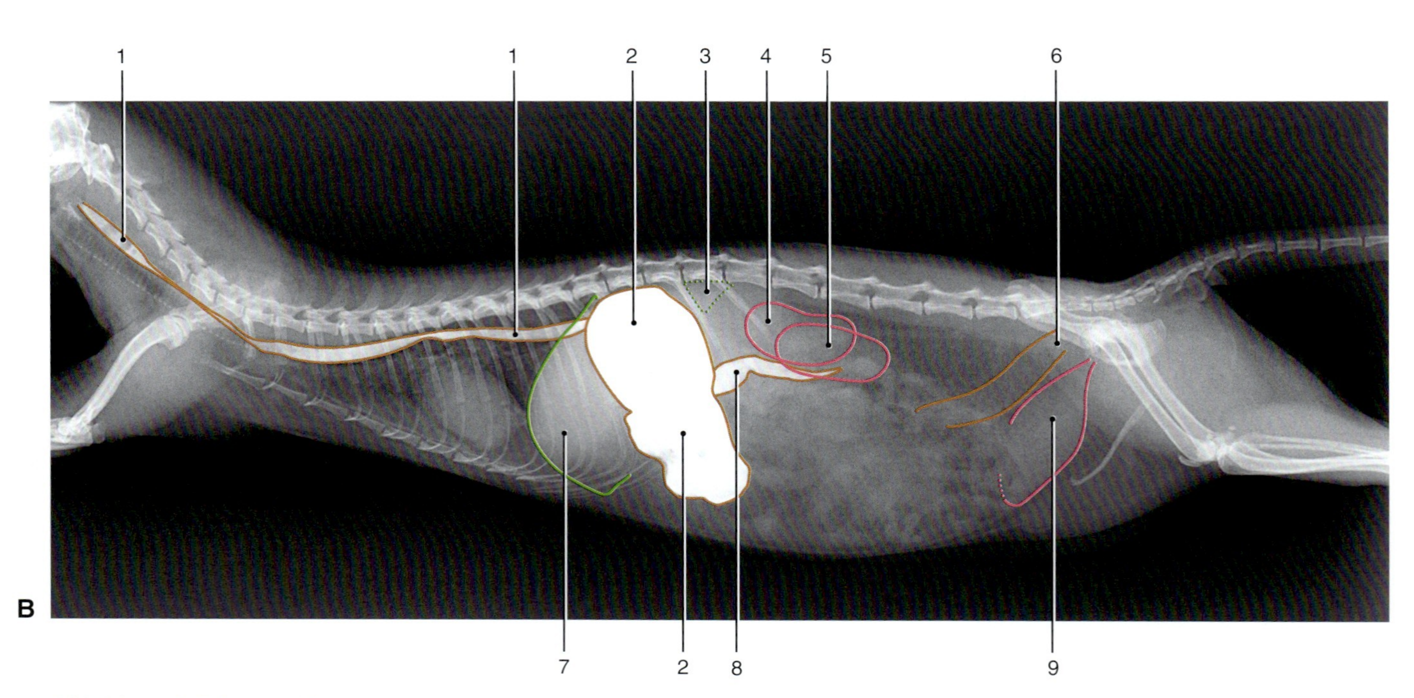

Abbildung 8-27, A und B
Tierart: Frettchen
Organsystem: Gastrointestinaltrakt, Doppelkontrastdarstellung
Kontrastmittel: Bariumsulfatsuspension (Novopaque®
60% v/w), 20 ml per Ösophagussonde und 30 Minuten
später 50 ml Luft
Projektion: laterolateral
Körpermasse: 1,2 kg
Geschlecht: männlich kastriert
Lebensalter: adult

Abbildung	Zeit (min)	Lagerung
A	Leeraufnahme	rechte Seitenlage
B	1	rechte Seitenlage

1. Ösophagus
2. Magen
3. Milz
4. rechte Niere
5. linke Niere
6. Colon descendens
7. Leber
8. Duodenum
9. Harnblase
10. Dünndarm
11. Rektum

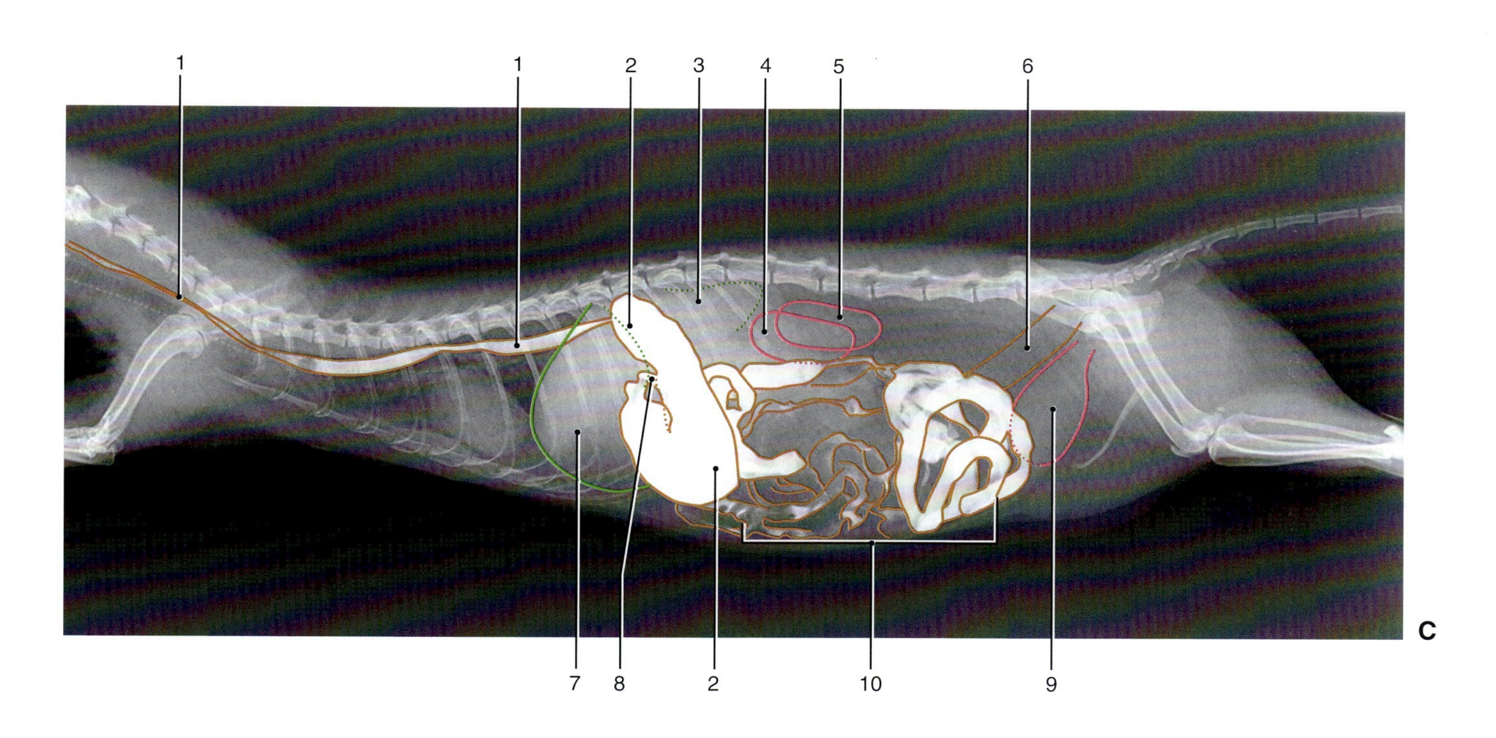

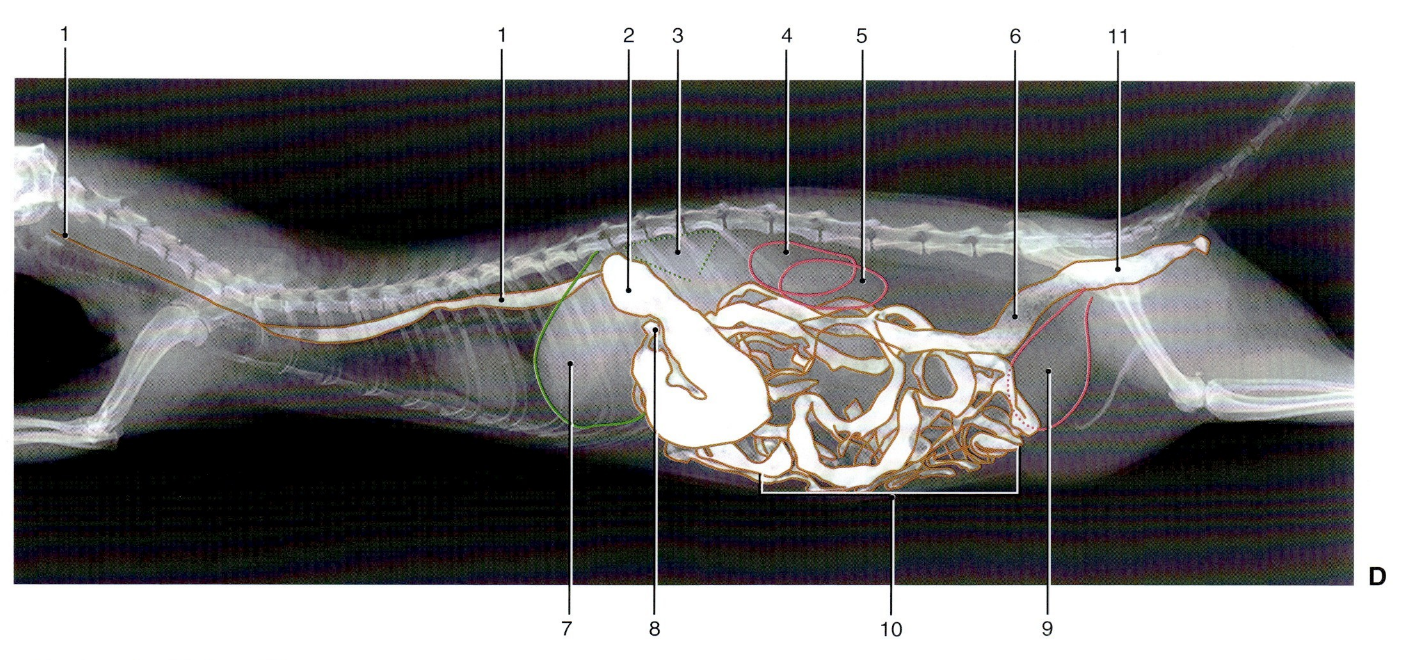

Abbildung 8-27, C und D
Tierart: Frettchen
Organsystem: Gastrointestinaltrakt, Doppelkontrastdarstellung
Kontrastmittel: Bariumsulfatsuspension (Novopaque® 60% v/w), 20 ml per Ösophagussonde und 30 Minuten später 50 ml Luft
Projektion: laterolateral
Körpermasse: 1,2 kg
Geschlecht: männlich kastriert
Lebensalter: adult

Abbildung	Zeit (min)	Lagerung
C	15	rechte Seitenlage
D	30*	rechte Seitenlage

* Die 50 ml Luft wurden nach Anfertigung der Aufnahme D (30 min) in den Magen geleitet.

1. Ösophagus
2. Magen
3. Milz
4. rechte Niere
5. linke Niere
6. Colon descendens
7. Leber
8. Duodenum
9. Harnblase
10. Dünndarm
11. Rektum

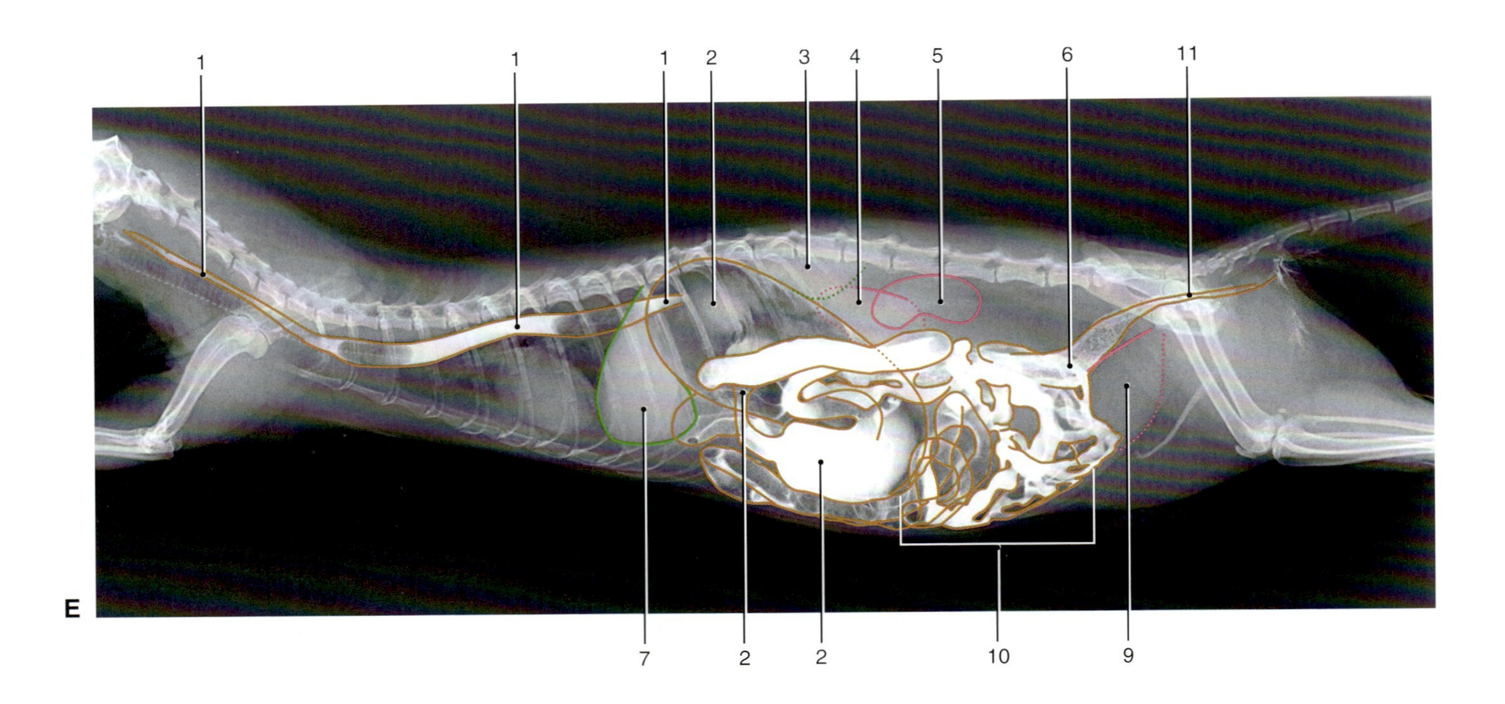

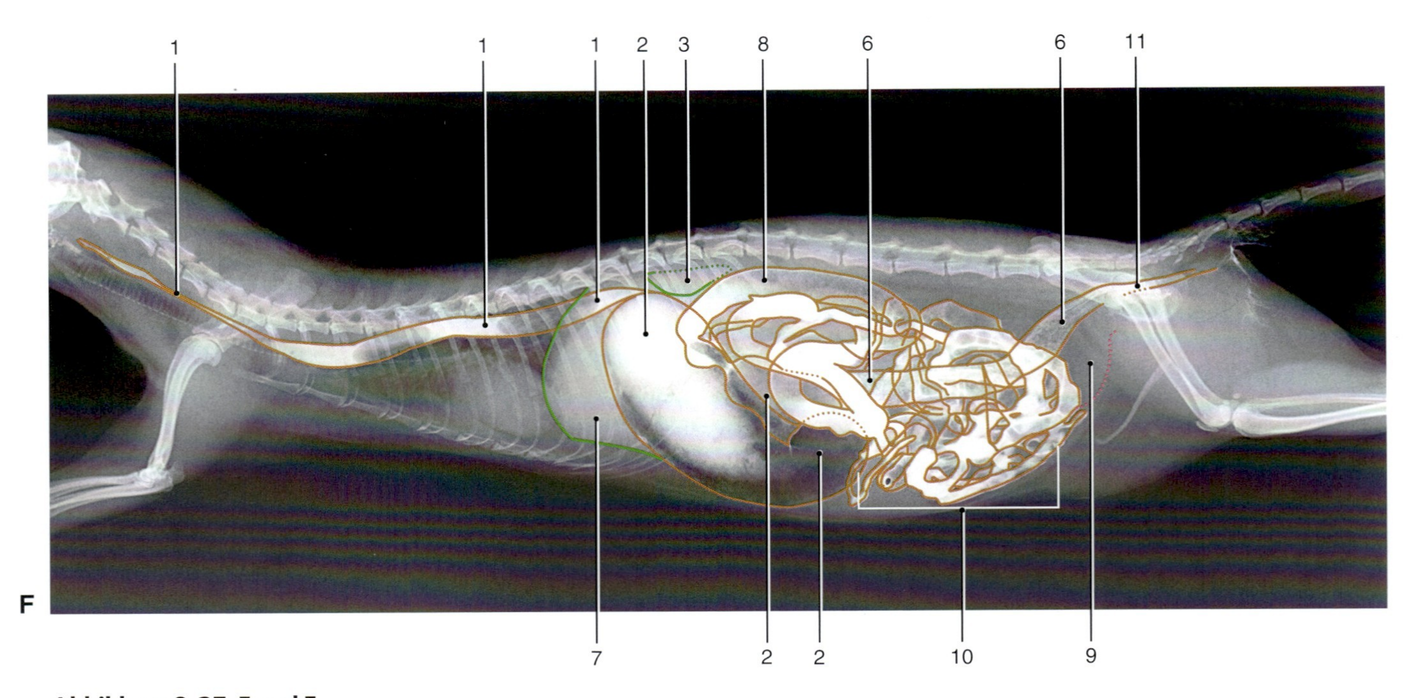

Abbildung 8-27, E und F
Tierart: Frettchen
Organsystem: Gastrointestinaltrakt, Doppelkontrastdarstellung
Kontrastmittel: Bariumsulfatsuspension (Novopaque®
60% v/w), 20 ml per Ösophagussonde und 30 Minuten
später 50 ml Luft
Projektion: laterolateral
Körpermasse: 1,2 kg
Geschlecht: männlich kastriert
Lebensalter: adult

Abbildung	Zeit (min)	Lagerung
E	35	rechte Seitenlage
F	35	linke Seitenlage

1. Ösophagus
2. Magen
3. Milz
4. rechte Niere
5. linke Niere
6. Colon descendens
7. Leber
8. Duodenum
9. Harnblase
10. Dünndarm
11. Rektum

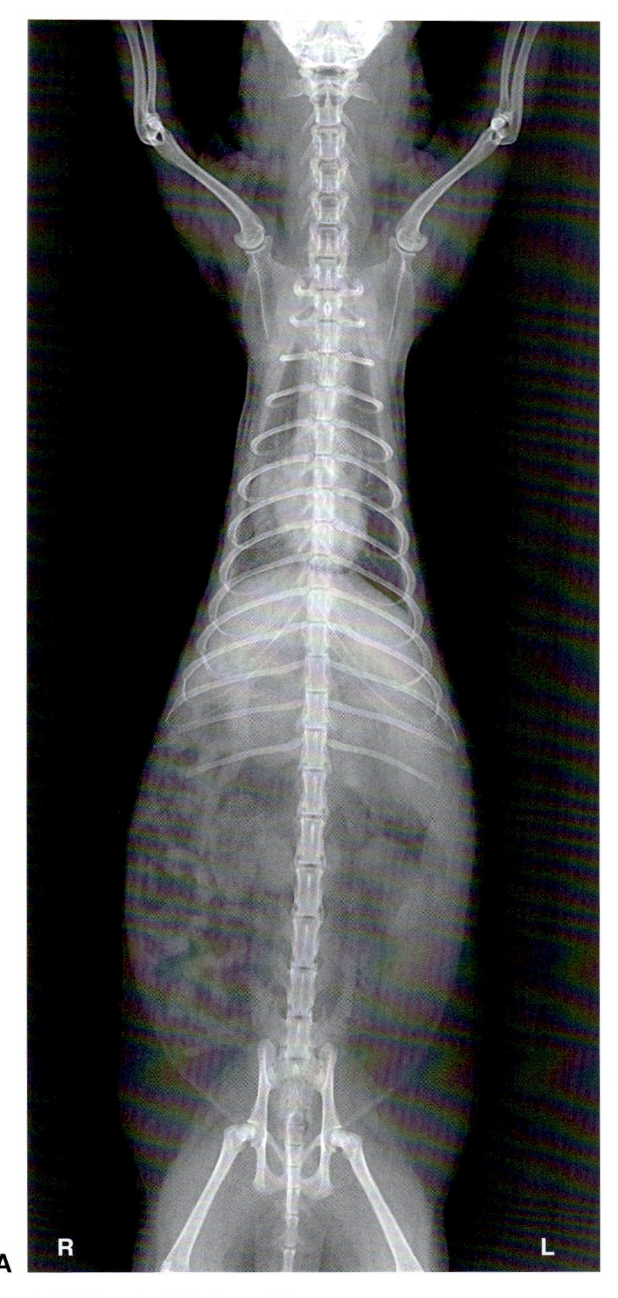

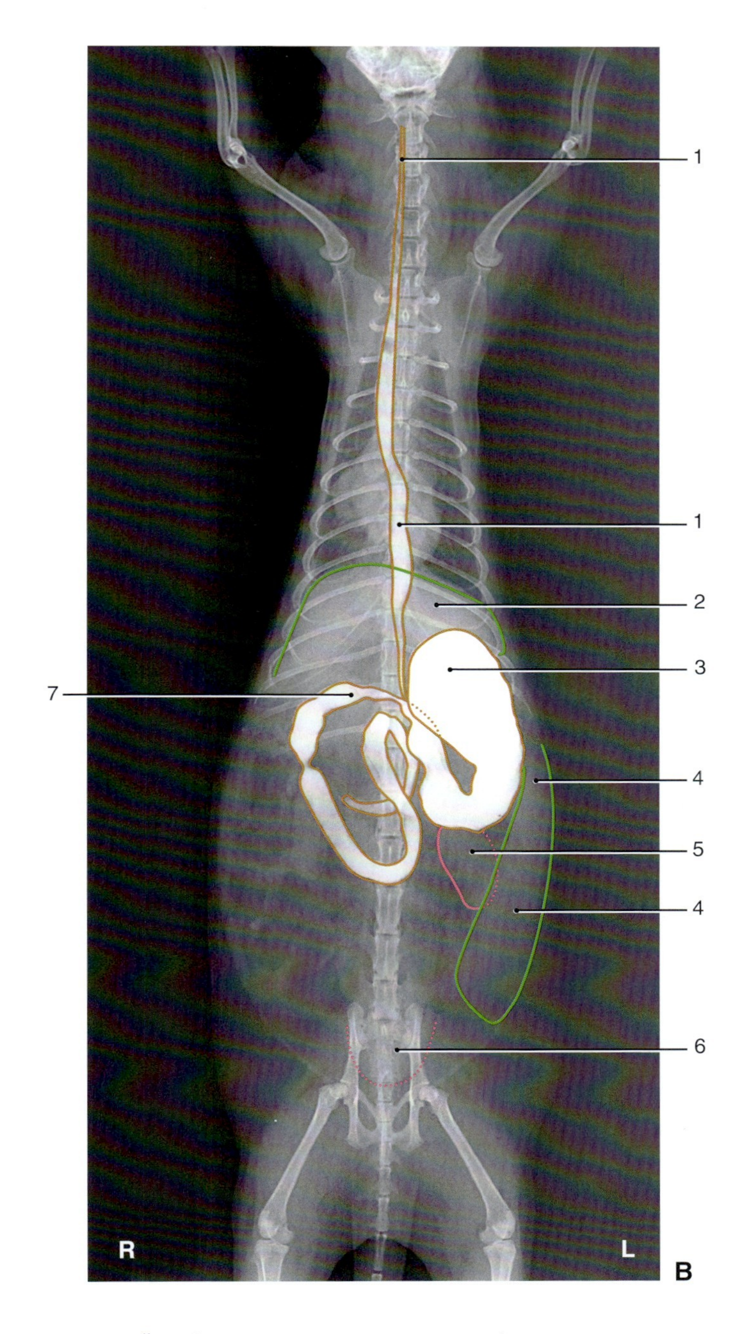

Abbildung 8-28, A und B
Tierart: Frettchen
Organsystem: Gastrointestinaltrakt, Doppelkontrastdarstellung
Kontrastmittel: Bariumsulfatsuspension (Novopaque® 60% v/w), 20 ml per Ösophagussonde und 30 Minuten später 50 ml Luft
Projektion: ventrodorsal
Körpermasse: 1,2 kg
Geschlecht: männlich kastriert
Lebensalter: adult

Abbildung	Zeit (min)	Lagerung
A	Leeraufnahme	Rückenlage
B	1	Rückenlage

1. Ösophagus
2. Leber
3. Magen
4. Milz
5. linke Niere
6. Harnblase
7. Duodenum
8. rechte Niere
9. Dünndarm
10. Rektum
11. Colon transversum
12. Colon ascendens
13. Colon descendens

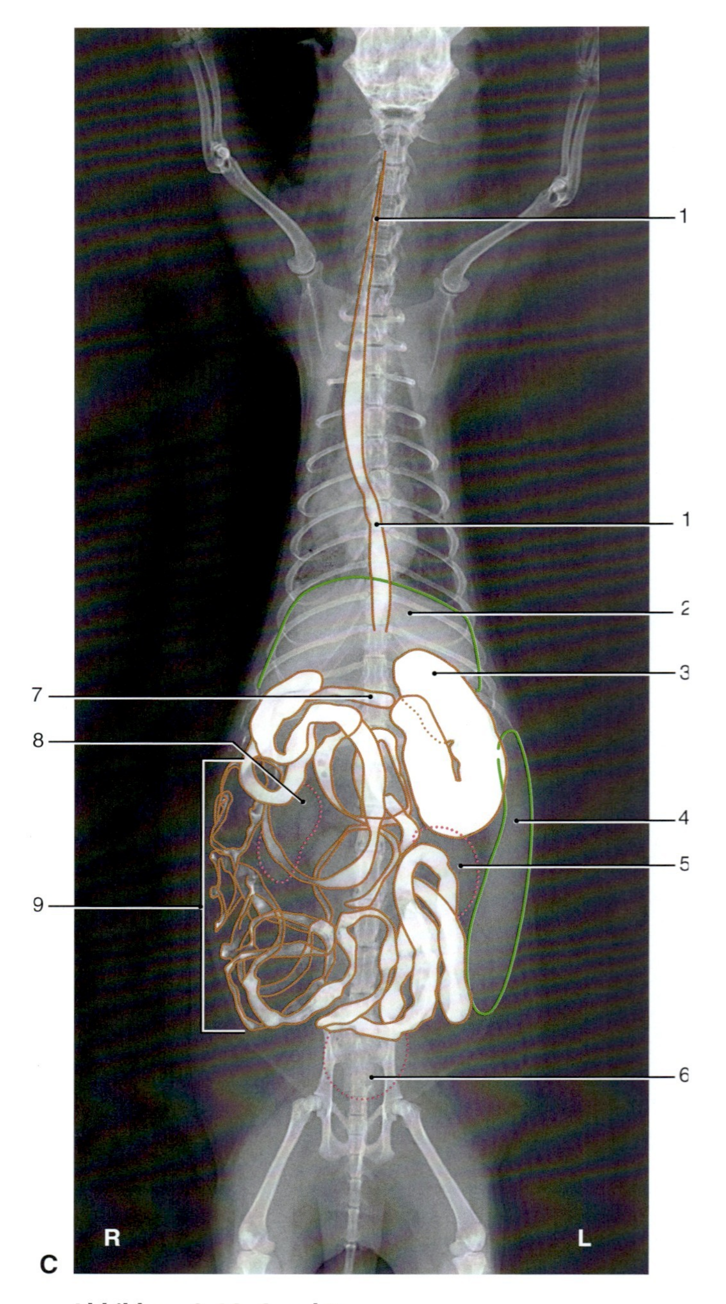

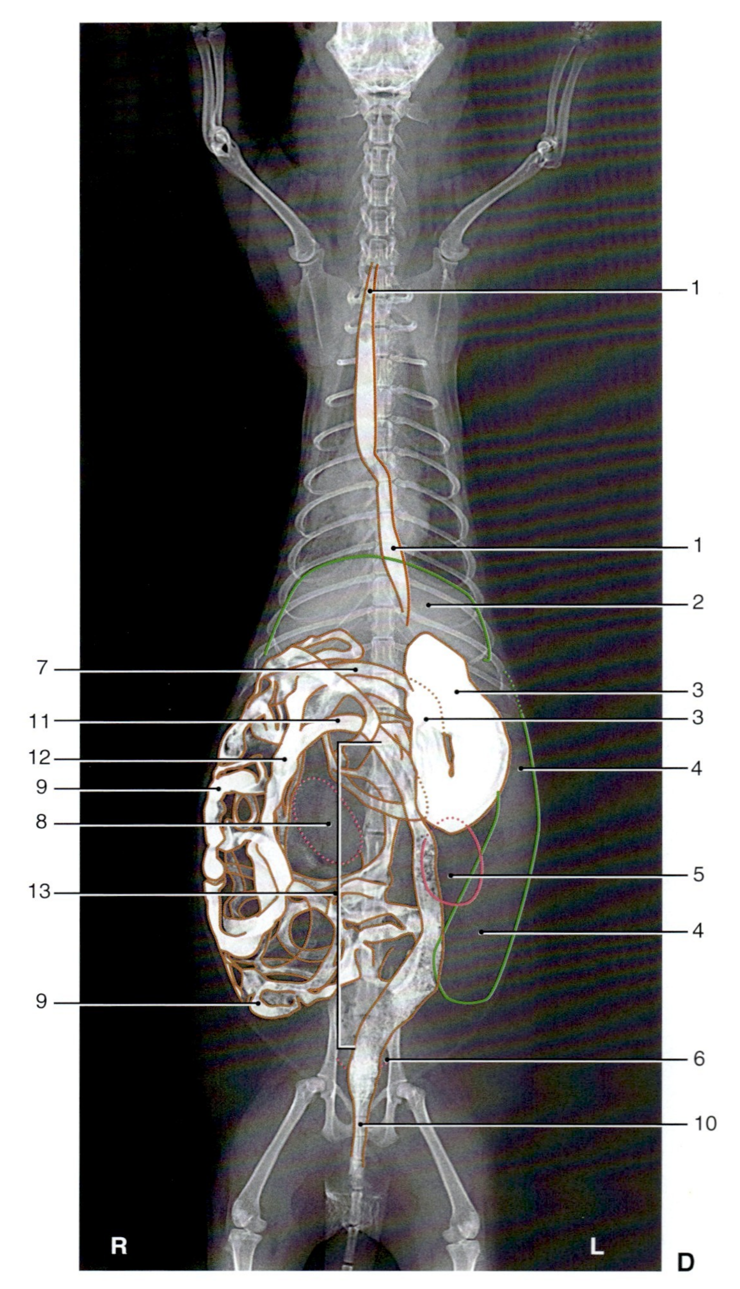

Abbildung 8-28, C und D
Tierart: Frettchen
Organsystem: Gastrointestinaltrakt, Doppelkontrastdarstellung
Kontrastmittel: Bariumsulfatsuspension (Novopaque® 60% v/w), 20 ml per Ösophagussonde und 30 Minuten später 50 ml Luft
Projektion: ventrodorsal
Körpermasse: 1,2 kg
Geschlecht: männlich kastriert
Lebensalter: adult

Abbildung	Zeit (min)	Lagerung
C	15	Rückenlage
D	30*	Rückenlage

* Die 50 ml Luft wurden nach Anfertigung der Aufnahme D (30 min) in den Magen geleitet.

1. Ösophagus
2. Leber
3. Magen
4. Milz
5. linke Niere
6. Harnblase
7. Duodenum
8. rechte Niere
9. Dünndarm
10. Rektum
11. Colon transversum
12. Colon ascendens
13. Colon descendens

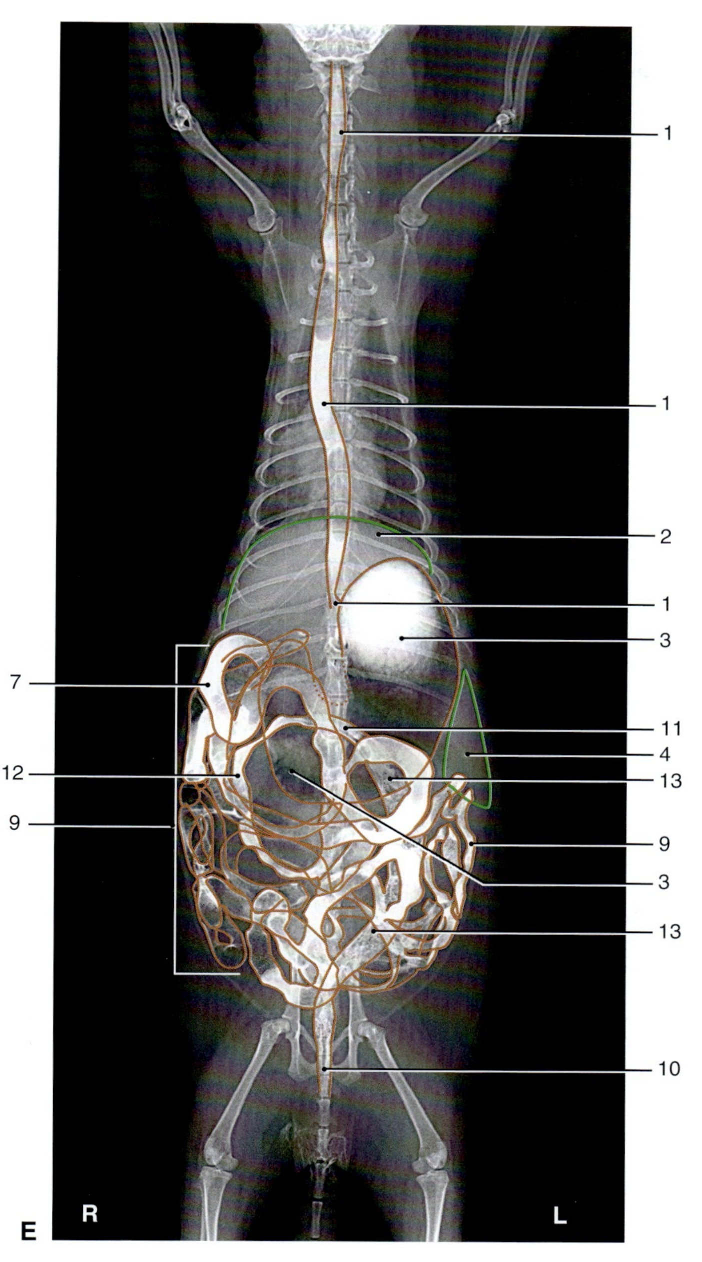

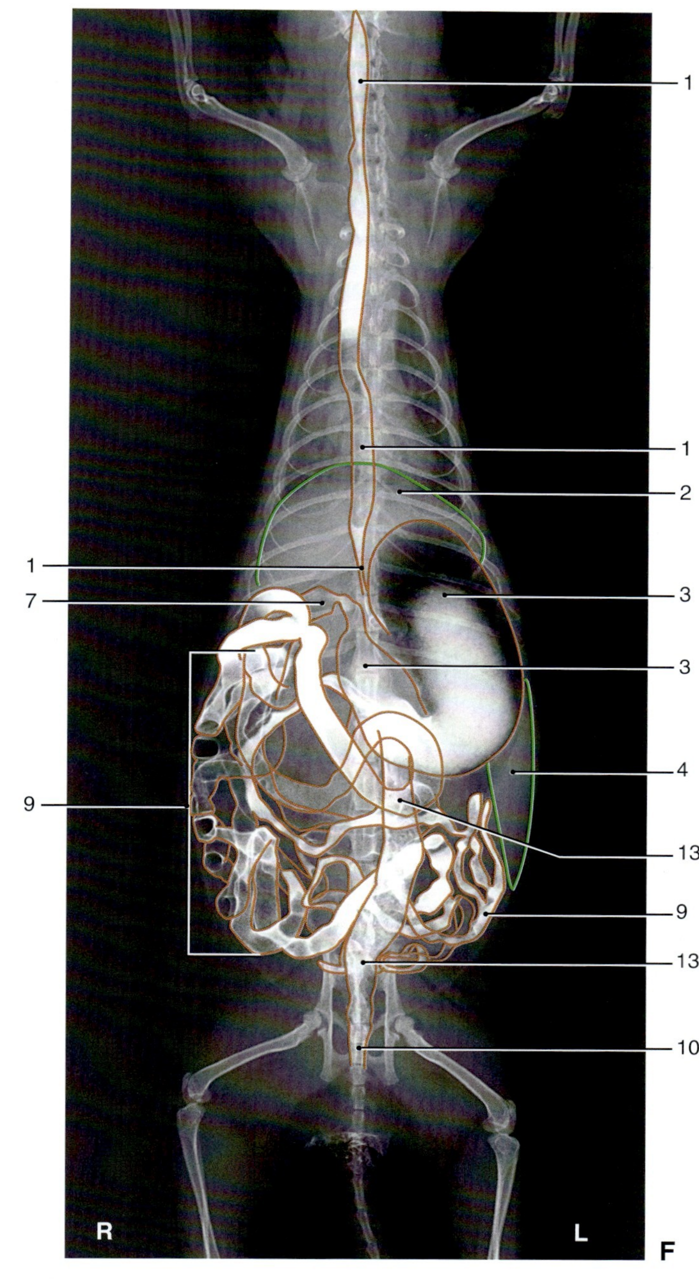

Abbildung 8-28, E und F
Tierart: Frettchen
Organsystem: Gastrointestinaltrakt, Doppelkontrastdarstellung
Kontrastmittel: Bariumsulfatsuspension (Novopaque® 60% v/w), 20 ml per Ösophagussonde und 30 Minuten später 50 ml Luft
Projektion: E ventrodorsal, F dorsoventral
Körpermasse: 1,2 kg
Geschlecht: männlich kastriert
Lebensalter: adult

Abbildung	Zeit (min)	Lagerung
E	35	Rückenlage
F	35	Bauchlage

1. Ösophagus
2. Leber
3. Magen
4. Milz
5. linke Niere
6. Harnblase
7. Duodenum
8. rechte Niere
9. Dünndarm
10. Rektum
11. Colon transversum
12. Colon ascendens
13. Colon descendens

Abbildung 8-29, A und B
Tierart: Frettchen
Organsystem: Harntrakt, Ausscheidungsurographie
Kontrastmittel: RenoCal 76®
(37% organisch gebundenes Jod), 2,75 ml i.v. (2,3 ml/kg)
Projektion: laterolateral (rechte Seitenlage)
Körpermasse: 1,2 kg
Geschlecht: männlich kastriert
Lebensalter: adult

Abbildung	Zeit (min)
A	Leeraufnahme
B	5,0

1. rechte Niere
2. linke Niere
3. rechter Ureter
4. linker Ureter
5. Harnblase
6. Nierenbecken
7. Recessus pelvis
8. Kompressionsbandage

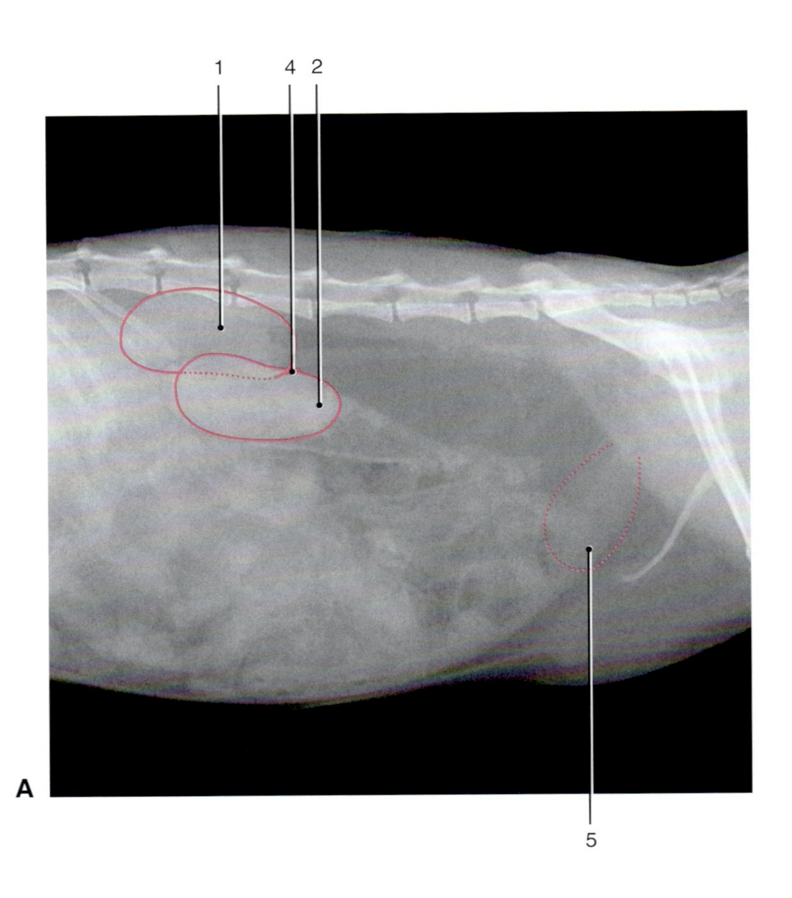

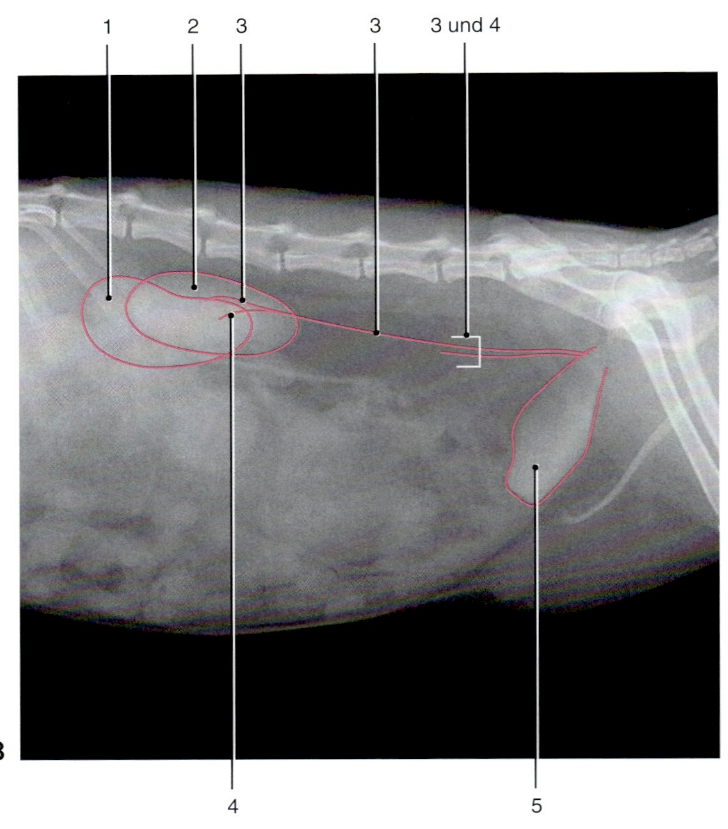

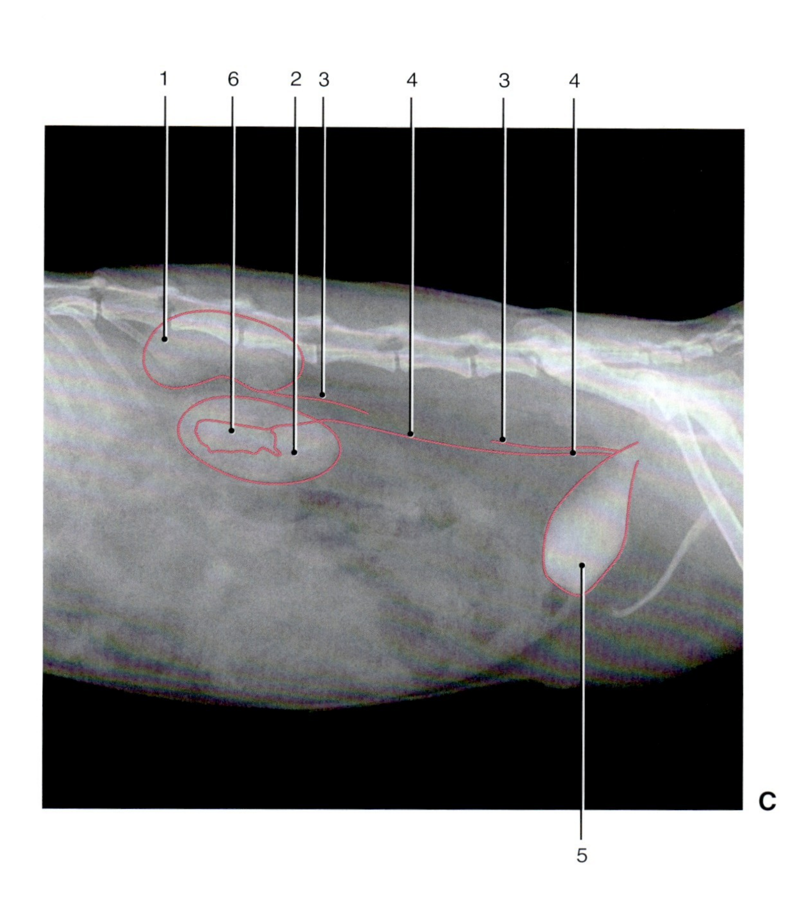

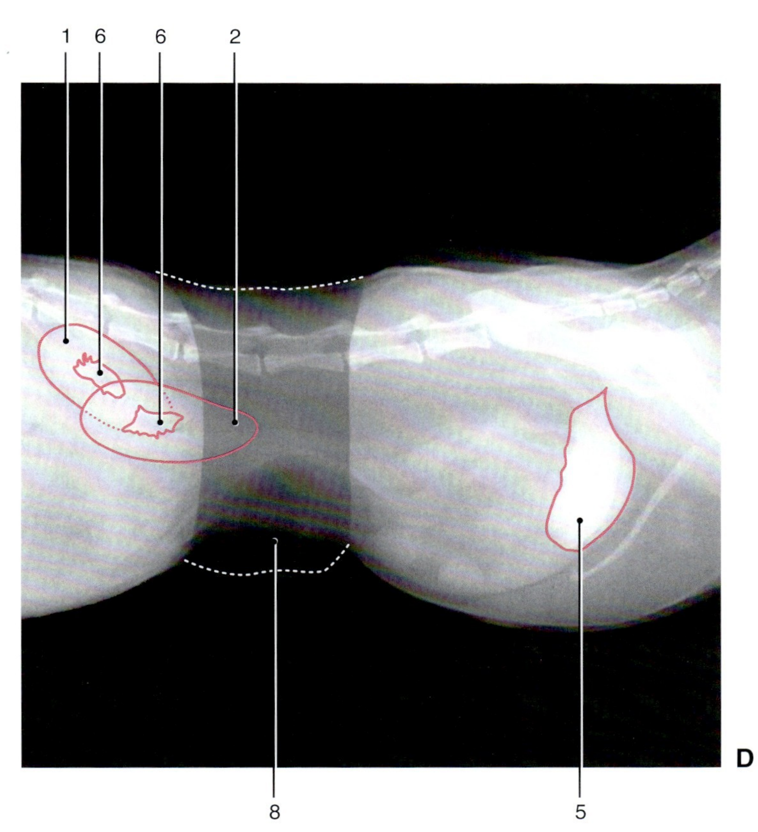

Abbildung 8-29, C und D
Tierart: Frettchen
Organsystem: Harntrakt, Ausscheidungsurographie
Kontrastmittel: RenoCal 76®
(37% organisch gebundenes Jod), 2,75 ml i.v. (2,3 ml/kg)
Projektion: laterolateral (rechte Seitenlage)
Körpermasse: 1,2 kg
Geschlecht: männlich kastriert
Lebensalter: adult

Abbildung	Zeit (min)
C	10,0
D	35,0*

* Anfertigung der Aufnahme D 25 Minuten nach Anlage einer Kompressionsbandage um den Bauch.

1. rechte Niere
2. linke Niere
3. rechter Ureter
4. linker Ureter
5. Harnblase
6. Nierenbecken
7. Recessus pelvis
8. Kompressionsbandage

Abbildung 8-29, E
Tierart: Frettchen
Organsystem: Harntrakt, Ausscheidungsurographie
Kontrastmittel: RenoCal 76®
(37% organisch gebundenes Jod), 2,75 ml i.v. (2,3 ml/kg)
Projektion: laterolateral
(rechte Seitenlage)
Körpermasse: 1,2 kg
Geschlecht: männlich kastriert
Lebensalter: adult

Abbildung	Zeit (min)
E	60,0*

* Anfertigung der Aufnahme 25 Minuten nach Entfernung der Kompressionsbandage um den Bauch.

1. rechte Niere
2. linke Niere
3. rechter Ureter
4. linker Ureter
5. Harnblase
6. Nierenbecken
7. Recessus pelvis
8. Kompressionsbandage

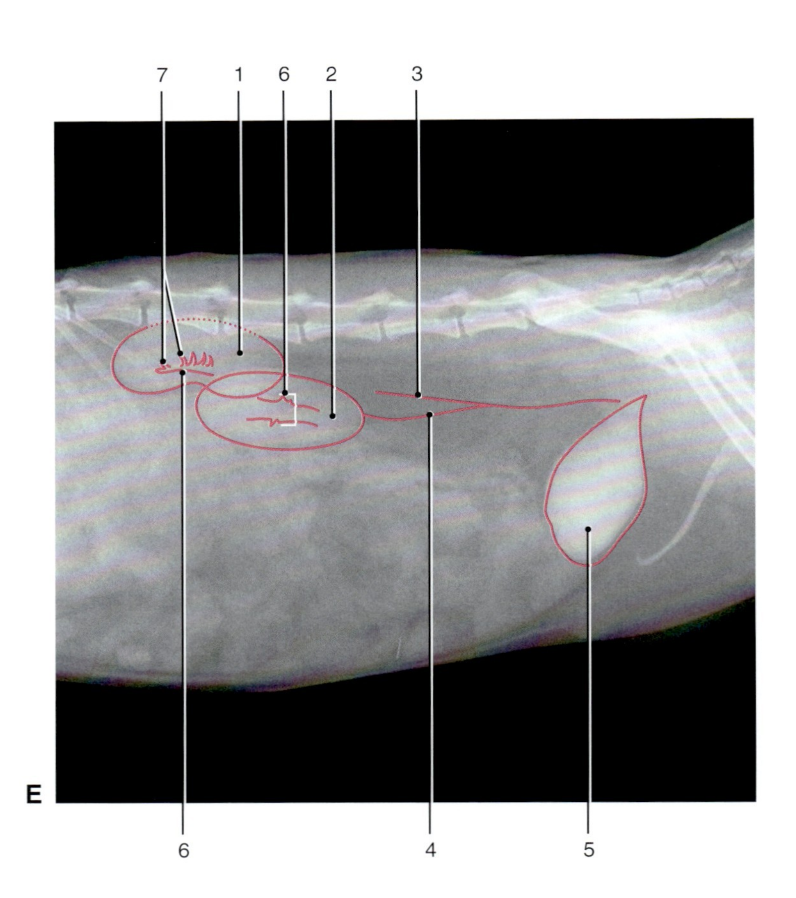

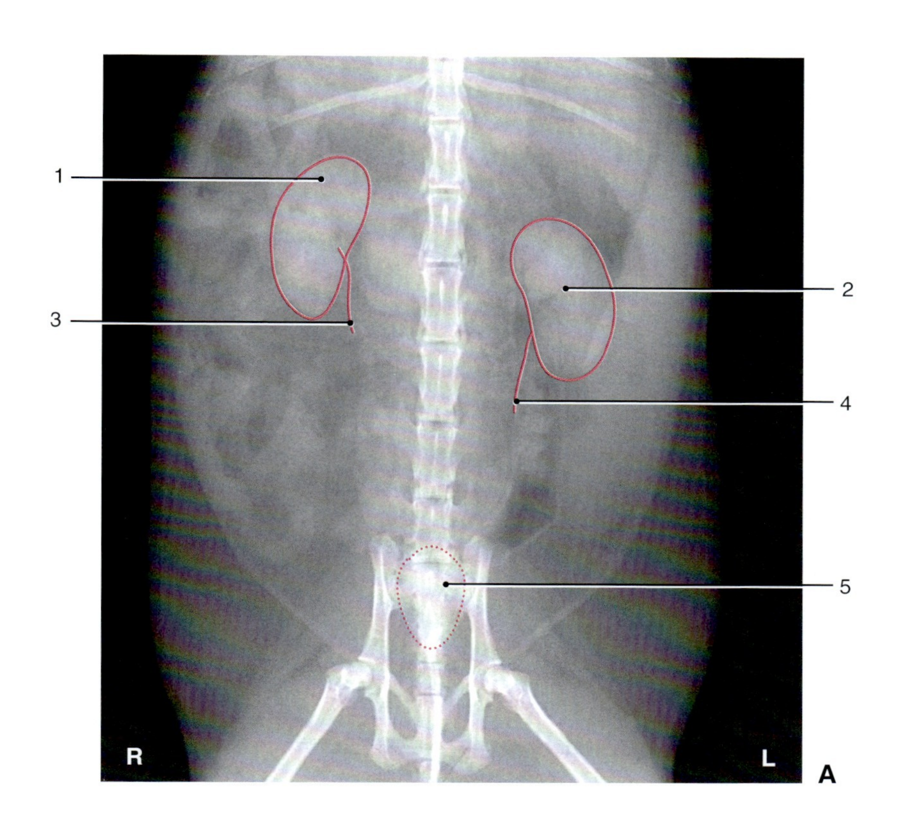

Abbildung 8-30, A und B
Tierart: Frettchen
Organsystem: Harntrakt, Ausscheidungsurographie
Kontrastmittel: RenoCal 76®
(37% organisch gebundenes Jod), 2,75 ml i.v. (2,3 ml/kg)
Projektion: ventrodorsal
Körpermasse: 1,2 kg
Geschlecht: männlich kastriert
Lebensalter: adult

Abbildung	Zeit (min)
A	Leeraufnahme
B	5,0

1. rechte Niere
2. linke Niere
3. rechter Ureter
4. linker Ureter
5. Harnblase
6. Nierenbecken
7. Recessus pelvis
8. Kompressionsbandage

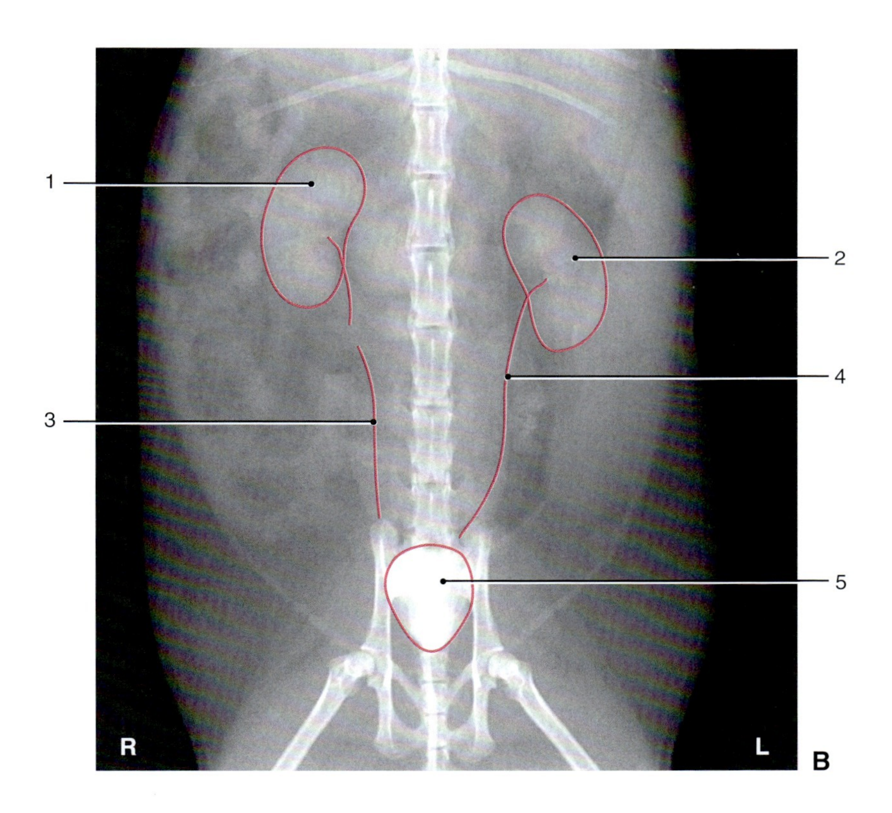

Abbildung 8-30, C und D
Tierart: Frettchen
Organsystem: Harntrakt, Ausscheidungsurographie
Kontrastmittel: RenoCal 76® (37% organisch gebundenes Jod), 2,75 ml i.v. (2,3 ml/kg)
Projektion: ventrodorsal
Körpermasse: 1,2 kg
Geschlecht: männlich kastriert
Lebensalter: adult

Abbildung	Zeit (min)
C	10,0
D	35,0*

* Anfertigung der Aufnahme D 25 Minuten nach Anlage einer Kompressionsbandage um den Bauch.

1. rechte Niere
2. linke Niere
3. rechter Ureter
4. linker Ureter
5. Harnblase
6. Nierenbecken
7. Recessus pelvis
8. Kompressionsbandage

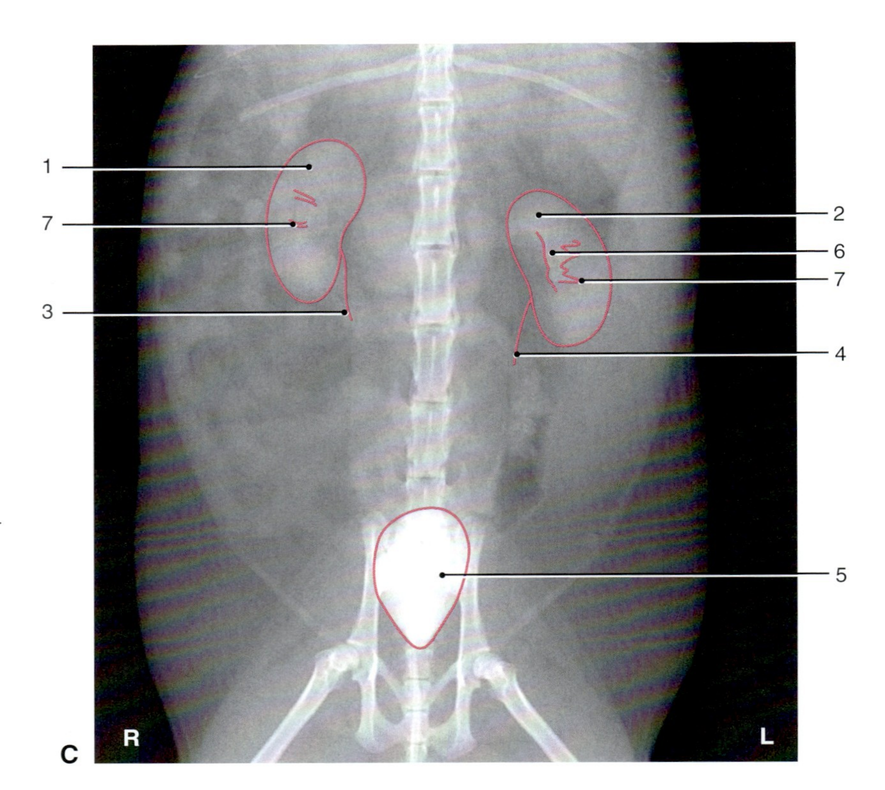

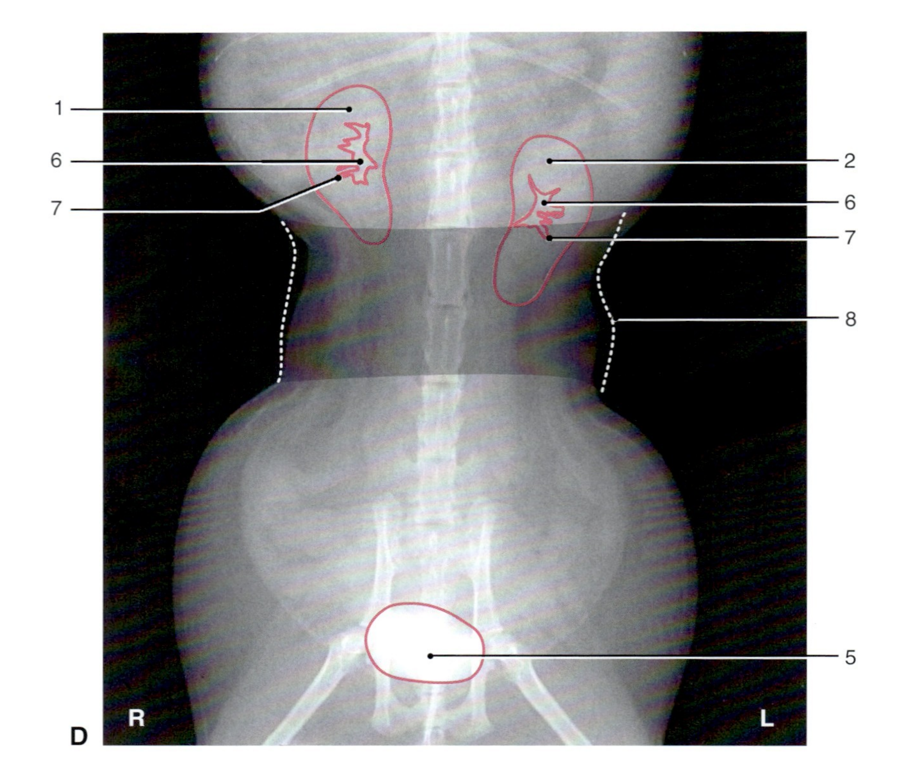

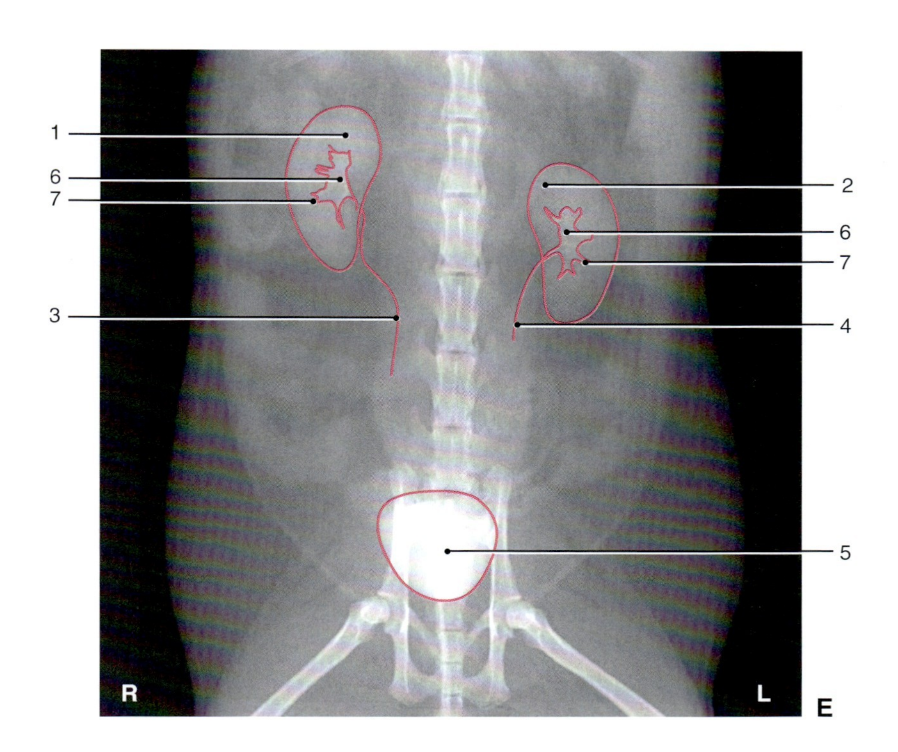

Abbildung 8-30, E
Tierart: Frettchen
Organsystem: Harntrakt, Ausscheidungsurographie
Kontrastmittel: RenoCal 76®
(37% organisch gebundenes Jod), 2,75 ml i.v. (2,3 ml/kg)
Projektion: ventrodorsal
Körpermasse: 1,2 kg
Geschlecht: männlich kastriert
Lebensalter: adult

Abbildung	Zeit (min)
E	60,0*

* Anfertigung der Aufnahme 25 Minuten nach Entfernung der Kompressionsbandage um den Bauch.

1. rechte Niere
2. linke Niere
3. rechter Ureter
4. linker Ureter
5. Harnblase
6. Nierenbecken
7. Recessus pelvis
8. Kompressionsbandage

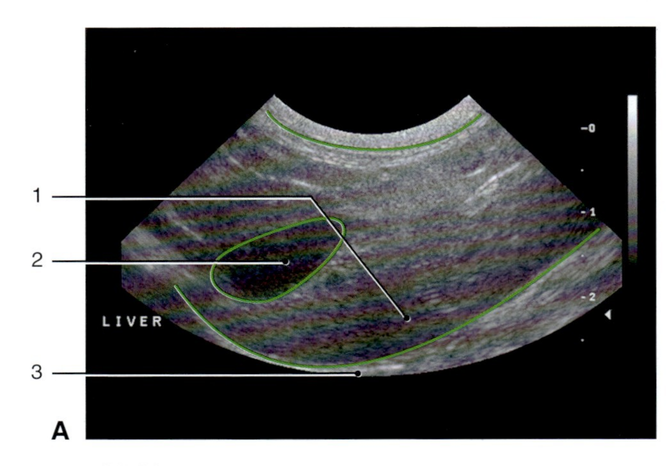

Abbildung 8-31, A
Transversalschnitt durch die Leber.

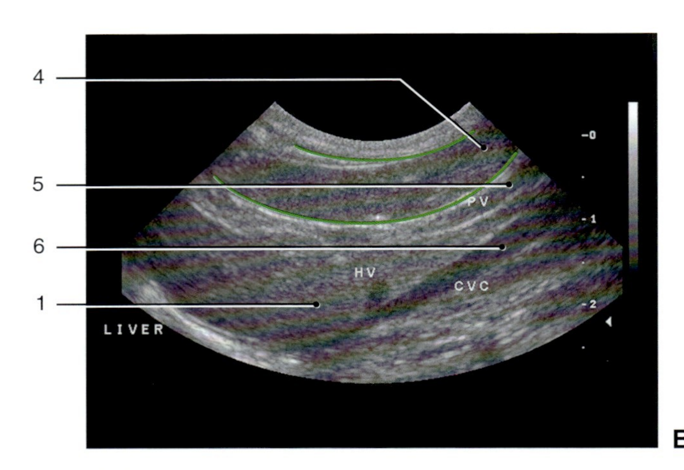

Abbildung 8-31, B
Sagittalschnitt durch die Leber.

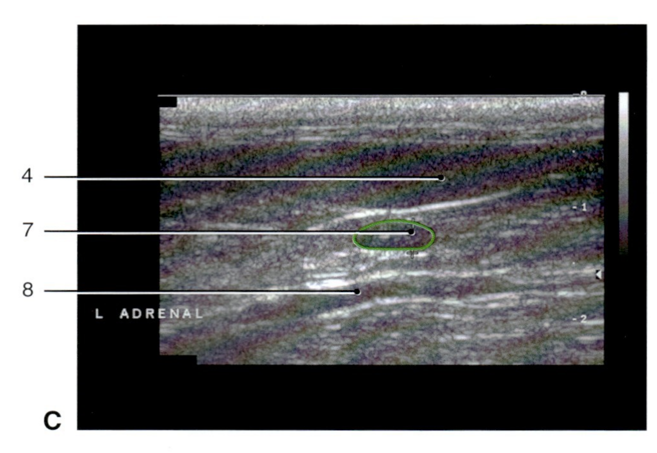

Abbildung 8-31, C
Sagittalschnitt durch die Milz.

Abbildung 8-31, A – C
Tierart: Frettchen
Organsystem: sonographische Darstellung von Leber und Milz
Körpermasse: 1,2 kg
Geschlecht: männlich kastriert
Lebensalter: adult

1. Leber
2. Gallenblase
3. Zwerchfell
4. Milz
5. V. portae hepatis
6. V. cava caudalis
7. linke Nebenniere
8. Aorta

CVC, V. cava caudalis; *HV*, V. hepatica; *PV*, V. portae hepatis

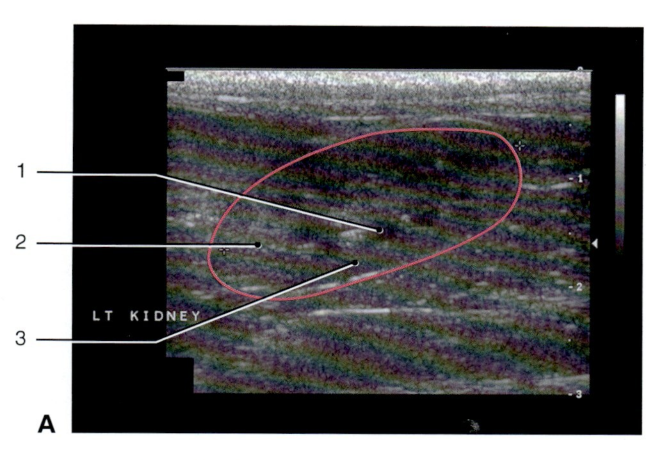

Abbildung 8-32, A
Sagittalschnitt durch die linke Niere.

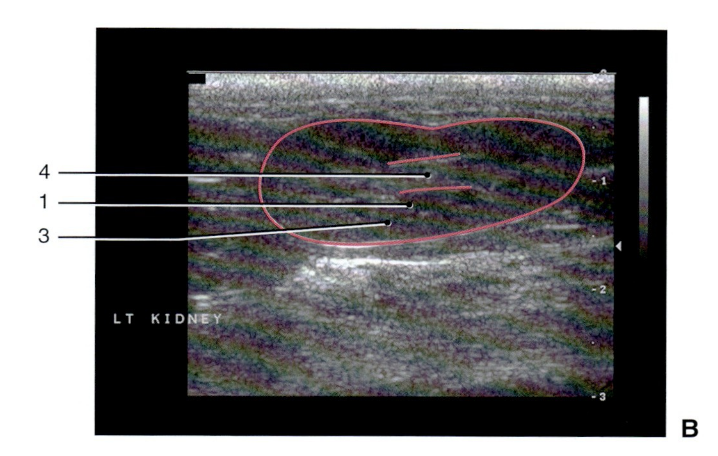

Abbildung 8-32, B
Sagittalschnitt durch die linke Niere.

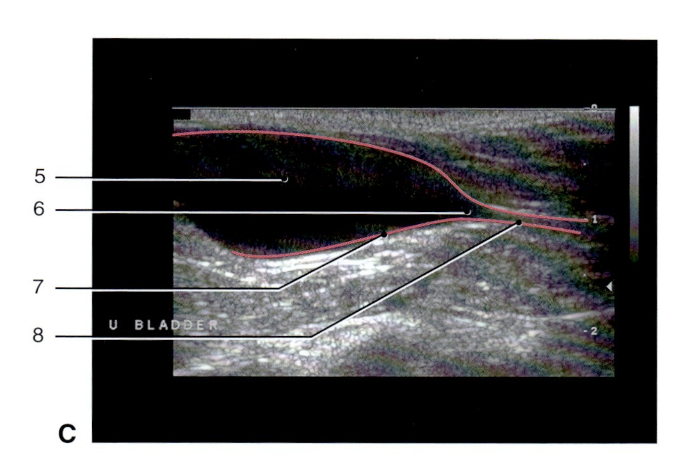

Abbildung 8-32, C
Sagittalschnitt durch die Harnblase.

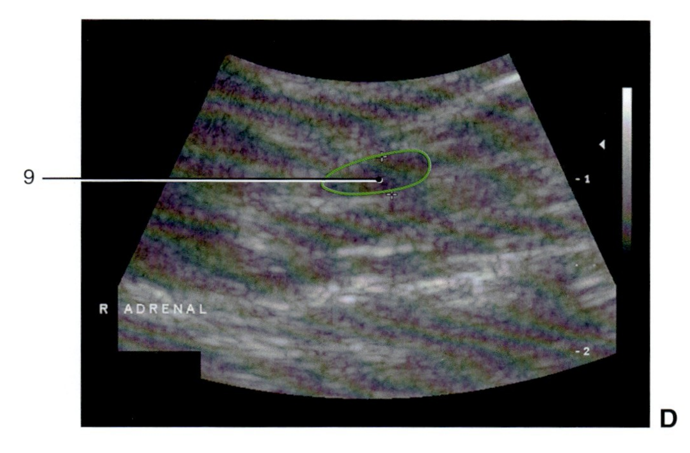

Abbildung 8-32, D
Sagittalschnitt durch die rechte Nebenniere.

Abbildung 8-32, A – D
Tierart: Frettchen.
Organsystem: sonographische Darstellung der Harnorgane und benachbarter Organe
Körpermasse: 1,2 kg
Geschlecht: männlich kastriert
Lebensalter: adult

1. Nierenmark
2. kranialer Nierenpol
3. Nierenrinde
4. Nierenbecken
5. Harnblasenkörper
6. Harnblasenhals
7. Harnblasenwand
8. Urethra
9. rechte Nebenniere

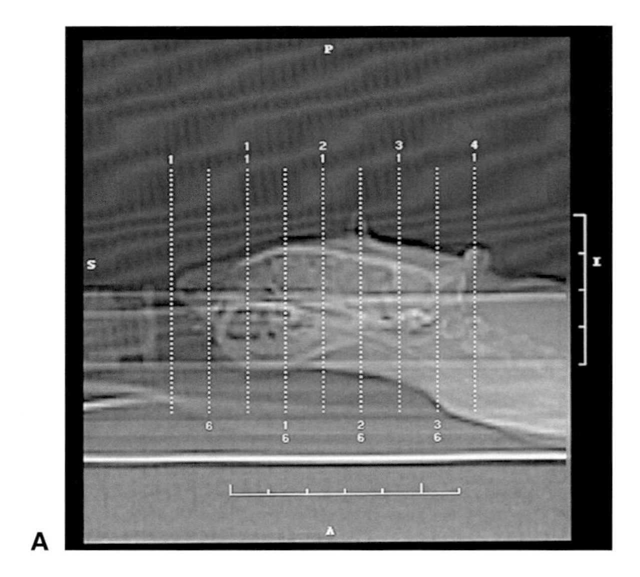

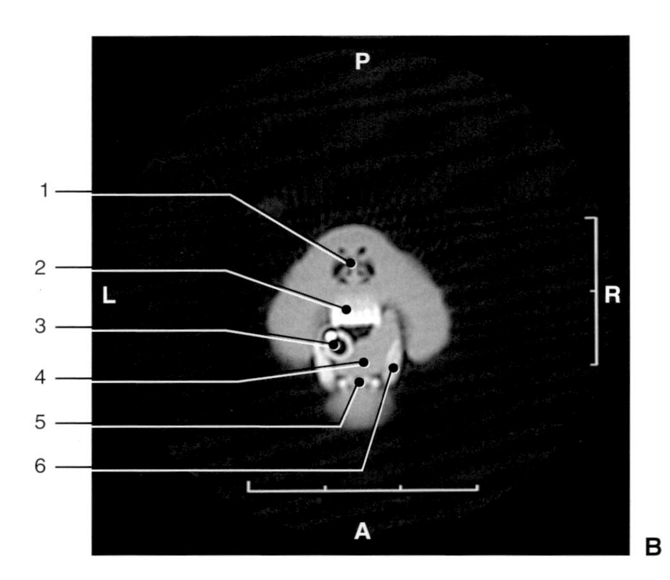

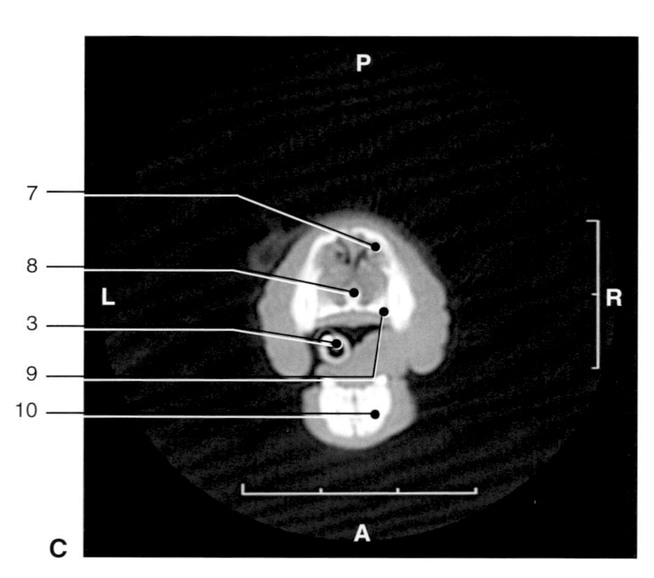

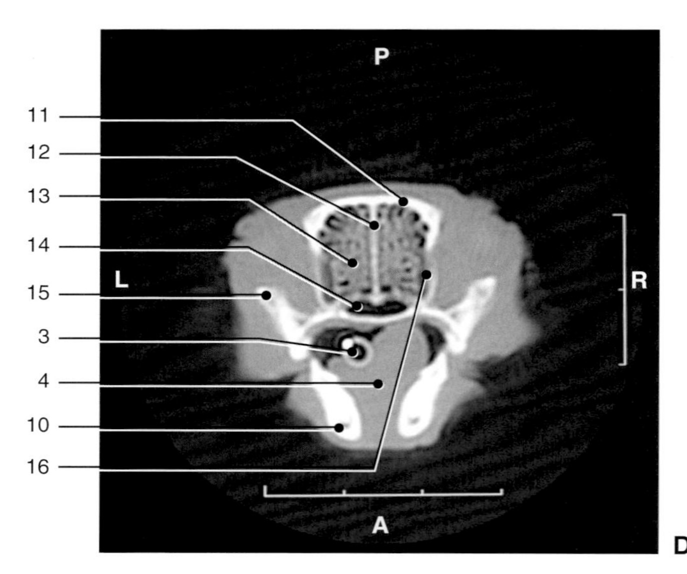

Abbildung 8-33, A – D
Tierart: Frettchen
Organsystem: CT Kopf
Schnittebene: transversal
Körpermasse: 1,2 kg
Geschlecht: männlich kastriert
Lebensalter: adult

1. äußere Nase
2. oberer Schneidezahn
3. Endotrachealtubus
4. Zunge
5. unterer Schneidezahn
6. Oberkiefereckzahn
7. Nasenhöhle
8. Vomer
9. Os palatinum
10. Mandibula
11. Os nasale
12. Septum nasi
13. Nasenmuscheln
14. Nasenrachen
15. Os zygomaticum
16. Maxilla
17. Siebbeinmuscheln
18. Großhirn
19. Sinus sphenopalatinus
20. Sinus frontalis
21. Os pterygoideum
22. Sella turcica
23. Cavum tympani
24. Pars petrosa ossis temporalis
25. äußerer Gehörgang
26. Zungenbein
27. Crista sagittalis externa
28. knöchernes Kleinhirnzelt
29. Innenohr
30. Os occipitale
31. Foramen magnum
32. Condylus occipitalis
33. Atlas

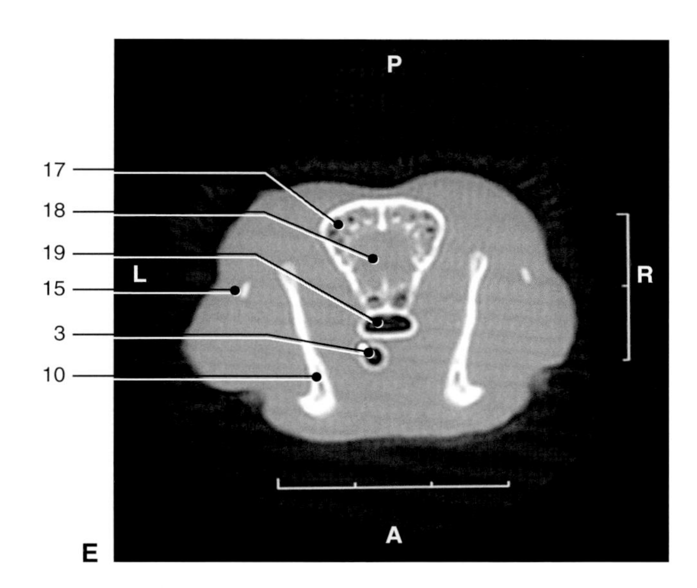

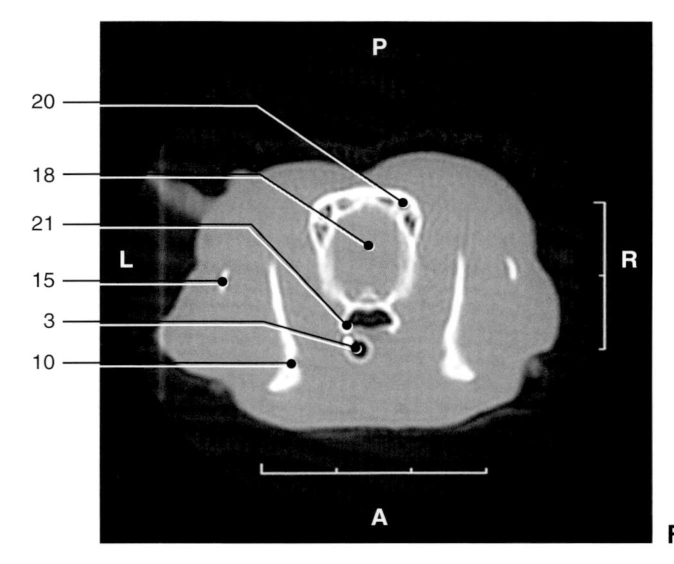

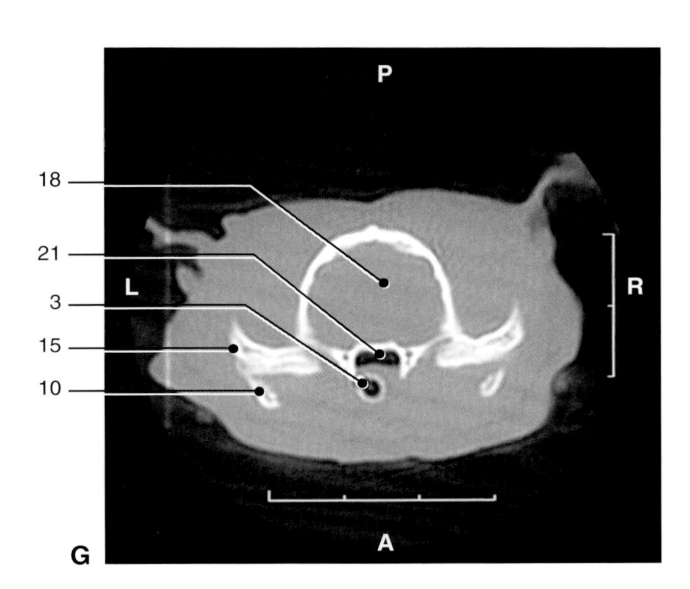

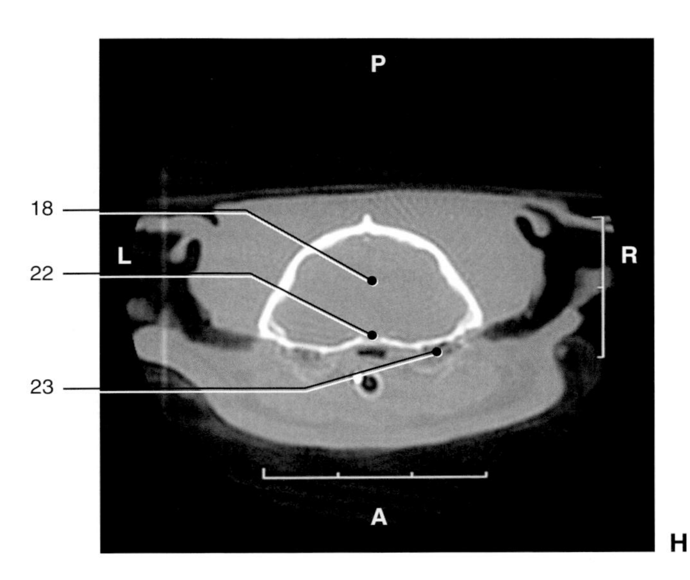

Abbildung 8-33, E – H
Tierart: Frettchen
Organsystem: CT Kopf
Schnittebene: transversal
Körpermasse: 1,2 kg
Geschlecht: männlich kastriert
Lebensalter: adult

1. äußere Nase
2. oberer Schneidezahn
3. Endotrachealtubus
4. Zunge
5. unterer Schneidezahn
6. Oberkiefereckzahn
7. Nasenhöhle
8. Vomer
9. Os palatinum
10. Mandibula
11. Os nasale
12. Septum nasi
13. Nasenmuscheln
14. Nasenrachen
15. Os zygomaticum
16. Maxilla
17. Siebbeinmuscheln
18. Großhirn
19. Sinus sphenopalatinus
20. Sinus frontalis
21. Os pterygoideum
22. Sella turcica
23. Cavum tympani
24. Pars petrosa ossis temporalis
25. äußerer Gehörgang
26. Zungenbein
27. Crista sagittalis externa
28. knöchernes Kleinhirnzelt
29. Innenohr
30. Os occipitale
31. Foramen magnum
32. Condylus occipitalis
33. Atlas

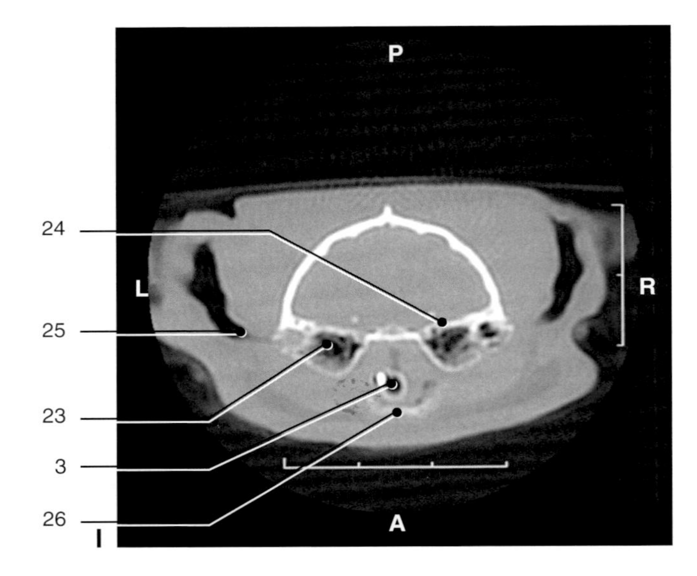

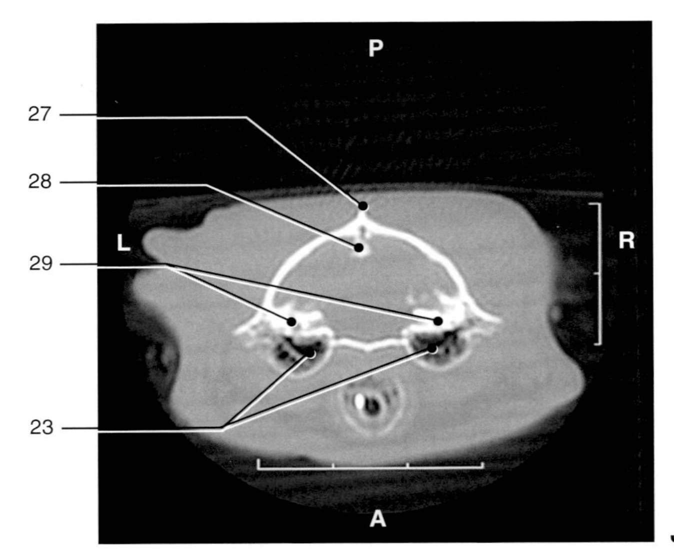

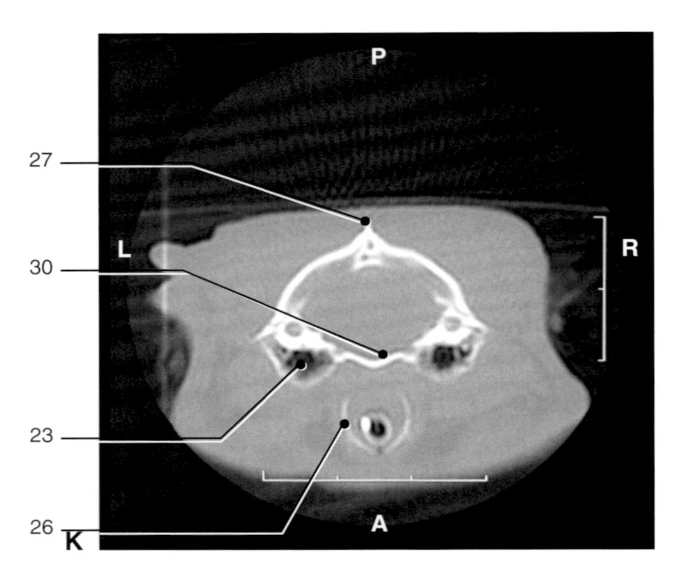

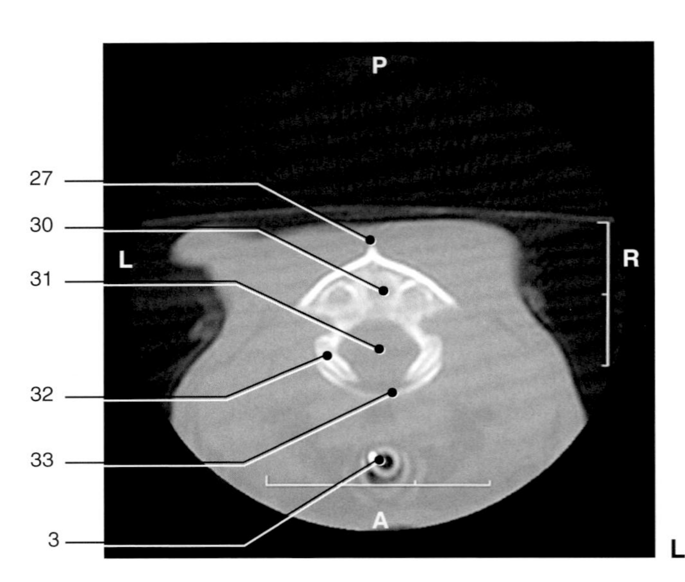

Abbildung 8-33, I – L
Tierart: Frettchen
Organsystem: CT Kopf
Schnittebene: transversal
Körpermasse: 1,2 kg
Geschlecht: männlich kastriert
Lebensalter: adult

1. äußere Nase
2. oberer Schneidezahn
3. Endotrachealtubus
4. Zunge
5. unterer Schneidezahn
6. Oberkiefereckzahn
7. Nasenhöhle
8. Vomer
9. Os palatinum
10. Mandibula
11. Os nasale
12. Septum nasi
13. Nasenmuscheln
14. Nasenrachen
15. Os zygomaticum
16. Maxilla
17. Siebbeinmuscheln
18. Großhirn
19. Sinus sphenopalatinus
20. Sinus frontalis
21. Os pterygoideum
22. Sella turcica
23. Cavum tympani
24. Pars petrosa ossis temporalis
25. äußerer Gehörgang
26. Zungenbein
27. Crista sagittalis externa
28. knöchernes Kleinhirnzelt
29. Innenohr
30. Os occipitale
31. Foramen magnum
32. Condylus occipitalis
33. Atlas

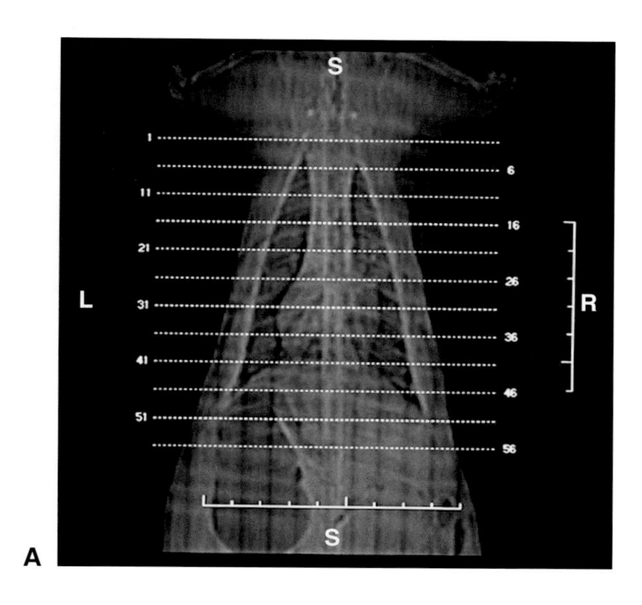

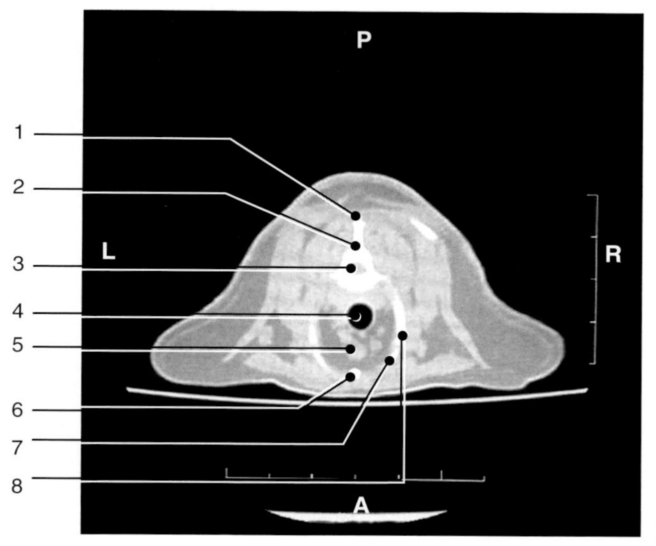

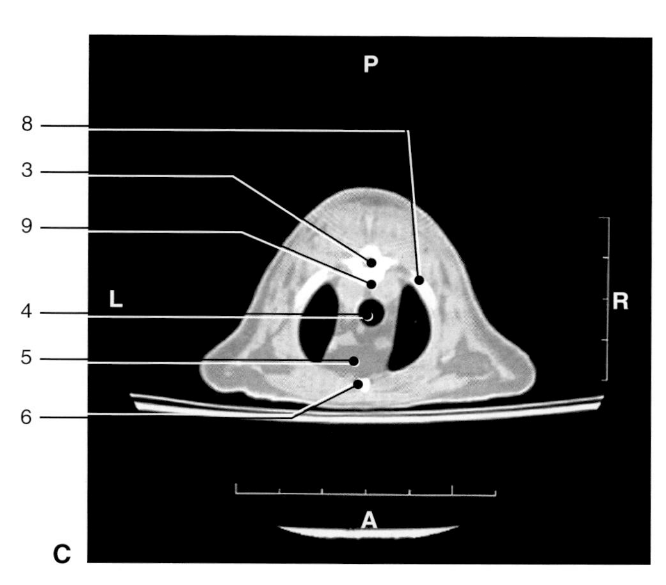

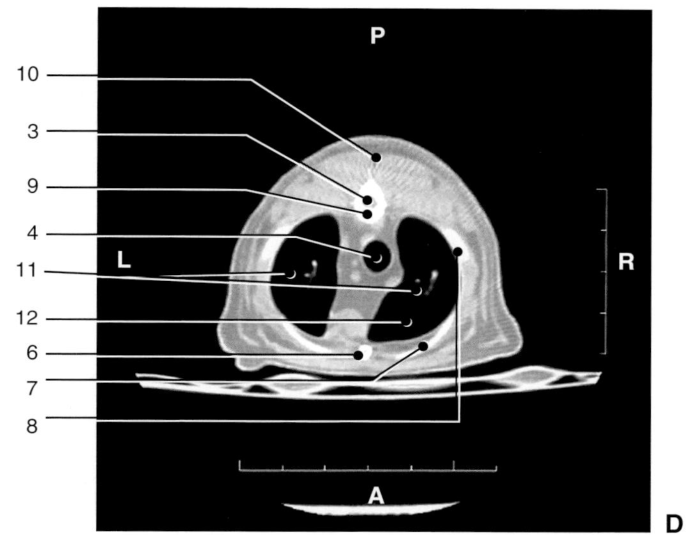

Abbildung 8-34, A – D
Tierart: Frettchen
Organsystem: CT Thorax
Schnittebene: transversal
Körpermasse: 1,2 kg
Geschlecht: männlich kastriert
Lebensalter: adult

1. Proc. spinosus (Brustwirbel)
2. Lamina dorsalis (Brustwirbel)
3. Rückenmarkkanal (Brustwirbelsäule)
4. Luftröhre
5. kraniales Mediastinum
6. Brustbein
7. Synchondrosis costochondralis
8. Rippe
9. Brustwirbel
10. dorsale Wirbelsäulenmuskulatur
11. Lungengefäße
12. Lunge
13. Bronchien
14. linke Hauptkammer des Herzens
15. Bifurcatio tracheae
16. perikardiales Fett
17. kaudales Mediastinum
18. Leber
19. Fundus ventriculi
20. Milz
21. Lig. falciforme mit Fetteinlagerungen

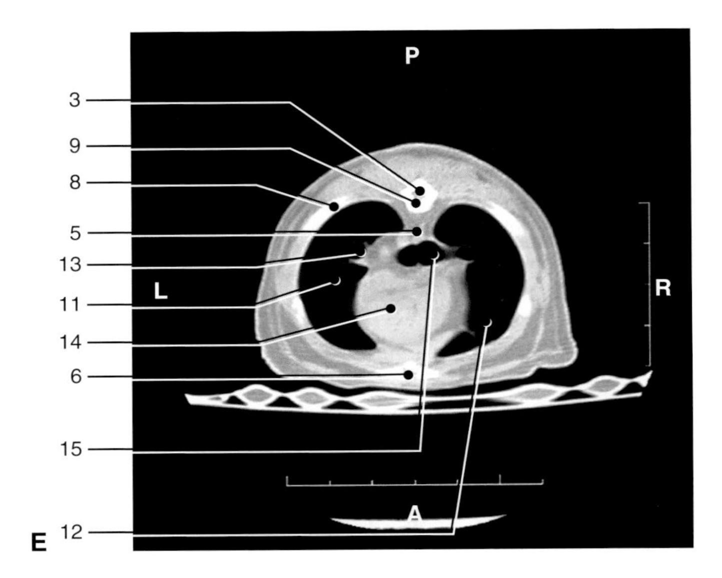

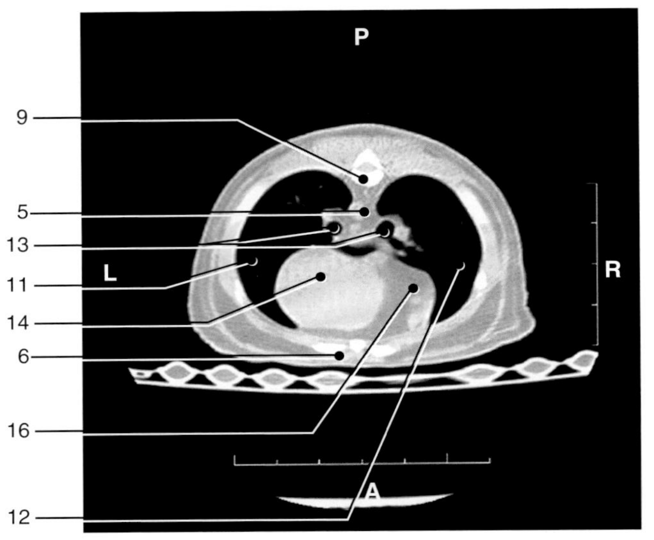

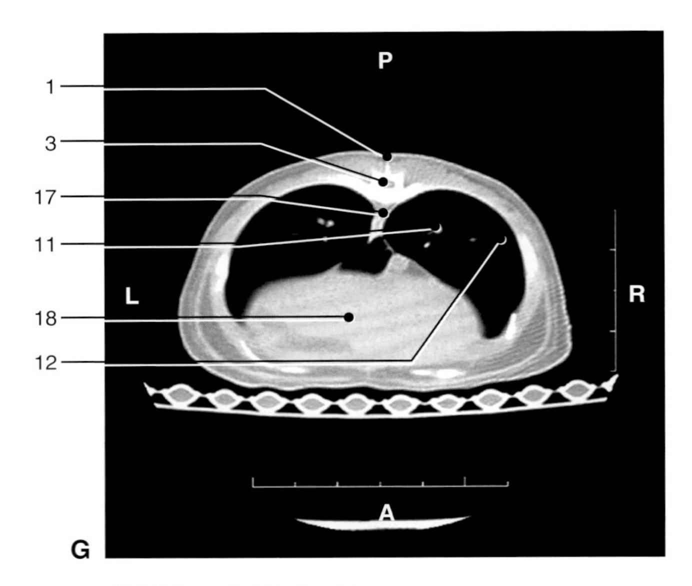

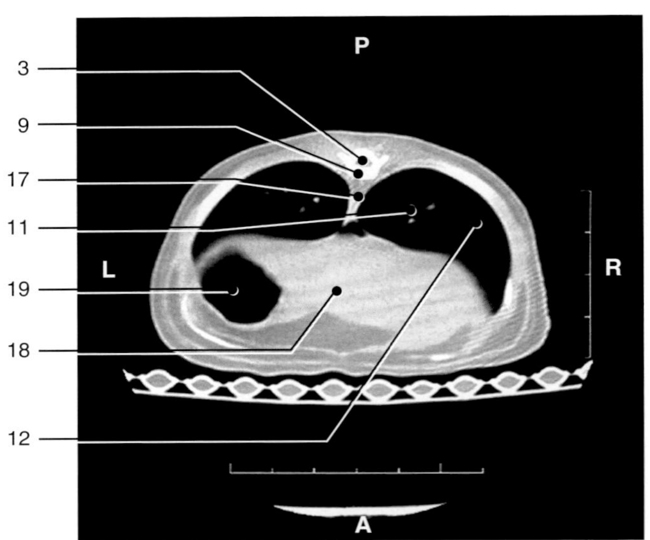

Abbildung 8-34, E – H
Tierart: Frettchen
Organsystem: CT Thorax
Schnittebene: transversal
Körpermasse: 1,2 kg
Geschlecht: männlich kastriert
Lebensalter: adult

1. Proc. spinosus (Brustwirbel)
2. Lamina dorsalis (Brustwirbel)
3. Rückenmarkkanal (Brustwirbelsäule)
4. Luftröhre
5. kraniales Mediastinum
6. Brustbein
7. Synchondrosis costochondralis
8. Rippe
9. Brustwirbel
10. dorsale Wirbelsäulenmuskulatur
11. Lungengefäße
12. Lunge
13. Bronchien
14. linke Hauptkammer des Herzens
15. Bifurcatio tracheae
16. perikardiales Fett
17. kaudales Mediastinum
18. Leber
19. Fundus ventriculi
20. Milz
21. Lig. falciforme mit Fetteinlagerungen

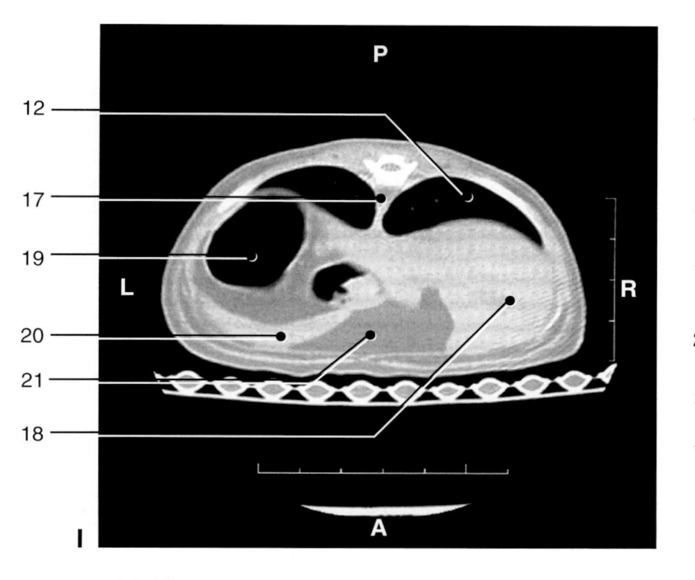

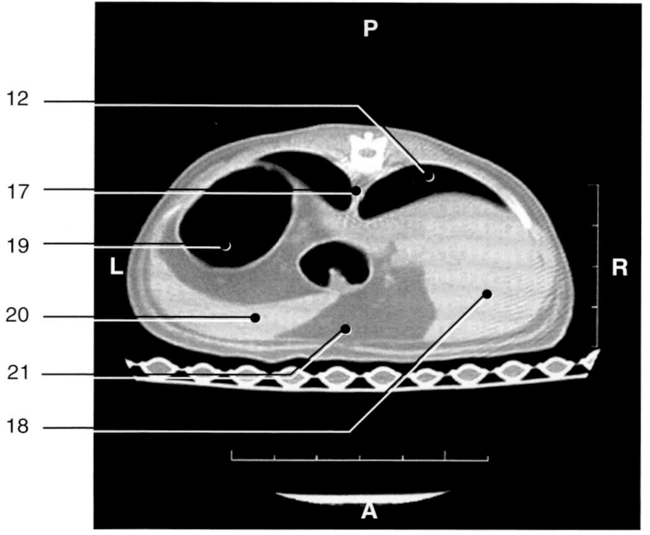

Abbildung 8-34, I und J
Tierart: Frettchen
Organsystem: CT Thorax
Schnittebene: transversal
Körpermasse: 1,2 kg
Geschlecht: männlich kastriert
Lebensalter: adult

1. Proc. spinosus (Brustwirbel)
2. Lamina dorsalis (Brustwirbel)
3. Rückenmarkkanal (Brustwirbelsäule)
4. Luftröhre
5. kraniales Mediastinum
6. Brustbein
7. Synchondrosis costochondralis
8. Rippe
9. Brustwirbel
10. dorsale Wirbelsäulenmuskulatur
11. Lungengefäße
12. Lunge
13. Bronchien
14. linke Hauptkammer des Herzens
15. Bifurcatio tracheae
16. perikardiales Fett
17. kaudales Mediastinum
18. Leber
19. Fundus ventriculi
20. Milz
21. Lig. falciforme mit Fetteinlagerungen

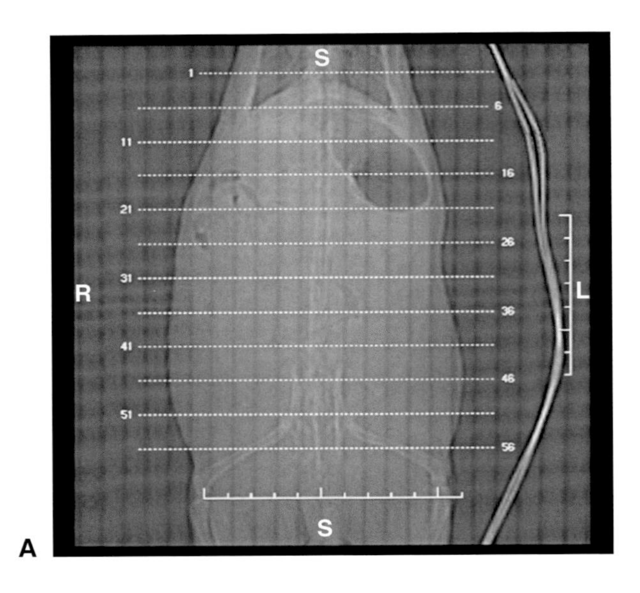

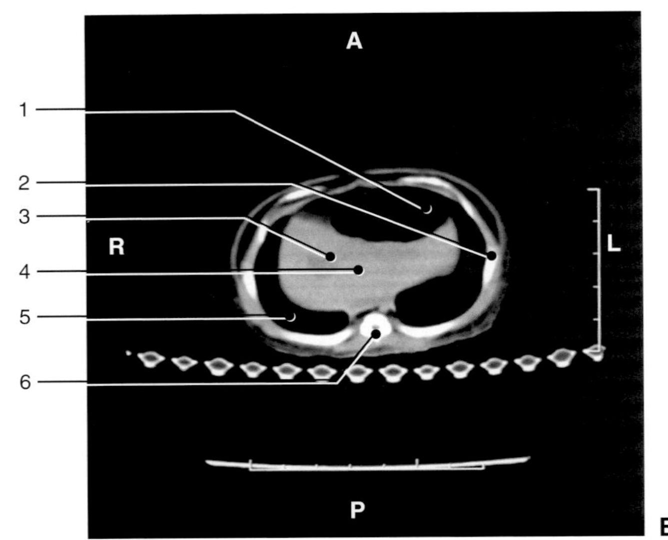

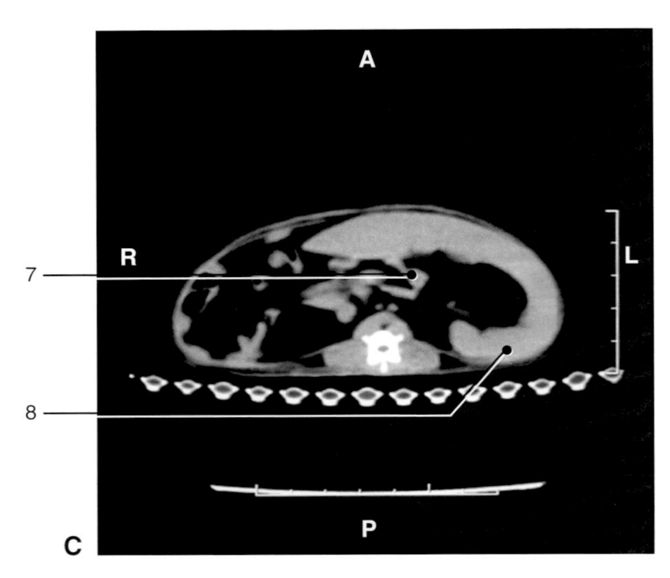

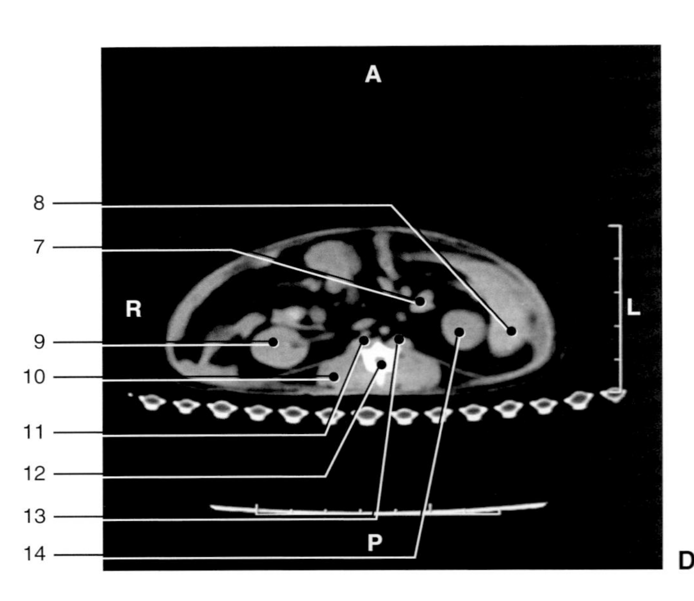

Abbildung 8-35, A – D

Tierart: Frettchen
Organsystem: CT Abdomen
Schnittebene: transversal
Körpermasse: 1,2 kg
Geschlecht: männlich kastriert
Lebensalter: adult

1. Magen
2. Rippe
3. Gallenblase
4. Leber
5. Lunge
6. Brustwirbel
7. Darm
8. Milz
9. rechte Niere
10. dorsale Wirbelsäulenmuskulatur
11. V. cava caudalis
12. Lendenwirbel
13. Aorta
14. linke Niere
15. Os penis
16. Harnblase
17. Dickdarm
18. Kreuzwirbel
19. Os ilium
20. Os pubis
21. Kreuzbein
22. Os femoris

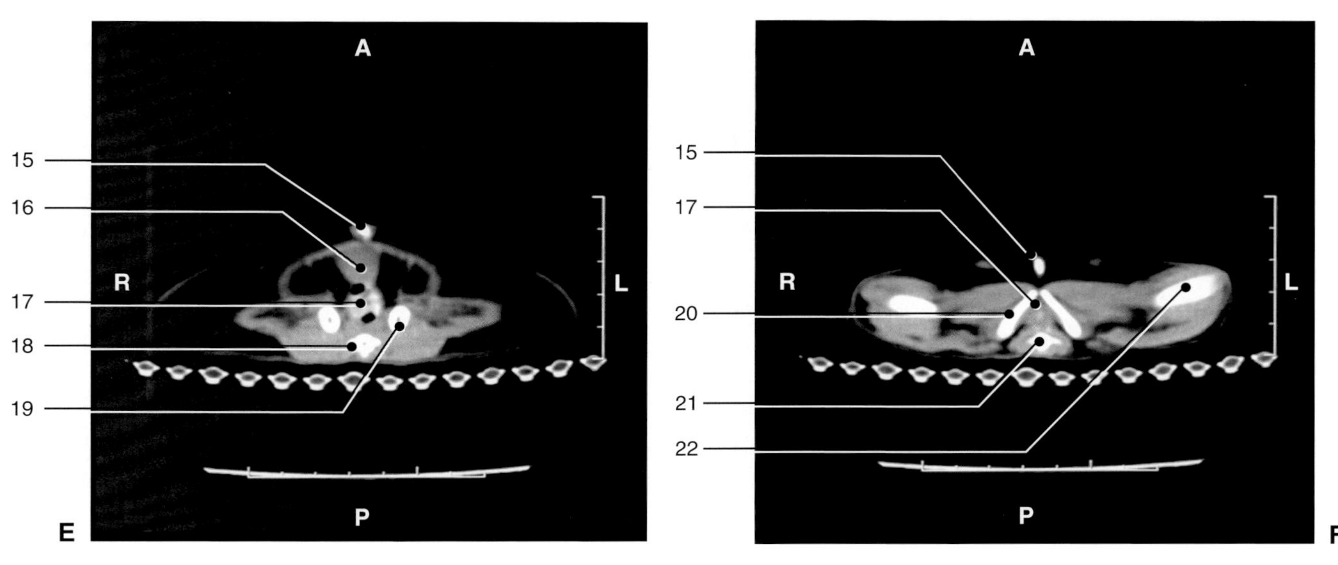

Abbildung 8-35, E und F
Tierart: Frettchen
Organsystem: CT Abdomen
Schnittebene: transversal
Körpermasse: 1,2 kg
Geschlecht: männlich kastriert
Lebensalter: adult

1. Magen
2. Rippe
3. Gallenblase
4. Leber
5. Lunge
6. Brustwirbel
7. Darm
8. Milz
9. rechte Niere
10. dorsale Wirbelsäulenmuskulatur
11. V. cava caudalis
12. Lendenwirbel
13. Aorta
14. linke Niere
15. Os penis
16. Harnblase
17. Dickdarm
18. Kreuzwirbel
19. Os ilium
20. Os pubis
21. Kreuzbein
22. Os femoris

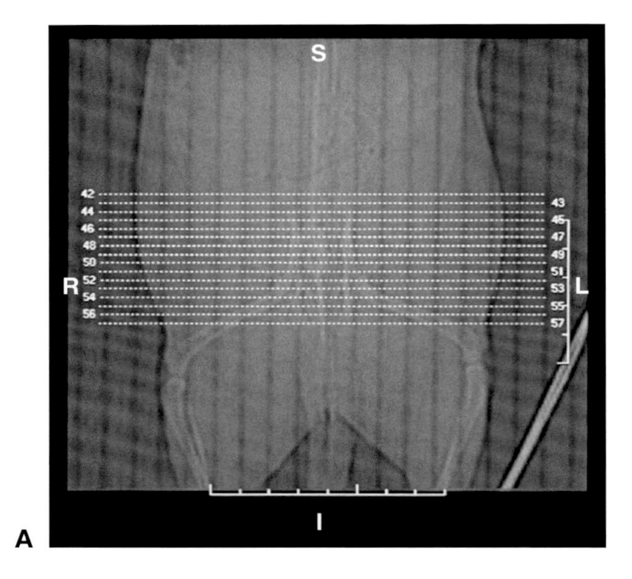

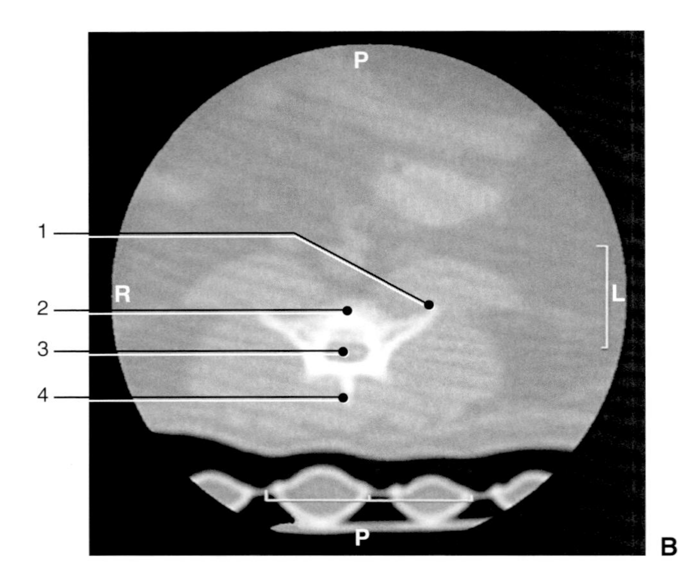

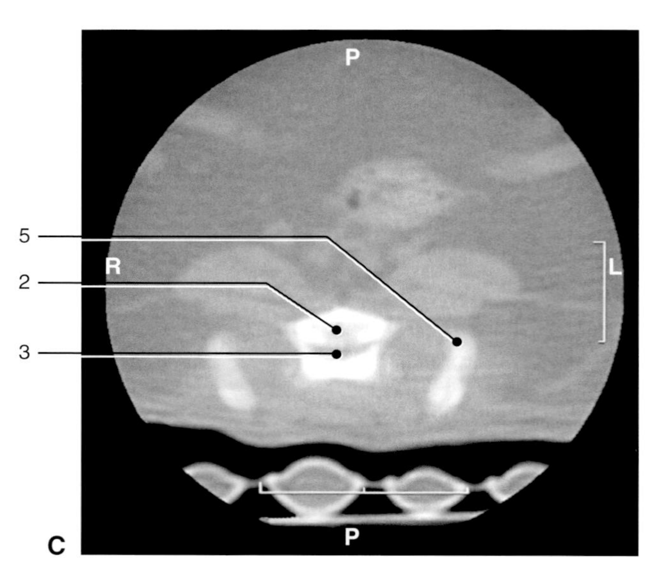

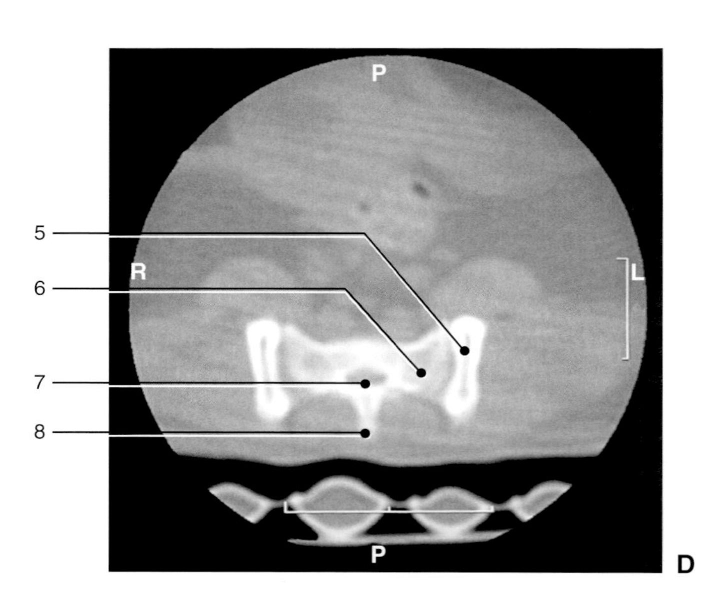

Abbildung 8-36, A – D
Tierart: Frettchen
Organsystem: CT Becken
Schnittebene: transversal
Körpermasse: 1,2 kg
Geschlecht: männlich kastriert
Lebensalter: adult

1. Proc. transversus (Lendenwirbel)
2. Lendenwirbel
3. Rückenmarkkanal (Lendenwirbelsäule)
4. Proc. spinosus (Lendenwirbel)
5. Os ilium
6. Os sacrum
7. Rückenmarkkanal (Kreuzbein)
8. Proc. spinosus ossis sacri
9. Dickdarm
10. Os penis
11. Caput ossis femoris
12. Os pubis
13. Acetabulum
14. Facies lunata acetabuli
15. Trochanter major ossis femoris
16. Symphysis pubica
17. Schwanzwirbel

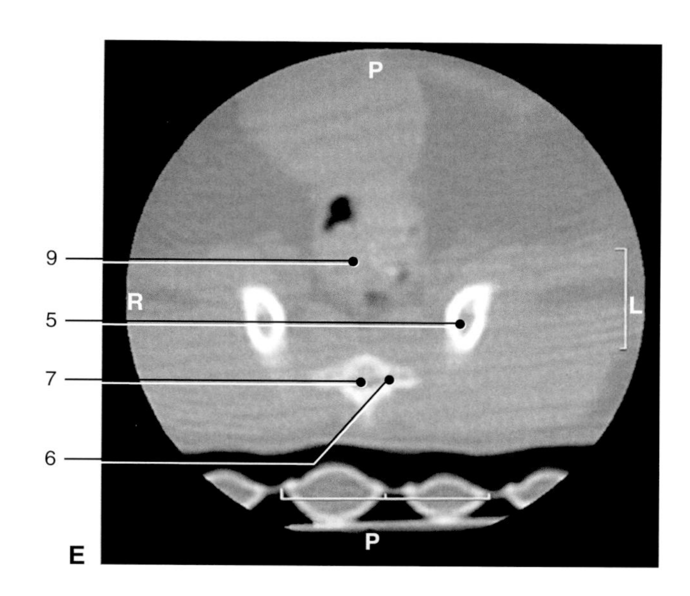

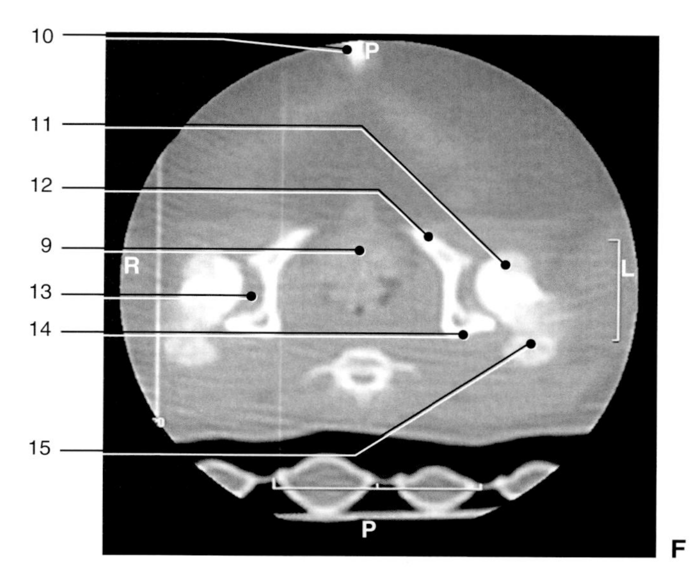

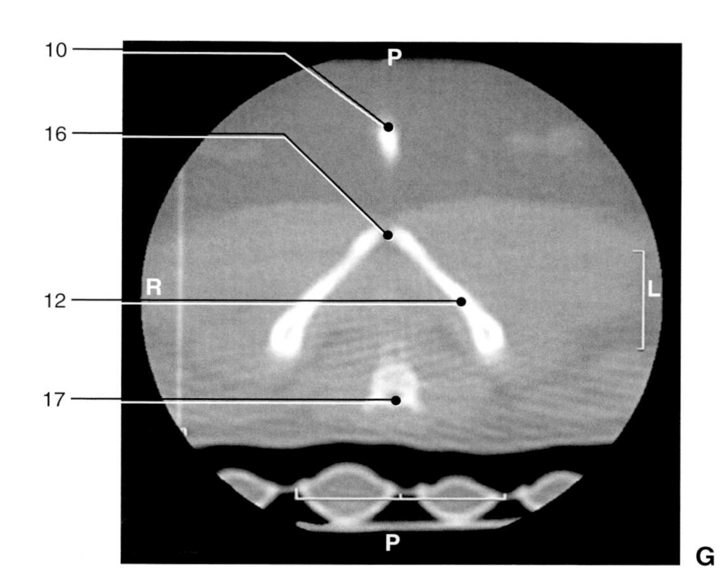

Abbildung 8-36, E – G
Tierart: Frettchen
Organsystem: CT Becken
Schnittebene: transversal
Körpermasse: 1,2 kg
Geschlecht: männlich kastriert
Lebensalter: adult

1. Proc. transversus (Lendenwirbel)
2. Lendenwirbel
3. Rückenmarkkanal (Lendenwirbelsäule)
4. Proc. spinosus (Lendenwirbel)
5. Os ilium
6. Os sacrum
7. Rückenmarkkanal (Kreuzbein)
8. Proc. spinosus ossis sacri
9. Dickdarm
10. Os penis
11. Caput ossis femoris
12. Os pubis
13. Acetabulum
14. Facies lunata acetabuli
15. Trochanter major ossis femoris
16. Symphysis pubica
17. Schwanzwirbel

REGISTER

L

M